道路用乳化沥青的生产与应用

虎增福　主编

人民交通出版社

内 容 提 要

本书系统地总结了道路用乳化沥青的相关内容,详细地介绍道路用乳化沥青各种施工技术的规范标准、材料要求、试验方法、质量要求以及施工方法和施工设备等,力求使读者对道路用乳化沥青技术有较全面和系统的了解。主要内容包括:道路用乳化沥青的材料组成、乳化原理和乳化剂、检验标准及检验方法,乳化沥青与改性乳化沥青的生产工艺和设备,乳化沥青贯入式路面,乳化沥青表面处治与封层路面,乳化沥青透层与黏层,乳化沥青混合料路面,乳化沥青冷再生路面,乳化沥青稀浆封层,微表处,稀浆封层(微表处)摊铺机等。

本书既是一本技术专著,又可作为工具书和手册,可供公路设计、施工、监理人员及乳化沥青生产技术人员使用,也可供研究人员及相关院校师生参考。

图书在版编目(CIP)数据

道路用乳化沥青的生产与应用/虎增福主编. —北京:人民交通出版社,2012.4
ISBN 978-7-114-09691-4

Ⅰ.①道… Ⅱ.①虎… Ⅲ.①浮化沥青 Ⅳ.①TE626.8

中国版本图书馆 CIP 数据核字(2012)第 046155 号

书　　名:道路用乳化沥青的生产与应用
著 作 者:虎增福
责任编辑:郑蕉林　钱悦良
出版发行:人民交通出版社
地　　址:(100011)北京市朝阳区安定门外外馆斜街 3 号
网　　址:http://www.ccpress.com.cn
销售电话:(010)59757969,59757973
总 经 销:人民交通出版社发行部
经　　销:各地新华书店
印　　刷:北京盈盛恒通印刷有限公司
开　　本:787 × 1092　1/16
印　　张:32.5
彩　　插:6
字　　数:763 千
版　　次:2012 年 4 月　第 1 版
印　　次:2012 年 4 月　第 1 次印刷
书　　号:ISBN 978 - 7 - 114 - 09691 - 4
印　　数:0001 - 3000 册
定　　价:88.00 元

高远路业技术施工

- MOH材料处理桥头跳车技术
- MOH材料路面坑槽修补技术
- 低噪声微表处技术
- 灌入式水泥—沥青混合料（PCA）技术
- 精细抗滑保护层技术

- 微表处修复车辙技术
- 微表处罩面技术
- 纤维碎石封层技术
- 纤维微表处技术
- 橡胶沥青同步碎石封层技术
- 开普封层技术

- 聚合物注浆技术
- 路面开槽灌缝技术
- 乳化沥青厂拌冷再生技术
- 抗滑型雾封层技术
- 同步碎石混凝土桥面防水黏结层技术

高远圣工养护机械

同步碎石封层车系列
GYKT0610　GYKT0612
GYKT0616A　GYKT0616B

加纤同步碎石封层车
GYXKT0812

多功能沥青路面养护车
GYYH5000

沥青洒布车系列
HGY5080GLQ　HGY5160GLQ
HGY5251GLQ　HGY5310GLQ

纤维封层洒布车
XFS1340

沥青运输设备
HGY5310GLY

稀浆封层（微表处）设备
HGY5311TXJ　HGY5250TXJ

厂拌冷再生设备
GYCBL200

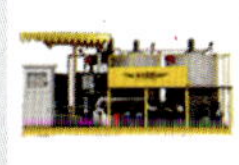

沥青乳化生产设备
GYRY10A　GYRY06F
GYRY06E　GYRY06H

橡胶沥青生产设备
GYXL3515

坑槽修补车
GY5120KLB

车载式灌缝机
GYGF380A

威森德路用材料

黑蚂蝗道路养护剂	优良的渗透性，有效封闭路表的微细裂缝，封水效果好，与路面的黏附性好，耐磨耗能力强，同时对路面的老化沥青具有还原再生的作用。	灌缝胶	与裂缝两侧的黏附性好，低温抗裂和弹性恢性能优良，有效抵御低温开裂和石子的嵌入抵抗高温变形能力强，不粘轮，高温不流淌
橡胶沥青	橡胶沥青具有高温稳定性、低温柔韧性、抗老化性、抗疲劳性、抗水损坏性等性能，是较为理想的环保型路面材料，目前主要应用于道路结构中的应力吸收层和表面层中。	威森德路面阻热	降低路面温度、抑制集料的飞散、减少路因温度上升产生的推移、车辙等现象，减城市生活污染。
沥青乳化剂	沥青乳化剂乳化能力强、性价比高、性能稳定。	阻燃沥青	黏度高，阻燃效果好，环保。

天龙化工
漯河市天龙化工有限公司
—— 沥青乳化剂专业生产商
天龙化工
销售电话：0395-6163352 6180333
为你 提供
• 黏层、透层油用沥青乳化剂
• 乳化沥青生产技术支持
网址：http://WWW.LQRHJ.COM

前　言

1978年，交通部组织成立了“阳离子乳化沥青及其路用性能研究”课题协作组，开始对道路用乳化沥青技术进行专项攻关研究，经过30余年几代乳化沥青工作者的不懈努力，道路用乳化沥青技术已经在我国公路部门得到广泛应用，成效显著。

本书作者经多年坚持对道路用乳化沥青技术的研究和推广，深感道路用乳化沥青技术的高深以及这项技术具有远大的发展前景，由此触发尽自己的能力编写我国道路用乳化沥青技术发展历程的想法。能为继续从事道路用乳化沥青技术的人士提供一点参考的经验，应该是一件有意义的事情，这也是撰写此书的目的。

《道路用乳化沥青的生产与应用》一书力求全面、完整地总结我国30余年研究开发乳化沥青技术的过程、重大事件和获得的成绩等，介绍国际道路用乳化沥青技术科学发展前沿，并尽量吸收国内外道路用乳化沥青和改性乳化沥青最新的研究成果，比较系统总结了道路用乳化沥青各种施工技术的规范标准、材料要求、试验方法、质量要求以及施工方法和施工设备等，力求使读者对道路用乳化沥青技术有个较全面和系统的了解。本书主要内容包括：道路用乳化沥青的材料组成、乳化原理和乳化剂、检验标准及检验方法，乳化沥青与改性乳化沥青的生产工艺和设备，乳化沥青贯入式路面，乳化沥青表面处治与封层路面，乳化沥青透层与黏层，乳化沥青混合料路面，乳化沥青冷再生路面，乳化沥青稀浆封层，微表处，稀浆封层（微表处）摊铺车等。

从国际和国内道路用乳化沥青技术发展的历程看，道路用乳化沥青技术有着强大的生命力。科学技术的发展和公路建设和维护的需求，使道路用乳化沥青技术的适用范围更广，性能更优越。特别是微表处技术以及改性乳化沥青在道路方面的各种应用技术的出现，为道路的建设和维护提供了更多先进、可靠的工艺和施工方法。因此，道路用乳化沥青技术在我国公路建设和养护领域有着广阔的发展前景。

《道路用乳化沥青的生产与应用》一书涉及的内容和专业很多，本书共十四章，其中第一、二、三、五、六、七、八、九、十、十二、十三和十四章由虎增福编写，第四章由王俊明编写，施来顺补充和审核，第十一章第一稿由钦兰成编写，成稿由虎增福编写。全书由虎增福统稿。

全书经张浩明初审，初审过程中对文稿内容编排以及文辞修饰提出了许多中肯的意见。第一、二、三、四、五、七、八、九、十、十一、十二、十三章经谭忆秋主审，第六章和十四章经李太杰主审，两位主审对文稿作了认真、细致的审核和多处修改。

本书在编纂中参阅和引用了历年的《乳化沥青简讯》（河南省连续性内部资料[省直]

173号)和《石油沥青》(CN37—1260/TQ)的“乳化沥青专栏”以及“乳化沥青学术交流会”中的资料,这本书实际上也是我国乳化沥青工作者技术成果的总结,在此,谨对为本书提供相关资料的人士表示衷心的感谢。

本书以具有系统性、完整性和实用性为目标,既是一本技术专著,又可作为工具书和手册,可供公路设计、施工、监理人员及乳化沥青生产技术人员使用,也可供研究人员及相关院校师生参考。

由于编者水平有限,疏漏不当之处在所难免,恳请读者提出宝贵意见。

编　者

2012年2月

目　录

第一章　绪　论

第一节　道路用乳化沥青概述

一、道路用乳化沥青的定义

所谓道路用乳化沥青，主要是指将石油沥青热融达到流动状态，再经过剪切、粉碎、研磨等机械作用，使沥青以细小的微粒状态分散于含有乳化剂、稳定剂等的水溶液中，形成水包油状的均匀稳定多相分散体系，又被称之为沥青乳化液或沥青乳状液，在道路工程中起胶结作用。

道路用乳化沥青应用最多的为水包油型（O/W）乳化沥青，按照现代胶体化学理论，以分散度即分散粒子的大小范围划分，道路用乳化沥青的分散相粒子（沥青微粒）直径在 10^{-7} ~ 10^{-5}m(0.1 ~ 10μm) 范围内，因此属于粗分散体系，如图 1-1 所示。

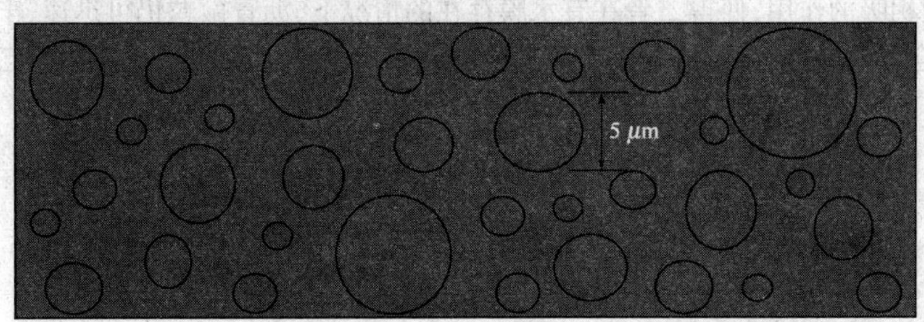

图 1-1　水包油型沥青乳液

二、道路用乳化沥青的分类

道路用乳化沥青的种类，主要包括：乳化石油沥青、聚合物改性乳化石油沥青和乳化煤焦油沥青。乳化煤焦油沥青由于在道路工程中应用的范围和用量都有限，本书没有作更多介绍。

根据乳化沥青的离子特性，道路用乳化沥青主要有三种：阳离子乳化沥青液、阴离子乳化沥青液和非离子乳化沥青液。

1. 阴离子乳化沥青

阴离子乳化沥青中沥青的微粒表面带有阴离子电荷，当乳液与矿料表面接触时，由于湿润矿料表面普遍也带有阴离子电荷，同性相斥的原理，使沥青微粒不能尽快地黏附到矿料表面上。若要使沥青微粒裹附到矿料表面，必须待乳液中水分蒸发后才能进行，两者在有水膜的情况下难以相互结合，如图 1-2 所示。

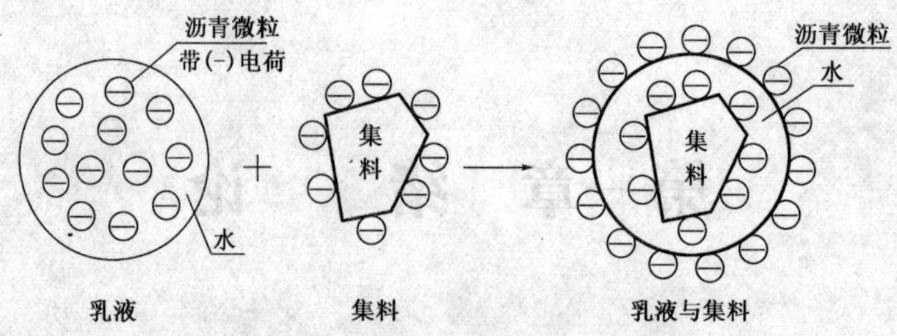

图 1-2　阴离子乳化沥青与集料表面的黏附

阴离子乳化剂由于原料易得、来源广泛，是乳化沥青出现后在最初的 40 年内广泛应用的乳化剂类型。随着 20 世纪 50 年代阳离子乳化剂的出现，阴离子乳化沥青逐渐被阳离子乳化沥青取代，目前在世界范围内的阴离子乳化沥青用量已经很小。阴离子乳化剂虽然价格便宜，但其使用性能往往不及阳离子乳化剂，这是因为阴离子乳化沥青中的沥青微粒带有负电荷，与在潮湿状态下同样带负电荷的石料接触后，由于同性电荷的静电排斥作用，造成沥青微粒不能尽快、牢固地黏附到矿料表面，影响乳化沥青的路用性能。

2. 阳离子乳化沥青

阳离子乳化剂是目前生产乳化沥青广泛应用的乳化剂类型，与阴离子乳化沥青相比，可以显著增强与矿料表面的黏附力，提高路面的早期强度，施工后能够快速开放交通，这是因为：阳离子乳化沥青中的沥青微粒带有正电荷，如图 1-3 所示，当与带负电荷的潮湿矿料表面接触时，由于异性相吸的作用，使得二者在有水膜存在的情况下，沥青微粒仍可迅速、牢固地与矿料表面吸附结合，即使在阴湿或低温(5℃以上)季节，阳离子乳化沥青仍可照常施工。

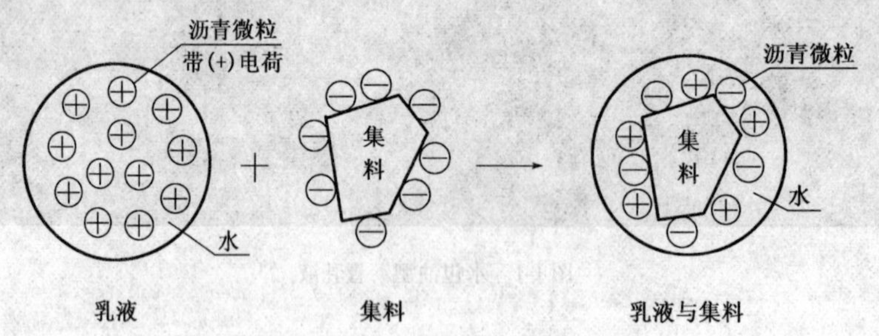

图 1-3　阳离子乳化沥青与集料表面的黏附

3. 非离子乳化沥青

非离子乳化剂溶于水时不发生离解，由于不是以离子的状态存在，所以它的稳定性高，不易受强电介质存在的影响，也不易受酸碱的影响。但是非离子乳化剂的化学结构特点，也使得用它做成的乳化沥青与石料的结合力较弱，破乳速度极慢。目前，单独使用非离子乳化剂制作乳化沥青的报道不多，而一般是作为辅助乳化剂与其他乳化剂配合使用，达到控制破乳速度、改善稀浆混合料和易性、提高乳化力等目的。

第二节　道路用乳化沥青的应用

乳化沥青采用乳化的方法，既实现了普通沥青通过加热、稀释沥青以及掺加大量的轻质油分才可以实现低黏度流动状态，又保持或提高了石油沥青自身的各种性能，使其在道路工程中具有良好的工作性和其他材料无法比拟的优点，因此使用起来更加方便。

乳化沥青有着十分广泛的用途，它可以直接喷洒，作为黏层油、透层油、雾封层使用；可以喷洒后作为碎石封层、沥青表处、贯入式路面等的结合料；可以与石料拌和成乳化沥青混合料，包括微表处、稀浆封层、冷拌混合料等不同的形式。

乳化沥青在有的应用领域，如喷洒施工、薄层混合料施工等已经表现出了比热沥青更好的适用性。

一、国外乳化沥青的发展应用概况

乳化沥青的发明与应用，已经有百余年的历史。1905 年，化学家 Emile Feigel 在法国阿尔萨斯地区生产出了世界上第一批工厂化乳化沥青产品；1909 年，德国人奥尔曼发明了防尘、防水用的沥青乳液。但乳化沥青材料在道路工程中的应用，则始于 1915 年，英国人用它在砂石路表进行表面处治。因此，欧洲是世界上最早使用乳化沥青的地区。乳化沥青在公路建设中崭露头角，早期主要用于喷洒路面以减少灰尘。

20 世纪 20 年代至 50 年代，乳化沥青的使用数量在缓慢但稳定地增长，前 40 余年主要发展的是阴离子乳化沥青。

阴离子乳化沥青虽然有节省能源、使用方便、乳化剂来源广且价格便宜等优点，但是，阴离子乳液与矿料的黏附性不太好，特别是与酸性矿料的黏附性更不好。这是因为阴离子乳化沥青与矿料的裹附只是单纯的黏附，沥青与矿料之间的黏附力低。若在施工中遇上阴湿或低温季节，乳液的水分蒸发缓慢，沥青裹附矿料的时间拖长，这样就影响路面的早期成形，延迟开放交通时间。另外，因石蜡基与混合基原油的沥青增多，当时的阴离子乳化剂对于这些沥青难以进行乳化。因而，在这一时期中，乳化沥青虽然在发展着，但是发展的速度并不快。乳化沥青初期的发展速度相对较慢，受制于可利用的乳化剂型号和人们对如何使用它们缺乏足够的知识。

20 世纪 50 年代初，在法国研制成阳离子沥青乳化剂，并发现了许多阳离子乳化沥青的优越性能。阳离子乳化沥青既发挥了阴离子乳化沥青的优点，同时又弥补了阴离子乳化沥青的缺点。这样，就使乳化沥青的发展进入了一个新的阶段。

20 世纪 60 年代，德国研制出用于制备聚合物改性乳化沥青的乳化剂，使乳化沥青在高等级公路应用中显示出了强大的优势。

欧美国家一直致力于新型乳化剂和新型乳化沥青应用类型的开发研究，为乳化沥青的应用发展和成本性能比的下降作出了突出的贡献，使乳化沥青在公路建设中得以广泛应用。

美国于 20 世纪 50 年代末将阳离子乳化沥青用于铺筑路面，美国材料实验协会（ASTM）颁布了作为筑路材料的乳化沥青的质量要求，日本、前苏联等国家也于这个时期先后开始生产阳离子乳化沥青用于道路工程。

早在 20 世纪 30 年代末，国际乳化沥青委员会制订了乳化沥青试验方法，大大促进了乳化沥青的应用发展。20 世纪 60 年代,日本乳化沥青协会制订了“阳离子乳化沥青的规格标准”,使日本的阳离子乳化沥青应用向标准化迈进。

由于乳化沥青施工简便、现场不需加热、节省能源效果显著,尤其在旧沥青路面的维修与养护中更显示了其特有的优越性。因此,现今世界上许多国家都在公路工程的施工和养护中大量应用乳化沥青。如:美国联邦公路局早期活动的其中一项,就是发布了一条公告,提倡直接关注燃料的节约,这样就能使乳化沥青代替稀释沥青成为现实。从那时起,美国所有的州都允许用乳化沥青代替稀释沥青。

其他国家如西班牙、德国、英国、法国、瑞士、瑞典、加拿大、俄罗斯等,尽管这些国家热沥青混合料搅拌厂很发达,他们每年仍然使用大量的乳化沥青用于道路修筑和养护,其中 90% 为阳离子乳化沥青。

2006 年由 IBEF(国际乳化沥青联盟)主持的乳液世界会议上,公布了由 SFERB 调查的乳化沥青的年生产量,如表 1-1 所示。

乳化沥青生产量发展的情况(单位:万吨) 表 1-1

年　份	1990 年	1993 年	1997 年	2002 年	2005 年
生产量	538.8	696.7	562.3	580.0	780.0

表 1-1 显示,在 15 年期间,乳化沥青的产量以 23% 的幅度在增长,今后可能按照这个趋向继续增长。

交通运输是国民经济的生命线,公路运输是交通运输的主要组成。世界各国都很重视各级公路的建设,同时也十分重视已铺公路的经常性维修和养护。当今世界,各国都在重视建设资源节约型、环境友好型社会,在筑路养路工程中要求节省能源、保护环境、减少污染的呼声越来越高。在这种形势下,如何节省能源和资源,如何改善热沥青施工的工作环境,已引起筑路和养路部门的重视。在长期的实践中,人们越来越深刻地认识到:发展和应用乳化沥青技术,是达到上述要求的可取途径之一。

二、道路用乳化沥青在我国交通行业的发展

1. 研究开发过程

在新中国建立前,我国只有个别的市政工程部门使用了少量的进口阴离子乳化沥青,20 世纪 50 年代初,由国内市政工程部门研制出了阴离子乳化沥青,并先后在天津、沈阳、大连等城市修筑少量的道路工程。20 世纪 70 年代前,乳化沥青在我国道路工程应用基本没有发展。

直至 20 世纪 70 年代后期,交通部公路科学研究院的研究人员才在一个国内展览会上见到外国的阳离子乳化沥青样品。当时的管理体制不可能引进这项新技术,为了在我国开展这项新技术的应用,1978 年初,由交通部[1]组织成立了“阳离子乳化沥青及其路用性能研究”课题协作组,对这项技术进行攻关研究。

课题协作组以交通部公路科学研究院为首,联合辽宁省交通科研院、河南省交通科研院、吉林省交通科研院、大连油脂化学厂等七个省市的十一个单位所组成,交通部公路科学研究院

[1] 交通部现已更名为交通运输部,全书同。

为组长单位。这些单位中既有科研部门，又有施工应用部门，还有化工生产部门，参加课题组的人员既有公路工程专业，又有化工专业及机械专业等，大家分工协作，为开创我国的道路用乳化沥青事业做了大量的研究和应用工作。

课题协作组最初是在交通部公路科学研究院大院里一个简陋的活动棚中开展工作，经过课题组协作单位和全体参与课题的科技人员的不懈努力和潜心研究，取得了对阳离子乳化沥青和其路用性能研究的进展并获得了良好的成绩，逐项解决了阳离子乳化沥青的有关核心技术。

该课题1981年被列为交通部重点科研项目，至1985年，该课题基本完成了计划任务，我国14个省市已开始应用阳离子乳化沥青，铺筑了贯入式、冷拌碎石、乳化沥青混凝土、表面处治等多种结构形式的路面，应用的路段有大交通量的国道干线公路，也有低交通量的地方道路。这些应用都取得了成功，并显示出很好的社会效益和经济效益。

1985年，由交通部代表国家计划委员会与国家经济委员会对该课题进行了技术鉴定，同年荣获国家技术进步二等奖。“阳离子乳化沥青及其路用性能研究”课题研究开发成功，以及30年来在我国道路工程的推广应用，可以说是我国改革开放以来，在交通系统引起我国传统道路工程材料和施工技术方面产生变革的重大项目之一。

从20世纪80年代，稀浆封层技术就开始在我国研究应用，1992～1997年由交通部公路科学研究院为组长单位，联合河南省交通厅公路管理局、辽宁省交通厅公路管理局和广西壮族自治区公路管理局等单位，承担国家“八五”重点新技术推广项目“乳化沥青稀浆封层成套技术”的研究，1997年通过技术鉴定，1999年获交通部科技进步三等奖。

我国的微表处技术是在稀浆封层技术基础上开发的，1995年以来，交通部和一些省、市交通厅结合科技项目研究，使微表处技术在我国的高速公路路面养护工程中开始应用并得到了迅速推广。如交通部西部交通建设科技项目“改性乳化沥青稀浆封层技术”（2001～2004年），由交通部公路科学研究院和四川省公路局等单位联合完成，另外由交通部公路科学研究院承担的国家经贸委国家技术创新项目“高速公路改性乳化沥青稀浆封层养护技术”也都获得了成功。

在以上时期的研究开发过程中，阳离子乳化沥青技术、稀浆封层和微表处技术在道路工程中的应用，与传统的热沥青施工技术相比所显示出的优越性，极大地激发和吸引了国内公路界众多的管理、科技人员对这项技术的关注和参与。许多省、市交通厅、厅公路管理局、省交通科研单位都结合本省、市公路交通实际，积极开展阳离子乳化沥青技术方面的研究，并取得了大量的科技成果。例如：

（1）1983年，河南省交通科学技术研究院开发的“RHS-5型、RHL-50型乳化机”，获得河南省科技进步二等奖、河南省交通科技进步一等奖。

（2）1990年，辽宁省交通科学技术研究院完成的“沥青稀浆封层的研究”项目，获得辽宁省科技进步三等奖。

2. 推广应用过程

从20世纪80年代起，开始由国家下达指令性地推广应用阳离子乳化沥青计划。1983年国家计划委员会与国家经济委员会将“阳乳”筑、养路技术列为“七五”（1986～1990年）重点新技术推广项目，交通部列为指令性的推广成果。

“八五”期间（1991～1995年）“乳化沥青稀浆封层成套技术”被列为我国重点新技术推广

项目，如今，这项技术已经广泛应用于普通公路路面养护和新建公路沥青路面的下封层以及高等级公路的预防性养护。

经过“七五”和“八五”两个时期，在国家的支持和交通部的组织和大力推广下，以计划经济的方式促进这项技术迅速在我国公路系统的推广应用，一直到“九五”时期（1996～2000年），阳离子乳化沥青、稀浆封层和微表处技术应用在我国的公路部门得到了更大的发展。

为了说明阳离子乳化沥青、稀浆封层和微表处技术在我国推广应用的实际情况，文献[8]介绍了1999～2001年期间，对我国应用乳化沥青较多的省份，河南、山东、河北、辽宁和福建5省公路管理局进行的乳化沥青技术应用问卷调查，并将河南省作为一个重点，对地市一级公路部门应用乳化沥青的情况也进行了较详细的调查。从中可以了解这一时期，5省推广应用乳化沥青稀浆封层技术的应用情况和发展趋势。

1）五省乳化沥青应用调查介绍（表1-2～表1-6）。

河南省交通厅公路管理局乳化沥青应用表 表1-2

应用年份	应用数量（万吨）	应用面积					
		表面处治（万平方米）	封层（万平方米）	普通稀浆封层（万平方米）	慢裂快凝稀浆封层（万平方米）	改性稀浆封层（万平方米）	合计（万平方米）
1999年	2.04		1 377.6	275.4		57.2	1 710.2
2000年	2.43		1 240.2	168	319	112	1 839.2
2001年	2.55	333	941	1	456	145	1 883

山东省公路管理局乳化沥青应用表 表1-3

应用年份	应用数量（万吨）	应用面积				
		封层（万平方米）	普通稀浆封层（万平方米）	慢裂快凝稀浆封层（万平方米）	改性稀浆封层（万平方米）	合计（万平方米）
1999年	3.3	2 784	256			3 040
2000年	2.99	1 726	566.44	60.72	5.4	2 358.5
2001年	2.87	1 095	824.47	60.84		1 980.3

河北省交通厅公路管理局乳化沥青应用表 表1-4

应用年份	应用数量（万吨）	应用面积				
		封层（万平方米）	普通稀浆封层（万平方米）	慢裂快凝稀浆封层（万平方米）	改性稀浆封层（万平方米）	合计（万平方米）
1999年	0.77	448.15	53.54	105.22		606.9
2000年	0.42	370.4		26.8		397.2
2001年	2.02	226.67	51.4	847.7	1.29	1 127.1

辽宁省交通厅公路管理局乳化沥青应用表 表1-5

应用年份	应用数量（万吨）	应用面积				
		封层（万平方米）	普通稀浆封层（万平方米）	慢裂快凝稀浆封层（万平方米）	改性稀浆封层（万平方米）	合计（万平方米）
1999年	3.06	2 775.5	139	1.35	0.9	2 916.75

续上表

应用年份	应用数量（万吨）	应用面积				
		封层（万平方米）	普通稀浆封层（万平方米）	慢裂快凝稀浆封层（万平方米）	改性稀浆封层（万平方米）	合计（万平方米）
2000 年	0.55	537	1.5	2.5	2.5	543.5
2001 年	0.76	152.64		160	143.68	456.32

福建省公路管理局乳化沥青应用表　　表 1-6

应用年份	应用数量（万吨）	应用面积					
		表面处治（万平方米）	封层（万平方米）	普通稀浆封层（万平方米）	慢裂快凝稀浆封层（万平方米）	改性稀浆封层（万平方米）	合计（万平方米）
1999 年	0.48	110.5	8.4	5.6	0	1.5	126
2000 年	0.4	93.58	16.72	77.7	0	0	188
2001 年	0.45	94	13.46	68.3	0	0.6	176.36

2）五省乳化沥青应用汇总分析

（1）三年中，五省乳化沥青应用量 25.1 万吨，铺筑路面 19 364.36 万平方米，如图 1-4 所示。

其中：铺筑透层和封层路面 13 958.58 万平方米，占 74%；

铺筑普通稀浆封层路面 2 490.6 万平方米，占 13%；

铺筑慢裂快凝稀浆封层路面 2 147 万平方米，占 11%；

铺筑改性稀浆封层路面 470.1 万平方米，占 2%。

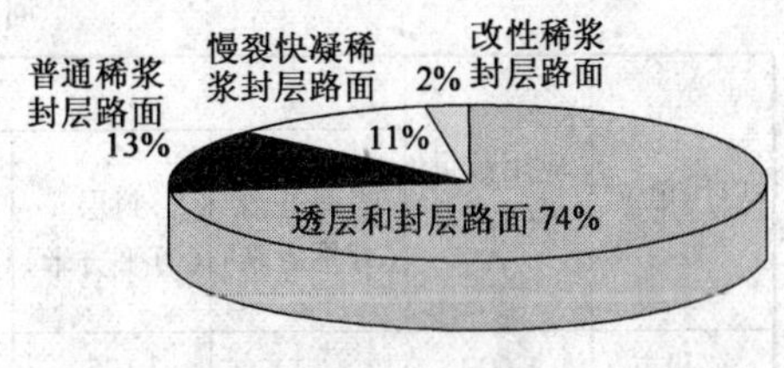

图 1-4　五省乳化沥青路面应用类型比例图

这说明我国的乳化沥青近几年主要用于铺筑透层和上下封层路面。

（2）三年中，五省铺筑慢裂快凝和改性稀浆封层路面呈上升趋势，见图 1-5 和图 1-6。

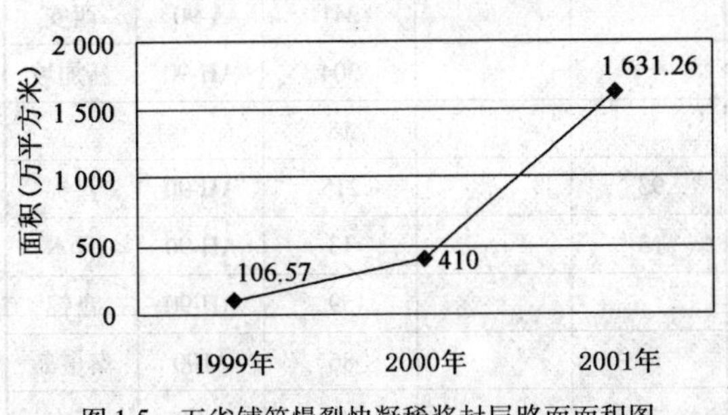

图 1-5　五省铺筑慢裂快凝稀浆封层路面面积图

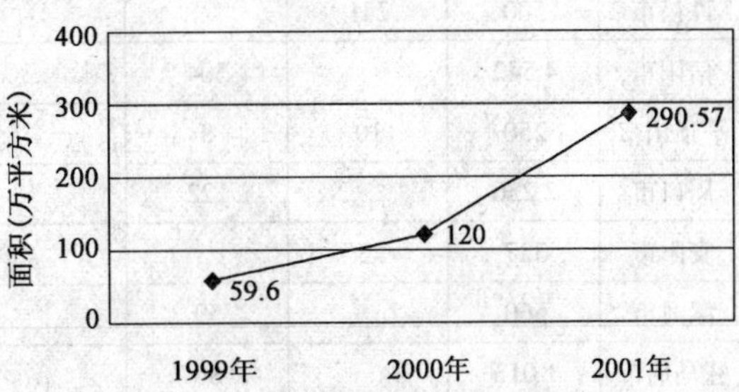

图 1-6　五省铺筑改性稀浆封层路面面积图

（3）从乳化剂的统计结果看，五省应用的乳化剂有 33 种型号，20 个厂家生产。五省乳化剂应用类型数量，见表 1-6 和图 1-7。

其中阳离子乳化剂品种占 93.5%。从调查的应用量分析，阳离子乳化沥青在我国应用的最多，占较大比例。阳离子慢裂快凝乳化剂的需用量快速增长。

以上汇集整理的数据仅限于五省公路管理局,没有调查到五省的高速公路建设和市政建设用乳化沥青的资料。

乳化剂的统计结果表 表1-7

阳离子乳化剂				阴离子乳化剂
慢裂快凝	快裂	中裂	慢裂	
13种	1种	8种	9种	2种

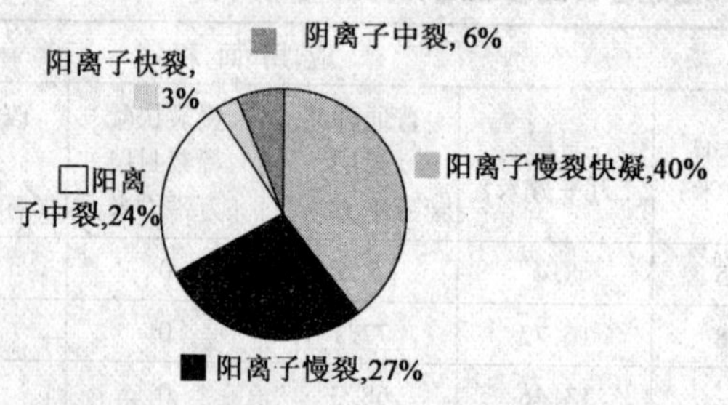

图1-7 乳化剂的统计结果图

3)河南省应用情况调查与分析

河南省2001年乳化沥青及乳化剂应用情况调查,见表1-8。

河南省应用情况调查表 表1-8

应用单位	应用数量(吨)	应用面积						对应基质沥青	
		表面处治(万平方米)	封层(万平方米)	普通稀浆封层(万平方米)	慢裂快凝稀浆封层(万平方米)	改性稀浆封层(万平方米)	合计(万平方米)	型号	产地
郑州市	1 600		125		60		185		
开封市	468	2					2	A-100	胜利
新乡市	6 650	80	110		120	15	325	AH－90	泰国
洛阳市	230		20				20		
许昌市	500	241					241	A-90	西安
信阳市	4 542		304				304	AH-90	新加坡
平顶山市	250	10	8				18		
周口市	2 256		122		93		215	AH-90	盘锦
安阳市	327				13		13	AH-90	日本
漯河市	560		59				59	AH-90	盘锦
驻马店市	1 013		86				86	A100	秦皇岛
南阳市	110			1	7		8	A-90	西安
济源市	136		17				17	AH-90	韩国
鹤壁市	115		90				90		
焦作市	6 780				170	130	300		
合计	25 537	333	941	1	456	145	1 883		

河南省公路部门是我国最早开展乳化沥青研究开发、推广应用的省份之一。乳化沥青应用多年来一直持续不断地发展，这是在交通部以及河南省各级公路部门的大力支持下取得的，同时也得益于河南省的公路部门和企业，在国家指令性推广计划结束后，及时转向寻找市场，为市场服务。

(1)从统计结果看，2001 年河南省应用乳化沥青进行表面处治施工 333 万平方米，占 17.7%；进行透层和上下封层施工 941 万平方米，约占 50%。这说明喷洒型乳化沥青是那个时期河南省公路部门应用乳化沥青的一个主要使用方式。

(2)铺筑慢裂快凝稀浆封层路面 456 万平方米，占 24.2%，铺筑改性稀浆封层路面 145 万平方米，占 7.7%。说明阳离子乳化沥青和改性乳化沥青有着较大的需求量，而铺筑慢裂稀浆封层路面数量下降。

从"十五"时期(2001～2005 年)以来，我国阳离子乳化沥青、稀浆封层和微表处技术的应用推广已经实际进入公路市场化运作，市场经济吸引更多的不同类型的经济体参与开发乳化沥青新产品，研制或购置先进的乳化沥青生产设备、稀浆封层设备和配套施工设备，组织专业的施工队伍等，为推动乳化沥青、稀浆封层和微表处技术在道路工程的应用发挥了积极的作用。阳离子乳化沥青、稀浆封层和微表处技术已经是提高我国公路建设和养护水平，提高公路的运营水平和使用寿命的主要技术措施。

3. 我国行业乳化沥青技术标准的制订

1983 年我国交通部发布的《公路工程沥青及沥青混合料试验规程》(JTJ 052—83)仅列入阴离子乳化沥青的试验项目。

1986 年我国交通部发布了《阳离子沥青乳液检验项目及标准》(JTJ 014—86)。

1991 年我国建设部发布的《乳化沥青路面施工及验收工程》(CJJ 42—91)列入了乳化沥青的内容。

1993 年我国交通部发布经修订的《公路工程沥青及沥青混合料试验规程》(JTJ 052—93)增加了阳离子乳化沥青的试验方法。

1993 年 7 月，交通行业标准《沥青乳化设备试验方法》(JT/T 3153—92)开始实施。

1994 年我国交通部发布经修订的《公路沥青路面施工技术规范》(JTJ 032—94)增加了乳化沥青的内容。将乳化沥青分阳离子和阴离子两种(非离子未列入)。与日本的标准相比，我国的技术要求主要有以下区别：

(1)道路沥青标准黏度计与恩格拉黏度计，二者同时列入；

(2)乳化沥青蒸发后残留物的延度以百分数表示；

(3)乳化沥青的品种上，按阳离子乳化沥青和阴离子乳化沥青各自的特点应用；规范中乳化沥青的数据引自建设部行标《乳化沥青路面施工及验收工程》(CJJ 42—91)。

1996 年我国建设部发布了《路面稀浆封层施工规程》(CJJ 66—95)。本规程包括：术语、材料的选择和技术要求、稀浆混合料的配合比设计、施工及技术要求以及附录 A 稀浆混合料试验方法等。

1997 年国家技术监督局和建设部联合发布修订后的《沥青路面施工及验收规范》(GB 50092—96)，增加了乳化沥青的内容(非离子乳化沥青未列入)。

1998 年我国建设部发布《乳化沥青稀浆封层机》(JG/T 5098—1998)行业标准，该本标准规定了乳化沥青稀浆封层机的定义、分类、要求、试验方法、检测规则及标志、包装、运输、储存等。

2000 年我国交通部发布经修订的《公路工程沥青及沥青混合料试验规程》(JTJ 052—2000)。试验规程中增加了与乳化沥青稀浆封层有关的两个试验方法，即乳化沥青稀浆封层混合料固化时间试验和负荷轮碾压试验方法。

2004 年根据我国交通部列的“乳化沥青技术要求的修订”课题研究成果，交通部发布经修订的《公路沥青路面施工技术规范》(JTG F40—2004)对乳化沥青技术要求进行了修改。要点如下：

(1)将乳化沥青分为阳离子、阴离子、非离子等，按电荷性质和用途进行了分类，分别制订了标准并规定了各自的用途。

(2)将乳化沥青的筛上剩余量指标修改为 1.18mm 筛，要求不大于 0.1%。

(3)保留采用道路沥青标准黏度计和恩格拉黏度计测定乳化沥青黏度的方法。

(4)保留提取乳化沥青残留物的方法——蒸发法。

(5)增加了改性乳化沥青的技术标准和用途

(6)增补了稀浆封层、微表处等新型结构的内容。

2004 年 4 月我国交通部发布《稀浆封层机》(JT/T 499—2004)行业标准。该标准规定了稀浆封层机的术语和定义、分类、技术要求、试验方法、检验规则及标志、包装、运输、储存等。

2005 年我国交通部发布了《微表处和稀浆封层技术指南》(交公便字[2005]329 号)，主要内容包括：微表处和稀浆封层的材料要求，稀浆混合料设计方法与步骤，施工工艺、质量控制和竣工验收等。该指南是在 JTG F40—2004 的基础上，结合微表处和稀浆封层的使用特点，稍做修改提出的。要点如下：

(1)对破乳速度指标不作要求。

(2)保留采用道路沥青标准黏度计和恩格拉黏度计测定乳化沥青黏度的方法，以恩格拉黏度计为准。

(3)南方炎热地区、重载交通道路及用于填补车辙时，BCR 蒸发残留物的软化点应不低于 57℃。

(4)提出稀浆封层混合料配伍性等级，在指南中作为参考指标使用。

2008 年我国交通运输部发布《公路沥青路面再生技术规范》(JTG F41—2008)，其中提出的冷再生用乳化沥青质量要求，是在《公路沥青路面施工技术规范》(JTG F40—2004)中 BC-1 型乳化沥青技术要求的基础上，参考美国 SATM 技术标准、国内乳化沥青冷再生工程实际经验等提出的，指标变化主要包括：提高了蒸发残留物含量的要求，用赛波特黏度指标取代沥青标准黏度。

规范中特别提出，不同来源的石料和回收沥青路面材料(RAP)的化学活性差异较大，与不同乳化沥青的配伍性也有较大差别，规范中表 4.3.1 的乳化沥青要求只是满足冷再生工程需要的必要条件而不是充分条件，因此，必须在满足这一要求的基础上进行有针对性的乳化沥青配方设计。

2011 年 9 月我国交通运输部发布了《公路工程沥青及沥青混合料试验规程》(JTG E20—

2011)。试验规程中增补了4项有关乳化沥青以及稀浆混合料的试验方法:

(1)乳化沥青与水混合稳定性试验。

(2)稀浆混合料车辙变形试验。

(3)稀浆混合料拌和试验。

(4)稀浆混合料配伍性等级试验。

4. 乳化沥青技术在我国的学术推广活动

乳化沥青技术以其具有节省能源、改善施工条件、减少环境污染、延长施工季节、改善沥青路面的使用性能等优点,很快在我国公路工程和城市道路工程的修筑中显露出极大的优越性。国家计委、经委将"阳乳"筑、养路技术列为"七五"重点新技术推广项目,交通部列为指令性的推广成果。为促进乳化沥青技术在全国的推广应用,中国公路学会道路工程分会批准成立专题学组——中国公路学会道路工程分会乳化沥青学组。

中国公路学会道路工程分会乳化沥青学组于1987年12月在河南省开封市成立,挂靠在河南省交通厅。乳化沥青学组在1987~2000年期间,每年召开一次乳化沥青学术交流会,举办多种类型的乳化沥青技术培训班。乳化沥青学组所具有的跨学科、跨系统的学术组织特点,团结和联系全国热心于从事乳化沥青技术的开发、应用、生产、教学的专业人员、管理干部和企业负责人,在一段时期,为推动乳化沥青技术在我国公路部门和市政部门的应用起到了桥梁和纽带的作用。

河南省于1992年7月批准"乳化沥青简讯"编辑出版,此简讯为内部刊物,月刊(编号为:河南省连续性内部资料[省直]173号),到2010年元月已经出版210期。

5. 国外乳化沥青技术和产品在我国的应用

我国的乳化沥青技术在我国改革开放政策的带动下得到了发展,国外乳化沥青技术和产品纷纷介绍或引进国内。在乳化沥青技术标准方面,对我国影响较大的主要有JEAA(日本乳化沥青协会)、ASTM(美国试验与材料协会)以及ISSA(国际稀浆罩面协会)等。

在乳化沥青生产设备和稀浆封层施工设备等方面,1994年《公路沥青路面施工技术规范》(JTJ 032—94)在条文说明中指出,"我国乳化沥青大部分由道路部门在沥青拌和厂自行制备,这样可以根据需要随制随用,且减少含量近40%的水的运输",说明当时我国公路部门多采用自制或国产设备,自己组织生产,乳化沥青产品质量和施工质量水平普遍偏低。

我国交通部门和企业于20世纪90年代初即开始走出国门,了解考察国外先进国家的乳化沥青生产设备、施工机械和技术,采用引进—消化—推广的模式,将国外先进的乳化沥青生产设备和稀浆封层施工机械先后引进国内,为提高我国乳化沥青产品质量和稀浆封层施工质量发挥了重要作用。

国外厂商主要有美国斯堪道路公司、美国VSS、丹麦ENH、德国百灵、美国道维施公司、法国怡贸公司等。

对我国乳化剂和乳化沥青发展影响较大的国外厂商主要有:Westvaco(美国维实伟克)、AKZO NOBL(阿克苏 诺贝尔)、Shell(壳牌)等。

6. 乳化沥青技术在我国交通行业的展望

我国的道路用乳化沥青技术,特别是道路用阳离子乳化沥青技术历经30多年的研究开发、推广应用,已经证明是有效的道路用新技术、新材料、新工艺,在我国的公路、市政道路工程中得到越来越多、越来越广泛的应用,产生越来越大的社会和经济效益。

预期我国在道路工程的建设和养护中,道路用乳化沥青依然会扮演着较重要的角色。道路用乳化沥青的应用将在以下几方面持续增长和发展。

1)黏层用乳化沥青

公路沥青路面层间喷洒黏层油已作为强制性条款被列入《公路沥青路面施工技术规范》(JTG F40—2004),黏层用乳化沥青特别是改性乳化沥青作为节能、安全、环保、优质的黏层用油材料已经被国内外的公路界认可,我国黏层用乳化沥青已经或正在完全取代热沥青或液体沥青。

2)透层用乳化沥青

《公路沥青路面施工技术规范》(JTG F40—2004)中规定:沥青路面各类基层都必须喷洒透层油,沥青层在透层油完全渗透入基层后方可铺筑。

高渗透乳化沥青的节能、安全、环保、高渗透的特性可以取代液体沥青或煤沥青,在我国公路建设和维护中,优质的高渗透乳化沥青的应用量必将大大增加。

3)稀浆封层和微表处

稀浆封层和微表处的经济、快速、安全、环保特性,使其成为一种有效的路面预防性养护新技术,已经在我国的公路路面养护中得到广泛的应用。随着我国微表处技术的进步,采用微表处技术将是我国的高等级公路沥青路面预防性养护中主要的养护措施之一。

4)乳化沥青冷再生

我国已经提出建设资源节约型、环境友好型社会的要求,沥青路面再生技术在我国公路建设和养护中将会是一项长期推广应用的项目(基层柔性化、资源再利用,低碳施工),乳化沥青冷再生技术以其特殊的优势,在沥青路面更新改造方面得到快速发展。

随着我国道路用乳化沥青技术的不断进步,沥青乳化剂、沥青乳化设备(生产与控制系统)、乳化沥青生产工艺以及施工工艺水平不断提高,乳化沥青产品将趋于专业化和多品种,一些专用的道路用乳化沥青产品会不断出现和应用。乳化沥青在公路的路面工程、桥梁和隧道工程中会有更多的应用空间,如:防尘处理、桥面防水、隧道防水、碎石封层、雾封层、道路裂缝处理和冷拌坑槽及车辙修补等。

总之,随着我国的高等级公路路网的形成,我国道路用乳化沥青的应用量将达到顶峰。但因为对联系路网的低等级道路要求也会更高,随着低等级道路的升级改造,促使乳化沥青应用量还将持续高位,并且随着我国政府和公民的环保意识的增强,乳化沥青应用范围将越来越广。

第三节　乳化沥青技术在道路工程中应用的社会和经济效益

一、路用性能效果理想

1.黏层油

(1)热沥青用作黏层时,由于原路面为常温,喷洒的热沥青迅速凝固,不再具有流动性,因此很难保证洒布的均匀性；

(2)乳化沥青的沥青含量可以任意调整，一般可达65%，最低可达10%，因此可以根据洒布量和洒布机的具体情况，达到洒布要求。

2. 贯入式路面

(1)用热沥青的贯入深度有限，而且一般只占集料的上半表面；

(2)用乳化沥青，则可贯入到底，并可使集料的3/4表面附着沥青，因此其路面的质量将会得到较大提高；

(3)乳化沥青常温下的流动性、水溶性等将对路面带来质量的提高。

3. 透层

(1)采用高渗透力乳化沥青是替代煤油稀释沥青、煤沥青和普通的阳离子乳化沥青或阴离子乳化沥青的更环保、更经济的方案；

(2)高渗透乳化沥青具有优异的渗透能力；

(3)良好的黏结性，基层与下面层结合牢固，使基层与沥青混凝土构成一个整体。

4. 微表处

(1)与稀浆封层相比，微表处具有更高的抗磨耗性能和抗滑性能，并可以完成对原路面的车辙修复；

(2)比热沥青薄层罩面具有更好的封层效果，更好地防止路表水的下渗，从而更好地保护路面结构；

(3)在路基路面稳定的前提下，国外优质的微表处路面使用寿命可达5年以上；

(4)开放交通快，可在施工后1~2个小时开放交通，减少施工对交通的影响；

(5)与铣刨后加铺4cm左右热拌沥青混凝土罩面这种常用的沥青路面养护方法相比，单位面积建设成本可降低一半以上；

(6)在面层不发生塑性变形的条件下，它能填补厚达38mm的车辙，而且十分稳定，也不产生塑性变形，所以它是不用铣刨解决车辙问题的独特施工方法；

(7)常温条件下作业，降低能耗，不释放有毒物质，符合环保要求；

(8)成型快，工期短，施工季节长，其可以夜间作业的优点尤其适于交通繁忙的公路、街道和机场道路；

(9)因为微表处层很薄，所以在城市主干道和立交桥上应用不会影响排水，用于桥面也不会增加多少重量。

微表处技术填补了普通稀浆封层和热拌沥青混凝土摊铺各自存在的缺陷。确切地说，微表处技术是一种功能最完善的道路养护方法之一。

自从乳化沥青使用以来，随着乳化沥青技术的不断发展，已有许多热沥青不可能做到的，用乳化沥青都能够实现，其在道路工程中的使用范围越来越广泛。

二、节约能源

(1)采用热沥青修路时，一般需要用大量能源为沥青材料和矿料加热。如将1t沥青从18℃升温到180℃时，按理论计算需用柴油10kg，或用普通煤20kg。但是，对各地公路部门调查资料表明,1t 沥青实际消耗的燃料远远超过理论计算所需量。采用热沥青筑路之所以要消耗这么多燃料,主要是在施工过程中,为了时刻保持沥青应有的温度,常常对沥青要进行重复加温与持续加温。

(2)在沥青的运输和使用过程中,沥青每倒运一次就要加热一次。如果施工中出现机械故障,或因气候、材料、人员等各种意外情况造成停工时,运到现场的沥青必须持续不断地进行保温,这样就需消耗大量的燃料,并且也容易引起沥青材料的老化。

(3)透层油施工时,采用稀释沥青,其中的煤油或汽油含量可能达到50%;而高渗透乳化沥青中则只含5%~10%或不含煤油或汽油,采用的是环保型渗透剂。所以,使用乳化沥青是一项在燃料生产利用方面具有重要价值的节约行为。

三、节省材料

乳化沥青与矿料表面具有良好的工作度和黏附性,可以在矿料表面形成均匀的沥青膜,容易准确地控制沥青用量,保证矿料之间能有足够的结构沥青,使混合料中的自由沥青降低到适宜程度,因而提高了路面的稳定性、防水性与耐磨性。

通过对已铺的乳化沥青路面的观察,高温季节较少出现油包、推移、波浪,低温季节较少出现开裂,显示出其特有的优越性。这是由于在施工过程中,沥青的加热温度低,加热次数少,沥青的热老化损失小,因而增强了路面的稳定性与耐久性。用乳化沥青筑养路一般可节省沥青10%~20%。

另外,特别是阳离子乳化沥青与碱性和酸性矿料都有良好的黏附效果,扩大了矿料的来源,便于就地取材,减少材料的运输量,降低工程造价。

四、延长施工季节

阴雨与低温季节是热沥青施工的不利季节,也是沥青路面发生病害较多的季节。特别在我国多雨的南方,沥青路面路况常在阴雨季节急速下降,出现了病害也无法用热沥青及时修补,在行车的不断碾压与冲击下,使病害迅速蔓延与扩大,致使运输效率降低,油耗与磨损增加,交通事故增多。采用乳化沥青筑养路,可以少受阴湿和低温影响,发现路面病害可以及时修补,从而能及时改善路况,提高好路率和运输效率。同时,乳化沥青可以在雨后立即施工,这就能减少因雨后不能立即施工而产生的停工费用和机械的停机台班费,并能提前完成施工任务。

延长施工季节的重要意义在于加速公路建设,并有利于沥青路面的及时养护,防止病害的加剧与扩大。

关于用乳化沥青施工可延长施工的时间,随各地区气候条件而有所不同,气温在5~10℃时仍可施工,一般可延长施工时间一个月左右。

五、减少环境污染　改善施工条件

乳化沥青的生产使用比热沥青的生产使用能减少环境污染。

乳化沥青车间的生产过程都是在密封状态中进行,沥青的加热温度低(120~140℃),加热时间短,污染程度较轻。

热沥青车间由于沥青加热温度高（160～180℃），加热时间长，沥青蒸汽中的有害物质对环境污染严重。表1-9是乳化沥青车间与热沥青车间环境监测结果的对比。

乳化沥青车间与热沥青车间环境监测对比　　表1-9

监测项目	乳化沥青车间	热沥青车间	降低倍数
苯并(a)吡（mg/m^3）	2.0×10^{-5}	1.49×10^{-4}	7.4
酚（mg/L）	0.023	3.14	136
总烃（mg/L）	2.5	22.27	9
苯（mg/L）	未检出	未检出	
二甲苯（mg/L）	未检出	未检出	

环境监测结果表明：乳化沥青车间的环境污染得到明显改善，严重危害工人健康的致癌物苯并(a)吡的含量明显下降，其他的酚和总烃含量也大量降低，这些有害物质的含量都低于国际标准。当然，随着设备的技术水平的提高，热沥青和乳化沥青的生产环境条件也都会得到明显改善。

现场施工时，乳化沥青拌制混合料不需加热，是在常温条件下进行施工，避免了因灼热沥青而引起的烧伤、烫伤事故，也避免了摊铺高温混合料的沥青蒸汽的熏烤。所以用乳化沥青进行公路养护的施工，可以改善不利的施工条件，降低工人的劳动强度，深受养路工人们的欢迎。

六、乳化沥青的弱点

（1）需要添加乳化剂和乳化沥青生产设备，相应增加了成本。

（2）由于乳化沥青混合料中含有水分，与热沥青混合料相比，其成型强度形成的较慢。

（3）低沥青含量的乳液增加了运输成本，因此，促使人们开发高沥青含量的乳化沥青产品。

由此可见，乳化沥青也是有一定的使用范围和方法，乳化沥青扩大和延伸了沥青在路面中的使用范围，只有正确使用乳化沥青，才能显示出乳化沥青的优点，提高道路性能。

以上情况说明，使用乳化沥青筑路，虽有由于增加乳化工艺与乳化剂而增加部分费用和初期强度低等弱点，但相对于热沥青而言，仍然具有许多优点，总的社会效益、经济效益、环境效益，优于用热沥青修筑同类项目。由此，我们应该对乳化沥青技术在我国道路工程中的应用充满信心和希望。

本章参考文献

[1] 中华人民共和国交通行业标准 JTJ F40—2004　公路沥青路面施工技术规范[S]. 北京：人民交通出版社，2004.

[2] 中华人民共和国交通行业标准 JTG E20—2011　公路工程沥青及沥青混合料试验规程[S]. 北京：人民交通出版社，2011.

[3] 交通部阳离子乳化沥青课题协作组. 阳离子乳化沥青路面[M]. 北京：人民交通出版社，1988.

[4] 交通部公路科学研究院. 微表处和稀浆封层技术指南[S]. 北京: 人民交通出版社,2006.

[5] 中华人民共和国交通行业标准. JTG F41—2008 公路沥青路面再生技术规范[S]. 北京: 人民交通出版社,2008.

[6] 刘尚乐. 乳化沥青及其在道路、建筑工程中的应用[M]. 北京: 中国建筑工业出版社,2008.

[7] 姜云焕. 国际上关于乳化沥青的调查报告[J]. 北京公路,2009,9.

[8] 牛润莲. 对我国五省乳化沥青技术应用情况的调查分析[J]. 石油沥青,2003,17(2).

第二章 道路用乳化沥青的材料组成

第一节 概 述

道路用乳化沥青主要分为普通的道路用乳化沥青(简称乳化沥青)和掺有高分子聚合物的改性道路用乳化沥青(简称改性乳化沥青)。

乳化沥青主要由石油沥青、水、乳化剂和添加剂等原材料组成。其中,石油沥青和水是主要原材料,乳化剂是关键的原材料,添加剂是辅助原材料,也称助剂、外加剂。

改性乳化沥青主要由石油沥青、水、乳化剂、改性材料和添加剂等原材料组成。试验表明,沥青材料、乳化剂和改性材料这三者各自的性能和相互匹配,是决定改性乳化沥青材料路用技术性能优劣的关键因素。

一、道路石油沥青

道路用乳化沥青中,石油沥青一般占50% ~65%。因此,石油沥青的质量对于道路用乳化沥青产品的质量起着至关重要的作用。

一般来讲,各种标号的石油沥青都可以用来生产乳化沥青(或改性乳化沥青)。但不同类型的沥青还存在乳化难易程度不同的问题,生产乳化沥青(或改性乳化沥青)用的沥青,除了满足最终应用的要求外,还必须满足乳化要求。所以,对沥青进行必要的选择是制备优质乳状液的前提。

二、水

水是乳化沥青(或改性乳化沥青)中的主要原材料之一,一般在沥青乳液中占35% ~50%。由于水质的优劣对乳化沥青的生产以及产品的质量有着直接的影响,因此,应该重视乳化沥青用水的水源选择和水质要求。

水是沥青分散的介质,同时,乳化沥青生产前,一般要将乳化剂、pH值调节剂和稳定剂等原材料溶解于水中制成乳化剂水溶液,送入乳化机。

乳化沥青在使用中,水还起到润湿、吸附的作用。当乳化沥青与集料拌和的初始,乳化沥青中的水能迅速润湿集料的表面,并吸附于集料表面,形成一层薄的含水表层,使乳化沥青破乳。只有水完全挥发后,沥青在集料颗粒表面裹附形成沥青膜,才能使乳化沥青混合料完成凝结成型。

水在大部分区域获取方便、价格低廉，因此，在乳化沥青的生产成本中仅占很少的部分。

三、乳化剂

乳化剂在乳化沥青中所占的比例较小，但其对乳化沥青的生产、储存及施工，均有较大的影响，所以，根据生产乳液的用途、乳化效果来精心地选择乳化剂是非常必要的。关于乳化剂的性质及其对生产施工的影响在本书的相关章节有详细描述。

我国有几十个品种的乳化剂，主要是阳离子型乳化剂，如：季胺盐类、烷基胺类、咪唑啉类、酰胺类、木质素类。

乳化剂的选择过程应至少考虑三个方面：乳化剂类型的选择、乳化剂效果的评价及乳化剂的效率等。这对生产改性乳化沥青更加重要，会直接影响产品的分散性和稳定性，乳化剂与改性剂匹配不当，则可能达不到产品的质量要求。

四、改性材料

公路等级的提高对路面黏结材料提出了更高的要求，如对乳化沥青，在低温条件下具有的弹性和韧性；在高温时具有足够的强度和热稳定性；在使用条件下具有抗老化能力；与沥青路面层间黏结力以及耐疲劳等性能提出了更高的要求。然而，大部分的乳化沥青由于受制取其原沥青性质的制约，尚不能满足这些要求。为此，改性乳化沥青技术和产品应运而生。

五、添加剂

在生产乳液时，加入少量的化学添加剂，可以减少乳化剂用量，降低生产成本，又可以提高乳化剂的活性，改善乳液的储存稳定性，同时，可以改善乳化沥青的使用性能。

本章重点介绍用于乳化的道路石油沥青，用于乳化的水、改性材料和添加剂，而沥青乳化剂在本书第四章进行专门的论述。

第二节　道路石油沥青

由于沥青组成的复杂性和沥青来源的多样性，大量的研究成果和工程实践证明，沥青的化学组成对（改性）乳化沥青的性质有着较大影响。

随着交通量的不断增长，改性沥青用于乳化的需求也随之出现，由于改性沥青的黏度大幅度增大，且改性剂大部分是高分子聚合物，其可乳化性非常局限，因此在选择改性沥青和改性剂时应充分试验。

沥青的组分影响较大，芳香分越高，改性加工越容易，效果越好，乳化效果也好。

一、石油沥青

石油沥青的品种类型很多，国内外划分的方法有多种，而对用于生产道路用乳化沥青的沥青种类主要考虑以下几个方面。

1. 根据用途划分

我国的《公路沥青路面施工技术规范》（JTG　F40—2004）中将道路石油沥青分为 A、B、C

三个沥青等级,并规定了各个沥青等级的适用范围,如表2-1所示。

道路石油沥青的适用范围 表2-1

沥青等级	适用范围
A级沥青	各个等级的公路、适用于任何场合和层次
B级沥青	1. 高速公路、一级公路沥青下面层及以下的层次,二级及二级以下公路的各个层次; 2. 用作改性沥青、乳化沥青、改性乳化沥青、稀释沥青的基质沥青
C级沥青	三级及三级以下公路的各个层次

沥青是乳化沥青用到筑养路等方面的最终形式。《公路沥青路面施工技术规范》(JTG F40—2004)中规定:"制备乳化沥青用的基质沥青,对高速公路和一级公路,宜符合规范中表4.2.1-2道路石油沥青A、B级沥青的要求,其他情况可采用C级沥青。"

2. 根据加工方法划分

石油沥青是由大分子的饱和烃、芳香烃、胶质、沥青质等组成的复杂混合物。其化学组成、沥青的胶体结构类型随原油和加工工艺的不同而有很大差别。

石油沥青的加工方法主要有蒸馏法、溶剂脱沥青法、氧化法以及调合法。

1)蒸馏法

在炼油厂里用塔式蒸馏法将原油的各个馏分经汽化、冷凝,使其按沸点不同分离出汽油、煤油、柴油以及蜡油等轻质馏分,剩下所含高沸点组分经浓缩而得到渣油。其中符合沥青标准的指标要求,即可称为沥青,作为直馏沥青产品出厂;否则只能称为减压渣油,需经过加工才能成为合格的沥青产品。

蒸馏法得到的直馏沥青大部分用于铺筑道路,用蒸馏法生产优质道路沥青,一般选择环烷基原油和蜡含量较低的中间基原油或稠油。我国的辽河油田欢喜岭稠油、胜利油田单家寺稠油、新疆的克拉玛依稠油以及渤海绥中36-1稠油都适合于生产优质道路沥青。但国内的资源有限,国内部分炼油厂选用沙特阿拉伯中质原油和科威特原油,采用蒸馏法生产已经生产出符合规范标准的重交通道路沥青。

2)溶剂脱沥青法

溶剂脱沥青法是利用溶剂对渣油各组分的不同溶解能力,从渣油中分离出富含饱和烃和芳烃的脱沥青油,同时得到含胶质和沥青质的浓缩物。对浓缩物直接或通过调合、氧化等方法,可以生产出各种规格的道路沥青和建筑沥青。研究表明,溶剂脱沥青的脱蜡效果比较明显。溶剂脱沥青法已是我国生产重交通道路沥青的主要手段之一。

3)氧化法

氧化法是将减压渣油或溶剂脱沥青或它们的调合物,送入氧化塔或氧化釜,在一定温度条件下通入空气,使其组成发生变化,软化点提高,针入度及温度敏感度减小,以达到沥青的规范指标要求。

渣油的氧化过程是在一定温度和空气中氧的作用下发生的。渣油的氧化结果使沥青的组成发生变化,另外在胶体分散体系的结构上,也使沥青由溶胶型逐步向溶—凝胶型和凝胶型转化。

半氧化法是指氧化操作时,反应温度较低,抑制沥青组分过多的转化成沥青质,保持沥青成品为溶—凝胶型的胶体结构，提高薄膜烘箱后的针入度比。

4）调合法

当缺乏所需标号的沥青时，或以改善沥青技术性能为目的，将不同的石油馏分与沥青调配，或将不同标号的沥青互相掺配，其掺配的比例由试验决定，调配制成的沥青称为调配沥青或调合沥青。调配沥青的质量也必须满足规范标准规定。

二、沥青的易乳化性能

沥青原材料的易乳化性能评价，一般可以在试验室通过小试验来检测、分析和比较后确定。有关资料显示，沥青原材料的易乳化性能也可以从以下几个方面判断。

1. 沥青的胶体结构

沥青质、胶质、油分构成了沥青的胶体结构。根据沥青胶体结构中胶团粒子大小以及在分散介质中的分散状态，沥青被分为溶胶结构型（sol）、凝胶结构型（gel）和溶—凝胶结构型（sol-gel）三类。

三类中，沥青质含量很少的沥青为溶胶结构型沥青，沥青质含量很多的沥青为凝胶结构型沥青，沥青质含量适中的沥青为溶—凝胶结构型沥青。其中，只有溶—凝胶结构型沥青是适合道路工程使用的沥青。

从沥青的易乳化角度来看，溶胶结构型沥青最易乳化，因为这类沥青中的油分含量多，沥青质含量很少甚至不含，并且相对分子量也小，胶粒或胶团完全分散于油分中，而之间没有或者只有极小的吸引力。这类沥青易于被剪切分散，形成稳定的乳液。

凝胶结构型沥青最难乳化，因为这类沥青中的沥青质含量很多，并且相对分子量也很大，胶粒或胶团形成连续的三维空间网络结构，必须在较高温度和极强的机械作用下才能被剪切开来，分散性也差，难以形成稳定的沥青乳液。

溶—凝胶结构型沥青的易乳化性能介于上述两类沥青之间。

综合道路工程要求和易乳化性要求，溶—凝胶结构型沥青适合用于乳化沥青的原材料。

2. 沥青的含蜡量对乳液的影响

石油沥青中按含蜡量的多少，分为沥青基沥青（含蜡量 <2%）、石蜡基沥青（含蜡量 >5%）和混合基沥青（含蜡量介于2% ~5%）。

含蜡量对用于乳化的沥青原材料是一个重要的选择条件。其原因是，各类沥青乳化剂中的油溶性基团，对于沥青中的石蜡较难嵌入，因此含蜡量较高的沥青比其他沥青更难乳化，生产出的乳液其稳定性较差，易破乳，也易结皮。而且乳化剂用量大，蒸发残馏物的性能也会受到较大影响，如延度指标，用含蜡量沥青制成的乳液，其蒸发残馏物的延度将会比原沥青的延度进一步下降。

在选择用于乳化的沥青原材料时，必须把沥青的含蜡量作为一个重要的指标来检验。一般在乳化沥青中主要使用的是无蜡沥青或少蜡沥青。

3. 沥青的黏度和针入度

采用同一种原油和同一加工方法生产出来的道路沥青，其黏度值较小者易于乳化，而黏度值较大者难以乳化；其针入度值较大者易于乳化，而针入度值较小者难以乳化。

4. 沥青酸的含量

道路沥青中酸的含量多少与其易乳化性能有一定的关系，通常认为，道路沥青酸总量大于1%的沥青易于乳化。

5. 密度较大的沥青对乳液的影响

道路沥青密度大于1.0g/cm^3，沥青颗粒易向下沉淀，需要加以搅拌。沥青密度在0.98～1.0g/cm^3之间，生产出的乳液具有较好的稳定性，而耗用的乳化剂相应也较少。

不同的沥青由于其组成存在差异，其性质也存在差异。沥青的性质及其在乳液中的含量对乳液的使用性能具有较大的影响。因此，根据使用要求选择合适的沥青，是制备合格乳化沥青产品的一个重要先决条件。

由于沥青组成的复杂性和沥青来源的多样性，大量的研究结果和工程实践证明，沥青的化学组成对改性乳化沥青的性质有着较大影响。

第三节　道路用乳化沥青的用水

一、乳化沥青对水质的要求

在乳化沥青中使用的水，一般分为可饮用的自来水和自然界水。

选择自然界水应该慎重，自然界的水如果含有可溶解或悬浮各种物质，外观混浊，会对沥青的乳化造成不良影响，或使沥青乳液不稳定，严重时甚至使乳化不成功。

1. 水的pH值

水的pH值表示水中含有的酸或碱的强度，是常用的水质指标之一。水的pH值会影响乳化剂水溶液的乳化效果，在很大程度上会决定沥青乳化的好坏，甚至是沥青乳化的成败。各种乳化剂在一定的pH值范围内，才会有最大的活性，产生最大的效果。

水的pH值在6.0～8.5范围内，不会对乳化剂本身造成影响。只有当选择的水的pH值在小于6.0的酸性范围或者大于8.5的碱性范围内可能会出现两种情况：一种是水的pH值与乳化剂的pH值相一致，水不会对乳化剂产生负面的影响；另一种是水的pH值与乳化剂的pH值不相一致，乳化剂溶解时，水会消耗掉一部分乳化剂的作用，从而使这一部分乳化剂失效，这种负面作用对于沥青乳化的效果会产生很不利的影响。

2. 水的硬度及离子性

水的硬度及离子性对乳化沥青生产有较大的影响，有有利的一面，也有不利的一面。

硬度是水质的一个重要指标，水中的钙盐和镁盐的总含量被称为硬度。硬水在生产阴离子乳化沥青时，镁离子（Ca^{2+}）和钙离子（Mg^{2+}）的存在会成为不利的因素，这是因为阴离子乳化剂大多以可溶性的钠或钾盐的形式存在，当有大量的镁和钙离子存在时会形成不溶于水的物质，从而影响乳化效力，甚至会导致乳化失败。

镁离子和钙离子的存在对生产阳离子乳化沥青来说是有利的。如有时为制备更稳定的乳液，在生产过程中会加入氯化钙（$CaCl_2$）为稳定剂。

而水中的碳酸离子，碳酸氢离子的存在对于形成稳定的阳离子类乳液是不利的，这是因为这些离子常常与作为阳离子类乳化剂所常用的水溶性胺基盐酸盐进行反应,生成不溶性盐。但对于阴离子类乳液,碳酸离子、碳酸氢离子具有缓冲作用,是有利的。

此外,水中存在粒状物质时,一般带负电荷物质居多,由于对阳离子乳化剂有吸附作用,所以对阳离子类乳液的生产是不利的。因此,根据乳化沥青的离子类型,选择符合水质要求的水源会对沥青的乳化起到很好的作用。

二、乳化沥青水质标准

文献[6]建议乳化沥青水质标准如表2-2所示。

乳化沥青水质标准　　表2-2

外　观	pH　值	硬　度
无色透明、无悬浮或沉淀的杂物以及泥沙等杂质	6.0~8.5	CaO<80mg/dm^3

对于生产乳化沥青,自来水一般都能符合使用要求。如果需要选择自然界的江水、河水、湖水、塘水或者雨水等,首先应该抽取水样进行检测,然后采取沉淀、过滤或调节等必要的处理措施,使水质满足标准要求,才能用于沥青乳液的生产。

第四节　道路用乳化沥青改性材料

改性乳化沥青中改性剂的用量很小(大约为沥青量的3%~5%),但却在改善基质沥青的品质上起到决定性的作用,是改性乳化沥青区别于普通乳化沥青的最主要特点之一。

改性乳化沥青中的改性剂材料主要是指高分子聚合物,包括橡胶、树脂、纤维、热塑性弹性体四大类。高分子聚合物有固态和液态,固态可以是块状、颗粒、粉末等多种状态。液态可以是本身为液体状而不含溶剂的高分子化合物,也可以是溶于溶剂中的高分子聚合物溶液,还可以是以水为分散介质的乳状液,即胶乳。

一、橡胶胶乳类改性剂

橡胶胶乳是高分子聚合物颗粒分散在水介质中所形成的相对稳定的胶体分散体系。

橡胶胶乳是采用乳液聚合的特殊工艺方法生产的产品。乳液聚合体系包括单体、水溶性引发剂、乳化剂、水四种组分。乳液聚合法是橡胶单体在乳化剂的作用下及机械搅拌分散下,在水中形成乳状液而进行的聚合反应工艺方法。

橡胶胶乳按其来源主要分为天然胶乳、合成胶乳、人造胶乳和再生胶乳四大类,按使用性能和用途也可分为几十个种类。橡胶胶乳是最适合于乳化沥青改性的材料,而可用于道路工程的改性乳化沥青的橡胶胶乳种类却并不多,本节介绍的几种橡胶胶乳是在国内道路工程中已经得到了应用。

1.天然橡胶胶乳(NRL)

天然胶乳是由植物的代谢作用生成的天然产物,因此也是一种复杂的多组分胶体分散体系。它的组分及含量随橡胶树龄、生长环境、采集季节和方式,以及加工生产工艺不同而有差异。我国是拥有丰富的天然橡胶胶乳资源的国家。

天然胶乳有多种用途，品种也很多。如果按使用性能和用途，大概可分为通用天然胶乳和专用天然胶乳两大类。通用天然胶乳分为离心浓缩型、膏化浓缩型和蒸发浓缩型和电渗法型四个品种的天然胶乳。专用天然胶乳经常使用的则有高浓型、纯化型、耐寒型、阳性型和接枝型等天然胶乳品种。天然胶乳的主要成分如表2-3所示。

天然胶乳主要成分表　　表2-3

成分名称	含　量(%)	成分名称	含　量(%)
橡胶烃	20~40	水溶物	1~2
蛋白质	1~4	灰分	<1
类脂化合物	1~2.5	水分	55~75

可用于乳化沥青改性的天然胶乳品种主要有：离心浓缩通用型天然胶乳和专用阳性天然胶乳，也可选用耐寒天然胶乳。

天然胶乳的弱点是不耐老化，通过加防老化材料可以大大改善耐老化性。与合成胶乳相比，天然胶乳结合力强，综合性能良好。

天然胶乳带负电荷，离心浓缩通用型天然胶乳可与非离子乳化沥青掺混，经过一定的工艺制备成非离子天然橡胶胶乳乳化沥青产品，其特点是明显提高了沥青的低温抗裂性能。通用型天然胶乳也可以与阴离子乳化沥青掺混。

天然胶乳不能直接与阳离子乳化沥青掺配使用，如果采用天然胶乳对阳离子乳化沥青改性，建议选用特种阳性天然胶乳，或者把天然胶乳加入皂液中，使天然胶乳由负电荷转变为正电荷，生产成阳离子乳化沥青。几种天然胶乳的基本性能见表2-4。

几种天然胶乳的基本性能表　　表2-4

种类 性能	原胶乳	离心浓缩胶乳	膏体浓缩胶乳	蒸发浓缩胶乳
总固含量(%)	37.5~41.0	60.0~64.0	60.0~65.0	72.0~75.0
pH值	10.0~10.5	10.0~10.5	10.0~10.5	
氨含量(%)	0.8~1.0	0.5~0.7	0.6~0.8	
黏度(mPa·s)	4.0~5.5	30.0~50.0	30.0~60.0	95.0
表面张力(mN/m)	33~36	33~35	31~35	

2. 丁苯橡胶胶乳(SBRL)

丁苯橡胶胶乳由苯乙烯和丁二烯两种单体分散在含有皂类乳化剂的水溶液中，并加入引发剂，采用高温法(40~60℃)或低温法(4~10℃)使乳液聚合而成。丁苯胶乳是综合性能较好的通用型合成胶乳，具有良好的耐老化性，耐热性和耐腐蚀性以及较高的稀释稳定性，而且它的品种多，价格相对较低。因此，它广泛用于道路及土木建筑工程中，用作道路用乳化沥青的改性剂材料是其主要用途之一。

丁苯胶乳有阳离子型、阴离子型、非离子—阴离子复合型等几种。表2-5列举了国内外几种用于道路改性乳化沥青的丁苯胶乳材料的基本性能。

丁苯胶乳与乳化沥青掺配制成丁苯橡胶胶乳改性乳化沥青，具有良好的热稳定性和耐久性。如果掺入2%～4%的丁苯橡胶胶乳,可以提高改性乳化沥青的软化点,增加低温延度,而降低脆点。

国内外几种用于道路改性乳化沥青的丁苯胶乳材料基本性能表 表2-5

性能＼种类	通用型丁苯胶乳	JSR U 系列	JSR 路得 K	PC-1468
总固含量(%)	≥43	50	49	65～67
pH 值	10～13	10	4	4.3
密度(g/cm³)	0.90～1.00	0.96		
相对密度	1.0±0.05	0.98	0.98	0.94
黏度(mPa·s)	20～100	0.96		
表面张力(mN/m)	58			
S/B(质量比)	44/56			
离子电荷		阴	阳	阳

注:1. JSR U 系列和 JSR 路得 K 为日本产丁苯胶乳。
2. PC-1468 为美德维实伟克公司产品。

3. 氯丁橡胶胶乳(CRL)

氯丁胶乳是由氯丁二烯乳液聚合而成,具有极好的综合性能,主要表现在较强的黏合能力、较好的成膜性、较高的强度,并且具有耐油、耐燃、耐溶剂、耐热、耐臭氧老化等性能。

氯丁胶乳的最大弱点是耐寒性能低(-40℃),易硬化,如果在氯丁胶乳中加入增塑剂或聚合时加入少量的第二单体,也能改善氯丁胶乳的耐寒性能。

氯丁胶乳的另一弱点是储存稳定性差,储存中胶体性能会发生变化。这是因为聚合物结构发生水解,活性氯缓慢析出生成盐酸,导致胶乳的pH值降低,甚至凝固。氯丁胶乳储存中还会出现湿凝胶及硫化胶膜性能有所降低。因此,氯丁胶乳储存时间不宜太长(半年),加入碱(氢氧化钠或三乙醇胺)虽然可以延长储存时间,但最终其稳定性仍然会降低并且会发生凝固。

氯丁胶乳改性乳化沥青能明显改善乳化沥青的黏附性和热稳定性及耐老化性、耐化学腐蚀等性能,国产氯丁胶乳基本性能如表2-6所示。

国产氯丁胶乳基本性能表 表2-6

种类＼性能	总固含量(%)	pH 值	密度(g/cm³)	黏度(mPa·s)	表面张力(mN/m)
阳离子氯丁胶乳	40～50	4～9	1.085	<30	≤35
通用型氯丁胶乳	49～50	>11	1.095	<25	30～45
浓缩型氯丁胶乳	58～60	>11	1.100	<50	34～45
耐寒型氯丁胶乳	48～50	>11	1.085	<25	30～45

4. 羧基胶乳

羧基胶乳因在原胶乳中引入了丙烯酸(或甲基丙烯酸)使其聚合物分子键上引入了亲水性的强极性(—COOH或—COOR),因而使它具有更好的结构稳定性、冻融稳定性、黏结性以及相溶性，耐燃性能也有了明显提高。特别是由于羧基官能团的作用，能使胶乳在不太高的温度下彼此交联而自然硫化。

近年来随着应用领域日益增长的需求，由于羧基胶乳能自然硫化并具有更好的黏结特性。因此，该产品为道路和建筑工程提供了较好的乳化沥青改性材料。国内目前主要有3个品种的羧基胶乳材料，即：羧基丁苯胶乳、羧基丁腈胶乳和羧基氯丁胶乳。3种羧基胶乳的基本性能如表2-7所示。

羧基胶乳的基本性能表　　表2-7

性能 种类	总固含量（%）	pH值	密度（g/cm^3）	黏度（mPa·s）	表面张力（mN/m）	颗粒度（μm）
羧基丁苯胶乳	≥43	8～9	0.95～1.05	20～70	38	0.1
羧基丁腈胶乳	40～42	8～9	1.00	45	47	0.1
羧基氯丁胶乳	50	7～10	1.10	≤100	≤47	0.3

5. 热塑性丁苯橡胶乳液（SBS）

热塑性丁苯橡胶即聚苯乙烯和聚丁二烯嵌段共聚物（SBS）。SBS高分子链的突出特点是它同时串联或接支一些化学结构不同的硬段和软段。硬段又称塑料段，即聚苯乙烯段（S段），显示高度的刚性；软段又称橡胶，即聚丁二烯段（B），显示高度的柔性。

由于SBS产品是固体颗粒，不能直接用来制成改性乳化沥青，同时SBS分为线形和星形两大类，研究资料证明，热塑性丁苯橡胶乳液主要选用线形SBS产品材料。

日本JSR株式采用人造胶乳的方法用线形SBS生产出阳离子型SBS胶乳，专门用于阳离子乳化沥青改性，其基本性能如表2-8所示。

"路得CS"SBS胶乳基本性能表　　表2-8

外　观	固体含量（%）	pH　值	相对密度（25℃）	离子电荷
乳白色乳液	50	7	0.98	阳离子

国内已经开发出SBS胶乳改性材料，文献[3]介绍了液体SBS的一种制作方法：在SBS中充加低凝环烷油并接枝4%的缩水甘油酯，进行环氧化，再加入分散剂和减黏剂，制成液体SBS。

一种国产液体SBS胶乳基本性能列举如下：

项目名称	性能指标
SBS结构类型	线形
SBS含量（%）	50
挥发分（%）	0.50
熔体流动速率（g/10min）	16～20
S/B（质量比）	30/70
分子量	10万以内
300%定伸应力（MPa）	2.4
拉伸强度（MPa）	18
扯断伸长率（%）	650

扯断永久变形（%） 40
扯裂强度(kN/m) 30
溶剂 环烷油

6. 乙烯—乙酸乙烯酯共聚物胶乳(EVA)

乙烯—乙酸乙烯酯共聚物胶乳是以乙烯和乙酸乙烯酯为单体共聚物生产的,是一种树脂类改性剂,形成的产品有固体、溶液和乳液。

EVA 胶乳的性能与乙酸(VA)的含量有密切关系,也与分子量的大小有关,物性差异很大。乙酸(VA)含量高,会使 EVA 胶乳的耐老化性,耐水性、耐化学品性相对降低,但黏结力很强。

EVA 胶乳一般为非离子型,与乳化沥青容易掺配均匀,稳定性好。一般随着 EVA 胶乳掺量的增加,沥青的针入度降低,软化点增加。EVA 胶乳改性乳化沥青是良好的沥青路面层间黏结料。

二、橡胶胶乳类的应用特性

沥青先经乳化后再改性,或者乳化与改性同时进行,必须采用聚合物胶乳。

改性乳化沥青常用的改性材料是橡胶胶乳。橡胶胶乳改性乳化沥青在道路工程中应用,需要具备良好的储存稳定性以及喷洒、拌和时具有破乳、凝聚两种性质,这种性质也是胶乳类改性乳化沥青的基本特征。

与沥青相同,橡胶单体不溶于水,而是在机械分散作用下形成微珠,在乳化剂亲水亲油的两亲性质的作用下,在单体微珠表面形成一层界面膜,使橡胶单体在水中分散并稳定下来。

乳液聚合反应过程中存在三相状态:水相(含有溶解了引发剂、少量单体和乳化剂)、单体微珠和乳化剂分子胶束。

在一定的温度下,溶解于水的引发剂进入增溶胶束中,引发胶束内的单体进行聚合。聚合结束时,形成外层被乳化剂分子包围的聚合物胶粒(粒径为 0.1 ~5μm)。

1. 乳化沥青与橡胶胶乳混合的基本条件

胶乳属于热力学不稳定体系,同时胶乳的性能还要满足道路工程的要求。因此,应该选配合适的橡胶胶乳来制备改性乳化沥青,乳化沥青与橡胶胶乳混合的基本条件有以下几点:

(1)乳化剂类型,主要指两种乳液离子特性一致;

(2)乳化剂亲水亲油平衡(HLB)值;

(3)密度;

(4)酸碱性(pH)值;

(5)表面张力。

5 个条件中若有一个不能满足要求,都会引起稳定体系产生聚沉而遭到破坏。另外,还应满足两个基本要求。

第一,相容性好。橡胶与沥青相容性好才能发挥各自优点,互为补充,得到良好的改性效果。

第二,符合道路工程使用要求。改性后的乳化沥青应符合《公路沥青路面施工技术规范》(JTG F40—2004)和其他相关的公路规范、标准等要求。

2. 橡胶胶乳改性乳化沥青稳定机理简析

在改性乳化沥青生产过程中,乳化沥青与橡胶胶乳经机械强烈分散作用下,打破了各自的平衡,重新形成一种新的平衡。由于沥青与橡胶有良好的相容性和亲和性,于是互相吸附、扩散、渗透,溶为一体,成为沥青橡胶微粒(A/R 微粒)。由于乳化剂的作用,A/R 微粒形成新的界面膜,新界面膜外层乳化剂分子亲水基的亲水作用,使 A/R 微粒形成界面水合层。同样,离子型乳化剂所具有的特性,使界面膜外层形成界面电荷层(正电荷层或负电荷层),也同时形成扩散双电层。

A/R 粒子、界面膜、界面水合层、界面电荷层和扩散双电层的重新形成以及乳化剂水分子的重新分配和排布,保证了改性乳化沥青乳液体系的相对稳定,保持体系稳定的最主要因素仍然是乳化剂亲水、亲油的两亲性质。

在实际生产使用过程中,改性乳化沥青乳液会受到各种因素的影响,使乳液中存在 4 种不同的微粒:均匀的 A/R 微粒、不均匀的 A/R 微粒、沥青微珠、橡胶粒子。4 种微粒所占比例多少直接影响着改性效果,而改性乳化沥青制备方法的差异,决定了 4 种微粒在乳液中所占比例的多少。

试验发现,稳定性与乳化剂种类和乳液黏度关系较大。稳定性好的改性乳化沥青体系呈棕褐色,稳定性不好的改性乳化沥青体系或者胶乳析出,或者体系呈灰黑色。

3. 胶乳类改性乳化沥青的制备方法对改性效果的影响

改性乳化沥青的制备方法,主要指橡胶胶乳与乳化沥青的掺配工艺,掺配工艺也是影响改性乳化沥青性能的关键因素之一。

方法一是指热乳化剂水溶液与常温的橡胶胶乳经机械搅拌混合形成橡胶胶乳乳化剂水混合液,然后与热溶沥青同时进入乳化机中完成乳化。此种工艺,也被称为二次热混合。如果保证混合温度、微粒细度都合适,此方法可以制成效果良好的改性乳化沥青,见图 2-1。

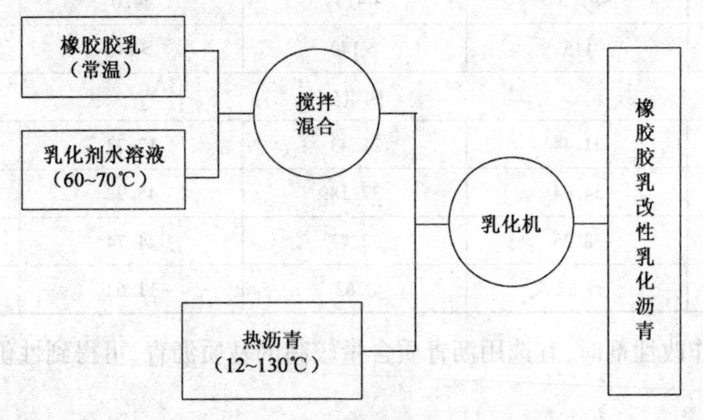

图 2-1　二次热混合法

方法二是指经乳化机乳化得到的乳化沥青,在保持热状态下立即与常温的橡胶胶乳再经机械搅拌混合,得到改性乳化沥青。此种工艺,被称为一次热混合。若控制好混合时间和混合液微粒细度,也可以得到效果较好的改性乳化沥青,见图 2-2。

方法三是指用已经降为常温的乳化沥青,与橡胶胶乳再经机械搅拌混合,得到改性乳化沥青。此种工艺,被称为一次冷混合。由于混合温度较低,沥青、橡胶分子运动动能低,两者之间吸附、扩散、渗透作用进行的程度有限,改性效果比前两种方法稍差,见图2-3。

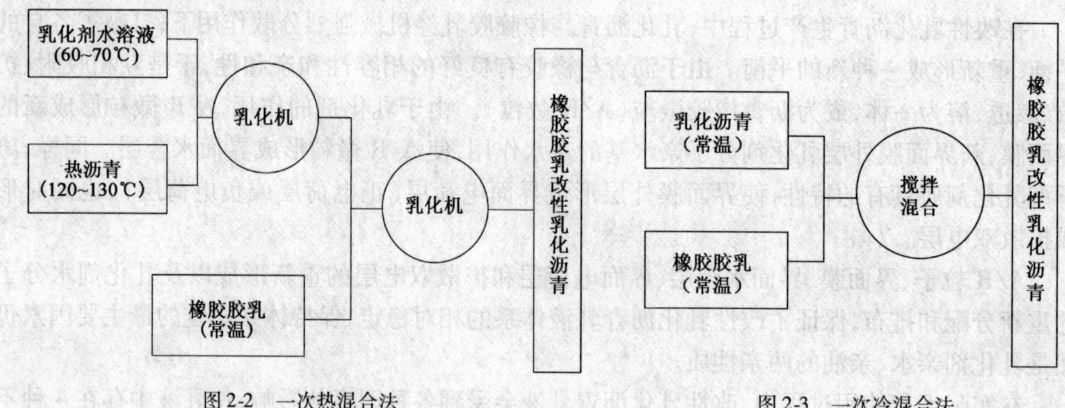

图2-2 一次热混合法　　图2-3 一次冷混合法

方法一、方法二制取的改性乳化沥青稳定性较好,适于工厂化、商品化的改性乳化沥青生产,方法三改性效果稍差,改性乳化沥青成品不适于长距离运输和长时间储存,因此,宜在道路工程现场生产使用。

文献[7]提出先对基质沥青进行化学改性,然后加入SBR胶乳混合,可以提高改性乳化沥青的性能。

SBR胶乳改性乳化沥青的性能与沥青组成有关,一般情况下,改性乳化沥青的软化点与沥青的沥青质含量成正比,如表2-9所示。

道路沥青的性质与组成　　表2-9

项　目	110号国产重交沥青	90号重交沥青	70号重交沥青	100号普通沥青
针入度(0.1mm)	103	84	68	85
软化点(℃)	41.5	44.5	44.0	46.7
延度(15℃)(cm)	115	>140	>140	34
四组分				
饱和分(%)	21.44	21.43	17.72	24.74
芳香分(%)	34.64	37.18	45.92	39.32
胶质(%)	38.25	32.77	24.74	19.60
沥青质(%)	5.67	8.62	11.62	16.34

用丁苯胶乳作改性剂时,宜选用沥青质含量较高的基质沥青,可得到性价比较好的改性乳化沥青。

乳化剂:阳离子中裂,季胺盐类,有效含量50%。

丁苯胶乳:国产阳离子型,SBRL-25(含量25%),SBRL-40(含量40%),SBRL-60(含量60%)。

化学改性剂的加入量以0.25%~0.50%为宜。

在一定条件下,对基质沥青进行化学改性,使沥青质含量增加,饱和分和芳香分降低,胶质基本不变。

然后，将化学改性沥青乳化，再在乳化沥青中加入丁苯胶乳（物理改性），制成丁苯胶乳改性乳化沥青。

此种工艺显著提高SBR胶乳改性乳化沥青的软化点，是既经济而又实用的有效技术途径，见图2-4。

4. 胶乳的复配

某些道路工程提出的改性乳化沥青的指标，用一种胶乳制作改性乳化沥青可能满足不了其要求，可以采用复配的方法，即用两种以上的胶乳与乳化沥青复合，互相补充性能，达到提高改性乳化沥青指标的目的。

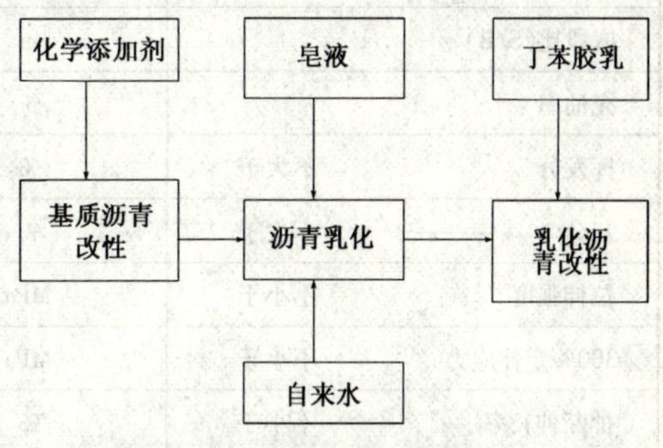

图2-4 化学改性沥青乳化生产工艺

例如：丁苯橡胶胶乳（SBRL）具有改善沥青低温性能效果好的特点，乙烯—乙酸乙烯酯共聚物胶乳（EVA）具有黏结力特别强的特点，氯丁橡胶胶乳（CRL）具有改善沥青高温性能效果好的特点。用SBRL胶乳与EVA胶乳与乳化沥青复合制成的改性乳化沥青，可以达到我国北方大部分地区的微表处施工和黏层油施工的产品要求。

胶乳与乳化沥青复合在改性乳化沥青的生产过程中，应该注意胶乳加入的工艺方式。

三、固体类改性材料

采用先对沥青改性，然后再将改性沥青乳化的工艺，是改性乳化沥青的一种生产工艺。这种工艺的特点是首先制作出改性沥青，而改性沥青的改性材料大多选用固体类改性材料。固体类改性材料多为聚合物，《公路沥青路面施工技术规范》（JTG F40—2004）提出，改性沥青可单独或复合采用高分子聚合物、天然沥青及其他改性材料制作。

乳化改性沥青生产工艺就是指在沥青中掺入高聚物固体颗粒，并且混溶均匀制成改性沥青，然后与乳化剂水溶液同时进入乳化机中完成乳化。

1. 乳化SBS改性沥青

国内外道路工程中大量应用的改性沥青其改性材料主要是热塑性橡胶类改性材料苯乙烯—丁二烯—苯乙烯嵌段共聚物（SBS），其他种类应用不多。

热塑性橡胶SBS改性剂是目前沥青改性使用最多的改性剂，它兼有橡胶和塑料的特性，在沥青中加入少量的SBS改性剂能够有效地提高沥青及混合料的高温和低温性能、抗老化性能以及延长道路的使用寿命。

根据分子结构形式，SBS改性剂有线形和星形之分。SBS改性剂的改性效果与SBS的品种、分子量密切相关，星形SBS改性剂的改性效果优于线形SBS改性剂，SBS改性剂的分子量越大，改性效果越明显，但加工难度及生产能耗越大，并且生产出的SBS改性沥青黏度普遍较大，因此使其乳化的难度提高。

相对而言，线形SBS改性沥青在制作以及被乳化成SBS改性乳化沥青的难易程度和储存稳定性等方面优于星形改性剂。

中石化集团巴陵石化公司生产的SBS干胶的技术性能指标，如表2-10所示。

SBS 技术性能指标　　表 2-10

项　目		单　位	型　号	
			YH791	YH792
结构			线型	线型
嵌段比(S/B)		m	30/70	40/60
充油率		%	0	0
挥发分	不大于	%	0.50	0.50
灰分	不大于	%	0.20	0.20
拉伸强度	不小于	MPa	12.0	18.0
300%定伸应力	不小于	MPa	1.7	2.5
扯断伸长率	不小于	%	700	600
永久变形	不大于	%	40	65
硬度		邵尔 A 度	75 ±7	90 ±5
防老剂			非污染	非污染
溶体流动速度		(g/10min)	0.50 ~ 5.00	0.10 ~ 5.00
主要用途			沥青改性 黏合剂	沥青改性 塑料改性 黏合剂

通过乳化 SBS 改性沥青,制成稳定的 SBS 改性乳化沥青,可以达到 SBS 改性沥青性能和液态使用的高品质乳化沥青性能,主要用于高等级沥青路面的黏层油和微表处罩面等。

采用固体类改性材料的主要优点是相对于同类的胶乳型改性材料可以降低材料价,但对于生产 SBS 改性乳化沥青,对生产设备和生产工艺都有较高的要求,以下三点是生产乳化 SBS 改性沥青的基本要求。

(1)对 SBS 必须有很高的粉碎细度,一般要求粒径不大于 2μm;

(2)需要配有耐高温、耐高压及良好的降温设施的乳化生产设备;

(3)乳化剂与 SBS 改性沥青有良好的乳化能力及配伍性。

2. SBS 改性乳化沥青的特点

SBS 改性乳化沥青能够大幅度降低沥青的温度敏感性,一方面使沥青的软化点提高,在夏天高温季节提高路面的抗推移和抗车辙的能力;另一方面使沥青的脆点降低,在冬天寒冷季节,不发脆,具有柔韧性,减少路面裂缝。SBS 改性乳化沥青提高了与集料的黏附力,增强了沥青的弹性恢复能力,因此,SBS 改性乳化沥青全面地提升了改性乳化沥青的质量。

第五节　添　加　剂

从热力学的角度分析,任何沥青乳状液都是处在一种相对稳定的状态。随着存放时间的延长、环境温度的变化或接触介质的影响,都有可能引起乳状液的分层、絮凝和聚集,甚至会导致乳状液的破坏。为了使沥青乳状液的储存稳定性达到一定的标准，除了选择合适的基质沥青、乳化剂、改性材料以及严格控制乳化沥青生产工艺以外，还可以通过在乳化沥青生产过程中加入添加剂的方法来获得稳定的沥青乳状液。

一、添加剂的类型

沥青乳状液的添加剂分为无机稳定剂和有机稳定剂两种类型。

无机稳定剂主要有金属氯化物、硅酸盐和磷酸盐化合物，如氯化钙、氯化铵、氯化钾、氯化钠、氯化镁、硅酸钠、磷酸钠等无机盐类。氯化钙、氯化铵在水溶液中呈酸性，适用于pH值在酸性范围的阳离子皂液，同时还具有辅助调节pH值的作用；氯化钾、氯化钠为强酸强碱盐，在水溶液中呈中性，对中性、酸性和碱性皂液都适用；硅酸钠、磷酸钠为弱酸强碱盐，在水溶液中呈碱性，适用于pH值在碱性范围的阴离子皂液。在沥青乳液中应用性能较好的无机稳定剂为氯化钙和氯化铵。

有机稳定剂主要有：聚乙烯醇、羧甲基纤维素、聚丙烯酰胺、聚乙二醇、烃乙基纤维素等水溶性合成高分子化合物以及天然的淀粉、明胶、骨胶等。有机稳定剂大多数在水溶液中呈中性，对中性、酸性和碱性皂液都适用。在沥青乳液中应用较多的有机稳定剂为聚乙烯醇和羧甲基纤维素。

二、添加剂的性能

无机稳定剂能增强乳液中沥青微粒周围的双电层效应，增大其电位值，增加沥青微粒之间相互斥力、减缓沥青微粒之间的凝固速度，提高乳化能力，改善沥青乳液的稳定性，增强沥青微粒与集料之间的吸附力。由于无机稳定剂在水溶液中不能定向排列于沥青微粒表面，因此不属于乳化剂一类，而属于稳定剂范畴。

有机稳定剂在水中不解离，但可以与乳化剂分子形成混合胶束，使乳化的效力提高，分散性增强。有机稳定剂还可以起到增稠和增黏作用，乳液稠度的增加，可以阻止沥青微粒下沉或上浮，起到稳定作用。乳液黏度的增加，可以使乳液的使用性能得到改善，如拌和和易性以及与集料的黏附力均有提高，这也是与无机稳定剂的作用不同之处。

三、添加剂的复配

无机稳定剂与有机稳定剂的作用机理不同，但都能起到提高乳液储存稳定性的一部分作用。研究与应用实践证明，将二者复配使用，会起到更好的效果。

例如，沥青乳液中加入聚丙烯酰胺稳定剂，可以提高水相的黏度，能在分散的沥青微粒上形成界面膜，使其微粒相互碰撞时不易聚结，减少沥青微粒的沉降速度。沥青乳液中加入氯化钙后可以增大水相密度，减少与沥青相的密度差，能够增强乳液颗粒周围之间的合—凝聚速度。

通过复配氯化钙与聚丙烯酰胺稳定剂，其一方面增加水相的密度，另一方面增加水相的黏度。复配稳定剂的总用量与单一稳定剂的用量相同，却可以起到双重的稳定效果，故可以大大改善改性乳化沥青的储存稳定性。

复配添加剂的原材料品种、掺配比例、复合效果以及经济性等必须通过室内试验验证进行选择。

四、添加剂的选择

(1)加入卤素无机盐能增强乳液颗粒之间的双电子层效应,增加电势电位,阻止乳液颗粒的相互聚集。

(2)加入水溶性高分子聚合物能在乳液中以网状、线状的形式存在,对乳液颗粒起到隔离作用,增强乳液的黏附性。

(3)加入一些非离子表面活性剂,能降低水的表面张力,当它与乳化剂混溶于水后,能起到复合乳化的效果,增强乳化效果。

(4)选用多种化学添加剂,并将其用量的比例调节到最佳,可降低乳化剂用量,改善乳液的储存稳定性,见表2-11。

化学添加剂的种类 表2-11

添加剂的类别	类　型	乳液中用量(%)
卤素无机盐	氯化钙,氯化铵	1.5
水溶性高分子聚合物	PVA,明胶	1.0
无机盐	盐酸,亚硫酸	适量
非离子表面活性剂	OP－10	0.08

对添加剂种类和用量的确定也是乳化沥青混合料设计的一项重要内容,因此,添加剂的掺加,不应对乳化沥青混合料路用性能产生不利影响。

未经试验验证的添加剂,不得在乳化沥青的生产与施工中采用。

第六节　部分橡胶胶乳类改性剂产品目录

部分橡胶胶乳类改性剂产品见表2-12。

表2-12

生产厂家	型　号	名　称	总固含量(%)	pH值	密度(g/cm^3)
漯河市天龙化工有限公司	JR65	阳离子SBR胶乳	65%±1%		
镇江金阳道路材料科技发展有限公司	JY-SBR65	阳离子丁苯胶乳	65%±2%	3~4	0.98
	JY-SBR65A	阴离子丁苯胶乳	65%±2%	8~9	0.98
江阴市七星助剂有限公司	QX-G	阳离子丁苯胶乳	66%		
山东派尼化学有限公司	SBR	胶乳PION SBR	40%	6~7	
	SBR	胶乳PION SBR	60%	6~7	

本章参考文献

[1] 张德勤.石油沥青的生产与应用[M].北京:中国石化出版社,2001.

[2] 刘尚乐.乳化沥青及其在道路、建筑工程中的应用[M].北京:中国建筑工业出版社,2008.

[3] 宋哲玉.改性乳化沥青生产工艺技术[J].长安大学,2005.

[4] 才洪美.SBS胶乳改性乳化沥青稳定性研究[J].石油沥青,2008.22(3).

[5] 孙永忠.混合氧化工艺在乳化沥青专用基质沥青生产中的应用[J].中国道路沥青,2009(36).

[6] 宋哲玉,陆忠义.乳化沥青生产原材料[J].乳化沥青简讯,2008,(9).

[7] 张敬义,化学改性对SBR胶乳改性乳化沥青性能的影响[J].石油沥青,2007.21(3).

[8] 杨林江.改性沥青及其乳化技术[M]北京:人民交通出版社,2004.

第三章　道路用乳化沥青的技术标准

第一节　国外的道路用乳化沥青技术标准

乳化沥青技术标准在乳化沥青的历史发展过程中起到了重要的指导作用，是乳化沥青材料在世界各国能够得到规范推广的一个重要因素。随着人们对乳化沥青产品和工程特性认识的深入，各国根据地域、交通流等特点延续性地制订和完善了许多相关技术标准和评价方法。

一、美国的乳化沥青技术标准

美国是世界上最大的乳化沥青及改性乳化沥青生产与应用的国家，包括黏层、表面处治、冷再生、贯入式、冷拌混合料、常温混合料、微表处等。集中代表了一些世界最先进的技术和产品，国际稀浆封层协会（ISSA）的大部分技术规范均出自美国。美国地域辽阔，气候差异很大，大多数州制订了各自的（改性）乳化沥青技术标准。由于改性目的、改性方法、用途和地域环境不同，相关技术标准也应变化，因而其技术经验对世界其他国家具有一定的指导与借鉴作用。美国的乳化沥青种类几乎涵盖了整个世界范围，故相关行业标准的内容较为全面。

1. 概况简介

ASTM D2397 规定的阳离子乳化沥青，是根据凝结速度的不同分为快凝（Rapid-Setting）、中凝（Medium-Setting）、慢凝（Slow-Setting）及特快凝（Quick-Setting）4 类共 7 种。

其中，快凝乳化沥青按照黏度的高低分为 CRS-1 和 CRS-2 两种型号，中凝和慢凝乳化沥青是按照蒸发残留物针入度的大小划分，中凝型乳化沥青分为 CMS-2 和 CMS-2h，慢凝型乳化沥青分为 CSS-1 和 CSS-1h。特快凝型乳化沥青只有一种型号 CQS-1h，类似于我国的慢裂快凝乳化沥青。

ASTM D977 规定的阴离子乳化沥青，是根据凝结速度分为快凝（Rapid-Setting）、中凝（Medium-Setting）、慢凝（Slow-Setting）及速凝（Quick-Setting）（QS）4 类共 13 种。

其中，快凝型阴离子乳化沥青分为 RS-1、RS-2 和 HFRS-2 三种型号，中凝型阴离子乳化沥青分为 MS-1、MS-2 、MS-2h，HFMS-1、HFMS-2 、HMS-2h 和 HMS-2s 七种型号，慢凝型阴离子乳化沥青分为 SS-1 和 SS-1h 两种型号，特快凝型阴离子乳化沥青有一个型号 QS-1h。

ASMT D3628 规定了乳化沥青的选择与使用范围。

1）ASMT D2397 规定了阳离子乳化沥青的技术要求（表 3-1）

阴离子乳化沥青技术要求(ASMT D2397)　　表 3-1

项目		快凝型		中凝型		慢凝型		特快凝型
		CRS-1	CRS-2	CMS-2	CMS-2h	CSS-1	CSS-1h	CQS-1h
赛波特黏度(25℃)(s)						200~100	200~100	200~100
赛波特黏度(50℃)(s)		20~100	100~400	50~450	50~450			
储存稳定性试验(24h)(%)		1	1	1	1	1	1	
破乳能力(35mL,0.8%二辛基硫代二钠盐)(%)		40	40					
覆膜能力和抗水性	干集料			优	优			
	喷洒后			较好	较好			
	湿集料			较好	较好			
	喷洒后			较好	较好			
筛上剩余物(%)		0.10	0.10	0.10	0.10	0.10	0.10	0.10
水泥混合试验(%)						2.0	2.0	N/A
馏出油(体积)(%)		3	3	12	12			
蒸馏残留物含量(%)		60	65	65	65	57	57	57
针入度(25℃,100g,5s)(0.1mm)		100~250	100~250	100~250	40~90	100~250	40~90	40~90
延度(25℃,5cm/min)(cm)		40	40	40	40	40	40	40
溶解度(三氯乙烯)(%)		97.5	97.5	97.5	97.5	97.5	97.5	97.5

2) ASTM D977 规定了阴离子乳化沥青的技术要求(表 3-2 和表 3-3)

阴离子乳化沥青技术要求(ASMT D977)　　表 3-2

项目		快凝型						中凝型					
		RS-1		RS-2		HFRS-2		MS-1		MS-2		MS-2h	
		min	max	min	max	min	max	min	max	min	max	min	max
赛波特重油黏度(25℃)(s)		20	100					20	100	100		100	
赛波特重油黏度(50℃)(s)				75	400	75	400						
储存稳定性试验(24h)(%)			1		1		1		1		1		1
破乳能力(35mL,0.02NcaCl$_2$)(%)		60		60		60							
覆膜能力和抗水性	干集料上覆膜							好		好		好	
	喷洒后集料上覆膜							中		中		中	
	湿集料上覆膜							中		中		中	
	喷洒后集料上覆膜							中		中		中	
黏合剂混合试验(%)													
筛上剩余物(%)			0.01		0.01		0.01		0.01		0.01		0.01
蒸馏残留物含量试验(%)		55		63		63		55		65		65	
乳化沥青馏分油(体积)(%)													

续上表

项目		快凝型						中凝型					
		RS-1		RS-2		HFRS-2		MS-1		MS-2		MS-2h	
		min	max	min	max	min	max	min	max	min	max	min	max
蒸馏残留物试验	针入度(25℃,100g,5s)(0.1mm)	100	200	100	200	100	200	100	200	100	200	40	90
	延度(25℃,5cm/min)(cm)	40		40		40		40		40		40	
	溶解度(三氯乙烯)(%)	97.5		97.5		97.5		97.5		97.5		97.5	
	漂浮度(60℃)(s)					1 200							

阴离子乳化沥青技术要求(ASMT D977)(续)　　表3-3

项目		中凝型								慢凝型				特快凝型	
		HFMS-1		HFMS-2		HFMS-2h		HFMS-2s		SS-1		SS-1h		QS-1h	
		min	max	min	max	min	max	min	max	min	max	min	max	min	max
赛波特重油黏度(25℃)(s)		20	100	100		100		50		20	100	20	100	20	100
赛波特重油黏度(50℃)(s)															
储存稳定性试验(24h)(%)			1		1		1		1		1		1		
破乳能力(35mL,0.02NcaCl$_2$)(%)															
覆膜能力和抗水性	干集料上覆膜	好		好		好		好							
	喷洒后集料上覆膜	中		中		中		中							
	湿集料上覆膜	中		中		中		中							
	喷洒后集料上覆膜	中		中		中		中							
黏合剂混合试验(%)											2.0		2.0		N/A
筛上剩余物(%)			0.01		0.01		0.01		0.01		0.01		0.01		0.01
蒸馏残留物含量试验(%)		55		65		65		65		57		57		57	
乳化沥青馏分油(体积)(%)								1	7						
蒸馏残留物试验	针入度(25℃,100g,5s)(0.1mm)	100	200	100	200	40	90	200		100	200	40	90	40	90
	延度(25℃,5cm/min)(cm)	40		40		40		40		40		40		40	
	溶解度(三氯乙烯)(%)	97.5		97.5		97.5		97.5		97.5		97.5		97.5	
	漂浮度(60℃)(s)	1 200		1 200		1 200		1 200							

3) ASMT D3628 规定了乳化沥青的选择与使用范围(表 3-4)。

乳化沥青的选择与使用规范(ASTM D3628)　　表 3-4

结构类型	RS	RS-2	HFMS-2	MS-1 HFMS	MS-2 HFMS-2	MS-2h HFMS-21	HFMS-2	SS	SS-11	CRS-	CRS-2	CMS-2	CMS-21	CSS	CSS-11	QS-11
沥青与集料混合物基层与表面铺筑																
厂拌(热)						√										
厂拌(冷)																
开级配集料					√	√						√	√			
密集配集料							√	√	√					√	√	
砂							√	√	√					√	√	
现场拌和																
开级配集料				√	√	√						√	√			
密集配集料							√	√	√					√	√	
砂							√	√	√					√	√	
砂土								√	√					√	√	
稀浆封层								√	√					√	√	√
沥青与集料应用表处与封层																
单层表处	√	√	√							√	√					
多层表处	√	√	√							√	√					
级配集料封层							√									
砂封层	√	√	√	√			√			√	√					
贯入式碎石路面																
大空隙		√	√								√					
小空隙	√									√						
沥青应用																
喷雾封层				√				√	√					√	√	
透层一贯入式								√	√					√	√	
面层																
黏层				√				√	√					√	√	
防尘								√	√					√	√	
覆盖								√	√					√	√	
裂缝填充					√	√	√	√	√				√	√	√	√
养护用混合物																
即用型				√	√	√	√						√	√		
备用型							√									

4)美国的改性乳化沥青技术标准

改性乳化沥青在美国的使用范围很广,包括黏层、表面处治、冷再生、贯入式、冷拌混合料、常温混合料、微表处等。美国的另外一个主要特点是,大多数的州制订了改性乳化沥青技术标准。这说明,由于改性目的、改性方法、用途和地区不同,其技术标准也应不一样。

美国不同地区的微表处用改性乳化沥青技术标准,见表3-5。

美国不同地区的微表处用改性乳化沥青技术标准 表3-5

州名		阿拉巴马州	伊利诺伊州	堪萨斯州	俄克拉何马州	宾西法尼亚州	弗吉尼亚州	怀俄明州
筛上剩余量(%)		<0.10	<0.10	0.5	0.1	0.1		0.1
储存稳定性(%)	24h	<0.1	<0.1	<1 <5	1	1		1
	5d							
赛波特黏度(s)		20~15	15~100	10~60	20~100	<100	20~100	20~100
固含量(%)		>60	>62	>57	>62	>62	>62	>62
蒸馏方法(℃/min)			177/15	177/20	204/15	177/15		
蒸馏残留物延度(cm)		>40	>50	>80	>70	>40(15.5℃)	>40	>40
溶解度(%)		>97.5	>97.5	>97.5	>97	>96	>97.5	>97.5
针入度(0.1mm)		60~110	40~80	50~100	40~90	40~90	40~90	40~90
软化点(℃)			>60		>57	>60	>60	>57
聚合物用量(%)				>3				
60℃动力黏度(Pa·s)			>800		>800	>800		
测力延度比率							0.5	

2. 与我国技术标准的主要区别

1)储存稳定性

美国与我国的乳化沥青储存稳定性标准是一致的,但一般只做一天的储存稳定性指标。大部分采用乳胶改性的乳化沥青,由于乳胶的密度只有0.9g/cm^{3}左右,而沥青的密度尤其是重交沥青的密度大于1.0g/cm^3,静置几天后,乳胶会上浮到表面,呈现一层白色薄膜。因此建议,改性乳化沥青应尽快使用,不宜长时间储存,而且使用前应对乳化沥青进行搅拌或摇匀。

2)赛波特黏度

美国各州的标准不完全一样,但赛波特黏度大部分为20~100s,实际上这个黏度范围是比较合适的,因为若黏度过低,稀浆混合料的稠度就不理想,混合料容易发生离析,黏度过高生产较困难。按恩格拉黏度(E_{25})=0.28赛波特黏度(SF_{25})换算,其恩格拉黏度范围为5~28,换算成我国的道路标准黏度$C_{25,3}$为18~75s。

3)残留物含量

残留物含量大部分为大于62%,较高的沥青含量既可得到较好的黏度,又可以节省运费,提高生产效率。美国全部采用的是蒸馏方法制取残留物，而不是蒸发方法，蒸馏方法的条件是相对固定的，其结果具有较好的一致性。

蒸馏方法对普通乳化沥青的试验方法：用一标准金属容器，上出口接冷凝装置，装入200g乳化沥青样品，开始在液面以上加热，当液体温度达到204℃时火焰移至下部，继续加热，当液体温度达到260℃时，关小火焰，保持260℃温度15min，整个蒸馏时间应在60min ±15min内完成，完成后称重，计算残留物含量，并将残留物倒出，做有关残留物性能试验。

对于改性乳化沥青，由于含有聚合物改性剂，过高的温度可能会造成聚合物的分解，因此蒸馏方法是将第一步的温度降至177℃，第二步的蒸馏温度在美国也不统一，有的州降为204℃/15min，有的州降为177℃/15min或20min。

4）残留物延度

美国各州的标准也不一致。事实上用SBR的延度比用SBS、EVA等的延度好，但路用性能却各不相同。一般认为，SBR改善低温效果较理想，SBS改善高低温都较好，而EVA类的只适合改善高温。对于微表处，建议我国采用15℃延长大于40cm作标准。

5）残留物针入度

在美国大部分在40～90（0.1mm）之间，也有部分为50～110（0.1mm）之间，这主要考虑地区差异和气候条件等因素来确定。

6）残留物软化点

在美国大部分为大于60℃，也有大于57℃的。

7）60℃动力黏度

这个指标比较能反映沥青的抗高温能力，在美国有些州作为控制指标，有些州作为参考指标，大部分州未作要求。要求值为大于800Pa · s。

8）测力延度比率

其试验方法与延度试验相近，是在测延度的同时，测沥青的抗力，试验温度一般为4℃，拉伸30cm，计算拉至30cm时的抗力与最大抗力的比，一般要求大于0.3。

9）聚合物用量

在美国有少量的州，用检测聚合物用量的方法来保证改性乳化沥青的性能，但实际上除聚合物用量外，聚合物的性能（分子量大小、结构、有效胶含量）等对改性沥青的影响也很大。我国公路部门对聚合物在乳化沥青中的应用时间还不长，目前还没有制订直接检测聚合物掺量多少的标准和方法。

10）动态剪切试验

随着SHRP技术的不断完善和大规模推广使用，许多业主及供应商开始对残留物的动态剪切试验进行测定，要求其70℃时的$G^{*}\sin\delta$大于1.0kPa，-12℃时的蠕变劲度小于300MPa，也就是达到PG70-22等级。对于一条具体的道路来说，根据其气温高低、交通量大小等计算出其所需的设计温度，如果该温度小于70℃，则PG70-22的改性乳化沥青是适合的。

二、日本的乳化沥青技术标准

1. 日本的乳化沥青分类

日本是亚洲应用乳化沥青最早的国家，近年来，日本从抑制二氧化碳的排放，节省能源、环境保护等方面考虑，在道路工程沥青路面的铺筑及维修施工中，对乳化沥青的应用越来越重视，对乳化沥青指标要求也有所提高。

日本的乳化沥青技术标准自从昭和16年（1941年）制订以来，其间根据日本工业标准化法（昭和24年）的实施，制订了JIS标准。JIS K2208于2000年进行了第5次修订，JIS K2208—2000乳化石油沥青标准取消了阴离子乳化沥青，保留阳离子乳化沥青7种，非离子乳化沥青1种，如表3-6所示。

JIS K2208—2000乳化石油沥青品种和适用范围 表3-6

种类	代号	用途
阳离子型乳化沥青		
喷洒贯入用		
1号	PK-1	温暖期喷洒贯入及表面处治
2号	PK-2	寒冷期喷洒贯入及表面处治
3号	PK-3	透层及水泥稳定层养护
4号	PK-4	黏结层
拌和用		
1号	MK-1	拌和级配骨料
2号	MK-2	拌和级配细料
3号	MK-3	拌和砂石土骨料
非离子乳化沥青		
1号	MN-1	水泥与乳化沥青稳定处治

2. 乳化沥青技术标准

日本乳化沥青技术标准有国家标准（JIS K2208）和乳化沥青协会标准（JEAAS）。

1）JISK2208

日本于1957年参照东京都规范和美国的相应标准，制订了JIS K2208—1957。这个标准先后进行了5次修订，其中2000年第5次修订变化很大，主要有：蒸发残留物溶解度试验试剂用甲苯替代三氯乙烯，删除蒸发残留物延度试验项目，取消阴离子乳化沥青，如表3-7所示。

JIS K2208—2000技术指标 表3-7

项目	阳离子							非离子
	PK-1	PK-2	PK-3	PK-4	MK-1	MK-2	MK-3	MN-1
恩格拉黏度	3~15	3~15	1~6	1~6	3~40	3~40	3~40	2~30
筛上剩余量（1.18mm）（%），小于	0.3	0.3	0.3	0.3	0.3	0.3	0.3	0.3
黏附性、裹附面积	2/3	2/3	2/3	2/3				
粗级配集料拌和性					均匀			
细级配集料拌和性						均匀		
砂石土集料拌和性							5	

续上表

项　目	阳　离　子							非离子
	PK-1	PK-2	PK-3	PK-4	MK-1	MK-2	MK-3	MN-1
水泥拌和性								1.0
沥青微粒电荷	(+)	(+)	(+)	(+)	(+)	(+)	(+)	无
蒸发残留物含量(%),大于	60	60	50	50	57	57	57	57
蒸发残留物性质								
针入度(1/10mm)	100～200	150～300	100～300	60～150	60～200	60～200	60～200	60～200
溶解度(甲苯)(%),大于	98	98	98	98	98	98	98	98
储存稳定性(24h)(%),小于	1	1	1	1	1	1	1	1
冻融稳定性(-5℃)		无粗粒 无结块						

2)改性乳化沥青技术标准

日本的改性乳化沥青标准是日本乳化沥青协会的标准,其代号为JEAAS(Japan Emulsifier Asphalt Association Standard)。

日本乳化沥青协会标准JEAAS始于1962年制订,之后经过多次修订,到2006年再次修订时,规定了橡胶改性乳化沥青、微表处改性乳化沥青、高浸透性乳化沥青等乳化沥青的技术要求。修订要点如下:

(1)取消了阴离子乳化沥青;

(2)重新评价品种的分类,见表3-8,对“改性乳化沥青”分开设置了“橡胶改性乳化沥青”和“微表处改性乳化沥青”;

乳化沥青种类、代号及用途　　表3-8

种　类		代　号	用　途
高浸透性乳化沥青		PK-P	透层
高浓度乳化沥青		PK-H	浸透及表面处治
稀释沥青		MK-C	修缮用温拌沥青混合料
改性乳化沥青	橡胶改性乳化沥青	PKR-T	黏结层
		PKR-S-1	温暖期表面处治
		PKR-S-2	寒冷期表面处治
	微表处乳化沥青	MS-1	微表处

(3)将PKR-T指标统一;

(4)取消了蒸发残留物延度试验项目。

其中,高浸透性乳化沥青、高浓度乳化沥青、稀释沥青的技术要求,见表3-9。橡胶改性乳化沥青和微表处改性乳化沥青的技术要求,见表3-10。

JEAAS—2006 技术指标要求(之一) 表 3-9

项　目		PK-P	PK-H	MK-C
恩格拉黏度		1~6		
赛波特黏度(s)	50℃		20~500	
	25℃			30~500
筛上剩余物(1.18mm)(%),小于		0.3	0.3	0.3
黏附性(裹附面积),大于		2/3	2/3	2/3
浸透性(s),小于		300		
沥青微粒电荷		(+)	(+)	(+)
细级配集料拌和性				均匀
蒸馏馏出油分(到360℃时的)		<15	<5	3~20
蒸发残留物含量(360℃时)(%),大于		40	65	50
蒸发残留物性质				
针入度(15℃)(1/10mm)		100~300	80~300	
浮漂度　(60℃)(s)				20~170
储存稳定性(24h)(%),小于		2		1

注:PK-H 在夏季使用时,蒸发残留物针入度采用25℃时测试的值。

JEAAS—2006 技术指标要求(之二) 表 3-10

项　目		PKR-T	PKR-S-1	PKR-S-2	MS-1
恩格拉黏度		1~10	3~30	3~30	3~60
筛上剩余物(1.18mm)(%),小于		0.3	0.3	0.3	0.3
黏附性(裹附面积),大于		2/3	2/3	2/3	2/3
沥青微粒电荷		(+)	(+)	(+)	(+)
蒸发残留物含量(360℃时)(%),大于		50	57	57	60
蒸发残留物性质					
针入度(15℃)(1/10mm)		60~150	100~200	200~300	40
软化点(℃)		42	42	36	50
黏韧性(N·m),大于	15℃		4.0	3.0	
	25℃	3.0			
韧性(N·m),大于					
15℃			2.0	1.5	
25℃		1.5			
储存稳定性(24h)(%),小于		1	1	1	1
冻融稳定性(-5℃)		无粗粒无结块			

注:对恩格拉黏度小于15 的乳化沥青,按照 JIS K2208 中 6.3 求得,对恩格拉黏度大于 15 的乳化沥青,按照 JIS K2208 中 6.4 求得黏度,再换算成恩格拉黏度。

三、匈牙利的乳化沥青技术标准

匈牙利从第二次世界大战前(1939年)就在道路的建设和维修中使用阴离子和阳离子乳化沥青。1969年以后,由于引进法国技术,阳离子型乳化沥青的生产逐渐扩大到全国,特别是乳化沥青取代稀释沥青在匈牙利的道路建设和维修中得到了广泛的应用。1996年对阳离子乳化沥青标准进行了修改,形成标准MSZ326—1996,如表3-11和表3-12所示。

阳离子乳化沥青标准MSZ326—1996按使用方式不同分为拌和法与洒布法,并分别规定不同的技术指标。其中慢裂型和中裂型主要用于拌和法施工,快裂型主要用于洒布法施工。根据乳液类型和性质不同对普通乳化沥青、高浓度乳化沥青、改性乳化沥青、高沥青含量的改性乳化沥青等提出了不同的技术要求,并且还规定了对玄武岩硬化时间和对粗集料黏附性的具体要求值。此外,对改性乳化沥青规定了弹性恢复率指标。

匈牙利拌和法使用的乳化沥青质量标准　　表3-11

<table>
<tr><th colspan="2">乳液类型
项　目</th><th>L-KFB
60(B-80)</th><th>L-KFB
60(PmB-A)</th><th>L-KFB
65(PmB-A)</th><th>K-EA
60(B-80)</th><th>K-EA
60(B-200)</th><th>L-EA
60(B-80)</th><th>试验方法</th></tr>
<tr><td colspan="2">沥青含量(%),大于</td><td colspan="2">60</td><td>65</td><td colspan="3">60</td><td>MSZ3245/1</td></tr>
<tr><td colspan="2">筛上剩余物(0.63㎜)(%),小于</td><td>0.3</td><td colspan="2">0.5</td><td colspan="3">0.3</td><td>MSZ3245/3</td></tr>
<tr><td colspan="2">储存稳定性(7d)(%),小于</td><td colspan="6">0.5</td><td>MSZ3245/4</td></tr>
<tr><td colspan="2">pH值</td><td colspan="3">5.0</td><td colspan="3">2.0~5.0</td><td>M1</td></tr>
<tr><td colspan="2">对玄武岩硬化时间分</td><td colspan="3">超过30</td><td colspan="2">10~25</td><td>超过30</td><td>MSZ3245/5</td></tr>
<tr><td colspan="2">对玄武岩
黏附性,大于</td><td></td><td colspan="2">—</td><td colspan="3">75</td><td>MSZ3245/6</td></tr>
<tr><td colspan="2">测点,大于</td><td>75</td><td colspan="2">90</td><td colspan="3">—</td><td>M2</td></tr>
<tr><td colspan="2">针入度(25℃)(1/10mm)</td><td>—</td><td colspan="2">—</td><td>60~300</td><td>120~400</td><td>60~110</td><td>MSZ3253</td></tr>
<tr><td rowspan="2">蒸发残留物</td><td>软化点(℃),大于</td><td>45</td><td colspan="2">40</td><td>35</td><td>27</td><td>45</td><td>MSZ13162</td></tr>
<tr><td>弹性恢复(25℃)(%),大于</td><td>—</td><td colspan="2">50</td><td>—</td><td></td><td></td><td>Ut2-3.502</td></tr>
</table>

匈牙利洒布法使用的乳化沥青质量标准　　表3-12

<table>
<tr><th>乳液类型
项　目</th><th>Gy-FB
65(B-80)</th><th>Gy-FB
65(B-200)</th><th>Gy-FB
70(B-80)</th><th>Gy-FB
70(B-200)</th><th>Gy-FB
70(PmB-A)</th><th>Gy-FB
70(PmB-B)</th><th>试验方法</th></tr>
<tr><td>沥青含量(%),大于</td><td colspan="2">65</td><td colspan="2">68</td><td colspan="2">68</td><td>MSZ3245/1</td></tr>
<tr><td>黏度(4㎜,20℃)(s)</td><td colspan="2">5~40</td><td colspan="2">10~80</td><td colspan="2">10~60</td><td>MSZ3278</td></tr>
<tr><td>筛上剩余物(0.63㎜)(%),小于</td><td colspan="4">0.3</td><td colspan="2"></td><td>MSZ3245/3</td></tr>
</table>

续上表

项目 \ 乳液类型		Gy-FB 65(B-80)	Gy-FB 65(B-200)	Gy-FB 70(B-80)	Gy-FB 70(B-200)	Gy-FB 70(PmB-A)	Gy-FB 70(PmB-B)	试验方法
储存稳定性(7d)(%),小于		0.5						MSZ3245/4
pH 值		2.0~5.0						M1
对玄武岩硬化时间(min)		15						MSZ3245/5
对玄武岩黏附性,大于		75				90		MSZ3245/6
针入度(25℃)(1/10mm)		60~110	120~240	60~110	120~240	130~240	70~160	MSZ3253
蒸发残留物	软化点(℃),大于	45	34	45	34	40	53	
	弹性恢复(25℃)(%),大于	—	—		—	70		Ut2-3.502
	弹性恢复(7℃)(%),大于	—	—		—	—	30	

第二节　我国的道路用乳化沥青技术标准

我国的交通行业乳化沥青技术标准是经过“阳离子乳化沥青及其路用性能研究”和“乳化沥青稀浆封层成套技术”等科技项目研究和大量的应用实践,在参考国外相关标准的基础上,主要是参照日本的标准和美国的标准而制定的,至今又经过了数次修订,形成了现在贯彻执行的《公路沥青路面施工技术规范》(JTG F40—2004)。

《公路沥青路面施工技术规范》(JTG F40—2004)客观、科学、全面地体现了我国对道路用乳化沥青的技术要求,同时也与国际技术标准实现了接轨。

一、我国的道路用乳化沥青分类

《公路沥青路面施工技术规范》(JTG F40—2004)中对乳化沥青有以下几种不同的分类:

(1)按是否添加聚合物分类,分为道路用乳化沥青和道路用改性乳化沥青。

在制作乳化沥青的过程中同时加入聚合物胶乳,或将聚合物胶乳与乳化沥青成品混合,或对聚合物改性沥青进行乳化加工得到的乳化沥青产品,被称之为道路用改性乳化沥青,否则称之为道路用乳化沥青。

(2)按微粒所带电荷来分,分为阳离子、阴离子和非离子乳化沥青。

由于非离子乳化沥青很少应用,因此,基本上分为阳离子乳化沥青和阴离子乳化沥青两大类。

(3)按施工方式分类,分为喷洒型乳化沥青和拌和型乳化沥青。

沥青材料用于公路工程不外乎就是两种方法,一个是喷洒,另外就是拌和。因此,可以把乳化沥青分为喷洒型乳化沥青和拌和型乳化沥青。

(4)按破乳速度分为快裂、中裂和慢裂型乳化沥青。

由于乳化沥青的破乳速度随着气候的变化或集料的变化而变化,因此快裂和中裂、中裂和慢裂型乳化沥青就有可能会发生破乳速度的变化。

《公路沥青路面施工技术规范》(JTG F40—2004)表4.3.1提出的乳化沥青品种和适用范围,见表3-13。

乳化沥青品种和适用范围 表3-13

分 类	品种及代号	适 用 范 围
阳离子乳化沥青	PC-1	表处,贯入式路面及下封层用
	PC-2	透层油及基层养生用
	PC-3	黏层油用
	BC-1	稀浆封层或冷拌沥青混合料用
阴离子乳化沥青	PA-1	表处,贯入式路面及下封层用
	PA-2	透层油及基层养生用
	PA-3	黏层油用
	BA-1	稀浆封层或冷拌沥青混合料用
非离子乳化沥青	PN-2	透层油用
	BN-1	与水泥稳定集料同时使用(基层路拌或再生)

二、我国的道路用乳化沥青技术标准

1.技术要求

《公路沥青路面施工技术规范》(JTG F40—2004)表4.3.2提出道路用乳化沥青的质量要求,见表3-14。

道路用乳化沥青技术要求 表3-14

试验项目		单位	品种及代号										试验方法
			阳离子				阴离子				非离子		
			喷洒用			拌和用	喷洒用			拌和用	喷洒用	拌和用	
			PC-1	PC-2	PC-3	BC-1	PA-1	PA-2	PA-3	BA-1	PN-2	BN-1	
破乳速度			快裂	慢裂	快裂或中裂	慢裂或中裂	快裂	慢裂	快裂或中裂	慢裂或中裂	慢裂	慢裂	T 0658
粒子电荷			阳离子(+)				阴离子(-)				非离子		T 0653
筛上剩余物(1.18mm筛),不大于		%	0.1				0.1				0.1		T 0652
黏度	恩格拉黏度计 E_{25}		2~10	1~6	1~6	2~30	2~10	1~6	1~6	2~30	1~6	2~30	T 0622
	道路标准黏度计 $C_{25,3}$	s	10~25	8~20	8~20	10~60	10~25	8~20	8~20	10~60	8~20	10~60	T 0621

续上表

试验项目		单位	品种及代号										试验方法
			阳离子				阴离子				非离子		
			喷洒用			拌和用	喷洒用			拌和用	喷洒用	拌和用	
			PC-1	PC-2	PC-3	BC-1	PA-1	PA-2	PA-3	BA-1	PN-2	BN-1	
蒸发残留物	残留分含量,不小于	%	50	50	50	55	50	50	50	55	50	55	T 0651
	溶解度,不小于	%	97.5				97.5				97.5		T 0607
	针入度(25℃)	0.1mm	50~200	50~300	45~150		50~200	50~300	45~150		50~300	60~300	T 0604
	延度(15℃),不小于	cm	40				40				40		T 0605
与粗集料的黏附性、裹附面积,不大于			2/3			—	2/3			—	2/3	—	T 0654
与粗、细粒式集料拌和试验			—			均匀	—			均匀	—		T 0659
水泥拌和试验的筛上剩余,不大于		%	—				—				—	3	T 0657
常温储存稳定性	1d,不大于	%	1				1				1		T 0655—1993
	5d,不大于		5				5				5		

注:1. P为喷洒型,B为拌和型,C、A、N分别为阳离子、阴离子、非离子。

2. 黏度可选用恩格拉黏度计或道路标准黏度计之一测定。

3. 表中的破乳速度与集料的黏附性、拌和试验的要求、所使用的石料品种有关,质量检验时应采用工程上实际的石料进行试验,仅进行乳化沥青产品质量评定时可不要求此三项指标。

4. 储存稳定性根据施工实际情况选用试验时间,通常采用5d,乳液生产后能在当天使用时也可用1d的稳定性。

5. 当乳化沥青需要在低温冰冻条件下储存或使用时,尚需按T 0656进行-5℃低温储存稳定性试验,要求没有粗颗粒,不结块。

6. 如果乳化沥青是将高浓度产品运到现场经稀释后使用时,表中的蒸发残留物等各项指标指稀释前乳化沥青要求。

2. 对道路用乳化沥青技术要求的实践与认识

(1)《公路沥青路面施工技术规范》(JTG F40—2004)表4.3.2道路用乳化沥青技术要求将试验项目分为9大项,其中含有13个单项。

国内目前采用阴离子乳化沥青的省份并不多,非离子乳化沥青也很少应用,因此基本上以阳离子乳化沥青为主要类型,见表3-15。

(2)缺乏专项用途的乳化沥青的专项检测项目要求

喷洒用乳化沥青,如高渗透乳化沥青,需要检测渗透性能;如用于黏层油的乳化沥青,需要检测与石料的黏结能力。

(3)乳液的储存稳定性试验没有明确规定试验温度,只提出在室温储存。但我国南、北方以及冬、夏温差较大,温度对储存稳定性试验结果是有影响的,为了实际试验和与产品实际储存时的环境温度相一致,需要标明储存时的环境温度。

(4)我国目前不生产或使用针入度为300(1/10mm)的沥青,200号沥青也很少使用。即便是透层油,可以采用针入度160(1/10mm)或180(1/10mm)的沥青。针入度过大,则其中的轻组分较多,应用效果不会很好。

阳离子乳化沥青产品质量评定必须检验的项目　　表 3-15

试验项目		单位	试验项目				试验方法
			阳离子				
			喷洒用		拌和用		
			PC-1	PC-2	PC-3	BC-1	
粒子电荷			阳离子(+)				T 0653
筛上剩余量(1.18mm 筛),不大于		%	0.1				T 0652
黏度	恩格拉黏度计 E_{25}		2~10	1~6	1~6	2~30	T 0622
	道路标准黏度计 $C_{25,3}$	s	10~25	8~20	8~20	10~60	T 0621
蒸发残留物	残留分含量,不小于	%	50	50	50	55	T 0651
	溶解度,不小于		97.5				T 0607
	针入度(25℃)	0.1mm	50~200	50~300	45~150		T 0604
	延度(15℃),不小于	cm	40				T 0605
常温储存稳定性	1d,不大于	%	1				T 0655
	5d,不大于	%	5				

三、我国道路用改性乳化沥青的技术要求

1. 道路用改性乳化沥青应用范围

现代道路工程对乳化沥青要求在低温条件下应有弹性和塑性,在高温时具有足够的强度和热稳定性,在自然条件下有抗老化能力,对与集料的黏结力以及耐疲劳等性能提出了更高的要求。然而,大部分乳化沥青由于受基质沥青性质所制约,尚不能满足这些性能要求,为此,改性乳化沥青技术和产品应运而生。

所谓道路用改性乳化沥青是指以道路用乳化沥青为基料,以高分子聚合物(一般为橡胶胶乳)为添加改性材料,同时掺入适量的分散稳定剂或其他微量的配合剂,在一定的工艺条件下,经过掺配混溶制备成具有某种特性的稳定的聚合物沥青混合乳液,该种混合乳液被称为聚合物改性乳化沥青。该种新型的胶结材料,既吸收了聚合物沥青材料的特性,同时还保留着乳化沥青的优点。

《公路沥青路面施工技术规范》(JTG F40—2004)表 4.7.1-1 提出改性乳化沥青品种和适用范围,见表 3-16。

改性乳化沥青的品种和适用范围　　表 3-16

品种		代号	适用范围
改性乳化沥青	喷洒型改性乳化沥青	PCR	黏层、封层、桥面防水黏结层用
	拌和型改性乳化沥青	BCR	改性稀浆封层和微表处用

2. 我国道路用改性乳化沥青的技术要求

1)技术要求

《公路沥青路面施工技术规范》(JTG F40—2004)表4.7.1-2提出改性乳化沥青质量的要求,见表3-17。

改性乳化沥青技术要求

表3-17

项目		单位	品种及代号		试验方法
			PCR	BCR	
破乳速度		—	快裂或中裂	慢裂	T 0658
电荷		—	阳离子(+)	阳离子(+)	T 0653
筛上剩余量(1.18mm),不大于		%	0.1	0.1	T 0652
黏度	恩格拉黏度 E_{25}	—	1~10	3~30	T 0622
	沥青标准黏度 $C_{25,3}$	s	8~28	12~60	T 0621
蒸发残留物	含量%,不小于	%	50	60	T 0651
	针入度(100g, 25℃,5s)	0.1mm	40~120	40~100	T 0604
	软化点,不小于	℃	50	53	T 0606
	延度(5℃),不小于	cm	20	20	T 0605
	溶解度(三氯乙烯),不小于	%	97.5	97.5	T 0607
与矿料的黏附性、裹附面积,不大于		—	2/3	—	T 0654
储存稳定性	1d,不大于	%	1	1	T 0655
	5d,不大于	%	5	5	

注:1. 破乳速度与矿料的黏附性、拌和试验、所使用的石料品种有关,工程上施工质量检验时应采用实际的石料进行试验,仅进行产品质量评定时可不对这些指标提出要求。

2. 当用于填补车辙时,BCR蒸发残留物的软化点宜提高至不低于55℃。

3. 储存稳定性根据施工实际情况选用试验天数,通常采用5d,乳液生产后能在第二天使用完时也可用1d。个别情况下改性乳化沥青5d的储存稳定性难以满足要求。如果经搅拌后能达到均匀一致并不影响正常使用,此时要求改性乳化沥青运至工地后存放在附有搅拌装置的储存罐内,并不断地进行搅拌,否则不准使用。

4. 当改性乳化沥青或特种改性乳化沥青需要在低温冰冻条件下储存或使用时,尚需按 T 0656 进行 -5℃低温储存稳定性试验,要求没有粗颗粒,不结块。

2)对道路用改性乳化沥青技术要求的实践与认识

(1)《公路沥青路面施工技术规范》(JTG F40—2004)和《微表处和稀浆封层技术指南》均表示了改性乳化沥青的最低技术要求。

美国大多数的州制订了改性乳化沥青技术标准。欧洲一些国家也制订了各国的改性乳化沥青技术标准。这说明,由于改性目的、改性方法、用途和地区不同,其技术标准也不一样,特别是改性乳化沥青残留物性质。

我国地域广阔,不同的地区气候和道路交通状况,应该从经济以及路面质量和寿命的要求考虑,选择适合本地区特点的改性乳化沥青技术要求。

以河南省为例,我们在借鉴国外的技术要求时,注意了解与河南省的气候比较接近的国家和地区的技术要求。经过调查,美国的俄克拉何马州和怀俄明州的气候以及此两州在美国内的地理位置与河南省比较接近。因此,我们主要借鉴美国上述两州的改性乳化沥青技术要求,提出河南省的改性乳化沥青技术要求地方标准(草案),见表3-18。

表 3-18

项　目		单位	品种及代号		试验方法
			PCR	BCR	
破乳速度		—	快裂或中裂	慢裂	T 0658
粒子电荷		—	阳离子正电(+)		T 0653
筛上剩余量(1.18mm)		%	≤0.1		T 0652
黏度	恩格拉黏度 E_{25}	—	1~10	3~30	T 0622
	道路标准黏度 $C_{25,3}$	s	8~25	12~60	T 0621
蒸发残留物	含量	%	≥60	≥60	T 0651
	针入度(25℃,100g,5s)	0.1mm	40~90	40~90	T 0604
	延度(5℃)	cm	≥30	≥30	T 0605
	软化点	℃	≥57	≥57	T 0606
	溶解度(三氯乙烯)	%	≥97.5	≥97.5	T 0607
与矿料的黏附性、裹附面积		—	≥2/3	—	T 0654
储存稳定性	1d	%	≤1	≤1	T 0655
	5d	%	≤5	≤5	

注:1. 破乳速度与集料黏附性、拌和试验、所使用的石料品种有关。工程上施工质量检验时应采取实际的石料试验,仅进行产品质量评定时可不对这些指标提出要求。

2. 储存稳定性根据施工实际情况选择试验天数,通常采用5d,乳液生产后在第二天使用完时也可选用1d。个别情况下改性乳化沥青5d的储存稳定性难以满足要求,如果经搅拌后能够达到均匀一致并不影响正常使用,此时要求改性乳化沥青运至工地后存放在附有搅拌装置的储存罐内,并不断地进行搅拌,否则不准使用。

3. 当改性乳化沥青或特种改性乳化沥青需要在低温冰冻条件下储存或使用时,尚需按 T 0656 进行 -5℃低温储存稳定性试验,要求没有粗颗粒、不结块。

(2)缺乏专项用途的改性乳化沥青的专项检测项目要求:如用于黏层油的改性乳化沥青,需要有检测与石料黏结能力的指标,如黏韧性、60℃动力黏度等。

(3)缺乏专项用途的乳化沥青的专项检测项目要求:如透层乳化沥青的渗透性能指标以及检测方法等。

本章参考文献

[1] 陈保莲,李志军.关于日本乳化沥青标准的修订[J].石油沥青,2008,22(3).

[2] 中华人民共和国行业标准.JTG F40—2004　公路沥青路面施工技术规范[S].北京:人民交通出版社,2004.

[3] 中华人民共和国行业标准.JTG E20—2011　公路工程沥青及沥青混合料试验规程[S].北京:人民交通出版社,2011.

[4] 交通部公路科学研究院.微表处和稀浆封层技术指南[S].北京:人民交通出版社,2006.

[5] 刘尚乐.乳化沥青及其在道路、建筑工程中的应用[M].北京:中国建筑工业出版社,2008.

[6] 孔宪明,沥青基材料标准及应用[M].北京:中国标准出版社,2007.

[7] 陈保莲,段晓勤.关于道路用乳化沥青标准之浅见[J].石油沥青,2003.17(3).

[8] 陈保莲.国内外乳化沥青标准及应用概况[C].乳化沥青技术交流会论文集,2002.

第四章 道路用沥青乳化原理和乳化剂

第一节 国内外沥青乳化剂技术的现状与发展

一、国外沥青乳化剂的发展情况

乳化剂是影响乳化沥青发展的关键因素之一,从阴离子到阳离子乳化沥青的飞跃,以及慢裂慢凝稀浆封层、慢裂快凝稀浆封层和微表处的发展都离不开乳化剂的发展。目前,沥青乳化剂开发和应用仍然是国际上表面活性剂研究领域中技术创新十分活跃的一部分。

1905 年,第一个沥青乳化剂产品问世,1906 ~ 1914 年乳化沥青在筑路中崭露头角,1922 年英国化学家 Mac. Kay 申请了第一个阴离子沥青乳化剂专利。1951 年在法国研制成阳离子沥青乳化剂,成为乳化剂发展中的一个重要里程碑。20 世纪 60 年代之后,阴离子乳化剂制备的乳化沥青应用逐渐减少,阳离子乳化剂制备的乳化沥青用量直线上升(图 4-1 为法国和日本乳化沥青的用量情况)。60 年代,德国研制出用于制备聚合物改性乳化沥青的乳化剂。近十多年来又出现了性能更加优越的复合型乳化剂。

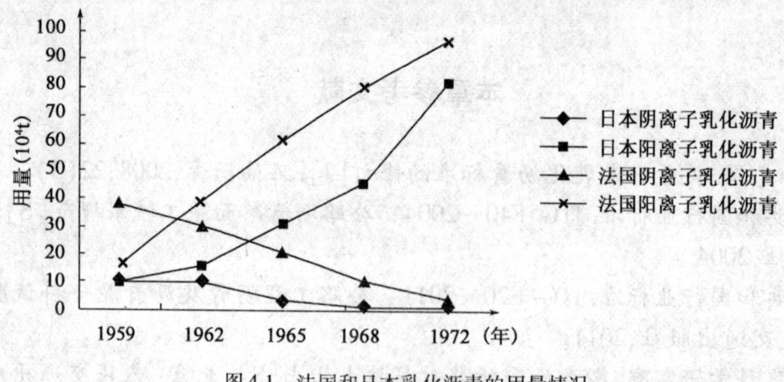

图 4-1 法国和日本乳化沥青的用量情况

欧洲在乳化沥青的研究发展中一直占有重要地位,法国是欧洲乳化沥青研究应用最多的国家,其用量约是欧洲用量的 50%,大多数次干道的维修养护和改造都使用了乳化沥青。由于政府部门和生产商的积极合作,使法国为乳化沥青的应用发展和成本性能比的下降作出了突出的贡献。

美国是世界上乳化沥青使用量最大的国家,其用量占世界的 40% 以上。在美国,由于乳化沥青用量很大（每年约300万吨），应用面很广，因此其乳化剂的品种也多种多样。他们是根据不同的用途（或不同的地区）采用不同的乳化剂，如Westvaco公司、Akzo Nobel公司等都有几十种沥青乳化剂产品供用户选择。

二、我国沥青乳化剂的现状

我国乳化沥青技术发展较晚，但起点较高，基本上越过了阴离子乳化剂的发展过程。除大连市政和少数国内防水涂料厂等一开始用阴离子乳化剂生产乳化沥青外，公路部门开始生产乳化沥青是从阳离子开始的。开始之时，乳化剂是乳化沥青发展的制约因素，乳化剂主要是大连油脂化工厂生产的NOT。后来，随着乳化沥青技术的发展，人们发现这种乳化剂成本较高，不能完全满足公路施工的要求，随后又研究成功了成本较低、合成较容易的1831及木质胺类乳化剂，从而基本上解决了国内乳化剂产品制约乳化沥青发展的问题。

根据我国国情，乳化沥青的成本也是一个主要问题，阳离子乳化沥青的性能优越，但成本较高，而且有些省份石料对阴离子乳化沥青又较为适应，这样在部分省市相继又发展了阴离子乳化沥青技术。发展较好的有广西、湖南、内蒙古等。阴离子乳化沥青施工的初级阶段没有阳离子乳化沥青性能好，但随着水分的蒸发最终表现形式仍然是沥青，所以阴离子乳化沥青发展的关键是乳化沥青施工阶段，在这方面部分省市有较好的施工经验报道，如广西、湖南、内蒙古等。

需要引起注意的是阴离子乳化沥青与石料的配伍性尤为重要，如果石料选择不好则有可能导致施工的失败。

目前，国内乳化剂的生产现状是，中裂乳化剂品种和数量较多，慢裂及快裂型乳化剂及慢裂快凝型乳化剂的生产和应用数量逐年增长。多家生产乳化剂的厂家基本形成多品种、多系列的乳化剂，用户有较多的选择余地。随着乳化沥青技术应用范围的扩大和应用量的增加，对专用沥青乳化剂的开发和应用提出了更高的要求。如：用于乳化沥青碎石封层的快裂型乳化剂、冷再生技术的专用乳化剂以及各种改性乳化沥青的专用乳化剂等等。

三、国产沥青乳化剂存在的问题

我国经过30多年的努力，在沥青乳化剂的研究与开发方面也取得了很大的成绩，但与国外相比，仍有不少差距，主要表现如下。

1.研究人员少，研究力量薄弱、分散

虽然我国的道路用乳化沥青处于发展阶段，但相对于我国化工系统对日用化工的重视，而对沥青乳化剂的研究积极性不高，而道路系统熟悉化工知识的人才又较缺乏，而沥青乳化剂生产企业还没有一个长期、固定的沥青乳化剂研究开发机构，是造成我国乳化剂技术落后的主要原因之一。

2.品种少

目前我国普遍采用的乳化剂主要有三种：季胺盐类、木质胺类和酰胺基多胺类。其中技术比较成熟，产品质量比较稳定的是季胺盐类乳化剂，但该产品只适用于生产中裂乳化沥青，适用于黏层洒布或表处施工。慢裂型的木质胺类乳化剂，其产品质量不太稳定，生产的乳化沥青的颗粒很粗，成膜性较差，这种乳化剂还有待于做更深入的研究。酰胺基多胺类乳化剂是近年

来开发的用于慢裂快凝稀浆封层使用的乳化剂，这些乳化剂对石料的选择性比较强，还有待于产品的系列化。而其他品种的乳化剂则较少。

3. 产品质量不稳定

产生产品质量不稳定的原因主要是：配方设计不完整、生产工艺落后、原材料质量不稳定以及质量控制手段简陋等。质量不稳定的乳化剂，将生产不出质量稳定（或合格）的乳化沥青。这也是我国的乳化沥青技术总是在低水平上徘徊的主要原因之一。

4. 认识上的差异

在欧美，随着技术的不断进步，沥青乳化技术也在不断的发展，而我国在这方面跟踪不及时，造成很多认识上的误差或不正确。

乳化沥青不是热沥青的替代品，它和热沥青是相辅相成的关系，热沥青有热沥青的优点，乳化沥青有乳化沥青的优点，不可厚此薄彼。

对于乳化沥青，在肯定其优点的同时，也应充分认识其不足之处。例如冷拌混合料需要一个较长的成型过程。因此，一般而言，冷拌混合料不适合用于大交通量道路。但在美国，为了缩短这个成型过程，在乳化剂研究、设备改造和混合料设计方面进行了大量工作，从而达到早期强度较高的目的，并且通过聚合物改性的方法，使混合料性能更好，可满足大交通量和重载道路的需要。

我国许多基层单位，只用一种乳化剂，生产一种形式的乳化沥青，而应用于包括黏层、透层、封层、表处等多种路面形式，这就不可避免会出现失败或效果不理想的现象。

因此，如何扬长避短，研究各种性能的乳化剂及其相应的使用技术，是全面提高我国道路用乳化沥青及其混合料技术水平的关键。

四、我国沥青乳化剂发展面临的挑战

与国外乳化沥青技术水平较高的国家相比，我国应重视以下几个方面。

1. 应对沥青乳化剂进行多品种多系列的研究与开发

沥青乳化剂的品种和乳化沥青的用途是分不开的，如美国的乳化沥青生产量超过300万吨，其应用领域多达十多种，这就需要有各种不同的沥青乳化剂进行配套，因此美国市场上有几十种乳化剂可供选用。我国乳化沥青应用广泛，例如高强冷拌混合料、大交通量快通车型表面处治、半刚性基层上的透层油、柔性稳定基层、冷法厂拌或就地路面再生等。为此，我国也应开展多种乳化剂的开发来应对乳化沥青各种用途的需要。

2. 不同离子型乳化剂的开发

近年来，我国比较重视阳离子乳化剂的开发和应用，但也出现厚此薄彼的倾向。非离子乳化沥青、阴离子乳化沥青和两性离子乳化沥青也有其特殊的优点和长处，因此对这类乳化剂也应该加强研究与开发。

3. 关注低成本乳化剂的开发

在这方面需要进一步进行木质胺乳化剂的研究，妥尔油类沥青乳化剂的开发也应引起重视。妥尔油是造纸过程中产生的一种混合物，这种物质除了纤维素外，还有脂肪酸、树脂酸、不皂化物、松香油酸、甾醇、萜烃、糖和木质素，它的造价很低，据报道该类沥青乳化剂在国外有大量应用,应注重此类低成本乳化剂的开发和应用。

4. 继续开发具有慢裂快凝作用的乳化剂

国内这方面的工作相对较为薄弱。慢裂快凝技术从施工和推广角度来看还不广泛,缺点是成本较高,还应继续研究性能较好、成本相对较低的乳化剂。另外,随着改性沥青技术的发展,对能与各种改性材料相配伍的乳化剂的研究也要引起足够的重视。研究出能和乳化沥青具有良好配伍性的、专门用于乳化沥青的改性剂也是十分必要的。

第二节　沥青乳化原理

一、表面张力

沥青的黏度随温度的改变会发生很大的变化,通常在常温下不能直接用于道路铺筑,而乳化沥青技术是解决这个问题的方法之一。乳化沥青是沥青以很小的颗粒分散在水中,形成低黏度、能满足不同施工要求的乳状液。这种乳状液不是溶液,溶液是以一种或多种物质的分子均匀的分散在另一种物质中,没有明显的界面;乳状液是一种物质以多个分子形成的集合体(颗粒)分散在另一种物质中,两种物质之间有明显的界面,这种分散与物质的表面性质有密切的关系。

我们周围的物质,在一定条件下一般都可以形成气、液、固三种不同的聚集状态,这三种状态称为“相”。按照气相、液相、固相两两组合形成的不同,界面可以分为:液/气、液/液、液/固、固/气、固/固五种类型。由于人们的眼睛通常看不清气相,所以经常把与气相组成的界面叫表面。

在液体内部的分子和表面上的分子所处的状况不同,图 4-2 所示的 C 分子在液体内部所受到的力是对称的,即合力为零。也就是说,C 分子在液体内部运动是不需要能量的。而表面上的分子所受周围分子的吸引力是不对称的,是受到液体内部的拉力。因此,有向液体内部迁移的趋势,使其表面积尽可能的缩小。所以,在没有外界影响或影响不大时,流体总是趋向于形成球体。这是因为,在体积一定的几何形体中,球体的面积是最小的。严格地讲,界面不是一个简单的几何面,它具有一定的厚度。如 A、B 两个分子都应视为界面分子。若将液体做成液膜,如图 4-3 所示,由于液膜具有收缩趋势,如果使液膜不收缩则需要外加适当的力 f,当达到平衡时,意味着有一个与 f 大小相等、方向相反的力存在(表面张力)。

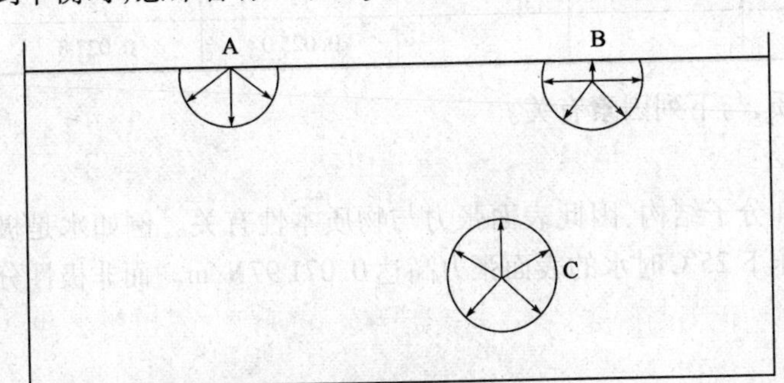

图 4-2　表面分子与内部分子受力状态

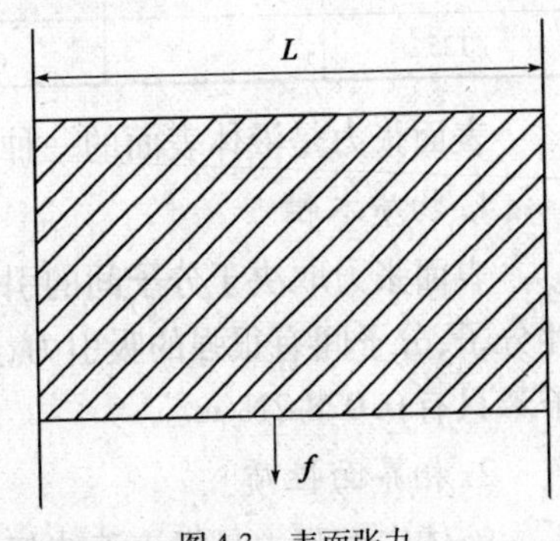

图 4-3　表面张力

f数值与膜的宽度 L 有关,$f=2\gamma L$(由于膜有两个面,故乘以2)。其中,γ 称作表面张力系数,此系数为液体的基本物理性质之一。对一定成分的液体,在一定温度压力下,有一定的γ值,该 γ 实际上是液体内聚力的反映。

由于液体内部和表面的分子所处状况不同,从能量的角度讲,将液体内部的分子移至液体表面就需要对它做功。因此,增加体系的表面积就必定会增加其能量,体系的稳定性就会下降。

在图4-3中,若外力f减小,液面可收缩向上升,同时可以做功。若上升δ距离,则所做的最大功为:

$$W = f \cdot \delta = 2\gamma L \cdot \delta = \gamma \cdot Q \tag{4-1}$$

式中:Q——收缩的液面面积(m^2);

γ——单位表面的过剩自由能(J/m^2),即增加单位液体表面积自由能的增值,也就是单位表面积上的液体分子比处于液体内部的同量分子的自由能的过剩值。

由此看到,γ 有两种解释:表面上单位长度的力和单位表面积的能量。但从量纲上分析,它们是相同的。

$$\frac{牛顿}{米} = \frac{牛顿}{米} \cdot \frac{米}{米} = \frac{牛顿 \cdot 米}{米^2} = \frac{焦耳}{米^2}$$

表面张力系数 γ 通常也简称表面张力,以上两种解释可以应用在不同场合,各有方便之处。

如在解释沥青乳化时需要能量,则表面张力用单位面积解释易于理解;当解释液体表面有收缩趋势时,用单位长度的力更易理解。几种常见液体不同温度下的表面张力见表4-1。

几种常见液体不同温度下的表面张力(N/m)　　表4-1

温度(℃) \ 物质	H_2O	CCl_4	C_6H_6	C_2H_5OH	沥青	
					兰炼100	胜利100
0	0.075 6	0.029 2	0.031 6	0.024 0		
25	0.071 97	0.026 1	0.028 2	0.021 8		
50	0.067 91	0.023 1	0.025 0	0.019 8		
75	0.063 50	0.020 2	0.021 0			
100	0.058 6					
125					0.025 0	0.027 8

表面张力是液体表面的一种性质,与下列因素有关。

1. 物质本性

表面张力取决于分子间的引力和分子结构,因此表面张力与物质本性有关。例如水是极性分子,分子间有很强的吸引力,常压下25℃时水的表面张力高达0.071 97N/m。而非极性分子苯只有0.028 2N/m。

2. 相界面性质

液体表面张力是指该液体与含有本身蒸气的空气相接触时的测定值。在与液体相接触的

另一相物质的性质改变时表面张力会发生变化。Antonoff 发现,界面张力与两种单纯液体表面张力的关系如下:

$$\gamma_i = \gamma_1 - \gamma_2 \tag{4-2}$$

式中:γ_i——两界面张力(N/m);

γ_1——甲种纯液体的表面张力(N/m);

γ_2——乙种纯液体的表面张力(N/m)。

对于乳化沥青来说,直接将沥青分散到水中要克服巨大的界面张力作用,即施加很大能量。如胜利 100 号与水的界面张力为 30.8×10^{-3}N/m(以 100℃时水的表面张力为准)。且沥青分散成很小的颗粒时,其比表面积增加很大,这样就使得产生的乳化沥青体系具有很高的能量状态,生成的乳液也不会稳定,因此在生产乳化沥青时降低水的表面张力是有必要的。具有降低水的表面张力能力的助剂叫做表面活性剂,可用于生产乳化沥青的表面活性剂叫沥青乳化剂。也就是说,增加沥青乳化剂可以极大地降低水与沥青的界面张力,可以降低乳液的能量状态,使沥青以较少的能量达到乳化和提高乳液稳定性的作用。通过以上的分析表明,生产乳化沥青必须使用沥青乳化剂。

3. 温度

温度升高时液体的界面张力将降低。当温度升高到临界温度时液—气界面逐渐消失,表面张力趋近于零。这是由于温度升高,分子间距离增大,引力减弱所致。

4. 压力

压力对界面张力有一定影响,随着压力增大而减小。但压力改变不大时对表面张力的影响很小。

二、表面活性剂

1. 表面活性剂的基本性质

表面活性剂是具有亲水基和憎水基的两亲分子,能吸附于油水相排斥的界面上,从而降低它们之间的界面张力。

使水溶液中表面活性剂的浓度逐渐增加,并测定其表面张力。不论是哪种表面活性剂,都会出现这种规律。开始时,随着表面活性剂浓度的增加,表面张力急剧下降,至某一值后,则出现与浓度关系不大,表面张力大致保持恒定的情况,如图 4-4 所示。

上述规律表明表面活性剂的水溶液中存在有某些特殊物质,可以根据不同表面活性剂的水溶液进行分析。

现以四种不同浓度的表面活性剂水溶液,分析其分子的分布情况。这四种溶液的浓度为:极稀溶液、稀溶液、临界胶束浓度的溶液、大于临界胶束浓度的溶液。在上述四种情况下,表面活性剂分子活动情况如图 4-4 所示。

极稀溶液中,表面活性剂分子极少,在空气与水的界面上,不可能有较多的表面活性剂分子聚集,表面上几乎仍为空气与水直接接触,表面张力几乎无变化,仍接近于纯水状态下的表面张力。

稀溶液中,随着浓度的增加,表面活性剂分子很快聚集到水表面上,减少了空气和水的接触面，从而使表面张力急剧下降，此即为稀溶液的情况。

临界胶束浓度的溶液中，若浓度再继续增加，达到某一值后，这是水溶液的表面聚集了大量的表面活性剂而形成了一个单分子膜覆盖在溶液的表面，使水溶液与空气完全隔离，表面张力已不再下降。此时正处于临界状态。若继续提高溶液浓度，表面活性剂分子将无法在表面聚集，而是自行形成憎水基向里、亲水基向外的胶束或胶团。大于临界胶束浓度的溶液时，达到临界胶束浓度后，表面张力不再继续下降。若浓度持续增加，由于表面已形成单分子膜，表面活性剂分子形成胶束，而使溶液中的胶束数目不断增加，此即为大于临界胶束浓度的溶液。

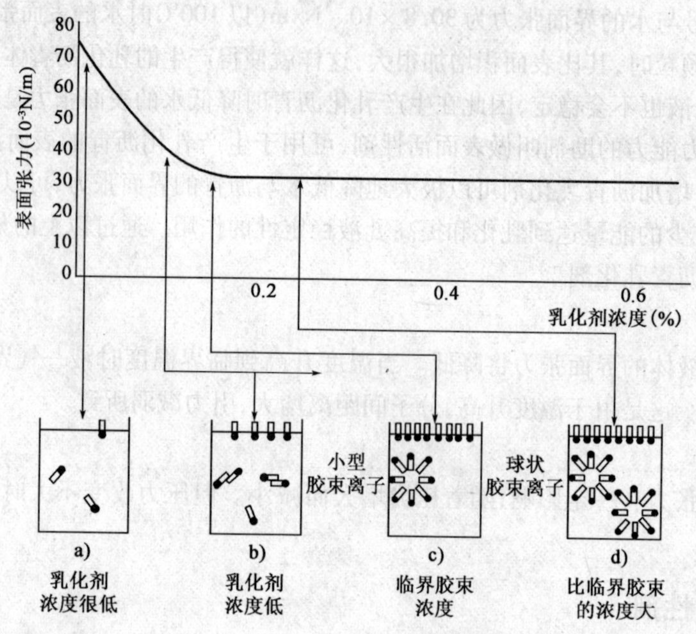

图 4-4 沥青乳化剂水溶液的浓度与表面张力的关系及其溶解状态

上述的情况与图 4-4 所示的表面张力变化曲线相对应，因此，胶束形成是缓和憎水基和水相斥作用而趋向稳定的一种行为。而在浓度较低时，表面活性剂分子聚集于表面，亲水基在水中，憎水基指向空气而定向排列直至形成分子膜。这是此种浓度下，憎水基与水相斥作用而趋于稳定的另一种方式。

表面活性剂溶液，只有当其浓度高于临界胶束浓度时才能显示其作用。这时溶液的物理性质，如电阻率、渗透压、冰点下降、蒸汽压、黏度、密度、增溶性、洗涤性、光散射以及颜色等都会发生显著变化。因此，也可以采用这些性能显著变化的转变点确定临界胶束浓度。方法不同，测出的临界胶束浓度也存在差异。表面活性剂的临界胶束浓度通常较低 0.001 ~ 0.02mol/L，即质量比 0.02% ~0.04%。

作为表面活性剂的一种，沥青乳化剂的原理与上述规律是一致的。对于乳化剂的用量来说，临界胶束浓度值不是应用乳化剂的最佳值，而只是一个参考，实际应用量一般要远远大于临界胶束浓度值。这是因为在乳化过程中，沥青的比表面积大，如果溶液中的胶束过少，则很难将沥青的表面覆盖形成单分子膜，另外有些工艺要求达到一定浓度的乳化剂，所以实际应用的乳化剂浓度要远大于临界胶束浓度。最佳用量应根据试验来确定，一般经验乳化剂用量是乳化沥青的0.1%～2%。

2. 表面活性剂的亲水亲油平衡(HLB)

在表面活性剂分子中有各种憎水基团和亲水基团，他们之间是相互影响又相互联系的。含有弱憎水基的分子，其亲油性小，这样在水中溶解度增加，表面活性作用下降；若憎水基作用强，亲水活性小，几乎不溶于水，会影响表面活性。HLB值概念的提出，能较好反应表面活性剂两亲分子的特性。

W. C. Griffin于1946年第一次提出了表面活性剂不同极基团相互平衡关系的定量表示，即称为亲水亲油平衡(Hydrophile and Lipophile Balance)的概念。

表面活性剂的HLB值均以石蜡的HLB=0、油酸的HLB=1、油酸钾的HLB=20、烷基硫酸钠的HLB=40为标准，其他表面活性剂的HLB值可用乳化试验的乳化效果来决定其值(处于1～40)，现在也可用有关的计算方法计算出来。

非离子型表面活性剂的HLB值处于1～20之间，阴离子型和阳离子型表面活性剂的HLB值在1～40之间。

目前，提出有关计算HLB值的方法不下四五十个，这也表明HLB值的理论研究是欠缺的。在此不再详细论述。

表面活性剂的HLB值的大小与其水溶性有关，而且可以初步确定表面活性剂的使用范围。HLB值与水溶性的关系见表4-2。

HLB值与水溶性的关系　　表4-2

HLB值	表面活性剂的水溶性	HLB值	表面活性剂的水溶性
1～4	在水中基本不能分散	8～10	分散液稳定
3～6	在水中分散不完全	10～13	具有透明感的分散
6～8	加以搅拌即能分散	>13	透明溶液

根据表4-2中表面活性剂的水溶性的情况，也可以反过来定性地推断表面活性剂的HLB值。表面活性剂的HLB值和其作用的关系可以由图4-5示之。

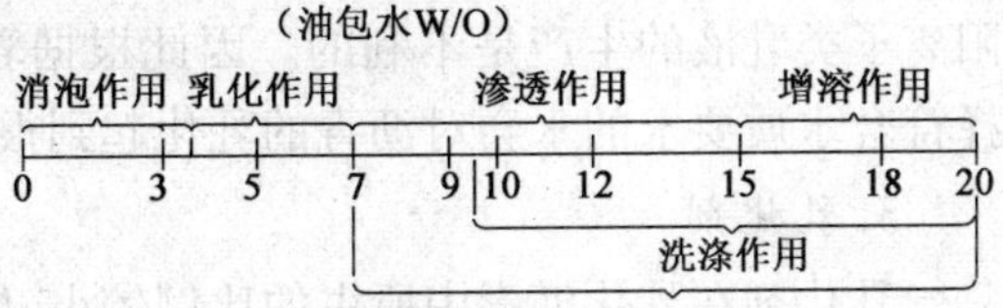

图4-5　表面活性剂的HLB值和其作用关系

根据其作用的HLB值的范围，可以将表面活性剂大致按其工作用途归纳，如表4-3所示。

表面活性剂的HLB值和功能　　表4-3

HLB值	工业中的用途	HLB值	工业中的用途
3～6	乳化剂(W/O)	13～15	洗涤剂
7～9	润湿剂	15～18	增溶剂(加溶剂)
8～18	乳化剂(O/W)		

HLB 值是选择沥青乳化剂的一个重要参数。但 HLB 值适合的表面活性剂不一定就是最佳的乳化剂,还需要综合考虑乳化力、乳化成本及乳化后沥青乳液的各种性能能否满足使用要求等,以上要求均需通过大量的试验验证。

三、沥青乳化的必要条件

乳化沥青有以下三种主要物质组成:沥青、水、乳化剂。除了具有符合要求的三种原料外,在生产过程中,良好的乳化设备、乳化温度及添加剂,以及有经验的操作工等都是不可缺少的条件。

1. 沥青

沥青是乳化沥青的主要原料,也是用于筑路等方面的最终胶结料。生产乳化沥青用的沥青,除了满足最终应用的要求外,还必须满足乳化要求。石油沥青是大分子的饱和烃、芳香烃、胶质、沥青质等组成的复杂混合物。其化学组成、沥青的胶体结构随原油、加工工艺不同而有很大差异。因此,乳化的难易程度就不同,所以对沥青进行必要的选择是调制优质乳化沥青的前提。

2. 水

水是沥青分散的介质,也是沥青乳液的重要成分。水的硬度及离子性对乳化沥青生产有较大的影响,既有有利的一面,也有不利的一面——镁离子和钙离子的存在对生产阳离子乳化沥青是有利的。如有时为制备更稳定的乳液,在生产过程中加入 $CaCl_2$ 作为稳定剂。生产阴离子乳化沥青时,镁、钙离子的存在又成为不利的因素。这是因为阴离子乳化剂大多是以可溶性的钠或钾盐的形式存在,当有大量的镁和钙离子存在时会形成不溶于水的物质,从而影响乳化效力,甚至会导致乳化失败。

碳酸根离子、碳酸氢根离子的存在对形成稳定的阳离子类乳剂是不利的。这是因为这些离子常与作为阳离子类乳化剂所用的水溶性胺基盐酸盐进行反应,生成不溶性盐。但对于阴离子类乳液,碳酸离子、碳酸氢离子具有缓冲作用,是有利的。

此外,水中存在粒状物质时,一般带负电荷物质居多,由于对阳离子乳化剂的吸附,所以对阳离子类乳液的生产是不利的。因此根据乳化沥青的离子类型,选择符合水质要求的水会对沥青的乳化起到很好的作用。

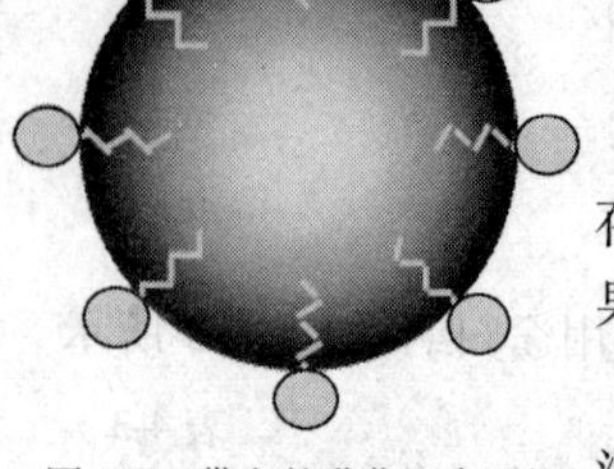

图 4-6　带电的乳化沥青颗粒

3. 乳化剂

乳化剂在乳化沥青中所占的比例较小,但对乳化沥青的生产、储存及施工均有较大的影响,所以,根据生产乳化沥青的用途、乳化效果选择乳化剂是非常必要的。

乳化剂的作用除了降低水的表面张力外,在所形成的乳液中,使沥青微粒带上电荷同时形成界面膜及水合层,使得乳化沥青能够有较长时间的稳定,见图 4-6。关于乳化剂的性质及其对生产施工的影响在以下各节将要详细描述。

4. 乳化温度的控制

生产乳化沥青要求将沥青加热到流动性很好的状态。温度一般在 110 ~150℃之间,沥青标号高时温度较低，标号低时温度较高。由于乳化混合时沥青温度较高，导致乳化剂水沸腾、发泡，从而造成乳化不良。为了防止这种现象发生，根据下式计算出沥青和乳化剂的温度：

$$A \cdot C_a(T_a - T) < W \cdot C_w(T - T_w) \tag{4-3}$$

式中：A——沥青量；

W——乳化液量；

C_a——沥青的比热；

C_w——水的比热；

T_a——沥青的温度；

T_w——水的温度；

T——水的沸度（一般以100℃计算）。

实际上乳化液的沸腾、发泡是局部现象，所以，乳化温度必须比计算值低很多，一般的经验是 $T_a + T_w \leqslant 200$℃。

对于低标号的沥青，由于加热到流动状态所需的温度很高，所以乳化时水的温度也可以适当地降低，以保证不会发生沸腾现象。

根据以上分析除了调节油温、水温外，对于需要特别高温的沥青如改性沥青的乳化，则需提高水的汽化温度，并且进行加压乳化。

5. 乳液的 pH 值

控制乳液的 pH 值对生产优质乳化沥青非常重要。对于两性乳化剂 pH 值可以决定乳液的带电状态。对于胺型阳离子乳化剂，由于不能直接溶解于水，需要用盐酸调到 pH≈2 或用醋酸调节到 pH≈4 方能使用。如果用酸过量，则乳化性或储存稳定性不好，甚至会影响使用，必须注意。

6. 添加剂

使用添加剂是调制稳定的乳化沥青的一种常用方法。有时添加剂存在是必不可少的，添加剂的加入也是降低乳化沥青成本的好方法。对于季铵盐阳离子乳化剂，添加 $CaCl_2$ 则可以降低乳化剂用量。另外高分子聚乙烯醇、甲基纤维素等物质可以增加水的黏度，从而有利于沥青乳液的稳定，也是常见的添加剂。

第三节　沥青乳化剂的分类及合成方法

一、沥青乳化剂的分类

沥青乳化剂的分类方法很多，但总体来说亲水基对沥青乳化剂的影响较大，所以通常按离子的类型和亲水基的种类划分。

（1）按照离子类型分为：阴离子型沥青乳化剂；阳离子型沥青乳化剂；两性沥青乳化剂；非离子型沥青乳化剂。

（2）按照破乳速度分为：快裂型沥青乳化剂；中裂型沥青乳化剂；慢裂型沥青乳化剂。

1. 按离子的类型分类

按离子的类型分类，是指沥青乳化剂在溶液中能电离生成离子或离子胶束的称为离子型乳化剂,凡不能电离生成离子或离子胶束的称为非离子型乳化剂。

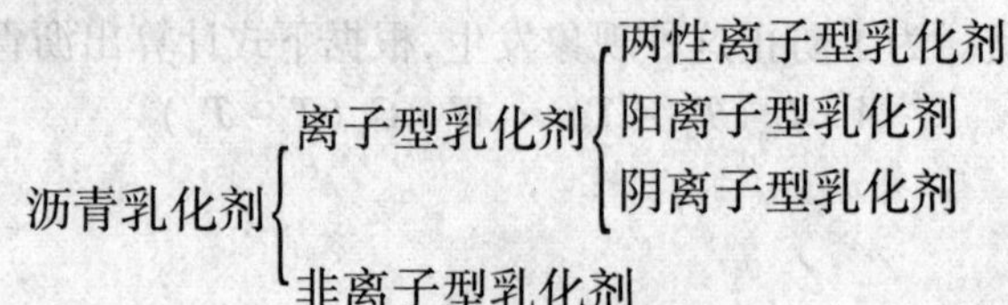

2. 按亲水基的种类分类

在离子型分类的基础上再按亲水基的种类分类。

1)阴离子型乳化剂

(1)R－COONa 羧酸盐

(2)$ROSO_3Na$ 硫酸酯盐

(3)RSO_3Na 磺酸盐

(4)$ROPO_3Na$ 磷酸酯盐

2)阳离子型乳化剂

(1)$R-NH_2 \cdot HCl$ 伯胺盐

(2)$R-NH(CH_3) \cdot HCl$ 仲胺盐

(3)$R-N(CH_3)_2 \cdot HCl$ 叔胺盐

(4)$[R-N(CH_3)_3]^+Cl^-$ 季胺盐

3)两性离子型乳化剂

(1)$R-NHCH_2CH_2COOH$ 氨基酸型两性乳化剂

(2)$R-N(CH_3)_2-CH_2COOH$ 甜菜碱型两性乳化剂

4)非离子型乳化剂

(1)$R-O-(CH_2CH_2O)_n-H$ 聚氧乙烯型非离子乳化剂

(2)$R-COOC(CH_2OH)_3$ 多元醇型非离子乳化剂

按离子分类的优点在于,各种类型的乳化剂都随着离子类型不同具有不同的特点,因而可由类型确定其合适的用途。阴离子和阳离子乳化剂混合时会产生沉淀,所以二者不能混用。

二、阴离子型沥青乳化剂

阴离子型沥青乳化剂由于原料易得,所以最早生产的乳化沥青为阴离子乳化沥青。早在1925年阴离子乳化沥青即已开始广泛应用,由于阴离子乳化沥青固有的缺点,其应用量远不及阳离子乳化沥青。

阴离子沥青乳化剂最重要的亲水性基团有羧酸盐(－COONa)、硫酸酯盐($-OSO_3Na$)、磺酸盐($-SO_3Na$)等三种类型。

阴离子型乳化剂分类:

阴离子型乳化剂:
- 羧酸盐 R－COONa
- 硫酸酯盐 $R-OSO_3Na$
- 磺酸盐 $R-SO_3Na$

阴离子乳化剂所形成乳化沥青的带电状态示意图,如图4-7所示。

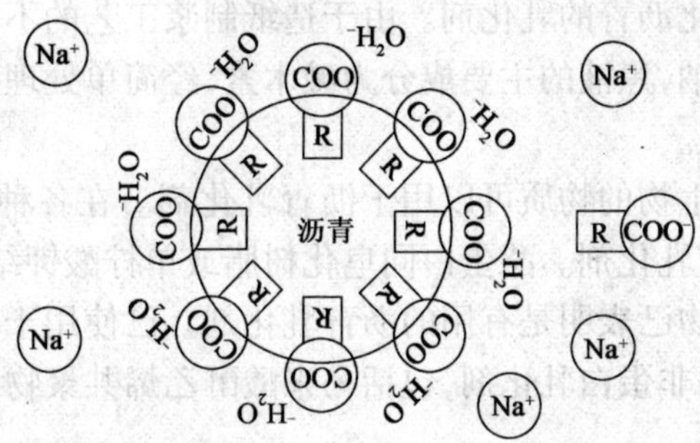

图 4-7　阴离子乳化沥青颗粒带电情况

常见的阴离子乳化剂有以下类型。

1. 脂肪酸钠类

脂肪酸钠类是最古老而又大量应用的表面活性剂,应用总量十分可观。其中日常用的肥皂就可以作为沥青乳化剂。其生产方法很简单,可由从油脂获得的脂肪酸或脂肪酸甲酯皂化而得。

$$RCOOH + NaOH \rightarrow RCOONa + H_2O$$

$$RCOOCH_3 + NaOH \rightarrow RCOONa + CH_3OH$$

$$R = C_{12} \sim C_{18}$$

由于这种乳化剂原料易得,生产工艺简单,价格低廉,所以常用于乳化沥青生产。所生产的乳化沥青一般为中裂型,也有部分是慢裂型,可用于稀浆封层、贯入、表面处治等。

2. 磺酸盐

目前,大多数日用洗衣粉中的表面活性剂多为烷基苯磺酸钠。

R—⌬—SO_3Na　　　　$R = C_9 \sim C_{12}$

此种表面活性剂在一定程度上克服了肥皂的缺点,在硬水中不致生成钙、镁沉淀,能耐酸碱。双十二烷基苯醚磺酸钠用于制造乳液,通过与凝聚剂混合,能控制破乳速率。

妥尔油皂是有用的沥青乳化剂,妥尔油磺酸钠在改善沥青黏结力方面优于妥尔油乳化剂和油酸皂。

木质素磺酸钠是生产乳化沥青的乳化剂,已在一定范围内得到应用。如吉林省交通科学研究所提供生产阴离子的典型配方为:

木质素磺酸钠　　0.961%

209　　0.768%

氨水　　0.57%

硅酸钠　　0.288%

聚乙二醇　　0.192%

在具体应用时一般用 NaOH 调节 pH 值。

另有资料报道,石油磺酸钠也可以作为优质的沥青乳化剂。除以上两种有用的阴离子乳化剂外,其他类型的乳化剂也有应用的报道。如广西等地有应用烷基硫酸酯类、植物皂类等乳化剂生产慢裂乳化沥青用于稀浆封层的报道。

造纸废液也可用做乳化沥青的乳化剂。由于造纸制浆工艺的不同可分为红液、黑液,红液的主要成分为木质素磺酸钠,黑液的主要成分为碱木素,经简单处理和化学改性可作为阴离子沥青乳化剂使用,成本低廉。

各种含蛋白质和其衍生物的物质可以用于沥青乳化剂。在各种无机盐存在下,为防止胶体的凝结,明胶可以做沥青乳化剂。酪蛋白同皂化树脂或单柠酸钾结合使用,也可作为乳化剂使用。卵磷脂和它的衍生物已表明是有用的沥青乳化剂。已使用于碱水解酵母的胶是有效的沥青乳化剂,其他聚合物的非蛋白乳化剂,包括马来酸酐乙烯共聚物的衍生物和丙烯酸同氯代聚异丁烯反应的缩合物。

虽然阴离子乳化剂具有价格上的优势,在我国早期乳化沥青推广过程中起到一定作用,但其使用性能劣于阳离子乳化剂,在国际范围内属于淘汰产品。我国阴离子乳化剂多为代用品,不是专门为乳化沥青开发的,对沥青原性质影响较大,加之施工过程中存在的问题,所以目前应用阴离子乳化剂施工单位已很少。

三、阳离子型沥青乳化剂

阳离子乳化沥青比阴离子乳化沥青的发展要晚一些,但经过多年的实践,人们发现,阴离子沥青的微粒上带有负电荷,与湿润集料表面普遍带有的负电荷相同,由同性相斥的原因,使得沥青不能尽快地黏附到集料表面上,这样会影响路面的早期成型,延迟交通的开放。

而阳离子乳化沥青则克服了以上缺点,所以,近半个世纪以来阳离子乳化沥青的发展迅速,用量增长快。由于我国乳化沥青的生产起步较晚,为赶超世界水平,交通部门一开始就是以阳离子乳化沥青起始的。其标志之一就是交通部于1978年组织力量进行“阳离子乳化沥青及其路用性能的研究”课题,该课题荣获国家技术进步二等奖。

阳离子沥青乳化剂的种类、性能及合成方法如下:

1.烷基胺类及烷基多胺类沥青乳化剂

1)通式

其通式为 $R-NH_2$,其中R以 $C_{12}\sim C_{22}$ 较好,直链的比支链的好。二烷基或三烷基胺一般没有乳化性。此外,由于烷基单胺缺乏乳化力,容易从集料中剥脱,所以现在的阳离子常为烷基二胺乳化剂。这种乳化剂乳化力好,而且对集料的黏附性也好。常用的乳化剂为烷基丙烯二胺。

烷基多胺类沥青乳化剂主要包括烷基丙撑二胺(Duomeen T)、牛脂四胺(N-牛脂烷基三丙基四胺)及其他烷基多胺类。

Duomeen T的化学结构式为 $C_{18}H_{37}NHCH_2CH_2CH_2NH_2$,它通过脂肪胺和丙烯腈加成再加氢还原而制得,合成反应原理如下:

$$C_{18}H_{37}NH_2 + CH_2=CH-CN \rightarrow C_{18}H_{37}NHCH_2CH_2CN \rightarrow C_{18}H_{37}NHCH_2CH_2NH_2$$

2)合成工艺

由0.5mol的十八胺中滴加1mol丙烯腈,滴加温度为35℃,加热回流1h,蒸馏,收取N-丙烯腈十八烷基胺,回收率95%。还原反应采用莱尼镍为催化剂,进行加氢还原,即得到产品。

该产品系快裂型乳化剂,可乳化多种沥青,尤其是重交沥青,可制得稳定性良好的乳液,该乳化剂常与氯化钙稳定剂配合使用。可用于石屑封层、黏层油以及贯入式路面用乳化沥青。

烷基多胺类乳化剂的化学结构通式为：

$$\mathrm{RNCH_2CH_2CH_2N}\begin{cases}\mathrm{(CH_2CH_2CH_2NH)_YH}\\ \mathrm{(CH_2CH_2CH_2NH)_ZH}\end{cases}\quad \text{（第一个N上接 }\mathrm{(CH_2CH_2CH_2NH)_XH}\text{）}$$

其中 R 为 8～22 个碳原子，X 为 1～5，Y、Z 为 0～5。该产品合成工艺与烷基丙撑二胺相类似，但需分多步与丙烯腈合成，还原反应（即加氢反应）也系莱尼镍催化体系。该产品乳化力不低于烷基丙撑二胺，但其属慢裂快凝型乳化剂，可用于稀浆封层以及微表处。

3）同类型的乳化剂

如 $\mathrm{R-NH_2CH_2CH_2NH_2}$（N－烷基乙二胺）可用卤代烷与乙二胺反应：

$$\mathrm{R-X + NH_2CH_2CH_2NH_2 \rightarrow R-NHCH_2CH_2NH_2}$$

这种乳化剂在国内应用不多，原因是生产厂家少，加之生产乳化剂时需要调酸。但在国外则应用相当广泛。

2. 氧化胺类沥青乳化剂

1）化学结构式

$$\mathrm{R{-}\overset{\overset{O}{\uparrow}}{N}{-}CH_2CH_2CH_2\overset{\overset{O}{\uparrow}}{N}(CH_2CH_2OH)_2}\quad \text{（第一个N上接 }\mathrm{CH_2CH_2OH}\text{）}$$

该产品在酸性介质中呈阳离子性，在中性及碱性介质中呈非离子性。氧化胺类沥青乳化剂通常以烷基丙撑二胺为原料，与环氧乙烷反应得到羟乙基烷基丙撑二胺，再经双氧水氧化制得产品。

2）反应方程

$$\mathrm{R{-}NH(CH_2)_3NH_2 + 3H_2C{-}CH_2 (O) \rightarrow R{-}N(CH_2CH_2OH)CH_2CH_2CH_2N(CH_2CH_2OH)_2}$$

$$\xrightarrow[\text{溶剂}]{\mathrm{H_2O_2}} \mathrm{R{-}\overset{\overset{O}{\uparrow}}{N}(CH_2CH_2OH)CH_2CH_2CH_2\overset{\overset{O}{\uparrow}}{N}(CH_2CH_2OH)_2}$$

该产品可单独使用，也可与其他乳化剂配合使用，可制得阳离子或阴离子乳化沥青。在较低用量时乳液即具有慢裂性能，固化后沥青膜与石料的黏附性很好，因此可用于稀浆封层及微表处。这类产品可用以下通式表示：

$$R—(\overset{O}{\underset{R^1}{N}}—(CH_2)_x)_y—\overset{O}{\underset{R^3}{N}}—R^2$$

3. 季胺盐类沥青乳化剂

此类乳化剂目前是我国生产和应用最多的一种,虽然其乳化力和二胺相近,但形成的集料覆盖膜较薄。

1)季胺盐类沥青乳化剂的结构通式

$$\left[R—\overset{R_1}{\underset{R_2}{N}}—R_3\right]^+ Z^- \quad 单季铵盐$$

$$\left[R—\overset{R_1}{\underset{R_2}{N}}—(CH_2)_3—\overset{R_3}{\underset{R_4}{N}}—R_5\right]^{2+} 2Z^- \quad 双季铵盐$$

季铵盐类沥青乳化剂一般为单长链烷基(R)季铵盐,其余烷基(R_1,R_2,R_3,R_4,R_5)为$-CH_3$或环氧乙烷等小分子支链。季铵盐一般都有很好的水溶性。其合成方法及途径很多,用作季铵化反应剂的化合物也很多,其中最简便的反应是用适当的叔胺与烷基化剂作用,合成季铵盐,该反应为亲核取代反应。

典型的季铵盐型乳化剂为十八烷基三甲基氯化铵,它是由伯胺和氯甲烷在碱和溶剂存在下,在高压釜中混合,125℃下加热3h,冷却后,过滤,减压蒸出溶剂(或直接使用),即可得到十八烷基三甲基氯化铵。该乳化剂为快裂型沥青乳化剂,可制备黏层油等,在道路工程及建筑防水材料中广泛使用。

2)典型的双季铵盐乳化剂的结构

$$[C_{18}H_{37}N(CH_3)_2CH_2CH_2N(CH_3)_3]^{2+}\ 2Cl^-$$

该产品的化学名称为1,3-丙撑二胺-N,N,N,N′,N′-五甲基-N′-十八烷基二氯化物。

它以烷基丙撑二胺为原料,与氯甲烷在一定温度(60~70℃)下,在高压釜内反应5h而制得。该乳化剂为慢裂型乳化剂,可制备透油层等,用于路基稳定。

3)季胺盐系由相应的叔胺和季胺反应而得

$$RN(CH_3)_2 + R_1X \rightarrow RN^+(CH_3)_2R^1X^-$$

常用的季胺是氯甲烷CH_3C_1。对于只含有一个长链烷基和两个甲基的叔胺,反应温度为80℃,低的正压小于0.05MPa。

4)二甲基叔胺可借助于甲醛和甲酸,利用Leuckart-Wallach反应而得

$$RNH_2 + 2HCHO + 2HCOOH \rightarrow RN(CH_3)_2 + 2CO_2 + 2H_2O$$

也可利用叔胺的盐类和卤代环氧化物在比较温和的条件下先制得缩水甘油胺中间体,然后在适当的条件下和伯胺进行缩水反应制得季铵盐。

5)常见的1831和18331的结构

$$[C_{18}H_{37}-\overset{\overset{CH_3}{|}}{\underset{\underset{CH_3}{|}}{N^+}}-CH_3]\cdot Cl^- \quad 1831$$

$$[C_{18}H_{37}-N^+H_2-CH_2-\overset{\overset{OH}{|}}{CH}-CH_2-\overset{\overset{CH_3}{|}}{\underset{\underset{CH_3}{|}}{N^+}}-CH_3]\cdot 2Cl^- \quad 18331$$

合成方法如下：

(1)1831 是伯胺直接和 CH_3Cl 在高压釜中加热而得到：

$$C_{18}H_{37}NH_2+CH_3Cl\xrightarrow[80℃,0.05MPa]{与高压釜中加热}[RN^+(CH_3)_3]Cl^-$$

也可以用十八胺与 CH_3Cl 合成，步骤如下：

$$C_{18}H_{37}NH_2+2HCHO+2HCOOH\rightarrow C_{18}H_{37}N(CH_3)_2$$

$$C_{18}H_{37}N(CH_3)_2+CH_3Cl\rightarrow[RN^+(CH_3)_3]\cdot Cl^-$$

另外，随着石油工业的发展，卤代烃的来源也越来越广泛，用卤代烃直接同三甲胺反应也可以得到季铵盐。

$$RX+N(CH_3)_3\rightarrow[RN^+(CH_3)_3]\cdot Cl^-$$

(2)18331 是由十八胺和缩水甘油中间体在温和的条件下发生缩合反应得到：

$$N(CH_3)_3\cdot HCl+H_2\overset{O}{\overbrace{C-CH}}_2-CH_2Cl\xrightarrow{50℃}[\overset{O}{\overbrace{CH_2-CH}}-CH_2N^+(CH_3)\cdot Cl^-$$

$$\xrightarrow{C_{18}H_{37-}NH_2}[C_{18}H_{37}NH^2CH_2\overset{\overset{OH}{|}}{CH}\ CH_2N^+(CH_3)_3]\cdot 2Cl^-$$

这种乳化剂合成简单，原材料来源丰富，价格相对较低，已成为乳化沥青生产的主要乳化剂之一。

4. 木质胺类乳化剂

木质胺类是慢裂乳化剂的首选产品。这种乳化剂由于以造纸废液中的主要成分——木质素为原料，成本低廉，合成也比较简单，故作为稀浆封层用的主要乳化剂，其缺点是有时不太稳定。

木质素类沥青乳化剂工业产品有两种类型，即叔胺型和季铵盐型。

1)季铵盐型采用木质素与缩水甘油胺在催化剂的存在下发生反应，合成产品。

反应方程如下：

$$\text{(L, }CH_3O\text{, OH 取代苯环)}+\left[Cl-CH_2-\overset{\overset{OH}{|}}{CH}-CH_2-\overset{\overset{CH_3}{|}}{\underset{\underset{CH_3}{|}}{N}}-CH\right]^+Cl^-\longrightarrow$$

$$\left[L-\text{C}_6\text{H}_3(\text{OCH}_3)-O-CH_2-\underset{}{\overset{OH}{\overset{|}{C}H}}-CH_2-\underset{CH_3}{\overset{CH_3}{N}}-CH \right]^+ Cl^-$$

2)叔胺型乳化剂是由木质素与二甲胺在催化剂的存在下,通过交联剂甲醛的作用,发生曼尼希反应,制得产品,反应方程如下:

$$L-C_6H_3(OCH_3)(OH) + NC(CH_3)_2 \xrightarrow{HCHO} L-C_6H_2(OCH_3)(OH)-CH_2-N(CH_3)_2 + H_2O$$

由于木质胺分子量大,不易溶解,使用时需用盐酸调节到 pH 值为 2.0。

木质胺的制备除了上述方法外,卤代烃也可以取代环氧氯丙烷,仲胺也可以取代叔胺。下面的伯胺类特别适合这样的生产过程:二甲胺→二乙胺→二乙醇胺→吗啉→二丙基胺→二异丙胺→二烃基胺。

木质素类乳化剂目前在我国用量较大,主要原因是其原料成本低廉,合成工艺简单,并且该产品具有慢裂特性。季铵盐型和叔胺型相比,成本相对高,但该产品无气味。叔胺型由于醛类物质不易反应完全,往往造成产品有一定的刺激性气味,但由于其价格便宜,工业中广泛采用该工艺制备木质胺。

木质胺类产品的最大缺点是产品性能受原料来源的影响,而不十分稳定,并且对重交通沥青等乳化效果较差。因此现在对木质胺产品的应用应有针对性的选择。在今后一段时期内,该产品仍具有一定的生命力。

5. 酰胺基胺类

$R-CO-NHCH_2CH_2NH_2$　　N -氨乙基酰胺

$R-CONH(C_3H_6NH)_nC_3H_6NH_2$　　烷基酰胺基多胺

酰胺基胺类沥青乳化剂分子结构中存在有酰胺基和胺基。它是由脂肪酸和多乙烯多胺缩合而成的。经酰化后的胺即酰胺基呈现中性,不再和酸生成盐,它在分子结构中起连接基作用,是将亲油基和具有阳离子性的亲水基连接起来,属间接连接型阳离子乳化剂。其反应方程如下:

$$RCOOH + NH_2(CH_2)_2NH(CH_2)_2NH_2 \rightarrow RCONH(CH_2)_2NH(CH_2)_2NH_2 + H_2O$$

酰胺基胺类乳化剂反应温度一般控制在 140 ~ 180℃之间,反应可在溶剂存在或不存在(如原料为液态脂肪酸)中进行,也可在真空下进行脱水。真空条件下,可使反应温度降低,减少能耗,大大节约生产成本。这类乳化剂广泛用于稀浆封层及微表处。通过对酰胺基类乳化剂合成原料进行选择及改性可制得快、中、慢裂快凝型。

6. 咪唑啉型沥青乳化剂

(1)咪唑啉型沥青乳化剂的结构中亲水基部分为含有杂环基咪唑啉的基团,即

$$\mathrm{R{-}C}\begin{matrix}\mathrm{=N{-}CH_2}\\ \mathrm{{-}N{-}CH_2}\\ \mathrm{|}\\ \mathrm{R'}\end{matrix}$$

其中 R 为长链烷基,R′为小分子亲水基。

咪唑啉是酰胺基胺进一步脱水后的产物。由于要形成环状产品,反应温度更高。工业中常用脂肪酸及其酯和多元胺脱水缩合、闭环合成。

(2)生产工艺有溶剂法和真空法。真空法在压力为 0.13 ~ 32.5kPa 下进行脱水反应。一般脂肪酸和多元胺的摩尔比在 1∶1 ~ 1∶1.7 的范围,随其原料不同而改变。反应温度为 100 ~ 250℃,反应时间为 3 ~ 10h。溶剂法采用甲苯或二甲苯为携水剂,利用共沸原理,除去反应生成水,最终反应温度在 200℃,反应完毕后蒸出溶剂,即得产品。一般情况下,真空法所得产品质量较好。

(3)咪唑啉型乳化剂也可被进一步烷基化得到相应的季铵盐。通常得到的季铵盐水溶性增加,破乳速度相对变慢,可制得慢裂快凝型乳化剂,用于稀浆封层及微表处。该类乳化剂已广泛应用于道路工程。

其反应如下:

$$\mathrm{RCOOH + H_2N{-}CH_2{-}CH_2{-}NH{-}CH_2{-}CH_2{-}NH_2}$$

$$\downarrow (-\mathrm{H_2O})$$

$$\mathrm{R{-}\overset{\overset{O}{\|}}{C}{-}N(CH_2CH_2NH_2){-}CH_2{-}CH_2{-}NH{-}\overset{\overset{O}{\|}}{C}{-}R} \quad + \quad \mathrm{R{-}\underset{\underset{O}{\|}}{C}{-}NH{-}CH_2{-}CH_2{-}NH(CH_2{-}CH_2{-}NH{-}\overset{\overset{O}{\|}}{C}{-}R)}$$

$$\downarrow (-\mathrm{H_2O})$$

$$\mathrm{R{-}C}\begin{matrix}\mathrm{=N{-}CH_2}\\ \mathrm{{-}N{-}CH_2}\\ \mathrm{|}\\ \mathrm{CH_2{-}CH_2{-}NH{-}\overset{\overset{O}{\|}}{C}{-}R}\end{matrix}$$

或

$$\mathrm{CH_3(CH_2)_6CH{-}CH{=}CH{-}(CH_2)_7COO^{\ominus}NH_3CH_2CH_2NHCH_2CH_2NH_2}$$

$$\mathrm{\quad|\quad CH{-}\overset{\overset{O}{\|}}{C}{-}O{-}\underset{\underset{O}{\|}}{C}{-}CH_2}\ \text{(环)}$$

↓

$$CH_3(CH_2)_6CH—CH═CH—(CH_2)_7COO^{\ominus}NH_3CH_2CH_2NHCH_2CH_2NH_2$$

$$\mathrm{O}$$

$$CH—C$$

$$NCH_2CH_2NHCH_2CH_2NH_2$$

$$CH_2—C$$

$$\mathrm{O}$$

↓

$$CH_3(CH_2)_6CH—CH═CH—(CH_2)_7CONH_3CH_2CH_2NHCH_2CH_2NH_2$$

$$\mathrm{O}$$

$$CH—C$$

$$NCH_2CH_2NHCH_2CH_2NH_2$$

$$CH_2—C$$

$$\mathrm{O}$$

↓

$$N—CH_2$$

$$CH_3(CH_2)_6CH—CH═CH—(CH_2)_7C$$

$$\mathrm{O} \qquad N—CH_2$$

$$CH—C$$

$$NCH_2CH_2NHCH_2CH_2NH_2$$

$$CH_2—C$$

$$\mathrm{O}$$

改变脂肪酸和多胺的摩尔比为 2∶1时，可得下面的产物：

$$N—CH_2$$

$$R—C$$

$$N—CH_2 \qquad \mathrm{O}$$

$$CH_2—CH_2—NH—C—R$$

7. Gemini 型阳离子沥青乳化剂

Gemini 表面活性剂是一类新型的表面活性剂，被称为第三代表面活性剂。1971 年，Bunton 等首次合成了 Gemini 表面活性剂，并用于有机反应的催化剂。后来 Devinsky 等合成了各种结构的双季铵盐，Zhu 等合成了大量的阴离子 Gemini 表面活性剂。Zana，Rosen，Menger 等人对 Gemini 表面活性和性质作了较系统的研究。Gemini 表面活性剂有许多传统表面活性剂无法比拟的优良性质，近年来引起了表面活性剂工作者的极大兴趣。

1)Gemini 表面活性剂的化学结构

Gemini 表面活性剂与传统表面活性剂结构不同,它们是由两个双亲的"半分子"组成,在头基或靠近头基处用连接基团(spacer)连接。连接基团可以是刚性的也可以是柔性的,可以是亲水的也可以是疏水的。连接基团对 Gemini 表面活性剂的性质有很大影响。这种特殊的结构使其与只含有一个疏水基团和亲水基团的传统表面活性剂性质有很大差别。

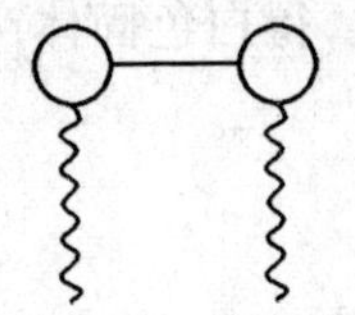

图 4-8 Gemini 表面活性剂结构示意图

其结构如图 4-8 所示。

以下简称为 m-s-m 型 Gemini 表面活性剂,其中 m 表示 Gemini 表面活性剂疏水链中的碳原子的个数,s 表示 Gemini 表面活性剂连接基团链中的原子个数。研究发现连接基团和疏水链对 Gemini 表面活性剂的性质都有影响,尤其是连接基团对 Gemini 表面活性剂的性质有很大影响。我们可以这样理解:Gemini 表面活性剂与传统表面活性剂的性质差异主要是由于形成胶束时头基之间的距离决定的。传统表面活性剂的头基间只存在一个热力学平衡距离 $d_T = 0.7 \sim 0.9\mu m$,而 Gemini 表面活性剂的头基间不仅存在一个热力学平衡距离而且还有一个对应于连接基团长度的距离 d_s。d_s 由连接基团的键长和键角决定,可以通过调节连接基团使 d_s 小于、等于或大于 d_T,从而得到不同性质的 Gemini 表面活性剂。

2)Gemini 型表面活性剂的特点

(1)形成胶束能力强,临界胶束浓度值低;

(2)吸附在界面的能力超过形成胶束的能力,降低表面张力效率高;

(3)Krafft 点低,水溶性好,且有优异的水溶助长性和增溶性,有助于配方设计;

(4)与其他表面活性剂的配伍性好,此类表面活性剂所具有优良的性质引起了表面活性剂研究者的广泛兴趣,因此,开发性能优良、成本低廉的 Gemini 型沥青乳化剂将是沥青乳化剂的发展方向之一。

3)以十八烷基二甲基叔胺为原料

以正十八烷基胺、十八烷基二甲基叔胺和环氧氯丙烷等反应制备出两类新型的 Gemini 表面活性剂 1,3-双(十八烷基二甲基氯化铵)-2-丙醇和十八烷基-双(3-十八烷基二甲基氯化铵-2-羟基丙基)叔胺,并利用红外光谱对产物结构进行了鉴定。利用表面张力法,测定了 1,3-双(十八烷基二甲基氯化铵)-2-丙醇的临界胶束浓度为 6.76×10^{-5}mol/L,溶液在临界胶束浓度下的表面张力为 40.25×10^{-3}N/m。乳化性能测试表明,新合成的 Gemini 型乳化剂若一个分子中含有三个亲油基,则不能乳化沥青;若一个分子中含有两个亲油基,则能乳化沥青,但为快裂型沥青乳化剂。例如:

1,3-双(十八烷基二甲基氯化铵)-2-丙醇的合成:在三口烧瓶中加入 20g 十八烷基二甲基叔胺,2.3g 36% 的盐酸,然后加入 50mL 正丙醇,2g 环氧氯丙烷,回流反应 5 小时,常压下蒸去溶剂。将所得产物加入到石油醚中,振荡、静止、过滤,得到晶体产品。反应方程如下:

$$2C_{18}H_{37}N(CH_3)_2 + HCl + ClCH_2\text{—}\underset{\diagdown O \diagup}{CH\text{—}CH_2} \longrightarrow C_{18}H_{37}\overset{CH_3}{\underset{CH_3}{N^+}}CH_2\underset{OH}{CH}CH_2\overset{CH_3}{\underset{CH_3}{N^+}}C_{18}H_{37} \cdot 2Cl^-$$

十八烷基-双(3－十八烷基二甲基氯化铵－2－羟基丙基)叔胺的合成:在三口烧瓶中加入13.5g 十八胺,60mL 乙醇,将十八胺溶解后,加入 9.3g 环氧氯丙烷,室温下搅拌 12 小时,常温减压蒸馏得黏稠液体。在三口烧瓶中加入 26.2g 十八烷基二甲基叔胺,40mL 乙醇,再加上述10g 样品,回流反应 12 小时,常温下减压蒸馏,初产品用丙酮重结晶三次,得白色固体产品。反应方程如下:

$$C_{18}H_{37}NH_2 + ClCH_2CH\overset{O}{—}CH_2 \longrightarrow C_{18}H_{37}N[CH_2CH(OH)CH_2Cl]_2$$

$$C_{18}H_{37}N[CH_2CH(OH)CH_2Cl]_2 + 2C_{18}H_{37}N(CH_3)_2 \longrightarrow C_{18}N_{37}N[CH_2CH(OH)CH_2\overset{+}{N}(CH_3)_2C_{18}N_{37}]_2 \cdot 2Cl^-$$

4)以壬基酚为原料

以壬基酚和甲醛为原料经缩合反应制备出中间体双(2－羟基－5－壬基苯基)甲烷,并与环氧氯丙烷和三乙胺反应,合成出一种新型 Gemini 型阳离子沥青乳化剂双[5－壬基－2－((2′－羟基－3′－三乙基氯化铵)丙氧基苯基)]甲烷。用该乳化剂对道路沥青进行了乳化效果考察,表明该乳化剂乳化性能良好。该乳化剂合成工艺简单,是一种比较有发展前途的阳离子中裂沥青乳化剂。

双[5－壬基－2－((2′－羟基－3′－三乙基氯化铵)丙氧基苯基)]甲烷的合成:壬基酚与甲醛和催化剂反应,再与三乙胺、环氧氯丙烷反应制备,其反应方程如下:

$$C_9H_{19}—C_6H_4—OH + HCHO \xrightarrow{催化剂} (C_9H_{19}—C_6H_3(OH))_2CH_2$$

$$(C_9H_{19}—C_6H_3(OH))_2CH_2 + CH_2\overset{O}{—}CH—CH_2Cl + N(C_2H_5)_3 \longrightarrow$$

$$Cl^-\ (C_2H_5)_3N^+—CH_2—\overset{OH}{CH}—CH_2—O—C_6H_3(C_9H_{19})—CH_2—C_6H_3(C_9H_{19})—O—CH_2—\overset{OH}{CH}—CH_2—N^+\ (C_2H_5)_3Cl^-$$

双(2－羟基－5－壬基苯基)甲烷的合成是在催化剂作用下甲醛和壬基酚发生二聚而得到的。在强碱性条件下,在较长的反应时间及较高的温度时,甲醛和壬基酚可能产生三聚体、四聚体。要控制只发生二聚缩合反应,反应宜在弱碱性催化剂作用下进行。

按 GB 50092—96 试验方法,对所得沥青乳液进行分析(乳化剂用量为 1.0%),试验结果见表 4-4。

乳化沥青的性能　　表 4-4

筛上剩余物	5d 储存稳定度(%)	蒸发残留物含量(%)	黏　附　性	电　　荷	拌和稳定度	乳化沥青外观
合格	2.4	60	合格	+	中裂	棕褐色

由表 4-5 测试结果可知,新合成的乳化剂得到的乳化沥青诸多性能符合国家标准,属于中裂沥青乳化剂。

8. 慢裂快凝乳化剂的合成

稀浆封层开始应用时,全部采用慢裂的乳化剂和乳化沥青,在国外划归为 SS(Slow Set)和 CSS(Cationic Slow Set)。由于这种乳化沥青所产生的稀浆封层需要 4 ~5h 的固化时间,影响了稀浆封层的使用和推广,故而开始在快速成型方面下功夫,则形成 QS(Quick Set)和 CQS(Cationic Quick Set)稀浆封层系统,在我国称之为"慢裂快凝"。

1)"慢裂快凝"技术实际就是要求在稀浆封层施工过程中,有一定慢裂时间,而施工后又要使封层快速成型。这种施工技术,首先要求有合格的乳化沥青,同时施工工艺也是十分重要的。应该说这种施工技术是包括乳化剂、乳化沥青、集料、添加剂、施工机械等各种因素综合的结果,但是合格的乳化剂是主要条件。

稀浆封层用乳液与其他任何乳液系统一样,它的成功与否取决于表面活性剂的分子结构和组成,表面活性剂分子的化学结构决定了其自身溶液中的电荷性质、油—水界面处的定向排列以及在油—水两相中的可溶性,并由此决定了乳液的化学性质,所以乳化剂的性能在乳化沥青中起着决定性的作用。就目前我国道路常用沥青乳化剂品种而言,既要满足摊铺作业的时间要求,又要尽快开放繁忙的路面交通。即同时获得"慢裂"与"快凝"效果的乳化剂和乳化沥青,从理论上讲有三种可选择性:

(1)利用我国市场上现有的慢裂型乳化剂,通过添加快凝物质来实现。即利用木质胺类乳化剂生成慢裂型乳化沥青(CSS),通过添加某些促凝物质,如破乳剂、光敏剂、脱水剂等,使其稀浆混合料快速成型。

(2)利用我国常用的中裂型乳化剂,加入一些缓破物质来实现。例如用我国用量最广泛的季胺盐乳化剂,加入非离子型乳化剂,如 OP－10、OP－20 等,从而达到拌和的时间要求。

(3)使用专门用于"慢裂快凝"的乳化剂,实现"慢裂快凝"的目的。这种乳化剂需要在确保充分的拌和时间后,快速破乳,并通过化学力,使水分快速脱离,从而达到初凝和快开放交通的要求。

第一种方法在世界上还未曾见过报道;第二种方法在稀浆封层使用的早期有不少实例,但随着对路面技术要求的提高,这种方法也已退出历史舞台;第三种方法是目前全世界通用,也是最先进的方法。

严格地说，对于一个稀浆系统，加入任何一种化学添加剂时都应谨慎，要求每一个稀浆封层系统单独进行评价和判断，以确定添加物本身对乳液的影响。除了要考虑对乳液的“破乳”、“固化成型”的特殊性能外，还要求乳化物对路面沥青性质的影响为工程所接受。

2）烷基酚和多胺在交联剂存在下，反应产物可以作为沥青乳化剂使用，并且可以制成慢裂快凝乳液。

$$\text{R—}\langle\bigcirc\rangle\text{—OH} \xrightarrow[\text{多胺}]{\text{HCHO}} \text{R—}\langle\bigcirc\rangle\text{—OH}\ (\text{邻位}\ CH_2\text{—多胺})$$

如烷基酚和氨乙基哌嗪的反应，改变参加反应物质的摩尔比，可以得到不同的产物，多胺可以是酰胺，也可以是不饱和脂肪酸和胺反应的产物。此种具有特殊结构和性能的乳化剂实际上是酰胺基胺类化合物，如国内引进 Westvaco 公司生产的 MQK 乳化剂，它能够达到稀浆封层所要求的“慢裂快凝”效果。

3）烷基酚同叔胺和环氧氯丙烷的反应中间体生成的产物可以作为慢裂快凝沥青乳化剂使用。

$$(R_1)_3N + H_2C\overset{O}{—}CHCH_2Cl \longrightarrow H_2C\overset{O}{—}CHCH_2N(R_1)_3^+\ Cl^-$$

$$\text{R—}\langle\bigcirc\rangle\text{—OH} + H_2C\overset{O}{—}CHCH_2N(R_1)_3^+\ Cl^- \xrightarrow{\text{加热}}$$

$$R_2\text{—}\langle\bigcirc\rangle\text{—}OCH_2\underset{OH}{CH}CH_2N(R_1)_3^+\ Cl^-$$

这种沥青乳化剂由于具有特殊的化学结构，所产生的乳化沥青与骨料有较强的黏结力，且稀浆封层施工时，与集料有足够的拌和时间，保证了稀浆混合料的均匀性，摊铺后初凝时间15min，在1h之内可开放交通。

将经过改性的脂肪酸、多胺与催化剂通过缩合反应，也可得到乳化与黏附性均很好的酰胺基类慢裂快凝沥青乳化剂（MK 系列）。

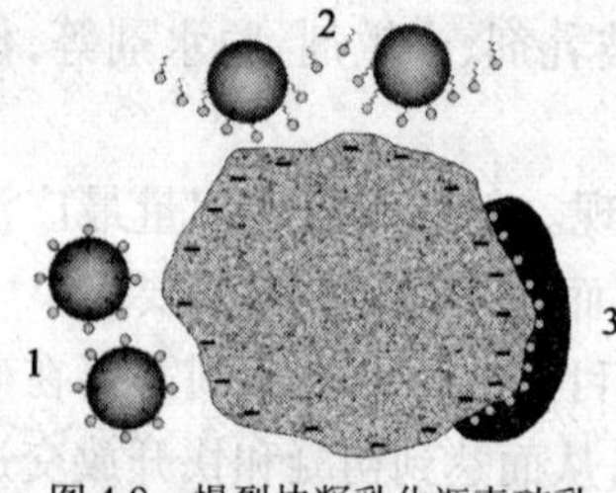

图 4-9　慢裂快凝乳化沥青破乳成型示意图

有时仅靠乳化剂不能达到施工要求时，也可以在施工中添加缓凝剂或快凝剂加以调节。

4）慢裂快凝沥青乳化剂一般具有两个或多个亲水基。在施工过程中乳化沥青颗粒与石料表面亲合性、吸附性更强就像架起多座桥梁，沥青更易通过桥梁到达石料表面，如图 4-9 所示。

在沥青与矿料表面接触成膜时同时产生相应挤压力，可以充分地挤出矿料表面的水分并将其挤到沥青薄膜之上铺展开来，更易挥发，从而达到快成型（快凝）的效果。同时由于亲水基多，亲水性更强沥青微粒界面膜强度更高，界面水合层更牢固，界面电荷层电性更强，乳液稳定性提高，拌和时界面膜不易破裂,破乳时间相对延长。满足施工对成浆时间的要求(慢裂)。

9. 其他阳离子乳化剂

一般情况下阳离子乳化剂都是含氮化合物,所以,阳离子乳化剂只是不同亲油基和不同胺类形成的化合物。

这种乳化剂由下列反应过程制得:

$$RNH_2 + CH_2 = CH - CN \rightarrow RNHCH_2CH_2CN \xrightarrow{还原} R(NHCH_2CH_2CH_2NH)_nH$$

其中 $R = C_8 \sim C_{22}$, $n = 2 \sim 5$。

上面化合物再与甲酸反应生成下列化合物:

$$R(NHCH_2CH_2CH_2)_P—N\underset{CH_2—CH_2—CH_2}{\overset{CH_2}{\langle\quad\rangle}}NH$$

P 的变化范围为 1 ~ 4,甲酸的用量与聚胺的摩尔数成正比。值得一提的是妥尔油三胺是合成上述化合物较好的原料。

四、两性离子型沥青乳化剂

两性离子沥青乳化剂的特点是:其带电性是随着溶液的 pH 值变化而变化的。但对氨基酸类乳化剂来说,由于有等电点的存在而在某一个 pH 值时表现出不带电的状态,而溶解度较低,应用此类乳化剂时应该注意。由于两性离子的带电状态可随环境的变化而变化,所以这类乳化剂可以在阴离子、阳离子以及不同的 pH 值环境下应用。这类乳化剂属于高档乳化剂,成本较高,这可能是影响其推广应用的主要因素。

两性沥青乳化剂可分为以下几种类型。

1. 甜菜碱

以烷基二胺、氯乙酸为原料经一步反应合成出一种新型甜菜碱沥青乳化剂 N - 乙酸基 - N′ - 十八烷基丙撑二胺盐酸盐,并利用红外光谱对产物结构进行了鉴定。乳化性能测试表明,该乳化剂具有很好的乳化能力,但是沥青乳液的稳定性能不好。利用表面张力法,测定了该乳化剂的临界胶束浓度为 8.28×10^{-4}mol/L,在临界胶束浓度下的表面张力为 40.74×10^{-3} N/m。

其反应方程如下:

$$C_{18}H_{37}NH(CH_2)_3NH_2 + ClCH_2COOH \longrightarrow C_{18}H_{37}NH(CH_2)_3NHCH_2COOH \cdot HCl$$

同样,采用烷基二胺、环氧丙烷和氯乙酸为原料,经两步反应合成出 N,N - (2 - 羟基丙基)(乙酸基) - N′ - 十八烷基丙撑二胺盐酸盐,为新型甜菜碱阳离子沥青乳化剂。利用红外光谱对产物结构进行了鉴定。

其反应方程如下:

$$C_{18}H_{37}NH(CH_2)_3NH_2 + H_2\overset{O}{C—CH}CH_3 \longrightarrow C_{18}H_{37}NH(CH_2)_3NHCH_2\overset{OH}{\overset{|}{C}}HCH_3$$

$$C_{18}H_{37}NH(CH_2)_3NHCH_2CH(OH)CH_3 + ClCH_2COOH \longrightarrow C_{18}H_{37}NH(CH_2)_3N(CH_2CH(OH)CH_3)(CH_2COOH) \cdot HCl$$

乳化性能测试表明,该乳化剂具有很好的乳化能力,为慢裂快凝型沥青乳化剂。利用表面张力法,测定了该乳化剂的临界胶束浓度为 1.52×10^{-4} mol/L,在临界胶束浓度下的表面张力为 39.25×10^{-3} N/m。

同样,以烷基二胺、氯乙酸为原料经一步反应合成出 N,N－二乙酸基－N′－十八烷基丙撑二胺盐酸盐系列新型甜菜碱沥青乳化剂,并利用红外光谱对产物结构进行了鉴定。利用表面张力法,测定了该系列乳化剂的临界胶束浓度和在临界胶束浓度下的表面张力。乳化性能测试表明,乳化剂具有很好的乳化能力,部分乳化沥青的储存稳定性好,为慢裂快凝型沥青乳化剂。该乳化剂合成工艺简单,是一种比较有发展前途的阳离子沥青乳化剂。

其反应方程如下:

$$C_{18}H_{37}NH(CH_2)_3HN_2 + 2ClCH_2COOH \longrightarrow C_{18}H_{37}NH(CH_2)_3N(CH_2COOH)_2 \cdot 2HCl$$

2. 咪唑啉型

$$R—C(=N—CH_2—CH_2—N^+) \quad N^+(—CH_2COO^-)(C_2H_4OH)$$

3. 氨基酸型

氨基酸型分子结构为:R－N＋HCH$_2$CH$_2$COO－,目前作为沥青乳化剂的报道较少。

五、非离子型沥青乳化剂

非离子型沥青乳化剂主要包括以下两种类型:聚氧乙烯型和多元醇型。典型的化合物见表4-5。

非离子型表面活性剂在水介质中不会离解成水合离子,由于无电荷,当形成沥青乳液时与集料的结合力较弱,是靠水分蒸发破乳后,才能使沥青附着在集料表面上。单独作为沥青乳化剂的报道不多,而主要是与阳离子、阴离子乳化剂配合应用乳化沥青的制造。当非离子与其他乳化剂配合使用时,有以下作用:

(1)加入非离子可以延长乳液与石料接触时的破乳时间;

(2)用于稀浆封层时,可以改善混合料的和易性;

(3)可以提高乳化力。

应当注意的是非离子乳化沥青与集料混合的破乳时间延长,可以选择适当的非离子乳化剂来制造极慢裂的乳化沥青,来用于达到特殊的施工目的。如半刚性路面施工时,可以用极慢裂乳化沥青与刚性材料进行拌和。这种新工艺还处于探索阶段,作为一种新的手段开展相关研究非常有意义。

非离子型沥青乳化剂　　表4-5

乳化剂类型	化 学 名 称	结 构 简 式	商 品 名
聚氧乙烯型	高级醇环氧乙烷加成物	$R-O-(CH_2CH_2O)_nH$	平平加
	烷基苯酚环氧乙烷加成物	RO—⟨苯环⟩—$(CH_2CH_2O)_nH$	OP系列
多元醇型	失水山梨醇酯	O　　O ‖ $RCOCH_2CH$　　CH_2 $ROCH$　　CH_2OH CH OH	Span系列
	聚氧乙烯失水梨醇的脂肪酸酯	O　　O ‖ $RCOCH_2CH$　　CH_2 $H(OC_2H_4)_xOCH$　　$CHO(C_2H_4O)_zH$ $CHO(C_2H_4O)_yH$	Tween系列
聚醚型	聚丙二醇环氧乙烷加成物	$H(OCH_2CH_2O)_aCH_2CH_2CH_2(OCH_2CH_2O)_bH$	

第四节　乳化剂的复配

一、乳化剂的复配

在长期的实践过程中,人们发现单一的乳化剂,有时乳化效果并不好,但在乳化过程中或乳化剂中加入助剂或某一种乳化剂,则能达到较好的效果。助剂的加入一方面可以生产性能优良的乳化沥青,另一方面,可以降低乳化沥青的生产成本,此外,也可满足施工对乳化沥青的要求。

单一的乳化剂往往不能达到这种目的。这是因为单一的沥青乳化剂具有固定的HLB值,而沥青本身是复杂的,乳化时所需要的HLB值也不尽相同;另一方面,从施工方法和施工条件等因素考虑,对乳化沥青又有许多不同的技术性能的要求,由于以上这些原因,乳化时一般要添加其他物质来协同乳化剂发挥应有的效应。在添加的物质中可以是另一种乳化剂,这种物质同单一的乳化剂一样,在水中能形成胶束,能极大地降低水的表面张力,具有很好的表面吸附能力,我们称这种物质叫做第二乳化剂。形成复合乳化剂时,所添加的物质中也可以是非表面活性的物质,如高分子化合物、无机盐类物质,我们称之为稳定剂或助剂。

人们发现,混合乳化剂形成的复合膜具有相当高的强度,不易破裂,所形成的乳状液很稳定。例如将含有胆甾醇的液体石蜡分散在十六烷基硫酸钠溶液中,可形成很稳定的水包油型乳状液,而只用胆甾醇或十六烷基硫酸钠则不能形成稳定的乳状液。又如,在甲苯十二烷基硫酸钠(0.001mol/L)溶液中加入十六醇,界面张力可降低至接近零的程度,这有利于乳化。

界面张力降低导致界面吸附量增加,再加上乳化剂分子与极性有机分子之间相互作用,使界面膜中分子的排列更紧密,膜强度增加。离子型乳化剂界面吸附量增加还使得界面电荷增加,促使液滴间的排斥力增大。上述因素增加了乳状液稳定性。

乳化剂与乳化剂之间具有微妙的协同作用,乳化剂的复配,有时会达到事半功倍的效果。

根据乳化剂的分类,乳化剂之间的复配具有以下多种形式:阳—阳、阳—非、阳—阴、阳—阴、阳—两性、阴—阴、阴—非、阴—两性等。

对于以上几种组合,最常用的是阳—阳、阳—非、阴—阴、阴—非等四种组合。由于两性离子不常用,所以阴—两性、阳—两性的组合方式不常见。但值得一提的是由于两性离子适应性较好,理论上这些组合是较好的,但有关的研究报告不多。

阴离子与阳离子的复配,由于电性的不同,两者作用容易形成不溶于水的离子团化合物,使两种乳化剂均失效。但有资料报道,阴离子与阳离子的复配,如采用添加木质素磺酸盐和非离子表面活性剂用于快裂型阳离子 O/W 沥青乳化剂中,可得到优良的慢裂乳液。

为了得到良好的慢裂性能,非离子乳化剂应具有 $C_6 \sim C_{20}$ 烷烃基的烷基酚聚氧乙烯醚,氧化乙烯含量为 85% ~99%(质量)为佳。制备方法与一般快裂阳离子乳化沥青相似,但对水而言:先加阳离子乳化剂,用盐酸调 pH 值,然后将木质素磺酸盐和非离子乳化剂同时加入。

木质素磺酸盐的用量为乳化沥青的 0.5% ~2.0%,非离子乳化剂为 0.25% ~0.5%;加入木素盐后,pH 值变化,则再加盐酸调节到 pH 值为 1 ~5。

1. 阳离子乳化剂与阳离子乳化剂的复配

阳离子与阳离子之间达到协同作用可以降低乳化剂的用量,从而降低乳化成本,同时可以满足有些施工对乳化沥青的特殊要求。如将十八烷基三甲基氯化铵与十六烷基三甲溴化铵复合使用,可以节省乳化剂用量 30% ~40%。

木质胺是阳离子电性极其微弱的乳化剂,也是国内最常用的稀浆封层用的乳化剂。但由于其电性弱,所以封层成型慢。但与 N-(3-十八胺基-2-羟基)-丙基三甲基氯化铵复合使用,乳液微粒电荷明显增强,破乳速度也能得到调整。

关于"阳—阳"复合体系的协同作用早为人知,利用这种作用制备的乳化剂也早有先例,如十八胺、十八胺基丙撑二胺和十八胺基二丙撑三胺以一定比例复合使用,在用量为 3‰的情况下,即可制得具有良好低温稳定性的沥青乳液。再如,将十六烷基乙撑二胺和十八烷基乙撑二胺复合使用,可以明显改变乳化沥青的性质。国内关于阳离子的复配也有较多的应用报道。

2. 阳离子乳化剂与非离子乳化剂的复配

非离子乳化剂具有乳化力强,价格相对阳离子低等特点。另外非离子在延缓乳化沥青与石料混合的破乳速度上有很大的作用,同时混合料的和易性明显改观。

单独非离子作乳化剂时除了储存稳定性不易满足要求外,由于电荷原因,其黏附性也不合格，这种乳化剂与阳离子乳化剂的复配正是取二者之长，所以，有较多的应用文献报道 OT(季胺盐)与 OP-10(非离子)按0.1%(OT)、0.7%(OP-10)对沥青进行乳化。所制得的乳液可以达到稀浆封层的要求，这种复配正是利用了非离子乳化剂可以延缓破乳时间这一特性来进行的。进行这类复配时，一定要注意非离子可能对沥青与石料的裹附性能的影响。

有关阳离子与非离子复配的文献也较多，其中文献报道阳离子乳化剂与非离子乳化剂复配，再添加其他助剂如无机盐类，以及矿物质填料等可以控制破乳时间和开放交通的目的。

3. 阴离子与阴离子的复配

这方面国内应用较多的地区是广西壮族自治区。在进行稀浆封层时，采用脂肪酸钠(肥皂)同植物皂复配，既克服了肥皂破乳较快，又克服了植物皂素破乳较慢的不足，满足了稀浆封层的施工要求。

在有些用废料与木质磺酸盐以及皂角生产的乳化剂实际上都是多种阴离子乳化剂组成的混合物。

4. 阴离子与非离子的复配

阴离子与非离子的复配，最常用的就是木质磺酸类与非离子 OP-10 所形成的乳化剂 。如1990年前后在慢裂乳化剂极度缺乏时，河南新乡市公路局科技研究所即用这种方法进行了约50万平方米的稀浆封层，除封闭交通时间较长外，其他效果较为理想。硫酸酯盐同非离子表面活性复合也可以取得优良的乳化剂阴离子与阴离子的复配 。

配方	成分	含量
配方1：	脂肪醇硫酸钠	0.5%
	烷基聚氧乙烯醚	0.3%
	羧甲基纤维素	0.3%
	焦磷酸钠	0.1%
	水	98.8%
配方2：	脂肪醇硫酸钠	0.5%
	烷基聚氧乙烯醚	0.25%
	工业火碱	0.15%
	焦磷酸钠	0.1%
	水	98.8%
配方3：	平平加	0.3%
	脂肪酸硫酸钠	0.5%
	烷基聚氧乙烯醚	0.15%
	NaOH	0.15%
	$Na_4P_2O_7$	0.1%
	水	98.65%

目前由于质量更好的乳化剂的开发应用，像阴离子与阴离子的复配型的乳化剂已很少应用。

二、稳定剂或助剂的加入

除了在一种乳化剂内加入另一种乳化剂外，非乳化剂物质的添加也是非常重要的。大量

资料表明,这些添加剂可以分为以下几种:

(1)改变水溶液离子强度的助剂,如 $CaCl_2$、NH_4Cl、$MgCl_2$、$FeCl_3$、$Al_2(SO_4)_3$、Na_2SO_4、Na_2SiO_3 等无机化合物;

(2)高分子增稠类化合物,如聚乙烯醇、甲基纤维素、羧甲基纤维素、丙烯酸类明胶、海藻胶类(如藻朊酸钠)等;

(3)调节溶液的酸碱度助剂,如 HCl、CH_3COOH、NaOH、Na_2CO_3 等。

下面介绍它们的作用。

1. 无机类助剂

根据前面所述,乳液水溶液表面张力的降低是必需的。但除了表面张力的降低外,还与微粒的大小、界面电荷、乳状液的黏度、油水之间形成的膜等有很大关系。

无机微粒在油/水界面上积累,形成一个保护层,阻止液滴聚结。乳液界面带有电荷且每个微粒所带的电荷都相同,这样微粒互相接近时就会相互排斥,从而防止它们合并,提高了乳状液的稳定性。

其带电性质也可用扩散双电层理论解释。当增加水溶液的离子强度时,带电的沥青微粒运动就会受到很大的限制,所以添加可电离的无机助剂可以提高乳液的稳定性。

一般阳离子乳化剂添加的物质有 $CaCl_2$、$MgCl_2$、NH_4Cl、$FeCl_3$、$AlCl_3$ 等,一般情况添加这些物质阳离子起作用,而作用的大小与带电荷数目有关,高价的作用要远远大于低价离子的作用。

所以上述物质作用大小依次为 $Fe^{3+} \approx Al^{3+} > Mg^{2+} > Na^{+} > NH_4^{+}$。

而对于阴离子乳化剂,则以添加 Na_2SO_4、Na_2CO_3 或 Na_2SiO_3(水玻璃)为主。

无机类助剂与乳化剂复合使用制备乳化沥青,节省乳化剂用量20% ~40%。

2. 增稠剂物质

根据斯托克斯公式,乳液中沥青颗粒沉降速度 v 可描述为:

$$v = \frac{2}{9} \cdot \frac{(\rho - \rho_0)G}{n} \cdot r^2 \tag{4-4}$$

式中,ρ 和 ρ_0 分别为分散质(沥青)、分散相(水)的密度;G 为重力加速度;n 为分散相的黏度(一般水的黏度为0.001Pa·s)。

由公式可知,分散质的沉降速度与分散相的黏度成反比;与密度差成正比;与颗粒半径 r 的平方成正比。沥青颗粒(分散质)的沉降速度越大,乳液的稳定性越小。乳液的稳定性与分散相(水)的黏度成正比,所以提高水的黏度对提高乳化沥青的储存稳定有利。

通过添加增稠剂可以达到提高储存稳定性的目的,这些增稠剂包括:聚乙烯醇、羧甲基纤维素、改性淀粉、甲基纤维素、聚丙烯酸盐或酯类。

需要说明的是以上这些增稠剂与不用类型的乳化剂复配有选择性,如为阳离子乳化剂,可选择在水中呈中性的增稠剂,如聚乙烯醇、甲基纤维素;

而阴离子乳液,以上增稠剂都可以选择,但哪种增稠剂效果好,还需要从经济角度及通过大量的室内试验确定。

3. 调节溶液 pH 值的助剂

这类物质是生产乳化沥青时常用的助剂,对于胺类阳离子乳化剂来说,如不把溶液调成酸性，则有时根本不能乳化。

这是因为这类乳化剂与溶液中的 H^+ 反应生成带电基团，使乳化剂的亲水性增强，从而发挥作用。对于阴离子乳化剂，一般需要调节至碱性。

过去曾经以乳液的 pH 值来判断乳化沥青的性质，当乳液为酸性时乳化沥青颗粒带正电荷，当乳化沥青为碱性时乳化沥青颗粒带负电荷。现在发现有些乳液在稍偏碱性时也呈阳离子性质。所以，乳液的离子性质需要用电泳试验来确定。

常用于调酸的有：盐酸、醋酸、硝酸、磷酸、己二酸、柠檬酸等。效果较好，又经济的酸为盐酸和醋酸。

调碱的有：烧碱、纯碱、水玻璃（Na_2SiO_3）等。需要注意的是，生产乳液调酸或调碱是最常用的手段，也是乳化剂发挥作用最基本的手段。在开发乳化沥青设备时均应注意进行防腐处理。

除了以上生产乳化沥青时添加的助剂以外，还有在施工过程中添加的助剂，如在用阳离子乳化沥青时拌的水中添加 $CaCl_2$、$Al_2(SO_4)_3$ 等物质可以延缓破乳时间，从而有利于施工，这种手段也常用于慢裂快凝型稀浆封层施工中。

第五节　乳化剂对乳化沥青性能的影响

乳化剂在乳化沥青中所占比例虽然很小，但对乳化沥青的性能影响重大，如离子特性，乳液颗粒带电状态完全取决于乳化剂的种类。乳化沥青的其他性质在很大程度上亦取决于乳化剂的性质。

一、乳化剂对乳化沥青性能的影响

1. 乳化沥青的起泡性

乳化沥青泡沫产生原因如下：首先当空气进入乳液中，瞬间生成的疏水基伸向气泡内部，亲水基向着液相的吸附膜，由于吸附膜的作用，可使泡沫稳定存在。形成的气泡由于溶液的浮力而上升，冲向乳液的表面。泡沫产生的多少除了与操作过程中引入空气量有关外，与乳化剂的种类亦有直接关系。

乳化沥青在运输及施工过程中常常会有发泡现象，这种现象的产生是与表面活性剂的特性有直接关系的。在生产和运输过程中所产生的泡沫是不利的，会直接影响生产效率。而在施工过程中，有时又是有利的，如进行稀浆封层施工中，有泡沫的存在会明显改善混合料的和易性。

为防止乳化沥青泡沫的产生，最常用的还是通过机械的方法来减少空气的引入，如运输或生产过程中输送乳液时从罐的下部引入，从而防止由于冲击产生的泡沫。

对于特别严重的泡沫，也可以用化学手段来消除，添加适当的消泡剂。消泡剂一般是 HLB 值在 1～4 范围内的表面活性剂，如长链醇类、动植物油、烷基聚硅氧烷等。

为消除已产生的泡沫，加入酒精、异丙醇等物质也是较好的方法。但由于这些化学方法会引起成本的上升，所以对乳化沥青来说一般以机械方法防止泡沫产生。

泡沫的产生和泡沫的存在是乳化沥青的特点，与所用乳化剂性能有直接关系，可根据需要来选择合适的乳化剂。

2. 储存稳定性

一般来说影响乳化沥青储存稳定性的因素是较多的，但是乳化剂是影响的主要因素之一。乳液的破坏大致分为两个过程，即分散粒子的融合和两液相分离，所以为了使乳液稳定，要尽可能防止上述过程的发生，尽量满足如下条件：

(1)两液相的密度差要小；

(2)连续相的黏度要高；

(3)两液相的界面张力要小；

(4)粒子的表面要有比较宽的双电层；

(5)粒子的表面吸附层要有一定程度的机械韧性。

其中(3)、(4)、(5)三项均与乳化剂的性质有直接关系。

二、乳化剂对乳化沥青蒸发残留物性能的影响

乳化沥青只是在使用过程中的一种暂存形式，其最终表现的性能仍是沥青的基本性能。由于在生产过程中添加的乳化剂会存留在蒸发残留物中，所以其对沥青材料性能的影响也是人们关注的一个问题。

1)国内有学者从沥青材料延度和乳化沥青材料蒸发残留物试验结果的对比分析入手，研究了乳化剂对沥青材料性能的影响，相关对比结果见表4-6。

沥青材料延度和乳化沥青蒸发残留物延度试验结果汇总表 表4-6

乳化剂编号	1	2	3	4	5	6	7	8	9
原沥青延度(cm)	92.0	60.0	80.0	>100	>100	>100	>100	>100	98.0
蒸发残留物(cm)	30.0	25.0	38.0	51.0	55.0	69.0	96.0	>100	>100
延度降低率(cm)	67.4	58.3	52.5	>49.0	>45.0	>31.0	>4.0	0	< -2.0

2)乳化剂对沥青材料性能的影响可大致分为四种类型：

(1)乳化剂在乳液破乳后使沥青原有性能提高；

(2)乳化剂在乳液破乳后使沥青保持原有性能；

(3)乳化剂在乳液破乳后使沥青原有性能略有降低；

(4)乳化剂在乳液破乳后使沥青原有性能大幅度降低。

3)乳化剂影响沥青性能的因素有以下几个方面：

(1)乳化剂的种类：不同种类的乳化剂对沥青材料性能的影响不同；

(2)乳化剂的用量：同一乳化剂用量不同时，对沥青材料的性能影响不同，这一点其他文献也有表述；

(3)乳化剂的质量：质优纯净的乳化剂对沥青材料性能的影响不大，质劣不纯的乳化剂会使沥青材料性能明显下降。

此外沥青乳化时的各种添加剂、乳化工艺条件等都会与乳化剂起协同效应，对沥青材料的

性能造成一定影响。所以,实际应用中要考虑乳化剂对沥青性能的影响。

三、乳化剂对乳化沥青施工性能的影响

乳化剂对乳化沥青施工的影响是重大的。首先乳化剂直接影响乳化沥青与石料接触的破乳方式和破乳速度,所以就有快裂、中裂和慢裂乳化剂之分。而破乳方式和破乳速度是影响施工的重要因素。

1. 乳化剂对破乳速度的影响

乳化沥青与石料接触的破乳速度是影响乳化沥青施工的决定因素。影响乳化沥青与石料接触破乳速度的因素较多,其中乳化剂占主导作用,但仍需考虑以下因素:

(1)稳定剂的加入;

(2)施工时石料的级配;

(3)用水量的大小;

(4)乳液的温度;

(5)环境的温度和湿度;

(6)拌和时的扰动程度。

2. 乳化剂的结构对乳业与石料混合时破乳速度起关键作用

一般情况下,阳离子乳化剂由于电性的影响其与石料接触时破乳速度趋于加快,所以常见的乳化剂以中裂、快裂居多。但乳化剂分子的阻碍作用和电性强弱的大小也影响着破乳速度,如木质胺类乳化剂带电较弱,加之这种乳化剂结构空间阻碍效应也影响电性的作用,这类乳化剂是常见的慢裂乳化剂,广泛地应用于稀浆封层。

3. 实际施工中影响破乳速度的因素

(1)乳化剂用量的影响:随着乳化剂用量的增大,破乳速度逐渐减慢;

(2)稳定剂的影响:对阳离子乳化沥青来说,往石料中喷洒 $CaCl_2$ 溶液可减缓破乳速度;

(3)石料级配的影响:石料中含有粉料越多破乳速度越快,这是因为粉料含量加大,则石料的比表面积大,同时相对吸附和活性点较多,所以会加快与乳液的作用速度;

(4)用水量大小的影响:增加水的用量会降低破乳速度;

(5)乳液温度的影响:乳液的温度越高,破乳速度越快;

(6)环境温度和湿度的影响:环境温度越高破乳速度越快,湿度影响相对较小,但值得一提的是石料若处于饱水状态则会极大地影响破乳速度。

四、慢裂快凝施工

稀浆封层是国内外较为普遍应用的一种道路养护技术,由于该技术功能较多,成本相对较低,又适于大规模机械化养护,所以受到广泛重视。在我国,乳化沥青稀浆封层成套技术被列为国家"八五"期间重点科技推广项目,并于1997年3月通过交通部验收。

在实践过程中,认识到高质量的封层工艺和合格的乳化沥青是保证该技术成功的关键因素,而稀浆封层施工过程中封闭交通时间长的问题则成为影响稀浆封层进一步推广的主要问题。鉴于此,1993年河南省交通厅将该课题下达给了河南省新乡市公路管理局,并于1994年

11 月实施首次“慢裂快凝”施工，1995 年全年完成 42km 试验路段，取得了较好的效果，并在河南、山西等地推广达 600km。除了新乡市公路局管理外，中国建筑技术研究院、河南省孟州市公路管理段也先后在 1995 年、1996 年完成了慢裂快凝乳化剂的研究工作，这从一个侧面反映了稀浆封层施工对这种技术要求的迫切性。

要完成“慢裂快凝”的施工，合格的乳化剂是先决条件。据资料报道，传统的阳离子乳化剂有两类：一类是季铵盐，其乳化的带电状态是永久性的，即来源于分子结构中的带电性；另一类的带电状态是由其应用环境提供的，如脂肪酸、咪唑啉等，需在一定的 H^+ 浓度下应用，才能处于带电状态。

季铵盐制备的乳化沥青与负电荷的集料反应虽比质子转移较慢，但是还是相当迅速的，这就是我国大量应用的季铵盐是中、快裂乳化剂的原因。另外，这种永久性电荷的存在，很难通过调节 pH 值来调整其拌和性能，也就是说，季铵盐类乳化剂可调性差。

当靠环境的 pH 值来调节带电状态时，随着与石料的接触，pH 值迅速地变化，从而使乳液的稳定条件改变，使拌和的混合料迅速破乳而不能拌和。所以，当季铵盐较少时，H^+ 的转移速度相当快，呈现出快裂现象，如脂肪丙二撑类乳化剂就是常见的快裂型乳化剂。当其有多个胺基存在的乳化剂或多胺基的咪唑啉类乳化剂生产的乳液时，与集料接触后 H^+ 转移会慢一些，加上添加剂改变混合料 pH 值的办法有可能达到，既有一定拌和时间完成摊铺，摊铺完成后又能迅速成型。目前国内几家慢裂快凝乳化剂大多是多胺基酰胺基类乳化剂。

需要指出的是，慢裂快凝施工技术是在解决拌和时成浆状态良好和铺设后快速成型之间的矛盾的基础上进行的。因而对施工要求较严，仅靠乳化剂和添加部分助剂不能完全保证施工的进行，先进的稀浆封层机是完成“稀浆封层”施工的必要手段。各种影响拌和时间、成型时间的因素必须控制到较佳状态才能顺利完成施工。

第六节　影响乳化沥青破乳时间的因素

一、乳化沥青微粒表面的双电层结构

阳离子乳化剂由亲水基和亲油基两种基团组成，亲油基大多数是由直链烷基、环烷基或烷基苯基组成，亲水基多数由胺基构成。乳化时在剪切力的作用下，沥青被粉碎成极其微小的颗粒（1～5μm），乳化剂分子能在水溶液表面形成表面膜，从而降低水的表面张力和沥青微珠与水之间的界面张力，使沥青乳化并保持乳液的相对稳定性，从而形成均一、稳定的阳离子沥青乳化液。

沥青与水界面上的电荷层结构一般呈扩散双电层分布，双电层由吸附层和扩散层两部分组成，阳离子在水中溶解时，电离为带正电荷的亲油基 R^+ 和带负电荷的离子 X^-：

$$R^+X^- = R^+ + X^-$$

加入沥青后，带正电荷的亲油基 R^+ 在沥青微粒表面定向排列，使沥青微粒带正电荷，并把一部分带负电荷的离子 X^- 紧紧拉在周围，形成了吸附层，另一部分 X^- 离子由于热运动扩散到水中构成了扩散层。

吸附层和扩散层构成了乳化沥青的双电层，在扩散层中，与乳化沥青微粒所带电荷相反的

离子(简称反离子)在溶液中受到两方面的作用:一方面是沥青微粒表面上离子的吸引力,力图把它们拉向微粒表面;另一方面是离子本身的热运动,使它们离开微粒表面扩散到水中去。这两方面作用的结果,使反离子在溶液中的分布情况像图 4-10 所示那样:

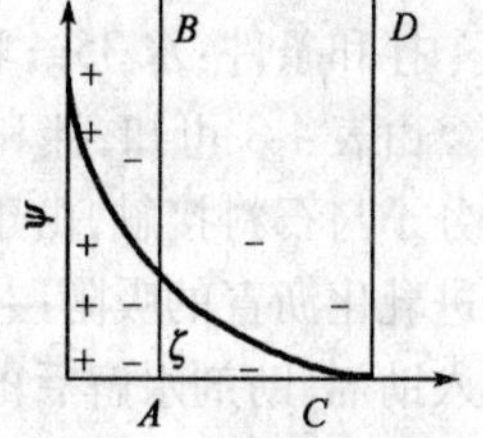

图 4-10　乳化沥青颗粒的双电层结构

在靠近吸附面的扩散层里,反离子有较大的浓度,随着与吸附层距离的增大,扩散层反离子浓度逐渐减小直到 *CD* 处,反离子在扩散层浓度为零,即正负离子浓度相等。从吸附层表面 *AB* 到 *CD* 的距离称为扩散层厚度,其大小与乳化剂浓度,离子间引力的大小及热运动有关。

当沥青与水作相对运动时,滑动面并非在沥青表面,而是在吸附层和扩散层的分界 *AB* 面上,吸附层随着沥青一起运动。

在双电层中,距离沥青表面不同位置处的电位如图 4-10 所示,设 *CD* 处正负离子浓度相等时,电位为零。沥青表面吸附一定量离子后,其电位相对于 *CD* 处的电位差为 ψ(即热力学电位),当微粒受到外界电场作用而沿着 *AB* 面滑动时,*AB* 面上将产生一个电位差,由于它和电动现象密切相关,所以称为电动电位,以符号 ζ 表示,又称 ζ 电位。

乳化沥青 ζ 电位的正负,由乳化剂在水中电离后亲油基的电荷符号所决定,亲油基带正电荷,ζ 电位为正值,亲油基带负电荷,ζ 电位为负值。电位的大小与扩散层厚度有关,从图中可以看出,随着扩散层厚度逐渐变薄,ζ 电位减小;当扩散层与吸附层重合时,ζ 电位降为零。

二、影响乳化沥青破乳的因素

当乳化沥青与石料拌和时,在外力搅拌的作用下,乳化沥青包裹石料表面,乳化沥青颗粒与石料充分接触,水分被挤出,沥青分子相互融合,发生破乳。引起破乳的主要因素有两个:第一是乳化沥青包裹骨料表面后,乳化沥青中的水分将逐渐被蒸发,随着水分的蒸发,乳液的扩散层厚度逐渐变薄,ζ 电位降低,乳化被破坏,致使沥青与骨料黏结在一起。第二是因为铺路用的天然骨料表面一般都带有负电荷,这些电荷能将乳化沥青周围扩散层中的反离子挤进吸附层,使扩散层厚度变薄,乳化沥青的 ζ 电位降低,导致乳化被破坏。骨料所带电荷越多,ζ 电位降得越低。

根据试验结果和理论的分析,影响阳离子乳化沥青破乳的因素主要有以下几个方面:

1. 乳化剂的用量

表 4-7 是 SH-1 型阳离子乳化剂在不同用量条件下的破乳时间。

拌和条件:水 35g;气温:24℃。

由表 4-7 可知,乳化剂的用量越大,发生破乳的时间越长。这是因为乳化剂的用量越大,在沥青微粒表面聚集的乳化剂的分子越多,从而形成的油水界面膜的强度越大。扩散层就会越厚,ζ 电位就越大,这样与石料接触后,双电层的破坏就越慢,破乳时间就越长。

乳化剂的用量对破乳时间的影响　　表 4-7

乳化剂用量(%)	0.5	0.8	1.1	1.4	1.7	2.0
破乳时间(s)	8	10	22	24	28	40

2. 助剂的使用

表 4-8 是 SH-1 型阳离子乳化剂在不同助剂用量条件下的破乳时间。

拌和条件:水 35g;乳化剂用量:0.5%;气温:24℃。

由表 4-8 可知,拌和时加入助剂,可以延长乳化沥青破乳的时间。沥青乳液在破乳时,沥青分子与石料接触,由于石料表面带有负电荷,与乳化沥青的电性正好相反,这些负离子就会挤进乳化沥青的吸附层中,使扩散层厚度变薄,降低乳化沥青的 ζ 电位,进而破坏双电层。当加入助剂,助剂水解后的离子,如 Al_3^+、Ca_2^+ 和 NH_4^+ 等,其电荷与石料表面的负电荷正好相反,会中和相当部分的负离子,阻止双电层的破坏,从而延缓破乳。助剂用量越大,破乳时间愈长,尤其是 $Al_3{}^+$ 所带的电荷较多,效果越好。但是使用量也不能太大,过大时会使沥青乳液的酸性增加,拌和时会产生大量气泡从而影响沥青的使用性能。

助剂用量对破乳时间的影响　　表 4-8

序　号	硫酸铝(g)	氯化铵(g)	氯化钙(g)	破乳时间(s)
1	0			8
2	0.38			10
3	0.75			15
4	1.12			30
5	1.50			35
6		0.38		12
7		0.75		15
8		1.12		20
9		1.50		25
10			0.38	8

3. 润湿水量的影响

表 4-9 是 SH-1 型阳离子乳化剂在不同润湿水量条件下的破乳时间。

拌和条件:乳化剂用量:1.4%;气温:24℃。

由表 4-9 可知,润湿水量愈大,破乳时间愈长。水量加大,使扩散层有扩大的趋势,ζ 电位增大。而且由于沥青乳液被大大稀释,沥青颗粒间的碰撞概率降低,沥青颗粒聚结困难,破乳时间延长。但是润湿水量的大小会直接影响混合稀浆的稠度,如果水量过大,拌和的稀浆太稀,大大影响摊铺的效果,所以润湿水量也不宜过大。

润湿水量对破乳时间的影响　　表 4-9

润湿水量(g)	30	40	50	60
破乳时间(s)	20	25	60	65

4. 乳液的 pH 值

表 4-10 是 SH-2 型阳离子乳化剂在不同 pH 值条件下乳化的破乳时间。

阳离子乳化剂水溶液一般应调节为酸性或中性才能较好的发挥乳化效果。氢离子的加入,可以改变乳化剂分子的电离平衡。以烷基胺 $R-NH_2$ 为例,其分子中含有胺基,当加酸调节 pH 值后，会发生中和反应：

$$-NH_2 + H^+ = -NH_3^+$$

氮原子上带有正电荷，才具有阳离子乳化剂的亲水性能。另外氢离子的浓度影响稀浆混合料中正负电荷平衡，从而影响乳化沥青颗粒在石料表面的沉积。但是 pH 值不能过低，因为加入酸过多时（以盐酸为例），反离子的浓度（Cl^-）变大，它会破坏双电层，降低 ζ 电位，引起破乳。酸度过高时也会对沥青的性能产生影响。所以 pH 值应该有一个最佳的范围。

pH 值对破乳时间的影响　　表 4-10

pH 值	2	3	4	5	6
破乳时间（s）	50	54	60	45	43

5. 拌和温度的影响

表 4-11 是 SH-2 型阳离子乳化剂在不同拌和温度条件下的破乳时间。

由表 4-11 可知，拌和温度越高，布朗运动越剧烈，扩散层与吸附层的分子就有脱离吸附的趋势，ζ 电位会降低，乳液就不稳定。并且沥青颗粒相互碰撞的概率会增大，相互融合的机会也增大，乳化沥青也就越有可能破乳。

拌和温度对破乳时间的影响　　表 4-11

拌和温度（℃）	30	25	20	15	10
破乳时间（s）	40	60	150	225	300

6. 协同乳化剂的影响

协同乳化剂的加入可以起到复合增效的作用，即延长破乳时间。协同乳化剂加入后，它的分子可以插入沥青分子表面排列的阳离子乳化剂分子的间隙中（图 4-11），由于非离子乳化剂的分子也有亲水基和亲油基，可进一步降低界面张力，使双电层更加稳定，ζ 电位更大，从而延缓破乳时间。

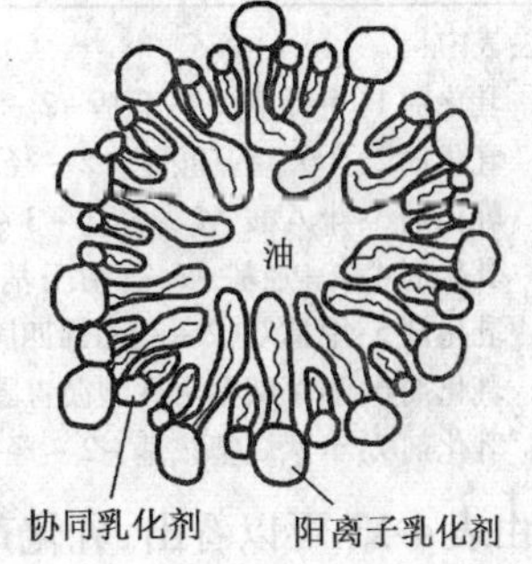

图 4-11　协同乳化剂增效示意图

表 4-12 是 SH-3 型阳离子乳化剂在加入协同乳化剂前后的破乳时间比较。

协同乳化剂为壬基酚聚氧乙烯醚，加入量为 0.053%。拌和条件：水 48g；乳化剂用量：1.0%。

由表 4-12 可知，在相同条件下加入协同乳化剂可延长破乳时间（见表 4-12 中序号 1 与 2，序号 3 与 4）。

协同乳化剂的加入对破乳时间的影响　　表 4-12

序　号	助剂（g）	协同乳化剂	破乳时间（s）
1	1.5g 硫酸铝，1.5g 氯化铵	不加入	5
2	1.5g 硫酸铝，1.5g 氯化铵	加入	15
3	1.5g 硫酸铝，1.5g 氯化钙	不加入	24
4	1.5g 硫酸铝，1.5g 氯化钙	加入	35

第七节　影响阳离子乳化沥青储存稳定性的因素

乳化剂之所以具有乳化作用，是由组成其结构的亲油基和亲水基来决定的。这种分子结构使得分子具有部分可溶于水而部分溶于油的双重性质。乳状液在热力学上是不稳定体系，下面介绍影响乳状液稳定性的主要因素。

一、乳化剂的分子结构与乳化性能

表 4-13 为合成的几种新型沥青乳化剂的乳化性能和储存稳定性试验结果。

几种新型沥青乳化剂的乳化性能和储存稳定性　　表 4-13

乳化剂	乳化剂用量(%)	乳化情况	乳液外观	储存稳定性(5d)
1	1.0	很好乳化	棕褐色	2.4%
2	1.0	很好乳化	棕褐色	分层4cm，底部大量沥青析出
3	1.0	很好乳化	棕褐色	冷却后沥青析出
4	1.0	很好乳化	棕褐色	冷却后沥青析出
5	1.0(调 pH 值为 4)	很好乳化	棕褐色	分层5cm，底部少量沥青析出
6	1.0(调 pH 值为 3)	很好乳化	棕褐色	3.6%
7	1.0(调 pH 值为 2)	很好乳化	棕褐色	放置一天，沥青全部析出

注：表中：

乳化剂 1：甲撑双[5－壬基－2－((2′－羟基－3′－三乙基氯化铵)丙氧基苯)]

乳化剂 2：十八烷基胺基－2－羟基丙基－三乙基氯化铵盐酸盐

乳化剂 3：十八酸－2－羟基－3－(三乙基氯化铵)丙基酯

乳化剂 4：2－羟基－3－(对壬基苯氧基)丙基三乙醇基氯化铵

乳化剂 5：甲撑双(2－三乙烯四胺亚甲基－4－壬基苯酚)

乳化剂 6：甜菜碱型两性型沥青乳化剂

乳化剂 7：十八烷基胺基－2－羟基丙基－二甲基羟甲基氯化铵

由表 4-13 可以看出，乳化剂 1 的乳化效果好，乳液的储存稳定性好，符合 T 0655—1993 行业标准(小于 5%)。该乳化剂分子结构为：

$$
Cl^-\ (CH_3)_3N^+-CH_2-\underset{}{\overset{OH}{\overset{|}{C}}}H-CH_2-O-[C_6H_3(C_9H_{19})]-CH_2-[C_6H_3(C_9H_{19})]-O-CH_2-\overset{OH}{\overset{|}{C}}H-CH_2-N^+\ (CH_3)_3Cl^-
$$

该分子属于双烷基双亲水基 Gemini 型表面活性剂，分子的电荷比较突出，形成的乳化沥青电性比较强，因此乳化沥青的储存稳定性好。

乳化剂 2 的乳化效果好，但乳液的储存稳定性不好，有沥青析出。该乳化剂分子结构为：

$$
[C_{18}H_{37}-NH_2-CH_2-\overset{OH}{\overset{|}{C}}H-CH_2-N^+\ (CH_2CH_3)_3]\ 2Cl^-
$$

乳化剂 3 的乳化效果好，但乳液的储存稳定性不好，有沥青析出。该乳化剂分子结构为：

$$C_{17}H_{33}COO—CH_2—\underset{\displaystyle OH}{\underset{|}{CH}}—CH_2N^+(CH_2CH_3)_3Cl^-$$

乳化剂 4 的乳化效果好，但乳液的储存稳定性不好，有沥青析出。该乳化剂分子结构为：

$$C_9H_{19}—C_6H_4—O—CH_2—\underset{\displaystyle OH}{\underset{|}{CH}}—CH_2—N^+(CH_2CH_2OH)_3Cl^-$$

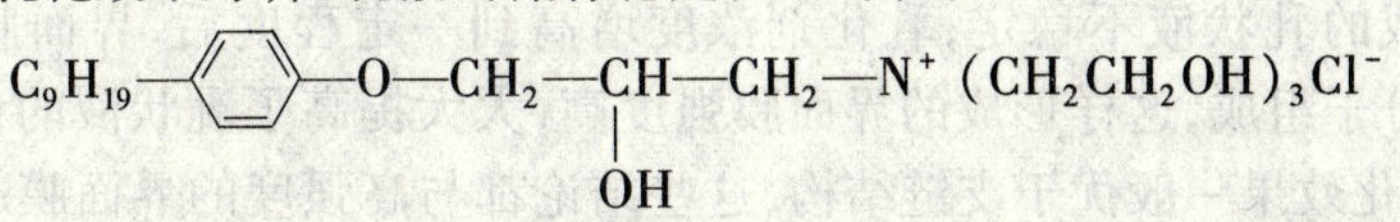

乳化剂 5 的乳化效果好，但乳液的储存稳定性不好，有沥青析出。该乳化剂分子结构为：

$CH_2NH(CH_2)_2NH(CH_2)_2NH(CH_2)_2NH_2$

C_9H_{19}—(苯环)—OH

C_9H_{19}—(苯环)—OH

$CH_2NH(CH_2)_2NH(CH_2)_2NH(CH_2)_2NH_2$

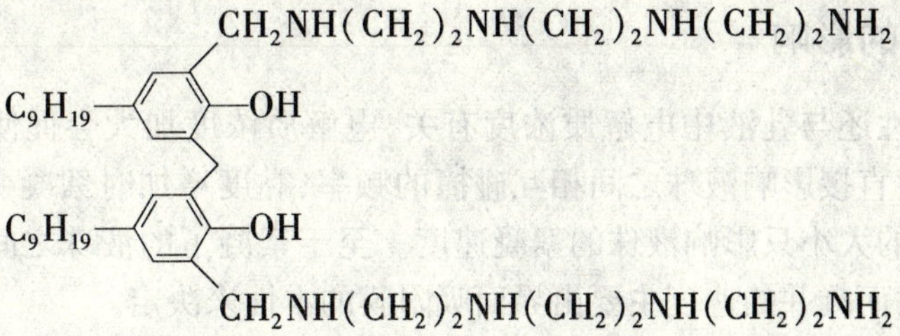

乳化剂 6 的乳化效果好，乳液的储存稳定性好，符合 T 0655—1993 行业标准（小于 5%）。该乳化剂分子结构为：

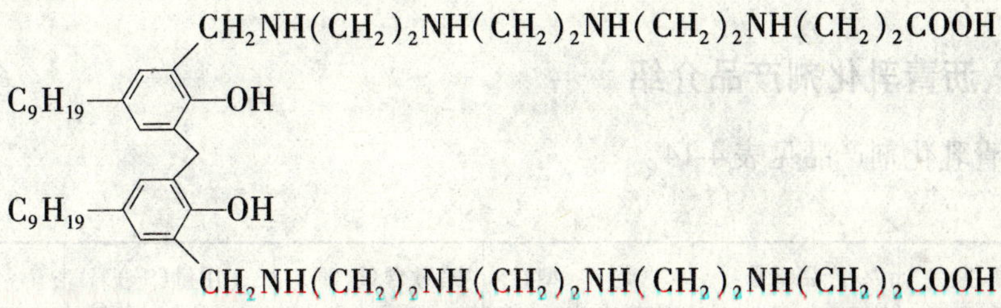

$CH_2NH(CH_2)_2NH(CH_2)_2NH(CH_2)_2NH(CH_2)_2COOH$

C_9H_{19}—(苯环)—OH

C_9H_{19}—(苯环)—OH

$CH_2NH(CH_2)_2NH(CH_2)_2NH(CH_2)_2NH(CH_2)_2COOH$

该分子也属于双烷基双亲水基 Gemini 型表面活性剂，分子的电荷比较突出，形成的乳化沥青电性比较强，因此乳化沥青的储存稳定性好。

乳化剂 7 的乳化效果好，但乳液的储存稳定性不好，沥青全部析出。该乳化剂分子结构为：

$$C_{18}H_{37}NHCH_2—\underset{\displaystyle OH}{\underset{|}{CH}}—CH_2—\underset{\displaystyle CH_2OH}{\underset{|}{N^+}}(CH_3)_2Cl^-$$

以上 7 种沥青乳化剂的分子电荷都比较突出，因此乳化性能都比较好。影响乳化沥青的储存稳定性除了与乳化剂的分子结构有关外，还与下面介绍的因素有关。

二、界面张力的影响

乳状液是相界面很大的多相体系，液珠有自发并结，以降低体系总界面能的倾向。显然，油/水界面张力的降低有助于乳状液的稳定。乳化时加入更多量的乳化剂更有利于乳液的稳定也说明了这个道理。

三、界面膜性质的影响

乳状液中的液滴频繁地相互碰撞，处于不停的布朗运动之中。如果在碰撞过程中界面膜破裂，两个液珠将并结为一个大液珠。这一过程继续下去，使体系的自由能降低，最终将导致乳状液的破坏。因为液珠的并结以界面膜的破裂为前提，因此，界面膜的机械强度是决定乳状液稳定性的主要因素之一。当乳化剂浓度较低时，界面上吸附的分子较少，界面膜的强度较差，形成的乳状液不稳定；乳化剂浓度增高到一定程度后，界面膜则由比较紧密的、定向吸附的分子组成，这样形成的界面膜强度高，大大提高了乳状液的稳定性。直链结构的乳化剂的乳化效果一般优于支链结构，这些结论都与高强度的界面膜起主要的稳定作用的设想一致。

四、其他因素的影响

乳状液的稳定性还与乳液中电解质浓度有关，电解质浓度加大会促使液珠并结，进而聚沉。另外，外相黏度直接影响液珠之间相互碰撞的频率，黏度增加时絮凝变慢。但是，双电层的存在和外相黏度的大小只影响液珠的絮凝速度。至于絮凝了的液珠之间的凝并，必须以界面膜的破裂为前提，而凝并的速度主要由界面吸附膜的本性来决定。

第八节　沥青乳化剂产品以及相关产品介绍

一、沥青乳化剂产品介绍

沥青乳化剂产品见表4-14。

表4-14

生产厂家	产品型号	类　型	有效含量(%)	用量(‰)	适 用 范 围
漯河市天龙化工有限公司	CMK-20	阳离子慢裂快凝	≥80	12~23	适用于微表处
	CMK-20A		≥65	12~23	
	CMK-50		≥80	12~25	
	CMK-30		≥80	12~23	
	LS-851	阳离子慢裂	—	15~25	适用于冷再生
	LS-852		—	15~25	
	LS-853		—	15~25	
	CMK-201	阳离子慢裂快凝	45~50	15~25	适用于稀浆封层
	CMK-202		≥60	10~15	
	CMK-801		65~70	10~15	
	JL-C02	阳离子慢裂	≥30	15~25	
	JL-A02		≥70	6~10	适用于透层
	GT-C01		≥50	15~25	
	GT-A01		≥60	6~10	
	CK-60	阳离子快裂	≥70	4~6	适用于黏层
	JL-C01		50~55	6~10	
	JL-C01A		38~42	8~12	
	JL-A01		40~45	6~10	

续上表

生产厂家	产品型号	类　型	有效含量(%)	用量(‰)	适 用 范 围
镇江金阳道路材料科技发展有限公司	JY-R1	阳离子快裂	≥95	3~5	适用于黏层
	JY-A1		≥60	8~12	
	JY-R1G		≥70	15~30	
	JY-R2	阳离子中裂	55±2	8~10	
	JY-R2W		≥55	8~10	
	JY-R2G		≥65	18~30	
	JY-R3	阳离子慢裂	≥28	20~30	
	JY-R3B		≥55	14~18	
	JY-R3T		≥50	30~40	
	JY-R3T1		≥75	30~50	
	JY-A3T	阴离子慢裂	≥50	30~40	
	JY-A3T1		≥75	30~40	
	JY-R4	阳离子慢裂快凝	≥45	18~22	
	JY-R4H		≥70	10~15	
	JY-R4M		≥55	18~24	
	JY-R5		≥80	13~18	
	JY-R5M		≥95	13~18	
	JY-R6G		≥85	13~25	
	JY-A4	阴离子慢裂快凝	≥40	16~22	
江阴市七星助剂有限公司	慢裂型乳化剂	慢裂	28	15~20	透层、冷再生、稀浆封层
	QX-S5	慢裂	30	20~30	
	1 型	阳离子慢裂快凝	50	15~25	稀浆封层、微表处
	2 型		45	15~25	
	3 型		60	15~20	
	中裂型乳化剂	阳离子中裂	50	5~10	黏层、表面处治、贯入式
	QX-R	阳离子快裂	100	5~10	
山东派尼化学有限公司	Q12	阳离子	50	0.6~0.8	碎石封层及黏层油
	M331	阳离子	55	0.6~1.0	黏层油
	Q18	阳离子	50	0.6~0.8	黏层油及封层油
	Q31	阳离子	40	0.8~1.2	黏层油
	NQ-7	阴离子	50	1.5~2.0	黏层油及透层油
	S31	阳离子	40	0.8~1.2	黏层油及透层油
	S331	阳离子	55	0.8~1.0	黏层油
	SQ-1	阳离子	60	1.8~2.0	透层油及稀浆封层
	SM75	阳离子	85	1.8~2.5	透层油及稀浆封层

续上表

生产厂家	产品型号	类型	有效含量(%)	用量(‰)	适用范围
山东派尼化学有限公司	NS-8	阴离子	50	1.2~1.6	透层油及稀浆封层
	HS-1	阳离子	60	1.5~1.8	透层油
	SQ-9	阳离子	80	1.3~1.8	高标准微表处施工
	SQ-10	阳离子	80	1.5~2.0	高标准微表处施工
	NSQ-1	阴离子	60	1.2~1.6	普通稀浆封层及透层油
	CA		85		高速铁路无渣轨道专用
	NCA		70		高速铁路无渣轨道专用
河南省威森德道路材料有限公司	GYZ-01	阳离子中裂	60±2	6~10	碎石封层、雾封层、黏层、精细抗滑保护层
	GYMK	阴离子慢裂快凝	55±2	14~18	稀浆封层、微表处、雾封层、透层
	GYM-03	阳离子慢裂快凝	30±2	14~18	稀浆封层、透层、雾封层
	GYMK-05	阳离子慢裂快凝	55±2	16~20	稀浆封层、透层、雾封层
	GYMK-06	阳离子慢裂快凝	75±2	16~20	微表处、雾封层
	GYMK-07	阳离子慢裂快凝	75±2	20~30	微表处、雾封层
河南封丘太行化工有限责任公司	慢裂快凝1型	阳离子慢裂	45	1.5~2.5	稀浆封层、微表处
	慢裂快凝2型	阳离子慢裂	50	1.5~2.5	
	慢裂快凝3型	阳离子慢裂	90	1.5~2.2	
	慢裂慢凝	阳离子慢裂	30	1.5~2.0	稀浆封层、冷铺冷拌
	改性沥青乳化剂	阳离子	50	0.8~1.3	拌和型、微表处
	中裂乳化剂1型	阴离子中裂	60	0.8~1.2	黏层油、透层油
	中裂乳化剂2型	阴离子慢裂	65	1.2~1.8	贯入式、黏层油
	高渗透乳化剂1型	阳离子	70	1.3~1.5	渗透层
	高渗透乳化剂2型	阳离子	60	1.5~1.7	
	中裂加酸CO	阳离子中裂	50	0.3~0.5	黏层油、透层油
	中裂加酸CO_2	阳离子中裂	50	0.4~0.6	
	无酸耗乳化剂1型	阳离子中裂	50	0.8~1.2	
	无酸耗乳化剂2型	阳离子中裂	50	1.0~1.2	

二、沥青乳化用稳定剂产品介绍

沥青乳化用稳定剂产品见表4-15。

表4-15

生产厂家	产品型号	名称	有效含量(%)	用量(‰)	适用范围
镇江金阳道路材料科技发展有限公司	JY-WD1				
	JY-WD2				
	JY-WD3				

本章参考文献

[1] 宋哲玉,徐培华.乳化剂对沥青材料性能影响研究[C].1996年乳化沥青学术交流会论文集,1996.

[2] 施来顺,王强.新型阳离子乳化剂的性能测试[C].2002年乳化沥青学术交流会论文集,2002.

[3] 沈钟,等.胶体与表面化学[M].北京:化学工业出版社,2004.

第五章　道路用乳化沥青的试验方法

第一节　概　述

世界上许多国家都制订了乳化沥青的试验方法标准，尽管有差异，但试验的内容与标准是非常相似的。

一、国外道路用乳化沥青试验方法

1. 美国道路用乳化沥青的试验机构和试验规程

1）试验机构

AASHTO：美国州公路与运输管理人员协会。

ASTM：美国试验与材料协会。

2）试验规程

（1）乳化沥青试验编号，见表5-1。

乳化沥青试验编号　　表5-1

AASHTO 试验编号	ASTM 试验编号	试　验
AASHTO　T40	ASTM　D140	沥青材料采样
AASHTO　T59	ASTM　244	乳化沥青试验
AASHTO　M140	ASTM　D977	乳化沥青规格
AASHTO　M280	ASTM　D2397	拌和、凝固和耐水性试验，以鉴定快凝乳化沥青

美国试验与材料协会制订的ASTM 244—2000《乳化沥青试验法》是2000年10月美国实施的标准，也是国际上较为系统、较为先进的试验方法，包括了测定乳化沥青及与集料拌和性质的所有方法。

（2）乳化沥青残留物试验编号，见表5-2。

乳化沥青残留物试验编号　　表5-2

AASHTO 试验编号	ASTM 试验编号	试　验
AASHTO　T59	ASTM　D244	蒸发残留物
AASHTO　T49	ASTM　C2397	25℃下5s内的针入度（100g）

2. 其他国家或地区相关标准目录(表5-3)

其他国家或地区相关标准目录 表5-3

国家或地区	标准目录
日本	JIS K2208—2000 乳化沥青
	日本道路协会铺装试验法便览
欧盟	BS EN 12847—2002 沥青乳液凝固时间的测定
	BS EN 1430—2000 沥青乳液粒子的极性测定
	D6805-02 沥青乳液中芳烃/脂肪烃比的红外光谱测定实践

二、我国交通行业乳化沥青试验方法

1983年我国交通部发布的《公路工程沥青及沥青混合料试验规程》(JTJ 052—83)仅列入阴离子乳化沥青的试验项目。

1986年交通部"阳离子乳化沥青及其路用性能研究"课题协作组总结多年研究成果,并参阅了国内外有关技术文献,提出阳离子乳化沥青试验方法10项。

1986年我国交通部发布《阳离子沥青乳液检验项目及标准》(JTJ 014—86)。

交通部于1993年公布的《公路工程沥青及沥青混合料试验规程》(JTJ 052—93),制定了我国交通行业对乳化沥青和乳化沥青混合料的试验方法标准。

2000年,交通部又公布了《公路工程沥青及沥青混合料试验规程》(JTJ 052—2000)。这些试验规程都是根据多年来乳化沥青课题研究的成果,参照国外的标准试验方法,主要是美国试验和材料协会ASTM D244标准及日本乳化沥青协会、日本道路协会的试验方法,并结合我国这些年的使用实践而制订的。

我国的《公路沥青路面施工技术规范》(JTG F40—2004)规定乳化沥青及改性乳化沥青产品质量评定必须检验的项目有15个试验项目,见表5-4。

试验项目需按照《公路工程沥青及沥青混合料试验规程》(JTJ 052—2000)制订的试验规程进行。试验规程实施以来,在我国得到了广泛的应用,对加强公路工程中乳化沥青及乳化沥青混合料的生产与管理、质量的检验起到了重要的作用。

2007年,为提高我国沥青及沥青混合料的试验水平和评价水平,交通运输部又组织有关单位对《公路工程沥青及沥青混合料试验规程》(JTJ 052—2000)进行了修订和完善。交通运输部于2011年9月13日正式公布《公路工程沥青及沥青混合料试验规程》(JTG E20—2011),试验规程中有关乳化沥青与乳化沥青混合料的试验规程在本章中予以介绍。

三、我国石油化工行业乳化沥青试验方法

为了适应我国高等级公路建设和养护的需要,中国石油化工总公司在"七五"期间,组织研究院、炼油厂等单位完成了"重交通道路沥青的研制"项目的攻关,取得了多项重大的科技成果,其中制订我国石油化工行业的乳化沥青试验方法标准就是从这一时期开始的,到2005年先后公布乳化沥青试验方法标准(SH/T)有22项。

JTG F40—2004 乳化沥青及改性乳化沥青产品质量评定检验项目 表 5-4

序号	试验项目	试验方法	乳化沥青	改性乳化沥青
1	破乳速度	T0658	√	√
2	离子电荷	T0653	√	√
3	筛上剩余物	T0652	√	√
4	恩格拉黏度	T0622	√	√
5	道路标准黏度	T0621	√	√
6	蒸发残留物含量	T0651	√	√
7	溶解度	T0607	√	√
8	软化点	T0606		√
9	针入度	T0604	√	√
10	延度	T0605	√	√
11	黏附性	T0654	√	√
12	集料拌和试验	T0659	√	
13	水泥拌和试验	T0657	√	
14	储存稳定性	T0655	√	√
15	低温储存稳定性试验	T0656	√	

我国交通行业和石油化工行业制订的乳化沥青试验方法基本上与国际标准一致，大部分试验方法都等同于国外的试验方法。只是在有些试验方法的细节方面，由于我国的使用习惯和仪器设备方面的原因，文字编排与国外方法有所差异。我国制订的乳化沥青试验方法，应该是长期以来我国研究和工程实践经验的总结。

第二节 乳化沥青蒸发残留物含量试验

乳化沥青残留物含量测定法是检验乳液中实际的沥青含量的试验方法，用此方法获得的沥青残留物还可以进行性质测定以便评价其使用效果。

一、进行乳化沥青残留物含量测定的目的意义

1. 可检验乳液中的沥青含量

乳化沥青中沥青含量过高，就会使乳液黏度变大，储存稳定性不好，不利于施工和储存。而乳液沥青中沥青含量过低，就会使乳液黏度变小，施工时容易流失，不能保证要求的油石比，同时也增加了乳液的运输费用，相对地提高了乳化剂用量，也就得不到理想的经济效益。因此，乳液保持适当的沥青含量是很重要的。

2. 可为乳化沥青残留物性质试验提供检测样品

乳化沥青不同的施工用途对其沥青的含量也有不同的要求。沥青在制成乳化沥青的过程中，由于受乳化工艺、乳化剂、稳定剂等诸多因素的影响，残留物的性质较原沥青往往发生了较

大变化,因此,采用乳化沥青残留物含量试验测定法制取乳液的蒸发残留物,并对其性质进行评价,以获得乳化沥青的实际应用性能。

二、乳化沥青残留物的制取方法

乳化沥青残留物的制取方法主要有蒸馏法、烘箱蒸发法和直接加热法三类。

1. 蒸馏法

1)美国的《乳化沥青试验法》(ASTM D244—2000)中“乳化沥青残留物与馏分油测定法”

“乳化沥青残留物与馏分油测定法”中有常压蒸馏法和低温减压蒸馏法两种,两种蒸馏法均采用高约241.3mm、内径为95.3mm的铝合金蒸馏釜,以环行燃烧器为热源。

蒸馏釜内设有上下两个测温点,上部温度计的水银球距釜底约165.1mm,下部温度计的水银球距釜底约6.4mm(减压蒸馏时用热电偶测温)。乳化沥青装入量为200±0.1g。

常压蒸馏时环行燃烧器的初始位置在距釜底152.4mm处,当下部温度计读数大致为215℃时,移动环行燃烧器使其接近釜底。将温度提高到260±5℃后保持15min。

低温减压蒸馏将完全冷冻的乳化沥青试样装入蒸馏釜内在88kPa表压下用环行燃烧器加热蒸馏。环行燃烧器的初始位置在距釜底200mm处,当上部温度计的加热温度上升到约149℃时,渐渐降低环行燃烧器直到热电偶读数为135±5℃,并在此温度持续10min。

《乳化沥青残留物与馏分油测定法》也可以对得到的残留物进行百分含量计算和性质试验,它的试验操作相对复杂,残留物的热老化小,更侧重于乳化沥青蒸发残留物性质的测定。

2)中石化行业标准《乳化沥青水含量测定法(蒸馏法)》(SH/T 0099.15—2005)

该标准是采用美国材料与试验协会标准《乳化沥青试验法》(ASTM D244—2000)“乳化沥青水含量测定法(蒸馏法)”(英文版),并重新起草编写。

该标准与ASTM D244的主要差异是:

该标准不采用金属蒸馏釜及相应热源,采用符合《实验室玻璃仪器　磨口烧瓶》(GB/T 15725.6—1995)要求并以电加热套为热源;

该标准增加了对天平的要求;

该标准增加了相关溶剂的安全使用条款。

3)中石化行业标准《乳化沥青残留物含量测定法(低温减压蒸馏法)》(SH/T 0099.16—2005)

该标准是采用美国材料与试验协会标准《乳化沥青试验法》(ASTM D244—2000)“乳化沥青残留物含量测定法(低温减压蒸馏法)”(英文版),并重新起草编写。

该标准与ASTM D244的主要差异是:

ASTM D244中蒸馏釜采用铝合金制成,该标准采用不锈钢制成。

4)中石化行业标准《乳化沥青残留物与馏出油含量蒸馏测定法》(SH/T 0099.17—2005)

该标准是修改采用美国材料与试验协会标准《乳化沥青试验法》(ASTM D244—2000)第11~15章“乳化沥青残留物与馏出油含量蒸馏测定法”(英文版),并重新起草编写。

该标准与ASTM D244的主要差异是:

ASTM D244第13章第一条规定蒸馏釜采用铝合金制成,该标准采用不锈钢制成;

该标准为加工便利,对ASTM D244第13章第一条规定蒸馏釜几何尺寸进行了调整;

该标准删除了 ASTM D244 图 2 中蒸馏釜盖的示意图与尺寸对照表以及图 3 中环型燃烧器加热器的示意图；

ASTM D244 规定完成全部蒸馏时间为 60 ± 15min，该标准对蒸馏时间不做明确要求；采用将温度提高到 260 ± 5℃后，保持 15min。

2. 烘箱蒸发法

1）美国的《乳化沥青试验法》（ASTM D244—2000）中“乳化沥青蒸发残留物测定法”。

“乳化沥青蒸发残留物测定法”的核心内容是在三个或四个已和玻璃棒一起称量的 1 000mL烧杯中分别称取 50g ± 0.1g 搅拌均匀的乳化沥青，然后将烧杯、玻璃棒和试样一起放入 163 ± 3.0℃的烘箱中保持 2h，然后取出烧杯充分搅拌残留物，再放入烘箱中保持 1h 取出，冷却至室温，连同玻璃棒称量，也可以将盛乳化沥青试样的烧杯放在加热板上小心加热预先蒸发水分，然后放在 163℃烘箱中保持 1h。

如果做蒸发残留物性质试验时，还要将烧杯再次放入烘箱直到沥青残留物能充分流动至的通过孔径 300μm 筛子，然后将通过孔径 300μm 筛子的残留物倾倒在合适的容器或模具中进行残留物性质试验。

“乳化沥青蒸发残留物测定法”操作难度小，对操作人员试验技巧依赖较小，方法科学严谨，结果重复性好，但热老化程度大。

“乳化沥青蒸发残留物与馏分油测定法”和“乳化沥青蒸发残留物测定法”是两个相对独立的试验，两个试验采用的仪器和方法有很大的差别，但都可以对得到的残留物进行百分比计算和性能试验。前一个测定法相对复杂一些，但对残留物的热老化比后一个测定法小一些，偏重于残留物性能的测定。后一个测定法相对简单一些，对残留物的热老化比前一个测定法大一些，偏重于残留物含量的测定。

2）我国石油化工行业乳化沥青试验方法

中石化行业标准《乳化沥青蒸发残留物含量测定法》（SH/T 0099.4—2005）：

该标准是在修改采用美国材料与试验协会标准《乳化沥青试验法》（ASTM D244—2000）“蒸发残留物”（英文版）的基础上而制订。

该标准与 ASTM D244 的主要差异是：

将“符合规范 E145.1 B 型的烘箱”修改为“控温 163 ± 3.0℃”；

将“符合规范 E11 的孔径为 300μm 的筛子”修改为“孔径为 0.3mm”

将残留物百分含量的计算公式做了合理改动；

删除了“报告三个蒸发残留物的百分含量平均值作为试验结果”中的“三个”。

3. 直接加热法

日本工业标准 JIS K2208 乳化石油沥青制订的试验方法。

该试验方法是将一定量的乳液经加热脱水后，求出其蒸发残留物占乳液的百分比。

测定乳化沥青试样中沥青的准确含量，检验试样中沥青含留量（质量%）是否达到规定指标。

试验方法规定为在约 1 500mL 金属容器内精确称取 300g ± 1g 试样，以电炉或燃气炉为热源加热试样 20 ~ 30min，当试样鼓泡结束并确认试样中水分脱出后升温至 160℃并保持 1min，冷却至室温。

三、我国交通行业乳化沥青试验方法

乳化沥青蒸发残留物含量试验测定法(T0651—1993)。

此试验是将一定量的乳液经加热脱水后,求出其蒸发残留物占乳液的百分比。特别要注意的是加热脱水时的温度,乳液在加热初期因为有水,温度不会很高,随着水的蒸发,温度会越来越高。

试液蒸发时的加热温度,ASTM 规定须保持163℃ ±2.8℃2h,日本规定用电炉或燃气炉加热蒸发20~30min 确认无水分(未规定加热温度)后再加热到160℃保持1min。根据我国实际操作情况,提出在确认无水后再在163℃ ±3℃温度下,保持1min。

根据乳化沥青的不同用途,蒸发残留物的含量有不同的要求。

乳液脱水时要注意控制温度,脱水温度不能过高,否则会引起沥青老化,影响试验结果。一般认为沥青乳液加热到基本脱水后(表面没有泡沫),再加热至163℃ ±3℃时,保持此温度1min,水就脱尽了。

由于乳液中的乳化剂及其他外加剂必将影响其蒸发残留物的性质,因此,规定蒸发残留物的延度不能小于原沥青的80%,溶解度要大于97.5%。

四、关于乳化沥青残留物含量试验方法

1. 关于直接加热法

试验的主要仪器、乳液试样以及取样质量基本相同。日本规定“当试样鼓泡结束并确认试样中水分脱出后升温至160℃并保持1min”。我国规定“在确认无水后再在163℃ ±3℃温度下,保持1min”。在蒸发试验中,如何判断乳化沥青中水分完全蒸发是蒸发试验的关键。

试验过程中,由于搅拌速度、电炉温度、加热时间等因素的不确定,所做试验结果有时相差很大,试验结果对操作人员的试验技巧依赖很大,特别是判断水分是否脱除干净。

2. 关于乳化沥青残留物方法对改性乳化沥青产品质量的影响

美国乳化沥青制造商协会(AEMA)对目前的改性乳化沥青残留物回收方法进行比较研究后发现,结果的准确性和一致性不尽如人意。尤其是在针对改性乳化沥青的测试。原因是在于目前的残留物回收方法都与改性乳化沥青应用时的实际情况不相符,这样获得的残留物缺乏代表性。

(1)国内现在采用的蒸发残留物方法,在残留物性质测试过程中,由于操作人员的熟练程度不同,或者操作不当,很容易产生所得到结果的准确性和一致性不够,造成在产品的评价或选择上的意见不一致。

尤其是改性乳化沥青,造成这种结果的很大一部分原因,就是不当的蒸发残留物操作方法会破坏 SBR 胶乳的网状结构,使试验的重复性和准确性大大降低。

(2)美国采用的蒸馏方法制取残留物,而不是蒸发方法。

蒸馏方法的条件是相对固定的,其结果具有较好的一致性。对普通乳化沥青其试验方法是用一标准金属容器,上出口接冷凝装置,装入200g 乳化沥青样品,开始在液面以上加热,当液体温度达到204℃时火焰移至下部,继续加热,当液体温度达到260℃时,关小火焰,保持260℃温度15min,整个蒸馏时间应在60min ±15min 内完成,完成后称重,计算残留物含量,并

将残留物倒出，做有关残留物性能试验。

对于改性乳化沥青，由于含有聚合物改性剂，过高的温度可能会造成聚合物的分解，因此将第一步的温度降至177℃，第二步的蒸馏温度在美国也不统一，有的州降为204℃保持15min，有的州降为177℃保持15min或20min。

(3)BASF公司在其研究胶乳改性乳化沥青的基础上，开发了一种室温下蒸发残留物强制空气干燥法，能够很好地保持残留物中胶乳的网状结构。利用强制空气干燥法得到了SBR和SBS改性乳化沥青残留物，将其进行持续加载应变试验其抗疲劳性能，结果表明，SBR胶乳有极大的优势。

3. 科学合理地获取乳化沥青残留物是从事乳化沥青研究的科技人员值得关注的一个课题

(1)我国的蒸发残留物含量试验方法(T 0651—1993)为敞口蒸发方法，这种方法适合于快速测定残留物含量(乳化沥青样品可采用20～50g)，对于准确测定残留物含量及残留物性质，存在较大的人工操作误差，尤其是聚合物改性乳化沥青，如果聚合物不能均匀的分散在沥青中，其残留物的性质就无法测定。

通过蒸发获取乳化沥青残留物是一种快捷简便的方法，但较轻馏分被蒸发和残留物可能发生老化的情况，需要注意蒸发温度宜在水分蒸发的同时，要防止和减少乳化沥青残留物的老化。

(2)作为条件试验，无论蒸发法还是蒸馏法，同种方法所得乳化沥青残留物性质之间均具可比性，而采用不同的方法所得的乳化沥青残留物将有一定的差别。

在获取乳化沥青残留物时因部分较轻馏分被蒸发或馏出而改变残留物的组成，或因受到热和空气的作用而发生老化，都将导致所得残留物的分析结果偏离实际。

蒸馏的优点在于沥青不直接受热，可以减少热老化所造成的影响。仪器成套，温度测量数显、自动、准确。

(3)对于含有较轻馏分的乳化沥青，经较高温度下和低温减压条件下蒸馏，可以达到测定馏出油含量的目的。对此可以参考中石化行业标准《乳化沥青残留物与馏出油含量蒸馏测定法》(SH/T 0099.17—2005)。

4. 关于残留物含量

美国大部分州要求大于62%，较高的沥青含量即可得到较好的黏度，又可以节省运费，提高生产效率。

五、T 0651—1993 乳化沥青蒸发残留物含量试验测定法

乳化沥青蒸发残留物含量试验测定法(T 0651—1993)步骤摘录如下：

1. 仪具与材料技术要求

(1)试样容器：容量1 500mL，高约60mm，壁厚0.5～1mm的金属盘，也可用小铝锅或瓷蒸发皿代替。

(2)天平：感量不大于1g。

(3)烘箱：装有温度控制器。

(4)电炉或燃气炉：有石棉垫。

(5)玻璃棒。

(6)其他:温度计、溶剂、洗液等。

2. 方法与步骤

(1)将试样容器、玻璃棒等洗净、烘干并称其合计质量(m_1)。

(2)在试样容器内称取搅拌均匀的乳化沥青试样300g ±1g,称取容器、玻璃棒及乳液的合计质量(m_2),准确至1g。

(3)将盛有试样的容器连同玻璃棒一起置于电炉或燃气炉(放有石棉垫)上缓缓加热,边加热边搅拌,其加热温度不应致乳液溢溅,直至确认试样中的水分已完全蒸发(通常需20~30min),然后在163℃ ±3.0℃温度下加热1min。

(4)取下试样容器冷却至室温,称取容器、玻璃棒及沥青一起的合计质量(m_3),准确至1g。

3. 计算

0.4%乳化沥青试样的蒸发残留物含量按下式计算,并以整数表示。

$$P_b = \frac{m_3 - m_1}{m_2 - m_1} \times 100 \tag{5-1}$$

式中:P_b——乳化沥青中的沥青含量(%);

m_1——试样容器、玻璃棒合计质量(g);

m_2——试样容器、玻璃棒及乳液的合计质量(g);

m_3——试样容器、玻璃棒及残留物合计质量(g)。

4. 报告

同一试样至少平行试验两次,两次试验结果的差值不大于0.4%,取其平均值作为试验结果。

5. 精密度或允许误差

重复性试验的允许差为0.4%;复现性试验的允许差为0.8%。

第三节　乳化沥青筛上剩余量试验

此试验方法适用于测定各类乳化沥青的筛上剩余量,评定沥青乳液的质量。

一、乳化沥青筛上剩余量试验方法

1. 美国材料与试验协会制订的《乳化沥青试验法》(ASTM 244—2000)“筛析试验”

规定筛孔尺寸为20号筛(0.85mm),试样量1 000g,筛网预先润湿,用蒸馏水(阳离子乳液)或2%油酸钠溶液(阴离子乳液)。

2. 日本工业标准JIS K2208乳化石油沥青制定的试验方法“筛上剩余量试验方法”

试样500 ±5g,通过筛孔径1.18mm的筛网,称重筛上残留的粗大沥青颗粒及结块。

3. 中石化行业标准《乳化沥青筛上剩余量测定法》(SH/T 0099.2—2005)

该标准是在采用美国材料与试验协会标准《乳化沥青试验法》(ASTM D244—2000)“筛析试验”(英文版)的基础上而制订的。

该标准与 ASTM D244 的主要差异是：将孔径 850μm 的滤筛修改为孔径为 1.18mm 的滤筛。

4. 我国交通行业乳化沥青试验方法

乳化沥青筛上剩余量试验（T 0652—1993）是在 1983 年试验规程乳化沥青筛上剩余量试验的基础上，参照 ASTM D244 及德国、日本的试验方法编写。

规定筛孔尺寸为 1.18mm，试样量 500g，筛网预先用蒸馏水润湿，在室温条件下进行。

此项试验是为了测定各类乳化沥青的筛上剩余物含量，评定沥青乳液的质量。

在乳化完成后，沥青颗粒应分布均匀和稳定，不应含有大量的粗颗粒及结块。如果乳化质量不高，乳液中含有大量的粗颗粒及结块，就会使乳液产生结皮或沉淀，这就会影响乳液中的沥青含量。另外，在用此乳液施工时，容易造成喷洒设备的堵塞，或与矿料拌和不匀影响施工质量。因此，此项检验是确定乳化剂和乳化机械性能好坏的重要指标，也是乳液质量的重要指标。

此项试验是待乳化完的乳液完全冷却或基本消泡后（通常在乳化后，将乳液密封存放 24h），通过 1.18mm 筛孔筛子，求出筛上残留物占过筛乳液重量的百分比，以此来判定乳液的质量。此项检验的标准是：所测乳液的筛上剩余物含量小于 0.1% 为合格。

二、T 0652—1993 乳化沥青筛上剩余量试验

乳化沥青筛上剩余量试验（T 0652—1993）步骤摘录如下：

1. 仪具与材料技术要求

（1）滤筛：筛孔为 1.18mm。

（2）金属盘：尺寸不小于 100mm。

（3）天平：感量不大于 0.1g。

（4）烧杯：750mL 和 200mL 各 1 个。

（5）油酸钠溶液：含量 2%。

（6）蒸馏水。

（7）烘箱：装有温度控制器。

（8）其他：玻璃棒、溶剂、干燥器等。

2. 方法与步骤

1）准备工作

将滤筛、金属盘、烧杯等用溶剂擦洗干净，再用水和蒸馏水洗涤后用烘箱（105℃ ±5℃）烘干，称取滤筛及金属盘质量（m_1），准确至 0.1g。

2）试验步骤

（1）在一烧杯中称取充分搅拌均匀的乳化沥青试样 500g ±5g（m），准确至 0.1g。

（2）将筛（框）网用油酸钠溶液（阴离子乳液）或蒸馏水（阳离子乳液）润湿。

（3）将滤筛支在烧杯上，再将烧杯中的乳液试样边搅拌边徐徐注入筛内过滤。在过滤畅通情况下，筛上乳液试样仅可保留一薄层，如发现筛孔有堵塞或过滤不畅时，可用手轻轻拍打筛框。

注：过滤通常在室温条件下进行，如乳液稠度大，过滤困难时可将试样在水槽上加热至50℃左右后过滤。

(4)试样全部过滤后，移开盛有乳液的烧杯。

(5)用蒸馏水多次清洗烧杯，并将烧杯过筛，再用蒸馏水冲洗滤筛，直至过滤的水完全清洁为止。

(6)将滤筛置于已称质量的金属盘中，并置于烘箱(105℃ ±5℃)中烘干2~4h。

(7)取出滤筛，连同金属盘一起置于干燥器中冷却至室温(一般为30min以上)后称其质量(m_2)，准确至0.1g。

3. 计算

乳化沥青试样过筛后筛上残留物含量按下式计算，准确至小数点后1位。

$$P_r = \frac{m_2 - m_1}{m} \times 100 \tag{5-2}$$

式中：P_r——筛上残留物含量(%)；

m——乳化沥青试样质量(g)；

m_1——滤筛及金属盘质量(g)；

m_2——滤筛、金属盘与筛上残留物合计质量(g)。

4. 报告

同一试样至少平行试验两次，两次试验结果的差值不大于0.03时，取其平均值作为试验结果。

5. 精密度或允许差

重复性试验的允许差为0.03%，复现性试验的允许差为0.08%。

第四节　乳化沥青微粒离子电荷试验

乳化沥青微粒离子电荷试验是用于确定各类沥青乳液是否属阳离子或阴离子类型。试验的方法大致相同，但也有差异。

一、乳化沥青微粒离子电荷试验方法

1. 美国材料与试验协会制订的《乳化沥青试验法》(ASTM 244—2000)中的“乳化沥青电荷试验法”

在美国ASTM标准中，规定使用12V电源，用两极板之间的电流从8mA降到2mA所用的时间来描述电荷的强弱。电荷强微粒就容易吸附到极板上，这样电阻增大就快，电流减弱到2mA的时间就短。反之亦然，这样就有个电荷强弱的比较。该标准适用于测定各类乳化沥青的电荷性质，即阳、阴离子的类型。

2. 日本道路协会铺装试验法便览3-6-8是将乳液用水稀释100倍后进行试验，并用显微镜(500倍)观察离子运动情况。

3. 中石化行业标准《乳化沥青颗粒电荷试验法》(SH/T 0099.3—2005)

该标准是在采用美国材料与试验协会标准《乳化沥青试验法》(ASTM D244—2000)“颗粒

电荷试验”（英文版）的基础上而制定的。

该标准与 ASTM D244 的主要差异是：

将电极的尺寸数值修改为整数数值；

将范围由原来的适用于鉴定阳离子乳化沥青修改为适用于鉴定阳、阴离子乳化沥青。

4. 我国交通行业乳化沥青试验方法

乳化沥青微粒离子电荷试验（T 0653—1993）是采用我国研究成果及 ASTM D244 方法、日本道路协会铺装试验法所编写的。

试验方法是在乳液中放入两块电极板，通入 6V 直流电，3min 后观察在哪个电极板上吸附有大量沥青微粒。如负极板吸附有大量沥青微粒，说明沥青微粒带正电荷，则该乳液为阳离子型。反之，阳极板上吸附有大量沥青微粒，说明沥青微粒带负电荷，则该乳液为阴离子型，如图 5-1 所示。

在此项试验中，只能定性地确定乳液是阴离子型还是阳离子型，而同是阳离子型乳液无法区别所带电荷的强弱。

二、T 0653—1993 乳化沥青微粒离子电荷试验

乳化沥青微粒离子电荷试验（T0653—1993）步骤摘录如下：

1. 仪具与材料技术要求

（1）烧杯：200mL 或 300mL。

（2）电极板：2 块，铜制，每块板长 100mm，宽 10mm，厚 1mm。

（3）直流电源：6V。

（4）秒表。

（5）滤筛：筛孔为 1.18mm。

（6）其他：汽油、洗液。

2. 方法与步骤

1）准备工作

（1）将乳化沥青试样用孔径 1.18mm 滤筛过滤，并盛于一容器中。

（2）将电极板洗净、干燥，并将两块电极板平行固定于一个框架上，其间距约 30mm，然后将框架置于容积为 200mL 或 300mL 的洁净烧杯内，插入乳化沥青中约 30mm，装置原理如图 5-1 所示，LD 型沥青乳液电荷试验仪如图 5-2 所示。

2）试验步骤

（1）将过滤的乳液试样注入盛有电极板的烧杯内，其液面的高度至少使电极板顶端浸没约 3cm。

（2）将两块电极板的引线分别接于 6V 直流电源的正负极上，接通电源开关并按动秒表。

（3）接通电源 3min 后，关闭开关，然后将固定有电极板的框架由烧杯内取出。

（4）仔细观察电极板。如负极上吸附有大量沥青微粒，说明沥青微粒带正电极，则该乳液为阳离子型。反之，阳极板上吸附有大量沥青微粒，说明沥青微粒带有负电荷，则该乳液为阴离子型。

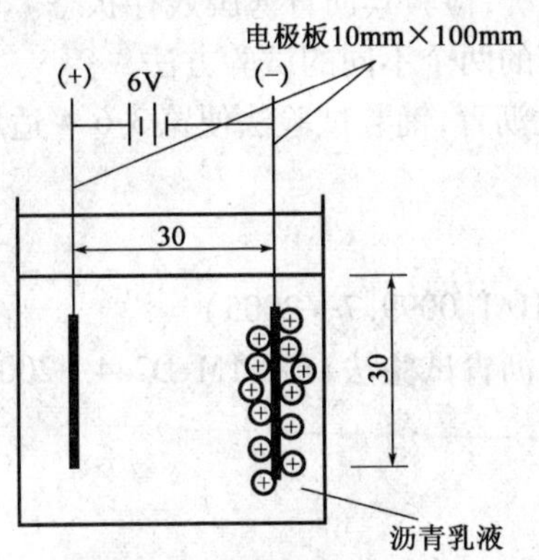

图 5-1　T 0653-1 电极板装置原理图(尺寸单位:mm)

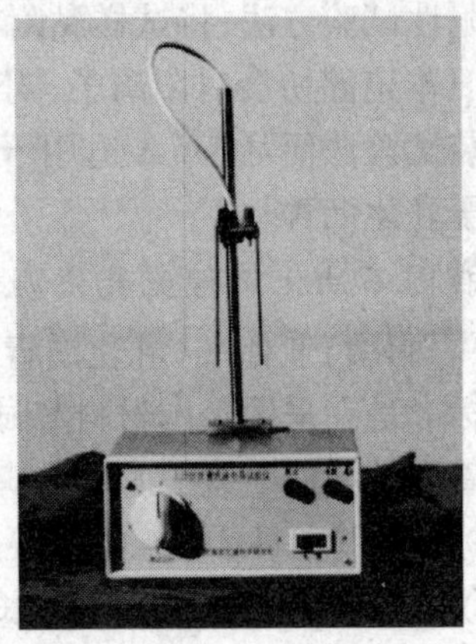

图 5-2　LD 型沥青乳液电荷试验仪

第五节　乳化沥青与粗集料的黏附性试验

乳化沥青与粗集料的黏附性试验是测定乳液薄膜与石料表面的黏附性,以评定其黏结力及抗水剥落的性能,以沥青在石料表面裹附面积表示。国外对此试验方法不尽相同。

一、乳化沥青与粗集料的黏附性试验方法

1.美国材料与试验协会制订的《乳化沥青试验法》(ASTM 244—2000)

1)乳化沥青黏附性试验法

适用于评定各类乳化沥青与集料拌和的黏附性,但不适用于快裂型乳化沥青或用来做黏结层的稀释沥青、底层油或罩面处治用乳化沥青。

2)乳化沥青黏附和抗水能力试验法

规定了乳化沥青与石灰石或其他干、湿集料黏附及其抗水能力的试验方法。该标准是将35g 的乳化沥青,在 24℃ ±5℃下与干、湿集料混合后,再用规定试验条件的自来水喷洒,分别评定乳化沥青的黏附和抗水能力。

3)乳化沥青施工现场黏附试验法

规定了施工现场快速判定乳化沥青与施工集料黏附性能的试验方法,用来确定乳化沥青与施工集料黏附能力和乳化沥青拌和料的抗水性。它是在规定尺寸和数量的施工集料与规定量的乳化沥青手动拌和 5min 后,观察乳化沥青与集料的拌和性,通过反复 5 遍在盛有黏附集料的容器里充满水,再倒掉水来观察乳化沥青拌和料的抗水性。

4)乳化沥青与施工集料的黏附试验法

规定了判定慢裂型乳化沥青与密级配施工集料的黏附试验方法。该标准是一个筛选乳化沥青与施工集料拌和、黏附的试验方法。它是在规定的试验条件下,通过使用不同量的水或乳化沥青使集料获得最大黏附面积来确定乳化沥青与集料的黏附性能。

2.日本试验方法

1)日本工业标准 JIS K2208 乳化石油沥青制订的试验方法

黏附性试验方法:将试样黏附在碎石后于水中摆洗,检验其沥青薄膜残存状态。

2)日本道路协会对阳离子、阴离子乳化沥青规定的两个不同的试验方法

铺装试验法便览3-6-3 适用于喷洒型阳离子乳化沥青,铺装试验法便览3-6-4 适用于喷洒型阴离子乳化沥青。

3. 我国石油化工行业乳化沥青试验方法

1)中石化行业标准《乳化沥青裹附性试验法》(SH/T 0099.7—2005)

该标准是在采用美国材料与试验协会标准《乳化沥青试验法》(ASTM D244—2000)“乳化沥青附着度试验法”(英文版)的基础上而制订的。

该标准与 ASTM D244 的主要差异是:

在仪器及材料中删除了刮刀长度;

金属筛孔径由原来的6.3mm 修改为6.00mm;

增加了过滤乳化沥青所用金属筛的孔径要求;

在试验报告中,增加了乳化沥青裹附集料的情况报告为“好”、“较好”、“不好”。

2)中石化行业标准《乳化沥青与施工集料的裹附试验》(SH/T 0099.9—2005)

该标准是在采用美国材料与试验协会标准《乳化沥青试验法》(ASTM D244—2000)“乳化沥青与施工集料的裹附试验”(英文版)的基础上而制订的。

3)中石化行业标准《乳化沥青黏附和抗水能力试验法》(SH/T 0099.10—2005)

该标准是在采用美国材料与试验协会标准《乳化沥青试验法》(ASTM D244—2000)“乳化沥青黏附和抗水能力试验法”(英文版)的基础上而制订的。

该标准与 ASTM D244 的主要差异是:

恒液位水箱材质由镀锌板修改为不锈钢;

室温由23.9℃ ±5.5℃修改为24℃ ±5℃。

4)中石化行业标准《乳化沥青施工现场黏附试验法》(SH/T 0099.11—2005)

该标准是在采用美国材料与试验协会标准《乳化沥青试验法》(ASTM D244—2000)“乳化沥青施工现场黏附试验法”(英文版)的基础上而制订。

该标准与 ASTM D244 的主要差异是:

金属容器容积由正好0.5L 修改为略大于0.5L。

4. 我国交通行业乳化沥青试验方法

1)我国1983 年的《公路工程沥青及沥青混合料试验规程》(JTJ 052—83)中此试验方法是参照德国 DIN 的方法制定的,仅提出对阴离子乳化沥青使用玄武岩与乳液黏结后脱落的程度判断。

2)1993 年修订《公路工程沥青及沥青混合料试验规程》(JTJ 052—93)中的“乳化沥青与矿料的黏附性试验(T 0654—1993)”,增加阳离子乳化沥青与粗集料的黏附性试验方法,其试验方法是:

把用细线或金属丝系好的集料颗粒,放进盛水烧杯中浸水 1min 后取出,再置于乳化沥青试样中浸泡1min。然后,取出集料颗粒在室温下悬挂 20min。将晾后的集料颗粒浸入盛水1 000mL的烧杯中,用手提尾线使集料上下移动水洗乳液薄膜,移动速度为 30 次/min,上下移动距离为 50mm 左右,上下移动 30min 后,用纸片黏出浮在水面上的沥青膜,然后将集料颗粒

提出水面,观察在集料颗粒表面裹附沥青膜的面积,当裹附面积不小于粗集料总面积的2/3时,认为黏附性合格。

该方法对于试验时的温度和湿度没有明确规定。在试验研究时发现,对于阳离子乳化沥青在矿料浸水、浸乳液并凉置20min后,有时试样下部的乳化沥青仍未破乳,呈液态,不管其黏附性如何,在浸水时试样下部的乳化沥青膜都会剥落。另外室温不同时乳化沥青的破乳程度也不相同,室温越低,破乳程度越小,试验结果得出的裹附面积越小。此外,粗集料下部的形状也对试验结果产生影响,总之,认为该试验方法已不能合理的评价乳化沥青与矿料的黏附性能。

3)交通部《2007年度公路工程行业标准修订项目计划》中下达了《公路工程沥青及沥青混合料试验规程》(JTJ 052—2000)的修订任务,该试验方法是其中一项。该试验方法的修订结合乳化沥青与粗集料的黏附特点,采用水煮法试验来检验阳离子乳化沥青与粗集料黏附性。而阴离子乳化沥青、非离子乳化沥青与集料的黏附性试验方法没有变动。

4)对乳化沥青与粗集料的黏附性试验方法的两点说明:

(1)国外对此项试验的环境温度条件要求比较苛刻,规定室温及水温应控制在25℃,湿度为45%~50%,周围无风的条件下进行测试,同时对石料也有规定。

我国在制订此试验方法时,考虑到我国实际情况是一般试验室达不到以上条件的,因此只要求在常温下进行此项试验,且所有试验用的石料用工程施工实际使用的石料。

(2)对于仅进行乳化沥青产品鉴定时建议可不要求此项指标。

二、T 0654—2011 乳化沥青与粗集料的黏附性试验

乳化沥青与粗集料的黏附性试验(T 0654—2011)步骤摘录如下:

1.仪具与材料技术要求

(1)标准筛:方孔筛31.5mm,19.0mm。

(2)滤筛:筛孔1.18mm。

(3)烧杯:400mL、900mL。

(4)烘箱:装有温度自动调节器,并有鼓风装置,能将温度控制在105℃±5℃。

(5)秒表。

(6)天平:感量不大于0.1g。

(7)水:蒸馏水或纯净水。

(8)工程实际使用的碎石。

(9)其他:细线或金属丝、铁支架、电炉、玻璃棒等。

2.阳离子乳化沥青与粗集料的黏附性试验方法

1)准备工作

(1)将道路工程用集料过筛,取19.0~31.5mm的颗粒洗净,然后置105℃±5℃的烘箱中烘干3h。

(2)从烘箱中取出5颗集料冷却至室温逐个用细线或金属丝系好,悬挂于支架上。

2)试验步骤

(1)取两个烧杯,分别盛入800mL蒸馏水(或纯净水)及经1.18mm滤筛过滤的300mL乳

液试样。

(2)对于阳离子乳化沥青,先将集料颗粒放进盛水烧杯中浸水1min后,随后立即放入乳化沥青中浸泡1min,再将集料颗粒悬挂在室温中放置24h。

(3)将集料颗粒逐个用线提起,浸入盛有煮沸水的大烧杯中央,调整加热炉,使烧杯中的水保持微沸状态。

(4)浸煮3min后,将集料从水中取出,观察粗集料颗粒上沥青膜的裹附面积。

3. 阴离子乳化沥青与粗集料的黏附性试验方法

1)准备工作

(1)取试样约300mL置入烧杯中。

(2)将道路工程用碎石过筛,取13.2~19.0mm(方孔筛)的颗粒洗净,然后置105±5℃的烘箱中烘干3h。

(3)取出集料约50g在室温以间距30mm以上排列冷却至室温,约1h。

2)试验步骤

(1)将冷却的集料颗粒排列在0.6mm滤筛上。

(2)将滤筛连同集料一起浸入乳液的烧杯中1min,然后取出加在支架上,在室温下放置24h。

(3)将滤筛连同附有沥青薄膜的集料一起浸入另一个盛有1 000mL洁净水并已加热至40±1℃保温的烧杯中浸5min,仔细观察集料颗粒表面沥青膜的裹附面积,作出综合评定。

4. 非离子乳化沥青与粗集料的黏附性试验方法与阴离子乳化沥青的相同

5. 报告

(1)同一试样至少平行试验两次,依多数颗粒的裹附情况作出评定。

(2)试验结果:试验报告以裹附面积大于2/3或不足2/3的形式报告。

第六节　乳化沥青储存稳定性试验

乳化沥青的储存稳定性是在规定的容器和条件下,储存规定的时间后,竖直方向上试样浓度的变化程度。以上、下两部分乳液蒸发残留物质量百分率的差值表示,以判断乳液储存后的稳定性能。此试验方法国外并不相同。

一、乳化沥青储存稳定性试验方法

1.美国材料与试验协会制订的《乳化沥青试验法》(ASTM 244—2000)

1)乳化沥青沉淀测定法

该标准是在规定的条件下,测定乳化沥青储存5d的储存稳定性。

2)乳化沥青储存稳定性测定法

规定了乳化沥青储存24h的储存稳定性的测定方法。

在美国使用乳化沥青时,大多数道路管理部门认可储存稳定性测定法(AASHTO T59),规范通常允许沥青余量有0.1%~1%的差别。

一些州(例如弗吉尼亚和宾夕法尼亚)在他们的乳化沥青合格项目中不要求这些试验。微表处使用的改性乳化沥青包含不同比重的成分,通常会发生一些沉淀。也许沉淀本身并不重要,重要的是拌和时,悬浮液是否均匀,是否有和刚生产的同样的性能。试验用于比较鉴定放置几天乳化沥青同其刚刚生产出时的差别,结果可作为合格限定。

2.日本的试验方法

1)日本工业标准 JIS K2208 乳化石油沥青制定的试验方法

储存稳定性试验方法:检验圆柱筒上部试样与下部试样的蒸发残留物的差值。

2)日本道路协会铺装试验法便览 3-6-10 规定在 20℃的室温下存储 5d。

3.我国石油化工行业乳化沥青试验方法

1)中石化行业标准《乳化沥青储存稳定性测定法》(SH/T 0099.5—2005)

该标准是在采用美国材料与试验协会标准《乳化沥青试验法》(ASTM D244—2000)“乳化沥青储存稳定性测定法”(英文版)的基础上而制订的。

该标准与 ASTM D244 的主要差异是:

将试验温度由 21 ~ 27℃修改为室温;

将玻璃圆筒储存管修改为带上、下支管的玻璃储存管;

删除了乳化沥青蒸发残留物测定的试验步骤;

删除了精密度与偏差要求中的“标准偏差”要求。

2)中石化行业标准《乳化沥青沉淀测定法》(SH/T 0099.12—2005)

该标准是在采用美国材料与试验协会标准《乳化沥青试验法》(ASTM D244—2000)“乳化沥青沉淀测定法”(英文版)并重新起草编写。

该标准与 ASTM D244 的主要差异是:

将玻璃圆筒储存管修改为带上、下支管的玻璃储存管;

删除了乳化沥青蒸发残留物测定的试验步骤。

4.我国交通行业乳化沥青试验方法

1)乳化沥青储存稳定性试验

我国 1983 年的《公路工程沥青及沥青混合料试验规程》(JTJ 052—83)中此试验方法是参照德国 DIN 的方法制定的,提出在室温下储存 7d 或 8d。

1993 年修订《公路工程沥青及沥青混合料试验规程》(JTJ 052—93)中的“乳化沥青储存稳定性试验(T 0655—1993)”,主要参照 ASTM D244,并根据我国实际情况,地域广阔和四季温度相差较大,故不对室温的温度作出规定,而规定储存温度以乳液制造时的室温为标准。储存时间则采用 5d,并参照 ASTM D244,乳化沥青标准规定需要时也可用 1d。5d 储存时间,乳液的储存稳定性要小于 5%,1d 储存时间,乳液的储存稳定性要小于 1%。

2)关于乳化沥青储存稳定性试验方法

(1)乳化沥青的储存稳定性的影响因素很多,主要是乳化剂的性能、沥青微粒尺寸、乳液中沥青含量及外界气温、湿度等。

(2)美国 ASTM D244 规定在室温下存储 5d,需要时可做 1d 的储存稳定性指标。日本道路协会铺装试验法便览 3-6-10 规定在 20℃的室温下存储 5d。

我国乳化沥青储存稳定性试验方法（T 0655—1993）是根据我国地域和四季温差较大，没有规定室温要求，而规定储存温度以乳液制造时的室温为标准，储存时间规定为5d，需要时也可用1d。

（3）对于改性乳化沥青产品，大部分采用乳胶改性的乳化沥青，由于乳胶的密度只有0.9g/cm^{3}左右，而沥青的密度尤其是重交沥青的密度大于1.0g/cm^3，静置几天后，乳胶会上浮到表面，呈现一层白色薄膜。

因此建议，改性乳化沥青应尽快使用，不宜长时间储存，而且使用前应对乳化沥青进行搅拌或摇匀。

二、T 0655—1993 乳化沥青储存稳定性试验

乳化沥青储存稳定性试验（T 0655—1993）步骤摘录如下：

1. 仪具与材料技术要求

（1）沥青乳液稳定性试验管：玻璃制，形状和尺寸如图5-3所示，带有上下两个支管，开口部配有橡胶塞或软木塞。

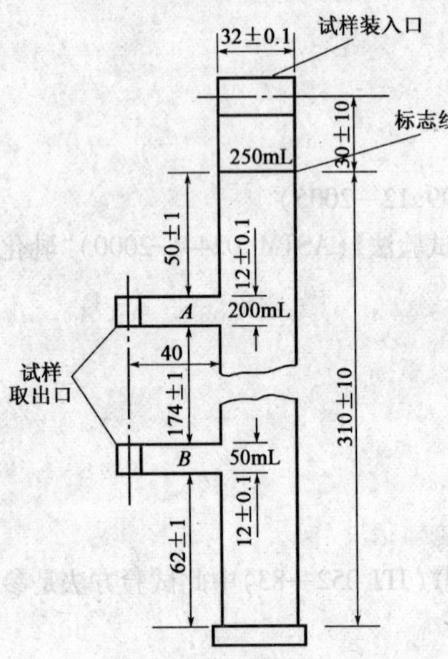

图5-3 沥青乳液稳定性试验管
（尺寸单位：mm）

（2）试样容器：小铝锅或磁蒸发皿，300mL以上。

（3）电炉或电热板。

（4）天平：感量不大于0.1g。

（5）滤筛：筛孔1.18mm。

（6）其他：温度计、气温计、玻璃棒、溶剂、洗液等。

2. 方法与步骤

1）准备工作

（1）将稳定性试验管分别用溶剂（可用汽油）、洗液和洁净水洗净并置温度105±5℃的烘箱中烘干，冷却后用塞子塞好上下支管出口。

（2）将均匀的乳化沥青试样约300mL通过1.18mm滤筛过滤至试样容器内。

2）试验步骤

（1）将过滤后的乳液试样用玻璃棒搅匀，缓缓注入稳定性试验管内，使液面达到管壁上的250mL标线处。

（2）将盛样封闭好的稳定性试验管置于试管架上，在室温下静置5昼夜。静置过程中，经常观察乳液有否分层、沉淀或变色等情况，作好记录并记录5d内的室温变化情况（最高及最低温度）。当生产的乳液计划在5d内即用完时，储存稳定性试验的试样也可静置一昼夜（24h）。

（3）静置后，轻轻拔出上支管口的塞子，从上支管口流出试样约50g接入一个已称质量的蒸发残留物试验容器中。再拔开下支管口的塞子，从下支管以上的试样全部放出，流入另一容器。然后充分摇匀下支管以下的试样约50g，接入第三个已称质量的蒸发残留物试验容器内。

（4）分别称取上下的两部分试样质量，准确至0.2g，然后按T 0651"乳化沥青蒸发残留物

含量试验”方法测定蒸发残留物含量 P_A 及 P_B。

3. 计算

乳化沥青的储存稳定性按下式计算，取其绝对值：

$$S_S = P_A - P_B \tag{5-3}$$

式中：S_S——试样的储存稳定性(%)；

P_A——储存后上支管部分试样蒸发残留物含量(%)；

P_B——储存后下支管部分试样蒸发残留物含量(%)。

4. 报告

(1)同一试样平行试验至少两次，两次测定的差值符合重复性试验精密度要求时，取平均值作为试验结果，以整数表示。

(2)试验报告应注明乳液储存的温度变化范围与储存时间。

第七节　乳化沥青低温储存稳定性试验

乳化沥青低温储存稳定性试验是指试样在经冰冻后，测定其状态发生的变化，它可以反映试样在低温储存时的稳定性。国外对乳液的冰冻温度及冻融循环的次数要求有所不同。

一、乳化沥青低温储存稳定性试验方法

1. 美国材料与试验协会制订的《乳化沥青试验法》(ASTM 244—2000)“乳化沥青冷冻性试验法”

该试验方法适用于评价乳化沥青的冷冻安定性。该标准是将盛有乳化沥青的密闭金属容器置于 -17.8℃ ±0.5℃的低温空气浴槽中 12h 或更长时间的三次冷冻，溶解循环，检验乳化沥青状态是否均匀。

2. 日本工业标准 JIS K2208 乳化石油沥青制定的试验方法：冻融稳定性试验方法

为检验试样在储存中的冻结与融解的状态，将规定的试样在 -5℃经 30min 冷却后，在约 25℃的水中浸泡 10min，这样操作反复两次后，检验试样状态的变化。

3. 我国石油化工行业乳化沥青试验方法：中石化行业标准《乳化沥青冷冻安定性试验法》(SH/T 0099.8—2005)

该标准是在采用美国材料与试验协会标准《乳化沥青试验法》(ASTM D244—2000)“乳化沥青冷冻安定性试验法”(英文版)的基础上而制订的。

该标准与 ASTM D244 的主要差异是：

将试样在低温试验箱中的恒温温度由 -17.8℃修改为 -17.8℃ ±0.5℃；

在试验报告中增加了试样在 -17.8℃ ±0.5℃下恒温的时间及室温。

4. 我国交通行业乳化沥青试验方法：

1993 年修订《公路工程沥青及沥青混合料试验规程》(JTJ 052—93)中的“乳化沥青低温储存稳定性试验(T 0656—1993)”，主要采用日本的方法，此项试验是将乳液加温到 25℃，然后放在 -5℃温度下 30min，再放在 25℃温度下 10min，循环两次后，将试样过 1.18mm 筛，如果

筛网上没有沥青结块等残留物,即为低温储存稳定性合格。

当乳化沥青需要在冰冻条件下储存或使用时,则需进行此项试验。

二、T 0656—1993 乳化沥青低温储存稳定性试验

乳化沥青低温储存稳定性试验(T 0656—1993)步骤摘录如下:

1. 仪具与材料技术要求

(1)锥形瓶:250mL。

(2)冰箱:-5℃ ±0.5℃。

(3)恒温水槽:25℃ ±0.5℃。

(4)天平:感量不大于0.1g。

(5)滤筛:筛孔1.18mm。

(6)烘箱:装有温度自动调节器。

(7)其他:温度计、棉纱、软木塞或橡胶塞、溶剂、洗液、蒸馏水等。

2. 方法与步骤

1)准备工作

(1)将锥形瓶洗净,并置温度105℃ ±5℃的烘箱中烘干,冷却后称其质量,准确至0.1g。

(2)将乳化沥青通过1.18mm筛。

(3)将冰箱温度调节至-5℃ ±0.5℃,将恒温水槽水温调节至25℃ ±0.5℃,并保持恒温。

2)试验步骤

(1)在锥形瓶中,称取已过筛的试样100g,并盖好软木塞密闭。

(2)将盛有试样的锥形瓶置于-5℃ ±0.5℃的冰箱中存放30min。冷却后立即取出置于水温为25℃ ±0.5℃的恒温水槽中,保持10min。并照此步骤重复一次。

(3)取出盛有锥形瓶作适当搅拌,观察乳液试样状态与原试样有无变化,并按本规程T 0652作筛上剩余量试验,检查有无粗颗粒剩余物。

3. 报告

试验应报告有无粗颗粒剩余物。

第八节 乳化沥青与水泥拌和试验

乳化沥青与水泥拌和试验的目的是评定乳液与普通硅酸盐水泥拌和过程中乳液凝结的情况,这是乳化沥青用于加固稳定砂石土基层、稀浆封层、微表处等时的一项重要施工性能。

一、乳化沥青与水泥拌和试验方法

1. 美国材料与试验协会制订的《乳化沥青试验法》(ASTM 244—2000)

拌和试验温度规定在25℃进行。水泥品种为高强波特兰水泥。水泥过筛的筛孔为80号筛孔(0.18mm)。乳液与水泥的拌和物过筛筛孔为14号筛(1.4mm)。

2. 日本工业标准JIS K2208乳化石油沥青制定的试验方法:水泥拌和性试验方法

水泥品种为普通波特兰水泥。水泥与乳化沥青试样按1:1比例进行拌和,将其拌和物注

入筛上,根据筛上残留粗颗粒的数量,检验拌和均匀性是否良好。水泥过筛的筛孔为 80 号筛孔(0.18mm)。乳液与水泥的拌和物过筛筛孔为 14 号筛(1.4mm)。

3.我国石油化工行业乳化沥青试验方法:中石化行业标准《乳化沥青与水泥拌和测定法》(SH/T 0099.6—2005)

该标准是在采用美国材料与试验协会标准《乳化沥青试验法》(ASTM D244—2000)“乳化沥青与水泥拌和测定法”(英文版)的基础上而制定的。

该标准与 ASTM D244 的主要差异是:

将符合规范 C-150Ⅲ型普通硅酸盐水泥修改为我国普通硅酸盐水泥 32.5 级、42.5 级;

将乳化沥青试样量 100mL 修改为 100g;

增加了筛上剩余物的计算公式。

4.我国交通行业乳化沥青试验方法:乳化沥青与水泥拌和试验(T 0657—2011)

我国 1983 年制订《公路工程沥青及沥青混合料试验规程》(JTJ 052—83)中并未列入此试验方法,1993 年修订试验规程(JTJ 052—93)中增补入此试验方法。

交通部《2007 年度公路工程行业标准修订项目计划》中下达了《公路工程沥青及沥青混合料试验规程》(JTJ 052—2000)的修订任务,本试验方法是其中一项。本试验方法的修订限定仅适用于非离子慢裂乳化沥青与水泥材料的拌和试验。

此试验法适用于慢裂型乳化沥青,因为只有慢裂型乳液才有可能与水泥细料拌和均匀,这也是慢裂型乳液的一种鉴定方法。

根据我国实际情况,规定采用工程实际用的水泥,通常为普通波特兰水泥。水泥过筛的筛孔,筛孔孔径为 0.18mm,与国外规定相近。

5.关于乳化沥青与水泥拌和试验方法

(1)我国 1993 年试验规程中没有规定试验用乳化沥青的残留物含量,试验表明如果乳化沥青的残留物含量不统一的话,那么得出的水泥拌和试验的结果也会不一样,甚至会大相径庭,所以本次修订将水泥拌和试验所用乳化沥青的残留物含量统一为 50%。

(2)环境温度也是影响拌和的重要方面,美国 ASTM 要求的是 25℃,我们认为我国的试验方法中也需要对试验温度做出相应的规定,宜选定 25℃ ±2℃。

(3)本方法适用于非离子慢裂乳化沥青与水泥拌和试验,如果在工程实践中存在其他类型的乳化沥青若与水泥稳定集料同时使用的情况,也可以参照此方法进行有关试验。

(4)仅进行乳化沥青产品鉴定时可不要求此项指标。

二、T 0657—2011 乳化沥青与水泥拌和试验

乳化沥青与水泥拌和试验方法(T 0657—2011)步骤摘录如下:

1.仪具与材料技术要求

(1)标准筛:孔径 0.15mm。

(2)滤筛:筛孔 1.18mm。

(3)拌和容器:金属或搪瓷盘,容量约 500mL。

(4)搅拌棒:直径约 10mm,具有圆头的金属棒。

(5)量筒:100mL。

(6)天平:感量不大于0.1g。

(7)烘箱:装有温度自动调节器。

(8)水:蒸馏水或纯净水。

(9)水泥:工程实际采用的水泥,通常为普通硅酸盐水泥。

(10)其他:秒表、烧杯、溶剂、镊子、棉纱等。

2. 方法与步骤

1)准备工作

(1)将烧杯、拌和容器及1.18mm滤筛用溶剂及蒸馏水(或纯净水)擦洗清洁烘干后分别称其质量,准确至0.1g。

(2)将普通硅酸盐水泥过0.15mm筛备用。

(3)乳化沥青试样的沥青含量按照本规程T 0651蒸发残留物含量试验方法测定。

2)试验步骤

(1)将环境温度、试验用水泥、乳化沥青、水以及器皿的温度调整到室温(25℃ ±2℃)。

(2)称取已过筛的普通硅酸盐水泥50g ±0.5g置于拌和容器中。

(3)称取50g ±0.1g试样(如果残留物含量 >50%则需要将乳化沥青稀释到50%)倾入拌和容器内的水泥中,立即用搅拌棒作圆周运动搅拌2min,其速度为120r/min。

(4)搅拌后立即加入150mL蒸馏水(或纯净水),再以60r/min的速度搅拌3min。

(5)搅拌完毕,立即将拌和容器中的水泥乳化沥青混合料通过已称质量的1.18mm滤筛,同时用蒸馏水(或纯净水)反复洗净拌和容器内部及搅拌棒上黏附的混合物,一并过筛。

(6)从筛上约15cm高度处用蒸馏水(或纯净水)冲洗筛上残留物,直至无乳化沥青颜色为止。

(7)将滤筛放在已称质量的金属盘中,置烘箱(105℃ ±5℃)中烘干2h。

(8)将滤筛、金属盘取出在室温条件下冷却,再称取质量,准确至0.1g。

3. 计算

水泥拌和试验筛上残留物含量按下式计算:

$$P_r = \frac{m - m_1 - m_2}{m_3 + m_4} \times 100 \tag{5-4}$$

式中:P_r——水泥拌和试验筛上残留物的含量(%);

m——滤筛、金属盘及筛上残留物合计质量(g);

m_1——滤筛质量(g);

m_2——金属盘质量(g);

m_3——水泥质量(g);

m_4——50g乳化沥青试样中的沥青蒸发残留物(g)。

4. 报告

每一试样至少平行试验两次,两次试验结果的差值不大于0.2%时,取其平均值作为试验结果。

第九节 乳化沥青破乳速度试验

乳化沥青破乳速度试验是鉴别乳液是属于快裂、中裂或慢裂类型的一种重要试验。

由于微表处和稀浆封层用乳化沥青的破乳速度受内因和外因两方面的制约,其中最根本的内因是乳化剂的化学结构,同时又与乳化剂的剂量 pH 值的高低、基质沥青的酸值、集料的活性、环境温度等有着密切的关系。采用标准集料得出的乳化沥青的破乳速度,与稀浆混合料破乳速度是不同的概念,对工程实际没有指导意义。2005 年 12 月交通部已经公布的《微表处和稀浆封层技术指南》中提出了“微表处和稀浆封层用乳化沥青的破乳速度不作要求”。

一、乳化沥青破乳速度试验方法

破乳速度试验方法简介如下:

1.美国材料与试验协会制订的《乳化沥青试验法》(ASTM 244—2000)

1)乳化沥青破乳试验法

该标准规定了测定乳化沥青化学破乳度的方法,适用于测定快裂或中裂型阴离子、阳离子乳化沥青的化学破乳度。

通过在规定量的阴离子乳化沥青中加入规定数量和浓度的氯化钙溶液,或在规定量的阳离子乳化沥青中加入规定数量和浓度的丁二酸辛酯磺酸钠溶液,测定从乳液中破乳得到的沥青数量来鉴别乳化沥青是快裂型还是中裂型,或给乳化沥青按快裂型、中裂型分级。

2)快凝型阳离子乳化沥青鉴定法

将一定量待鉴定乳化沥青加入到一定量制备好的标准砂中充分搅拌,倒出未覆膜的乳化沥青,目测剩余物上沥青的覆膜面积,根据快凝型阳离子乳化沥青不能在规定的标准砂表面成膜从而与中裂和慢裂型阳离子乳化沥青区别开来。

3)慢凝型阳离子乳化沥青鉴定法

适用于电荷试验法不能确定慢凝型阳离子乳化沥青时鉴定慢凝型阳离子乳化沥青的鉴定方法。该鉴定法是在规定的试验条件下,乳化沥青与集料拌和,集料被乳化沥青完全裹附后,通过水煮后沥青裹附在集料上的面积来鉴定慢凝型阳离子乳化沥青。

2.我国石油化工行业乳化沥青试验方法

1)中石化行业标准《乳化沥青破乳度测定法》(SH/T 0780—2005)

本标准是采用美国材料与试验协会标准《乳化沥青试验法》(ASTM D244—2000)“破乳度”(英文版),并重新起草编写。

本标准与 ASTM D244 的主要差异是:

取消了氯化钙溶液当量浓度表示法;

增加了“用氯化钙溶液对中凝型阴离子乳化沥青进行破乳测定时暂未规定精密”一条;

规定了试剂的滴加速度。

2)中石化行业标准《快凝型阳离子乳化沥青鉴定方法》(SH/T 0099.13—2005)

本标准是采用美国材料与试验协会标准《乳化沥青试验法》(ASTM D244—2000)“快凝型

阳离子乳化沥青鉴定方法"(英文版)并重新起草编写的。

本标准与 ASTM D244 的主要差异是:

材料中的标准砂,改为《水泥胶砂强度检验方法(ISO 法)》(GB/T 17671—1999)所用的筛分后的硅砂;

将 3.8 节中的温度计改为《石油产品试验用玻璃液体温度计技术条件》(GB/T 514—2005)中 GB-51 蒸发损失 1 号温度计。

3)中石化行业标准《慢凝型阳离子乳化沥青鉴定方法》(SH/T 0099.14—2005)

该标准是采用美国材料与试验协会标准《乳化沥青试验法》(ASTM D244—2000)"慢凝型阳离子乳化沥青鉴定方法"(英文版)并重新起草编写的。

该标准与 ASTM D244 的主要差异是:

材料中的标准砂,改为《水泥胶砂强度检验方法(ISO 法)》(GB/T 17671—1999)所用的筛分后的硅砂;

规定了洗硅砂的过程,并在设备与材料项中增加相应的设备和材料规格;

将 850μm 的筛网改为 800μm。

3. 我国交通行业乳化沥青试验方法

我国 1983 年试验规程参照德国 DIN 方法制订的乳化沥青破乳速度试验方法。

此试验方法是将乳液试样与两种规定级配的矿料拌和,从矿料表面被乳液薄膜裹附的均匀情况,判断乳液的拌和效果,以鉴别乳液是属于快裂、中裂或慢裂类型,以前也称为拌和稳定度试验。

我国在大部分施工单位自己生产乳化沥青,鉴别乳液至关重要,因此制订此试验法。1983 年试验规程进行破乳速度试验的集料为玄武岩,1993 年修改为工程实际用的集料品种。

二、影响乳液破乳速度的因素分析

影响乳液破乳速度的因素很多,大概有以下几种:

1. 乳化剂的种类及用量的影响

乳化剂品种基本上就能决定乳液的破乳速度,在用同一种乳化剂时,乳化剂用量增加可以延缓乳液的破乳速度。

2. 气候的影响

同种乳液,气温低、湿度大,破乳慢。气温高、风速大、湿度小,破乳快。

3. 矿料品质的影响

矿料表面的纹理粗糙、孔隙多、含水率小时,与乳液拌和,乳液中的水分很快被矿料吸收,这就会缩短乳液的破乳时间。相反,矿料表面密实、含水率大时,与乳液拌和就可延缓破乳时间。

4. 矿料级配的影响

由于细矿料与填料的比表面积大,与乳液拌和时能加快乳液的破乳速度,因此细颗粒比例大时就具有快裂倾向。

5. 外部荷载压力的影响

在压路机或车辆的压力下,可以加快乳液的破乳速度。

三、T 0658—1993 乳化沥青破乳速度试验

乳化沥青破乳速度试验(T 0658—1993)步骤摘录如下:

1. 仪具与材料技术要求

(1)拌和锅:容量 1 000mL。

(2)金属勺。

(3)天平:感量不大于 0.1g。

(4)标准筛:孔径为 4.75mm、2.36mm、0.6mm、0.3m、0.075mm。

(5)道路工程用粒径小于 4.75mm 的石屑。

(6)蒸馏水。

(7)其他:烧杯、量筒、秒表等。

2. 方法与步骤

1)准备工作

(1)将实际工程使用的集料(石屑)过筛分级,并按表 5-5 的比例称料混合成两种标准级配矿料各 200g。

拌和试验用矿料颗粒组成比例(%) 表 5-5

<table>
<tr><th>矿料规格(mm)</th><th>A 组</th><th>B 组</th><th>矿料规格(mm)</th><th>A 组</th><th>B 组</th></tr>
<tr><td><0.075</td><td rowspan="2">3</td><td>10</td><td>2.36 ~ 0.6</td><td>7</td><td>30</td></tr>
<tr><td>0.03 ~ 0.075</td><td>30</td><td>4.75 ~ 2.36</td><td>85</td><td>—</td></tr>
<tr><td>0.6 ~ 0.3</td><td>5</td><td>30</td><td>合计</td><td>100</td><td>100</td></tr>
</table>

(2)将拌和锅洗净、干燥。

2)试验步骤

(1)将 A 组矿料 200g 在拌和锅中拌和均匀,当为阳离子乳化沥青时,先注入蒸馏水拌匀,再注入乳液 20g。当为阴离子乳化沥青时,直接注入乳液 20g,用金属勺以 60r/min 的速度拌和 30s,观察矿料与乳液拌和后的均匀情况。

(2)将拌和锅中的 B 组矿料 200g 拌和均匀后注入 30mL 蒸馏水,拌匀后,注入 50g 乳液试样,再继续用金属勺以 60r/min 的速度拌和 1min,观察拌和后混合料的均匀情况。

(3)根据两组矿料与乳液试样拌和均匀情况按表 5-6 确定试样的破乳速度。

乳化沥青的破乳速度分级 表 5-6

A 组矿料拌和结果	B 组矿料拌和结果	破乳速度	代号
混合料呈松散状态,一部分矿料颗粒未裹附沥青,沥青分布不够均匀,并有些凝聚成固块	乳液中的沥青拌和后立即凝聚成团块,不能拌和	快裂	RS
混合料混合均匀	混合料呈松散状态,沥青分布不匀,并可见凝聚的团块	中裂	MS
	混合料呈糊状,沥青乳液分布均匀	慢裂	SS

第十节　乳化沥青与矿料的拌和试验

乳化沥青与矿料的拌和试验是试样与规定级配的混合料在室温条件下拌和后，以矿料裹附乳液均匀状态来判断乳液类型的一种方法，此项试验实际上也是检验沥青乳液的拌和稳定性试验及判断乳液类型的方法。

一、乳化沥青与矿料的拌和试验方法

1.美国材料与试验协会制订的《乳化沥青试验法》(ASTM 244—2000)“乳化沥青与施工集料的裹附性试验法”

规定了判定慢凝型乳化沥青与密级配、细集料施工集料拌和与裹附充分性的试验方法。

2.日本工业标准 JIS K2208 乳化石油沥青制定的试验方法

粗级配集料拌和性试验方法：

检验定量的粗集料与试样拌和性是否良好。

密级配集料拌和性试验方法：

检验定量的级配集料与试样拌和性是否良好。

砂石土拌和性试验方法：

按 JIS R5210 规定的普通波特兰水泥与乳化沥青试样按 1∶2 比例进行拌和，将其拌和物注入筛上，观察筛上残留的结块及粗粒团聚现象，检验其拌和均匀性是否良好。

3.我国石油化工行业乳化沥青试验方法：中石化行业标准《乳化沥青与施工集料的裹附试验法》(SH/T 0099.9—2005)

该标准是在采用美国材料与试验协会标准《乳化沥青试验法》(ASTM D244—2000)“乳化沥青与施工集料的裹附性试验法”(英文版)的基础上制订的。

适用于判定慢凝型乳化沥青与密级配、细集料施工集料拌和与裹附的充分性。

4.我国交通行业乳化沥青试验方法

我国阳离子乳化沥青研究推广过程中采用了日本的试验方法，即与粗粒式混合料拌和试验以及与密级配沥青混合料的拌和试验的两个方法。1993 年制订“乳化沥青与矿料的拌和试验”(T 0659—1993)分别列为两种情况：

此试验用两种级配与乳液拌和，粗粒式混合料拌和试验适用于拌制沥青碎石的乳化沥青，密级配混合料拌和试验适用于拌制沥青混凝土的乳化沥青。具体试验步骤及拌和后的评定办法均与日本的方法相同，只需观察有无粗团粒、结块等情况即可。

仅进行乳化沥青产品鉴定时可不要求此项指标。

二、T 0659—1993 乳化沥青与矿料的拌和试验

乳化沥青与矿料的拌和试验(T 0659—1993)步骤摘录如下：

1.仪具与材料技术要求

(1)拌和锅：容量 1 000mL，金属制、球形底有手柄。

(2)金属匙:长约250mm。

(3)烘箱。

(4)天平:感量不大于0.1g。

(5)标准筛:筛孔孔径4.75mm、2.36mm、0.6mm、0.15m、0.075mm。

(6)矿料:石屑(2.36~4.75mm)、粗砂(0.6~2.36mm)、细砂(0.15~0.6mm)及石灰石矿粉(<0.075mm)。

2.方法与步骤

1)乳化沥青碎石混合料拌和试验

(1)准备工作

①将石屑(4.75~2.36mm)和粗砂(0.6~2.36mm)洗净、烘干,并在室温下摊开冷却1h。

②将拌和锅及金属匙洗净、烘干并称其质量。

(2)试验步骤

①在已称质量的拌和锅(盘)中称入石屑335g±1g,粗砂130g±1g,再加水10g±0.5g用金属匙拌和均匀。

②立即称取已搅匀后的沥青乳液35g±0.1g加入拌和锅中,并用金属匙以60r/min的速度连续拌和2min。

③在拌和过程中及拌和终了后,仔细观察集料裹附乳液是否均匀及是否有沥青结块或粗团粒的情况。

2)乳化沥青混凝土混合料拌和试验

(1)准备工作

①将石屑(4.75~2.36mm)和细砂(0.15~0.6mm)洗净、烘干,并在室温下摊开冷却1h。

②将拌和锅及金属匙洗净、烘干并称其质量。

(2)试验步骤

①在已称质量的拌和锅中称入石屑250g±1g、细砂180g±1g、石灰石矿粉15g±0.5g再加水20g±0.5g,并拌和均匀。

②立即称取已搅匀后的沥青乳液55g±0.1g加入拌和锅中,并用金属匙以60r/min的速度连续拌和2min。

3.报告

在拌和过程中及拌和终了后,仔细观察集料裹附乳液是否均匀及是否有沥青结块或粗团粒的情况。

第十一节 乳化沥青与水混合性试验法

对于有些乳化沥青,尤其是喷洒型乳化沥青,为了保证施工时顺利、均匀地洒布,需要在施工前对较高残留物含量的乳化沥青进行稀释。这时,如果不事先予以检验,就有可能出现在用水稀释时导致乳化沥青破乳的现象。为了保证施工质量,必须采用乳化沥青与水混合性试验的方法来对乳化沥青的水稀释稳定性进行评定。

一、乳化沥青与水混合性试验方法

1.美国材料与试验协会制订的《乳化沥青试验法》(ASTM 244—2000)

适用于中裂和慢裂型的乳化沥青。

2.日本工业标准 JIS K2208 乳化石油沥青制订的试验方法

3.中石化行业标准《乳化沥青与水混合性测定法》(SH/T 0781—2005)

本标准是采用美国材料与试验协会标准《乳化沥青试验法》(ASTM D244—2000)"乳化沥青与水混合性测定法"(英文版),并重新起草编写的。

本标准与 ASTM D244 的主要差异是:

增加了蒸馏水的加入的时间和搅拌速度;

增加了试验报告。

4.我国交通行业乳化沥青试验方法

本方法适用于中裂和慢裂乳化沥青,不适用于快裂的乳化沥青。

二、T 0665—2011 乳化沥青与水混合稳定性试验

乳化沥青与水混合稳定性试验(T 0665—2011)步骤摘录如下:

1. 仪具与材料技术要求

(1)滤筛:筛孔 1.18mm。

(2)量筒:200mL,最小分度 1mL。

(3)烧杯:400mL。

(4)秒表。

(5)天平:感量不大于 0.1g。

(6)水:蒸馏水或纯净水。

(7)其他:玻璃棒等。

2. 方法与步骤

1)准备工作

(1)将烧杯、玻璃棒及 1.18mm 滤筛用溶剂及蒸馏水(或纯净水)擦洗清洁,烘干后备用。

(2)将乳化沥青过 1.18mm 滤筛备用。

2)试验步骤

(1)取一个 400mL 玻璃烧杯倒入 50mL 乳液,然后边搅拌边逐渐加入 150mL 蒸馏水(或纯净水)。

(2)在室温(25℃ ±2℃)条件下,让混合物静放 2h,然后观测是否有明显的沥青聚结。

(3)无明显聚结时,记录为"通过";否则,记录为"不通过"。

3. 报告

每一试样至少平行试验两次,以是否"通过"来评价。

第十二节 乳化沥青黏度试验方法

黏度在乳化沥青应用中具有重要作用,因为它是影响乳化沥青性能的一个重要指标。

对于不同的施工方法、施工季节和路面结构,对乳液有不同的黏度要求。由于乳液的黏度不适当造成路面过早破坏的教训是不少的,因此对于乳液的黏度要求会越来越高。

我国的《公路沥青路面施工技术规范》(JTG F40—2004)规定乳化沥青及改性乳化沥青产品黏度质量的评定必须检验的指标有2个:乳化沥青恩格拉黏度和乳化沥青道路标准黏度。

我国的《公路工程沥青及沥青混合料试验规程》(JTJ 052—2000)制订的两个试验规程也分别是:乳化沥青道路标准黏度试验(T 0621—1993)和乳化沥青恩格拉黏度试验(T 0622—1993)。

随着我国改性乳化沥青以及微表处技术在道路工程中的大量应用,对改性乳化沥青的黏度指标更加重视,因此,采用不同的黏度试验方法来检验改性乳化沥青的黏度指标,如乳化沥青赛波特黏度测定法。

一、乳化沥青黏度的试验方法

1.乳化沥青道路标准黏度试验方法

道路沥青标准黏度计是国际上液体沥青材料条件黏度测定方法的一种,我国自20世纪50年代起引用了苏联的沥青黏度计及方法。乳化沥青道路标准黏度试验(T 0621—1993)是将1983年试验规程中的试验法(沥105—83)加以修改制订的。

新黏度计的流孔孔径为3mm,4mm,5mm及10mm四种,流孔长均为5mm。试样管为4个,水槽及试验温度控制精度为±0.1℃。

乳液标准黏度的表示方法考虑到计算机使用的方便,统一为$C_{T,d}$的形式(T为测试温度,℃;d为流孔孔径,mm)。

2.乳化沥青恩格拉黏度试验

乳化沥青恩格拉黏度是指乳化沥青试样在规定温度下,由恩格拉黏度计的规定尺寸的流孔,流出50mL所需时间(s)与流出同体积的水所需时间(s)的比值。恩格拉(Angler)黏度计是国际上通用液体沥青及乳化沥青材料黏度测定方法的一种,并用恩格拉度作为划分标号依据。

1)美国材料与试验协会制订的《乳化沥青试验法》(ASTM 244—2000)"焦油沥青恩格拉黏度测定法"

乳化沥青试样过滤的筛孔孔径为0.5mm,采用200mL接受瓶在20℃时测定,其标定水值(K_{20})应乘以0.224换算成25℃、50mL水的水值。

2)日本工业标准JIS K2208乳化石油沥青制订的试验方法:恩格拉黏度试验方法

用50mL乳化沥青试样测定由恩格拉黏度计流出时间,再测用同量的蒸馏水由恩格拉黏度计流出的时间,两者的比值即为恩格拉黏度。乳化沥青试样过滤的筛孔孔径为0.85mm。

3)中石化行业标准《乳化沥青恩格拉黏度测定法》(SH/T 0099.1—2005)

该标准是在采用美国材料与试验协会标准《焦油沥青恩格拉黏度测定法》(ASTM D1665—98)(英文版)的基础上而制订的。

该标准与 ASTM D1665—98 主要差异如下：

将孔径 300μm 的筛网修改为孔径为 1.18mm 的筛网；

只规定了测定 25℃时乳化沥青恩格拉黏度的方法，采用测温范围为 0～30℃、分度值 0.1℃的温度计，未涉及其他温度下恩格拉黏度的测定法；

采用 25℃时 50mL 蒸馏水从黏度计流出所需的时间（s）作为水值的方法。

4）我国交通行业乳化沥青试验方法：乳化沥青恩格拉黏度试验 T 0622—1993

随着我国乳化沥青的研究与应用，为便于与国外标准比较，在其技术要求中将恩格拉黏度与道路沥青标准黏度并列作为乳化沥青标号的标准。

乳化沥青恩格拉黏度是乳化沥青试样在 25℃条件下，让乳液从恩格拉黏度计的 2.9mm 流孔中流出 50mL 所需的秒数与同样温度时流出同量蒸馏水所需的秒数的比值，表示为 E_{25}。

该试验法是参照 ASTM D1665 及日本道路协会铺装试验法便览 3-6-1 制订。

3. *乳化沥青赛波特黏度试验方法*

乳化沥青赛波特黏度是指乳化沥青试样在规定温度下，由赛波特—福特尔黏度计测定的方法。赛波特—福特尔黏度计是国际上最常用的一种液体沥青或乳化沥青材料流出型黏度计，常用以测定施工温度下的乳化沥青黏度，有的国家也用作乳化沥青划分标号的标准。

赛波特—福特尔黏度计适用于流出时间不少于 20s 的乳化沥青。乳化沥青的标准测试温度为 25℃和 50℃。

1）美国材料与试验协会制订的《乳化沥青试验法》（ASTM 244—2000）：乳化沥青（赛波特）黏度测定法

该标准是利用赛波特—福洛尔黏度计测定乳化沥青的黏稠度，该标准适用于所有类型的乳化沥青。它是试样在规定温度下，自赛波特黏度计规定尺寸的流孔流出 60mL 试样的时间，以 s 表示。

赛波特流值秒试验方法：

当恩格拉黏度超过 15 时，采用这种方法测定黏度。

$$E = 0.280T_s$$

式中：T_s——赛波特流值秒试验器流出试样的时间（s）。

2）中石化行业标准《乳化沥青赛波特黏度测定法》（SH/T 0779—2005）

该标准是采用美国材料与试验协会标准《乳化沥青试验法》（ASTM D244—2000）“乳化沥青赛波特黏度测定法”（英文版），并重新起草编写的。

该标准与 ASTM D244 的主要差异是：

将孔径为 850μm 的筛网修改为 1.18mm 的筛网；

将非 SI 单位全部修改为 SI 单位；

将 118mL 容量瓶修改为 200mL 容量瓶，将 400mL 容量瓶修改为 500mL 容量瓶；

本标准采用测温范围为 0～30℃、0～50℃、分度值 0.1℃的温度计。

3）我国交通行业乳化沥青试验方法：沥青赛波特黏度试验（赛波特重质油黏度计法）T 0623—1993

沥青赛波特黏度试验（赛波特重质油黏度计法）T 0623—1993 是测定较高温度时的黏稠石油沥青、乳化沥青、液体石油沥青等的条件黏度，并用于确定沥青的施工温度。采用此试验方法检测乳化沥青时，应按标准温度25℃及50℃测试。

赛波特黏度计国内已有生产，本试验方法主要是参照ASTM及日本道路协会标准，并结合我国的使用情况，作了局部修改。国外常由赛波特黏度计测定的秒数换算成运动黏度或恩格拉黏度，本试验法收入了日本道路协会铺装试验法便览3-5-12中提出的换算公式。

欲求取乳化沥青相同温度时的恩格拉黏度时，可按下式换算得到：

$$E_v = 0.280V_s \tag{5-5}$$

式中：E_v——测定温度条件下的恩格拉黏度；

V_s——试样的赛波特黏度(s)。

二、T 0621—1993 沥青标准黏度试验(道路沥青标准黏度计法)

采用沥青标准黏度试验方法(T 0621—1993)检测(改性)乳化沥青的步骤摘录如下：

1. 仪具与材料技术要求

1)道路沥青标准黏度计：形状及尺寸如图5-4所示，由下列部分组成：

(1)水槽：环槽形，内径160mm，深100mm，中央有一圆井，井壁与水槽之间距离不少于55mm。环槽中存放保温用液体(水或油)，上下方各设有一流水管。水槽下装有可以调节高低的三脚架，架上有一圆盘承托水槽，水槽底离试验台面约200mm。水槽控温精密度±0.2℃。

(2)盛样管：形状及尺寸如图5-5所示，管体为黄铜而带流孔的底板为磷青铜制成。盛样管的流孔d有(3±0.025)mm、(4±0.025)mm、(5±0.025)mm和(10±0.025)mm四种。根据试验需要，选择盛样管流孔的孔径。

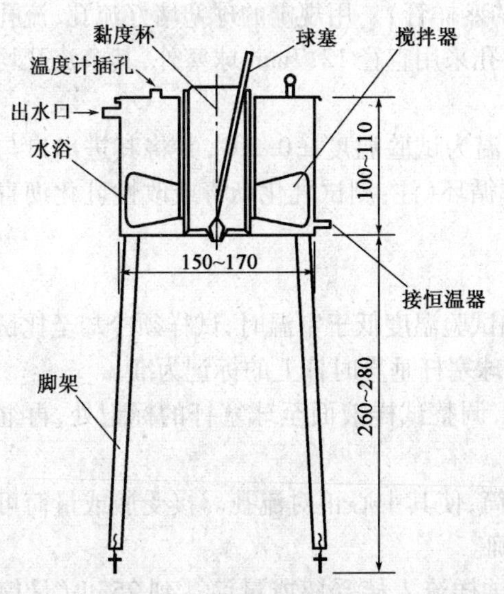

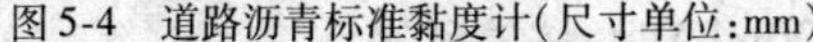
图5-4　道路沥青标准黏度计(尺寸单位：mm)

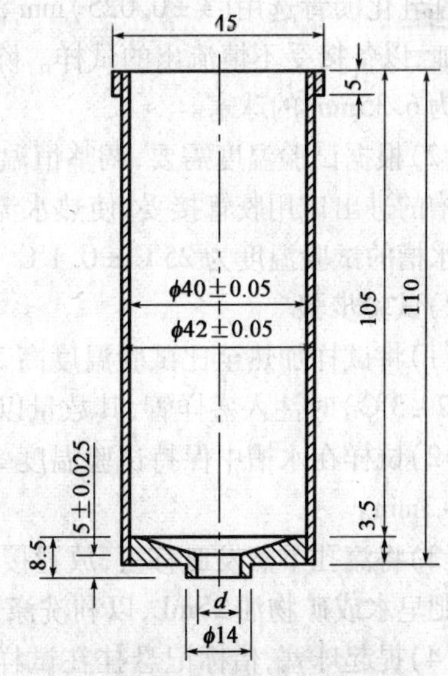

图5-5　盛样管(尺寸单位：mm)

(3)球塞：用以堵塞流孔，形状尺寸如图5-6所示，杆上有一标记。球塞直径(12.7±0.05)mm的标记高为(92±0.25)mm，用以指示10mm盛样管内试样的高度，球塞直径(6.35±0.05)mm的标记高为(90.3±0.25)mm，用以指示其他盛样管内试样的高度。

(4)水槽盖:盖的中央有套筒,可套在水槽的圆井上,下附有搅拌叶,盖上有一把手,转动把手时可借搅拌叶调匀水槽内水温。盖上还有一插孔,可放置温度计。

(5)温度计:分度为0.1℃。

(6)接受瓶:开口,圆柱形玻璃容器,100mL,在25mL、50mL、75mL、100mL处有刻度;也可采用100mL量筒。

(7)流孔检查棒:磷青铜制,长100mm,检查4mm和10mm流孔及检查3mm和5mm流孔各一支,检查段位于两端,长度不少于10mm,直径按流孔下限尺寸制造。

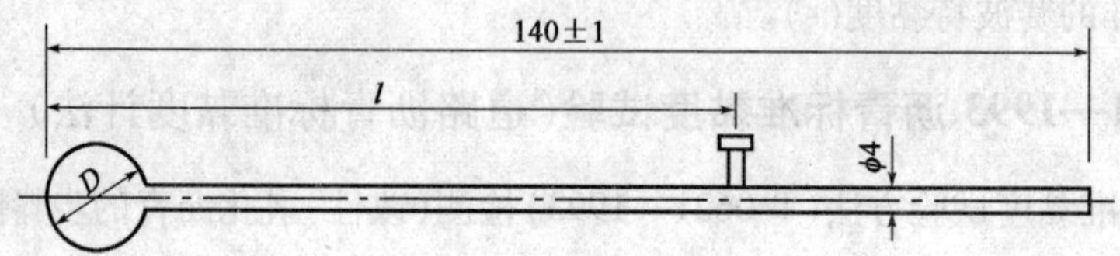

图5-6 球塞(尺寸单位:mm)

2)秒表:分度0.1s。

3)循环恒温水槽。

4)肥皂水或矿物油。

5)其他:电炉、大蒸发皿等。

2. 方法与步骤

1)准备工作

(1)按本规程T 0602准备乳化沥青试样,选择需要流孔孔径的盛样管(注:测试乳化沥青或改性乳化沥青选用(3±0.025)mm流孔孔径的盛样管)。用规定的球塞堵好流孔,流孔下放蒸发皿,以备接受不慎流出的试样。除10mm流孔采用直径12.7mm球塞外,其余流孔均采用直径为6.35mm的球塞。

(2)根据试验温度需要,调整恒温水槽的水温为试验温度±0.1℃,并将其进出口与黏度计水槽的进出口用胶管接妥,使热水流进行正常循环(注:测试乳化沥青或改性乳化沥青调整恒温水槽的试验温度为25℃±0.1℃)。

2)试验步骤

(1)将试样加热至比试验温度高2~3℃(如试验温度低于室温时,试样须冷却至比试验温度低2~3℃)时注入盛样管,其数量以液面到达球塞杆垂直时杆上的标记为准。

(2)试样在水槽中保持试验温度±0.1℃时,调整试样液面至球塞杆的标记处,再继续保温1~3min。

(3)将流孔下蒸发皿移去,放置接受瓶或量筒,使其中心正对流孔。接受瓶或量筒可预先注入肥皂水或矿物油25mL,以利洗涤及读数准确。

(4)提起球塞,借标记悬挂在试样管边,待试样流入接受瓶或量筒达到25mL(量筒刻度50mL)时,按动秒表,待试样流出75mL(量筒刻度100mL)时,按停秒表。

(5)记取试样流出50mL所经过的时间,以s计,即为试样的黏度。

3. 报告

同一试样至少平行试验两次,当两次测定的差值不大于平均值的4%时,取其平均值的整数作为试验结果。

三、T 0622—1993 沥青恩格拉黏度试验(恩格拉黏度计法)

沥青恩格拉黏度试验(T 0622—1993)是采用恩格拉黏度计测定(改性)乳化沥青恩格拉黏度,用恩格拉度(E_v)表示。非经注明,测定温度为25℃。试验方法的步骤摘录如下:

1. 仪具与材料技术要求

1)恩格拉黏度计:符合国标 GB 266 标准,包括盛样用的内容器和作为水或油浴用的外容器、堵塞流出管用的硬木塞、金属三脚架和接受瓶等,其形状如图 5-7 所示。

(1)盛样器:由黄铜制成,底部为球面形,内表面要经过磨光并镀金。从底部起以等距离在内壁上安装有三个向上弯成直角的小尖钉,作为控制试样面高度和仪器水平的指示器。在容器底部中心处有一流出孔,此孔焊接着黄铜小管,其内部装有铂制小管,铂管内部必须磨光。内容器的铜制盖为中空凸形,盖上有两个孔口,供插入木塞和温度计使用。形状和尺寸如图 5-8 及表 5-7 所示。

(2)外容器:由黄铜制成,用三根支杆使内容器固定在外容器中。容器中设有搅拌器。

(3)三脚架:其中二脚设有调节螺丝。

(4)温度计:0 ~ 30℃ 或 0 ~ 50℃,分度为0.1℃,0 ~ 100℃,分度为1℃。

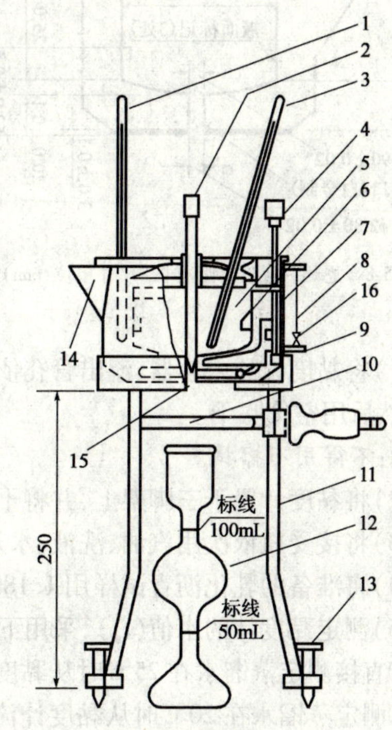

图 5-7　恩格拉黏度计(尺寸单位:mm)

1-保温浴温度计;2-硬木塞杆;3-试样用温度计;4-容器盖;5-盛样器;6-液面标记;7-保温浴槽;8-保温浴搅拌器;9-电热器;10-燃气灯;11-三脚架;12-量杯;13-水平脚架;14-溢出口;15-白金制流出口;16-水准器

所示恩格拉黏度计盛样器的尺寸　　表 5-7

零 件 名 称		尺寸(mm)	允许差(mm)
内容器	内径	106.0	±1.00
	底部至扩大部分间的高度	70.0	±1.00
	底部突出部分的深度	7.0	±0.10
	扩大部分的内径	115.0	±1.00
	扩大部分的高度	30.0	±2.00
	从钉尖的水平面至流出管到下边缘的距离	52.0	±0.50
流出管	总长	20.0	±0.10
	突出部分的长度	3.0	±0.30
	在管顶水平面处的内径	2.9	±0.02
	下方末端的内径	2.8	±0.02

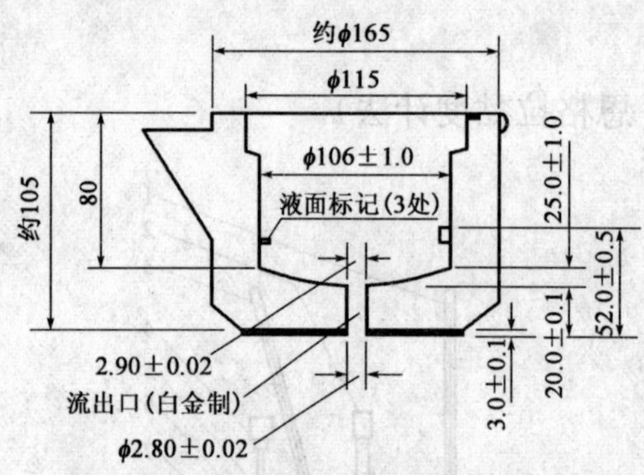

图5-8　恩格拉黏度计盛样器(尺寸单位:mm)

(5)接受瓶:玻璃制宽口,试验用容积为50mL,标定用容积为200mL,接受瓶中颈细狭部分中部有容积刻线,刻线应在20℃时刻划。

2)秒表:最小分度0.1s。

3)吸液管:5mL。

4)二甲苯:化学纯。

5)乙醇:95%,化学纯。

6)滤筛:筛孔1.18mm。

7)其他:洗液、汽油等。

2. 方法与步骤

1)准备工作

(1)将黏度计的内容器、流出管孔依次用二甲苯及蒸馏水仔细洗净,并用滤纸吸去剩下的水滴,然后用空气吹干。

注:不得用布擦拭。

(2)将黏度计置于三脚架上,并将干净的木塞插入内容器流出管的孔中。

(3)将接受瓶依次用汽油、洗液、水及蒸馏水清洗干净后置烘箱(105℃ ±5℃)中烘干。

(4)将准备的乳化沥青试样用1.18mm筛网过滤。

(5)测定黏度计的水值(t_w),采用下列两种方法之一测定:

①直接测定蒸馏水在25℃时从黏度计流出50mL所需的时间(s),作为水值。

②测定蒸馏水在20℃时从黏度计流出200mL所需的时间(s)乘以换算系数F得到。其测定步骤如下:

a. 将新的蒸馏水(20℃)注入黏度计的内容器中,直至内容器的三个尖钉的尖端刚刚露出水面为止。同时,又用同温度的水注入黏度计的外容器中,直至浸到内容器的扩大部分为止。

b. 旋转三脚架的螺钉,调整黏度计的位置,使内容器中三个尖钉的尖端处于同一水平面上。

c. 将标定用(200mL)的接受瓶置于黏度计的流出管下方。轻轻提离木塞,使内容器中的水全部放入接受瓶内,但不计算流出时间。此时流出管内要充满水,并使流出管底端悬着一大滴水珠。

d. 立即将木塞插入流出管内,并将接受瓶中的水沿玻璃棒小心地注回内容器中。注意,勿使水溅出。随后将接受瓶在内容器上倒置1~2min,使瓶中水全部流出,然后将接受瓶再放回流出管下方。需要时,可加水调整水面使三个尖钉恰好露出。

e. 调整并保持内外容器中的水温,内容器中的水用插有温度计的盖围绕木塞转动,以使水能充分搅拌,然后用外容器中搅拌器搅拌保温用水(或油)。

f. 当两个容器中的水温等于20℃(在5min内水温差不超过±0.1℃)时,迅速提离木塞(应能自动卡住并保持提离状态,不允许拔出木塞),同时开动秒表,使蒸馏水流至凹形液面的下缘达200mL,停止秒表,并记取流出时间(s)。

g. 蒸馏水流出200mL的时间连续测定4次,如各次测定时间与其算术平均值的差值不大于0.5s,就用此算术平均值作为第一次测定的平均流出时间。以同样要求进行另一次平行测定。如两次平行测定结果之差不大于0.5s,则取两次平行测定结果的平均值以符号K_{20}表示。然后换算成与沥青试样试验相同条件的水值。由20℃、200mL水的流出时间换算成25℃、50mL水的流出时间的换算系数F为0.224。即$t_w = K_{20} \times 0.224$。

注:黏度计的水值每4个月至少校正一次。

2)试验步骤

(1)将已过筛和预热到稍高于规定温度2℃左右试样,注入干净并插好木塞(注意不可过分用力压插木塞,以免木塞很快磨损)的内容器中,并须使其液面稍高于尖钉的尖端。注意,试样中不应产生气泡。盖好黏度计盖,并插好温度计。

(2)事先准备好外容器的水预热温度须高于测试温度。

(3)在流出管下方放置一个洁净干燥的50mL试样接受瓶。调节内容器中试样和外容器中水的温度,至规定的试验温度25℃±0.1℃。为保持试样的温度,在试验过程中,内外容器中液体的温差不应超过±0.2℃。注意,在控制温度时,外容器中保温液体的温度一般应稍高于内容器中试样的温度。

(4)当试样的温度达到测试温度,并保持2min后,迅速提离木塞,木塞提起位置应保持与测水值时相同。

(5)当试样流至第一条标线50mL时开动秒表,至达到第二条标线100mL时,立即按停秒表,并记取时间,准确至0.2s。

3.计算

试样的恩格拉黏度按下式计算。

$$E_v = \frac{t_T}{t_w} \tag{5-6}$$

式中:E_v——试样在温度T时的恩格拉度;

t_T——试样在温度T时的流出时间,s;

t_w——恩格拉黏度计的水值,即水在25℃时流出相同体积50mL的时间,s。可以直接测定,亦可由20℃、200mL水的流出时间换算成25℃、50mL水的流出时间的换算系数F为0.224。即$t_w = K_{20} \times 0.224$。

4.报告

同一试样至少平行试验两次,两次结果的差值不大于平均值的4%时,取其平均值作为试验结果。

四、SH/T 0779—2005 乳化沥青赛波特黏度测定法

乳化沥青赛波特黏度测定法(SH/T 0779—2005)规定了用赛波特—福洛尔测定乳化沥青黏度的方法,该标准适用于流出时间不少于20s的乳化沥青,乳化沥青的标准试验温度为25℃和50℃。测定方法的步骤摘录如下:

1.仪器及材料

1)赛波特—福洛尔黏度计:形状及尺寸如图5-9所示,由下列各部分组成。

(1)保温槽:耐腐蚀金属制圆筒形。槽盖中心有一垂直的圆形盛样管,边部有进出水管,

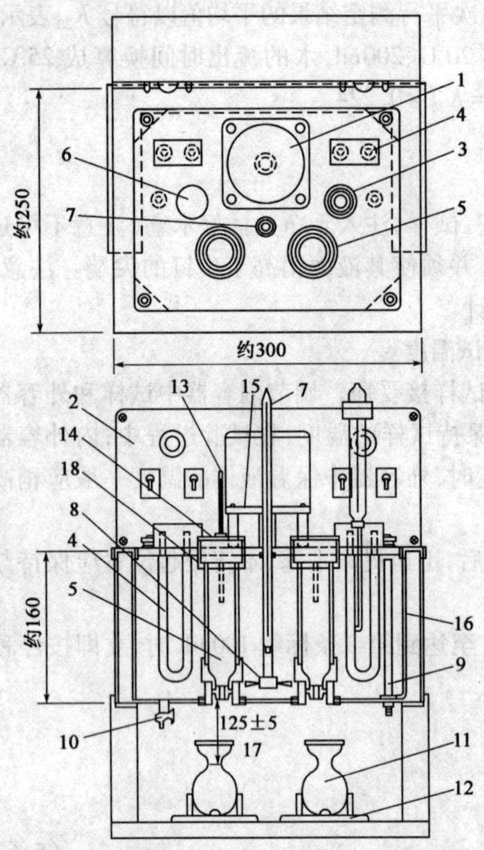

图 5-9 赛波特—福洛尔黏度计(尺寸单位:mm)

1-电动机;2-配电盘;3-温度调节器;4-电热器;5-试料管;6-保温液注入口;7-温度计;8-搅拌器;9-溢流口;10-保温液排出口;11-试样接受瓶;12-试样瓶台;13-试样温度计;14-温度计夹具;15-替换胶圈;16-恒温槽;17-软木塞;18-支架

槽内装有可以调控的电热器,以加热保温槽内的水或油,温度可控制在试验温度±0.1℃。盖上有温度计支承孔。槽下装有三角架,其中有两脚设水平调整螺丝。

(2)试样接收瓶:耐热玻璃制,形状及尺寸如图5-10所示,容积为(60±0.05)mL(在20℃标定刻度)。

(3)盛样管:管上有金属盖,直径为56mm,厚度为7mm,盖上有孔,以备插入温度计。形状及尺寸如图5-11所示。

(4)温度计:测温范围为0~30℃、0~50℃,分度值0.1℃,测温范围为0~50℃、0~100℃,分度值1℃。

(5)软木塞(或橡胶塞):底部设有拉环。

2)标准黏度计:附有标定用的标准流出时间(s)。

3)滤筛网:孔径为1.18mm。

4)秒表:分度值0.1s。

5)其他:水浴、烘箱、三氯乙烯、润滑油等。

2. 试验步骤

1)准备工作

(1)将盛样管及流出孔用三氯乙烯等溶剂洗净、干燥。

(2)将保温槽的水或油加热,并保持规定的试验温度。

(3)黏度计的标定:黏度计标定周期为3年,按周期进行标定。

2)试验

(1)将软木塞(或橡胶塞)塞紧盛样管底部孔,深6.5~9.5mm,其松紧程度要使试样不致从流孔中流出,还要易于拉出软木塞。然后,将接收瓶置于流孔的下方,且使流孔正对着接收瓶的中心。

(2)25℃试验:把乳化沥青试样充分搅拌,不得有气泡形成,然后把大约100mL试样倒入一个200mL容量瓶中,把容器放在25℃水浴中恒温30min,慢慢倒转几次瓶子混合试样,不得有气泡形成。立即将试样用1.18mm筛网过滤,并注入盛样管中,以液面达到盛样管上的标线为准,盖上管盖。

50℃试验:把乳化沥青试样放在(71±3)℃水浴或烘箱中加热到(5±3)℃,充分搅拌试样不得有气泡形成,然后把大约100mL试样倒入一个500mL容量瓶中,把容量瓶的底部竖直浸入(71±3)℃的水浴中大约50mm,用温度计搅拌乳化沥青使温度均匀,搅拌速度60r/min,不得有气泡形成，使试样在水浴中恒温 51～52℃。立即将试样用 1.18mm 筛网过滤，并注入盛样管中，以液面达到盛样管上的标线为准，盖上管盖。

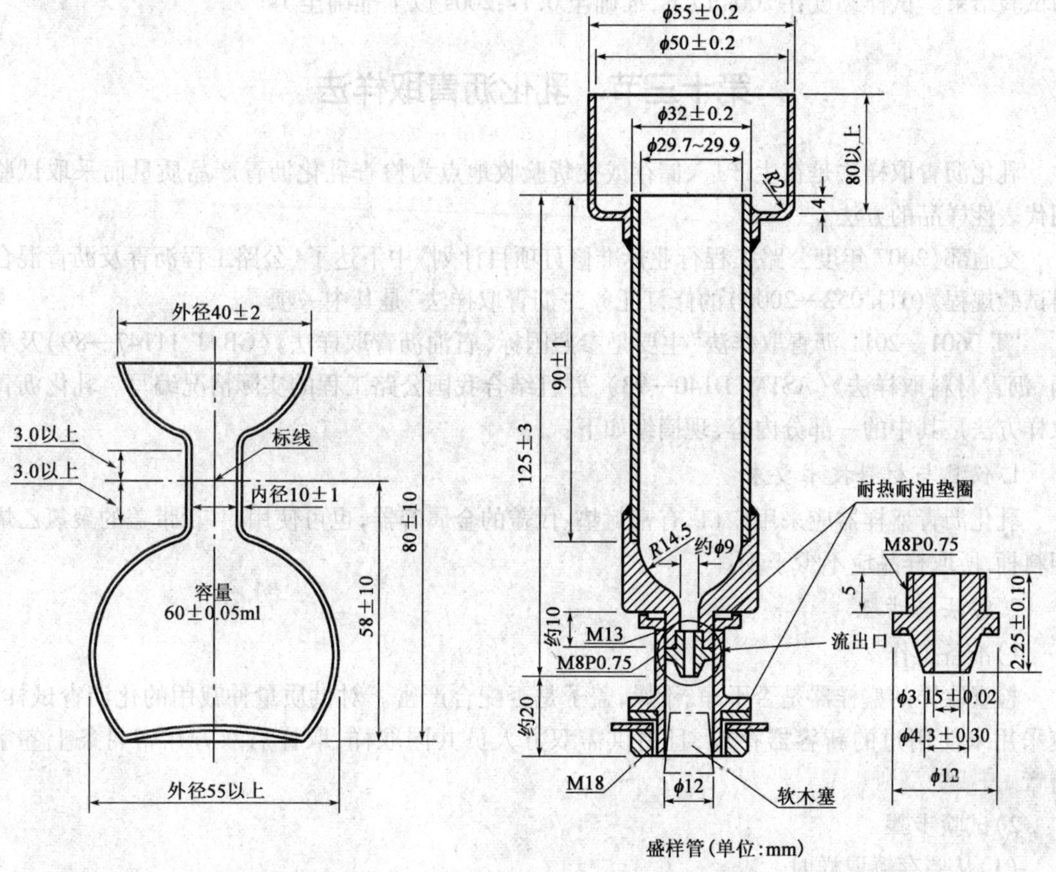

图 5-10 试样接收瓶(尺寸单位:mm)　　图 5-11 盛样管(尺寸单位:mm)

(3)用插入管中的温度计水平搅拌试样，但不得碰到盛样管，搅拌速度 60r/min，不得有气泡形成，使试样达到试验温度 ±0.1℃，保持 1min。

(4)立即取出温度计、管盖，拔掉堵塞盛样管底部的软木塞(或橡胶塞)，同时按动秒表，使试样流入接收瓶。至试样达到接收瓶的 60mL 标线处，再按停秒表，记取时间，准确至 0.1s。

3. 计算和试验报告

1)计算

乳化沥青的赛波特黏度按下式计算：

$$V_s = V_1 \cdot F \tag{5-7}$$

式中：V_s——试样的赛波特黏度(s)；

V_1——试样测定的黏度(s)；

F——黏度计标定系数。

2)试验报告

同一种试样至少平行试验两次,两次测定结果符合重复性试验精度要求时,取其平均值作为试验结果。试样黏度在200s以下,准确至0.1s;200s以上准确至1s。

第十三节　乳化沥青取样法

乳化沥青取样法是在生产厂、储存或交货验收地点为检查乳化沥青产品质量而采取试验用代表性样品的方法。

交通部《2007年度公路工程行业标准修订项目计划》中下达了《公路工程沥青及沥青混合料试验规程》(JTJ 052—2000)的修订任务,“沥青取样法”是其中一项。

“T 0601—2011 沥青取样法”主要是参照国标《石油沥青取样法》(GB/T 11147—89)及美国《沥青材料取样法》(ASTM D140—93),并且结合我国公路工程的实际情况编写。乳化沥青取样方法是其中的一部分内容,现摘编如下:

1.仪具与材料技术要求

乳化沥青盛样器应采用广口、有密封垫、代盖的金属容器,也可使用广口、带盖的聚氯乙烯塑料桶,所取样品应不少于4L。

2.方法与步骤

1)准备工作

检查取样的盛样器是否干净、干燥,盖子是否配合严密。对供质量仲裁用的化沥青试样,应采用未使用过的新容器存放,且由供需双方人员共同取样,取样后双方在密封条上签字盖章。

2)试验步骤

(1)从储存罐取样时

应启动搅拌器,使罐中的乳化沥青得到充分搅拌,再从罐的中部取样。

(2)从罐车、洒布车中取样

①从罐车取样,应打开顶盖,人工进行搅拌后,再从罐车的中部取样;

②从洒布车中取样,首先启动洒布车的内循环系统,使洒布车内的乳化沥青混合均匀,然后旋开取样阀,待流出至少4kg或4L后再取样。

3)样品的保护与存放

(1)装有试样的盛样器应加盖、密封好并擦拭干净后,应在盛样器上(不得在盖上)标出识别标记,如试样来源、品种、取样日期、地点及取样人。

(2)冬季乳化沥青试样要注意采取妥善防冻措施。

3.涉及乳化沥青取样法的其他问题

1)T 0601—2011 沥青取样法未规定乳化沥青在生产过程中的取样方法。

2)乳化沥青在生产过程中取样是为了监督指导生产,发现问题能及时调整。建议取样时最好从乳化机出料口直接取样,并且不要在刚开始生产半小时内取样,因为这时生产还没转入正常。

第十四节　乳化沥青试样准备方法

乳化沥青在试验检测前,需要准备乳化沥青试样。交通部《2007 年度公路工程行业标准修订项目计划》中下达了《公路工程沥青及沥青混合料试验规程》(JTJ 052—2000)的修订任务,“沥青试样准备方法”是其中一项。

“T 0602—2011 沥青试样准备方法”主要是根据原规定和结合我国当前公路工程的实际情况,参照了国外标准中有关条款制定的。乳化沥青试样准备方法是其中的一部分内容。现摘编如下:

本方法适用于对乳化沥青试样进行各项性能测试。每个样品的数量根据需要决定,常规测定宜不少于 600g。

1. 乳化沥青试样的制备

1)将按规程 T 0601 取有乳化沥青的盛样器适当晃动使试样上下均匀,试样数量较少时,宜将盛样器上下倒置数次,使上下均匀。

2)将试样倒出要求数量,装入盛样器皿或烧杯中,供试验使用。

2. (改性)乳化沥青试样的制作方法

当(改性)乳化沥青在试验室配制时,可按下列步骤进行:

1)根据所需制备的沥青乳液质量及沥青、乳化剂、改性剂、添加剂以及水的比例计算各种材料的数量。

2)沥青用量按下式计算:

$$m_b = m_E \cdot P_b \tag{5-8}$$

式中:m_b——所需的沥青质量(g);

m_E——乳液总质量(g);

P_b——乳液中沥青含量(%)。

3)乳化剂用量按下式计算:

$$m_e = m_E \cdot P_E / P_e \tag{5-9}$$

试中:m_e——乳化剂用量(g);

P_E——乳液中乳化剂的含量(%);

P_e——乳化剂浓度(乳化剂中有效成分含量)(%)。

4)水的用量按下式计算:

$$m_w = m_E - m_E \cdot P_b \tag{5-10}$$

式中:m_w——配制乳液所需水的质量(g)。

5)称取所需的乳化剂质量放入 1 000mL 烧杯中。

6)向盛有乳化剂的烧杯中加入所需的水(扣除乳化剂中所含水的质量)

7)将烧杯放到电炉上加热并不断搅拌,直到乳化剂完全溶解,如需调节 pH 值时可加入适量的外加剂,将溶液加热到 40 ~ 60℃。

8)在容器中称取准备好的沥青并加热到 120 ~ 150℃。

9)开动乳化机,用热水先把乳化机预热几分钟,然后把热水排净。

10)将预热的乳化剂水溶液倒入乳化机料斗内(单循环式沥青乳化试验机),随即将预热的沥青徐徐倒入,待全部沥青乳液在机中循环1min后放出,进行各项试验或密封保存。

在倒入沥青的过程中,需随时观察乳化情况,如出现异常,应立即停止倒入沥青,并把机中的沥青乳化剂水混合液放出。

3. 乳化沥青试样制备的建议

(1)如果室内小样试验是为车间生产制定生产工艺配方,则小型乳化机的构造与乳化工艺,应和生产车间的设备构造与乳化工艺相接近。

(2)改性剂(胶乳)用量计算:

$$m_s = \frac{m_b \cdot s_E}{s_c} \tag{5-11}$$

式中:m_s——改性剂(胶乳)用量(g);

s_E——沥青中改性剂(胶乳)的含量(%);

s_c——改性剂(胶乳)浓度(胶乳中的有效成分含量)(%)。

试验室内用小型乳化机制备乳化沥青样品,是为了供在试验室对乳化沥青进行各项性能测试。

室内小样试验是指导生产的必要步骤。通常每次按小型乳化机的额定乳化沥青试验量备料,按不同乳化剂用量制备乳液,制成乳液后待完全冷却后按要求进行各项试验。

第十五节　乳液中沥青微粒直径的测定

一、乳液中沥青微粒直径测定的意义

1)乳液中沥青微粒直径的大小是乳液储存稳定性的重要因素之一,也是检验乳化剂和乳化机械性能的重要指标。但做此项试验需要较精密的仪器设备,无此检验条件的单位,就以乳液的储存稳定性、筛上剩余量等指标为依据。

2)乳化沥青的性能会受到沥青颗粒粒径的影响

(1)相同配方的乳化沥青,其粒度分布对储存稳定性、恩格拉黏度指标、可拌和时间等指标有显著的影响。但是不同配方的乳化沥青,单纯对比粒度分布是没有太多意义的。

(2)乳化沥青粒度过细,可能会影响稀浆混合料的成型速度,但对路用性能可能会有一定的帮助。当乳化沥青中值粒径在2~5μm之间变化时,这种影响不是很明显。

二、仪具与材料技术要求

(1)测定沥青微粒直径的手段主要靠显微镜,要求显微镜目镜配有2~5μm的刻度尺,放大倍数一般在500~600倍。

(2)激光粒度仪的工作原理是采用激光对试件上的颗粒进行扫描,之后将所有粒子按粒子直径由小到大的顺序作出粒度分布的曲线。

(3)最好显微镜带有照相设备,制成涂片后立即把它摄制下来,制成相片后在相片上计测就方便多了。如用先进的颗粒分析仪来测量乳液的微粒直径效果会更好。

三、试验步骤

(1)测定前将乳液用10～15倍的分散剂溶液稀释,然后做成涂片。为了防止水分蒸发保持颗粒稳定,应在涂片上盖上薄膜盖片,以便在显微镜下能进行观察和计测。

(2)计测时动作要快,因为时间拖长可能产生破乳、凝聚,以免影响测试。

(3)乳化沥青的微粒直径具有一定的范围,不可能由单一粒径的颗粒组成,而且各国的标准都不一样,如美国ASTM的标准为:

小于1μm占28%;1～5μm占57%;5～10μm占15%。

第十六节　乳液的pH值测定

在乳化沥青生产中,为了达到最佳的乳化效果,生产出合格的乳化沥青,而控制好乳液的pH值是非常重要的。乳液的pH值测定应该包括在乳化沥青的生产过程中,如皂液的pH值、乳化剂的pH值、改性剂的pH值以及沥青乳液的pH值。

1.仪具与材料技术要求

测定乳液的pH值应使用酸度计。用pH试纸测定时,由于沥青乳液颜色太深,无论是普通试纸还是精密试纸,测出结果都不太准确,尤其在pH值偏高或偏低时,试纸测出的结果误差就更大,所以应以酸度计测定结果为准。

酸度计又称pH计,是利用电位法测定溶液pH值的仪器,也是一种精密的电子伏特计。其基本原理是,当一对电极(一个指示电极如玻璃电极,一个参比电极如饱和甘汞电极)浸在溶液中时,它们产生的电位差与溶液的pH值有关。保持参比电极的电位恒定,则指示电极的电位随溶液的pH值而改变。与电位差值改变相应的pH值,直接在仪表上指示出来。

酸度计的型号有多种,结构也不尽相同。但都是由主机、电极、电极架、电源等配件组成。具体结构以及使用操作方法可参考相关的酸度计使用说明书。

2.方法与步骤

1)乳化剂水溶液的pH值测定

(1)乳化剂水溶液的pH值测量应该在皂液配制好后,等待15～30min使乳化剂水溶液充分反应达到平衡,再进行测量。

(2)乳化剂水溶液的pH值测量之前,应对酸度计进行仪器标定。酸度计首次使用时,必须作定位标定和斜率标定。以后如果酸度计在没有更换电极和测量系统的情况下,可以不做定位标定,而仅需要做斜率标定。

(3)斜率标定标准缓冲溶液的选择

①酸性皂液选择pH值为4.008的标准缓冲溶液;

②碱性皂液选择pH值为9.180的标准缓冲溶液;

③中性乳化剂水溶液选择pH值为6.865的标准缓冲溶液。

如果不知道乳化剂水溶液pH值范围,可先用pH试纸测量后,再选择pH值接近的标准缓冲溶液。

(4)酸度计进行标定选择的标准缓冲溶液,在标定时其温度还必须达到60～70℃,以保证仪器标定时的温度与仪器测量时的温度能够保持一致。

方法是把标准缓冲溶液置于60～70℃水浴恒温槽中约1h能够达到要求的温度后，再取出用于标定。

2)乳化剂的pH值测定

乳化剂产品本身都具有一定得pH值，乳化剂的pH值测定能够掌握乳化剂的酸碱度范围，有利于皂液的配制和调整。例如，对于两性乳化剂pH值可以决定乳液的带电状态。对于胺型阳离子乳化剂，由于不能直接溶解于水，需要用盐酸调到pH值近似为2或用醋酸调节到pH值近似为4方能使用。如果用酸过量，则乳化性或储存稳定性不好，甚至会影响使用。

方法是先把乳化剂配制成1%水溶液，再用酸度计进行pH值测定。

3)聚合物改性剂的pH值测定

胶乳类高分子聚合物改性剂的酸碱度关系到与乳化沥青的匹配是否合理，而且会影响到改性效果。通过pH值测量，可以选择合适的胶乳类聚合物改性剂。

胶乳类高分子聚合物改性剂的pH值测定与皂液的pH值测定方法相同，需要特别注意的是测量后电极要及时清洗，清洗要干净，否则聚合物胶乳破乳后附着在电极上容易造成电极损坏。

4)沥青乳液的pH值测定

过去曾认为乳液的pH值如大于7则此乳液就是阴离子型，而小于7才是阳离子型乳液。但从试验中看出，沥青乳液的pH值只能代表其酸碱度，不能代表它属于哪种类型的乳液。

沥青乳液在储存、运输和施工过程中，应特别注意沥青乳液的pH值所产生的影响。假如是酸性乳液，应注意其对储存、运输和施工设备的腐蚀问题，并采取相应的防腐蚀措施。而稀浆封层混合料中的乳化沥青与集料之间就存在着酸碱性的匹配问题。

沥青乳液的pH值测定与皂液的pH值测定方法相同，需要特别注意的是测量后电极要及时清洗，否则沥青乳液破乳后附着在电极上容易造成电极损坏。

本章参考文献

[1] 中华人民共和国行业标准. JTG E20—2011 公路工程沥青及沥青混合料试验规程[S]. 北京:人民交通出版社,2011.

[2] 秦永春. 乳化沥青试验方法及相关内容的研究[J]. 石油沥青,2004,18(6).

[3] 常玉艳. 两种乳化沥青蒸发残留物含量测定法的比较[J]. 石油沥青,2004,18(6).

[4] 孔宪明. 乳化沥青残留物获取方法解析[J]. 石油沥青,2004,18(6).

[5] 裴建军. ASTM D244—2000《乳化沥青试验法》简介[J]. 石油沥青,2004,18(6).

[6] 宋哲玉. 酸度计在乳化沥青中的应用[J]. 中国道路沥青,2007,4.

[7] 孔宪明. 沥青基材料标准及应用[S]. 北京:中国标准出版社,2007.

[8] 黄颂昌,徐剑,秦永春. 改性乳化沥青与微表处技术[M]. 北京:人民交通出版社,2010.

[9] 马卫民. 改性乳化沥青微观结构与使用性能的关系[J]. 石油沥青,2003,第17卷增刊.

[10] 交通部公路科学研究院. 微表处和稀浆封层技术指南[S]. 北京:人民交通出版社,2006.

第六章 乳化沥青与改性乳化沥青的生产工艺与设备

第一节 概 述

目前,国内外用于道路工程的乳化沥青品种主要分为普通乳化沥青和聚合物改性乳化沥青。

普通乳化沥青是由沥青、水、乳化剂三个基本成分组成的,而聚合物改性乳化沥青则由沥青、水、乳化剂和改性剂四个基本成分组成。生产道路工程用乳化沥青基本上是采用机械方法制作沥青乳液,即:沥青(或改性沥青)经过机械的强力搅拌、剪切,形成微小的颗粒悬浮在乳化剂水溶液中,成为水包油状的乳状液,这种强力机械就是沥青乳化机,沥青乳化机是沥青生产设备中的核心设备。

单一的沥青乳化机是不能进行连续而稳定生产沥青乳液的,还需要有适宜的设备与之配套,才能完成对液体加温、增压、输送和储存。通常把沥青、乳化剂、水、改性剂和添加剂等原材料从开始进入生产设备到乳液成品输出的这一流程和技术条件称为乳化工艺(或称改性乳化工艺)。把能够完成这一连续生产流程的成套机械设备,称之为沥青乳化(改性乳化)生产设备。

一、国内外现状与发展趋势

1. 国外沥青乳化生产设备在的发展

早在20世纪初,国外就已经采用机械方式生产沥青乳液。例如德国苏泊雷顿(Supration)牌胶体磨已经有100多年的历史。随着对乳化沥青技术的研究和应用不断发展,工业发达国家的沥青乳化生产设备也更加完善。

现代国际上专门从事沥青乳化生产设备制造的厂商所推出的成套沥青乳化生产设备,大多采用先进的自动控制技术,生产量一般都在5~30t/h之间,生产流程多样化,例如,美国设备的皂液系统与欧洲设备的皂液系统不同。欧洲设备(如AKZO NOBL)的皂液系统主要采用皂液在管线中进行生产掺配的工艺方式,美国设备(如VSS公司)的皂液系统主要是通过在罐中进行批量掺配的工艺方式,这些工艺方式都能够满足连续稳定生产各种沥青乳液的需要。

2. 国内沥青乳化生产设备的发展

早在20世纪50年代初,我国大连市政管理部门就采用"日本均油机"进行阴离子乳化沥青的生产与应用。从1978年初我国开始由交通部组织成立了"阳离子乳化沥青及其路用性能研究”课题协作组，对“沥青乳化机”这项技术进行攻关研究。

1980年初由河南省交通科学技术研究院研制出“RHS-5型乳化沥青试验机”、“RHL-50型乳化沥青机”，并配合“阳离子乳化沥青及其路用性能研究”项目的开展，用于阳离子乳化沥青的室内试验和道路应用。之后河南省交通科学技术研究院又先后开发出“RHL-100型乳化沥青机”和“RHL-100型乳化沥青生产成套设备”。

1983年11月，交通部公路科学研究所与新津筑路机械厂共同承担国家经委重点科研项目“沥青乳化设备的研制”，1985年11月交通部公路科学研究所与新津筑路机械厂开发成功“LR6000型胶体磨式沥青乳化机”和“LRMZ6乳化沥青生产成套设备”。

这些产品与设备在“阳离子乳化沥青及其路用性能研究”课题推广中大量应用，对加快阳离子乳化沥青技术在我国公路和市政部门的推广应用发挥了关键和重要的作用。

进入20世纪90年代，国内有更多的研究单位和企业开始研制沥青乳化机和生产设备，并形成了沥青乳化生产设备的多样化和商品化。目前国内的沥青乳化生产设备的生产率一般都在1.5~10t/h之间，沥青乳化机以胶体磨类为主，生产工艺流程多采用分批掺配连续乳化生产流程。从1990年以来，国内较先进的沥青乳化生产设备均采用计算机自动控制技术，使沥青乳液的油水比控制精度有较大提高。

随着乳化沥青稀浆封层、微表处技术在我国大量推广应用，对沥青乳液的质量、产量都提出了更高的要求，沥青乳化生产设备将向规范化和大型化方向发展。

沥青乳液的生产工艺和生产设备对乳液的质量、产量和成本起着重要的作用。因此，研发先进的沥青乳化生产设备、掌握先进的沥青乳化工艺和流程，是当前推广乳化沥青应用技术的重要环节。

二、沥青乳化生产设备的分类

成套沥青乳化生产设备都应该能够生产不同类型的乳化沥青。目前，沥青乳化设备一般从两个方面区分其差别，一是生产工艺流程不同，二是设备的配置和机动性不同。

1.按生产工艺流程分类

根据生产工艺流程不同，也就是乳化剂水溶液（也称为皂液）的配制方法不同。一般划分为批量掺配乳化生产工艺设备和管线式乳化生产工艺设备。

1）批量掺配乳化生产工艺设备

批量掺配乳化生产工艺设备的主要特点是设备至少配置有两个以上的皂液掺配罐，乳化剂、水、酸和稳定剂等原材料是通过一定的程序在掺配罐中制备成皂液，使沥青乳化生产过程保持稳定连续的运行，这类工艺形式也被称为批量连续式沥青乳化工艺，见图6-1~图6-3。

批量连续式沥青乳化工艺设备的优点为：有两个皂液容器轮流掺配，生产效率高，皂液在容器内可充分搅拌混合，而且工艺流程明晰，设备维护检修，排除故障简便。缺点为：占地相对于管线式乳化生产工艺设备较大。

这种工艺设备适用于多品种多批量的生产企业使用。

2）管线式乳化生产工艺设备

管线式乳化生产工艺设备的主要特点是配有多台计量泵，用于将水、乳化剂和其他添加剂（酸、稳定剂）等原材料经过管道混合器，高效动态混合后送入乳化机中，皂液的掺配在管道输送中完成混合是这类设备的主要特点，见图6-4和图6-5。

图 6-1　RC-16 型改性乳化沥青机组(交替掺配连续式)

图 6-2　GYRY06H 型沥青乳化设备

图 6-3　意大利玛森萨公司(MASEENZA)沥青乳化设备(交替掺配连续式)

图 6-4　法国怡贸公司管线式沥青乳化生产设备

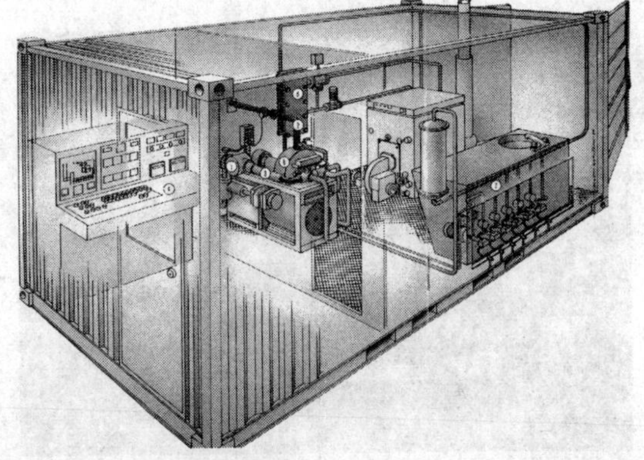

图6-5　美国 Akzo-nobel 管线式沥青乳化生产设备主机单元

此类设备可以实现连续生产,同时可以使罐体的容积和设备占地面积大大减小。但对设备控制精度、运行稳定性和自动化程度要求很高,因为一旦有一种原料流动中有波动都会影响整个系统的稳定,而且一旦管线出现堵塞,设备检修起来比较复杂且成本高昂。

管线式乳化生产工艺适用于工艺配方高度固定的生产单位采用。

2. 按设备配置和机动性分类

根据设备的配置和机动性，沥青乳化设备可分为移动式、可搬移式和固定式。

1）移动式沥青乳化生产设备

移动式沥青乳化生产设备是将胶体磨、乳化剂泵、沥青输送泵和电控装置等固定在一个专用的底盘上，构成主机单元，或称工作站。其他装置如皂液罐、热沥青存放罐等由于运输附加费用高，国外的设备供应商一般不配置它们，而是主机单元进入我国后根据用户用途和现场条件，将其组装成适用的成套生产设备，见图6-6～图6-8。

图6-6 美国VSS公司EP-75S乳化沥青站

图6-7 与EP-75S乳化沥青站配套的皂液配制装置

这种设备一般自动化程度高，油水比控制较精准，按生产能力选型范围较大，适用于对产品质量要求较高的各种用户。

2）可搬移式沥青乳化设备

可搬移式沥青乳化设备是将各主要总成安装在一个或两个以上的标准集装箱中，分别装车运输实现工地转移，依靠吊装机具快速安装组合成工作状态。这种设备具有小、中、大的生产率，配置比较齐全，应用于工程量较大的公路施工工程，见图6-9～图6-11。

图6-8 美国DALWORTH公司MP-3S改性乳化沥青设备主机单元

图6-9 法国怡贸公司集装箱式沥青乳化生产设备

3）固定式沥青乳化设备

固定式沥青乳化设备一般都布置在大型沥青储存库或炼油厂附近，布局宽敞，生产能力大，形成一个有一定服务半径的沥青乳化生产基地，见图6-12和图6-13。

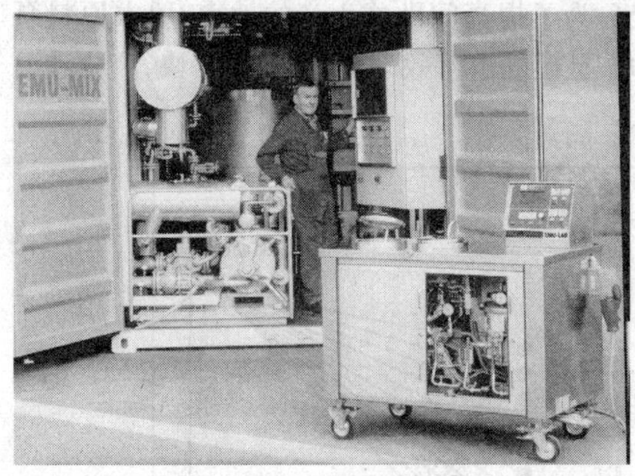

图 6-10　德国布雷宁公司集装箱式沥青乳化生产设备

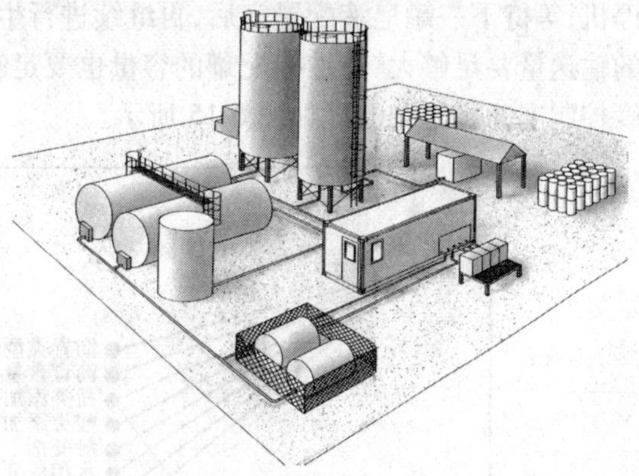

图 6-11　可搬移式沥青乳化设备现场布置示意图

图 6-12　法国怡贸公司沥青乳化生产设备在固定车间组装生产

图 6-13　河南新乡市公路管理局沥青乳化生产车间（RHL-100 型沥青乳化机）

第二节　乳化沥青与改性乳化沥青的生产工艺流程

每一套沥青乳化生产设备在投产前，都应根据设备性能和不同类型乳化沥青的技术要求，编制相应的合理的乳化生产工艺。乳化生产工艺包括生产流程、原料配方、温度控制、油水比例控制等内容，特别是沥青乳化生产过程中各种变量与乳液性能的相互关系，在制订沥青乳化生产工艺时应格外注意，见图 6-14。

乳化生产工艺的制订是一项复杂的工作。一般是根据乳化剂厂家提供的工艺进行试验和生产，也有根据自己的研究成果和生产经验提出乳化工艺，再通过试验和试生产确定下来。乳化生产工艺是指导生产的依据，在生产过程中应严格遵守，不得随意改动。

一、乳化沥青与改性乳化沥青的生产工艺

1. 间歇式生产工艺

间歇式生产工艺的特点是需要配备一个大容量的皂液掺配罐，其容量应能满足一定的生产时间。生产时，将乳化剂、水、酸和稳定剂等原材料在皂液掺配罐中均匀掺配，然后将其用皂液泵送到沥青乳化机中，与同时到达的基质沥青混合并乳化。一罐皂液用完后，沥青乳化机需

停机，等待下一罐皂液配置完后，再继续进行生产。为了提高间歇式生产的效率，要求原料泵的输送量要足够大，皂液掺配罐的容量也要足够大，且罐的溶解效率要高，升温要快，液位和温度控制准确。工艺流程如图6-15所示。

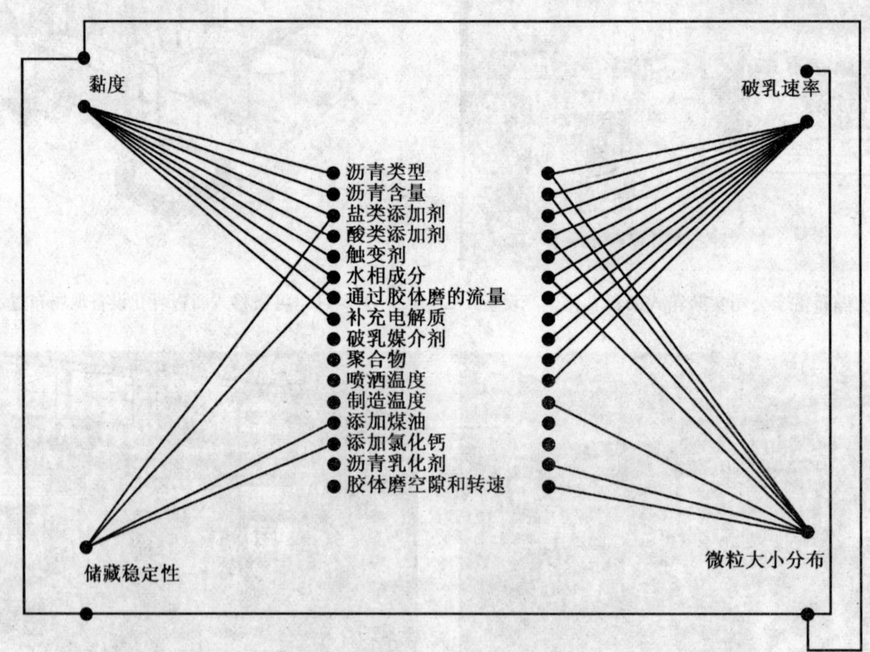

图6-14　沥青乳化生产过程中各种变量与乳液性能的相互关系图

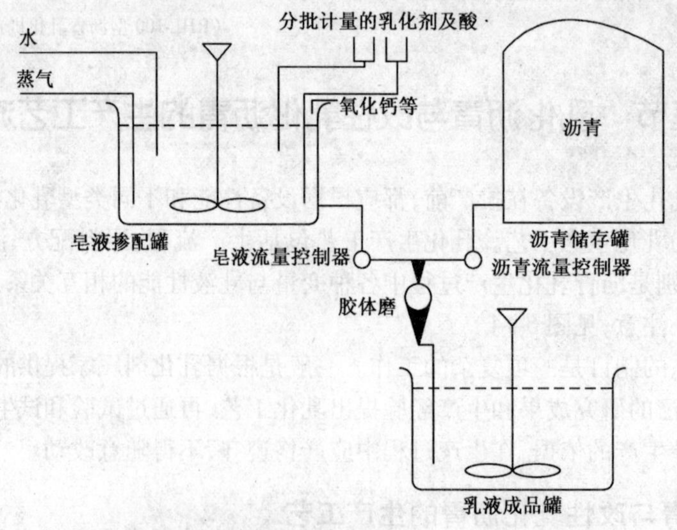

图6-15　间歇式生产的沥青乳化工艺流程图

2. 连续生产工艺方式

连续生产工艺的特点是皂液连续不断地进入乳化机中，根据皂液原材料掺配方式不同，这类设备可分为批量掺配式和管道掺配式两种工艺。

1)批量掺配连续生产工艺

这一类工艺方式是配置有两个以上的皂液掺配罐,乳化剂、水、酸和稳定剂等原材料通过一定的程序在掺配罐中制备成皂液,使沥青乳化生产过程保持稳定连续地运行,这类工艺形式也被称为批量连续式沥青乳化工艺。这类设备由于皂液的掺配工艺不同而有所区别,主要分为三种方式:

(1)第一种工艺方式是采用两个以上的皂液罐交替掺配乳化剂、水、酸和稳定剂等原材料制备成皂液,并交替向沥青乳化机供应皂液。尽管掺配是间断进行,但通过自动控制装置,实现连续输送皂液而不间断,如图6-16所示。

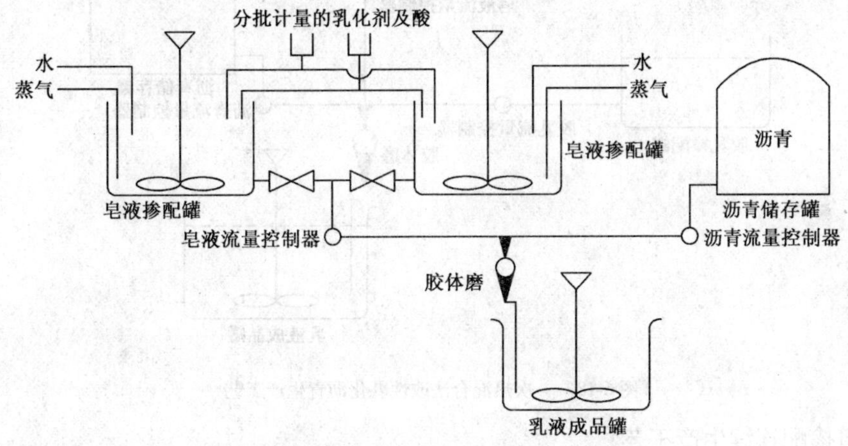

图6-16　交替掺配连续式沥青乳化设备工艺流程图

(2)第二种工艺方式是先在一个皂液罐分批掺配皂液,然后将该罐内的皂液泵入另一个皂液储存罐中。生产时,从储存罐中抽出皂液送入沥青乳化机中,实现连续生产,如图6-17所示。

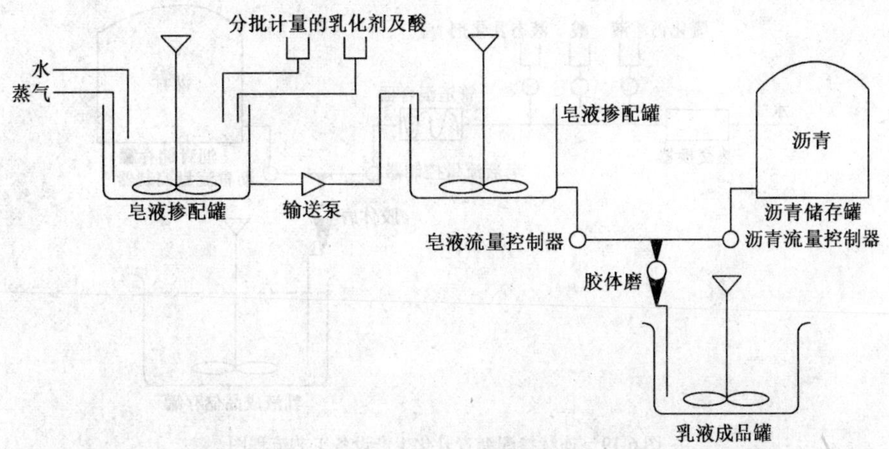

图6-17　分批掺配沥青乳化生产设备工艺流程图

(3)第三种工艺方式的最主要特点是不再将胶乳加入皂液掺配罐中,而是将胶乳直接通过管道送至沥青乳化机进口,与皂液一同进入胶体磨。这种生产工艺方式属于一次热混合法改性乳化沥青生产工艺,适用于采用橡胶胶乳生产改性乳化沥青的设备,如图 6-18 所示。

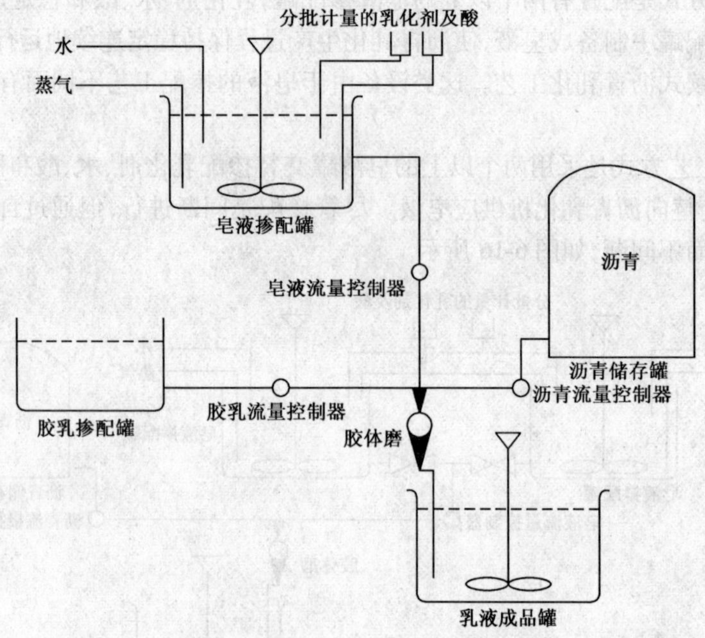

图 6-18　一次热混合法改性乳化沥青生产工艺

2)管道掺配连续生产工艺

管道掺配连续生产工艺的特点是配有多台计量泵,用于将水、乳化剂和其他添加剂(酸、稳定剂)等原材料分别送入管道混合器,经管道混合器混合后进入沥青乳化机中,这种管道混合装置能够使皂液的掺配在管道中完成,并且混合高效。所以,也被称为管线式乳化生产工艺,如图 6-19 所示。

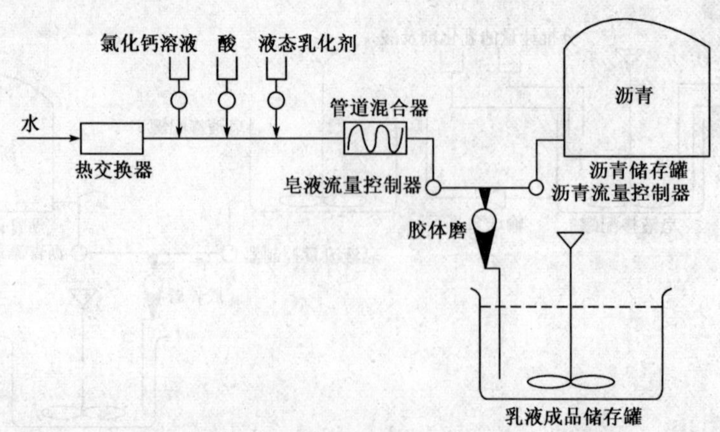

图 6-19　连续掺配沥青乳化生产设备工艺流程图

此类设备可以实现连续生产,同时可以使罐体的容积和设备占地面积大大减小。但对设备控制精度、运行稳定性和自动化程度要求很高,因为一旦有一种原料流动中有波动都会影响整个系统的稳定,而且一旦管线出现堵塞,设备检修起来比较复杂且成本高。

管线式乳化生产工艺适用于工艺配方高度固定的生产单位采用。

3. 阳离子中裂乳化剂的沥青乳化生产工艺

典型的阳离子中裂乳化剂的沥青乳化生产工艺例子如图6-20所示。

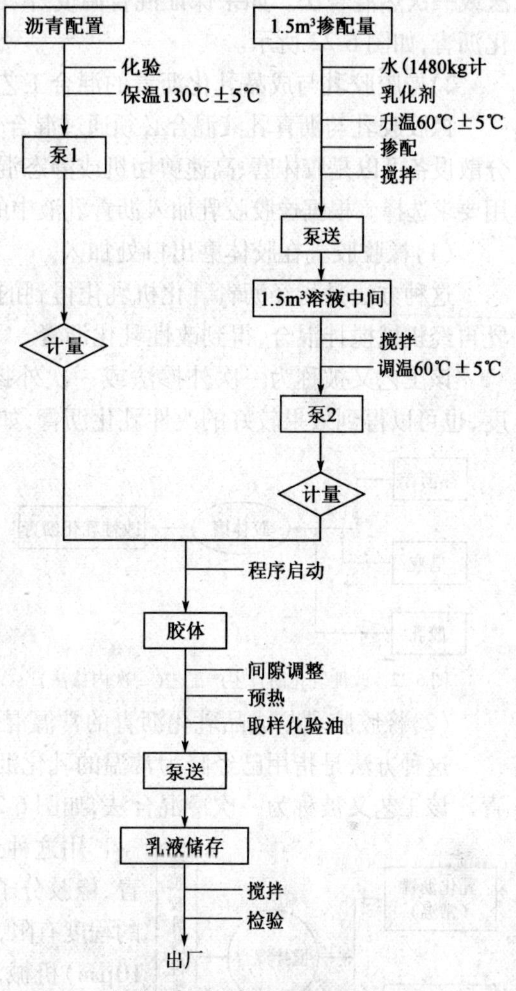

图6-20　阳离子中裂乳化剂的沥青乳化生产工艺

二、改性乳化沥青生产工艺

改性乳化沥青是以沥青、乳化剂、水、改性材料和添加剂等原材料，经过一定的乳化工艺过程，制备成的具有优良路用性能的稳定的沥青橡胶混合乳液。

根据国内外大量文献资料报道，乳化沥青改性生产工艺分为两大类：对乳化沥青的改性生产工艺和对改性沥青的乳化生产工艺。

1. 乳化沥青改性生产工艺

这种工艺是以橡胶胶乳为改性材料，经过与乳化沥青掺配制成改性乳化沥青。胶乳的选择和胶乳的加入方式，决定了改性乳化沥青生产工艺的不同。橡胶胶乳掺入乳化沥青中的方法有以下几种：

1)沥青乳化机前加入

(1)将橡胶胶乳掺入乳化剂水溶液之中，而后与沥青进入乳化机进行乳化的方法，也称为二次内掺法或二次热混合法，如图6-21所示。

先将橡胶胶乳、乳化剂、水和添加剂等原材料配制成皂液，再与溶融的热沥青同时进入沥青乳化机，经过再混合并分散制成改性乳化沥青。此工艺由于改性剂被混合的温度高，又经过两次分散，因此具有改性效果良好，储存稳定性好的特点。同时改性剂的添加只需要一个工序即可完成，具有生产效率高，生产易控制，操作方便的优点。

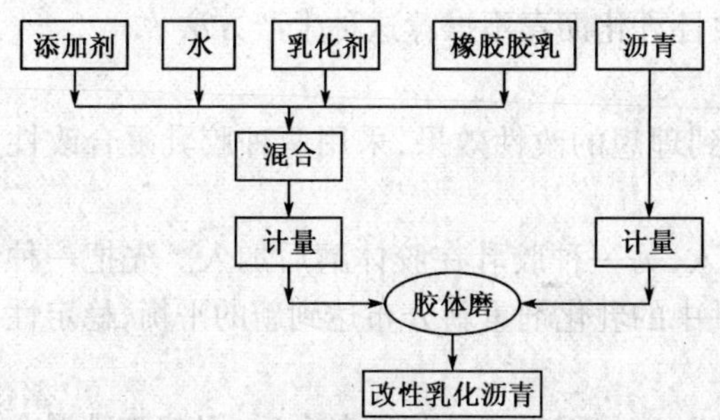

图6-21　改性乳化沥青生产工艺(二次内掺法)

但用阴离子橡胶胶乳制造阳离子改性乳化沥青时，在配制胶乳、乳化剂、稳定剂水溶液时，应根据不同胶乳、用量对皂液的pH值进行适当调整。

(2)橡胶胶乳直接送入沥青乳化机

该工艺是指热乳化剂水溶液与常温的橡胶胶乳分别经管道进入乳化机前的进液管内，并与进入进液管内的热溶沥青混合，确保乳化剂水溶液、橡胶胶乳和热溶沥青三种原料同时按比例进入乳化机中完成乳化。此种工艺，也被称为一次内掺法或一次热混合法。如果保证混合温度、微粒细度都合适,此方法可以制成效果良好的改性乳化沥青,如图6-22所示。

2)橡胶胶乳与成品乳化沥青的混合工艺

橡胶胶乳与沥青乳液混合必须通过混合分散设备,使胶乳与沥青乳液混合分散均匀。混合分散设备可以是胶体磨、高速剪切机或静态混合器等,但混合分散的效果各有不同,应该根据使用要求选择。根据橡胶胶乳加入沥青乳液中的时机不同,胶乳与沥青乳液还有两种混合方法:

(1)橡胶胶乳在胶体磨出口处加入

这种方法是指经沥青乳化机乳化得到的乳化沥青,在保持热状态下立即与常温的橡胶胶乳再经机械搅拌混合,得到改性乳化沥青。

该工艺又被称为一次外掺法或一次外掺热混合法。若控制好混合时间和混合液微粒细度,也可以得到效果较好的改性乳化沥青,如图6-23所示。

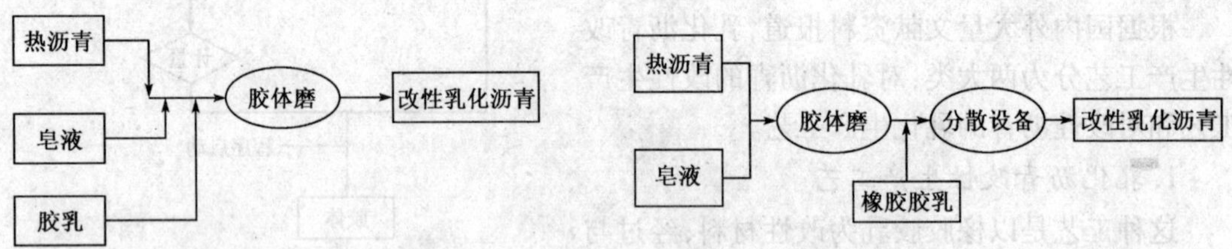

图6-22　改性乳化沥青生产工艺(一次内掺法)

图6-23　改性乳化沥青生产工艺(一次外掺法)

(2)橡胶胶乳与成品乳化沥青的常温混合法

这种方法是指用已经降为常温的乳化沥青,与橡胶胶乳经机械搅拌混合,得到改性乳化沥青。该工艺又被称为一次冷混合法,如图6-24所示。

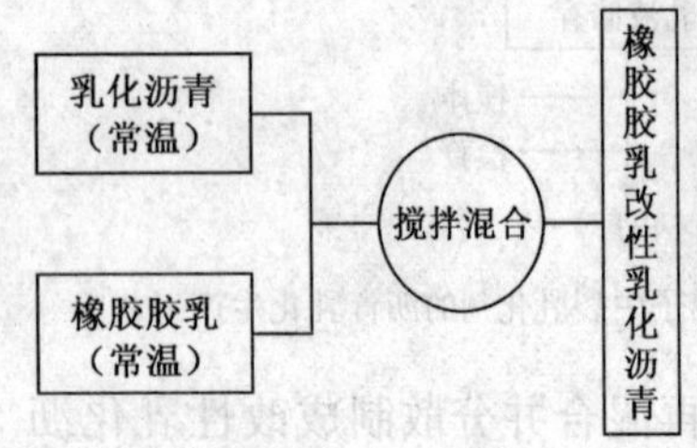

图6-24　改性乳化沥青生产工艺(一次冷混合法)

用这种工艺制得的改性乳化沥青,由于混合温度较低,沥青、橡胶分子运动动能低,两者之间吸附、扩散、渗透作用进行的程度有限,其胶乳和沥青颗粒系在较大尺寸范围(一般0.1~10μm)机械混合,改性效果稍差。

在改性乳化沥青储存过程中,由于胶乳中橡胶粒子和沥青粒子的密度差,沉降速度不同,影响改性乳化沥青的均匀性和稳定性,所以在储存罐等容器中存放时,经过一段时间胶乳发生分离、沉淀,形成乳白色分离层。这种现象,随着存放时间越长越严重,使用时还需重新充分搅拌,以减少改性乳化沥青在罐底部或上部发生的浓度差。

由于制成的改性乳化沥青效果不好,商品性改性乳化沥青不推荐这种生产方法。

3)乳化沥青的复合改性生产工艺

由于一种橡胶胶乳改性乳化沥青往往不能达到理想的改性效果,采用两种胶乳复合改性乳化沥青可以达到目的。

胶乳的加入方式采取一种胶乳在胶体磨前加入,另一种胶乳在胶体磨后加入。先把一种胶乳加入皂液中,可以使皂液中沥青乳化剂与胶乳中的乳化剂重新分布达到新的平衡,稳定性就好得多。

不能采用两种胶乳混合在一起然后加入的方式,这是因为两种胶乳混合后,引起胶乳混合液稳定性变差,甚至引起破乳。

从工艺上讲，复合改性乳化沥青的生产技术是比较复杂的。因为要考虑一种胶乳与沥青乳化剂微粒离子电荷相一致和相匹配外，还要考虑另一种胶乳与沥青乳化剂微粒离子电荷相一致和相匹配以及两种胶乳之间微粒离子电荷相一致和相匹配的问题。因此，制定生产工艺前，必须先在试验室通过小样试验。

二次内掺法或一次内掺法制取的改性乳化沥青稳定性较好，适于工厂化、商品化的改性乳化沥青生产，一次外掺法或一次冷混合法制取的改性乳化沥青改性效果稍差，改性乳化沥青成品不适于长距离运输和长时间储存，因此，应该在道路工程现场生产使用。

2. 改性沥青乳化生产工艺

该工艺是先制成改性沥青，然后再将改性沥青进行乳化。

1)SBS 改性乳化沥青的生产工艺

以各种高分子聚合物为改性材料生产的改性沥青，在我国的道路工程中使用已很普遍。但国内用于乳化的改性沥青，目前仅有热塑性丁苯橡胶 SBS(线性)改性沥青，其乳化效果与改性效果被认为相对较好。

(1)SBS 改性沥青的生产方法

SBS 改性沥青的生产工艺属于直接混溶法工艺，主要采用胶体磨法或高速剪切法，这种工艺一般都需要经过聚合物的溶胀、分散磨细和继续发育 3 个过程才能制成成品改性沥青，工艺路线如图 6-25 所示。

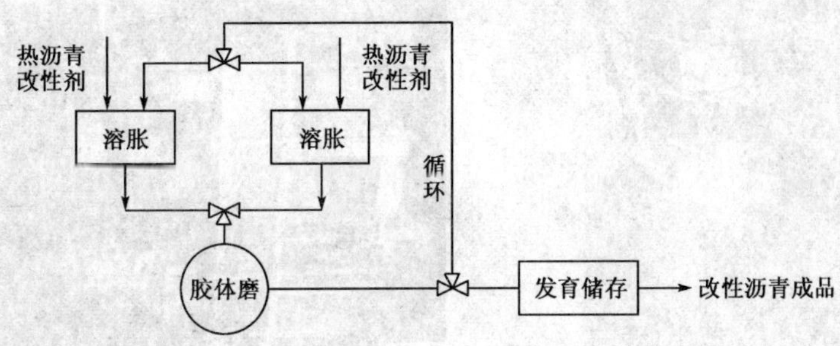

图 6-25　SBS 改性沥青生产工艺图

(2)SBS 改性乳化沥青的生产工艺

SBS 改性乳化沥青的生产工艺如图 6-26 所示。

(3)SBS 改性乳化沥青生产工艺对设备的特殊要求

SBS 改性沥青的储存与输送温度一般都在 165℃左右，如果进入胶体磨内与皂液混合后会出现汽化现象，瞬时造成整个乳化系统内压增加，一般的乳化沥青生产设备将无法运行。因此，生产 SBS 改性乳化沥青其工艺对设备有着特殊的要求，主要有以下几个方面：

①乳化系统管路耐压和密封满足工艺要求。

②胶体磨应具有足够的动力，应具有生产乳化沥青的均化、分散作用的特性，还要具有超强的剪切研磨 SBS 改性沥青的能力。

③胶体磨应具有足够的承受背压的能力是生产 SBS 改性乳化沥青又一个必备的条件，胶体磨一般应采用双机械式密封以承受更大的背压。

④乳化系统必须配置适宜的热交换装置，以降低乳化系统的压力和使 SBS 改性乳化沥青迅速降温，一般 SBS 改性乳化沥青的出口温度应控制在 85℃左右，设备构成见图 6-27 和 6-28。

2)其他改性沥青乳化工艺

除了用SBS改性沥青制作乳化沥青外,通常还有用橡胶类改性沥青制作乳化沥青。这里所说的橡胶,一般是指丁苯橡胶(SBR)。根据橡胶加入沥青的形态不同,橡胶类改性乳化沥青制作可分为两种工艺。

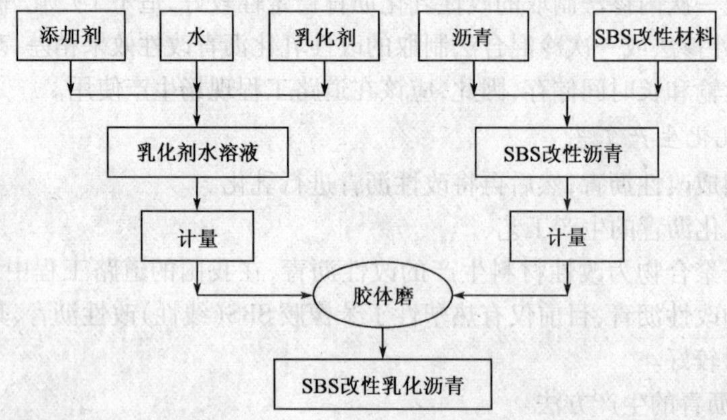

图6-26 SBS改性乳化沥青生产工艺

图6-27 用于SBS改性乳化沥青生产的热交换器

图6-28 美国DALWORTH公司热交换系统

(1)溶剂法改性沥青乳化工艺

这种工艺选用固体橡胶,先将(固体橡胶)溶解于甲苯、二甲苯、丙酮等石油溶剂中。后将橡胶溶液与溶融的沥青混合制成橡胶沥青,再将橡胶沥青进行乳化。

此工艺需经三个工序,制备过程中需较多的设备、时间和劳动力;同时制备含橡胶成分高的橡胶沥青时,由于黏度大使沥青流动困难,而且,固体橡胶溶解时使用石油溶剂,由于易燃的溶剂产生的蒸汽,造成环境污染和成本高等缺陷。

(2)胶乳法改性沥青乳化工艺

如果选用胶乳,则应将改性材料(胶乳)慢慢地加到高温溶融的沥青中,使胶乳中水分蒸发橡胶粒子分散,然后,再将这种含橡胶粒子的沥青进行乳化。此工艺虽比上述工艺节省一个工序,但仍存在因混合大量胶乳时,需要有蒸发胶乳中水分的时间和橡胶沥青流动困难的问题。加之如果橡胶沥青混合温度高,时间长时,可能导致沥青和橡胶材料早期老化问题。

三、制订沥青乳化生产工艺时应注意的问题

1. 流程的控制

沥青乳化生产流程控制是生产出乳化沥青品质好坏的关键环节。

一般沥青乳化生产工艺中流体的输送是采用泵和流量计相结合的方法,用泵把沥青和皂液经管路送入沥青乳化机内,用流量计指示流量。在这个系统中,如果是人工观测并利用调节阀或调节器进行远程流量控制属于手动控制。将仪表检测信号输入计算机中,经过计算机运算比较,把比较信号反馈到调节器中进行自动调节,属于自动控制。自动控制生产工艺调节速度快,运行稳定,调节精度高。

沥青乳化生产流程的关键是沥青和皂液的流量按比例控制问题。因此,国外进口的乳化沥青生产设备基本都采用全自动化控制,其控制信号除从流量计采集外,目前还有从沥青乳化机出口的乳化沥青温度采集,以控制油水比,使沥青含量精度控制在 ±0.5%。国产的乳化沥青生产设备现在采用全自动化控制的也越来越多。

2. 胶乳的离子特性

通常选择出改性材料后,还不一定能保证生产出合适的聚合物沥青乳液,究其原因,首先应注意聚合物的离子特性,如果胶乳呈现阴离子特性,而乳化剂采用阳离子表面活性剂,则在乳化过程中存在着阴阳离子复配问题。

大量的试验表明:任何比例的两性复配体系均形成非理想混合胶团,但两体系在形成胶团能力方面均出现增效作用。

实际乳化生产时,若不注意添加方式和顺序,将会出现改性乳液破乳现象。

3. 温度控制

沥青及水的温度是乳化工艺中较重要的一个工艺参数。

如果乳化前沥青温度过低,沥青黏度大,流动困难,功率消耗很大,也影响乳化质量;如果沥青及水的温度过高,不仅消耗能源,增加成本,而且还会使水汽化,水的汽化将导致乳液的油水比例发生变化,同时也导致乳液的质量和产量降低。一般要求沥青和水混合后的平均温度(乳液温度)85℃左右为好。

4. 沥青乳液的工艺配方

通常根据所需的沥青乳液类型选择乳化剂、添加剂等,制配适宜的乳化剂水溶液。乳化剂、添加剂的用量对乳液的性能起着决定性作用,用量少了,将影响乳液的储存稳定性,用量多了,乳液的成本提高,造成浪费。

制配乳化剂水溶液的配方很多,其工艺也有很大差别,如果采用复配乳化剂(两种以上)生产乳化沥青和改性乳化沥青,则应注意加料顺序、温度等要求。对于胺类乳化剂,还应根据乳化剂使用说明,加酸调整水溶液的 pH 值(用 pH 试纸或酸度仪进行测定)。

对于非液态乳化剂(中裂型较普遍),要求稀释溶解时间长,水温也高些。为了提高溶解效率和效果,一般先将乳化剂稀释,再进入搅拌罐中溶解。

当交替使用的是不同离子类型的乳化剂时,乳化沥青生产线的各个部分都应该予以清洗。

5. 乳液储存

乳化沥青的储存条件是不可忽视的环节,生产出的合格的沥青乳液因储存不当造成乳液

破坏以致不能使用的现象,可以说是不乏其例。

第三节　沥青乳化生产设备的主要结构

一套完整的沥青乳化生产设备应该能满足生产不同类型的乳化沥青,因此,成套乳化沥青生产设备的结构应该由以下5部分组成:沥青乳化机、沥青配制系统、皂液掺配系统、胶乳系统和计量控制系统。

一、沥青乳化机

乳化机是整套沥青乳化设备的核心,它的作用就是通过增压、剪切、研磨等机械作用使沥青形成均细化颗粒,稳定而均匀地分散于乳化剂水溶液中,成为水包油(O/W)沥青乳状液。采用不同的力学作用原理,沥青乳化机的结构形式也不相同。一般常采用的沥青乳化机有胶体磨、高速剪切分散机等形式。

1. 胶体磨

胶体磨类的沥青乳化机是沥青乳化设备中采用最多的机型。

胶体磨是用作胶体产品最重要的机械分散设备,早在20世纪20年代,世界上就出现锥形的由定子、转子组成的钢制胶体磨。这种磨的定子和转子之间有可调间隙,每分钟转速可达到数千转或上万转,是比较理想的胶体分散设备。随着时代发展,虽然在胶体磨的控制部分和磨体材料以及体形设计上有很大的改进和提高,但基本组成没有很大改变。胶体磨的作用原理主要是通过定子、转子之间由于高速运转所产生的剪切力而对物料起到研磨,分散作用。

沥青乳化设备使用较多的是卧式胶体磨,转子和定子之间的配合一般是锥形,由于整机结构以及磨体的形状和液体流向的不同,胶体磨型沥青乳化机还可分成以下几类:

1)齿形锥面胶体磨

此类胶体磨,在定子的内表面和转子的外表面做出许多方向不同的斜槽纹,使通过二齿面极小间隙的沥青混合液受到反复的剪切、摩擦,因而被分散、均化形成均匀的微粒悬浮在水溶液中。结构形式有立式和卧式,图6-29是一种立式胶体磨结构图。

2)平面同心槽式胶体磨

此类胶体磨原先用于乳制品及化工工业,乳化细度可达到2μm以下,近几年,此类胶体磨用于沥青乳化生产中,其乳化能力也很强,定子和转子是两个相对的平面,其表面有许多同心的齿形槽纹。沥青混合液从胶体磨体中部进入内部,在离心力的作用下,高速通过定子和转子间的缝隙,并受到剪切力、摩擦力、高频震动、漩涡等复杂力的作用,因而混合液被有效地分散、破碎、均化和乳化,典型产品如W_1型胶体磨,见图6-30。

3)平面同心孔板式胶体磨

此类胶体磨定子和转子是两个相对的平面,定子其表面有均布的凹槽,转子板上开有多个孔洞,沥青混合液从胶体磨体中部进入内部,在转子产生的离心力作用下,沥青混合液高速进入定子的凹槽内,液体又反向进入转子板,并受到剪切力、摩擦力、高频震动、漩涡等复杂力的作用,因而混合液被有效地分散、破碎、均化和乳化,典型产品见图6-31。

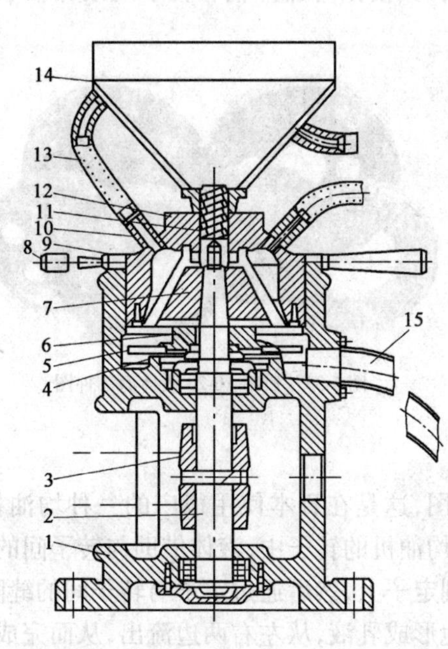

图 6-29　立式胶体磨结构图

1-壳体;2-轴;3-皮带轮;4-甩盘;5-叶轮;6-座;7-转子;8-手柄;9-调节螺母;10-连接管;11-搅龙;12-定子;13-软管;14-漏斗;15-出口管

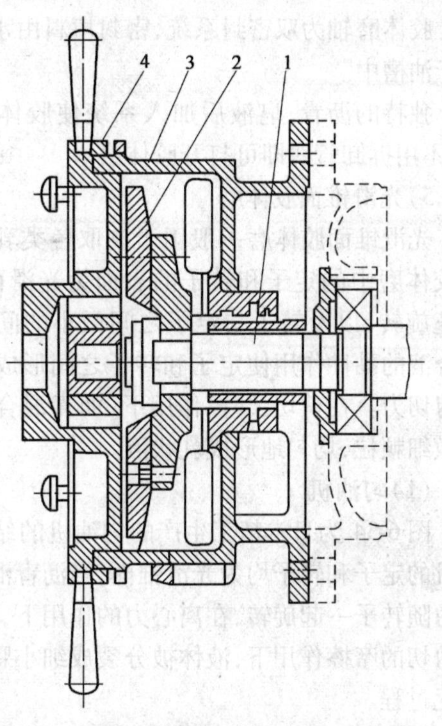

图 6-30　W_1 型胶体磨的结构图

1-电机轴;2-叶轮;3-壳体;4-调节端盖

4)ENH-10-20 胶体磨

这种胶体磨的特点是转子与定子间间隙可从胶体磨后部调整,而无需打开或拆卸磨头。通过调整间隙可以生产各种类型高品质乳化沥青,以及使乳化沥青具有优秀的粒径分布,见图 6-32 和图 6-33。

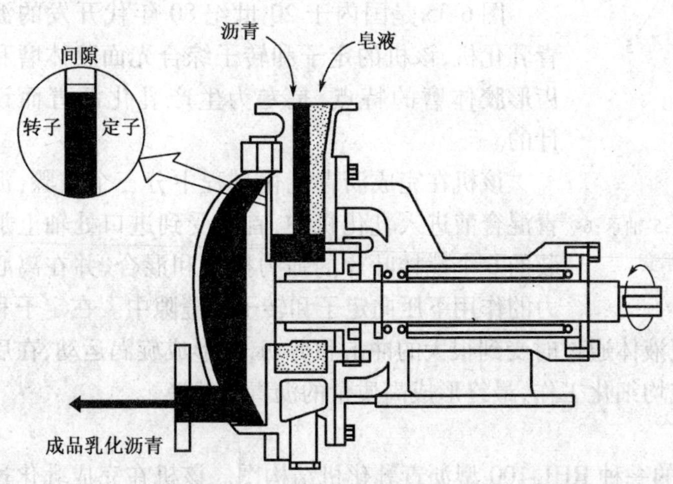

图 6-31　平面同心孔板式乳化沥青胶体磨结构示意图

图 6-32　ENH-10-20 胶体磨

胶体磨轴为双密封系统,密封填料由水冷却以延长其使用寿命。轴和转子的滚珠轴承浸泡于油槽中。

独特的沥青、皂液后加入系统使胶体磨维护方便,不用拆卸管线即可打开胶体磨。

图 6-33 ENH-10-20 胶体磨零件图

5)光滑锥面胶体磨

光滑锥面胶体磨一般用于制取各类乳状液。这种胶体磨中的定子和转子的表面为光滑面,转子的高速旋转,以及转子与定子之间微小的间隙和沥青混合液的黏性作用使定子和转子之间形成逆向强大的剪切力。在剪切、摩擦作用下,沥青混合液被分裂成微细颗粒,均匀地形成乳状液。

(1)匀油机

图 6-34 为日本精工生产的匀油机的结构及外形图,这是在日本使用很广的一种均油机。该机的定子和转子均为光滑锥面,当沥青混合液进入均油机的转子中,液体借助与转子间的摩擦力随转子一起旋转,在离心力的作用下,高速喷射到定子上,然后通过定子与转子间的缝隙,在剪切的摩擦作用下,液体被分裂成细小颗粒,均匀地形成乳液,从左右两边流出,从而完成了乳化过程。

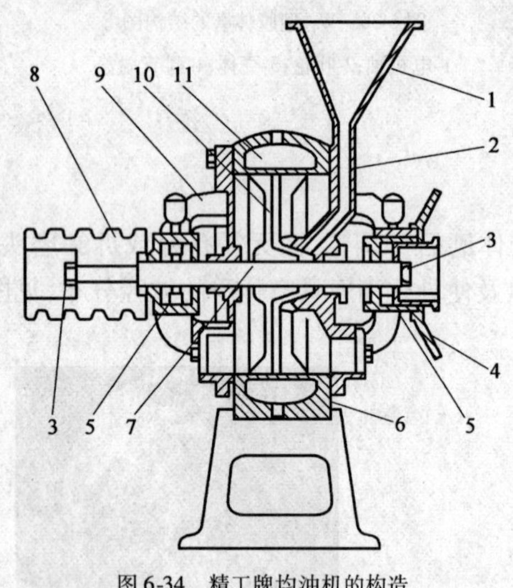

图 6-34 精工牌均油机的构造

1-料斗;2-前端盖;3-固定螺钉;4-间隙调整器;5-轴承;6-壳体;7-轴;8-皮带轮;9-后端座;10-转子;12-水套

均油机中定子和转子的锥角很小,一般在 6°~8°之间,如果太大,液体受定子反向的轴向分力就大,这使得右出口流量增大,而左出口流量减小,致使乳液中的沥青颗粒不均匀,如果锥角太小,则调整间隙时的行程量将会太大。

该机具有经久耐用、生产率高和乳化质量好等优点,但制造精度高,造价昂贵,耗电量大。

(2)LR-6000 型乳化机

图 6-35 是国内于 20 世纪 80 年代开发的沥青乳化机,该机的定子和转子综合光面胶体磨和齿形胶体磨的特点,是专为生产乳化沥青而设计的。

该机在完成沥青乳化过程中分三个步骤:沥青混合液进入乳化机中,首先受到进口处轴上加装的 6 个搅拌叶片的强力搅拌和混合,并在离心力的作用下压向定子和转子的缝隙中。在定子和转子的表面前半段,加工成凹口,使液体通过时受到很大的冲击和剪切,并形成旋涡运动,在后半段,为光滑表面,液体在此段完成均细化工作,最终形成高质量的沥青乳状液。

(3)RHL-100 型沥青乳化机

图 6-36 和图 6-37 是国内开发的一种 RHL-100 型沥青乳化机结构图。该机在完成乳化过程中有二个区域,前部为混合区,采用旋涡增压原理,及半封闭式搅拌叶片结构,具有增压搅拌

能力强的特点;后半部为锥形表面的定子和转子,径向间隙可调。定子和转子表面的前半段,表面有许多同向的齿形槽纹,在后半段为均细化工作段,其表面光滑精密,可以达到较高的均细化水平。

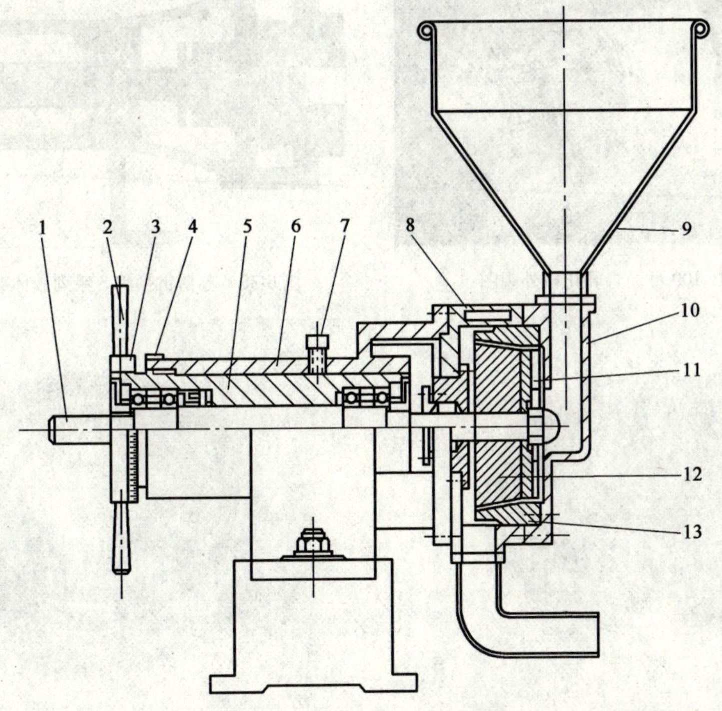

图 6-35　LR-6000 型乳化机的结构图

1-轴;2-调节柄;3-刻度环;4-标线板;5-滑动套;6-壳体;7-定位螺栓;8-定子壳;9-进料斗;10-端盖;11-叶轮;12-转子;13-定子

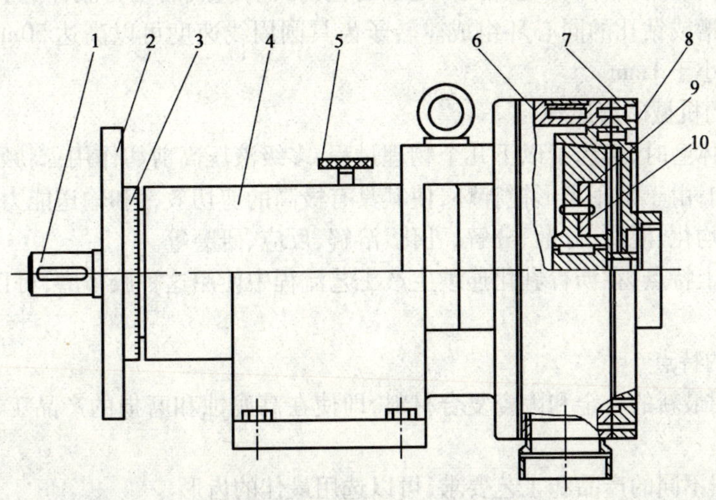

图 6-36　RHL-100 型沥青乳化机结构图

1-轴;2-调节手轮;3-刻度环;4-壳体;5-紧定螺钉;6-定子壳;7-端盖;8-定子;9-转子;10-叶轮

6)德国苏博雷顿牌 S 系列胶体磨

德国著名的苏博雷顿牌 S 系列胶体磨是三阶式研磨形式,胶体磨采用机械式密封,见

图6-38～图6-40。

图6-37 RHL-100型沥青乳化机外观图

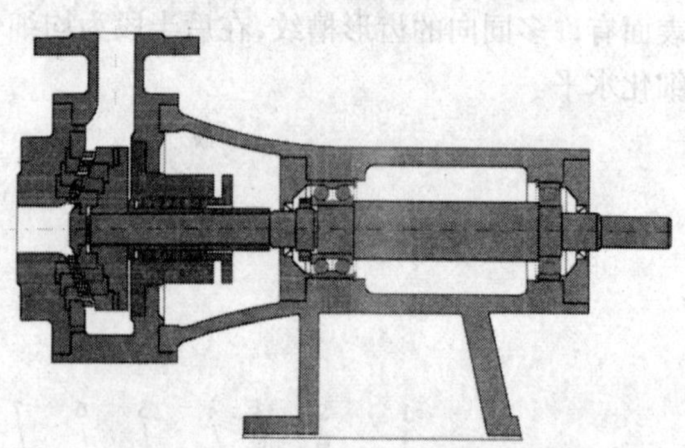

图6-38 苏博雷顿牌S系列胶体磨结构原理图

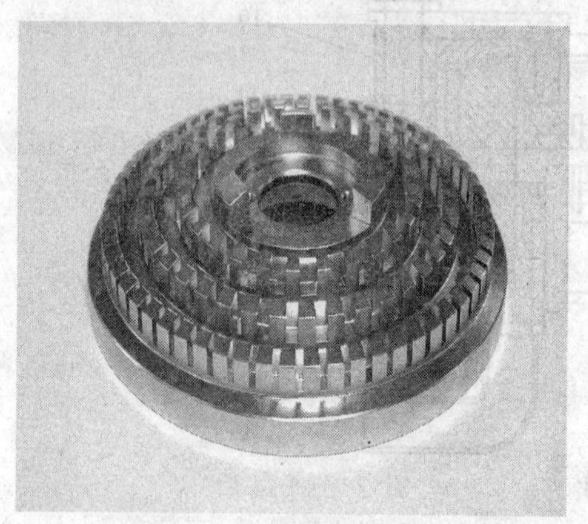

图6-39 苏博雷顿胶体磨转子

图6-40 苏博雷顿胶体磨定子

苏博雷顿胶体磨是一种由多级转子/定子均化齿具所组成的动力胶体磨。转子和定子则是由几个径向开槽或钻孔的同心环组成。转子齿具圆周线速度可以高达50m/s，而各环间的剪切间隙却远远小于1mm。

(1)胶体磨的机械研磨原理

液体经过胶体磨时，经历了以下几个物理过程：多级液压高剪切作用；高频震荡；强烈的微元搅拌；压力增加；由于采用齿形搅拌环，使其具有极高的剪切效率和输送能力，故在连续生产流程中能很好地均化、混合、分散、分解、乳化、溶解、反应、研磨等。

由于具有以上特点，在沥青乳化连续生产工艺流程中使用这种胶体磨，可以实现特别经济的生产方式。

(2)胶体磨的特点

①材质：使用最新的合金和陶瓷复合材料，即使在高腐蚀和磨损的产品工艺中，也能保证最大的齿具寿命。

②齿形：根据不同的产品和工艺要求，可以选用最佳的齿形。

③定子喷射结构：被分成小股的流体直接喷射进入剪切和搅拌区域，保证了最佳均化效果。

④对称性设计：采用轴向对称设计，使得一旦磨损，可以反向旋转，使用另一对齿面进行工作，这对于延长使用寿命非常重要。

⑤转子冲洗功能：这一特点的好处是可以冲洗转子的背部，从而保证整个齿具的清洁。

⑥可更换的单环结构：各自独立的多级齿环设计意味着简单而又经济的齿环更换。

2. 高速剪切分散乳化机

以德国FLUKO为代表机型的高剪切分散乳化机的结构原理是：由于转子高速旋转所产生的高剪切线速度和高频机械效应带来的强劲动能，使液体在定、转子狭窄的间隙中受到强烈的机械及液力剪切、离心挤压、液层摩擦、撞击撕裂和湍流等综合作用，从而使不相容的沥青和水等液相在适宜的乳化剂的共同作用下，瞬间均匀精细地分散乳化，并经过高频的循环往复，最终得到稳定的乳化沥青产品，如图6-41所示。

这种沥青乳化机也称为管线式高速剪切分散乳化机。在圆桶形的定、转刀片上加工出若干矩形孔，从而形成切削刃。该机在圆筒形空间的腔体内，装有3组对偶胶合的定、转子，转子在电机动力的驱动下高速旋转，产生强劲的轴向吸力将沥青及皂液吸入腔体，在最短时间内对溶液进行分散、剪切、乳化处理，形成精细稳定的乳化沥青产品，见图6-42。

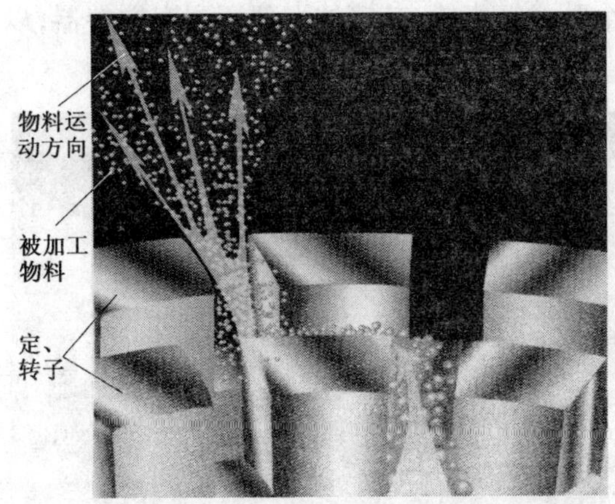

图6-41　高剪切分散机的结构原理

图6-42　高速剪切机原理图

沥青乳化机是乳化设备中最关键的部分，对乳液质量影响很大，从使用的角度看，除要求乳化机经久耐用、高效低耗、使用方便、安全可靠之外，主要看选用的乳化机是否满足对乳液质量的要求。衡量乳液质量的重要指标之一是沥青微粒的均细化程度，均细化程度越高，乳液的使用性能及储存稳定性就越好。一般来说胶体磨类的沥青乳化机在均细化方面优于均化器类的乳化机。

二、沥青配制系统

沥青配制系统的作用是为生产乳化沥青提供合乎生产要求的沥青制品，因此，沥青配制系统应该具有对沥青升温、控温、保温的功能，并具有一定的容量。沥青配制系统一般由罐体、加热器、温控器、搅拌器、液位控制器等组成。

(1)罐体一般用钢板制作。外形有立式或卧式，容积不宜过大，能满足乳化机工作1~3小时即可。罐体上部应做成圆弧状或梯形状，并设置排污孔以利于杂质沉淀和排污，罐体外部必须加装保温材料，以减少沥青热量的散发(图6-43)。

(2)加热器用于提高和保持沥青的温度，以保证乳化沥青生产时，沥青温度能稳定地保持在120～140℃之间。目前加热器主要采用导热油加热形式，也有部分设备采用电加热形式。由于加热方式不同，其加热器的结构，以及在罐体中的布置也不相同。

导热油对沥青的升温属于间接加热法，即导热油不与沥青接触，而是通过金属壁来传递热量。导热油加热器在罐体内的布置通常采用蛇形管形式，导热油进入罐体一般应采取低端进、高端出的方式，以利于底部加热。

电加热器多采用管状加热器，电流通过加热元件而发热，热量借传导和对流的方法由加热元件传给被加热的沥青。电加热器一般设置在罐的底部，为了使三相电力平衡，电加热管一般应布置3支或者3的倍数。采用电加热器必须保证电源充足。

无论是何种加热装置，罐体中沥青的最低液面要能够掩埋住这些装置。

(3)温控器是用来准确地显示和控制沥青温度的。温控器主要由测温仪表和控制阀两部分组成。常用的压力式温度计和热电阻温度计，均可以实现现场显示和远传显示。将温度计与调节器、中间继电器以及电磁阀等组合，可以实现沥青温度的自动控制。

(4)移动式乳化沥青生产设备一般配置有多个卧式沥青罐，其罐体上部还配有搅拌器，以适应改性沥青的储存需要，如图6-44所示。

图6-43　沥青储罐

图6-44　移动式乳化沥青生产设备使用现场的卧式沥青罐

固定式乳化沥青生产设备一般配置大容量的沥青罐（立式），为了使上部和下部沥青温度不至于相差太大，或为了在沥青中添加改性材料，使其混合均匀，在罐体上部应设置搅拌器。搅拌器由电机、减速器、搅拌轴组成，一般布置成立式，搅拌桨叶布置成一层或多层，工作时在桨叶的作用下可使沥青在罐中上下运动，达到温度均匀的目的。

三、皂液掺配系统

根据生产工艺不同皂液掺配系统有两种类型：批量掺配生产工艺是在皂液掺配罐中完成皂液的掺配溶解和混合，而管线式乳化生产工艺则是通过管道混合装置来完成。

管线式乳化生产工艺的生产设备一般采用计量泵输送热水、乳化剂、添加剂等液体，液体的混合溶解是通过一套静态管道混合器完成。因国内这类设备很少，关于管线式乳化生产工艺的生产设备本书未作更多介绍。

批量掺配生产工艺采用的皂液掺配系统一般配有热水罐、皂液罐、皂液泵、乳化剂泵和水泵等，每个泵均应配备流量计精确控制它的流量。该系统是用来溶解乳化剂及其他添加剂，并具有升温、保温、计量等功能，以制备乳化生产工艺要求的皂液，但配方不同所要求的设备也有差异。

1. 热水罐

热水罐的作用主要是为制备皂液提供热水，罐体容量一般为乳化机单位小时用水量的1~3倍。热水罐的加热方式一般采用导热油加热方式，一些移动式乳化沥青生产设备上也有采用电热管加热方式，如图6-45所示。

采用导热油加热的热水罐，导热油进入罐体应采取低端进、高端出的加热方式，以利于底部升温。

热水罐外表面应加保温层，以减少热量损失，热水罐还应设置控制液面高低的液位计和控制温度的温度控制器。

用于SBS改性乳化沥青的生产设备一般配置有余热回收装置，回收的余热用于向皂液调配罐供应热水，如图6-46所示。

图6-45　移动式沥青乳化生产设备现场配备的热水罐

图6-46　SBS改性乳化沥青生产设备的热交换器

2. 皂液调配罐

1）皂液调配罐的功能

皂液调配罐是制取合格皂液的关键设备，一般具有如下功能：

（1）稀释乳化剂：对于非液态的乳化剂（中裂型较普遍）一般要溶解成浓度10%~20%的水溶液。稀释后的乳化剂，通过泵输送到皂液调配罐中与热水再度混合，制成生产用皂液。这种皂液在连续生产的乳化沥青生产工艺中使用较多。

（2）制取皂液：热水、乳化剂、添加剂或橡胶胶乳（改性乳化沥青用）按比例进入调配罐中，经过搅拌器分散，混合形成乳化剂溶液。

（3）乳化剂水溶液储存罐：单一的乳化剂水溶液调配罐是不能进行连续生产的，应该设置储存罐，以便将乳化剂水溶液暂存，供乳化机生产使用。如果设置两个以上调配罐，则调配罐交替进行，保持连续生产。

2）皂液调配罐的组成

尽管调配罐用途有差异，但都必须具有一定容量，液体计量，控温，混合等功能。皂液调配罐主要由罐体、加热器、搅拌器、液位计、温度计等组成，如图6-47所示。

(1)罐体常采用立式,底部可以为椭圆形封头或者90°锥角无折边锥底,如果采用平底应考虑皂液排尽的问题。进水管要插到罐的底部,以减少乳化剂的泡沫。

(2)皂液调配罐中的加热器多采用蛇形盘管(导热油),这种盘管在罐内也可以起到搅拌器导流筒的作用,能增强混合效果。

(3)搅拌器在保证皂液混合效果和混合速度方面起到关键作用,传统的搅拌器多采用低速大桨叶型式,由电机、减速器、搅拌轴组成,桨叶采用折叶式,并且布置有导流板(图6-48),在桨叶和导流板的共同作用下可以获得较强的轴向流动,即从桨叶端部排出的强大径向流携带周围的皂液在导流板的作用下形成向上的循环流,成为皂液调配罐内的主流。这种形式的搅拌器既有很强的对流循环作用,又有很强的湍流扩散能力,在大容量皂液调配罐中采用较多,如图6-49和图6-50所示。

图6-47 西安达刚公司皂液掺配系统示意图

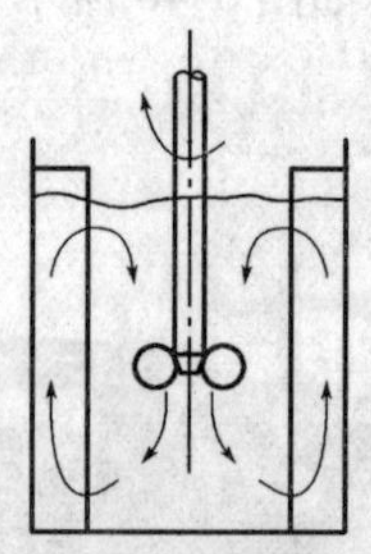

图6-48 导流板的搅拌作用示意图

图6-49 美国DALWORTH公司皂液系统

图6-50 美国VSS公司EP-75S乳化沥青站配套的皂液配制装置

(4)目前,在容量相对较小的皂液调配罐中,趋向采用高速小桨叶搅拌器。这种搅拌器采用螺旋桨叶片,由电机直接驱动,转速为1 500r/min左右。搅拌器安装需倾斜一定角度,混合力度效果都较好,而且大大简化了搅拌器的结构,如图6-51和图6-52所示。

(5)液位计是为了控制每次进入罐体中热水的总量,通常采用浮球式液位计,可以满足液面上、下限控制需要。乳化剂和添加剂由于每批次加入罐中的量很少,所以多采用流量计计量控制。

(6)温度计用于检测乳化剂水溶液的温度，当热水或皂液温度下降时可以启动加热器升温。

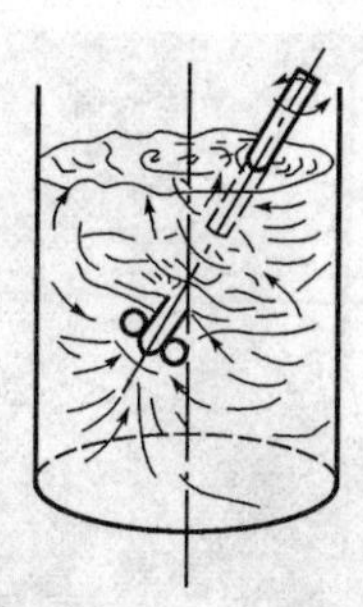

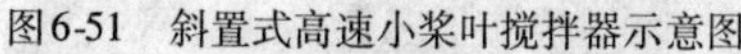

图6-51　斜置式高速小桨叶搅拌器示意图

图6-52　配有高速小桨叶搅拌器的皂液调配罐

(7)一些设备上还配置有手动式或自动式的盐酸和乳化剂的配比计量装置，如图6-53和图6-54所示。

图6-53　法国怡贸公司的盐酸和乳化剂的配比计量装置

图6-54　法国怡贸自动式的盐酸和乳化剂的精确计量装置

(8)皂液调配罐中所有与皂液接触的部位均应采取防腐蚀的材料和技术措施。

3. 皂液输送泵、乳化剂泵和热水泵

皂液掺配过程中需要用泵将热水、乳化剂、添加剂等液体输送到相关的容器中，输送液体的泵有多种形式，但比较常用的是离心泵，如普通卧式离心泵、管道泵等。离心泵具有流量大、结构简单、造价低等特点。通常仅用于输送热水时可用普通离心泵，输送添加剂(酸)、乳化剂、皂液等腐蚀性液体需选用耐腐蚀泵。

皂液输送系统一般应配置不锈钢离心泵，以及耐腐蚀的压力计、温度表和流量计等，以提高系统的使用寿命。

四、胶乳系统

具有将橡胶胶乳直接送入沥青乳化机内的乳化沥青生产设备，需要独立设置胶乳系统。胶乳系统一般由胶乳罐、胶乳泵、变频电机、流量传感器、温度表和压力表等组成。

乳胶由泵经流量计量注入沥青乳化机内，其流量需借助于速度调节机构设定乳液泵的转速，以获得要求的乳化液/乳胶比。胶乳系统的配置原理大体相同，但由于厂家不同其设置特点亦有差别。

1. 胶乳罐

胶乳在常温状态储存和流动，罐中不需要设置加热装置，为了使胶乳在罐中流动可增加搅拌装置，罐体需要用防腐蚀材料制作（图 6-55）。

图 6-55　胶乳罐

2. 美国 DALWORTH 公司胶乳输送系统

美国 DALWORTH 公司胶乳输送系统包括单螺杆式胶乳泵（配安全阀）和磁性胶乳流量传感器，如图 6-56 和图 6-57 所示。

3. 美国 VSS 公司 EP-75S 乳化沥青站胶乳输送系统

美国 VSS 公司 EP-75S 乳化沥青站胶乳输送系统胶流量监控仪和胶乳泵如图 6-58 和图 6-59所示。

图 6-56　美国 BORNEMANN 单螺杆式胶乳泵

图 6-57　美国 DALWORTH 公司磁性胶乳流量传感器

五、计量控制系统

沥青乳化设备一般都应该使沥青、水、乳化剂和添加剂按一定的比例供给，在连续运动的过程中完成乳化，形成沥青乳液。计量控制系统就是对上述物料在运动过程中所发生的温度、压力、流量、配合比等因素的变化实行监测与控制，以实现稳定生产高质量的沥青乳液。

计量控制系统主要包括温度、液位、流量、油水比的计量控制以及各种动力装置的顺序启动和定时控制。

1. 油水比自动控制基本原理

在沥青乳化生产过程中，按比例控制沥青和水溶液的输送量，而后送入沥青乳化机中，是生产出合格的乳化沥青的重要条件。

国内早期乳化沥青油水比例控制装置，多采用人工控制的方法，即手动调节阀门，油水比的控制需进行繁琐的配比计量检验。产量较小，控制不准确，油水比波动大，产品质量不稳定。为了提高油水比的精度，现代沥青乳化生产通常都采用自动控制，并且自动化程度越来越高。

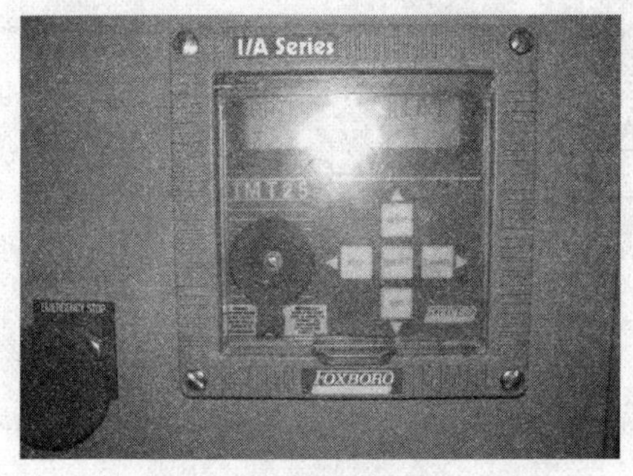

图 6-58　EP-75S 乳化沥青站胶流量监控仪

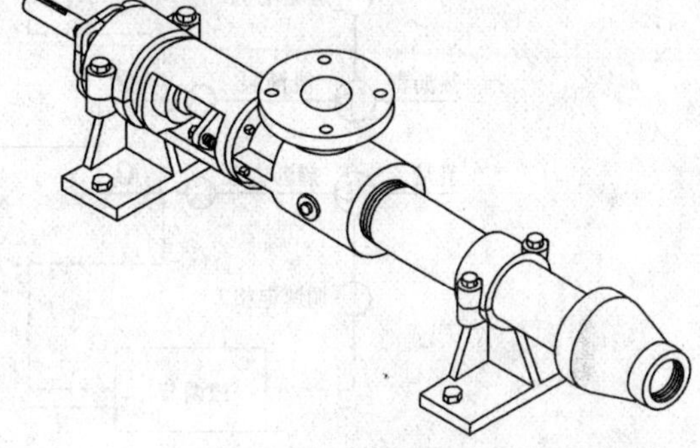

图 6-59　EP-75S 乳化沥青站胶乳泵示意图

油水比自动控制的原理是：在沥青乳化生产过程中，沥青和乳化剂水溶液受温度、压力等因素的影响，而引起流量不断地变化，这种变化通过测量仪表而显现，控制系统就是利用这些仪表的检查信号，通过运算放大驱动执行机构来实现对沥青和乳化剂水溶液流量的适时调整，以达到对油水比的精确控制。

沥青和乳化剂水溶液的流量比例在生产前就已经确定，我们经常讲的 6∶4 就是指单位量的乳化沥青中，沥青含量为 6 份，皂液为 4 份。目前各种类型的沥青和皂液比例调节装置都属于定值调节系统。即在生产中，为了达到规定的油水比指标，要求调节系统的被调参数保持在一个生产技术指标上不变，这个技术指标就是给定值。

设沥青乳液流量为 Q，沥青流量为 Q_1，皂液流量为 Q_2，则有如下关系式：

$$Q = Q_1 + Q_2 \tag{6-1}$$

设沥青乳液中的沥青含量比值为 A_1，则：

$$A_1 = \frac{Q_1}{Q} \tag{6-2}$$

设沥青乳液中的皂液含量比值为 A_2，则：

$$A_2 = \frac{Q_2}{Q} \tag{6-3}$$

上述式中，Q，Q_1，Q_2，A_1，A_2 均可作为被调参数的依据，不过沥青乳化生产流程不同，所确定的被调参数和调节方法也有所不同。

目前，油水比控制中有半自动控制方式和全自动控制方式。

2. 半自动控制方式

半自动控制方式采用分别控制沥青和皂液的流量，各自作为检测和调节对象。在运行前，需要将两个回路流量各自设定，输入计算机中进行人工远程调节。这样，乳液流量 $Q =$

$Q_1 + Q_2$。

此种方案中，皂液泵和沥青泵可以是齿轮泵，也可以是其他容积式泵。两个独立的单回路调节系统，必须保证皂液和沥青进入乳化机时，管路输送压力一致。因此，要注意皂液泵和沥青泵的合理选用匹配，如图6-60所示。

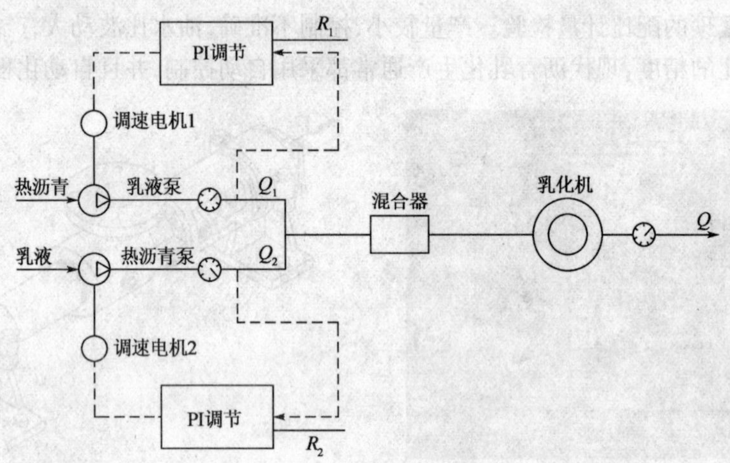

图6-60　半自动控制方式原理图

此种方案中，皂液泵和沥青泵所使用的都是齿轮泵，其流量为：

$$Q_{泵} = q \cdot n \cdot \eta \tag{6-4}$$

式中：q——泵的排量；

n——泵的转速；

η——泵的容积效率。

泵的容积效率与流体的压力之间是非线性关系，一般压力低时有所增大。

皂液泵和沥青泵由于是两个独立的单回路调节系统控制，易于避免互相干扰，但皂液和沥青的生产温度是此种方案控制精度和稳定运行的重要因素之一，应严格控制。

3. 全自动控制方式

此种方案的检测对象是乳化沥青的温度，而调节的对象是皂液的流量，沥青由沥青泵以固定的转速和流量送入沥青乳化机内，将沥青流量作为固定值。这样，皂液流量 $Q_2 = Q - Q_1$。

该控制方法的主要设计思想是：乳化沥青出口温度是在确定油水比的前提下，当沥青和皂液各自温度一定时，由它们的流量共同决定。换言之，如果把沥青流量作为定值时，影响乳化沥青出口温度的唯一因素是皂液的流量。通常乳化沥青温度增高，一定是皂液的流量减少所致，结果使油水比增大。反之，乳化沥青温度降低，一定是皂液的流量增加所致，结果使油水比减少。可以看出，这种方法的始终是用乳化沥青的温度去控制油水比含量。

这个特定的输出温度设定是根据具体的沥青与皂液的比热及要求的油水比，经过热力计算得出的。当使用温度来控制有关原料的流量时，除正确设定这种液体的温度外，保持温度稳定也是十分重要的。实际生产操作中，乳化沥青出口温度偏差，一定要控制在±0.3℃，或更低的范围内，以达到乳化沥青精确的油水比。

我国进口的乳化沥青设备，如VSS公司的产品，都有这种温度控制器功能，能够保证乳化沥青油水比控制精度，以及油水比的稳定。有关乳化沥青出口温度的计算详见 VSS 公司的操作手册“乳化液混合计算”一节。

4. 计量控制系统的控制方式

1）温度控制

沥青与乳化剂水溶液的温度是沥青乳化过程中能否稳定生产的一个重要参数，其具体值由工艺决定。目前，国产的半自动或手动控制的乳化沥青生产设备中很少采用温度的实时控制，这是因为沥青乳化过程对温度的控制精度要求不高（±5℃），因此，多数设备都是采用开关控制。用温度仪表进行监测时，当温度达到上限，电磁阀（通导热油）关闭；达到下限，电磁阀打开（采用电加热装置其原理相同）。采用开关控制都有滞后效应，使温度超过上限或下限（由仪表精度决定），这种控制方法，虽然影响乳化沥青的出口温度，但对油水比没有太大影响。

我国进口的乳化沥青生产设备对温度的控制精度要求很高，这与设备采用全自动控制方式有很大关系，因为沥青乳化过程中乳化沥青的出口温度是否稳定，直接影响乳化沥青的油水比的精度与稳定。因此，进口的乳化沥青生产设备对各个系统都有精确的温度监测仪表进行显示和发送信号。

2）液位控制

在掺配罐中，水量一般用浮球液位计控制。同温度开关控制一样，也会出现滞后效应。因此，液位高度经理论计算后，应反复试验实际液位高度和实际加水量，最后确定液位计的实际定位高度。

沥青乳化自控设备中，所有盛装液体的容器（沥青罐、乳化沥青罐等）都应该设置液位控制器，这对丁连续大批量生产乳化沥青，保证稳定有序地工作是必不可少的装置。

3）电器系统

成套的沥青乳化设备中电器系统主要包括各电机的控制系统、电源、各执行电器元件及电器显示系统。

成套的沥青乳化设备中主要有计算机集中控制和常规电器元件控制两种，在控制系统电路中设有过载和短路保护装置及工作机构的工作状态指示灯，用来保护电路和直接显示设备运转情况。采用计算机进行自动控制的设备一般都装置有自动控制和手动控制两套控制装置，操作时可以自由切换。任何形式的控制系统必须遵守工艺路线中各设备启动和停机的程序。

控制系统的具体作用及计算机集中控制布置状态说明如下：

（1）控制系统的作用

①电机的起动/停止按钮。

②每个系统的液体监测和控制电路。

③设置“紧急停止”开关在紧急时可同时切断所有的动力电源。

④设置“仪器”起/停开关可起动，用以打开或关闭液体监测和控制电路。

液体监测包括沥青、皂液和乳化沥青输出温度（热电偶为感温元件），以及皂液和乳胶回路的流量计。此外，还有乳化沥青出口温度控制的皂液输送管路的电动阀。

⑤每个系统还包括手动开关控制的温度表和压力表。

⑥位于沥青乳化机的出口位置，通常设置电动三通阀，允许工作在“乳化沥青输出”和“皂液循环”两种状态之间选择。

(2)计算机集中控制

全自动化计算机集中控制中心如图 6-61 所示，生产车间布置如图 6-62 所示。

图 6-61　全自动化生产计算机集中控制

图 6-62　全自动化计算机集中控制生产车间布置

第四节　沥青乳化生产设备的使用技术

一、操作与管理

目前国内沥青乳化设备没有统一标准，各厂家和生产单位的设备差异很大，在生产工艺方面也各有千秋，但基本的操作管理有一定的一致性，比如必须严格按照“生产工艺卡”进行，设备的操作必须指定专人负责并且熟悉和掌握设备操作要领等，具体使用技术介绍如下。

1. 日常起动

(1)在批量生产乳化沥青之前，首先要准备与乳化沥青产量相应的一批皂液。这种皂液的 pH 值要保证符合乳化沥青设计要求。

(2)检查沥青乳化机轴承室的润滑情况。

(3)将“仪表”起动开关拨到“起动”位置。按下“手动”键，将乳化沥青温度控制器设定为“手动”模式，指示灯亮，表明“仪表”系统在手动模式下工作。

(4)将导热油通到沥青系统。确认沥青阀在“循环”位置。

当沥青达到一定温度时，起动沥青泵使沥青循环。沥青循环时间要充分一些，使沥青通过沥青罐的次数达到 6 ~ 8 次，以保证稳定沥青的温度均匀、稳定，这对生产优质的乳化沥青非常重要。

(5)将冷水通到皂液泵冷却回路。确认系统输出阀位于“皂液循环”的位置。起动皂液泵，皂液循环时间要充分一些，使皂液通过皂液罐的次数达到 4 ~ 6 次，稳定皂液温度和 pH 值，这对生产优质乳化沥青非常重要。

(6)用手转动法兰，确保沥青乳化机运转自如。

特别注意：在胶体磨中无液体时，不可起动胶体磨。因为转子和定子之间的间隙非常小，无液体起动可能造成它们的损坏。

(7)读取沥青和皂液的温度,计算为获得要求的油水比必须保持的乳化沥青出口温度。

注意:一般乳化沥青出口温度不得高于100°C,这是水的沸点。

(8)起动乳胶泵,调节泵的转速,把需要的胶乳流量作为设定流量。转速调定后将它关闭。

注意:泵转速限位出厂时已调好,不要试图让泵转速超过它。

(9)上述各步完成后,操作者可以开始乳化沥青的批量生产。

2. 运行程序

(1)自动模式时,皂液阀控制器需要乳化沥青的出口温度,作为控制器信号,该信号的设定值应满足乳化沥青油水比的要求。

(2)第(1)步完成后,就确定了产品要求的乳化沥青出口温度所需要的皂液流量。这个流量,或出口温度的设定可基于以前的经验,或通过沥青含量百分比计算。前面已经说明,这种控制方法的前提就是沥青泵的流量是已知的。

(3)启动沥青乳化的电机,等待转速升高。当沥青乳化机的电机电流降到稳定水平指示时,沥青乳化机即稳定运行。

(4)转动乳化沥青出口阀,使之从“皂液循环”位置切换到“乳化沥青输出”位置。

(5)立即转动沥青阀,使之从“循环”位置切换到“磨输入”位置,同时起动乳胶泵。

注意:这两个阀几乎应同时转动,输出阀仅比沥青阀稍稍早一点。

(6)监测乳化沥青的温度,及时调节皂液流量以保持它的设定值。同时,监测皂液和沥青的温度,保持它们的恒定。如果它们变化了,有必要重新计算需要的乳化沥青出口温度设定值。

(7)为了确定乳化沥青生产是否正常,可从输出口的取样阀提取样品。将少量样品,比如一罐头盒的样品,倒在平地上,沥青乳液铺层应平整,无结块,或夹渣。

(8)皂液流量调节可以手动,亦可自动,但工作开始控制器应设为手动模式。增加或降低皂液流量,可使用上/下滚键。如果乳化沥青温度高于设定值,可慢慢调节皂液阀增加其流量;如果低于设定值,慢慢调节皂液阀减少其流量。每按一次键,增加或降低的信号值为控制器电量输出的0.1%。一次调整仅需按6~8次,等1~2min以观察调节的效果。最好的方法是调节量小一些,使变化的过程在受控之中,避免作猛烈的调节,防止超出所需的调节范围。

注意:对控制器做反方向调节时,需要比同一方向按更多的次数方可使皂液阀改变设定位置。

(9)当系统工作正常后,按“手动”钮使控制器切换到自动模式,“手动”指示灯灭,自动模式下,控制器将自动调节皂液阀使乳化沥青出口温度到达设定值,并保持这一温度。

注意:沥青乳化机应始终在推荐的工作能力范围内工作。加大沥青乳化机的材料输入量可能会增加产量,但降低了产品的质量。加大沥青乳化机的材料输入量还会使沥青颗粒尺寸增大。为了有效发挥沥青乳化机的使用性能,重要的是在乳化沥青的质量和沥青乳化机的工作能力之间找到最佳的平衡点。

3. 关机程序

在一批乳化沥青生产完成后应及时关机,关机程序如下:

(1)如果是“自动”模式,按皂液上的“手动”钮,转为“手动”模式。

(2)如果使用了乳胶,按乳胶“停止”钮,停止胶乳输出。

(3)将沥青阀从“沥青乳化机输入”转动到“循环”位置。这将保持皂液把沥青乳化机中的沥青全部冲洗出去。根据沥青乳化机规格的大小和管线的长度,连续让皂液通过输出管线的时间约 20~30s。

(4)将乳化沥青出口阀从“乳化沥青输出”转回到“皂液循环”位置。

(5)关闭沥青乳化机电机。

(6)继续让皂液循环经过沥青乳化机约 3~5min。

(7)关闭皂液泵,将皂液管线切换到温水(约 38℃)供给。起动皂液泵,用约 1 900L 的温水冲洗。在使用温水冲洗时,不时地打开取样阀检查水的清洁程度,直到取样阀流出的水是洁净时为止。

(8)关闭皂液泵。然后,关闭导热油阀门和冷水阀门。

二、维修与保养

沥青乳化生产设备应注意以下的维修与保养技术:

1. 系统维护

1)沥青系统

(1)泵的驱动部件:新泵在工作第一个 50h 和以后每工作 250h 时,检查驱动皮带的状况和张紧度。必要时,进行调整;磨损严重时更换新品。

(2)泵的轴承部分:每间隔工作 40h,应用 NLGI#2 干油(相当我国的“2 号锂基润滑脂”和“二硫化钼润滑脂”)润滑主轴轴承。

与采用干油润滑的同时,轴承密封垫在生产乳化沥青时还会带上沥青,浸入密封垫的沥青允许轻微的渗漏(最多 10 滴/min),有利于轴承润滑。如果沥青渗漏厉害,应停止泵送,并均匀地拧紧密封垫调整螺母 1/6~1/3 圈。尔后,再起动沥青泵,观察渗漏情况。必要时,再重复调整一次。

(3)其他泵的维护、检查、修理程序可参考相关设备的“泵的安装、操作、维护手册”。

2)皂液系统

皂液泵唯一需要做的维护是及时进行检查,以防止零件磨损或损坏引起的功能失效。

3)乳胶系统

(1)变速驱动:一般来说,该驱动装置的变速部分不需要周期性维护,变速箱的润滑在出厂时已经装满。

(2)乳胶泵的维护:乳胶泵轴承密封用的是标准的压缩密封垫,使用干油润滑。在生产乳化沥青时密封垫会带上乳胶,浸入该密封垫的乳胶可允许轻微的渗漏(最多 10 滴/min)。如果渗漏厉害,应停止泵送,并均匀地拧紧密封垫的调整螺母约 1/6~1/3 圈。然后,再起动乳胶泵,观察渗漏情况。必要时,再重复调整一次。轴承通常在泵工作 10 000h 后使用 NLGI#2 油润滑一次。

其他泵的维护、检查、修理程序可参考相关设备的“泵的安装、操作、维护手册”。

4)电气系统:每年应对电控元器件清洁、检查一次。

第五节　沥青乳化试验机

一、沥青乳化试验设备的分类

为了研制新的乳化沥青产品，或者验证乳化沥青的工艺配方是否满足各项试验要求，需要制备乳化沥青样品，以供试验室进行试验检测和分析。

制备乳化沥青样品，需要合适的沥青乳化试验设备，这些试验设备与生产用沥青乳化设备是有区别的，其主要区别是设备较小，每次试验量也比较小，但试验机的乳化质量，特别是沥青乳液的颗粒细度以及试验工艺，应该达到或超过生产用沥青乳化设备的效果。

对乳化沥青生产商来讲，乳化沥青试验机是非常有用的设备，利用它可以制成少量的乳化沥青样品以检验新的乳化剂品种，也可以通过乳化沥青样品来比较不同乳化剂的乳化效果。

在试验室内常用的沥青乳化试验设备以研磨、粉碎功能分类的有：胶体磨类和均化器类；按沥青乳化试验流程分类的有：单循环式沥青乳化试验机和自动计量批量乳化试验机。

1. 以研磨、粉碎功能分类

1）胶体磨类沥青乳化试验设备

胶体磨类沥青乳化试验机如图6-63～图6-65所示。

图6-63　胶体磨类沥青乳化试验机

图6-64　立式胶体磨乳化试验机

2）均化器类沥青乳化试验设备

均化器类沥青乳化试验设备主要由增压泵、混合器和柱塞式均化头组成。这种乳化机是利用齿轮泵将沥青和乳化剂水溶液加压，经混合器初混，然后通过柱塞式均化头内的阀杆和阀座间的缝隙高速喷射，由于弹性柱塞所形成的缝隙作用和湍流、振动作用，从而使沥青混合液受到挤压、膨胀、扩散而雾化，达到乳化的目的。这种沥青乳化试验机具有结构简单，制造容易，耗电量小，粒度均匀等优点，但存在有齿轮泵不耐用，易磨损的缺陷。目前，国内的一些沥青乳化试验室内仍有使用。

RHS-5 乳化沥青试验机属于均化器类型,单循环的乳化方式,见图 6-66。

图 6-65　法国怡贸公司半自动式试验室生产设备

图 6-66　RHS-5 沥青乳化试验机

2. 按沥青乳化试验流程分类

1)单循环式沥青乳化试验机

单循环式沥青乳化试验机一般每次可乳化 1 ~ 2L 乳液。该类试验机结构紧凑,操作方便,可供道路材料实验室或乳化剂生产企业进行多品种、多配比的乳化沥青系列试验之用,见图 6-67 和图 6-68。

单循环式沥青乳化试验机的不足之处是沥青乳化的过程,沥青与皂液要经过沥青乳化机一定时间(一般为 1.5min)的反复循环研磨,这与一次研磨的生产工艺有较大差异,其乳化沥青样品的试验数据也不能完全用于指导沥青乳化生产设备的生产。

图 6-67　W4J 沥青乳化试验机

图 6-68　法国怡贸公司简易式试验室生产设备

2)自动计量批量乳化试验机

自动计量批量乳化试验机主要由沥青泵、胶体磨、乳胶泵以及沥青罐,皂液罐、乳胶添加剂罐和控制板等组成。该类试验设备的最突出特点是沥青乳化工艺过程与批量掺配生产工艺设备的工艺过程是一致的,因此,其乳化沥青样品的试验数据可以用于指导批量掺配生产工艺设备的生产,见图6-69~图6-71。

该类试验设备适用于商品化、专业化的乳化沥青生产企业的试验室。

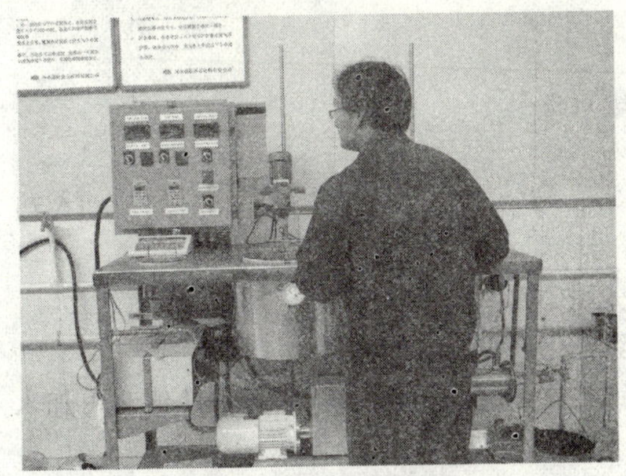

图6-69 美国VSS公司自动计量批量乳化试验机

图6-70 分别计量一次式沥青乳化试验机(IKA® T50分散机)

二、沥青乳化试验机主要结构与操作

1.单循环式沥青乳化试验机

1)主要结构

单循环式沥青乳化试验机的结构以胶体磨为主,结构简单,操作方便,如图6-72所示。

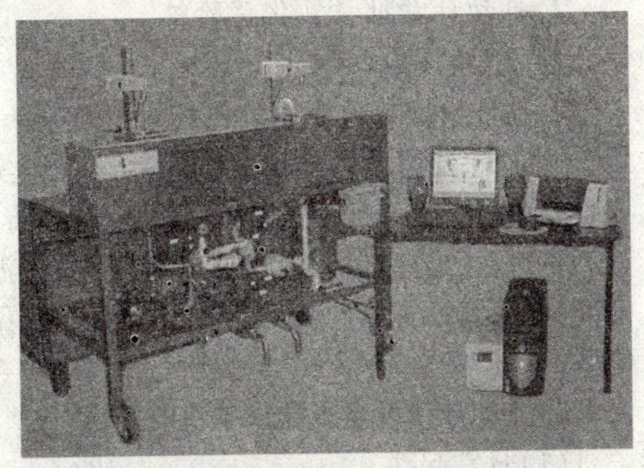

图6-71 法国怡贸公司全自动化实验室生产设备

图6-72 单循环式沥青乳化试验机外形图

2)单循环式沥青乳化试验机的操作

(1)根据所需制备的沥青乳液用量及沥青、乳化剂、水的比例计算各种材料的数量。

①沥青用量按下式计算

$$m_b = m_E \cdot P_b \tag{6-5}$$

式中：m_b——所需的沥青用量(g)；

m_E——乳液总质量(g)；

P_b——乳液中沥青含量(%)。

②乳化剂用量按下式计算

$$m_e = \frac{m_E \cdot P_E}{P_e} \tag{6-6}$$

式中：m_e——乳化剂用量(g)；

P_E——乳液中乳化剂的含量(g)；

P_e——乳化剂浓度(乳化剂中有效成分含量)(%)。

③水的用量按下式计算

$$m_w = m_E - m_E \cdot P_b \tag{6-7}$$

式中：m_w——配制乳液所需水的质量。

(2)称取所需的乳化剂质量放入1 000mL烧杯中。

(3)向盛有乳化剂烧杯中加入所需用水(扣除乳化剂中所含的水量)。

(4)将烧杯放到电炉上加热并不断搅拌，直到乳化剂完全溶解，如需调节pH值时可加入适量的外加剂，最后将乳化剂水溶液加热到40～60℃。

(5)在容器中称取准备好的沥青并加热到120～150℃。

(6)开动单循环式沥青乳化试验机，用热水先把乳化机预热几分钟，然后把热水排净。

(7)将预热的乳化剂水溶液倒入乳化试验机料斗内，随即将预热的沥青徐徐倒入，待全部沥青乳液在机中循环1min后放出，进行各项试验或密封保存。

(8)在向料斗倒入沥青开始进行沥青乳化的过程中，需随时观察乳化情况，如出现异常，应立即停止，并把机中残存的溶液放出。

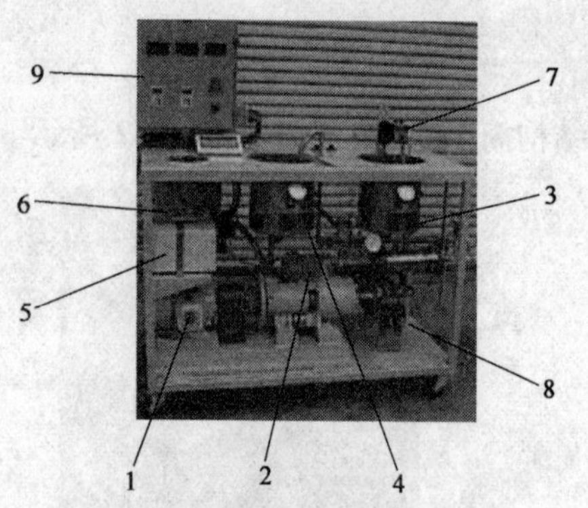

图6-73　美国VSS公司沥青乳化试验机

1-胶体磨；2-沥青泵；3-沥青罐；4-皂液罐；5-胶乳泵；6-皂液泵；7-沥青罐搅拌器；8-沥青管路；9-操作控制盘

2. 自动计量批量乳化试验机

1)主要结构

自动计量批量乳化试验机相对要复杂一些，以美国VSS公司沥青乳化试验机为例，VSS实验室设备由以下部分组成：①试验室磨；②沥青泵；③沥青罐；④皂液罐；⑤乳胶泵；⑥皂液泵；⑦沥青罐搅拌器；⑧沥青管路加热带；⑨控制仪表，见图6-73。

2)自动计量批量乳化试验机的操作

(1)日常起动

①在批量生产乳化沥青之前，要准备与乳化沥青产量相应的一批皂液，且皂液要保证具有与乳化沥青设计要求一致的正确的pH值。

②将“仪表”起动开关拨到“起动”位置。

③将沥青装到沥青罐中。确认沥青阀在循环位置。起动沥青罐加热器，在加热器和控制器上设定要求的温度。当沥青升温到一定的流动性后，启动沥青搅拌器。当沥青达到可以泵

送的温度后,启动沥青泵时使沥青循环。将泵的流量设定在约2L/min。使沥青循环约10～15min。

④确认系统输出阀位于"皂液循环"的位置,起动皂液罐加热器,在罐加热控制上并设定要求的温度。起动皂液泵,并根据磨的大小不同,将流量设定在1～2L/min。皂液循环8～10min。

⑤用手转动法兰,胶体磨应运转自如,并通过磨外壳上的小孔查看驱动联轴器是否转动。或者,按下磨变频驱动控制器上的"JOG"按钮,检查联轴器是否转动。

注意:在磨中无液体时,不可起动胶体磨。因为转子和定子之间的间隙非常小,无液体起动可能造成它们损坏。

⑥读取沥青和皂液的温度,计算为了获得要求的沥青含量必须保持的沥青温度。

⑦确定需要的乳胶流量,起动乳胶泵,调节泵转速来设定流量。转速调定后将它关闭。不得使太多的乳胶进入循环的皂液。

⑧上述各步完成后,操作者可以开始乳化沥青的批量生产。

(2)运行程序

①根据乳化沥青的配比计算设定沥青流量。

②第①步完成后,大致设定为获得要求的乳化沥青出口温度所需要的皂液流量。

③起动磨电机。等待转速的升高。

④确保产品输出阀从"成品乳化沥青"转到"废品"位置。

⑤立即转动沥青阀,使之从"循环"位置切换到"磨输入"位置,同时起动乳胶泵。

⑥一旦乳化沥青开始流入到废料罐,取样检测是否充分混合。

⑦检测乳化沥青温度,调节皂液流量来保持合适的乳化沥青温度。同时检测皂液和沥青温度,确保二者温度恒定。如果温度变化,需要重新计算需要的乳化沥青输出温度。

⑧皂液流量调节可以手动调节。

(3)关机程序

①在一批乳化沥青生产完成后,关闭乳胶流量,将产品输出阀从"成品乳化沥青"转到"废品",将沥青阀从"磨输入"转到"循环"位置。从而使皂液将磨中存留的乳化沥青冲干净。根据磨的尺寸和管路的长度,连续使皂液通过输出管路20～30s。

②然后,将系统输出阀从"乳化沥青输出"转回到"皂液循环"位置。

③关闭沥青泵、搅拌器、罐加热器和带状加热器。将罐中存留的沥青抽干,或者留做下次使用。

④继续让皂液循环经过磨3～5min。冲洗时,磨转速应在约10 000r/min。

(4)关闭胶体磨电机。

①关皂液泵,将皂液管线切换到温水(约38℃)供给。起动皂液泵和磨电机,用约20L的温水冲洗磨。在用温水冲洗磨时,不时地转动输出阀到"乳化沥青输出"位置检查进入废料容器里水的清洁程度。连续地冲洗,直到取样阀流出的水是洁净的。

②关闭胶体磨电机。

③关闭皂液泵。如果使用热交换器,关闭交换器管路的冷水供水。

第六节 乳化沥青的储存与运输

一、乳化沥青的储存

1. 沥青乳液储存系统

不同种类的乳液必须储存不同的储存罐中，以避免相互污染。乳液储存系统包括罐体、搅拌装置和输送设备等，如图 6-74 和图 6-75 所示。

图 6-74 河南瑞航公路养护技术有限公司沥青乳液储存设备

图 6-75 法国怡贸公司乳化沥青成品储存罐

1）罐体

（1）储存罐一般做成立式圆柱形，底部做成平底或流线型，以利于底部乳液的流动，储存罐的容积至少要满足一班生产量的要求，冷、热乳化沥青最好不要混装，以免加速破乳，储存罐要设置 2 个作交替使用。

（2）沥青乳液中的沥青以微粒分散于乳化剂溶液中，随着储存时间增长，乳液中沥青离析现象越严重。为延缓离析速度，大型储存罐中应设置搅拌装置，搅拌装置的叶片型式一般采用桨叶式，10～30t 的储存罐可采用立式搅拌，30～50t 的储存罐可采用卧式底部搅拌。

（3）初次使用储存罐的内部一定要清除干净，代用罐（如沥青罐、热沥青洒布车等）更要清除干净内部的沥青，并且还要注意与之有关的管路是否干净。

（4）沥青乳液的储存温度允许在 10～80℃之间，如果储存罐没有保温装置，冬季应将罐内剩余乳液排尽，以免乳液受冻后，产生分离破坏。

2）乳液的输送

乳液的输送也是乳化沥青储存系统中的一个重要环节，由于乳液输送设备选择不当，或者采取的控制方式不合适，乳液输送过程中会出现故障，甚至造成停产。

（1）乳液输送设备的选择

道路用乳化沥青使石油沥青在常温时的固态转变为液态，因此，乳液在常温下具有流动性，同时保持或提高石油沥青自身的各种性能。乳液的这些特点对选择的输送设备有一定的特殊要求,常规的液体输送设备如离心泵、齿轮泵和螺杆泵从原理上讲都可以输送乳液,但这类泵在长时间运转中,泵内部的旋转件相对运动,互相摩擦,会造成泵内旋转件表面乳液破乳,这类泵在停机后,由于沥青的黏结,使泵无法启动。因此,必须选择专用的乳液输送泵,如果选择其他类型的泵,应对其进行改进,以满足乳液输送的要求。

①为便于泵的启动,应选择有加热套的泵如齿轮泵或螺杆泵。启动前应将泵加热至65℃左右,切不可用加热器喷烤加热,泵加热可以采用热水或导热油循环预热,并应设置温度自动控制装置。

②无法加温的泵,使用完毕要用煤油(或柴油)清洗,这种方法仅用于临时性输送乳液的需要。

(2)乳液输送设备的控制

对选用大流量和高扬程输送乳液的泵,由于泵的转速高以及内部密封性好,泵停机后更容易出现无法启动的现象,这种情况应考虑设置延时变频启动装置,以控制泵的启动。

2. 沥青乳液储存工艺要求

在乳液存放时,将有正常的分层现象,为了延缓分层的速度,选择合理的储存设备和科学的储存工艺。

1)储存设备

(1)采用密封容器,减少水分蒸发。

(2)在容器上加装搅拌装置,定期进行搅拌。

(3)使用离心泵,经常性循环,防止沉淀离析。

(4)进出口设于储罐底部。

(5)存放温度5~40℃。

(6)使用前应搅拌均匀。

(7)长期大容量存放要定期抽样检验。

(8)室外温度低于-5℃时,沥青乳液储存罐不应存放乳液,如果罐内有剩余的乳液应及时排净,以免造成乳液破乳。

(9)远离高温热源。

(10)不同品种不要混合,不同批次产品混合要慎重。

2)乳化沥青的结皮及预防措施

沥青乳化完成之后,如果储存设施不完善,一般都会产生结皮现象。有的沥青乳液结皮柔软有韧性,也有的结硬成壳。结皮沥青乳液经过搅动,部分结皮能够溶于乳液,不能溶于乳液的结皮以块状或团状存在于乳液中。

乳液储存期间出现块状或团状结皮,对乳化沥青的使用性能影响较大:一是改变了乳液的油水比,使油水比不能满足技术指标要求;二是施工中容易引起输送系统的故障。

引起沥青乳液结皮的因素很多,主要有以下原因:

(1)水分蒸发

刚生产出的乳化沥青,温度在80℃左右,由于与环境的温度差,乳液表层水分会出现蒸发。因此,储罐封闭较好时乳液水分散失较少,而封闭较差的储罐,特别是敞开式存放乳液水分将会严重散失。

(2)乳化沥青微粒的转相

道路工程中使用的乳化沥青大多是水包油 O/W 型乳液,刚生产出的乳化沥青其温度下降过程中,可能会触发乳液的反相,由水包油 O/W 型微粒转变为油包水 W/O 型微粒。由于沥青相有较大黏度,这些 W/O 型微粒可能相互靠拢,从而产生絮凝聚结现象。

(3)乳化沥青微粒界面膜强度在高温时较小,此时,微粒之间的运动碰撞可能击破界面膜而产生聚结,加剧了结皮现象。

(4)存在部分未乳化的沥青

由于沥青成分的复杂性和乳化剂乳化能力的有限性以及乳化沥青生产设备的不足,可能有少部分沥青未被乳化而混合在乳液中,在静置过程中,沥青聚结上浮形成结皮。

预防乳化沥青结皮的措施

3)对乳化沥青生产过程的要求

(1)选择性能好,乳化能力强的乳化剂。

(2)选择良好的乳化机械,使得乳化沥青微粒细微,均匀。

(3)在乳化沥青中添加稳定剂。

(4)在沥青乳化完成之后的 30~40min 内,乳液在密闭状态下,经常性缓慢的搅动,频率以表层不产生结皮为标准。试验证明,在搅动作用下,如果开始 30~40min 内乳液不产生结皮,乳液以后就不易产生结皮,或比原来结皮大大减少。

4)乳化沥青的储存及注意事项

在低温(5℃以下)保存乳化沥青,一定要防止乳液结冰;如果加热乳化沥青,注意使储存罐内的乳液处于流动状态,避免乳液在加热器周围出现过热现象。

5)改性乳化沥青的储存及注意事项

改性乳化沥青属于双重复合型热力学不稳定体系。除具有与乳化沥青完全相同的特性外,还由于胶乳的加入,增加了不稳定的因素,所以改性乳化沥青的储存稳定性比普通乳化沥青更差。胶乳改性乳化沥青与复合改性乳化沥青一般存放一天后,就会出现胶乳分层现象。因此,改性乳化沥青的储存除要求严格按上述乳液的储存方法和预防措施要求外,应该有计划地组织生产和使用,保证在有效期内用尽储存罐内的改性乳化沥青。

室外温度低于 -5℃的时,沥青乳液储存罐不应存放乳液。储存罐剩余的乳液应及时排净,以免造成乳液破乳。

二、乳化沥青的运输

(1)必须要做的工作是在装运乳化沥青前,检查清理储存罐和运输罐车,这样可以避免罐、车被其他材料污染后造成乳液的离析。

(2)需要运输时,运输距离尽量控制在 200km 以内。

(3)常温运输。

(4)采用密封容器,减少水分蒸发。

(5)使用离心泵循环,防止沉淀离析,特别是卸车前,循环后检验,再卸车。

第七节　典型产品介绍

一、GYRY06H 沥青乳化生产设备

河南省高远公路养护设备有限公司开发的 GYRY 系列乳化沥青生产设备产品主要有 GYRY06H、GYRY06F、GYRY10A 等系列产品，已广泛应用到高速公路、国道、省道及乡村道路建设和养护中。其中 GYRY10A 型沥青乳化生产设备是 2007 年初在 GYRYO6E 型的基础上，研制出的全自动沥青乳化设备，采用 PLC 控制技术，确保了产品质量的可靠性和稳定性，改变了以往人工操作时对身体危害大、劳动强度高的状况。

同年又开发出了 GYRY06F 型沥青乳化设备，该设备适合于场地内使用，与拌和站导热油源连接加热清水的方式，充分利用了导热油的余热。设备体积小、便于转运，操作简单，生产的乳化沥青含量范围广，质量稳定，能够满足各种施工工艺的要求。

2008 年开发出了 GYRY06H 型野外型沥青乳化设备，该设备具有高可靠性、稳定性及操作简单、移动方便的特点，可满足任何施工环境于施工工艺的要求，采用高效换热器，环保节能。

1. GYRY06H 沥青乳化生产设备主要技术参数

型号	GYRY06H
燃烧器功率	1.0×10^5kcal/h
乳化机功率	15kW
乳化沥青细度	<5μm
乳化沥青控制精度	<1%
产量	6t/h
整机质量	4.5t
换热器面积	15m^2
外形尺寸	4 700mm × 2 150mm × 2 330mm

2. GYRY06H 沥青乳化生产设备乳化工艺流程

GYRY06H 沥青乳化生产设备的乳化工艺流程如图 6-76 所示。

3. GYRY06H 型沥青乳化设备的组成

1）沥青配制系统

2）乳化剂水溶液掺配系统

该系统全部采用优质不锈钢材料制作，并配有强制搅拌系统。

3）沥青乳化机

乳化沥青生产核心部件乳化机（即胶体磨）采用高速齿式剪切结构，定、转子采用优质不锈钢材料制作，经特殊处理具有良好的耐磨性、耐腐性，确保了乳化效果及稳定性。

4）计量控制和电器系统

电子计量、容积计量、称重计量、流量计计量相结合，全自动、半自动电气系统控制。

5）沥青乳液储存系统

乳化沥青经换热器冷却后储存到储存罐内。可选用 GRYG2671 型 30m³ 罐作为乳化沥青成品的储存设备。

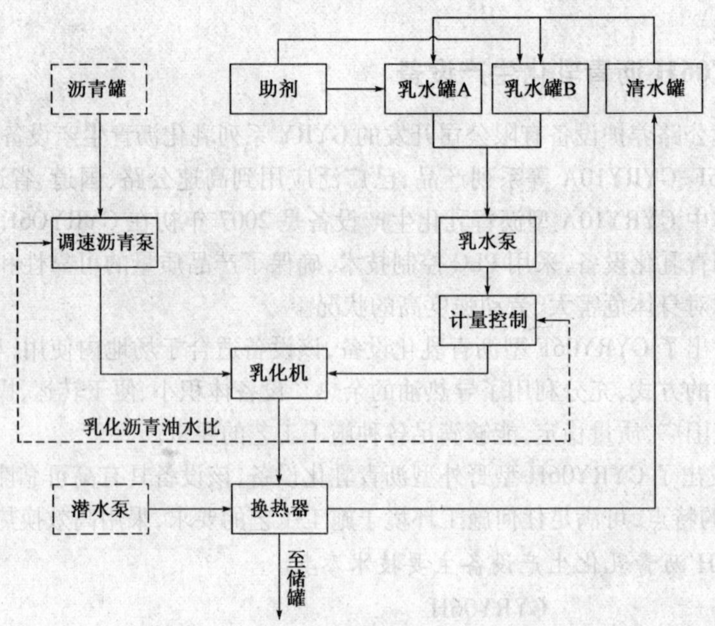

图 6-76　GYRY06H 沥青乳化生产设备的乳化工艺流程图

4. GYRY06H 型沥青乳化设备整机结构(图 6-77)

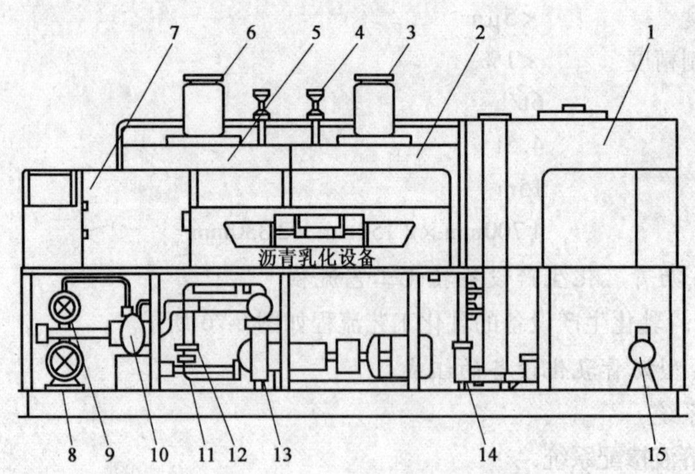

图 6-77　GYRY06H 型整机结构图

1-清水加热罐;2-乳水罐 B;3-搅拌装置 B;4-气动控制阀;5-乳水罐 A;6-搅拌装置 A;7-电气控制柜;8-导热油泵;9-导热油加热器;10-沥青泵;11-乳水泵;12-乳水流量计;13-胶体磨;14-清水泵;15-空压机

二、美国 VSS 公司改性乳化沥青生产设备

VSS 公司是美国西海岸最大的乳化沥青生产商,年产各种改性乳化沥青超过 10 万吨。其生产的乳化/改性乳化沥青设备是根据自己多年来生产乳化沥青的经验而设计的,所以具有更

高的先进性、实用性和可靠性,如图 6-78 所示。

1. 主要技术参数

EP-75S 型:16t/h。可以生产 SBR 和 SBS 改性乳化沥青。

2. 主要结构特点

1)胶体磨

采用德国的苏博雷顿牌 S 系列胶体磨。

①胶体磨的定子和转子采用非常硬的不锈钢制成,属于双相不锈钢,是专门针对乳化沥青等偏酸性介质特制的一种不锈钢材料,所以 VSS 设备胶体磨的寿命非常长。

②壳体采用 SS316 不锈钢材质。

③苏博雷顿 S 系列胶体磨采用机械式密封。机械式密封具有以下优点:

图 6-78　VSS 公司 EP-75S 型改性乳化沥青生产设备

a. 滑动面与沥青不接触,它们在密封介质(水或油)中运转;允许在较高温度下(200℃)运行;

b. 允许在较高压力(16kg/cm^2)下运行。

(1)胶体磨定子、转子的材质

①胶体磨的定子和转子采用非常硬的 SS329 不锈钢制成,属于双相不锈钢。

SS329 比 SS316 表面硬度要高出 50% 以上,耐酸腐蚀性高出 40% 以上。而且是专门针对乳化沥青等偏酸性介质特制的一种不锈钢材料,所以 VSS 设备胶体磨的寿命非常长。

②壳体采用 SS316 不锈钢材质。

(2)胶体磨电机功率

胶体磨电机功率大,对于生产 SBS 改性乳化沥青来说,需要足够大的胶体磨电机功率。否则,在生产 SBS 改性乳化沥青时,就会觉得功率不够,产量会降低很多。

(3)胶体磨的研磨细度

VSS 的胶体磨的研磨细度 80% 以上可以达到 2.5μm 左右,而且研磨颗粒细度均匀一致。细小而均匀的颗粒保证了乳化沥青的性能指标,更保证了其稳定性。胶体磨定子和转子之间的间隙可调整,但是通常新机器使用前几年是不需要调整的。该胶体磨厂承诺:5 年内免维护,寿命大约是 50 年。

(4)胶体磨的结构

①德国苏泊雷顿(Supraton)胶体磨(图 6-79)

②苏泊雷顿(Supraton)胶体磨流体流动方向(图 6-80)

所有原材料采用轴向进入胶体磨,经过研磨后从径向输出。定子和转子的齿形由内至外由大变小,由疏变密。所有研磨过程是一个渐变的研磨过程。研磨细度非常细且颗粒均匀。80% 以上的颗粒达到 2.5μm 以下。

③胶体磨壳体

胶体磨壳体采用 SS316 不锈钢材质,可以很好地耐酸腐蚀。充分考虑了乳化沥青的生产过程是一种酸性的工作环境。

④胶体磨密封

高端的乳化沥青设备应该是既可以生产 SBR 改性乳化沥青,又可以生产 SBS 改性乳化沥青。而生产 SBS 改性乳化沥青的前提条件是:胶体磨必须能够产生较大的背压。由于胶体磨需要承受较大的背压,所以对于胶体磨的密封也就成为了至关重要的问题。

图 6-79　德国苏泊雷顿(Supraton)胶体磨

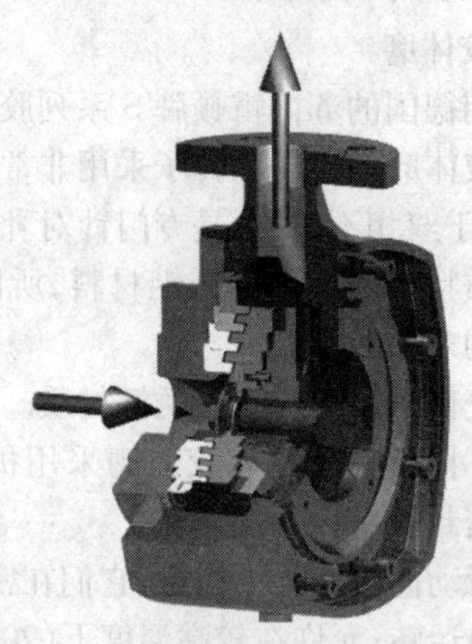

图 6-80　胶体磨流体流动方向示意图

⑤苏博雷顿 S 系列胶体磨采用机械式密封。机械式密封具有以下优点:

a. 滑动面与沥青不接触,它们在密封介质(水或油)中运转;允许在较高温度(392 ℉/200℃)下运行;

b. 允许在较高压力(232psi/16kg/cm^2)下运行;

c. 可在无产品的情况下运行,密封件由带压力的介质冷却和润滑。

2)VSS 乳化站控制系统

(1)主要特点

①采用温度控制,保证了更高的计量精度,保证了固含量的恒定。

图 6-81　胶体磨电机软启动器和电控柜

②操作简单的控制盘:操作控制采用全自动和手动两种控制方法。

③采用流量计量和温度控制相结合的方法。

由于沥青温度的变化,导致沥青的黏度、流动性等变化很大。沥青流量计的测量误差比较大。如果完全采用流量计量的话,就会导致计量精度的下降,最终导致固含量的变化。

根据能量守恒定律在胶体磨的出口处增加了温度控制器,来控制皂液的输入量。这样就保证了非常高的精度。同时还起到了二次监控的作用,避免出现批量废品。

(2)控制电器

①带有胶体磨电机软启动器和电控柜(图6-81)。

②监控仪表和乳胶流量监控仪(图 6-82 和图 6-83)。

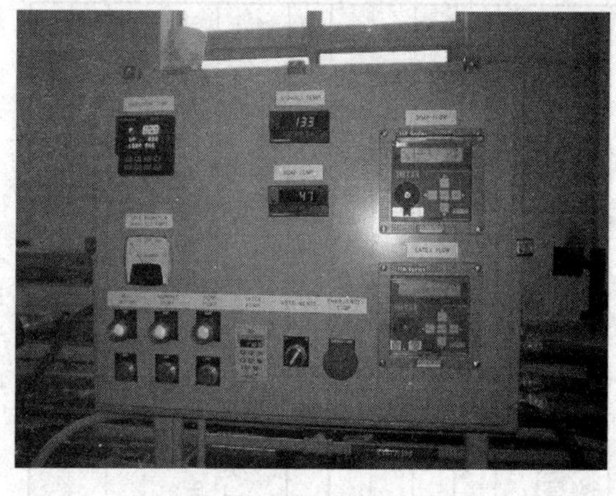

图 6-82　皂液流量监控仪

图 6-83　乳胶流量监控仪

3)胶体磨电机

胶体磨电机功率为 75 马力(1 马力 =735.5W),足够大的胶体磨电机对于生产 SBS 改性乳化沥青是必需的,如图 6-84 所示。

4)带有调压螺钉的沥青泵

(1)该沥青泵带有调压螺钉,可以根据需要调整压力,增大输入量,产量可以增加约 15%;

(2)当生产 SBS 改性乳化沥青时,可以使胶体磨产生较大的背压,特别是在生产 SBS 改性乳化沥青时,背压是必需的。

(3)该沥青泵采用导热油加热(图 6-85)

图 6-84　胶体磨电机

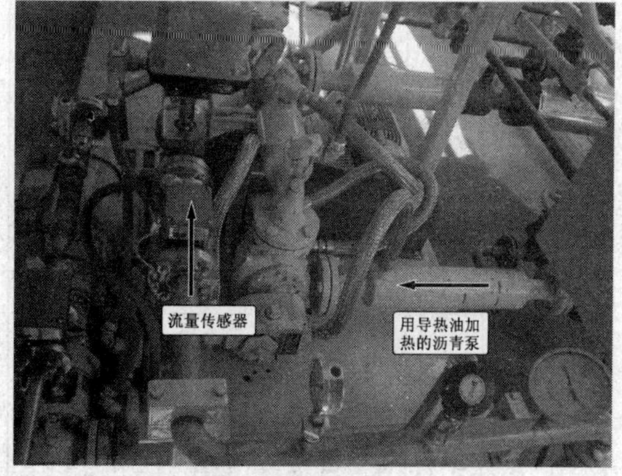

图 6-85　沥青泵采用导热油加热

第八节　沥青乳化生产设备及相关产品目录

一、沥青乳化设备产品目录

沥青乳化设备产品见表 6-1 ~ 表 6-3。

表 6-1

沥青乳化设备产品目录一

技术参数 \ 型号		ZY-GSR-6A	ZY-GSR-6B	ZY-GSR-12A	ZY-GSR-12B	ZY-GSRJ-15
额定生产量(m^3/h)		6	6	12	8~15	15
装机容量(kW)		25	25	55	55	65
整机运输安装方式		移动式	移动式	移动式	移动式	移动式
可生产品种		乳化及SBR改性乳化沥青,高渗乳化沥青(选配)	乳化及SBR改性乳化沥青,高渗乳化沥青(选配)	乳化沥青及SBR改性乳化沥青,高渗透乳化沥青	乳化及改性乳化沥青,高渗透乳化沥青,高铁专用乳化沥青	阴、阳离子乳化沥青、SBS改性乳化沥青、SBR改性乳化沥青、煤油高渗透乳化沥青、高铁专用乳化沥青、冷再生专用乳化沥青
生产方式		连续生产,手动调整含量	连续生产、沥青含量随时调整	连续生产,手动调整含量	连续生产、沥青含量随时调整	连续生产、沥青含量随时调整
过程控制方式		半自动运行	PLC(工业PC计算机)全自动运行	半自动运行	PLC(工业PC计算机)全自动运行	组态、PLC(工业PC计算机)全自动运行
油水比例调节范围(%)		10%~65%	10%~65%	10%~70%	10%~70%	10%~70%
油水比例调节精度(%)		1%以内	1%以内	1%以内	1%以内	1%以内
沥青乳化机	型号	ZY-GJ-6	ZY-GJ-6	ZY-GJ-12	ZY-GJ-12	BWS
	类型	自主研发 三级剪切研磨	自主研发 三级剪切研磨	自主研发 多级剪切研磨	自主研发 多级剪切研磨	德国进口 多级剪切研磨
	电机功率(kW)	11	11	30	30	45
	转速(r/min)	2 900	2 900	2 900	2 900	5 000
皂液输送泵	型号					
	电机功率(kW)					
	额定流量(m^3/h)					
皂液掺配罐、	容量(m^3)	2.5、1.2	2.5、1.2	3、1.8	3、1.8	3、2
	数量	3(水罐2.5m^3、调配罐1.2m^3、皂液罐1.2m^3)	3(水罐2.5m^3、调配罐1.2m^3、皂液罐1.2m^3)	3(水罐3m^3、调配罐1.8m^3、皂液罐1.8m^3)	3(水罐3m^3、调配罐1.8m^3、皂液罐1.8^3)	3(水罐3m^3、调配罐2m^3、皂液罐2m^3)
	罐体材质	皂液罐为RPP、水罐为碳钢	皂液罐为RPP、水罐为碳钢	皂液罐为RPP、水罐为碳钢	皂液罐为RPP、水罐为碳钢	全为不锈钢罐体
沥青输送泵	型号					
	电机功率(kW)					
	额定流量(m^3/h)					

续上表

技术参数 \ 型号		ZY-GSR-6A	ZY-GSR-6B	ZY-GSR-12A	ZY-GSR-12B	ZY-GSRJ-15
胶乳输送泵	型号					
	电机功率(kW)					
	额定流量(m^3/h)					
整机质量(t)		3	3	3.5	4	6
整机外形尺寸(m)		6.20×2.20×2.50	6.20×2.20×2.50	6.40×2.20×2.50	8.00×2.20×2.50	9.00×2.20×2.50
设备主要特点		1. 手动调节变频器控制计量泵转速实现精确计量配比控制精确。 2. 产品质量稳定，物料封闭式传输，自动化程度高，便于标准化管理	1. 系统运行由工业 PC(PLC)计算机监控，配比、循环运行实现全自动控制，可连续不间断生产，沥青含量可在 10% ~ 70% 之间随时调节，产出成品沥青含量精确，可达 ±1% 以内。 2. 实时测量、监控流量、比例、温度及重量。键盘设定油水比例、小时产量、一次开工总产量、控制参数、报警参数及传感修正值等，设定值可长期不丢失。 3. 温度、液位、配比控制精确，产品质量稳定，物料封闭式传输，自动化程度高，便于标准化管理	1. 手动调节变频器控制计量泵转速实现精确计量配比控制精确。 2. 产品质量稳定，物料封闭式传输，自动化程度高，便于标准化管理	1. 系统运行由工业 PC(PLC)计算机监控，配比、循环运行实现全自动控制，可连续不间断生产，沥青含量可在 10% ~ 70% 之间随时调节，产出成品沥青含量精确，可达 ±1% 以内。 2. 实时测量、监控流量、比例、温度及重量。键盘设定油水比例、小时产量、一次开工总产量、控制参数、报警参数及传感修正值等，设定值可长期不丢失。 3. 温度、液位、配比控制精确，产品质量稳定，物料封闭式传输，自动化程度高，便于标准化管理	1. 胶体磨为德国 BWS，多级剪切研磨，成品粒径在 5μm 以下的占到 95% 以上；磨头双向不锈钢材质，耐腐蚀性能极佳。其他关键部件均为进口品牌，如：皂液泵为德国耐驰；沥青泵为比利时 JOHSON；流量计为日本山武等，采用国际上最适合乳化沥青生产的知名品牌，是目前最佳的配置方案，性能指标完全达到甚至超过了同类进口设备。 2. 系统运行由工业 PC(PLC)计算机、及组态系统监控，配比、循环运行实现全自动控制，可连续不间断生产，沥青含量可在 10% ~70% 之间随时调节，产出成品沥青含量精确，可达 ±1% 以内。 3. 实时测量、监控流量、比例、温度及重量。键盘设定油水比例、小时产量、一次开工总产量、控制参数、报警参数及传感修正值等，设定值可长期不丢失。 4. 温度、液位、配比控制精确，产品质量稳定，物料封闭式传输，自动化程度高，便于标准化管理
生产企业名称		山东卓洋机电科技有限公司				

沥青乳化设备产品目录二

表 6-2

技术参数 \ 型号		GLR6A	GLR6B	LLZ-120A	LLZ-60	DSGR 改性乳化一体机
额定生产量(m^3/h)		4~6	4~6	12	6	20
装机容量(kW)		46	46	47.5	23.5	89
整机运输安装方式		移动式	移动式	移动式	移动式	可移动底盘式
可生产品种		乳化沥青、改性乳化沥青	乳化沥青、改性乳化沥青	SBS 改性沥青乳化、SBR 改性乳化沥青、高黏乳化沥青、石油沥青乳化		SBS、SBR 改性沥青、改性乳化沥青、普通乳化沥青
生产方式				全自动	半自动	全自动,PLC + 上位机组态软件
过程控制方式		变频器调节	触摸屏			沥青泵变频控制与皂液比例阀实现 PID 实时配比调节
油水比调节范围(%)		40~63	40~63	≤70		0~75%
油水比调节精度(%)		±1	±1	≤0.5		±0.3
沥青乳化机	型号	GH-6	MD-6	JM-18	JM-8	dsrhm-20
	类型	胶体磨		胶体磨		9 级剪切研磨机
	电机功率(kW)	30	30	30	15	75
	转速(r/min)	2 900	2 900	3 000		2 900
皂液输送泵	型号					cdlf8-10
	电机功率(kW)					4.0
	额定流量(m^3/h)					8

续上表

技术参数 \ 型号		GLR6A	GLR6B	LLZ-120A	LLZ-60	DSGR 改性乳化一体机
皂液掺配罐	容量(m^3)	1.8	1.8	3	1.5	6
	数量	2	2	2	2	2
	罐体材质	不锈钢	不锈钢	不锈钢 304		玻璃钢
沥青输送泵	型号					3QGB60 * 2-46
	电机功率(kW)					5.5
	额定流量(m^3/h)					15.1
胶乳输送泵	型号					jzm-a1200/0.35
	电机功率(kW)					0.75
	额定流量(m^3/h)					1.2
整机质量(t)		6	6	5.5	4.2	3.5
整机外形尺寸(m)		5.8×2.2×2.5	5.8×2.2×2.5	6×2.5×2.8	5×2.2×2.5	5.2×2.3×2.25
设备主要特点		1. 沥青泵、乳液泵采用变频器控制;控制精确,调节范围大; 2. 乳液泵采用衬氟泵,耐酸腐蚀,使用寿命长	1. 沥青泵、乳液泵采用变频器调速;流量计控制,保证流量精确; 2. 乳液泵采用衬氟泵,耐酸腐蚀,使用寿命长	自动控温、自动配比、连续生产、导热油供热	自动控温、手动配比、连续生产、导热油供热	具有手动控制、自动控制两种操作模式,控制精度高,计量精确,可满足客户的不同生产需求
生产企业名称		西安达刚路面机械股份有限公司		江阴市鑫路建筑设备有限公司		山东大山路桥工程有限公司

沥青乳化设备产品目录三

表 6-3

技术参数 \ 型号		GYRY10A	GYRY06H	GYRY06F
最大生产率(m^3/h)		10	6	6
装机容量(kW)		50	30	21
可生产品种		乳化沥青	乳化沥青	乳化沥青
生产方式		连续式	连续式	连续式
过程控制方式		自动	半自动	半自动
油水比调节范围(%)		55% ~70%	55% ~70%	55% ~70%
油水比调节精度(%)		<1%	<1%	<1%
沥青乳化机	型号	JM10	RHJ-6	RHJ-6
	类型	胶体磨	胶体磨	胶体磨
	电机功率(kW)	30	15	15
	转速(r/min)	2 930	2 930	2 930
皂液输送泵	型号			
	电机功率(kW)			
	额定流量(m^3/h)			
皂液掺配罐	容量(m^3)	$3m^3$	$1.5m^3$	$1.5m^3$
	数量	2	2	2
	罐体材质	0Cr18Ni9	0Cr18Ni9	0Cr18Ni9
沥青输送泵	型号			
	电机功率(kW)			
	额定流量(m^3/h)			
胶乳输送泵	型号			
	电机功率(kW)			
	额定流量(m^3/h)			
整机质量(t)		6t	4.5t	3.5t
整机外形尺寸(m)		5 500 ×2 200 ×2 600	4 700 ×2 150 ×2 330	3 990 ×2 150 ×2 330
设备主要特点		1. 每小时 10t 的生产能力,为国内效率较高的乳化沥青生产设备。 2. 整机控制系统采用 PLC 控制技术,产品控制精度、可靠性和稳定性提高。 3. 采用高效换热装置,可实现乳化沥青成品降温与制备用乳水加热,环保节能	1. 整机控制系统采用 PLC 控制技术,产品控制精度、可靠性和稳定性提高。 2. 采用高效换热装置,可实现乳化沥青成品降温与制备用清水加热,环保节能	1. 整机控制系统采用 PLC 控制技术,产品控制精度、可靠性和稳定性提高。 2. 清水采用导热油加热装置,可单独循环使用亦可与大型搅拌站导热油加热系统配套使用,节省资源
生产企业名称		河南高远公路养护设备股份有限公司		

二、沥青乳化机产品目录

沥青乳化机产品见表6-4。

表6-4

技术参数 \ 型号		JM-20	JM-18	JM-8	JM-5
生产率(m^3/h)		20	12	6	1
乳液颗粒平均粒径(mm)		0.002~0.005			
转子、定子间隙调整范围(mm)		0.2~1.5			
配置电动机参数	型号	Y250M	Y200L	Y160M	Y100L
	功率(kW)	55	30	15	3
	转速(r/min)	3 000			
整机质量(t)		0.85	0.47	0.14	0.03
外形尺寸(cm)		185×67×78	149×53×60	118×44×48	86×55×112
生产企业名称		江阴市鑫路建筑设备有限公司			

三、沥青乳化试验机产品目录

沥青乳化试验机产品见表6-5。

表6-5

技术参数 \ 型号		JM-30A	JM-5	DSSY-01 改性乳化试验机	ZY—GJ—RHSYP300
每批最大生产量(L)		30	0.5~3	300	16
装机容量(kW)		10	5	2.2	6
可生产品种		SBS 改性沥青乳化、SBR 改性乳化沥青、高黏乳化沥青、石油沥青乳化		SBS\SBR\胶粉改性沥青、SBS\SBR 改性乳化沥青、普通乳化沥青	乳化沥青、SBR 改性乳化沥青、SBS 改性乳化沥青
生产方式		自动计量批量乳化	循环批量乳化		模拟大设备生产，沥青含量随时可调
过程控制方式		全自动	手动	PID 配比自动调节，智能温控	工业计算机，自动控制
油水比调节范围(%)		≤70		0~80%	15~70
油水比调节精度(%)		≤0.5		±0.3	±1
沥青乳化机	型号	JM-5		BWS-100	BWS-100
	类型	胶体磨		高速剪切研磨	高速剪切研磨
	电机功率(kW)	3		2.2	2.2
	转速(r/min)	3 000		12 000	12 000
皂液输送泵	型号		隔膜计量泵	隔膜计量泵	
	电机功率(kW)		0.09		0.09
	额定流量(m^3/h)		0.1		0.1

续上表

技术参数 \ 型号		JM-30A	JM-5	DSSY-01 改性乳化试验机	ZY—GJ—RHSYP300
皂液掺配罐	容量(m^3)	0.02	0.016	6	0.016
	数量	1	1	2	1
	罐体材质	不锈钢	316L	玻璃钢	316L
沥青输送泵	型号		高温齿轮泵		高温齿轮泵
	电机功率(kW)		0.18		0.18
	额定流量(m^3/h)		0.12		0.12
沥青保温罐	容量(m^3)	0.02	0.016		0.016
	数量	1	1		1
	罐体材质	不锈钢	316L		316L
胶乳输送泵	型号		0.2		
	电机功率(kW)		1 380×750~700×500		
	额定流量(m^3/h)		—		
整机质量(t)		0.3	0.12	3.5	0.2
整机外形尺寸(m)		2×1.8×1.7	0.9×0.6×1.2	5.2×2.3×2.25	1.38×0.75~0.70×0.50
设备主要特点		自动恒温,自动配比,电加热模拟生产设备	循环式乳化,人工加料及配比	采用专业9级剪切研磨高效磨机,生产工艺先进,具有手动控制、自动控制两种操作模式,控制精度高,计量精确	
生产企业名称		江阴市鑫路建筑设备有限公司		山东大山路桥工程有限公司	山东卓洋机电科技有限公司

本章参考文献

[1] 李江.乳化沥青性状的几点认识.石油沥青,2004,18(1).

[2] 宋哲玉,徐培华.改性乳化沥青生产工艺的优化.石油沥青,2004,18(5).

[3] 钦兰成.关于重交道路沥青乳化实验及工业化生产.乳化沥青简讯,2000,总99期.

[4] 河北理工学院自动化系.乳化沥青生产过程计算机控制系统.乳化沥青简讯,2001,总113期.

[5] 宋哲玉.改性乳化沥青生产工艺的优化.石油沥青,2004,18(5).

[6] 杨红平.SBS改性乳化沥青试验与生产.石油沥青,2004,18(6).

第七章 乳化沥青贯入式路面

第一节 概 述

乳化沥青贯入式路面是在初步压实的碎石上喷洒乳化沥青,再分层撒布嵌缝料和喷洒乳化沥青,经分层压实而形成的一种路面。这种路面的强度和稳定性是充分利用粗集料之间的相互嵌挤和锁结作用而形成,属于嵌挤式一类路面。

我国《公路沥青路面施工技术规范》(JTG F40—2004)对沥青贯入式路面的一般规定:

(1)沥青贯入式路面适用于三级及三级以下的公路,也可作为沥青路面的联结层或基层。

(2)贯入式路面的厚度宜为4~8cm,但乳化沥青贯入式路面的厚度不宜超过5cm。当贯入层上部加铺拌和的沥青混合料面层成为上拌下贯路面时,拌和层的厚度宜不小于1.5cm。

(3)沥青贯入式路面的最上层应撒布封层料或加铺拌和层,沥青贯入层作为联结层使用时,可以不撒表面封层料。

现行规范实际上是对我国的沥青贯入式路面技术进行了系统的总结和提高。

我国的乳化沥青贯入式路面应用较多的是乳化沥青贯入式和乳化沥青上拌下贯式两种路面结构型式,如图7-1和图7-2所示。

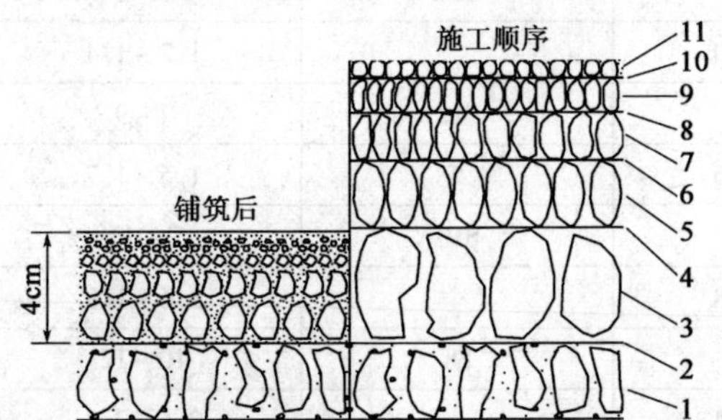

图7-1 铺设厚度4cm的乳化沥青贯入式路面结构

1-主层石料;2-第一遍乳化沥青;3-第一遍嵌缝料;4-第二遍乳化沥青;5-第二遍嵌缝料;6-第三遍乳化沥青;7-第三遍嵌缝料;8-第四遍乳化沥青;9-第四遍嵌缝料;10-第五遍乳化沥青;11-乳化沥青冷拌混合料层

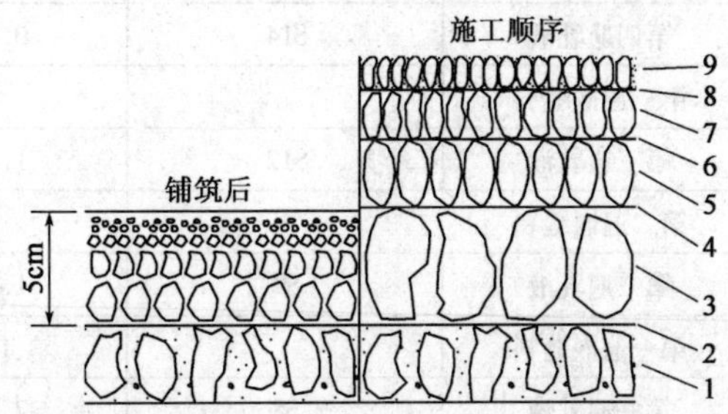

图7-2 铺设厚度5cm的乳化沥青上拌下贯式路面结构

1-主层石料;2-第一遍乳化沥青;3-第一遍嵌缝料;4-第二遍乳化沥青;5-第二遍嵌缝料;6-第三遍乳化沥青;7-第三遍嵌缝料;8-第四遍乳化沥青;9-乳化沥青冷拌混合料层

乳化沥青贯入式路面具有强度较高、稳定性好、施工简便和不易产生裂缝、抗车辙能力较强等优点。另外，乳化沥青还具有不需加热，能在常温下施工和渗透性强、黏附性好的特点，它能通过粗集料之间空隙渗透到基层，加强了基层与面层的稳定密实，形成一个没有多余沥青的路面层。

乳化沥青贯入式路面的缺点是乳化沥青在密实的粗集料相互接触面之间不易贯入，而在集料空隙较大处，乳化沥青容易流失，因而强度不够均匀。由于乳化沥青贯入式路面的空隙率比较大，地表水容易渗入基层，因此乳化沥青贯入式路面必须撒布封层料或加铺拌和层。

沥青贯入式路面曾经是我国地方公路的主要路面形式，为地方公路的通畅做出了很大的贡献。我国热拌沥青混合料的普及，使热沥青贯入式路面在我国的使用越来越少。现在，我国的乳化沥青应用技术也得到了很大普及，我国的国土面积大，各地的经济条件相差比较大，尤其是在经济相对不够发达的西部地区公路、简易公路、乡村道路，使用乳化沥青贯入式路面仍然是可行的，其经济效益和社会效益也是明显的。

第二节　材料规格和用量

一、集料

乳化沥青贯入式路面的集料应选择有棱角、嵌挤性好的坚硬石料，其规格和用量宜根据贯入层厚度选用，见表 7-1 和表 7-2。

乳化沥青贯入式路面的材料规格和用量

（用量单位：集料 $m^3/1\,000m^2$，乳液 kg/m^2）　　表 7-1

厚度（cm）	4		5	
规格和用量	规格	用量	规格	用量
封层料	S13（S14）	4~6	S14	4~6
第五遍乳液				0.8~1.0
第四遍嵌缝料			S14	5~6
第四遍乳液	S14	0.8~1.0		1.2~1.4
第三遍嵌缝料		5~6	S12	7~9
第三遍乳液	S12	1.4~1.6		1.5~1.7
第二遍嵌缝料		7~8	S10	9~11
第二遍乳液	S9	1.6~1.8		1.6~1.8
第一遍嵌缝料		12~14	S8	10~12
第一遍乳液	S5	2.2~2.4		2.6~2.8
主层石料		40~45	S4	50~55
乳液总用量		6.0~6.8		7.4~8.5

注：1. 表中数据摘自《公路沥青路面技术规范》（JTG F40—2004）表 7.2.1-1。

2. 表中乳化沥青是指乳液的用量，适用于乳液浓度约为 60% 的情况，如果浓度不同，用量应予换算。

3. 在高寒地区及干旱风沙大的地区，乳液用量可超出高限，再增加 5%～10%。

上拌下贯式路面的规格和用量

（用量单位：集料 $m^3/1\,000m^2$，乳液 kg/m^2）　　表 7-2

厚度(cm)	5		6	
规格和用量	规格	用量	规格	用量
第四遍嵌缝料			S14	4 ~ 6
第四遍乳液				1.3 ~ 1.5
第三遍嵌缝料	S14	4 ~ 6	S12	8 ~ 10
第三遍乳液		1.4 ~ 1.6		1.4 ~ 1.6
第二遍嵌缝料	S12	9 ~ 10	S9	8 ~ 12
第二遍乳液		1.8 ~ 2.0		1.5 ~ 1.7
第一遍嵌缝料	S8	15 ~ 17	S6	24 ~ 26
第一遍乳液		2.5 ~ 2.7		2.4 ~ 2.6
主层石料	S4	50 ~ 55	S3	50 ~ 55
乳液总用量		5.9 ~ 6.2		6.7 ~ 7.2

注：1. 表中数据摘自《公路沥青路面技术规范》(JTG F40—2004)表 7.2.1-2。

2. 表中乳化沥青是指乳液的用量，适用于乳液浓度约为 60% 的情况。

3. 在高寒地区及干旱风沙大的地区，可超出高限，再增加 5% ~10%。

4. 表面加铺拌和层部分的材料规格及乳化沥青用量按乳化沥青碎石混合料路面的有关规格执行。

当选用破碎砾石时，应采用粒径大于 50mm、含泥量不大于 1% 的砾石轧制，破碎砾石的破碎面应符合表 7-3 的要求。

粗集料对破碎面的要求　　表 7-3

路面部位或混合料类型	具有一定数量破碎面颗粒的含量(%)		试 验 方 法
	1 个破碎面	2 个或 2 个以上破碎面	
贯入式	80	60	T 0361

注：表中数据摘自《公路沥青路面施工技术规范》(JTG F40—2004)表 4.8.7。

乳化沥青贯入式路面的主层集料最大粒径可采用厚度的 0.8 ~ 0.85 倍，数量宜按压实系数 1.25 ~ 1.30 计算。贯入层主集料中大于粒径范围中值的数量不宜少于 50%。

表面不加拌和层的乳化沥青贯入式路面，在施工结束后，每 $1\,000m^2$ 路面应另备 $2 \sim 3m^3$ 与最后一层嵌缝料规格相同的石屑或粗砂等，以供初期养护使用。

二、乳化沥青

乳化沥青贯入式路面所用的乳化沥青应符合《公路沥青路面施工技术规范》(JTG F40—2004)表 4.3.2 中 PC-1 及 PA-1 型乳化沥青的质量要求，见表 7-4。乳液中所含的沥青应符合道路石油沥青标准，按不同地区选用不同标号的沥青。

规范中提出，在三级及三级以下公路的各个层次选用 C 级沥青，C 级沥青的含蜡量不大于 4.5%，高于 A、B 级沥青的含蜡量要求。含蜡沥青难以乳化，乳化剂用量大，乳液稳定性差，蒸发残留物的性能也受到影响。当选择用于贯入式路面的乳化沥青的基质沥青材料时，必须把沥青的含蜡量作为一个重要指标来检验，并采取相应的技术措施，来改善并保证提供的乳化沥青产品达到贯入式路面的乳化沥青的技术要求。

贯入式路面的乳化沥青技术要求　　表 7-4

试验项目		单位	品种及代号		检验方法
			阳离子	阴离子	
			喷洒用	喷洒用	
			PC-1	PA-1	
破乳速度			快裂	快裂	T 0658
粒子电荷			阳离子(+)	阴离子(-)	T 0653
筛上残留物(1.18mm 筛),不大于		%	0.1	0.1	T 0652
黏度	恩格拉黏度计 E_{25}		2~10	2~10	T 0622
	道路标准黏度计 $C_{25,3}$	s	10~25	10~25	T 0621
蒸发残留物	残留分含量,不小于	%	50	50	T 0651
	溶解度,不小于	%	97.5	97.5	T 0607
	针入度(25℃)	0.1mm	50~200	50~200	T 0604
	延度(15℃),不小于	cm	40	40	T 0605
与粗集料的黏附性,裹附面积,不小于			2/3	2/3	T 0654
常温储存稳定性: 1d,不大于 5d,不大于		%	 1 5	 1 5	T 0655

注:1. 表中数据摘自《公路沥青路面施工技术规范》(JTG F40—2004)表 4.7.1-2。
2. 表中的破乳速度与集料的黏附性、拌和试验的要求、所使用的石料品种有关,质量检验时应采用工程上实际的石料进行试验,仅进行乳化沥青产品质量评定时可不要求此三项指标。
3. 储存稳定性根据施工实际情况选用试验时间,通常采用 5d,乳液生产后能在当天使用时也可用 1d 的稳定性。
4. 当乳化沥青需要在低温冰冻条件下储存或使用时,尚需按 T0656 进行 -5℃低温储存稳定性试验,要求没有粗颗粒,不结块。
5. 如果乳化沥青是将高浓度产品运到现场经稀释后使用时,表中的蒸发残留物等各项指标指稀释前乳化沥青要求。

第三节　施 工 工 艺

一、乳化沥青贯入式路面施工顺序

施工顺序一般表示为:施工准备→交通控制→放样划线→透层施工→集料撒铺→碾压→第一层乳化沥青洒布→第一层嵌缝料撒铺→碾压→第二层乳液→第二层嵌缝料→碾压→初期养护→开放交通→验收交工。

乳化沥青贯入式路面的施工工艺特点是分步施工,采取先撒集料后洒乳液的施工方法,现代施工大多采用联合机械化作业,配套机械主要包括集料撒布机、钢筒式压路机及沥青洒布车等。乳化沥青贯入式路面施工顺序示意图,如图 7-3 所示。

二、施工准备

(1)乳化沥青贯入式路面宜选择在干燥和较热的季节施工,并应在雨季前及日最高气温低于15℃以前半个月结束。如果是在潮湿季节(或环境)中进行乳化沥青贯入式路面施工,应该选择适宜的乳化沥青类型,这样能使贯入式结构层通过开放交通行车碾压,在不利季节或气候到来之前完全成型。

图7-3 乳化沥青贯入式路面的施工流程和设备组成

(2)施工前基层必须清扫干净,如有路缘石时,应在安装路缘石以后施工。路缘石应予遮盖。

(3)在基层或旧路面上铺筑乳化沥青贯入式路面必须浇洒透层油或黏层油。

三、施工机械的配置

乳化沥青贯入式路面施工设备的基本配置如表7-5所示。根据工程量的规模、工期以及工程投资等,综合、合理地调配和组织设备。

乳化沥青贯入式路面施工设备的基本配置 表7-5

设备名称	规格和数量	备注
沥青洒布车	1台	优选智能型沥青洒布车
碎石撒布机	1台	根据工程规模和进度可选择自行式、悬挂式或拖式
乳化沥青存储罐	1台	根据工程量确定容量
装载机	1辆	
运料卡车	数辆	视料场远近而定
压路机	2台	轻型或中型钢轮压路机
其他设备	清扫工具、保通标志等	

1)乳化沥青贯入式路面的主层集料宜采用自行式石屑撒布机撒布,以保证撒布层的平整和集料的均匀分布。嵌缝料宜采用悬挂式石屑撒布机撒布。工程量不大或者偏远地区也可以采用平地机或人工摊铺主层集料。

2)施工前机械设备的检查:

(1)检查沥青洒布车的监测系统、洒布系统以及加热保温系统等,使其进入施工的状态。一般应先在路上进行试洒,以检验喷洒速度、喷洒量和乳化沥青的破乳时间等。沥青洒布车喷油嘴的高度应达到双重喷油高度或三重喷油高度,但在风力较大时,宜使用双重喷油高度。

(2)集料撒布机使用前应检查其传动和液压调整系统,并应进行试撒布,检验现场撒布集料的速度、撒布量和撒布效果。

(3)在半刚性基层或旧沥青路面和水泥混凝土路面上铺筑乳化沥青表面处治路面,应该优先选用轻型或中型轮胎压路机,可以保证使集料嵌挤紧密又不致使石料有较多的压碎。

3)乳化沥青贯入式路面洒布施工作业的注意事项:

(1)国内外洒布车的型号、类型多样,质量参差不齐,由于乳化沥青(或改性乳化沥青)与热沥青的黏度有很大差别,应选择性价比高、配置有喷洒乳液功能的洒布车。

(2)采用泵压式的沥青洒布车(自行式或拖式)进行乳化沥青洒布作业前均应对车况进行检查。所用的沥青洒布车和储油罐、输送管道等洒布设备,使用前都必须清洗干净,尤其是曾盛过热沥青的机具和管道,将其中的残留沥青清除干净。

(3)无论何种形式的洒布车施工结束后,应立即用清水彻底冲洗洒布车的罐体和管路系统(乳化沥青流经的部位),保持管道及喷头畅通。因施工间隔时间太长,还应增加冲洗次数。如果冲洗不彻底,应考虑采用柴油冲洗的方法。

四、施工方法

1. 摊铺主层集料

浇洒完透层油或黏层油后就可以撒布主层集料,撒布时要避免集料颗粒大小不均匀,并应检查松铺厚度和校验路拱。撒布集料后,严禁车辆在铺好的集料上通行。

2. 碾压主层集料

主层集料撒布后用6~8t钢轮压路机进行初压,碾压速度控制在2km/h左右。碾压应自路边缘逐渐移向路中心,每次轮迹重叠约30cm,接着从另一侧以同样方法压至路中心。

碾压一遍后检验路拱和纵向坡度,如不符合要求时,应调整找平再压,到集料无显著推移为止。然后再用10~12t压路机进行碾压,每次轮迹重叠1/2左右,碾压4~6遍,至主层集料嵌挤稳定无显著轮迹为止。

3. 浇洒第一层乳化沥青

主层集料碾压完毕后,立即浇洒第一层乳液,浇洒方法同乳化沥青表面处治层铺法施工。为防止乳液下漏过多,除了选用合适浓度和黏度的乳化沥青材料外,也可在主层集料碾压稳定后,先撒布一部分第一层嵌缝料,再浇洒第一层乳化沥青。

4. 撒布第一层嵌缝料

主层乳液浇洒后,应在乳液破乳后,开始均匀撒布第一层嵌缝料。应尽量保持嵌缝料撒布的均匀、平整,不足处应用人工找补。

5. 碾压第一层嵌缝料

嵌缝料扫匀后,立即用8~12t钢轮压路机进行碾压,轮迹重叠1/2左右,碾压4~6遍至稳定为止。碾压时随压随扫,使嵌缝料均匀嵌入。碾压过程中发生较大推移现象时,应立即停止碾压,待乳液进一步破乳后再继续碾压。

6. 第二层乳液和第二层嵌缝料

碾压完第一层嵌缝料后,开始浇洒第二层乳液。待第一层完全破乳后,撒布第二层嵌缝料。然后开始碾压,再浇洒第三层乳液。然后撒布封层料,施工要求与撒布嵌缝料相同。最后碾压,应采用6~8t压路机碾压2~4遍,然后开放交通。

五、乳化沥青贯入式路面的早期养护

(1)乳化沥青贯入式路面开放交通后的交通控制、初期养护等,与本书第八章介绍的乳化沥青表面处治层铺法相同。

(2)乳化沥青贯入式路面表面不撒布封层料,加铺乳化沥青混合料拌和层时,应待其破乳、水分蒸发成型稳定后方可铺筑拌和层。加铺热沥青混合料拌和层时,更应待其破乳、水分蒸发成型稳定后铺筑热拌沥青混合料面层。

当拌和层与贯入部分不能连续施工,又要在短期内通行施工车辆时,贯入层部分的第二遍嵌缝料应增加用量 2 ~ $3m^3/1\ 000m^2$。在摊铺拌和层沥青混合料前,应清除贯入层表面的杂物、尘土以及浮动石料,再补充碾压一遍,并浇洒黏层油。

(3)贯入式路面还需要行车过程汽车的碾压,因为刚施工过的贯入式路面还不可能很快形成稳定的嵌挤模式,主层集料需要在汽车轮胎的作用下达到一个稳定的位置,同时在行车过程中使沥青在集料之间重新分布,并逐步向上泛油。所以在早期养护阶段必须不断注意撒布细集料或砂进行养护,防止泛油导致路面使用性能下降。

第四节　乳化沥青贯入式路面施工质量控制与验收

交通部阳离子乳化沥青课题协作组总结和借鉴国内外乳化沥青贯入式路面施工质量控制及验收方法,于 1980 年初在国内首先提出了乳化沥青贯入式路面的质量要求,并于 1988 年在“阳离子乳化沥青路面”一书中详细介绍了此项要求。

之后,乳化沥青贯入式路面施工质量控制及验收标准先后被列入我国交通部和城乡建设部的行业标准。这些标准在保证我国的乳化沥青沥青贯入式路面的质量方面起到了重要的作用,也促进和提高了我国的乳化沥青贯入式路面的施工水平。

一、一般要求

(1)乳化沥青材料的各项指标应符合设计要求和施工规范。

(2)各种材料的规格和用量应符合设计要求和施工规范,上拌乳化沥青混合料每日应做抽提试验和修正的马歇尔稳定度试验。

(3)碎石层必须平整坚实,嵌挤稳定,乳化沥青贯入应深透,浇洒应均匀,不得污染其他构筑物。

(4)嵌缝料应在贯入层的乳液破乳后撒铺,扫料均匀,不应有重叠现象。

(5)上层采用拌和料,混合料应均匀一致,无花白和粗细分离现象,摊铺平整,接茬平顺,碾压密实。

二、实测项目

《公路工程质量检验评定标准》(JTG F80/1—2004)表 7.4.2 提出沥青贯入式面层(或上拌下贯式面层)实测项目如表 7-6 所示。

三、外观鉴定

(1)表面应平整密实,不应有松散、裂缝、油包、油丁、波浪、泛油等现象。

(2)表面无明显碾压轮迹。

(3)面层与路缘石及其他构筑物应密贴接顺,无积水现象。

沥青贯入式面层(或上拌下贯式面层)实测项目　　表 7-6

项次	检查项目		规定值或允许偏差	检查方法和频率	权值
1	平整度	σ(mm)	3.5	平整度仪:全线每车道连续按每100m 计算 IRI 或 σ	3
		IRI(mm/km)	5.8		
		最大间隙 h(mm)	8	3m 直尺:每 200m 测 2 处×10 尺	
2	弯沉值(0.01mm)		符合设计要求	按附录 I 检查	2
3△	厚度(mm)	代表值	-8% H 或 -5mm	按附录 H 检查,每 200m 每车道 1 点	3
		合格值	-15% H 或 -10mm		
4	沥青用量(kg/m^2)		±0.5%	每工作日每层洒布查 1 次	3
5	中线平面偏位(mm)		30	经纬仪:每 200m 测 4 点	1
6	纵断高程(mm)		±20	水准仪:每 200m 测 4 断面	2
7	宽度(mm)	有侧石	±30	尺量:每 200m 测 4 处	2
		无侧石	不小于设计		
8	横坡(%)		±0.5	水准仪:每 200m 测 4 断面	2

注:1. 摘自《公路工程质量检验评定标准》(JTG F80/1—2004)表 7.4.2。

2. △表示涉及使用功能的重要实测项目。

四、《乳化沥青路面施工及验收规程》(CJJ 42—1991)

《乳化沥青路面施工及验收规程》(CJJ 42—1991)提出乳化沥青贯入式路面施工质量控制及验收标准如表 7-7 所示。

乳化沥青贯入式路面施工质量控制及验收标准　　表 7-7

序号	项目	允许误差	检验频率 范围	检验频率 点数			检验方法
类型		乳化沥青贯入式					
1	平整度	不大于 8mm	100m	路宽(m)	<9	5	用 3m 直尺
					9~15	10	
					>15	15	
2	宽度	-50mm 内	100m	3			用尺量
3	中线高程	±10mm	100m	5			用水准仪
4	横坡度	±0.5%	100m	5			用水准仪
5	厚度	±10mm	1 000m^2	路中及路两侧各测 1 处			用尺量
6	沥青用量	总用量±0.5%	1 天施工段或 1 000m^2	1			称量
7	相对密实度	≥93	1 000m^2	1			
8	矿料级配	—					

注:摘自《乳化沥青路面施工及验收规程》(CJJ 42—1991)。

五、《公路沥青路面施工技术规范》(JTG F40—2004)

(1)《公路沥青路面施工技术规范》(JTG F40—2004)表11.4.5-2提出乳化沥青贯入式路面施工过程中工程质量的控制标准如表7-8所示。

乳化沥青贯入式路面施工过程中工程质量的控制标准　　表7-8

项　目	检查频度及单点检验评价方法	质量要求或允许偏差	试验方法
外观	随时	集料嵌挤密实,沥青撒布均匀,无花白料,接头无油包	目测
集料及沥青用量	每日1次总量评定	±10%	每日施工长度的实际用量与计划用量比较,T0982
沥青洒布温度	每车1次逐点评定	符合本规范规定	温度计测量
厚度	每2 000m^2一点逐点评定	-5mm或设计厚度的-8%	T 0912
平整度(最大间隙)	随时,以连续10尺的平均值评定	8mm	T 0931
宽度	检测每个断面	±30mm	T 0911
横坡度	检测每个断面	±0.5%	T 0911

注:摘自《公路沥青路面施工技术规范》(JTG F40—2004)表11.4.5-2。

(2)《公路沥青路面施工技术规范》(JTG F40—2004)表11.5.1-2提出乳化沥青贯入式路面交工检查与验收质量标准如表7-9所示。

乳化沥青贯入式路面交工检查与验收质量标准　　表7-9

检查项目		检查频度(每一侧车道)	质量要求或允许偏差	试验方法
外观		全线	密实,不松散	目测
厚度	代表值	每200m1点	-5mm或-8%	T 0921
	极值	每200m1点	15mm	T 0921
路表平整度	标准差	全线连续	3.5mm	T 0932
	IRI	全线连续	5.8m/km	T 0933
	最大间隙	每1km10处,各连续10尺	8mm	T 0931
宽度	有侧石	每1km20个断面	±20mm	T 0911
	无侧石	每1km20个断面	不小于设计宽度	T 0911
纵断面高程		每1km20个断面	±20mm	T 0911
横坡度		每1km20个断面	±0.5%	T 0911
沥青用量		每1km1点	±0.5%	T 0722
矿料用量		每1km1点	±5%	T 0722

注:摘自《公路沥青路面施工技术规范》(JTG F40—2004)表11.5.1-2。

(3)渗水试验技术要求:

乳化沥青贯入式路面在施工初期孔隙较多,渗水较严重,为防止雨水透过贯入层而侵害基层,一般在贯入层的最上层撒布封层料或加铺拌和层,形成乳化沥青上拌下贯式路面。在乳化沥青贯入式路面交工时应检查验收路面的渗水系数指标。

乳化沥青上拌下贯式路面经压实成型后,应按《公路路基路面现场测试规程》(JTG E60—2008)规定的方法随机选点检测渗水情况,可参照《公路沥青路面施工技术规范》(JTG F40—2004)表11.4.5-1提出的渗水系数平均值,如表7-10所示。

沥青层层面上的渗水试验技术要求　　表7-10

项　目	检查频度及单点检验评价方法	质量要求或允许偏差	试验方法
沥青层层面上的渗水系数,不大于	每1km不少于5点,每点3处取平均值	300mL/min(普通密级配沥青混合料)	T0971

本章参考文献

[1] 中华人民共和国行业标准. JTG F40—2004　公路沥青路面施工技术规范[S]. 北京:人民交通出版社,2004.

[2] 中华人民共和国行业标准. CJJ 42—1991　乳化沥青路面施工及验收规程[S]. 北京:中国建筑工业出版社,1992.

[3] 中华人民共和国行业标准. JTG F80/1—2004　公路工程质量检验评定标准[S]. 北京:人民交通出版社,2004.

[4] 郝桂芝,等. 浅谈沥青贯入式路面[J]. 黑龙江交通科技,2009,10.

第八章　乳化沥青表面处治与封层路面

第一节　概　述

用沥青(或乳化沥青)按层铺法或拌和法施工的厚度不大于3cm的一种薄层面层被称为沥青表面处治路面。其主要作用是构成磨耗层,保护承重层免受行车破坏;做沥青面层或基层的封层,防止地表水渗入基层或土路基;提高路面平整度,增强抗滑性能;改善行车条件,延长路面使用寿命。

一、沥青表面处治在国外的应用

国外应用沥青表面处治技术较早,远在19世纪40、50年代就已得到广泛的应用,美国、前苏联、英国、日本等工业发达国家相应地制造了各种形式的用于层铺施工的石屑撒布机,并铺筑了大量的沥青表面处治路面。

沥青表面处治是恢复和提高道路表面抗滑能力和防水性能的一种经济、快捷和有效的路面养护方法,因此在国外被广泛应用于道路罩面(在旧沥青路面或水泥混凝土路面上罩铺一层或两层处治层)的养护作业。例如,在英国每年平均约17亿平方米的路面进行表面养护,还有一些欧洲国家利用改进的表面施工技术对高等级公路的面层进行罩面养护,在欧洲国家的中小城市、边远地区和乡镇的道路上,也往往采用这种成本低,施工速度快、简单易行的层铺法进行沥青路面施工。

二、沥青表面处治在我国的应用

沥青表面处治是我国早期沥青路面的主要类型,20世纪60年代我国开始采用层铺法修筑沥青路面的技术。国内早期的沥青路面是采用排档式沥青洒布车洒布、人工撒布石屑的层铺法表面处治施工方法。这种方法不仅需要大量的劳动力,而且工效低,撒布质量差,工人的劳动强度大,污染环境。20世纪70年代以后,我国交通部门开始进口一部分国外先进的石屑撒布机,并组织有关单位相继自主开发出自行式石屑撒布机。随着国内经济和交通量的增长,道路等级的提高,沥青路面的铺筑更多地采用拌和法施工。层铺法施工已不能适应交通发展的要求,沥青表面处治曾经成为“低水平”筑路技术的代名词。

1978年我国改革开放以后,沥青表面处治技术开始在不断发展与进步,我国交通部门研究成功阳离子乳化沥青及其在道路工程中的应用技术。到1988年,阳离子乳化沥青以及改性乳化沥青已经大量应用于表面处治施工。乳化沥青在常温下施工，沥青不要加热，大大节省能源，减少环境污染，改善施工条件，延长施工季节，特别是改性乳化沥青的应用，使层铺法乳化沥青表面处治的质量得到提高和保证。

层铺法沥青表面处治具有造价低、施工工艺简单、进度快、使用效果较好的特点，是我国3、4级公路的常用形式。《公路沥青路面施工技术规范》(JTG F40—2004)规定沥青表面处治可以在三级及三级以下公路的沥青面层使用。现行规范是对我国的沥青表面处治进行了系统的总结和提高。

参考文献[3]的作者曾经调研我国沥青表面处治的技术现状并进行了技术分析。资料显示，沥青表面处治在我国西部地区占有相当比例，广泛使用于农村公路以及低等级公路建设中，如砂石路面提高等级，解决晴雨通车作简易式沥青路面。

国内的沥青表面处治路面的质量不能令人满意，主要表现在使用寿命短，一般为2~3年，甚至更短。而存在的主要技术问题是：

(1)现行规范中对骨料提出了级配要求，但不是严格意义上的单一粒径集料。在实际施工中对集料的质量控制更不严格，基本上没有级配控制和石粉及泥土含量控制，普遍存在不做控制的现象。

(2)现行规范中对设备的规定基本符合我国实际情况，但也存在对使用设备要求不明确的问题。例如，层铺法沥青表面处治应采用沥青洒布车喷洒沥青，但对沥青洒布车的技术参数未做具体要求，实际工程中沥青洒布车质量参差不齐，施工效果各异；规范中对集料撒布机的使用，提出"宜"字说明仅仅是推荐要求，实际工程中几乎都采用人工撒布石料；规范中对使用的压路机做了吨位规定，但未注明压路机的类型，实际工程中几乎都采用钢轮压路机，并不重视吨位的要求。使用钢轮压路机引起的最大问题是压实不均匀和压碎石料，造成路面质量隐患。

(3)现行规范对施工工艺的要求是基本适当的，符合沥青表面处治的结构经济特点和强度形成特点。但在实际工程中绝大多数采用简易的层铺法沥青表面处治，即人工手持喷枪或排档式沥青洒布车喷洒沥青+人工撒布集料+两轮或三轮钢轮压路机碾压成型。实际操作人员大多数是临时雇佣的农民工，没有经过必要的培训，由于缺乏业务知识和操作经验，使施工质量难以保证。

全国有大量的农村公路(含县道、乡道、村道)，无论是铺筑新路或是路面维修，层铺法乳化沥青表面处治技术都可以得到推广应用。随着我国对环保的重视，以及对层铺法乳化沥青表面处治技术更深入的研究，将使这项传统的技术得到发展和提高，在我国广大的农村公路和县乡道路上得到大量的应用和推广。

三、封层

我国高等级公路的快速发展，以及农村公路的大量修建，国内公路的预防性养护和维修工作也日益重要和紧迫。特别是为封闭沥青面层的表面空隙，防止水分侵入面层或基层而采用的封层技术也越来越多，封层的新类型和新工艺也不断出现。一般将铺筑在面层表面的称为上封层，铺筑在面层下面的称为下封层。

(1)上封层用于沥青面层的空隙较大，透水严重，有裂缝或修补旧的沥青路面，需加铺磨耗层改善抗滑性能的旧沥青路面以及需铺筑磨耗层或保护层的新建沥青路面等。

上封层可选择乳化沥青稀浆封层、微表处、改性沥青集料封层、薄层磨耗层、同步碎石封层、纤维封层等适宜的施工技术。

(2)下封层用于位于多雨地区,并且沥青面层混合料空隙率较大,在铺筑基层后,不能及时铺筑沥青面层,并且须开放交通时,需在喷洒透层油后铺筑下封层。

下封层可采用层铺法表面处治、碎石封层(或同步碎石封层)或乳化沥青稀浆封层法施工。

目前,国内外采用道路用乳化沥青材料的封层施工技术如表8-1所示。

国内外采用道路用乳化沥青材料的封层施工技术　　表8-1

施工方法	特　征	应用范围
层铺法乳化沥青表面处治	可做单层、双层、多层等多种表面处治,每层骨料在压实后喷洒乳化沥青,粒径相互嵌紧,施工方法简单、迅速;可以提高路面寿命	适用于三级及三级以下公路、各级公路施工便道以及在轻交通量的旧沥青面层上加铺罩面层或磨耗层
碎石封层	喷洒乳化沥青后,撒布单级配石屑,也可再喷一层乳化沥青,固定骨料,改善路面防滑性能,防水	路面表处层使用,也可用于高等级公路的路面下封层
同步碎石封层	在同一秒内同步洒(撒)布乳化沥青结合料和单一粒径骨料,可保证它们之间具有最大的表面裹附强度	公路路面的下封层、上封层施工,新旧路面加铺磨耗层施工,适合各种不同等级公路
稀浆封层	将骨料、乳液、填料、水等,用稀浆封层机按比例拌制成稀浆混合料,用机械摊铺在路面上,4~6h后通车,路面平整、防水、防滑	二级及二级以下公路的预防性养护,新建公路的下封层
微表处	用聚合物改性乳化沥青,用改性稀浆封层机按比例拌制稀浆混合料,并摊铺路面上。1h后即可通车,提高封层耐磨防滑、防水、平整,缩短封闭交通时间	高速路面、一级公路的预防性养护以及填补轻度车辙,新建公路的抗滑磨耗层
开普封层	最早在南非开普敦应用,在新近铺设的碎石封层上再铺一层稀浆或微表处,防止石料脱落,提供永久的磨耗层。其典型特征为:减少汽车行驶中的水雾、并能迅速排干;迅速排除路面积水,降低湿路滑胎危害;防止车辙出现,厚度为16~40mm	
雾封层	将慢裂乳化沥青稀释液或特制路面保护剂喷洒(雾化)到现有沥青路面表层。雾封层的作用是恢复正常使用中氧化造成的轻微干裂、损失小骨料等现象;封住细小裂缝及表面空洞。这个工艺喷洒量是关键,过多会造成路面打滑	高速路面、一级公路
纤维封层	采用纤维封层核心设备同时洒(撒)布沥青黏结料和玻璃纤维,然后在上面撒布碎石经碾压后形成新的磨耗层或应力吸收中间层	新建路面层间应力吸收层 新、旧沥青路面铺设耐磨层

续上表

施工方法	特征	应用范围
超薄黏结磨耗层	在旧沥青路面上铺设一层较厚的改性乳化沥青(约 $1.1L/m^2$),马上铺筑热拌沥青混合料(间断级配),乳化沥青凭借高温上升裹附在热拌沥青混合料的石料四周,乳化沥青黏结层破乳使超薄热沥青层与原路面充分黏结,钢轮压路机碾压几遍,20min 内即可开放交通,摊铺厚度 10~20mm。可以有效地降低路面噪声,减少水雾,提高抗滑性能和排水性能,改善路面平整度	高速路面、一级公路

使用乳化沥青进行封层在我国新建高速公路建设中没有用作磨耗层,这在经济上是很大的浪费。我国许多地方缺乏优质的、高耐磨光值的硬质石料,路面设计中要求铺筑 40mm 的表面层,经常不得不远距离运输硬质集料而增加工程造价,而且这一层很难解决抗滑与密水的矛盾。如果上面只加铺一层 8~10mm 的微表处或者厚度仅仅 20mm 的超薄黏结磨耗层,所需硬质石料便可以减少 1/3~1/2,可以大大降低成本。

使用乳化沥青进行封层在我国新建公路建设中,应用较多的主要是下封层,我国早期沥青路面建设中单层沥青表面处治是作为下封层的主要类型。

目前,国内应用于新建公路建设中封层的种类较多,主要有:稀浆封层、碎石封层、同步碎石封层和开普封层等。

乳化沥青封层技术在公路养护中应用得最多,作为预防性养护手段得到大量应用。主要的封层类型有:层铺法乳化沥青表面处治、稀浆封层、微表处、乳化沥青碎石封层、乳化沥青同步碎石封层、雾封层等。

本章将介绍层铺法乳化沥青表面处治、乳化沥青碎石封层、乳化沥青同步碎石封层、雾封层和纤维封层施工技术。

第二节 层铺法乳化沥青表面处治

一、乳化沥青表面处治的应用范围

乳化沥青表面处治是铺筑厚度小于 3cm 的一种薄层路面,其厚度一般在 1.0~3.0cm。表面处治由于厚度较薄,在计算路面厚度时,其强度一般不计算在内。

乳化沥青表面处治路面可采用拌和法或层铺法施工,拌和法施工同乳化沥青碎石混合料路面施工相同,可参考第十一章的内容。

层铺法施工可分为单层、双层和多层,单层和双层表处可用于轻交通量道路的面层或旧沥青路面的封层罩面,可以作为路面的磨耗层或保护层。多层表面处治在强基层上可作为较重交通道路的路面结构层。

二、层铺法乳化沥青表面处治的材料要求

为使层铺法乳化沥青表面处治取得成功,最重要的因素是材料,如果乳化沥青与集料的质

量不合格，即使其他工序做得再好，表面处治的路面质量也不能得到保证。

1. 黏结材料

1)乳化沥青

层铺法乳化沥青表面处治路面所用的乳化沥青应符合《公路沥青路面施工技术规范》(JTG F40—2004)表4.3.2中PC-1及PA-1型乳化沥青的质量要求，见表8-2。在等级公路进行层铺法乳化沥青表面处治应采用PCR型喷洒型改性乳化沥青，见表8-3。乳液中所含的沥青应符合道路石油沥青标准，按不同地区选用不同标号的沥青。

规范中提出，在三级及三级以下公路的各个层次选用C级沥青，C级沥青的含蜡量不大于4.5%，高于A、B级沥青的含蜡量要求。含蜡沥青难以乳化，乳化剂用量大，乳液稳定性差，蒸发残留物的性能也受到影响。当选择用于层铺法表面处治的乳化沥青的基质沥青材料时，必须把沥青的含蜡量作为一个重要指标来检验，并采取相应的技术措施，来改善并保证提供的乳化沥青产品达到层铺法乳化沥青的技术要求。

层铺法乳化沥青技术要求　　表8-2

试验项目		单位	品种及代号		检验方法
			阳离子	阴离子	
			喷洒用	喷洒用	
			PC-1	PA-1	
破乳速度			快裂	快裂	T 0658
粒子电荷			阳离子(+)	阴离子(-)	T 0653
筛上残留物(1.18mm筛)，不大于		%	0.1	0.1	T 0652
黏度	恩格拉黏度计 E_{25}		2~10	2~10	T 0622
	道路标准黏度计 $C_{25,3}$	s	10~25	10~25	T 0621
蒸发残留物	残留分含量，不小于	%	50	50	T 0651
	溶解度，不小于	%	97.5	97.5	T 0607
	针入度(25℃)	0.1mm	50~200	50~200	T 0604
	延度(15℃)，不小于	cm	40	40	T 0605
与粗集料的黏附性，裹附面积，不小于			2/3	2/3	T 0654
常温储存稳定性： 1d，不大于 5d，不大于		%	 1 5	 1 5	T 0655

注：表中数据摘自《公路沥青路面施工技术规范》(JTG F40—2004)表4.3.2。

2)重视乳化沥青黏附性指标检验与评价

我国的沥青表面处治的结合料多采用普通石油沥青，热沥青不容易洒布均匀，洒布到路面以后会因为温度迅速降低而影响与集料的黏附效果。而乳化沥青与集料的黏结力强，可以使用潮湿但干净的集料。

层铺法乳化沥青表面处治的结合料应采用高黏度乳化沥青，我国《公路沥青路面施工技术规范》(JTG F40—2004)规定乳化沥青与矿料的黏附性，裹附面积不小于2/3，其要求指标偏低。

层铺法改性乳化沥青技术要求　　表 8-3

<table>
<tr><th colspan="2" rowspan="2">试验项目</th><th rowspan="2">单位</th><th>品种及代号</th><th rowspan="2">检验方法</th></tr>
<tr><th>PC-1</th></tr>
<tr><td colspan="2">破乳速度</td><td></td><td>快裂或中裂</td><td>T 0658</td></tr>
<tr><td colspan="2">粒子电荷</td><td></td><td>阳离子(+)</td><td>T 0653</td></tr>
<tr><td colspan="2">筛上残留物(1.18mm 筛),不大于</td><td>%</td><td>0.1</td><td>T 0652</td></tr>
<tr><td rowspan="2">黏度</td><td>恩格拉黏度计 E_{25}</td><td></td><td>2~10</td><td>T 0622</td></tr>
<tr><td>道路标准黏度计 $C_{25,3}$</td><td>s</td><td>10~25</td><td>T 0621</td></tr>
<tr><td rowspan="5">蒸发残留物</td><td>含量,不小于</td><td>%</td><td>50</td><td>T 0651</td></tr>
<tr><td>针入度(25℃)</td><td>0.1mm</td><td>40~120</td><td>T 0604</td></tr>
<tr><td>软化点,不小于</td><td>℃</td><td>50</td><td>T 0606</td></tr>
<tr><td>延度(5℃),不小于</td><td>cm</td><td>20</td><td>T 0605</td></tr>
<tr><td>溶解度,(三氯乙烯),不小于</td><td>%</td><td>97.5</td><td>T 0607</td></tr>
<tr><td colspan="2">与矿料的黏附性,裹附面积,不小于</td><td></td><td>2/3</td><td>T 0654</td></tr>
<tr><td rowspan="2">储存稳定性</td><td>1d,不大于</td><td>%</td><td>1</td><td rowspan="2">T 0655</td></tr>
<tr><td>5d,不大于</td><td>%</td><td>5</td></tr>
</table>

注:1. 表中数据摘自《公路沥青路面施工技术规范》(JTG F40—2004)表 4.7.1-2。

2. 破乳速度与集料黏附性、拌和试验、所使用的石料品种有关。工程上施工质量检验时应采用实际的石料试验,仅进行产品质量评定时可不对这些指标提出要求。

美国 ASTM D2397 规定,用于单层表面处治和多层表面处治可以选择 RS-2 型或 HFRS-2 型阴离子快凝乳化沥青,也可以选择 CRS-1 型或 CRS-2 型阳离子快凝乳化沥青,见本书第二章表 2-1 和表 2-2。

从上述两个表可以看出,美国用于单层表面处治和多层表面处治的乳化沥青可以是阴离子,也可以是阳离子;破乳速度均是快凝型,都有 50℃ 赛波特黏度指标的要求,而且赛波特黏度指标要比其他用途乳化沥青的黏度高出很多。

日本乳化沥青协会 JEAAS 标准规定,温暖期表面处治和寒冷期表面处治分别选用橡胶改性乳化沥青 PKR-S-1 型或 PKR-S-2 型,见本书第二章表 2-6 和表 2-8。

日本用于表面处治选用橡胶改性乳化沥青,要求黏韧性(N·m)大于(15℃)指标分别是 4.0 和 3.0,韧性(N·m)大于(15℃)指标分别是 2.0 和 1.5,这也比其他用途乳化沥青的黏度高出很多。

2. 集料

最大粒径应与处治层的厚度相当,这也说明了表面处治的受力特点,是通常所说的"一石到顶"的结构,荷载主要由集料承担,乳化沥青只起集料稳定作用。

多层施工中各层集料的公称粒径规格不同,这样的集料互相嵌锁性能较好,能使石料颗粒互相产生横向支承,能最大限度地发挥嵌锁作用,防止石料被行车推移。

层铺法乳化沥青表面处治采用的集料可采用碎石、破碎砾石等。集料的质量应该洁净、干燥、表面粗糙,破碎砾石的破碎面积应不小于60%,特别要严格控制集料中细粉的含量。集料质量的技术要求如表8-4所示。

乳化沥青表面处治集料质量技术要求　表8-4

指　标	单位	其他等级公路	试验方法
石料压碎值,不大于	%	30	T 0316
洛杉矶磨耗值,不大于	%	35	T 0317
表观相对密度,不小于	—	2.45	T 0304
吸水率,不大于	%	3.0	T 0304
坚固性,不大于	%	—	T 0314
针片状颗粒含量(混合料),不大于 其中粒径大于9.5mm,不大于 其中粒径小于9.5mm,不大于		20 — —	T 0312
水洗法小于0.075mm颗粒含量,不大于		1	T 0310
软石含量,不大于		5	T 0320

注:表中数据摘自《公路沥青路面施工技术规范》(JTG F40—2004)表4.8.2。

乳化沥青表面处治材料规格和用量见表8-5和表8-6。乳化沥青表面处治施工后,应在路侧另备S12(5~10mm)碎石或S14(3~5mm)石屑、粗砂或小砾石2~3m^3/1 000m^2作为初期养护用料。

乳化沥青表面处治集料规格　表8-5

规格名称		S6	S10	S12	S14
公称粒径(mm)		15~30	10~15	5~10	3~5
通过下列筛孔(mm)的质量百分率(%)	37.5	100			
	31.5	90~100			
	26.5	—			
	19.0	—	100		
	13.2	0~15	90~100	100	
	9.5	—	0~15	90~100	100
	4.75	0~5	0~5	0~15	90~100
	2.36			0~5	0~15
	0.6				0~3

注:表中数据摘自《公路沥青路面施工技术规范》(JTG F40—2004)表4.8.3。

乳化沥青表面处治材料用量　　表 8-6

类型	厚度(cm)	集料(m^3/1 000m^2)			乳化沥青用量(kg/m^2)			
		第一层	第二层	第三层	第一次	第二次	第三次	合计用量
		规格用量	规格用量	规格用量				
单层	0.5	S147~9	—	—	0.9~1.0	—	—	0.9~1.0
双层	1.0	S129~11	S144~6	—	1.8~2.0	1.0~1.2		2.8~3.2
三层	3.0	S620~22	S109~11	S144~6 S143.5~4.5	2.0~2.2	1.8~2.0	1.0~1.2	4.8~5.4

注:1. 表中数据摘自《公路沥青路面施工技术规范》(JTG F40—2004)表 6.2.1。

2. 表中的乳液用量按乳化沥青的蒸发残留物含量 60% 计算,如沥青含量不同应予折算。

3. 在高寒地区及干旱风沙大的地区,可超出高限 5% ~10%。

三、层铺法乳化沥青表面处治施工

1. 原路面的准备

必须将路基、路面基层或原有路表面清扫(或冲洗)干净,路表面上不允许有任何松散材料和异物。施工的路段不应有任何缺陷,对缺陷部分应提前采取相应措施处理。

在清扫干净的碎(砾)石路面上铺筑乳化沥青表面处治时,应喷洒透层乳化沥青。普通乳化沥青渗透效果较差,建议大面积施工中尽量采用高渗透乳化沥青。在旧沥青路面、水泥混凝土路面、块石路面上铺筑乳化沥青表面处治时,可在第一层乳化沥青用量中增加 10% ~20%,不再另洒透层油或黏层油。

在施工时对道路人工构造物及各种管井盖座、侧平石、路缘石等外露部分以及人行道面等,浇洒乳液时应加遮盖,防止污染。

2. 机械设备

1)机械设备的配置

层铺法乳化沥青表面处治施工工艺的特点是分步施工,所采用的配套机械,主要包括沥青洒布车、碎石撒布机和压路机等,如图 8-1 所示。

图 8-1　沥青路面层铺法表处施工流程和设备组成

层铺法乳化沥青表面处治施工设备的基本配置如表 8-7 所示。根据工程量的规模、工期以及工程投资等,综合、合理地调配和组织设备。

2)施工前机械设备的检查

(1)检查沥青洒布车的监测系统、洒布系统以及加热保温系统等,使其进入施工的状态。一般应先在路上进行试洒,以检验喷洒速度、喷洒量和乳化沥青的破乳时间等。沥青洒布车喷油嘴的高度应达到双重喷油高度或三重喷油高度,但在风力较大时,宜使用双重喷油高度。

层铺法乳化沥青表面处治施工设备的基本配置　　表8-7

设备名称	规格和数量	备　注
沥青洒布车	1台	优选智能型沥青洒布车
碎石撒布机	1台(双层最好2台)	可用人工撒铺
装载机	1辆	可用人工装卸
运料卡车	数辆	视料场远近而定
压路机	2台	轻型或中型轮胎压路机
洒水车	1辆	
其他设备	清扫工具、保通标志等	

(2)集料撒布机使用前应检查其传动和液压调整系统,并应进行试撒布,检验撒布现场集料的速度、撒布量和撒布效果。

(3)在半刚性基层或旧沥青路面和水泥混凝土路面上铺筑乳化沥青表面处治路面,应该优先选用轻型或中型轮胎压路机,可以保证使集料嵌挤紧密又不致使石料有较多的压碎。

3)乳化沥青洒布施工作业的注意事项

(1)国内外洒布车的型号、类型多样,质量参差不齐,由于乳化沥青(或改性乳化沥青)与热沥青的黏度有很大差别,应选择性价比高、配置有喷洒乳液功能的洒布车。

(2)采用泵压式的沥青洒布车(自行式或拖式)进行乳化沥青洒布作业前均应对车况进行检查。所用的沥青洒布车和储油罐、输送管道等洒布设备,使用前都必须清洗干净,尤其是曾盛过热沥青的机具和管道,将其中的残留沥青清除干净。洒布车在每次完成乳液洒布后,也应将残留乳液清除。

(3)无论何种形式的洒布车施工结束后,应立即用清水彻底冲洗洒布车的罐体和管路系统(乳化沥青流经的部位),并保持管道及喷头畅通。因施工间隔时间太长,还应增加冲洗次数。如果冲洗不彻底,应考虑采用柴油冲洗的方法。

3.层铺法乳化沥青表面处治施工顺序

施工顺序一般表示为:施工准备→交通控制→放样划线→透层施工→乳化沥青洒布→集料撒铺→碾压→初期养护→开放交通→验收交工。层铺法乳化沥青表面处治采取先洒乳液后撒集料的施工方法,现代施工大多采用沥青洒布车、集料撒布机及轮胎压路机联合机械化作业。

1)单层表面处治

先清扫基层表面(或旧路面),然后喷洒乳液,撒布集料,进行碾压,最后开放交通并养护。

2)双层表面处治

在清扫后的基层表面上如单层表面处治相同的施工方法,再增加一层乳液和集料。

3)三层表面处治

在双层表面处治施工方法的基础上,再增加一层集料和乳液,而后再撒一层封层料。

4. 层铺法乳化沥青表面处治施工

1)洒布乳化沥青

(1)在透层乳化沥青充分渗透,或黏层乳化沥青充分破乳后,即可按要求喷洒第一层乳化沥青(或改性乳化沥青);

(2)乳化沥青在常温下施工。当气温偏低,破乳及成型过慢时,可将乳液加温后洒布,加温的乳液温度不得超过60℃;

(3)不能使乳化沥青流淌,也不能出现乳化沥青的过快或过慢的破乳现象;

(4)当浇洒乳液后发现有空白、缺边时,应立即用人工补洒,有积聚时应予刮除;

(5)浇洒的长度应与集料撒布机能力相匹配,避免乳液洒布后等待较长时间才撒布集料;

(6)要保证前后两车喷洒的接茬搭接良好,在每接茬处,可用铁板或建筑纸等横铺在本段起洒点前及终点后,长度为1~1.5m。如需分幅浇洒时,纵向搭接宽度宜为10~15cm,喷洒其他各层乳液时搭接缝应错开。

2)撒布集料

(1)浇洒第一层乳液后(不必等全段洒完)应立即用集料撒布机(尽量不要用人工撒布)撒布第一层集料。集料撒布必须在乳液破乳之前完成。

(2)撒布后应有专门人员及时处理缺料、重叠等局部缺陷。

(3)两幅搭接处,第一幅喷洒乳液后应暂留10~15cm宽度不撒石料,待第二幅喷洒乳液后一起撒布集料。

3)碾压

(1)撒布一段集料后(不必等全段铺完),立即用轻型类(选用工作质量6~10t)的轮胎压路机碾压,碾压时每次轮迹重叠约30cm,从路边逐渐移至路中心,然后再从另一边开始移向路中心,以此作为一遍,要碾压3~4遍,碾压速度开始不宜超过2km/h,以后可以适当增加。

(2)第二层的施工方法和要求与第一层相同,但可采用8~10t轮胎压路机碾压。第二层撒布S12(5~10mm)碎石作嵌缝料后还要增加一层封层料,即第三层,其规格为S14(3~5mm),用量为3.5~4.5m^3/1 000m^2。

(2)一层、双层或三层表面处治施工的施工程序均相同。施工中应注意设备与各个工序的衔接,提高施工效率和质量。

4)初期养护

乳化沥青表面处治应待破乳后水分蒸发并基本成形后才可开放交通,在通车初期应设专人指挥交通或设置障碍物控制行车,使路面全部宽度得到行车碾压。在路面完全成型前应限制行车速度不超过20km/h,严禁畜力车、铁轮车及履带式拖拉机行驶。

开放交通后应进行初期养护,当发现有泛油时,应在泛油处补撒与最后一层石料规格相同的嵌缝料并扫匀,过多的浮动集料应扫出路面外,不得搓动已经黏着在位的集料,如有其他破坏现象,也应及时进行修补。

四、层铺法乳化沥青表面处治施工注意事项

(1)严格控制材料质量:乳化沥青表面处治对材料的质量要求相对较高,材料的正确选择、材料规格的正确选用以及用量的准确控制等将直接关系到处治工程的成败。注意选用高

黏附性的乳化沥青(或改性乳化沥青),还应该注意控制集料中细长扁平颗粒含量和破碎砾石的破碎面积2个关键指标。

《公路沥青路面施工技术规范》(JTG F40—2004)中对沥青表面处治的集料提出了级配要求,但没有体现严格意义上的单一粒径集料,也不是具有较好级配的集料。参考文献[3]提出改良型沥青表处所用集料的规格和级配范围,以及所用集料的规格和用量范围,见表8-8和表8-9。

改良型沥青表处所用集料的规格和级配范围　　表8-8

集料规格及筛孔尺寸(mm)	通过筛孔质量百分率(%)		
	13.2~19.0mm	4.75~13.2mm	0~4.75mm
26.5	100	—	—
19.0	95~100	—	—
16.0	—	100	—
13.2	0~20	95~100	—
9.5	0~5	—	100
4.75	—	0~15	90~100
2.36	—	0~3	30~60
0.075	0~1.0	0~1.0	0~10.0

改良型沥青表处所用集料的规格和用量范围　　表8-9

类　型	集料规格(mm)	集料用量($m^3/1\,000m^2$)	沥青用量(kg/m^2)
改良型单层表处	0~4.75	2.0~3.0	—
	4.75~13.2	8.0~12.0	1.3~1.9
改良型双层表处	0~4.75	2.0~3.0	—
	4.75~13.2	8.0~12.0	0.9~1.2
	13.2~19.0	10.0~15.0	1.2~1.8

表8-9中沥青用量是指热沥青的用量,有关资料显示,使用乳化沥青进行表面处治,可以按表中对应的沥青用量取值。

(2)国内外洒布车的型号、类型多样,质量参差不齐,由于乳化沥青(或改性乳化沥青)与热沥青的黏度有很大差别,应选择性价比高、配置有喷洒乳液功能的洒布车。

(3)在设备条件不能满足机械化联合作业时,小规模的施工也可用拖式沥青洒布车或气压式洒布机洒布,人工手持喷枪喷洒,人工进行集料撒铺。这种情况下,配置高素质的操作人员就显得非常重要。如果操作人员是临时工,又没有进行必要的培训,就难以保证施工质量。

五、层铺法乳化沥青表面处治的施工质量管理与检查验收

1. 施工前的材料与设备检查

1)施工前必须检查各种材料的来源和质量,承包商应该出示具有相关资质的工程材料检验合格证。

2)各种材料都必须在施工前以“批”为单位进行检查,不符合相关技术要求时材料不得

进场。

3)施工前应对参与施工的机械设备进行认真检查和调试,并得到监理的认可。

2. 施工过程中工程质量的控制标准(表8-10)

层铺法乳化沥青表面处治的施工过程中工程质量的控制标准　　表8-10

序号	项　　目	检查频度及单点检验评价方法	质量要求允许偏差	试验方法
1	外观	随时	集料嵌挤密实,沥青撒布均匀,无花白料,接头无油包	目测
2	集料及沥青用量	每日1次逐日评定	±10%	每日施工长度的实际用量与计划用量比较 T 0982
3	沥青洒布温度	每车1次	符合本规范规定	温度计测量
4	厚度(路中及路侧各1点)	不少于每2 000m² 一点,逐点评定	-5mm	T 0912
5	平整度(最大间隙)	随时,以连续10尺的平均值评定	10mm	T 0931
6	宽度	检测每个断面逐个评定	±30mm	T 0911
7	横坡度	检测每个断面逐个评定	±0.5%	T 0911

注:1. 表8-10摘自《公路沥青路面施工技术规范》(JTG F40—2004)表11.4.5-2中"沥青表面处治"。

2. 层铺法乳化沥青表面处治是常温施工,表中第3项可不做检查。只有需要乳化沥青升温施工时,应该控制乳液温度。

3. 交工检查与验收质量标准(表8-11)

层铺法乳化沥青表面处治路面交工检查与验收质量标准　　表8-11

检查项目		检查频度(每一侧车道)	质量要求或允许偏差	试验方法
外观		全线	密实,不松散	目测
厚度	代表值	每200m每车道1点	-5mm	T 0921
	极值	每200m每车道1点	-10mm	T 0921
路表平整度	标准差	全线每车道连续	4.5mm	T 0932
	IRI	全线每车道连续	7.5m/km	T 0933
	最大间隙	每1km10处,各连续10尺	10mm	T 0931
宽度	有侧石	每1km20个断面	±3cm	T 0911
	无侧石	每1km20个断面	不小于设计宽度	T 0911
纵断面高程		每1km20个断面	±20mm	T 0911
横坡度		每1km20个断面	±0.5%	T 0911
沥青用量		每1km1点	±0.5%	T 0722
矿料用量		每1km1点	±5%	T 0722

注:表8-11摘自《公路沥青路面施工技术规范》(JTG F40—2004)表11.5.1-2中"沥青表面处治"。

层铺法乳化沥青表面处治路面经压实成型后，应按《公路路基路面现场测试规程》规定的方法随机选点检测渗水情况，技术要求参照《公路沥青路面施工技术规范》(JTJ F40—2004)表11.4.5-1提出的渗水系数平均值，如表8-12所示。

沥青层层面上的渗水试验技术要求　　表8-12

项　目	检查频度及单点检验评价方法	质量要求或允许偏差	试验方法
沥青层层面上的渗水系数，不大于	每1km不少于5点，每点3处取平均值	300mL/min(普通密级配沥青混合料)	T 0971

注：表8-12摘自《公路沥青路面施工技术规范》(JTJ F40—2004)表11.4.5-1。

第三节　乳化沥青碎石封层技术

一、概述

碎石封层技术是在道路面层上使用一种标准的沥青洒布机洒布一层黏结料，然后撒铺一层近乎等粒径的较好骨料。这种方法可以根据交通类型进行调整，做成不同形式的碎石封层路面，形成双层或是三层等碎石封层的结构，从而更加丰富了该项技术的应用领域。

碎石封层是一个高沥青含量的薄表面处治层，但是这种处治层是柔性的和耐磨的。掺加了聚合物的改性乳化沥青碎石封层能够增加黏结力、黏附性、耐磨性和路面的抗裂性能，这使碎石封层既能够用于道路养护，又可以用于道路重建，尤其是在道路的抗裂方面有重要作用，不但能够进行道路封层和桥梁裂缝修补，尤其重要的是还可以减少路面的反射裂缝。

碎石封层还可以起到防水密封作用，防止路面的水进入道路的结构层中。同时它也构成一个耐用的、防滑及防尘的磨耗层。碎石封层用于下封层，可以对基层起保护作用，防止车辆的轮胎对基层的破坏。

碎石封层技术是充分发挥了沥青的防水性和石料的抗滑耐磨性，是一种性价比较高的施工工艺，有十分重要的推广意义。

1.碎石封层技术在国外应用

由于碎石封层技术具有的简单、高效、廉价的特点，在澳大利亚、新西兰、美国、法国、南非及欧洲等国家和地区被广泛用于新建道路的磨耗层、新建轻交通量道路的面层和路面的预防性养护。至今，在全世界的中低交通流量道路的路面建设和养护中得到了大量的应用。

在澳大利亚，广大内陆地区人烟稀少、矿藏丰富、交通量不大，碎石封层是适应于这种交通条件的最佳路面形式。澳大利亚在1983年已经在道路网中有25%的道路应用了碎石封层技术。

在新西兰，碎石封层技术的应用已有近60年的历史。在压实的路基上铺筑至少15cm的无结合料的粒料基层，然后直接铺筑单层式或双层式碎石封层。这种直接在基层上进行表面封层的技术具有低成本和有效的优势。新西兰应用这项技术成功建成了高质量、低造价的国家道路网。

美国LTPP1999年对40个州的调查结果显示，碎石封层在33个州的沥青路面预防性养护中得到应用,普及程度在各养护措施中排第四位。

同步碎石封层技术是从20世纪80年代开始由法国赛格玛(SECMAIR)公司研制和开发的一种新的公路建设和养护技术,并在法国被大规模采用,法国每年碎石封层施工面积约3.5亿平方米。

20世纪90年代同步碎石封层技术传播到欧洲各国及美国、俄罗斯、印度等数十个国家和地区并得到推广。据统计,欧洲有95%以上的公路均采用这项技术进行路面养护。

2. *碎石封层技术在我国的应用*

我国多年来应用的封层形式主要是沥青表面处治和石屑封层,也曾经是我国沥青路面的主要类型之一。国外的碎石封层技术与我国传统的沥青表面处治、石屑封层有着诸多不同之处。主要区别是:

1)集料规格的不同

国外的碎石封层使用的多是单一粒径的集料,我国的沥青表面处治和石屑封层使用的集料有一定的级配。

2)胶结材料的不同

国外的碎石封层使用的多是稀释沥青或高黏度乳化沥青,较少使用普通石油沥青。我国的沥青表面处治和石屑封层使用的多是普通石油沥青或普通乳化沥青。

3)适用范围的不同

碎石封层在国外不仅可用于中轻交通量道路,也可用于除高速公路之外的大交通量道路。我国的沥青表面处治和石屑封层作为次高级路面类型,适用的范围是三级及三级以下公路的沥青面层。

4)使用寿命的不同

国外的碎石封层使用寿命较长。如在澳大利亚,日均交通量达到6万辆的碎石封层道路,其寿命可以达到15年。而我国的沥青表面处治和石屑封层,由于材料品质差、施工设备落后等原因,其使用效果和寿命不够理想,一般为2~3年,甚至更短。沥青表面处治和石屑封层已成为我国"低水平"筑路技术的代名词。

2002年,我国辽宁省公路部门率先引进法国赛格玛(SECMAIR)公司同步碎石封层设备和相关技术,并在辽宁省对同步碎石封层技术进行了大量的试验研究及封层施工。

目前,同步碎石封层技术已经在辽宁、河南、湖南、陕西等省的高速公路下封层及国道、省道的建设和养护中得到应用。随着这项技术的推广,在未来的公路建设和养护中,碎石封层技术在我国将具有更加广阔的前景。

3. *碎石封层技术的特点*

(1)增加抗滑性,提高路面行驶安全程度;良好的附着性和防滑性。碎石封层中被沥青黏结到路面上的骨料仍直接与轮胎接触,其粗糙度增大了与橡胶轮胎之间的摩擦系数,因此可显著提高路面的附着性和防滑性并降低能耗。

(2)良好的路面防水性。碎石封层整体力学特征是柔性的,能增加路面抗裂性能、治愈路面龟网裂、减少路面反射裂缝,因此提高了路面防渗水性能。

(3)防止下层路面氧化、老化和磨耗,改善路面纹理结构,良好的耐磨性和耐久性。碎石和沥青形成沥青结合料,其碎石颗粒以2/3的高度陷入沥青,沥青路面采用碎石封层技术进行预防性养护或修复性养护,是道路使用寿命得以延长的重要因素之一。

(4)赋予干燥风化路面以新生命,对小型裂缝及不完整部分进行填封。

(5)是一种较快的路面更新方法,碎石封层施工工序简单、施工速度快,可及时限速开放交通,一小时后可完全开放交通。

(6)良好的经济性,成本低。碎石封层只需要较低的能耗,据测算每 $1m^2$ 沥青路面使用1.5kg沥青、8~12kg 碎石即可,其成本只是3cm 热沥青混合料罩面的50%左右,而质量要好于罩面。

(7)碎石封层可作为低等级公路的过渡型路面,以缓和公路建设资金暂时不足的问题。

(8)无论用于道路养护还是作为过渡型路面,碎石封层的性价比明显优于其他道路表面处治方法,从而大大降低道路的维修养护成本。

而碎石封层技术发展到了同步碎石封层阶段使该项技术得到了进一步提高,据资料介绍,法国大量采用同步碎石封层技术进行道路养护施工,将节省的资金用于新公路建设,才使得法国的高速公路网和县乡公路网居世界前列。

二、碎石封层的类型

1. 按结构类型分类

单石单层碎石封层,双层碎石封层,三层碎石封层,镶入式碎石封层,“三明治”式碎石封层,衬垫式碎石封层。

1)单石单层碎石封层

在原有路面上仅喷洒一层黏结料及一层碎石层的碎石封层技术。单层碎石封层可以满足养护所进行的再封层所需的所有功能,即路面防水、阻止道路的损坏、恢复道路的防滑性能。单层碎石封层对减少未来道路的养护尤其重要。

2)双层碎石封层

双层碎石封层比单石单层碎石封层更持久耐用。双碎石封层:指在原有路面上先后进行两次单石单层碎石封层的碎石封层技术,双碎石封层强度很高,适用于下面情况:

(1)新建路基上的封层;

(2)由于现存沥青路面的情况(如路面有轻微裂缝或网裂现象),需要进行特殊的封层进行处理;

(3)对特殊的封层进行处理。在需要最大延长其使用寿命,尽可能减少日常养护及再封层施工的地方。

如果在进行第二次碎石封层前,将第一次封层,面向交通开放2~3周,双碎石封层的质量将会大大提高。这种方式将使第一层的碎石处于稳定自锁的“马赛克”镶嵌状态,为第二层封层提供一个牢固的基础。

尽管如此,在这个阶段中,交通及动物所携带的泥土将会对路面造成污染,这需要在第二次封层前进行彻底的清扫。有时这种清洁很难达到时,及早进行第二次封层阻止路面污染,将会取得更好的效果。砂子有时被作为碎石用于第二次封层中,尽管砂子不能对封层的厚度起任何作用,但砂子与沥青的混合物却为第一层的碎石提供了一个有用的填塞介子,在第一层碎石形状不理想的情况下,有利于将碎石更牢固地固定。

3)三层碎石封层

三层碎石封层是指在原有路面上先后进行三次单层碎石封层的碎石封层技术。

三层碎石封层用于新建的公路上,此种公路一开始便预期用于承载高的交通流量。在三层碎石封层技术中,第三层使用小的碎石,这将有助于减少交通产生的噪声,同时第三层的沥青将确保道路的免养护期更长。

4)"三明治"式碎石封层

指两层碎石中间一层沥青的碎石封层技术。

三明治式碎石封层主要用于现存沥青路面沥青过多时的施工中。有时在坡路上施工时,为减少沥青向下流淌的趋势,也用这种碎石封层方式。

5)镶入式碎石封层

这种形式的碎石封层是指在喷洒一层厚的沥青后,在其上撒布一层大粒径的碎石,这层碎石层要覆盖沥青层约90%左右。紧随其后,撒布一层较小的碎石,用于镶锁大的碎石,形成稳定的马赛克结构。

这种形式的碎石封层建议用于交通量大且车速快的地方。该种形式的碎石封层所用的沥青量要多于单层碎石封层所用的沥青量,而又比双层碎石封层所用的沥青量少。镶入式碎石封层的主要优势有:

(1)降低了大碎石剥离的风险;

(2)由于良好的机械自锁性,早期稳定性好;

(3)路表纹理好。

6)衬垫式碎石封层

另一种形式的双碎石封层是第一层碎石封层使用小粒径的碎石,而第二层使用大粒径的碎石。

这种碎石封层方式用于原有路面坚硬,第一层碎石很难镶入的道路上。如,新建的水泥稳定的路基上或是密实的岩石路基上。第一层粒径为6mm的碎石将很好地附着在坚硬的路面上,且为第二层大粒径10~14mm的碎石提供一个黏附层。

2. 按施工工艺分类

碎石封层技术从工艺上又可分为分步碎石封层和同步碎石封层两种形式。

所谓分步碎石封层是将喷洒黏结剂与撒布石料分步进行,所采用的设备和工艺流程与层铺法乳化沥青表面处治相同。分步碎石封层工艺不能很好地解决碎石与黏结剂初期黏结问题。而同步碎石封层技术可在短时间内(1s内)完成碎石与黏结剂接触问题,从而解决了初期黏结问题。碎石封层技术发展到了同步碎石封层阶段使该项技术得到了进一步提高。

同步碎石封层技术是路面养护技术中一项新的技术,它是在同一秒内同步洒(撒)布沥青结合料和骨料,可保证它们之间具有最大的表面裹附强度。具有节约成本、表面高度耐磨、表面高度防滑、具有较强防水性、延长道路使用寿命、快速恢复交通等特点。它的先进性、科学性及所具有的高性价比已经得到实践证明。

3. 按胶结材料分类

由于碎石封层用于的道路类型、施工季节、环保要求及施工条件等方面的不同,碎石封层使用的胶结材料可以是聚合物改性乳化沥青、稀释沥青、聚合物改性沥青等。而国外碎石封层中使用最普遍的是聚合物改性乳化沥青、稀释沥青。随着人类环保意识的增强，沥青碎石封层的胶结材料将更多地选用聚合物改性乳化沥青，并将更多地取代稀释沥青。

综合上述，本章重点介绍的是以聚合物改性乳化沥青为胶结材料的同步碎石封层技术。

三、国外有关碎石封层的配合比设计方法简介

碎石封层在不同的国家和地区有不同的配合比设计方法，这些方法归纳起来主要有两类：经验配合比法和理论计算法。

1. 经验配合比法

在施工中根据路面、材料等情况在允许的用量范围内确定材料撒布率，被称为经验配合比法。美国很多州（如密歇根州、加利福尼亚州等）的工程师认为碎石封层是“不可设计”的，严格地说，这并不是什么设计方法，而是经验配合比法。

2. 理论计算法

McLeod 方法、Lovering 方法以及美国的沥青协会方法等是国外比较有代表性的几种理论计算法。

以 McLeod 计算方法为例：

假设集料平均高度的 70% 被沥青结合料填充，并且撒布率受交通量大小、集料特性和路面状况等因素的影响。

沥青结合料撒布率计算公式如下：

$$B = \frac{(0.40HTV + S + A + P)}{R} \tag{8-1}$$

$$H = \frac{M}{1.139\,285} + 0.011\,506FI \tag{8-2}$$

式中：B——沥青结合料撒布率（L/m^2）；

T——交通量修正系数；

H——集料平均高度；

V——松装集料的空隙率；

S——表面情况系数（L/m^2）；

A——集料吸附（L/m^2）；

P——路面硬度修正系数（L/m^2）；

R——乳化沥青或稀释沥青中沥青的含量；

M——集料的中间粒径；

FI——针片状含量。

集料撒布率计算公式如下：

$$C = (1 - 0.4V)HGE \tag{8-3}$$

式中：C——集料撒布率（kg/m^2）；

V——松装集料的空隙率；

H——集料平均尺寸；

G——集料的密度；

E——浪费系数（%）。

3. 一种直观、简便的碎石封层配合比设计方法(Zaniewski and Mamlouk,1996)

将碎石均匀、紧密地撒满一个平底容器的底部,根据碎石质量和撒布面积计算集料撒布率。然后向该平底容器内倒入自来水直至刚好完全淹没石料,测量倒入的水量。倒入水量的2/3数值与平底容器的底部表面积的比值即为沥青结合料撒布率。

四、碎石封层的施工质量管理与检查验收

我国目前还没有制定碎石封层的施工质量管理与检查验收方法和规范,可以参照《公路沥青路面施工技术规范》(JTG F40—2004)有关层铺法乳化沥青表面处治的质量管理与检查验收要求。

目前国内碎石封层施工技术存在的主要问题是:施工中不能保证集料的级配、棱角和洁净程度,以及乳化沥青的黏度和沥青含量。因此,特别应该重视,施工前必须检查各种材料的来源和质量,承包商应该出示具有相关资质的工程材料检验合格证。

在我国随着碎石封层技术的推广,这项技术逐渐成为地方公路的主要养护形式,除了用作养护外,也是农村公路一个有效、经济的新修道路面层的形式。现有路面上的多层碎石封层可以承担的交通量超过1 000 辆/车道/天;新修的单层碎石封层路面承担的交通量可以达到500 辆/车道/天,如果几年内由于交通量增长,需要更稳定的面层或增加面厚度时,可以在其上直接进行罩面施工。

第四节　乳化沥青同步碎石封层技术

一、概述

1. 同步碎石封层技术与传统石屑封层的区别

同步碎石封层是指用专用设备即碎石封层车将单一粒径的石料及乳化沥青(或改性乳化沥青)胶结料洒布在路面上,在胶轮压路机或自然行车碾压下,使胶结料与石料之间有最充分的表面接触,以达到它们之间最大限度的黏结性,从而形成保护原有路面的乳化沥青碎石磨耗层。这种方法可以根据交通类型进行调整,黏结料和石料两者的撒布率必须符合设计要求。所采用的黏结料和石料必须经过严格的筛选。

同步碎石封层技术源于石屑封层,但在现有的技术条件下碎石封层与传统石屑封层有很大的区别。之所以叫同步碎石封层,是因为从以下几个方面进行了技术改进:

(1)选用更先进的沥青喷洒设备,能够很精确地控制沥青喷洒量;

(2)选用更优质黏结材料,可选用改性沥青或改性乳化沥青;

(3)选用更优质的石料,选用近乎等粒径的优质石料,必要时可进一步处理如预拌、水洗、预热等;

(4)在工艺上更发展到了同步碎石封层阶段,保证在很短时间(小于1s)内石料与黏结剂接触,见图8-2。

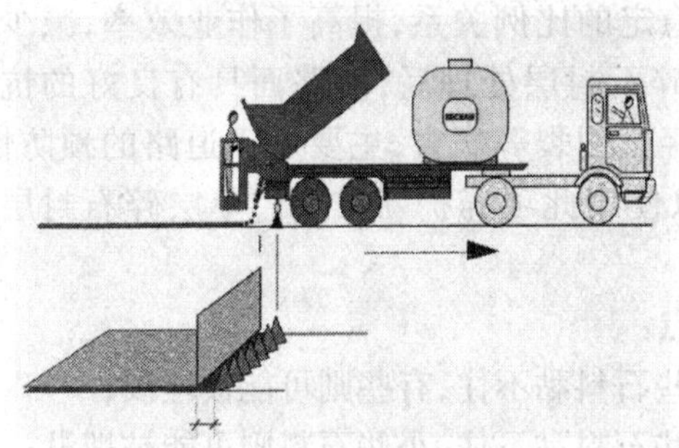
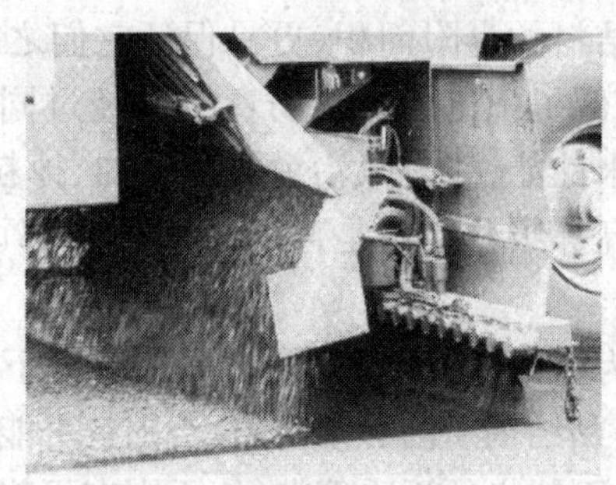

图 8-2　同步碎石封层同时撒布沥青结合料和骨料的图示

2. 国内外应用概况

同步碎石封层技术是欧美发达国家常用的养护方法，在法国及欧洲 95% 以上的公路均采用同步碎石封层，法国有 40% 以上的路面直接采用碎石封层路面。

法国赛格玛(SECMAIR)公司同步碎石封层设备 2002 年进入中国，目前已经有几十台在中国的公路上使用。同时，我国已经实现了同步碎石封层机的国产化。目前，同步碎石封层技术在国内的许多省、市的新建高速公路下封层及国道、省道的建设和养护中得到应用。由于分步碎石封层不能保证很好的封层质量，目前国内新建高速公路上基本没有采用分步碎石封层施工。

3. 同步碎石封层技术应用范围

同步碎石封层技术主要作为路面表处层使用，也可用于高等级公路沥青路面的下封层。

表处层使用主要用于新旧路面加铺磨耗层施工，沥青路面的应力吸收层施工；适合各种不同等级公路沥青路面(高速公路、一级公路、国道、省道、低等级道路、乡村道路等)；旧水泥路面改造为沥青路面的防水黏结层。

同步碎石封层技术施工质量好、效率高，它是目前世界上沥青路面施工较先进的技术之一。

二、乳化沥青同步碎石封层工作原理

乳化沥青同步碎石封层的工作原理是利用专门的施工设备——同步碎石封层机，将高温改性乳化沥青与洁净干燥的石料几乎同时喷洒在路面上，保证改性乳化沥青与石料在最短的时间内完成结合，并在外荷载作用下不断形成强度。

此时改性乳化沥青的温度在 50℃以上，并具有足够的黏度；同时，由于改性乳化沥青的表面张力，使热改性乳化沥青沿石料表面向上爬升，爬升高度约为石料高度的 2/3，并在石料的表面形成一个半月面，使石料被改性乳化沥青裹附的面积约 70%，保证改性乳化沥青与石料有足够的结合强度。提高改性乳化沥青与集料的黏附性，增加石料被改性乳化沥青裹附的面积，是该项技术的关键。

同步碎石封层将胶结料的喷洒与集料撒布两道工序集中在一台车上同时完成，它可以使碎石颗粒立即与刚喷洒的胶结料相接触，此时，由于热乳化沥青流动性较好，能使碎石更好地嵌入胶结料内。

乳化沥青同步碎石封层技术缩短了胶结料喷洒与集料撒布之间的间隔，增加了集料颗粒与胶结料的裹附面积，更易保证它们之间稳定的比例关系，提高了作业效率，减少了设备配置，降低了施工成本。沥青路面经过同步碎石封层处理后，使路面具有良好的抗滑性能和防渗水性能，能有效治愈路面贫油、掉粒、轻微网裂等病害，主要用于道路的预防性养护，无论是高等级公路还是普通干线公路都可以使用此项养护新技术。单层碎石封层施工见图 8-3。

1）为保证碎石封层质量必须做到以下几点：

（1）黏结剂喷洒必须均匀，否则有可能有些石料黏不住，有些则可能被埋没；

（2）石料必须近乎等粒径，否则有可能大些石料黏不住，小些石料则可能被埋没；

（3）必须尽可能剔除针片状石料。这种工艺充分发挥了黏结剂的防水以及黏结作用以及石料的抗滑作用，是性价比较高的一种施工工艺。

2）国外常用的是单层碎石封层，其石料规格主要有：

2～4mm、4～6mm、6～10mm、8～12mm、10～14mm 五个规格。

法国赛格玛（SECMAIR）公司根据多年的经验总结出的几种同步碎石封层结构如图 8-4 所示。

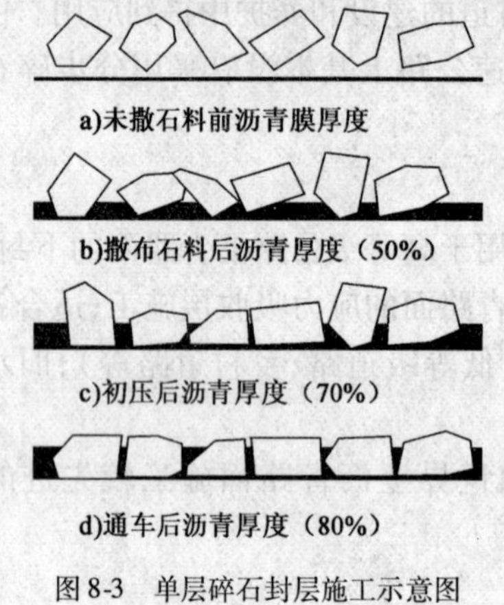

图 8-3　单层碎石封层施工示意图

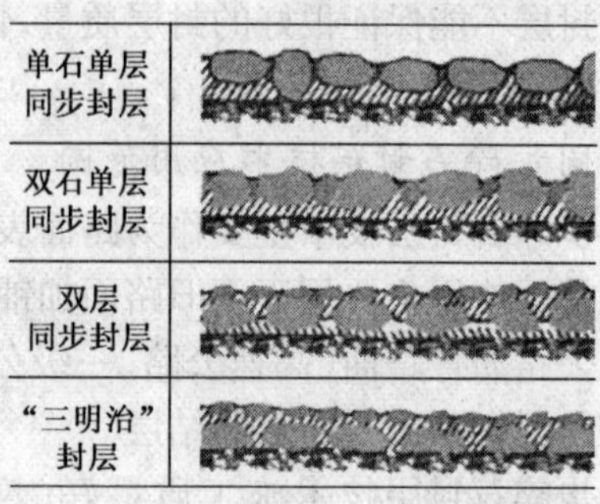

图 8-4　同步碎石封层结构示意图

三、乳化沥青同步碎石封层的技术要求

1. 碎石的选择

碎石是乳化沥青碎石封层的重要组成材料，它主要承受车辆的荷载作用，并为行车提供抗滑作用，因此必须选用材质优良的石料。

选择优质石料是保证碎石封层技术成功的关键。石料的选择应遵循以下几个原则：

硬度：必须有足够的硬度以抵挡交通磨损。在相对重载车较多，车流量较大的情况下，骨料的硬度尤为重要。

级配：近乎单一级配，几乎不含粉料。

形状：尽量使用立方体的骨料，避免针片状，以保证骨料在沥青中达到合适的嵌入深度。

石料可选择碎石或破碎砾石，石料应具有良好的颗粒形状，且洁净、干燥、无风化、无杂质、表面粗糙，质量要求见表 8-13。

石料的技术要求 表 8-13

指　　标	单位	高速公路及一级公路表面层	试验方法
石料压碎值,不大于	%	26	T 0316
洛杉矶磨耗值,不大于	%	28	T 0317
表观相对密度,不小于	—	2.60	T 0304
吸水率,不大于	%	2.0	T 0304
坚固性,不大于	%	12	T 0314
针片状颗粒含量(混合料),不大于	%	15	T 0312
水洗法小于 0.075mm 颗粒含量,不大于	%	1	T 0310
软石含量,不大于	%	3	T 0320

注:表中数据摘自《公路沥青路面施工技术规范》(JTG F40—2004)表 4.8.2。

破碎砾石应采用粒径大于 50mm、含泥量不大于 1% 的砾石轧制,破碎砾石的破碎面技术要求见表 8-14。

石料的破碎面技术要求 表 8-14

沥青路面表面层类型	具有一定数量破碎面颗粒的含量(%)		试验方法
	1 个破碎面	2 个或 2 个以上破碎面	
高速公路,一级公路	100	90	T 0361
其他等级公路	80	60	

注:表中数据摘自《公路沥青路面施工技术规范》(JTG F40—2004)表 4.8.7。

2. 石料的撒布量

石料的撒布量虽然有许多设计方法,但是经验用量是很重要的,表 8 15 是国外资料提供的参考用量。

单层碎石封层不同尺寸石料的撒布量 表 8-15

石料尺寸	石料的数量(kg/m^2)	石料尺寸	石料的数量(kg/m^2)
19.0 ~ 9.5mm	22 ~ 27	9.5 ~ 2.36mm	11 ~ 14
12.5 ~ 4.75mm	14 ~ 16	4.75 ~ 1.18mm	8 ~ 11

3. 胶结料的选用

碎石封层黏结料技术指标要求应符合《公路沥青路面施工技术规范》(JTG F40—2004)的要求。胶结料应具有足够的流态保证喷洒一致,并与骨料能迅速黏结,防止天冷时脱落和裂缝;具有足够的黏度保证骨料黏紧,以防天热时发生塑性破坏;具有抗老化能力和抗剥落能力。热沥青、稀释沥青和乳化沥青均可用于碎石封层,乳化沥青应根据当地气候条件和施工季节进行选择,乳化沥青类型和沥青等级的正确选择也取决于骨料的类型。

由于碎石封层用到道路表面应优先选择高分子聚合物改性沥青或改性乳化沥青。其次是热沥青、稀释沥青和普通乳化沥青。

1)选用改性乳化沥青

首先,用于乳化沥青生产的恰当的沥青标号的选择应该由当地的气候条件、环境温度来决定。总体来说,在相似的气候条件下,沥青的软化点越高,相应的乳化沥青洒布量就可以越多。

沥青软化点的增加可以通过选择更硬更低标号的沥青或添加一定量的改性剂到乳化沥青来实现。

另外，用于碎石封层应用的乳化沥青必须达到足够的黏度，以保证在满足单位面积洒布量的情况下在洒布石料之前不会流淌，从而保证石料在沥青膜中的嵌入深度，减少骨料的脱落。同时，乳化沥青的破乳速度直接决定了在保证没有过多骨料脱落的情况下可以快开放交通。其中提高乳化沥青中沥青的含量是很好的选择。在生产乳化沥青时要选用快裂型乳化剂，这样可保证石料与结合剂的快速黏结，有时为了增加成型速度适当提高喷洒温度也是很好的选择。

2）ASTM 规范要求的碎石封层阳离子快裂乳化沥青（表 8-16）

ASTM 规范要求碎石封层阳离子快裂乳化沥青　　表 8-16

试验项目	单位	指标要求
蒸发残留物含量，不小于	%	65
赛波特黏度（50℃，SPF）		100～400
破乳速度，不小于，35mL，0.8%二辛基硫代二钠盐	%	40

4. 乳化沥青的洒布量

为了达到理想的路面，乳化沥青的洒布量应该根据不同类型的乳化沥青、石料层的空隙容量、石料的形状及尺寸、交通量以及旧路面的状况来共同决定。在有坡度的情况下，乳化沥青的使用量应该做适当调节。表 8-17 提供了对于特定尺寸的石料做单石单料的碎石封层应用时乳化沥青的一个大致洒布量。

单层碎石封层应用时乳化沥青的洒布量　　表 8-17

石料尺寸	乳化沥青的数量（L/m^2）
19.0～9.5mm	1.8～2.3
12.5～4.75mm	1.4～2.0
9.5～2.36mm	0.9～1.6
4.75～1.18mm	0.7～0.9
根据旧路面的不同情况，对乳化沥青的使用量进行一定的修正	
旧路面的情况	修正值
偏黑，泛油	-0.04～0.27
光滑，不渗水	0.00
轻微渗水，被氧化	0.14
轻微坑槽，渗水，被氧化	0.27
严重坑槽，渗水，被氧化	0.40

5. SBS 改性沥青的洒布量

SBS 改性沥青均可作为同步碎石封层的结合料，其技术指标要求应符合《公路沥青路面施工技术规范》的要求。为了保证喷洒均匀改性沥青的喷洒温度一般不小于 170℃。表 8-18 是单层碎石封层应用改性沥青的洒布量。

单层碎石封层应用改性沥青的洒布量　　表 8-18

石料尺寸	沥青的数量(L/m^2)	石料尺寸	沥青的数量(L/m^2)
10～14mm	1.1～1.5	4～6mm	0.5～0.7
8～12mm	0.9～1.3	2～4mm	0.3～0.5
6～10mm	0.7～1.1		

实际应用时应进行适当调整，原路面有大面积泛油现象沥青撒布量应减少 0.1～0.2L/m^2，原路面有大面积贫油现象或老化严重沥青撒布量应增加 0.1～0.2L/m^2，交通荷载偏大时沥青撒布量应减少 0.1～0.15L/m^2，交通荷载偏小时沥青撒布量应增加 0.1～0.15L/m^2，施工温度偏低时沥青撒布量应增加 0.1L/m^2。

四、同步碎石封层施工

同步碎石封层施工工艺简图如图 8-5 所示。

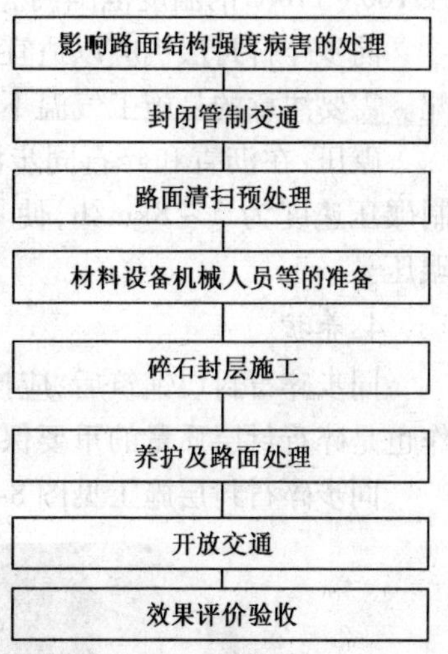

图 8-5　同步碎石封层施工工艺简图

1. 原路面处理

对原路面进行调查分析。由于同步碎石封层的厚度很薄，只有一层石料的厚度。因而，在施工前，应对原路面进行处理。较宽的裂缝需要预先填充，拥包应铲平，坑槽应填补，较深的车辙应预先填平，即应保持路面平整。在碎石封层前，如需要应喷洒黏层油，若有其他污染或杂物应进行冲洗或清扫，当用水冲洗时，应等水分蒸发表面完全干燥后才可进行黏层油喷洒，然后进行碎石封层的施工。

2. 施工机械的配置

同步碎石封层技术施工所需设备的基本配置如表 8-19 所示。

同步碎石封层施工设备的基本配置　　表 8-19

设备名称	规格和数量	备注	设备名称	规格和数量	备注
同步碎石封层机	1 台		沥青运输罐车	25～40t，1 台	
装载机	50 型，1 台		洒水车	8t，1 辆	
石料清洗设备	1 台		小型铣刨设备	1 台	
胶轮压路机	9～16t，1 台		其他小型施工机具	清洗设备、清扫工具、保通标志等	

3. 碎石封层施工

施工路段清扫：封闭施工路段交通后，用吹风机将路面的灰尘和杂质吹掉，使路面干净。

施工放样：施工路段设路栏及专人负责控制交通，并沿原路面两侧放出准确顺直的施工走向控制基准线。

选用技术性能先进的同步碎石封层机并保持其良好的技术状态是保证沥青路面同步碎石封层质量和效率的前提和基础，其中包括：结构合理的沥青喷洒装置，保证对沥青喷洒量及均匀性进行精确调节与控制;先进合理的沥青控制系统;精确调节和控制碎石的撒布量及均匀性;沥青喷洒与碎石撒布要保持高度一致。

喷嘴高度不同时喷洒后形成的沥青膜厚度不同(各个喷嘴喷出的扇形雾状沥青的重叠情况不同),因此要通过调整喷嘴高度使得沥青膜厚度适宜。

使用改性沥青作为黏结剂时,为保证雾状喷洒形成均匀、等厚度的沥青膜,必须保持沥青在 160~170℃的温度范围内。

同步碎石封层机应以适宜的作业速度匀速行驶,在此条件下碎石和沥青的撒布率必须匹配。需要注意的是施工气温不得低于 15℃,大风、浓雾或雨天不得施工。

碾压:在沥青和碎石同步洒布后,可进行碾压,当采用轻型轮胎压路机稳压一、二遍,控制碾压速度为 5~8km/h,使单粒径碎石嵌入改性沥青之中且牢固。没必要进行过多的碾压。

4. 养护

同步碎石封层铺筑后,应控速开放交通,适时路面清扫,及时回收剩余骨料。做好养护工作也是碎石封层质量的重要保证。

同步碎石封层施工见图 8-6 和图 8-7。

图 8-6　同步碎石封层车施工

图 8-7　同步碎石封层车施工

五、质量评价和验收

我国目前还没有制订有关同步碎石封层施工技术规范和相关的质量检查与验收的标准,从国内同步碎石封层的应用实例看,有用于一级公路的,也有用于二级及二级以下公路的,可以根据应用的公路等级,参考《公路沥青路面施工技术规范》(JTG F40—2004)中关于"施工过程中材料质量检查的项目与频度"、"公路稀浆封层、微表处施工过程中工程质量的控制标准"及"公路沥青路面稀浆封层交工检查与验收质量标准"等。

同步碎石封层施工过程中材料质量检查建议包括粗集料的外观、针片状颗粒含量、压碎值、磨光值、洛杉矶磨耗值和含水率。施工过程中工程质量的控制标准建议包括外观、油石比、厚度。交工检查与验收质量标准建议包括平均厚度、渗水系数、路表构造深度、路面摩擦系数摆值和横向力系数。

六、影响乳化沥青同步碎石封层质量的关键因素

1. 乳化沥青碎石封层技术体系

(1)调查乳化沥青碎石封层项目的路段状况:交通量以及路况判断。

(2)乳化沥青碎石封层设计:理念,方案合理。

(3)技术指标体系:检测方法,评价方法,测试,设备,人员。

(4)施工:材料质量,材料数量,施工设备,施工人员。

(5)监理。

(6)评估,验收。

2. 乳化沥青碎石封层黏结料性能的好坏是关键

选择高浓度乳化沥青(蒸发残留物含量≥65%)。根据相关研究,用于同步碎石封层的改性乳化沥青的沥青含量越高(法国达到69%左右),效果越好。但是我国乳化沥青的沥青含量最高只能达到60%左右,一般工程中只能达到55%。主要原因除了乳化设备外,就是乳化剂性能不过关。

乳化沥青碎石封层技术是一种十分有效的预防性养护技术,欲想达到预期效果,必须根据路况检测结果,在适宜的路段,选择适当的时间,采取适用的施工方案。

第五节　雾　封　层

一、概述

雾封层技术(Fog Seal)全称雾状封层技术,它是利用专用雾封层洒布车在沥青面层上喷洒一层薄薄的、高渗透性改性乳化沥青或沥青路面养护剂等流体材料,具有封闭路面孔隙,防止雨水下渗,修复沥青路面表面沥青的老化,改善路面外观功能的一种预防性养护技术(图8-8)。雾封层技术的主要优点:一是可更新和保护旧氧化沥青路面;二是填补小型裂缝和表面空隙;三是加大沥青路面与标线的对比度;四是防止开级配路面的松散;五是施工速度快,开放交通迅速;六是施工成本低。

图8-8　雾状封层喷洒

雾封层技术是一种成本较低的预防性养护技术，它可以封闭道路表面的孔隙和微裂缝，防止水分和空气进入路面结构中而引起破坏，对3mm以下的裂缝有自动愈合作用。此外，雾封层还能稳定道路表面松散的骨料以防止其进一步的松散，可以保护或修复路面因老化所损失的黏结料，减少路面的老化和风化作用。及时进行雾封层处理可以有效阻止出现松散情况，延迟时间为1～4年，即1～4年后才需再进行雾封层处理或其他方式处理。

雾封层技术是机械、材料、施工工艺三者完美结合的产物，全自动智能化沥青喷洒车是这种工艺能够发展的基础，乳化沥青及改性乳化沥青的技术是这种工艺的保证。

二、雾封层技术适用条件

雾封层技术主要适用于提高路面的防水性能，黏结松散集料及修复路表老化沥青，改善外观(图8-9)。如下情况可采用雾封层技术：

图8-9 雾封层施工后的路面

(1)雾封层技术适用于原路面产生微小裂缝，裂缝宽度在1～3mm左右，对于出现的严重病害应预先处理，然后再用雾封层技术施工。

(2)原路面松散甚至出现麻面，路表沥青剥落或老化而结构强度完好时可采用雾封层技术，可有效地黏结松散集料、修复老化沥青、改善外观。

(3)当原路表渗水系数较大，有良好结构强度，采用雾封层技术可有效地防止路面渗水，减少或防止水损坏。

三、雾封层技术对原路面的要求

雾封层材料在路表形成一层薄膜不具有补强作用，因此要求原路面具有以下特性：

(1)原路面及其基层是承重层应能承受荷载的作用，在重复荷载的作用下不会产生残余变形，也不允许产生剪切、弯拉破坏。

(2)原路面具有良好的整体稳定性，原路面的整体水稳定性和热稳定性良好是保证施工后路面稳定的基本因素，因为雾封层施工后对路面的稳定性改善不大，雾封层几乎不具有结构抗应变能力。

(3)原路面表面平整清洁，雾封层技术几乎不能改善路面的平整度，因此雾封层施工前应按照《公路沥青路面养护技术规范》(JTG F40—2004)的要求对不平整路面进行处理，待平整度达到基本要求时才能进行施工。同时原路面是否清洁是关系雾封层技术材料能否渗透、能否封闭路面的重要因素，因此必须保证原路面的清洁。

四、雾封层技术对原材料的要求

雾封层材料为乳化沥青或改性乳化沥青，乳化沥青或改性乳化沥青破乳后在沥青路面上形成一层薄膜，封闭沥青路面上的微小裂缝，封闭路面防止渗水，同时将路面上松散的集料黏结，从而延长了沥青路面的使用寿命。所用乳化沥青材料应满足相关规范。表 8-20 是某条高速公路雾封层材料的技术参数。

雾封层材料技术要求　　表 8-20

试验项目		单　位	PCR	试验方法
破乳速度		—	中裂	T 0658
筛上剩余量(1.18mm)，不大于		%	0.1	T 0652
粒子电荷		—	阳离子正电(+)	T 0653
恩格拉黏度 E_{25}		—	1~10	T 0622
沥青标准黏度 $C_{25,3}$		s	8~25	T 0621
蒸发残留物含量，不小于		%	50	T 0651
蒸发残留物性质	针入度(100g,25℃,5s)	0.1mm	40~120	T 0604
	软化点，不小于	℃	50	T 0606
	延度，(5℃)不小于	cm	20	T 0605
	溶解度(三氯乙烯)，不小于	%	97.5	T 0607
与矿料的黏附性，裹附面积，不小于		—	2/3	T 0654
储存稳定性	1d，不大于	%	1	T 0655
	5d，不大于	%	5	T 0655

对于不同路面要求可在选择乳化沥青时，某些指标进行适当调整。如以解决沥青老化为主的应选择软化点较低的乳化沥青以恢复沥青的性能，以解决新路渗水为主的可选用高软化点的改性乳化沥青以增加道路表面的密实性。

五、雾封层施工工艺及施工组织

1. 施工前准备工作

路况调查：正式施工前，必须对施工路段的所有病害进行一次细致的调查，对未处理到位的病害要重新处置，不留施工质量隐患。根据不同的路面情况，对路面的渗水系数和路面摩擦系数或构造深度进行检测，平均 5 点/km，特殊部位自行加密测点，为下一步的施工作好数据准备工作，同时也可进行施工前后的数据对比，以反映施工效果。

检查内容如下：全线无连续裂缝，如有提前预处理；全线无连续坑槽、坑洞，如有提前预处理；每 5 点/km 检测原路面渗水系数；每 5 点/km 检测原路面摩擦系数；每 5 点/km 检测原路面构造深度等。

2. 机具选择及组合

路面雾封层施工应采用全自动沥青喷洒车进行机械化施工，该设备配置计算机控制系统，同时该设备拥有独立的操作油泵、速率计、压力表、计量器、材料测温计、气泡水准仪和软管等设置，技术先进，性能可靠，可根据施工需要控制洒布量，随机调节洒布宽度。

图 8-10　雾封层施工工艺简图

3. 材料的选择及用量

雾封层材料应满足喷洒型乳化沥青的各项指标，应根据路面情况来选择不同的施工材料。施工前 24 小时内按 1:1 的比例稀释乳化沥青，雾封层中乳化沥青喷洒量一般为 0.23 ~ 0.45L/m^2。如以解沥青老化为主的应选择软化点较低乳化沥青以恢复沥青的性能，以解决新路渗水为主的可选用高软化点的改性乳化沥青以增加路表的稳定性。

4. 雾封层施工工艺简图（图 8-10）

5. 规模施工注意事项

（1）严格按照设计及试验段确定的洒布量施工（图 8-11）。

（2）由于路面状况不同，对于局部空隙率较大的部位，针对不同的情况，现场采用不同的措施进行施工（图 8-12）。

（3）将路面清理、吹扫干净，做到及时、有效，没有杂物。

（4）采用特殊有效的措施保护标线不受污染。

（5）施工中洒布车喷洒完一个车道停车后，立即用油槽接住排油管滴下的乳化沥青，以防局部乳化沥青过多。

图 8-11　雾封层施工

图 8-12　雾封层采用不同的措施进行施工

（6）为减少交通影响，可实行单侧车道全封闭施工。

（7）在雾封层施工中，要控制好横向接头衔接。横接头的衔接是影响雾封层总体外观的重要方面，因此横接缝的处理非常关键。要避免过多过密接缝的同时，还要提高接缝的施工水平。施工时应在起点处铺垫一层薄薄的塑料布，当洒布机前进后，立即取走塑料布，这样可以保证一个非常整齐的起点和良好的外观。

（8）雾封层施工会减小初期摩擦系数，如达不到开放交通要求可采用相应措施，如撒砂等。

六、雾封层施工质量检测及验收

雾封层施工质量检测及验收，见表 8-21 ~ 表 8-23。

改性乳化沥青检测要求　　表 8-21

项　目	要求或允许误差	检测频率		检验方法
		范　围	点　数	
改性乳化沥青	符合规范要求	批次/50t	1	JTG E20—2011

施工中的质量控制　　表 8-22

项　次	检查项目	规定值或允许偏差(高速公路)	检查方法
1	外观	喷洒均匀、无积油、油斑现象,无标线污染	全线连续
2	喷洒量	满足设计要求	1 次/日

质量验收标准　　表 8-23

项　次	检查项目		规定值或允许偏差(高速公路)	检查方法
1	渗水系数		满足设计要求	5 点/km(与施工前对应)
2	抗滑	摩擦系数	满足设计要求	5 点/km(与施工前对应)
		构造深度	满足设计要求	5 点/km(与施工前对应)

注:建议雾封层的质量验收时间为施工后 1 个月。

雾封层技术是一种有效的预防性养护技术,具有良好的经济效益和社会效益,值得大力推广。

第六节　纤维封层技术

一、概述

随着公路建成后交付使用,在行车荷载和环境因素作用下,道路路面质量和服务能力逐年下降,路面损坏的形式多种多样,对路面性能有不同程度的影响。尽快恢复或延长公路良好的运营服务功能,使建成的公路发挥应有的经济效益和社会效益,就要采用先进的预防性养护措施,而改性乳化沥青纤维封层技术就是一项最新型有效的预防性养护施工工艺,这项技术正在国内逐步推广。

1. 纤维封层技术概念

纤维封层技术是指采用纤维封层核心设备同时洒(撒)布沥青黏结料和玻璃纤维,然后在上面撒布碎石经碾压后形成新的磨耗层或应力吸收中间层的一种新型道路施工和养护工艺,也是世界沥青路面养护与建设的革命性新技术。

纤维封层施工中,经过专门工艺破碎切割的纤维在上下两层均匀洒布的沥青结合料中呈乱向均匀分布,相互搭接,与沥青混合料形成网络缠绕结构,有效地提高了封层的抗拉、抗剪、抗压和抗冲击强度等综合力学性能,类似在新建道路基层和面层之间或原有路面基础上加铺了一层具有高弹性和高强度的防护网垫。特别适用于旧沥青路面(或新建路基)、面层层间应力吸收中间层和原有旧沥青路面耐磨层施工,对新旧沥青道路建设及养护起到有效的保护作用,更能延长其养护周期及服务寿命,如图 8-13 所示。

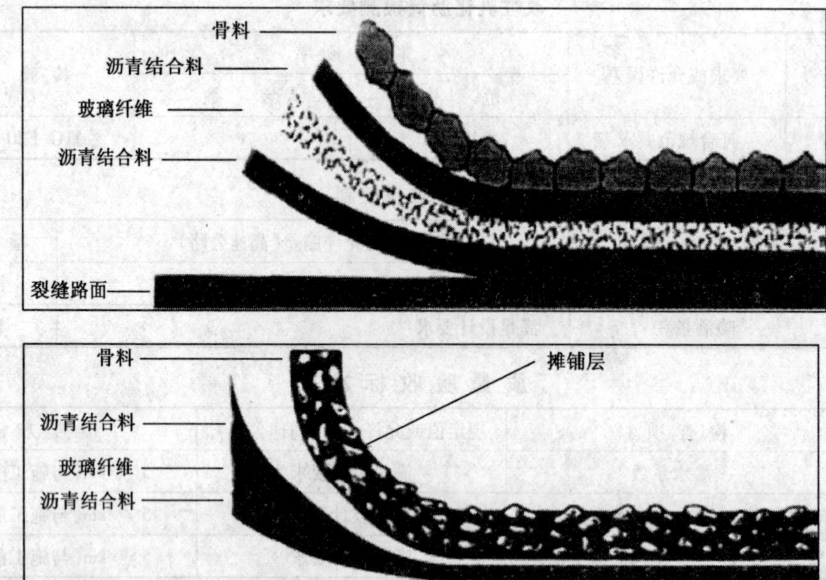

图 8-13 纤维封层用于磨耗层和应力吸收层示意图

2. 纤维封层技术特点

1) 良好的应力吸收能力

纤维封层具有网络缠绕的独特结构，由于纤维本身高抗拉伸强度和高弹性模量值的特点，有效地提高了封层的抗拉、抗剪、抗压和抗冲击强度。铺设于旧沥青面层与新沥青面层或新建沥青面层之间的纤维封层黏结层，兼具有极高的张力与弹力，加之独特的结构，对外界的应力具有极其有效的吸收和扩散功能，是一种很好的应力吸收中间层。能够有效地抑制反射裂缝出现，有效地阻止因车载负荷过重造成的路面破坏，极大地提高道路的使用寿命。

2) 良好的耐磨性

纤维封层设备施工后，紧接其后进行碎石集料撒布，撒布后的集料进入纤维与沥青结合料形成的网状结构中，压实成型后集料被结合料网状结构紧紧裹附，形成一个复合的力学嵌锁体系，类似微观领域中的分子结构物理模型，纤维、沥青和骨料紧密相连。有效地限制了骨料的滑移、脱落。采用纤维封层耐磨施工，能极大地提高路面的耐磨性，有效地延长道路的使用寿命。

3) 良好的防水性

纤维封层因有高弹性模量，延伸力强，其抗拉强度远远大于温度变化带来的收缩拉应力或拉应变，降低了面层的低温脆裂性，能够有效抑制沥青路面低温收缩裂缝的产生，避免了路表水对面层的破坏。

4) 良好的稳定性

纤维封层其结构为 1 层沥青 +1 层纤维 +1 层沥青 +1 层碎石形成的一层物料相互作用的致密网络缠绕结构。2 层沥青的连续洒布，更加提高了封层的密闭性，加之结构中起到加筋和琰接作用的纤维对于前后2层沥青结合料起到极强的吸附作用,它能非常容易地吸附沥青中的油分,增加其黏度和黏附力,能有效阻止沥青的流动,在原有路面上形成一层致密的保护膜,对沥青起到高温稳定性、增加韧性的作用,避免了路面高温泛油和路表水对路面的水损害等。

5)良好的施工快捷性

加快养护施工速度,缩短开放交通时间也是衡量道路养护工艺先进性的体现。

纤维封层施工时,由纤维封层车同时完成2层沥青洒布和1层纤维撒布后,碎石撒布车马上进行1层碎石撒布,即刻完成纤维封层施工。这种连续施工工艺极大地缩短了沥青路面的养护时间。

3. 物理力学性能

与未实施纤维封层路段相比,纤维封层技术具有很多的综合力学性能。20世纪90年代,美国得州A&M大学(Texas A&M University)的一项长达15年之久、分布于4个不同国家的性能跟踪试验进一步表明,纤维封层能够明显改善沥青路面的质量:抗拉强度增大30%以上;抗疲劳性能增大30%以上;抗裂性能增大300%以上,如图8-14所示。

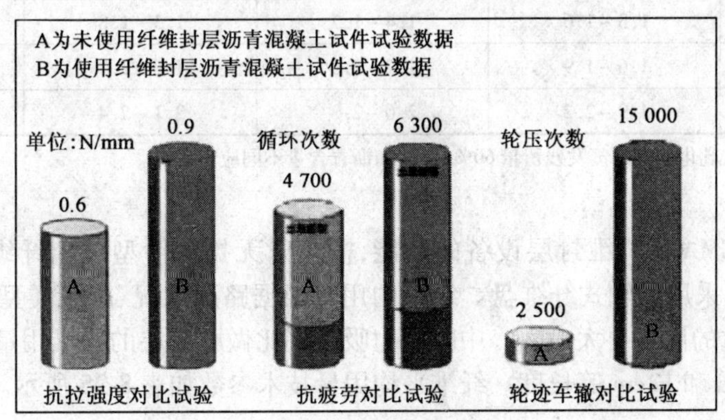

图8-14　试验数据对比图

4. 纤维封层技术的应用范围

纤维封层技术可广泛应用于以下道路施工及养护:

(1)用作新建路面层间应力吸收层,防止反射裂缝。

由于破碎纤维细丝形成不规则网状结构与沥青结合同时洒布在路面上,极大增加了沥青黏结层的强度,这种工艺有效解决了路面裂缝反射的问题,有效吸收应力和分散应力,防止裂缝产生。

(2)新旧沥青路面间铺设耐磨层,进行预防性养护。

可以使磨损、老化、裂缝、松散等病害迅速得到修复,起到防水、防滑、平整、耐磨等作用。

(3)各等级公路下封层施工。

(4)旧水泥路面改造。

(5)桥梁防水层的施工。

二、纤维封层的材料选择

1. 改性乳化沥青

改性乳化沥青纤维封层技术使用改性乳化沥青作为封层结合料，一般用 SBS、SBR、CR 等改性乳化青。改性乳化沥青作为封层结合料具有抗开裂性和低温延度好、黏附性强、早期强度高、恢复交通快、罩面使用时寿命长等特点。

路面状况、施工工艺类别、环境等因素，是决定纤维封层改性乳化沥青类型和用量的关键因素。旧路面粗糙度越大，改性乳化沥青的用量就越大；耐磨层及面层养护时用量要比中间应力吸收层施工大一些；相对来说，在高温季节施工，改性乳化沥青用量要比低温季节施工用量要小一些。根据选用的碎石规格以及路面状况，不同纤维封层类型的改性乳化沥青平均用量见表 8-24。

改性乳化沥青平均用量表 表 8-24

碎石规格(mm)	应力吸收层(kg/m^2)		磨耗层(kg/m^2)	
	光滑路面	粗糙路面	光滑路面	粗糙路面
4 ~ 6	1.3 ~ 1.6	1.4 ~ 1.7	1.5 ~ 1.8	1.6 ~ 1.9
6 ~ 10	1.6 ~ 1.9	1.7 ~ 2.0	1.8 ~ 2.1	1.9 ~ 2.2
10 ~ 14	1.9 ~ 2.2	2.0 ~ 2.3	2.1 ~ 2.4	2.2 ~ 2.5

注：表中乳液用量按乳化沥青的蒸发残留量 60% 计算，如沥青含量不同应于折算。

2. 纤维

按照法国 SECMAIR 纤维封层设备的功能，需喷射无捻粗纱型玻璃纤维，特克斯数约为 2 400TEX(g/km)，采用卷轴式纤维盘。纤维的用量根据路面状况、施工类型来确定。路面龟网裂现象比较严重的用量要大一些。中间应力吸收层比做磨耗层的纤维用量要大。玻璃纤维能切割成 3cm、6cm 和 12cm 等长度。纤维平均用量技术参数如表 8-25 所示。

纤维平均用量技术参数 表 8-25

路面龟裂情况	应力吸收层纤维用量(g/m^2)	磨耗层纤维用量(g/m^2)
轻、中	80 ~ 100	60 ~ 80
中、重	100 ~ 120	80 ~ 100

国内纤维产品有山东淄博中材庞贝捷金晶玻纤有限公司生产的直径为 18μm、ER2400-HB6000 型的玻璃纤维丝。根据国外经验和试验路的需要，可以采用长度为 6cm 的纤维作封层材料。

3. 碎石

碎石是纤维封层的重要组成材料，它主要承受车辆的荷载作用，并为行车提供抗滑作用，因此必须选用材质优良的石料。

选择优质石料是保证纤维封层技术成功的关键。石料选择应遵循以下几个原则：

(1)应选择洁净、干燥、表面粗糙的坚硬石料以抵挡交通磨损，在相对重载车较多，车流量较大的情况下，石料的质量尤为重要。

(2)级配:近乎单一级配,几乎不含粉料。

(3)形状:尽量使用立方体的骨料,避免针片状,以保证骨料在沥青中达到合适的嵌入深度。

石料可选择碎石或破碎砾石,石料应具有良好的颗粒形状,且洁净、干燥、无风化、无杂质、表面粗糙,质量要求可参考表8-13和表8-14。

常用4~6mm、6~10mm、10~14mm三个规格。

4. 纤维封层配合比设计中注意事项

(1)为了保证纤维封层的高性能,需采用相关试验,来确定将要投入使用的骨料和改性乳化沥青结合料之间的物理化学相容性,在公路作业前、作业中、作业后进行操作控制(实验室试验,现场试验);

(2)碎石的撒布要根据油量和碎石粒径大小进行调整。

(3)改性乳化沥青用量要根据旧路面粗糙度及网裂严重程度现场进行调整,旧路面粗糙度越大,改性乳化沥青用量越大;网裂越严重;改性乳化沥青用量越大;并且改性乳化沥青内基质沥青的含量应为60%~65%。

(4)纤维用量根据封层的用途和旧路面的网裂程度进行调整。旧路面的网裂程度越大,纤维用量越大。

三、对路况和结构的要求

(1)对实施纤维封层的路段,要求基层和面层具有一定的强度,平整度要好,路面破损率要低。对于年久失修、超期服役、交通量大、路面病害严重急需大修的路段,不适合用作纤维封层;

(2)适用于大修路段的基层和面层之间、路基强度好的旧沥青路面与上面加铺层之间用作应力吸收中间层,用以吸收和分散应力,阻止路基裂缝或旧路面的裂缝反射到上覆层;

(3)适用于基层强度好、出现轻微的龟网裂现象需要中修改造的老路面用作磨耗层,能预防并抑制裂缝继续扩延,并且起到路面防水防滑的作用。

四、对地域条件、气候条件的要求

国外对纤维封层技术的广泛应用,可以说纤维封层技术适用于各国家和地区,但对气候条件要求却十分严格。当气温达到10℃并且持续下降时,不允许进行施工;在气温到达7℃并且持续上升时,则可允许施工,尽量避免雨天施工作业。

五、纤维封层施工

1. 施工前准备工作

1)原路面先期处理

(1)原沥青路面如果存在拥包,要先进行铣刨,保证路面平整;

(2)对于强度不足的路段要进行补强;

(3)坑槽要进行修补;

(4)对大于5mm的裂缝要进行灌缝,大缝要填充灌缝料,小于5mm的裂缝,用压缩空气吹扫后用乳化沥青灌缝。

2)在施工前要对路面进行彻底清扫,确保路面无尘土、杂物。

3)做好交通的封闭、开放及车辆限速管理。

4)纤维封层施工设备的基本配置,如表8-26所示,确定纤维封层设备的状态和设定都正确无误,配套设备准备就绪。

纤维封层施工设备的基本配置表　　表8-26

设 备 名 称	规格和数量	备　注
法国SECMAIR纤维封层设备	1台	
$10m^3$ 碎石撒布车	2台	
50型装载机	1台	
胶轮压路机	6~8t,1台	
沥青运输罐车	$20 \sim 30m^3$,1台	
其他小型施工机具	清洗设备、清扫工具、保通标志等	

2. 技术交底

组织好施工队伍,明确人员分工,就设计和施工要求,施工时间、质量标准、安全操作等向施工人员做详细交底。

3. 施工

1)做试验段确定各材料用量

试验段的长度通常宜为100~200m,根据试验效果对施工各参数进行实地调整,包括纤维封层设备沥青喷洒、纤维撒布试作业,碎石撒布车碎石撒布的修正,确保各材料用量达到设计要求,再进行连续长距离的施工。

2)改性乳化沥青洒布与纤维撒布

根据全幅宽度调整改性乳化沥青洒布宽度,使施工幅数为整数,减少作业时间。

纤维封层设备同时洒(撒)布2层改性乳化沥青和1层纤维,控制车速在3~4.5km/h,最佳车速为3.5km/h左右,操作人员应时刻注意观察洒(撒)布情况,如出现不均匀或有中间断条情况,应立即停车检查,发现问题及时处理。

3)碎石撒布

一般应用两台碎石撒布车交替连续跟进纤维封层设备进行碎石撒布,车速尽量与纤维封层车保持一致。有关碎石撒布覆盖率,建议对应力吸收层要控制在70%以上,对磨耗层要达到100%。

若分幅进行施工,另一幅开放交通,应做好搭接缝的处理,两幅搭接处,第一幅暂留100~150mm宽度不撒石料,待第二幅一起撒布。

4)碾压

碎石撒布后,立即用6~8t胶轮压路机碾压2遍,碾压初始阶段速度控制在2km/h以内,以后可以适当增加碾压速度,碾压后的碎石颗粒浸入改性乳化沥青层的深度为粒径的1/2为宜。

5)开放交通

碾压完成后,待乳化沥青完全破乳后即可开放交通。但必须对过往车辆限制车速,设立标志或派人把守,待纤维封层路面完全成型方可撤销限速。

6)施工结束

(1)对赛格玛纤维封层设备按保养技术要求马上实施保养维护,包括沥青管路清洗,设备除尘等操作。

(2)如果是路面养护工程,通车一周后再对路面进行一次清扫。

7)施工过程中应注意的事项

(1)严禁碎石撒布车在施工路面上有急转弯或急刹车等情况出现;

(2)石料撒布和碾压均应在改性乳化沥青破乳前完成;

(3)局部处理,每车料起点、终点纵向裂缝处视具体情况进行人工处理,过厚或过薄地区进行人工找平,所有这些工作应尽量在最短时间内完成。

2007 年 6 月辽宁营口纤维封层施工现场如图 8-15 所示。

图 8-15　纤维封层施工现场

六、质量评价和验收

我国目前还没有制订有关纤维封层施工技术规范和相关的质量检查与验收的标准,从国内纤维封层的应用实例看,有用于一级公路的,也有用于二级及二级以下公路的,可以根据应用的公路等级,参考《公路沥青路面施工技术规范》(JTG F40—2004)中关于“施工过程中材料质量检查的项目与频度”、“公路稀浆封层、微表处施工过程中工程质量的控制标准”及“公路沥青路面稀浆封层交工检查与验收质量标准”等。

纤维封层施工过程中材料质量检查建议应包括粗集料的外观、针片状颗粒含量、压碎值、磨光值、洛杉矶磨耗值和含水率。施工过程中工程质量的控制标准建议应包括外观、油石比、厚度。交工检查与验收质量标准建议应包括平均厚度、渗水系数、路表构造深度、路面摩擦系数摆值和横向力系数。

第七节　沥青路面下封层与半刚性基层施工质量问题和对策

一、国内概况

在我国高等级公路路面中,以半刚性材料为基层的沥青路面占大多数。目前这种路面设计采用的是双圆垂直均布荷载作用下的多层弹性连续体系理论,也就是说沥青路面结构及有关材料等设计都是以层间完全连续为前提的,这也是沥青路面保持良好运营状态的必要条件。但是,目前因为界面不连续,尤其是半刚性基层与沥青路面下面层之间的不连续而导致的沥青路面损坏问题时有发生,这也是目前许多半刚性基层沥青路面出现不同程度早期破坏的诸多因素之一。

《公路沥青路面施工技术规范》(JTG F40—2004)中对下封层提出了原则性的规定。但有关下封层的质量控制技术和检验评定标准国内还没有制定,如《公路工程质量检验评定标准 第一册 土建工程》(JTG F80/1—2004)中就没有下封层的内容和规定。在实际工程中,施工单位及建设管理单位只能简单的套用规范,甚至个别公路沥青路面下封层的施工流于形式,质量失控。

根据国内的相关规范和标准要求,以及作者通过参与沥青路面下封层与半刚性基层施工的研究和实践,总结出一些有关沥青路面下封层与半刚性基层施工质量问题和控制对策,供读者参考。

二、施工前的材料检查

1.不同类型下封层施工质量要求分析

国内沥青路面下封层大多采用层铺法表面处治、同步碎石封层和稀浆封层。不同类型的下封层作用效果也有不同,如表8-27所示。

不同类型的下封层作用效果　　表8-27

作用范围	不同类型下封层作用效果		
	层铺法表面处治	同步碎石封层	改性稀浆封层
增加层间联结	优	优	优
增强了路面的防水能力	优	优	优
产生阻止移动的摩阻力	优	优	优
承担临时交通	中	中	优
抗二次污染	差	差	优

2.材料的质量要求

(1)改性稀浆封层下封层与上封层的稀浆封层、微表处对材料的要求也有不同。表8-28为不同用途的集料质量要求比较。

不同用途的集料质量要求比较表　　表8-28

材料名称	项　　目	质量要求		
		稀浆封层	微表处	改性稀浆封层
粗集料	石料压碎值,不大于(%)	28	26	26
	洛杉矶磨耗损失,不大于(%)	30	28	30
	石料磨光值,不小于(BPN)	—	42	—
	坚固性,不大于(%)	12	12	12
	针片状量,不大于(%)	18	15	15
细集料	坚固性,不大于(%)	—	12	12
矿料	砂当量,不小于(%)	50	65	60

（2）沥青路面下封层无论是采用层铺法表面处治还是改性稀浆封层，都要求达到坚实，平整，耐久，与半刚性基层黏结牢固，有良好的封水效果，而且对黏结材料也提出了较高的要求。如河南地区的高速公路，下封层采用同步封层或碎石封层，其改性沥青普遍选用 SBS 类（Ⅰ-D）。因此，下封层用的改性乳化沥青，其技术指标也应该有所提高，见表 8-29。

不同用途的改性乳化沥青质量要求比较表　　表 8-29

项　目		改性稀浆封层	微表处
筛上剩余量（1.18mm）%，不大于		0.1	0.1
电荷		阳离子正电（+）	阳离子正电（+）
标准黏度 $C_{25,3}$（s）		12～60	12～60
恩格拉黏度 E_{25}		3～30	3～30
蒸发残留物含量（%），不小于		60	60
蒸发残留物性质	针入度（100g，25℃，5s）（0.1mm）	40～100	40～100
	软化点（℃），不小于	55	53
	延度（cm）（5℃，5cm/min），不小于	30	20
	溶解度，不小于（%），（三氯乙烯）	97.5	97.5
储存稳定性	1d（%），不大于	1	1
	5d（%），不大于	5	—

（3）改性乳化沥青由沥青供应商集中供应施工标段，监理和改性稀浆封层施工单位应检测每一罐车改性乳化沥青的蒸发残留物含量以及蒸发残留物的针入度、软化点和延度。如果连续两次检测试验均不合格，则施工应当停止。

三、施工过程中的质量管理与检查

1. 施工现场生产乳化沥青的要求

（1）新建高速公路改性稀浆封层下封层用的改性乳化沥青，有施工单位现场生产改性乳化沥青的方式，也有业主集中供应的方式。

为了控制改性乳化沥青的质量，改性乳化沥青的生产工艺允许采用边乳化边改性方法（内掺法），这种方法制作的改性乳化沥青具有黏度大，固含量高，储存稳定性好等特点。

尽量不要采用先乳化后改性方法（外掺法），这种方法制作的改性乳化沥青储存稳定性较差，经过一段时间后胶乳会发生分离、沉淀，形成乳白色分离层。

（2）必须加强对施工单位现场生产改性乳化沥青的监督，无论是采用内掺法或外掺法，均应要求设置掺配改性剂的计量装置。

掺配改性剂是保证改性乳化沥青产品质量的重要生产环节，现场监理以及现场生产负责人均应加强对掺配改性剂的计量监督。改性剂的名称、型号、有效含量、掺配的数量、乳化沥青的数量、掺配比例等，均应记录在案。

沥青供应商和稀浆封层承包人应向驻地监理工程师证明所有问题已经得到解决后，才允许继续施工。

改性稀浆封层下封层施工中，还应采用动态监控质量的方式，建议每 50 000m² 抽检一次改性乳化沥青。从正在施工的稀浆封层车中提取改性乳化沥青样品，检测项目：蒸发残留物含量和软化点。

(3)改性稀浆封层施工单位应在施工现场准备现场存储改性乳化沥青的设备，该设备必须具有计量、密封、搅拌和循环的功能。不允许采用敞口容器和地下油池。

改性乳化沥青每次装入稀浆封层车前，应在存储罐中进行搅拌和循环后再装车，改性乳化沥青经搅拌后能够达到均匀一致才可使用。

(4)高速公路改性稀浆封层下封层施工，一般都有工程量大，工期紧的现象，而改性乳化沥青储存稳定性 5d 的要求，不符合我国高速公路工程进度的实际。因此，取消检测改性乳化沥青储存稳定性 5d 的要求。

(5)新建高速公路下封层的施工线路一般较长，作业的施工单位较多，改性稀浆封层的矿料必须统一来源，统一材质，定点采购，定时检验，确保矿料的质量稳定。

施工前材料以同一料源、同一次购入并运至生产现场的相同规格品种的集料为一“批”进行检查。对筛后的矿料进行检查应控制的重点指标有：级配、砂当量、含水率、干容重，检测的结果必须符合要求；矿粉的质量要求主要有细度、含水率等。

施工用的矿料必须过筛，超规格粒径的颗粒要彻底清除，以免大粒径石料给拌和、摊铺带来不利影响。

2. 施工过程中的质量管理与检查

1)沥青路面下封层采用的改性稀浆封层和上封层采用的微表处都是使用改性乳化沥青，但在施工质量控制方面还是有一定的差异，如表 8-30 所示。

改性稀浆封层上封层与下封层施工质量控制项目比较 表 8-30

交工验收项目		封层类型	
		微表处上封层	改性稀浆封层下封层
表观质量	外观	√	√
	横向接缝	√	√
	纵向接缝	√	√
	边线	√	√
抗滑性能	摆值	√	×
	横向力系数	√	×
	构造深度	√	×
渗水系数	≤10mL/min	√	√
厚度	-10%	√	√

2)根据高速公路半幅路面的全宽所确定的摊铺宽度，应是稀浆封层摊铺车施工车程次数为整数。在半幅路面的全宽中，每一个摊铺面取一点检测厚度，按施工车程次数取平均数为断面平均厚度，每一车摊铺长度取 2 个断面，每公里大约 6 个断面。厚度检测点不能选在纵向接缝处。

3)在上封层施工过程中，通常采用“三控检验法”检验改性稀浆封层混合料的油石比。由于高速公路改性稀浆封层下封层的施工场合、条件等因素的差别，应合理选择“三控检验法”。

“三控检验法”中的第(1)项，采用每日一次总量检验的方法。该检验方法适合试验路段进行检验，大量施工将很难操作。高速公路改性稀浆封层下封层施工速度快，施工线路长，远离城镇。每天计量每车料，需要选择大型称重设备，每车计量费工、费时，计量的准确性也很难保证。

“三控检验法”中的第(2)项，采用摊铺过程中取样进行混合料抽提试验的方法。该检验方法适合大量施工中的过程质量控制。摊铺过程中的取样位置，应是从施工中的稀浆封层车拌和箱出料口接取混合料，进行室内抽提试验，计算油石比大小是否与设计油石比相符。

“三控检验法”中的第(3)项，采用统计每50 000m^2左右的实际用料量的方法。该检验方法同样不适合工程量大，工期紧的改性稀浆封层下封层施工。

建议高速公路改性稀浆封层下封层施工时，油石比检验以第(2)项为准，第(1)、(3)项作为校核或者稀浆封层施工单位的自检。

四、交工验收阶段的工程质量检查与验收

参考文献[12]介绍武西高速公路S88郑州至石人山段下封层施工中，通过对下封层工程的研究和实践，提出一项对下封层与沥青混凝土面层和半刚性材料基层间的黏结效果进行检测和评定指标的方法。

1. 黏结效果检测和评定指标的提出

参照《公路工程质量检验评定标准》(JTG F80/1—2004)中7.3沥青混凝土面层实测项目检查方法和频率，如检查压实度和厚度，一般采用钻取芯样进行测定。如果钻取芯样检查沥青路面下面层的厚度，钻取的芯样要将下封层和半刚性基层上表面一起带出。当对芯样切割，切下的主要部分进行压实度测定。余下的头部，一般连带有下封层和半刚性基层上表面。这样，我们可以利用芯样的余下部分对其进行实际检查和测定，从而可以得出下封层与半刚性基层黏结效果质量的评定。

芯样与下封层和半刚性基层黏结状态从外观看有两种状态，黏结与未黏结：

(1)黏结状态也有两种形式，芯样的头部带有半刚性基层上表面的石料和水泥，划分为上黏结，如图8-16和图8-17所示；当芯样的头部带有下封层沥青混合料，外观不平整，划分为下黏结，如图8-18和图8-19所示。

图8-16　上黏结状态一(局部下黏结)

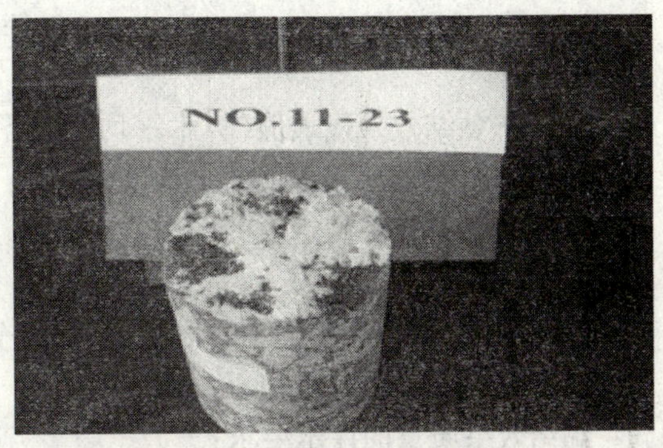

图8-17　上黏结状态二(局部下黏结)

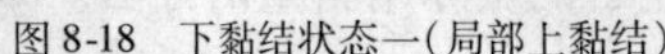

图 8-18 下黏结状态一(局部上黏结)

图 8-19 下黏结状态二(局部上黏结)

(2)未黏结状态是下封层与半刚性基层的界面明显,如图 8-20 和图 8-21 所示。

图 8-20 局部未黏结状态一

图 8-21 局部未黏结状态二

对黏结面积与未黏结面积的统计和划分方法,采用将透明纸罩在芯样头部,用铅笔描出黏结面积与未黏结面积的轮廓,放在米格纸上统计出面积值,将黏结面积值与芯样的截面积比值,确定为黏结效果评定值。

2. 评定方法

参照《公路工程质量检验评定标准》(JTG F80/1—2004)中附录 H 路面结构层厚度评定的方法。

将黏结效果代表值作为黏结值的算术平均值的下置信界限值,即:

$$K = \overline{K} - \frac{t_\alpha}{\sqrt{n}} S \geqslant K_0 \tag{8-4}$$

式中:K——黏结效果代表值(算术平均值的下置信界限值)(%);

$\overline{K}$——黏结效果测定值的平均值(%);

S——黏结效果测定值的标准差;

n——检测点数;

t_α——t 分布表中随测点数和保证率(或置信度 α)而变的系数;

K_0——黏结效果保证值,$K_0 = 96\%$。

黏结效果质量的评定要求:

当 $K \geqslant K_0$ 且全部测点大于等于黏结效果保证值减少 1 个百分点时,评定路段的黏结效果质量合格率为优；

当 $K \geqslant K_0$ 时，按测点值不低于黏结效果保证值减 1 个百分点的测点数计算合格率 K_n，$K_n \geqslant 95\%$ 为良。

$$K_n = \frac{n - z}{n} \tag{8-5}$$

式中：K_n——黏结效果质量合格率（%）；

z——低于黏结效果保证值 96% 减 1 个百分点为 95% 的测点数。

当 $K < K_0$ 时，评定路段的黏结效果测定值为不合格，相应分项工程评为不合格。

对于专门为评定沥青路面下封层与半刚性基层黏结效果而钻取芯样的，可以按以上评定方法和要求，评定路段的合格与不合格。

对于借用检查压实度钻取的芯样，并且不能得到所有的芯样，达不到完整的取样频率的，则沥青路面下封层与半刚性基层黏结效果的评定结果，可作为沥青路面下封层与半刚性基层黏结质量的参考。

3. 检测与计算

2007 年 8 ~ 9 月，结合武西高速公路 S88 郑州至石人山段沥青路面下面层进行的取芯检测，共收集芯样 300 余个，对其测量和计算。本文以芯样数量大于 30 个的两个标段为例，说明下封层黏结效果评定，如表 8-31 和表 8-32 所示。

下封层黏结效果评定表（路面标段：NO.4）　　表 8-31

序号	平均直径（mm）	芯样面积（mm^2）	上黏结面积（mm^2）	下黏结面积（mm^2）	未黏结面积（mm^2）	黏结值（%）
1	49.60	1 931.23	1 925.00	6.23	0.00	100.00
2	49.38	1 914.13	1 914.13	0.00	0.00	100.00
3	49.38	1 914.13	1 614.13	0.00	300.00	84.33
4	49.37	1 913.36	1 688.36	0.00	225.00	88.24
5	49.55	1 927.33	1 927.33	0.00	0.00	100.00
6	49.32	1 909.48	1 909.48	0.00	0.00	100.00
7	49.42	1 917.23	1 917.23	0.00	0.00	100.00
8	49.07	1 890.17	1 890.17	0.00	0.00	100.00
9	49.45	1 919.56	1 694.56	0.00	225.00	88.28
10	49.45	1 919.56	1 919.56	0.00	0.00	100.00
11	49.50	1 923.45	−428.25	2 351.70	0.00	100.00
12	49.46	1 920.34	1 805.34	0.00	115.00	94.01
13	49.30	1 907.93	−5 742.40	7 475.33	175.00	90.83
14	49.48	1 921.89	1 921.89	0.00	0.00	100.00
15	49.42	1 917.23	1 917.23	0.00	0.00	100.00

续上表

序号	平均直径（mm）	芯样面积（mm^2）	上黏结面积（mm^2）	下黏结面积（mm^2）	未黏结面积（mm^2）	黏结值（%）
16	49.51	1 924.22	1 924.22	0.00	0.00	100.00
17	49.41	1 916.46	1 666.46	0.00	250.00	86.96
18	49.50	1 923.45	1 923.45	0.00	0.00	100.00
19	49.46	1 920.34	1 920.34	0.00	0.00	100.00
20	49.52	1 925.00	1 825.00	0.00	100.00	94.81
21	49.49	1 922.67	1 922.67	0.00	0.00	100.00
22	49.67	1 936.68	1 936.68	0.00	0.00	100.00
23	49.61	1 932.00	1 932.00	0.00	0.00	100.00
24	49.59	1 930.45	1 855.45	0.00	75.00	96.11
25	49.56	1 928.11	1 928.11	0.00	0.00	100.00
26	49.54	1 926.56	1 926.56	0.00	0.00	100.00
27	49.47	1 921.12	1 846.12	0.00	75.00	96.10
28	49.52	1 925.00	1 925.00	0.00	0.00	100.00
29	98.97	7 689.12	7 689.12	0.00	0.00	100.00
30	98.88	7 675.14	7 675.14	0.00	0.00	100.00
31	98.71	7 648.78	7 648.78	0.00	0.00	100.00
32	98.92	7 681.36	7 681.36	0.00	0.00	100.00
33	99.00	7 693.79	7 693.79	0.00	0.00	100.00
34	99.05	7 701.56	7 626.56	0.00	75.00	99.03
35	98.77	7 658.08	7 658.08	0.00	0.00	100.00
36	99.07	7 704.67	7 704.67	0.00	0.00	100.00
37	98.93	7 682.91	7 682.91	0.00	0.00	100.00
38	99.16	7 718.67	7 718.67	0.00	0.00	100.00
39	99.07	7 704.67	7 704.67	0.00	0.00	100.00
40	99.15	7 717.12	7 717.12	0.00	0.00	100.00
41	99.12	7 712.45	7 712.45	0.00	0.00	100.00
42	99.16	7 718.67	7 718.67	0.00	0.00	100.00
43	98.89	7 676.70	7 526.70	0.00	150.00	98.05
44	99.01	7 695.34	7 695.34	0.00	0.00	100.00
45	99.11	7 710.89	7 710.89	0.00	0.00	100.00

续上表

序号	平均直径（mm）	芯样面积（mm^2）	上黏结面积（mm^2）	下黏结面积（mm^2）	未黏结面积（mm^2）	黏结值（%）
46	98.85	7 670.49	7 670.49	0.00	0.00	100.00
47	99.05	7 701.56	7 701.56	0.00	0.00	100.00
48	99.07	7 704.67	7 704.67	0.00	0.00	100.00
49	99.13	7 714.00	7 714.00	0.00	0.00	100.00
50	98.83	7 667.38	7 667.38	0.00	0.00	100.00
51	99.06	7 703.11	7 703.11	0.00	0.00	100.00
52	99.00	7 693.79	7 693.79	0.00	0.00	100.00
53	99.16	7 718.67	7 543.67	0.00	175.00	97.73
54	99.04	7 700.00	7 700.00	0.00	0.00	100.00
55	98.98	7 690.68	7 690.68	0.00	0.00	100.00
56	99.02	7 696.89	7 571.89	0.00	125.00	98.38
57	98.99	7 692.23	7 692.23	0.00	0.00	100.00
58	98.90	7 678.25	7 578.25	0.00	100.00	98.70
59	98.98	7 690.68	7 690.68	0.00	0.00	100.00
60	98.99	7 692.23	7 692.23	0.00	0.00	100.00
61	99.10	7 709.34	7 709.34	0.00	0.00	100.00
62	98.80	7 662.73	7 662.73	0.00	0.00	100.00
63	99.00	7 693.79	7 693.79	0.00	0.00	100.00
黏结平均值						0.985 957 978
K						0.981 726 681

下封层黏结效果评定表（路面标段 NO.11）　　表 8-32

序号	平均直径（mm）	芯样面积（mm^2）	上黏结面积（mm^2）	下黏结面积（mm^2）	未黏结面积（mm^2）	黏结值（%）
1	99.52	7 774.82	400.00	7 374.82	0.00	100.00
2	98.72	7 650.33	1 425.00	6 225.33	0.00	100.00
3	99.11	7 710.89	7 310.89	400.00	0.00	100.00
4	100.09	7 864.14	7 864.14	0.00	0.00	100.00
5	100.25	7 889.30	7 889.30	0.00	0.00	100.00
6	99.03	7 698.45	7 698.45	0.00	0.00	100.00
7	99.20	7 724.90	7 724.90	0.00	0.00	100.00

续上表

序号	平均直径（mm）	芯样面积（mm^2）	上黏结面积（mm^2）	下黏结面积（mm^2）	未黏结面积（mm^2）	黏结值（%）
8	99.45	7 763.89	7 763.89	0.00	0.00	100.00
9	99.68	7 799.84	7 799.84	0.00	0.00	100.00
10	99.69	7 801.41	7 801.41	0.00	0.00	100.00
11	99.68	7 799.84	7 799.84	0.00	0.00	100.00
12	98.11	7 556.07	1 125.00	6 431.07	0.00	100.00
13	100.11	7 867.28	2 900.00	4 967.28	0.00	100.00
14	99.82	7 821.77	7 821.77	0.00	0.00	100.00
15	99.81	7 820.20	7 820.20	0.00	0.00	100.00
16	99.07	7 704.67	2 687.50	5 017.17	0.00	100.00
17	99.80	7 818.63	7 331.13	487.50	0.00	100.00
18	99.08	7 706.22	7 706.22	0.00	0.00	100.00
19	98.46	7 610.08	7 610.08	0.00	0.00	100.00
20	98.82	7 665.83	1 950.00	5 715.83	0.00	100.00
21	98.94	7 684.46	6 196.96	1 487.50	0.00	100.00
22	98.79	7 661.18	1 362.50	6 298.68	0.00	100.00
23	99.13	7 714.00	7 164.00	550.00	0.00	100.00
24	99.42	7 759.20	7 584.20	175.00	0.00	100.00
25	99.55	7 779.51	7 779.51	0.00	0.00	100.00
26	99.89	7 832.74	7 832.74	0.00	0.00	100.00
27	98.74	7 653.43	1 800.00	5 853.43	0.00	100.00
28	97.36	7 440.99	7 440.99	0.00	0.00	100.00
29	98.67	7 642.58	7 327.58	315.00	0.00	100.00
30	98.38	7 597.72	7 597.72	0.00	0.00	100.00
31	98.73	7 651.88	7 651.88	0.00	0.00	100.00
32	98.47	7 611.63	7 611.63	0.00	0.00	100.00
33	98.92	7 681.36	7 681.36	0.00	0.00	100.00
34	99.51	7 773.26	7 773.26	0.00	0.00	100.00
35	99.03	7 698.45	7 698.45	0.00	0.00	100.00
36	99.55	7 779.51	7 779.51	0.00	0.00	100.00
37	98.50	7 616.27	7 616.27	0.00	0.00	100.00

续上表

序号	平均直径（mm）	芯样面积（mm^2）	上黏结面积（mm^2）	下黏结面积（mm^2）	未黏结面积（mm^2）	黏结值（%）
38	97.69	7 491.52	7 291.52	0.00	200.00	97.33
39	97.45	7 454.75	7 454.75	0.00	0.00	100.00
40	98.52	7 619.36	7 619.36	0.00	0.00	100.00
41	98.61	7 633.29	7 508.29	0.00	125.00	98.36
42	99.00	7 693.79	7 693.79	0.00	0.00	100.00
43	98.37	7 596.18	7 381.18	215.00	0.00	100.00
44	98.69	7 645.68	7 645.68	0.00	0.00	100.00
45	97.75	7 500.72	7 500.72	0.00	0.00	100.00
46	98.55	7 624.00	7 624.00	0.00	0.00	100.00
47	99.05	7 701.56	7 701.56	0.00	0.00	100.00
48	99.05	7 701.56	7 701.56	0.00	0.00	100.00
黏结平均值						0.999 102 656
K						0.998 482 243

4. 评价

(1)路面 NO.4 标：$K \geqslant K_0$，并且全部测点的黏结效果测定值大于黏结效果保证值 96% 减少 1 个百分点为 95% 的黏结效果值。评定路段的黏结效果质量合格率为优。

(2)路面 NO.11 标：$K \geqslant K_0$，并且全部测点的黏结效果测定值大于黏结效果保证值 96% 减少 1 个百分点为 95% 的黏结效果值。评定路段的黏结效果质量合格率为优。

5. 结论

结合郑石高速公路沥青路面层进行的取芯检测工作，提出一项沥青路面下封层与半刚性基层黏结效果的评定方法，可以达到如下效果：

(1)下面层芯样的二次利用，可以减少因钻孔对面层的损坏；

(2)可作为直观检测沥青路面下封层与半刚性基层黏结质量的依据。

(3)为制定我国高速公路沥青路面下封层工程质量检验评定标准，提供一项切实可行、便于操作的实测项目检查方法。

利用沥青路面层芯样，评定沥青路面下封层与半刚性基层黏结效果，是对我国高速公路沥青路面下封层与半刚性基层黏结效果评定方法的一种探索和实践，这种方法仍然需要进一步在工程中进行验证和完善。

第八节　同步碎石封层车产品目录

同步碎石封层车产品见表 8-33。

同步碎石封层车产品目录 表 8-33

技术参数 \ 型号/名称		HGY5310TLS	HGY5251TLS	DGL5255TBS	TSF0814	TSF0610
作业方式		间歇式	间歇式		全自动控制	全自动控制
底盘		豪卡 ZZ3313N4661C	豪运 ZZ3255M4945C	SX1255JM434	ZZ3317N4267CI	ZZ3317N4267CI
行驶速度(km/h)		75	75	92	75	75
主要材料容量	石料(m^3)	10	10	14	10	
	沥青(m^3)	6	6	8	6	
沥青洒布量(kg/m^2)		0.5~3.0	0.5~3.0	0.5~3	0.5~2.5	0.5~2.5
碎石撒布量(m^3/km^2)		2~20	2~20	2~22	2~22	2~22
沥青洒布宽度(m)		0.2~3.8	0.2~3.5	250~3 800mm(级差 250)	0.3~4.2	0.3~3.8
碎石撒布宽度(mm)		3~25	5~30	250~3 800mm(级差 250)	0.3~4.0	0.3~3.8
工作速度(km/h)		3~5	3~5	3~6	3~6	3~6
辅助发动机功率(kW)		70	38	无	无	60
产品特点		1. 集料皮带输送,集料仓无需举升,满足桥隧施工要求。 2. 集料与沥青的撒布、喷洒系统独立控制,不产生干扰,亦可实现一键启停自动控制及手动/自动控制的快速切换。 3. 沥青喷洒及撒布系统可满足不同宽度、厚度和不同工艺的施工,并可随	1. 人性化操控设计,驾驶室与后操作平台均可实现控制作业。 2. 采用自卸举升式集料仓设计,集料仓容积最大达 $10m^3$;重心布置较好,便于坡道施工。 3. 集料与沥青的撒布、喷洒系统独立控制,不产生干扰,亦可实现一键启停自动控制及手动/自动	1. 沥青、碎石洒(撒)布操作均可在驾驶室内一人操作完成。 2. 智能联动沥青、碎石的洒(撒)布,洒(撒)布精度高,喷洒过程由计算机适时全程控制,洒(撒)量不受车速影响。 沥青系统阀门均由气动阀门组成,可实现自动控制。具有自吸外排功能,	采用主车发动机提供整机动力,系统稳定性高。柴油燃烧器通过导热油加热沥青,自动控温。良好人机界面,全自动控制。沥青可喷洒,也可循环。碎石撒布均通过驾驶室自动控制,操作简便。内置搅拌装置,不仅可洒布乳化沥青、稀释沥青、基质沥青、改性沥青,还可以洒布	结构紧凑,转弯半径小,应用范围宽。柴油燃烧器通过导热油加热沥青,自动控温。良好人机界面,全自动控制。沥青可喷洒,也可循环。碎石撒布均通过驾驶室自动控制,操作简便。内置搅拌装置,不仅可洒布乳化沥青、稀释沥青、基质沥青、改性沥青,还可以洒布橡胶

续上表

技术参数 \ 型号/名称	HGY5310TLS	HGY5251TLS	DGL5255TBS	TSF0814	TSF0610
产品特点	时调节出料量大小，满足车速变化要求。 4. 布料器采用螺旋分送，集料依靠防滑滚筒及自重双重作用，布料均匀。 5. 采用 $12m^3$ 大料仓，目前属于国内最大的整车式同步碎石封层车施工设备，工作效率高，节省施工成本，节约能源消耗	控制的快速切换。 4. 沥青喷洒及撒布系统可满足不同宽度、厚度和不同工艺的施工，并可随时调节出料量大小，满足车速变化要求	可进行自加自排沥青。 3. 同一车辆可实现橡胶沥青、改性沥青、基质沥青、乳化沥青等不同黏结材料施工。 4. 喷洒管的折叠、升降均由液压缸自动实现。 5. 具有先进的加热系统、独特热交换系统、循环保温系统，确保管道和喷嘴畅通无阻，无需柴油清洗。 6. 具有先进的搅拌混合装置，有效防止洒布橡胶沥青时橡胶颗粒的离析沉淀。 7. 具有特殊料仓，有效解决高架桥下及隧道内施工问题并保证重心相对稳定。 8. 电子控制系统采用模块化设计。故障率低，维修快捷、简便。 9. 具有行驶过程中加热保温的功能。 10. 料门开闭全气动，电脑可对每个料门和喷嘴进行单独控制。 11. 设有监控系统，通过显示屏可以随时观测洒布过程	橡胶（粉）沥青。自动控制沥青洒布量，沥青喷洒不受车速影响。整车电、气、液结合，自动化程度高，性能稳定	（粉）沥青。自动控制沥青洒布量，沥青喷洒不受车速影响。整车电、气、液结合，自动化程度高，性能稳定
生产企业	河南高远公路养护设备股份有限公司		西安达刚路面机械股份有限公司	河南亿龙机械设备有限公司	

本章参考文献

[1] 中华人民共和国行业标准. JTG F40—2004 公路沥青路面施工技术规范[S]. 北京:人民交通出版社,2004.

[2] 中国公路学会筑路机械学会. 沥青路面施工机械与机械化施工[M]. 北京:人民交通出版社,1999.

[3] 陈学文. 改良型沥青表处技术研究[J]. 公路交通科技,2005,22(11).

[4] 徐剑,黄颂昌,等. 碎石封层技术暨在我国的应用前景[C]. 2004 年道路工程学术交流会论文集,北京:人民交通出版社,2004.

[5] 张宗辉. 同步碎石封层技术在我国快速发展及应用[J]. 筑路机械与施工机械化,2004.

[6] 北京埃盟泰机械设备有限公司. 纤维封层设备施工手册,2007.

[7] 张宗辉. 纤维封层技术及在公路养护中的应用[J]. 工程机械与维修,2008.

[8] 闫修海,于金成,王建国,等. 纤维封层技术的引进与应用[J]. 北方交通,2008.

[9] 张宗辉. 同步碎石封层技术在道路养护和建设中的应用前景[J]. 建筑机械,2004.

[10] 杜隽,李玉华. 纤维封层技术在公路养护中的应用研究[J]. 山西建筑,2009.

[11] 张付雄. 改性稀浆封层下封层施工质量问题和对策[J]. 石油沥青,2008,22(3).

[12] 平自要. 沥青路面下封层与半刚性基层黏结效果评定方法[J]. 石油沥青,2008,22(3).

[13] 孔宪明. 沥青基材料标准及应用[M]. 北京:中国标准出版社,2007.

[14] 史纪村. 沥青路面预防性养护工艺技术[R]. 2010 年乳化沥青学术交流会演讲 PPT 汇编,2010.

第九章　乳化沥青透层与黏层

第一节　透层与高渗透乳化沥青

一、概述

《公路沥青路面施工技术规范》(JTG F40—2004)在总结我国公路沥青路面施工经验和吸取先进国家有关技术规范的基础上对透层作了明确规定:“沥青路面各类基层都必须喷洒透层油,沥青层在透层油完全渗透入基层后方可铺筑”。

对透层渗透材料和渗透深度提出具体规定:“根据基层类型选择渗透性好的液体沥青、乳化沥青、煤沥青做透层油,喷洒后通过钻孔或挖掘确认透层油渗透入基层的深度宜不小于5(无机结合料稳定集料基层)~10mm(无结合料基层),并能与基层联结成为一体。”

《公路工程质量检验评定标准》(JTG F80/1—2004)中也规定:在7.1一般规定中,新增加7.1.10款,基层完工后应及时浇洒透层油或铺筑下封层,透层油透入深度不小于5mm,不得使用透入能力差的材料作透层油。

透层的主要作用为:(1)可以起到从有机结合料到无机结合料结构层之间良好的过渡耦合作用;(2)封闭基层混合料的开裂缝隙,形成一定渗透深度上的防水层;(3)在新铺筑的基层上面,及时喷洒透层油可以起到控制基层中水分的蒸发,达到用水对基层养生的目的;(4)稳定半刚性基层表面松散微粒,起到加强面层与基层之间的层间黏结作用,从而改善路面的受力状态。

透层在沥青路面结构层中起到如此重要的作用,《公路沥青路面施工技术规范》(JTG F40—2004)中特别强调:“基层上设置下封层,透层油不宜省略。”

我国现行的沥青路面施工规范中,对于透层的具体说明相对较少。国内的公路界从我国高速公路的建设和维护中,逐步认识和重视透层油的研究和应用。

在我国高等级公路路面结构中,以半刚性材料为基层的沥青路面占大多数。这种路面设计采用的是双圆垂直均布荷载作用下的多层弹性连续体系理论,就是设计上要求沥青路面结构及有关材料等达到层间完全连续,这也是沥青路面保持良好运营状态的必要条件。而沥青路面结构与半刚性基层结合的质量,也是影响沥青路面使用寿命的重要因素之一。

因此,为了使沥青路面多层组合体具有更好的结构承载力、耐久性和抗水害能力,在保证沥青路面与半刚性基层之间良好结合的技术措施中,在基层上合理喷洒透层油是解决层间黏结问题的一项重要技术手段。而且在实际工程上必须在透层的设计、施工方面给予足够的重视，从材料选用、用量、施工要求及工艺进行科学分析和详细设计，才能达到预期的效果，使其真正起到功能层的作用。

1. 我国的应用现状

目前，乳化沥青和稀释沥青是国内大量应用的透层油，而全国大部分地区采用乳化沥青作为透层油。应用中存在的主要问题有：

（1）近年来，国内高速公路对半刚性基层要求的强度越高越好的观念导致了基层设计时就要求了很高的强度，以及承包商施工时为了保证强度满足设计要求则不惜成本的加大水泥、石灰等的剂量，导致基层实际强度越来越高的现象。

规范文件中要求洒布透层油，并要求一定的渗透厚度，但事实上这些所谓的透层油根本就没有任何下渗。有些情况下是半刚性基层表面（例如，二灰稳定土基层）过于致密，无论何种乳化沥青类透层油都难以下渗，不过更多的情况是（例如，水泥稳定类基层）上基层表面并不是非常致密，普通的乳化沥青透层油也没有很好的下渗。

乳化沥青透层油虽说有环保、低廉等优点，但是却达不到其最为根本的渗透性能——渗透一定深度的效果。最后基层上表面形成的就是厚薄不等的、已经破乳固化的沥青油膜浮在基层上面，形成的这层“油皮”与上基层根本就没有任何联结，在工程车通过时就不可避免地沿着轮迹带被轮胎轻易地带起，如图 9-1 和图 9-2 所示。

图 9-1　撒了石屑的普通乳化沥青透层油并无渗透，极易被揭起

图 9-2　施工时的行车将“透层油”粘起

（2）由于在固化的半刚性基层上洒布透层油不好透，近几年国内不少工程改作下封层，下封层能与沥青层的下面层成为一个整体，但却不可能与基层成为一个整体。因此，下封层不能代替透层油。

（3）承包商施工未严格执行规范要求，导致乳化沥青渗透效果差。在进行透层油洒布之前一定要将半刚性基层表面的浮尘清洗干净，但是一些承包商根本没有或至少是没有认真完成这一步骤。浮尘的存在导致透层油更难以下渗。在这种情况下，如果有些承包商自己供应乳化沥青则会尽可能少洒乳化沥青，减少花费；相反，如果是由乳化沥青供应商单独供应的，则他们有时会简单地将没有良好下渗归结为乳化沥青洒布量太少，而建议“一遍效果不好就再洒一遍”，目的不言自明。

2. 国外的应用现状

采用什么材料作为透层油一直是国内外公路工程上为之困惑的问题。美国沥青协会MS-22对透层油的叙述只谈到“采用中凝液体沥青和乳化沥青可以渗入未处治基层材料至足够的深度”,包括其他的规范及乳化沥青的专著(MS-19)都没有关于适用于水泥稳定基层的透层油的描述。在不少国家,用作透层油的乳化沥青,阴离子乳化沥青用得更多,因为它的价格较低。

在国外,作为透层油的乳化沥青种类是根据不同的基层类型来选择的。阳离子乳化沥青透层油通常大量用于级配碎石类的柔性基层。对于水泥、石灰、粉煤灰等的半刚性基层上,由于材料具有强碱性,则主要采用阴离子或非离子乳化沥青。

国内外应用状况显示,各国对透层油的洒布都已经引起了重视。结合我国国情,针对基层强度高、致密的特点,迫切需要开发环保、高效(高性价比)的透层油。

对于乳化沥青就一定能或者一定不能作为透层油用在半刚性基层上的不同意见,关键的问题是应该根据现场的实际情况(主要是基层类型)选用合适的乳化沥青透层油种类及施工工艺。

3. 透层油材料的选择

采用什么透层油材料各国有不同的规定,通过我国长期以来公路建设、养护的实践和经验总结,以及工程科技人员的研究开发,在《公路沥青路面施工技术规范》(JTG F40—2004)中提出“液体沥青、乳化沥青、煤沥青做透层油”,以适宜的材料给工程上留出自由选择的余地。

1)液体沥青

液体沥青,用做透层材料喷洒到基层表面。由于液体沥青良好的渗透性能,得到了国内道路应用专家的青睐。但液体沥青由于采用大剂量(基本都在30%以上)的柴油、煤油或者汽油等作为稀释剂,不仅对环境造成一定的污染,而且成本也很高;同时,液体沥青中的轻质油是否能挥发殆尽还有异议。如果存于基层内是否会对基层乃至下面层有不良影响尚待研究。

液体沥青渗透效果好,但成本较高,浪费能源。

2)煤沥青

煤沥青是煤焦油提取轻组分馏分之后的残余物,以高度缩合的芳香族碳氢化合物为主要成分,其中含有苯、萘、蒽、苯三酚等化学物质成分。作为炼焦工业副产品,由于其渗透能力强并且能够很快开放交通,所以一度被广泛用做透层材料。随着焦化工业的发展,煤焦油中的许多有效成分大量被提炼作为化工原料,尤其是煤焦油自身化学组分对环境有严重的污染,以及含有强致癌物质,世界各国已经对煤沥青的使用越加予以限制,世界发达国家已经禁止煤沥青用于公路透层油的喷洒。在中国,目前使用煤焦油的地区已经是少之又少。

煤沥青渗透效果好,但挥发物会严重伤害施工人员。

3)乳化沥青

我国乳化沥青技术的发展及乳化沥青的推广应用,推动国内开始较大规模的应用乳化沥青作为透层油。

实际应用证明,普通的阳离子乳化沥青PC-2或阴离子乳化沥青PA-2仅对沥青路面的无结合料基层,如级配碎石、级配砾石和填隙碎石基层的渗透是有效的。而对我国的沥青路面基层大部分采用的无机结合料稳定集料基层,如水泥、石灰以及石灰工业废渣稳定土基层,当其厚度大于或等于15cm时,称为半刚性基层。

半刚性基层非常致密,它基本上是不透水或者渗水性很差的材料。在其上洒布乳化沥青透层油时,国内的公路工程实际应用证明,在水泥稳定或二灰基层上洒布乳化沥青透层油时,普通的乳化沥青透层油(阳离子或阴离子)均不能达到"透层油透入深度不小于5mm"的规范要求。

利用乳化沥青透层油所具有的环保、低廉等优点,同时提高乳化沥青透层油的渗透性能,开发环保、高效(高性价比)的高渗透乳化沥青产品,是乳化沥青技术应用和发展的延伸,对提高我国沥青路面基层透层工程质量有着重大的经济和社会意义。高渗透乳化沥青兼顾了稀释沥青"易于下渗"和普通乳化沥青透层油"节约环保"等的优点,因此具有广阔的应用前景。

国内的公路施工企业和研究单位,一直在不断开发或应用高渗透乳化沥青产品,扩大乳化沥青的应用技术领域。早在2003年左右国内一些公路方面的刊物上,就出现了高渗透性乳化沥青在高速公路下封层应用的文章。资料显示,通过在二灰稳定碎石试件的室内试验研究,HTC-08型透层油的有效成分可以渗入基层,密封基层表面的微孔。国内的外资沥青企业已经有产品开发出来,称之为"高渗透乳化沥青透层油",也已在国内的高速公路应用。

随着国内现阶段以提高半刚性基层沥青路面使用性能为代表的技术措施和加强路面结构层间结合技术措施的实施,国内公路界越来越重视对高渗透乳化沥青的研究开发和推广应用。

二、高渗透乳化沥青性能

1. 国内有关透层乳化沥青的技术标准

高渗透乳化沥青是用于透层乳化沥青的类型总称,高渗透乳化沥青产品的技术指标首先应达到《公路沥青路面施工技术规范》(JTG F40—2004)道路用乳化沥青技术要求(喷洒用)的允许范围。

(1)《公路沥青路面施工技术规范》(JTG F40—2004)中规定作为透层用的乳化沥青类型为:PC-2、PA-2和PN-2,如表9-1所示。

道路用乳化沥青技术要求(喷洒用)　　表9-1

试验项目		单位	品种及代号			试验方法
			PC-2	PA-2	PN-2	
破乳速度			慢裂	慢裂	慢裂	T 0658
粒子电荷			阳离子(+)	阴离子(-)	非离子	T 0653
筛上残留物(1.18mm筛),不大于		%	0.1	0.1	0.1	T 0652
恩格拉黏度计E_{25}			1~6	1~6	1~6	T 0622
道路标准黏度计$C_{25,3}$		s	8~20	8~20	8~20	T 0621
蒸发残留物	残留分含量,不小于	%	50	50	50	T 0651
	溶解度,不小于	%	97.5	97.5	97.5	T 0607
	针入度(25℃),不小于	0.1mm	50~300	50~300	50~300	T 0604
	延度(15℃),不小于	cm	40	40	40	T 0605
与粗集料的黏附性,裹附面积,不小于			2/3	2/3	2/3	T 0654
储存稳定性	1d,不大于	%	1	1	1	T 0655
	5d,不大于		5	5	5	

注:表中数据摘自《公路沥青路面施工技术规范》(JTG F40—2004)表4.3.2。

(2)《公路沥青路面施工技术规范》(JTG F40—2004)中规定:根据基层类型选择渗透性好的乳化沥青作透层油,喷洒后通过钻孔或挖掘确认透层油渗透入基层的深度宜不小于5(无机结合料稳定集料基层)~10mm(无结合料基层),并能与基层联结成为一体。

《公路沥青路面施工技术规范》(JTG F40—2004)提出沥青路面透层材料的规格和用量,见表9-2。

沥青路面透层材料的规格和用量表(乳化沥青)　　表9-2

用　途	乳 化 沥 青	
	规格	用量(L/m²)
无结合料基层	PC-2 PA-2	1.0~2.0
半刚性基层	PC-2 PA-2	0.7~1.5

注:1. 表中数据摘自《公路沥青路面施工技术规范》(JTG F40—2004)表9.1.4。

2. 表中用量是指包括稀释剂和水分等在内的乳化沥青的总量。乳化沥青中的残留物含量以50%为基准。

(3)对国内喷洒用道路乳化沥青技术要求的分析

①《公路沥青路面施工技术规范》(JTG F40—2004)中指出"与水泥、石灰、粉煤灰共同使用时,宜采用阴离子乳化沥青",但是工程实际上,采用阴离子乳化沥青的省份并不多,而且使用阴离子乳化沥青的渗透效果也达不到规范的要求。

②单一的非离子型乳化沥青,如PN-2在工程实际上使用的并不多,而非离子乳化剂大多采用与阳离子、阴离子复配制成延长破乳时间的喷洒用道路乳化沥青。

③喷洒用道路乳化沥青技术要求存在的一个突出问题是技术指标的缺失,对高渗透乳化沥青缺少渗透性定性定量以及便于操作的室内和现场试验检测方法。

④规范中,PC-2、PA-2和PN-2型只是表明喷洒型乳化沥青的总体指标,而缺少表明相对不同基层的透层乳化沥青的专项指标要求。普通的PC-2、PA-2和PN-2型乳化沥青可以用于级配砂砾、级配碎石等粒料基层,而对半刚性基层渗透性较差,不能使用。

⑤检测方法方面,规范中提出钻孔或挖掘,而缺少检测数量和范围。

⑥规范中0.7~1.5L/m² 与50%残留物含量的要求,实际应用中残留物含量大部分为30%左右。

⑦透层油的黏度是影响渗透效果的重要因素,应以"试验工程为先导来指导规模化施工"的管理模式来确定透层油类型及其黏度控制指标。

2. 国外有关透层乳化沥青的技术标准

(1)2006年日本乳化沥青协会标准JEAAS再次修订规定了阳离子高浸透性乳化沥青PK-P的技术要求,如表9-3所示。

①取消了阴离子乳化沥青;

②取消了蒸发残留物延度试验项目;

③浸透性(s)小于300。

JEAAS-2006 技术指标要求 表 9-3

项目		PK-P
恩格拉黏度		1~6
赛波特黏度(s)	50℃	—
	25℃	—
筛上剩余物(1.18mm)(%),<		0.3
黏附性(裹附面积),>		2/3
浸透性(s),<		300
沥青微粒电荷		(+)
细级配骨料拌和性		—
蒸馏馏出油分(到360℃时的)		<15
蒸发残留物含量(360℃时)(%),>		40
蒸发残留物		—
针入度(15℃)(10^{-1}mm)		100~300
浮漂度(60℃)(s)		—
储存稳定性(24h)(%),<		2

(2)美国在《乳化沥青的选择与使用规范》(ASTM D3628)中规定用于透层—贯入式的乳化沥青,可选择阴离子慢凝型(SS)或阳离子慢凝型(CSS),见表3-1。透层用乳化沥青的技术要求见表3-2和表3-3。

3.高渗透乳化沥青产品特点

通过对国内的资料了解以及对实际应用的认识,高渗透乳化沥青能渗透入基层一定的深度是其最主要的产品特征。因此,具有稀释沥青“易于下渗”和普通乳化沥青透层油“节约环保”的双重优点。

高渗透乳化沥青中的乳化剂应对沥青和渗透剂均有良好的乳化能力,制成的乳液粒径细、均匀,渗透性强,乳液储存稳定性要好。

1)材料组成

(1)沥青,配制高渗透乳化沥青的基质沥青的针入度宜不小于100。

(2)影响乳化沥青渗透性的主要因素除了半刚性基层致密以外,还包括黏度、针入度、蒸馏残留物含量及渗透性。而渗透性与采用的渗透剂有关,渗透剂的基本作用是打断沥青中其组分较长的分子链,并均匀稀释沥青,使其黏度下降、针入度变大,从而有利于沥青的渗透。

2)设备要求

高渗透乳化沥青对国产的乳化沥青生产设备提出更高要求,主要体现在要求乳液粒径细、均匀。

(1)重视乳液颗粒细度

研究表明,乳液颗粒细度对乳化沥青的品质有很大的影响。而影响乳液颗粒细度的因素有多方面,但最主要的因素是沥青乳化机定转子的剪切速度、间隙和旋转精度。

(2)关于研磨细度

根据资料,乳液颗粒粒径分布越窄越好,理想的粒径应该是:

①平均粒径:4 ~ 6μm;

②90% 的粒径小于 7 ~ 8μm。

由此可见,高渗透乳化沥青与普通的阳离子乳化沥青或阴离子乳化沥青相比,在产品的质量指标方面有一些特殊的要求,同时在生产技术和应用技术方面也有专项要求,而国内目前对其研究和开发的深度还有限。

三、高渗透乳化沥青室内检验方法

通过室内试验对高渗透乳化沥青的渗透性能进行评定。

1. 试件渗透法

水泥稳定基层是目前国内半刚性基层中应用最为广泛的基层类型,按《公路路面基层施工技术规范》(JTJ 034—2000)中所述的"水泥稳定土的颗粒组成范围"的 3 型级配中值选用。经过击实试验确定出水泥剂量为 5.0% 时,最大干密度为 2.4g/cm^3,最佳含水率为 5.0%。采用静压成型的方式制取试件,标准试件规格 φ15cm × 15cm。

(1)试验方法。高渗透乳化沥青中的残留物含量以 50% 为基准,先将高渗透乳化沥青稀释:稀释比例按原液∶水 =3∶1,但稀释比例不得超过原液∶水 =5∶2。

(2)在标准试件表面,喷洒不同稀释比例稀释液,洒布量按 0.7 ~ 1.5kg/m^2 计算。同一比例稀释液洒布 3 个试件进行平行试验。

(3)对试件的评价。将试件表面敲开,观察渗透效果,确认高渗透乳化沥青渗透入试件表面的深度。

(4)记录渗透深度不小于 5mm 的试件:环境温度、湿度、试件成型时间、稀释液破乳时间、稀释比例、渗透效果等,见图 9-3。

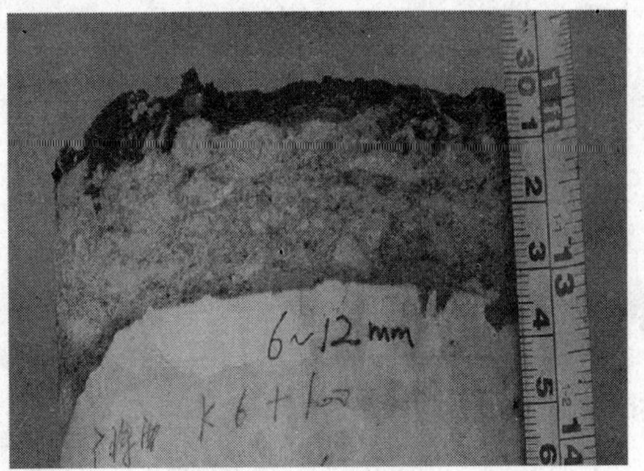

图 9-3　试件渗透试验

2. 标准砂渗透试验方法

透层材料在半刚性基层表面渗入效果的影响因素较多,其中在诸多影响因素中不同透层材料自身特性差异对其影响程度较大。由于制备工艺过程中各组分在性能、掺配比例间的相互差异,导致目前无论是乳化沥青类或液体稀释沥青类透层材料在自身渗透性能方面均存在较大差异,故而也影响其在半刚性基层表面的渗入效果。为此,哈尔滨工业大学谭忆秋教授和宋宪辉硕士提出了标准砂渗透试验方法,规范渗透试验用材料的性能,用以评价透层材料自身渗透能力。

1)试验用标准砂规格

为规范试验用材料性能,本试验中应用标准砂必须满足国家标准《水泥胶砂强度检验方法(ISO 法)》(GB/T 17671—1999),具体标准值如表 9-4 所示。

试验用 ISO 标准砂性能指标　　表 9-4

性能指标	SiO_2 含量（%）	烧失量（%）	含泥量（%）	粒度（累计筛余量,%）					
				2.0mm	1.6mm	1.0mm	0.5mm	0.16mm	0.08mm
技术标准	>96	<0.4	<0.2	0	7 ±5	33 ±5	67 ±5	87 ±5	99 ±1

2）试验装置

25mL 量筒。

3）试验方法

（1）取定量 ISO 标准砂置于量程 25mL 量筒中至 15mL 刻度处，通过左右轻微晃动使砂体表面平整。

（2）用小型量筒取大于 5mL 透层材料，缓慢倒入盛有标准砂的量筒中，至 20mL 刻度处并开始计时，在注入液体沥青过程中注意切忌将乳液残留于量筒内壁以免影响试验。

（3）计时过程中需密切观测透层材料在标准砂中的渗透情况。待 $t$min（推荐为 10min）后记录透层材料在边壁周围最大渗入刻度值及透层液面凹面刻度 l_2，并利用渗透系数指标对透层材料的渗透性进行评价，并按式(9-1)计算渗透系数τ_s。

$$\tau_s = \frac{20 - l_2}{t} \tag{9-1}$$

（4）试验反复操作 3 次，最终取平均值作为分析数据。

试验过程的图片见图 9-4 和图 9-5。

图 9-4　乳化沥青的标准砂渗透试验

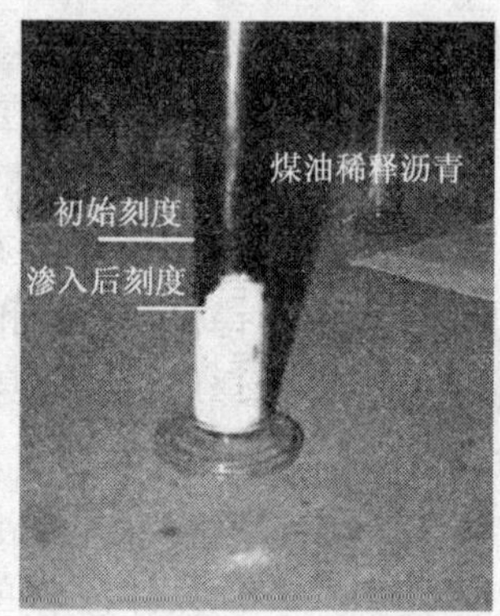

图 9-5　煤油稀释沥青的标准砂渗透试验

四、乳化沥青透层施工

1.施工前的准备

1)原材料

透层乳化沥青由施工单位每车自检一次,并留样备查,按JTG F40—2004表4.3.2道路用乳化沥青技术要求(喷洒用PC-2、PA-2或PN-2)检验乳化沥青原材料,应完全达到规范要求和工程设计要求。还要特别检测透层乳化沥青与水混合稳定性试验(T 0665—2009),并达到"通过"要求。监理组5车抽检一次,乳化沥青试验项目与施工单位相同。

2)施工机械

高速公路和一级公路的透层乳化沥青应采用智能型沥青洒布车喷洒,二级及二级以下公路也可以采用普通洒布车和洒布机,小范围或局部工程可以采用手工沥青洒布机喷洒,但都应符合规范要求。

高速公路透层乳化沥青施工机械的基本配置,见表9-5。

透层乳化沥青施工设备的基本配置　　表9-5

设备名称	规格和数量	备注
沥青洒布车	喷洒宽度3~6m,1台	优选智能型沥青洒布车
洒水车	4~6t,1辆	
森林灭火鼓风机	3~4台	
其他设备	清扫工具、保通标志等	

2.试验路段

1)在透层正式开工前必须做试验路段,长度不小于200m。

试验路段需要决定的内容包括:

(1)基层表面清理方法。

(2)确定合适的洒布时间、喷洒方法、稀释比例及洒布用量。

(3)洒布参数确定:洒布用量(洒布车行驶速度和沥青泵转速),喷油嘴离地高度,起步及终止时纵横向喷洒幅间搭接工艺。

(4)质量检查:全面检查材料质量及试验段的施工质量是否符合要求。

(5)确定施工组织及管理体系、质保体系、人员、机械设备、检测设备、通信及指挥方式等。

试验路段结束后应通过现场目测和相应技术指标的检测,各项技术指标符合规定后,施工单位应提出试铺总结。经审查批准后,即可作为申请正式开工的依据。

2)最佳稀释比例的确定

任何高渗透乳化沥青原液都必须进行一定比例的稀释才能用于透层施工。

(1)高渗透乳化沥青中的残留物含量以50%为基准,先将高渗透乳化沥青稀释:稀释比例按原液:水=3:1,根据渗透效果可将稀释比例适当加大,但不得超过原液:水=5:2,有条件时尽量使用热水稀释。

(2)在试验路段的基层上画出1m×1m的方框若干块,清扫并洒水湿润,调制不同稀释比例的稀释液,然后用喷壶将稀释液均匀洒布在方块内,洒布量按0.7~1.5kg/m^{2}计算,初步可选定洒布量为 1.0kg/m²,见图 9-6。

图 9-6　局部方框渗透试验

(3)外观检查:表面乳液水分完全蒸发后,观察表面情况。①若表面色泽均一,被一层厚约 0.3mm 沥青薄膜均匀覆盖,用小刀不能将薄膜揭起,这说明乳液的稠度与用量适当;②若表面色泽均一,已形成均匀薄膜,用小刀亦不能揭起,但膜层较厚(>0.5mm),说明乳液稠度适中,但用量过多;③若表面色泽均一,已形成均匀薄膜,但用小刀能将薄膜揭起,说明乳液稠度太大或破乳速度太快,未渗入基层内部;④若表面色泽不一,局部显干涩状,沥青未形成均匀薄膜,说明乳液稠度适中,但需要采取相应处理措施,再次试洒,直至满意为止。

(4)采用挖掘的方法检测渗透效果,确认高渗透乳化沥青渗透入基层的深度不小于 5mm,见图 9-7。

图 9-7　采用挖掘方法检测渗透效果

(5)记录:环境温度、湿度、风速、基层成型时间、破乳时间、稀释比例、渗透效果等。

3)洒布用量的确定

根据实践经验,只要透层油能透下去,需要量肯定是越多越好,但实际上渗透都是有一定限度的。需要量与基层类型、透层油品种的关系极大,在施工过程中,透层油的用量根据基层的种类通过试洒确定,并符合《公路沥青路面施工技术规范》(JTG F40—2004)中的用量要求。

使用乳化沥青做透层材料，规范中规定半刚性基层中的乳化沥青用量为0.7～1.5L/m²，规范中规定的用量以沥青乳液的总量表示，但是乳化沥青的浓度不同，在半刚性基层上洒布时还要进一步稀释，所以规范中表明的用量按标准浓度50%计算的，如果残留物含量浓度不一样，需要进行浓度换算。

4）透层洒布时间的确定

透层洒布时间根据渗透深度、对基层强度影响情况，通过现场试洒确定。可采用两种时间进行试洒，即为：

（1）宜紧接在基层碾压成型表面稍变干燥，但尚未硬化的情况下喷洒稀释合适的透层乳化沥青，并应尽量在水稳基层碾压完成24小时内完成洒布，可以起到水稳基层养生作用。

（2）水稳基层养生7天后喷洒。通过试洒比较渗透效果，确定大量施工的基本喷洒时间。实际应用中紧接基层碾压成型后喷洒，应该是渗透效果最好。原因是，若基层成型后，长时间没有进行透层施工，经过施工车辆碾压，交叉施工造成基层污染。在这种情况下进行高渗透乳化沥青透层施工，任何高渗透乳化沥青产品都不能达到应有的渗透效果，特别是南方黏土地区影响更加明显。

3.乳化沥青透层施工

1）基层表面的准备

（1）如果基层养生7天以上，应采用高压水枪或基层路面上由6～8人一字排开用清扫工具进行全面清扫，再用2～3台森林灭火鼓风机将浮灰吹净，使基层表面集料颗粒部分无浮灰。

（2）当基层表面过分干燥时，必须在喷洒透层乳化沥青前5～10分钟，对基层表面进行洒水预湿，使工作面处于潮湿状态但水分不饱和，同时避免积水区域，以免透层乳化沥青洒布后出现流淌。

2）材料准备

为取得良好的渗透效果，可按试验路段确定的最佳稀释比例，在洒布前按照一定的比例对透层乳化沥青进行稀释，原液稀释后应立即使用，不宜长时间存放。施工中还要根据渗透效果及时调整稀释比例。

3）构造物的防护

为避免乳化沥青污染基层两侧的构造物（路缘石、泄水槽、绿化植物等），在喷洒透层乳化沥青前，应采取措施作适当的覆盖。

4）施工

（1）基层表面清理干净后，用智能型沥青洒布机洒布稀释后的透层乳化沥青，洒布量为0.7～1.5kg/m²，具体洒布量取决于基层表面的纹理深度和试验路段确定的洒布量。

在正式施工前，应进行试洒，观测透层油的渗透速度和最终渗透深度，要求渗透深度应能大于5mm，并能与基层材料黏结成整体，如达不到此要求，应对施工工艺进行调整（如基层养生时间、稀释比例、透层油的温度和洒布量等），直到满足要求。

（2）洒水湿润基层表面：如果基层表面已经出现过于干燥现象，而且施工的环境气温高并且湿度小，喷洒的透层乳化沥青在表面张力和静电的作用下，往往会形成油滴状附于基层表面，不宜扩散和渗透。因此，可以在透层施工前，对基层表面均匀洒水湿润，洒水不宜过多，以达到表面湿润即可。如遇大风或即将下雨,不要浇洒透层乳化沥青。

(3)气温低于10℃时,不适宜浇洒透层乳化沥青。

(4)浇洒透层乳化沥青后,严禁车辆行人通过。

4. 早期养护

(1)透层油洒布后,应待其充分渗透、水分蒸发后才可铺筑下封层或沥青面层。

(2)在不能及时铺筑面层并需开放施工车辆通行时,应撒铺适量的石屑或粗砂,这种情况下,透层乳化沥青用量宜增加10%,撒布石屑或粗砂后,应用6~8t钢轮式压路机稳压一遍。当通行车辆时,应控制车速。

(3)在铺筑沥青面层前如发现局部地方透层沥青剥落,应加以修补。

(4)在平交路口进行透层乳化沥青施工后,应立即撒布用量为2~3m^3/1 000m^2的石屑或粗砂。

五、透层施工质量管理与检查验收

透层施工阶段的质量检查方法及检验标准,如表9-6所示。

沥青路面透层施工阶段的质量检查标准　　表9-6

项　目	检查频率	质量要求或允许误差	试 验 方 法
沥青量	每半天1次	在规定范围内	计算施工面积和喷洒的乳化沥青量
渗水试验	1处/1 000m^2	渗水量<5mL/min	用渗水仪,每处2点
外观检查	随时全面	外观均匀一致,透层深度不小于5mm,与基层表面牢固黏结,无多余乳化沥青	

六、典型工程

1. 试验工程路段概况

试验工程为广东省广珠西线高速公路,长度为14.1km。基层采用水泥稳定基层,设计水泥用量为5.0%,最佳含水率为5.8%,压实度要求98.0%,设计强度要求不小于3.5MPa,基层表面采用薄膜覆盖养生。在实际的施工中,基层的水泥用量和压实度有所提高,实测强度也较大,具体见表9-7。

试验路基层实际水泥用量、强度　　表9-7

桩号	K2+160	K11+100	K6+100	K6+000
水泥用量(%)	5.5	5.4	5.4	5.4
压实度(%)	99.0	98.9	98.9	98.8
基层实测强度(MPa)	5.0	4.7	4.5	4.5

2. 试验结果

考虑到实际的施工情况,选用不同养生时间的基层进行洒布试验。变化高渗透乳化沥青透层油中的有效沥青含量以及洒布量,根据渗透效果的差异,确定出适合不同基层养生情况的透层油的有效沥青含量和洒布量。试验结果如表9-8~表9-11所示。

基层养生 3d 后洒布透层油　　表 9-8

桩号及基层养生时间	有效沥青含量（%）	洒布量（kg/m²）	洒布、渗透效果			备　注
			表面残留量	平均渗透深度（mm）	透层油与基层的黏结状况	
K2+160，3d	50	0.8	多	6	良好	将基层预湿后洒布
	45	1.0	稍多	10		
	45	0.8	适量	5		
	45	0.6	少	6		
	40	1.0	稍多	7		
	40	0.8	适量	7		
	35	0.8	少	6		
	35	0.6	少	8		
	50	1.0	多	6	良好	基层干燥时洒布
	40	0.8	适量	5		

基层养生 10d 后洒布透层油　　表 9-9

桩号及基层养生时间	有效沥青含量（%）	洒布量（kg/m²）	洒布、渗透效果			备　注
			表面残留量	平均渗透深度（mm）	透层油与基层的黏结状况	
K11+100，10d	50	1.0	多	8	良好	将基层预湿后洒布
	50	0.8	多	7		
	45	1.0	稍多	9		
	45	0.8	适量	6		
	40	1.0	稍多	10		
	40	0.8	适量	5		

基层养生 21d 后洒布透层油　　表 9-10

桩号及基层养生时间	有效沥青含量（%）	洒布量（kg/m²）	洒布、渗透效果			备　注
			表面残留量	平均渗透深度（mm）	透层油与基层的黏结状况	
K6+100，21d	45	1.0	稍多	5	良好	将基层预湿后洒布
	45	0.8	适量	5		
	40	1.0	稍多	8		
	40	0.8	适量	6		

基层养生 **45d** 后洒布透层油 表9-11

桩号及基层养生时间	有效沥青含量(%)	洒布量(kg/m^2)	洒布、渗透效果			备　注
			表面残留量	平均渗透深度(mm)	透层油与基层的黏结状况	
K6 +000,45d	40	1.0	稍多	5	良好	将基层预湿后洒布
	40	0.8	适量	5		
	40	0.6	少	3*		

注:* 分析认为渗透深度仅3mm 是由于洒布量太少所致。

3. 试验小结

(1)透层油洒布后24 ~36h 内基本就能全部下渗,各种情况下都有令人满意的渗透效果。通过钻芯取样发现,透层油的平均渗透深度几乎都大于5mm,见图9-8 和图9-9。

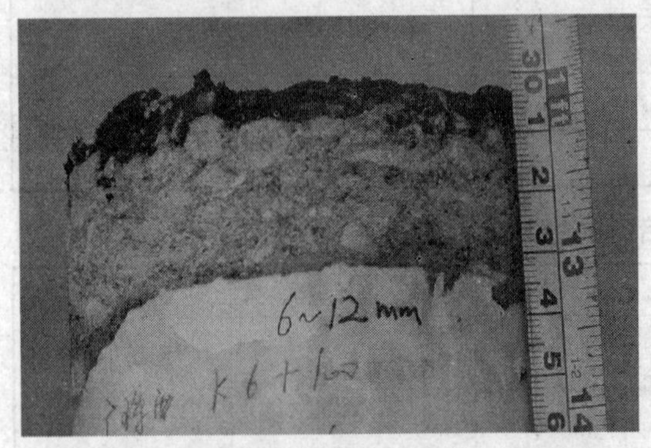

图9-8　水稳基层上洒布透层油后的取样,渗透效果良好

图9-9　水稳基层上洒布透层油后的取样,渗透效果良好

(2)渗透深度受基层表面的致密程度、养生时间、洒布量、透层油的有效沥青含量等因素影响。钻芯取样发现,由于基层表面致密程度的差异,钻芯取样观测到的渗透深度就难以是一个均一的数值,因此在用渗透深度这一定量指标来评价渗透效果时就需要综合考虑致密处和非致密处的渗透深度,应取其平均值。

图9-10　基层与下面层连成整体

(3)透层油洒布后最终效果的评价,除上述渗透深度这一可量化的指标外,还需要有良好的层间黏结。从施工过程来看层间黏结还应包括两个方面:一是透层油要和基层黏结良好。洒布的透层油经过一段时间后形成一层较厚的沥青膜,要求这层沥青膜即便是在没有洒布石屑的情况下,有工程车通行时不会将沥青膜带起,只会留下轮印。二是沥青混凝土下面层施工完毕后,下面层与基层之间也要黏结良好。要求将下面层和基层一起钻得的芯样要连成一个整体。根据试验结果,高渗透乳化沥青透层油能起到良好的层间黏结作用,见图9-10。

(4)关于洒布透层油时机的选择:到底基层养生多长

时间后洒布透层油合适，是一个迫切需要回答的问题。从现场试验可以看出：不管基层养生多长时间，高渗透乳化沥青都可有良好的渗透效果，平均渗透深度多在5mm以上。但总体上养生3d和10d的基层要比养生21d和45d的基层下渗效果要好一些。因此建议透层油在基层完工3～10d内洒布，这也与工程上的一般做法相符合。

(5)洒布量的确定：工程应用中洒布量一般是指洒布到单位面积上透层油的量，该数值通常要和洒布时透层油中有效沥青的含量同时考虑。基层上透层油洒布时有效沥青含量和实际洒布量的多少受基层表面空隙率的大小(由材料、级配、配合比甚至基层养生时间等因素决定)和路面工程的设计方案(是否需要在透层油之上再进行封层处理)等的影响。本次试验工程，设计要求在透层油洒布完毕后再进行封层处理，同时总体基层表面完工后较为致密，所以洒布时透层油中有效沥青含量以及最终的洒布量稍低。以此工程为基础，如果考虑到透层油洒布完毕不再进行封层处理和基层表面空隙率较大的情况，则要适当提高洒布量。因此，对水泥稳定类基层采用高渗透乳化沥青洒布透层油时，建议洒布量宜为0.7～1.0L/m^2，洒布时有效沥青含量宜为40%～45%。

4. 结论

(1)试验表明，高渗透乳化沥青透层油具有良好的渗透效果，与普通乳化沥青透层油和稀释沥青相比具有很大的优越性。

(2)在不同养生时间的水稳基层实体工程上洒布高渗透乳化沥青透层油，通过钻芯取样发现，各种情况下都有令人满意的渗透效果，透层油的平均渗透深度多在5mm以上。

(3)高渗透乳化沥青透层油在基层表面残留的油膜不能被轻易带起，下面层与基层能够连成一个整体，起到良好的层间黏结作用。

(4)高渗透乳化沥青透层油的洒布时机以及洒布量应根据现场试验段的情况来确定，一般建议在基层完工后3～10d内洒布，洒布量宜为0.7～1.0L/m^2，洒布时有效沥青含量宜为40%～45%。

第二节　黏层与黏层乳化沥青

一、概述

1. 我国的应用现状

从我国已建成的高速公路运行情况看，个别路段出现了不同程度的早期损坏现象。其中，因沥青层间界面不连续而导致沥青路面损坏是其中的原因之一。

我国的高速公路沥青路面中，出现沥青面层层间连接性能下降，其原因归纳起来主要有以下几点：

(1)一些高速公路项目，沥青面层施工期间，交叉施工严重，无法避免对已铺沥青层的污染。

(2)大部分高速公路沥青路面施工被安排在7～9月，空气湿度大，造成已铺沥青层表面的黏结力下降。

(3)空气中的粉尘对已铺沥青层的污染。

在总结我国公路沥青路面施工经验和吸取先进国家有关技术规范的基础上,《公路沥青路面施工技术规范》(JTG F40—2004)将喷洒黏层油列入规范中的强制性条款,并对黏层作了明确规定:

“9.2.1 条　符合下列情况之一时,必须喷洒黏层油:

(1)双层式或三层式热拌热铺沥青混合料路面的沥青层之间。

(2)水泥混凝土路面、沥青稳定碎石基层或旧沥青路面层上加铺沥青层。

(3)路缘石、雨水口、检查井等构造物与新铺沥青混合料接触的侧面。

9.2.2 条　黏层油宜采用快裂或中裂乳化沥青、改性乳化沥青,也可采用快、中凝液体石油沥青,其规格应符合本规范的要求,所使用的基质沥青标号宜与主层沥青混合料相同。”

由于液体石油沥青造价较高,并且不宜制作出符合规范要求的黏层油产品,因此,目前国内广泛采用快裂、中裂乳化沥青或改性乳化沥青。

在保证沥青路面层间良好结合的技术措施中,在沥青层上合理喷洒黏层油是解决层间黏结问题的一项重要技术手段。黏层油的作用是使上下沥青层或沥青层与构造物完全黏结成一个整体。

在沥青路面层间科学、合理地喷洒黏层油,将直接关系到沥青面层层间连接的有效性。因此,应该从材料的具体选择、材料技术指标的检测与控制、施工工艺、施工过程控制等具体细节入手严格管理和操作,才能保证黏层油的施工质量。

2. 国外的应用现状

国外规范规定沥青层与沥青层之间必须洒黏层油,美国在《乳化沥青的选择与使用规范》(ASTM D3628)中规定用于黏层的乳化沥青品种,日本在日本工业标准乳化石油沥青(JIS K2208)中规定黏层油品种。法国、匈牙利等国家制订的乳化沥青技术标准都包括乳化沥青黏层油的品种。

国外黏层油通常采用乳化沥青或改性乳化沥青。采用什么类型的乳化沥青,各国做法有所不同。日本乳化沥青协会标准(JEAAS)规定黏层油选用 PKR-T 型阳离子乳化沥青,并均取消了阴离子乳化沥青。在美国,AASHTO 及各州的规范都规定用慢裂型乳化沥青做黏层油,其使用的乳化沥青的黏度大,残留物浓度较高。在法国,通常采用快裂型乳化沥青,大部分是阳离子乳化沥青,也有阴离子乳化沥青。

3. 黏层油材料的选择

目前黏层油普遍采用乳化沥青,也是乳化沥青应用量最大的形式。由于乳化沥青在常温情况下具有很好的流动性,可以喷洒均匀,渗入其下沥青混合料层的孔隙中,从而达到优良黏结的效果,这也是热沥青所无法比拟的。应该说黏层油是乳化沥青各种应用类型中最成熟和最简单的一种。但是我国一般采用中裂乳化沥青作为黏层油,而最适宜的快裂型乳化沥青由于乳化剂的制约,很少使用。

黏层油宜采用快裂或中裂乳化沥青、改性乳化沥青,也可采用快、中凝液体石油沥青。

乳化沥青分阴离子乳化沥青(PA-3 型)、阳离子乳化沥青(PC-3)或改性阳离子乳化沥青(PCR 型)。

1)阴离子乳化沥青(PA-3 型)

阴离子乳化沥青的乳化剂原料易得,生产工艺相对简单,价格低廉。与石灰石矿料有较好的黏附性，但如果空气湿度大，阴离子乳化沥青与湿润集料表面带有的负电荷相同，根据同性相斥的原理，造成沥青不能尽快地黏附到集料表面上，影响路面的早期成型。因此，阴离子乳化沥青用于黏层油受到很大的限制。

2）普通阳离子乳化沥青（PC-3）

普通阳离子乳化沥青中的沥青微粒上带有阳离子电荷，当与矿料表面接触时，由于异性相吸的作用，使沥青微粒能够很快地吸附在矿料的表面上。对酸性矿料和碱性矿料都有很好的黏附性。普通阳离子乳化沥青改变了基质沥青的使用方法，比传统的热沥青施工工艺具有许多显著优点，但普通阳离子乳化沥青仍基本保留基质沥青原有的路用技术指标，只能达到基质沥青的使用范围。

3）改性阳离子乳化沥青（PCR 型）

为了提高乳化沥青的黏附性、弹韧性、耐候性与抗老化性，开发出加入一定量的高分子聚合物和添加剂的乳化沥青而制成改性阳离子乳化沥青（PCR 型）。改性阳离子乳化沥青具有阳离子乳化沥青的优点，同时提高了基质沥青路用性能，因此，在国内外道路施工中得到越来越多的应用。

实践证明，采用改性阳离子乳化沥青作为黏层油效果最好，在道路施工中得到越来越广泛的应用。

二、黏层乳化沥青

1. 国内有关黏层乳化沥青的技术标准

《公路沥青路面施工技术规范》（JTG F40—2004）表 4.3.1 规定浇洒黏层乳化沥青用 PC-3、PA-3 型，表 4.7.1-1 规定浇洒黏层乳化沥青用 PCR 型。

黏层乳化沥青 PC-3、PA-3 型的技术标准见表 3-13，黏层乳化沥青用 PCR 型的技术标准见表 3-16。

黏层乳化沥青要用与面层所使用的种类、标号相同的沥青乳化。黏层乳化沥青的用量见表 9-12。

黏层乳化沥青材料的规格与用量　　表 9-12

用途		规格	用量（L/m^2）
黏层	沥青层	PC-3	0.3～0.6
	水泥混凝土	PC-3	0.3～0.5

注：表中数据摘自《公路沥青路面施工技术规范》（JTG F40—2004）表 9.2.3。

2. 国外有关黏层用乳化沥青的技术标准

（1）美国在《乳化沥青的选择与使用规范》（ASTM D3628）中规定，用于黏层的乳化沥青，可选择阴离子中凝型（MS-1、HFMS-1）、阴离子慢凝型（SS-1、SS-1h）或阳离子慢凝型（CSS-1、CSS-1h），见本书第三章表 3－1。黏层用乳化沥青的技术要求见本书第三章表 3-2～表 3-4。

美国制订的阳离子改性乳化沥青技术标准在不同地区有所差异，有的州对黏层用乳化沥青提出 60℃动力黏度大于 800Pa·s 的技术要求，有的州没有这项要求。

美国路易斯安那州 2000 年《道路和桥梁标准规范》标准规定，黏层油可以使用改性或非改性的阳离子乳化沥青 CRS-2P、CSS-1,或阴离子乳化沥青 SS-1、SS-1L、SS-1P,其使用量如表 9-13 所示。

黏层油的用量　　表 9-13

表面类型	黏层油用量(L/m^2)	表面类型	黏层油用量(L/m^2)
拌和法表面处治	0.09	水泥混凝土路面	0.32
干燥表面处治	0.14	磨耗层	0.23
新沥青混合料	0.14	冷铺路面	0.36
旧沥青混合料	0.32		

注:表中数据摘自《公路沥青路面施工技术规范》(JTG F40—2004)表 9-1。

(2)日本在日本工业标准乳化石油沥青(JIS K2208)中规定黏层油选用 PK-4 型阳离子乳化沥青,用量 0.3~0.6L/m^2,日本乳化沥青协会标准(JEAAS)规定黏层油选用 PKR-T 型阳离子乳化沥青。两个标准均取消了阴离子乳化沥青。

PKR-T 型黏层乳化沥青属于改性乳化沥青,日本乳化沥青协会标准(JEAAS)规定 PKR-T 型的黏韧性(25℃)达到 3.0N·m 以上和韧性(25℃)达到 1.5N·m 以上的技术指标要求。

(3)法国规定在沥青层上乳化沥青黏层油洒布量为 0.2kg/m^2(沥青残留部分),沥青层铺装厚度超过 5cm 的需洒布的量为 0.25kg/m^2。起到防水层作用的黏结层,其洒布乳化沥青黏层油的量需比一般黏层油的量多,洒布 1.2kg/m^2(沥青残留部分),然后撒布 4~6mm 石屑。

3. 国内外黏层乳化沥青技术要求的探讨

1)黏附性

通过对国内的资料了解以及对黏层乳化沥青实际应用的认识,黏附性是黏层乳化沥青产品的一个主要特征。

黏层乳化沥青产品的质量差异,也主要体现在是否使上下沥青层、新铺沥青层与原有沥青路面或水泥混凝土路面及沥青混合料与构造物间黏结成一整体。

我国的黏层乳化沥青规范规定,普通乳化沥青 PC-3、PA-3 型要求与粗集料的黏附性,裹附面积,不小于 2/3。改性阳离子乳化沥青 PCR 型要求与矿料的黏附性,裹附面积,不小于 2/3。并要求黏层乳化沥青要用与面层所使用的种类、标号相同的沥青乳化。

日本对黏层乳化沥青的黏附性技术指标有黏韧性和韧性的技术要求,美国制订 60℃动力黏度的技术指标要求,相比我国对黏层乳化沥青的黏附性技术指标要求偏宽。

一是我国对黏层乳化沥青的黏附性技术指标的要求,不小于 2/3 的技术指标显示乳液与粗集料的黏附性要求不够严密,仅规定 2/3。

二是规范中喷洒型乳化沥青用于表处、贯入式路面及下封层的 PC-1 型和 PA-1 型,用于透层油及基层养生用的 PC-2 和 PA-2 型,以及用于黏层用的 PC-3 型和 PA-3 型,均要求黏附性裹附面积不小于 2/3 的指标要求,缺乏不同用途的乳化沥青对黏附性的特殊要求,特别是黏层用乳化沥青的黏附性要求。

2)国内黏结层性能评价的试验方法

将本章参考文献[5]提出的黏结层性能进行评价的试验方法介绍如下。

(1)试件的成型

在室内成型试件的步骤如下：

①成型300mm×300mm×50mm的水泥混凝土板，板的上表面采取拉毛处理。

②清理水泥混凝土板的表面浮浆，按照施工要求涂黏结层材料。

③在涂好黏层油的水泥混凝土板上利用轮碾机成型40mm厚的沥青混凝土，并用双面锯切割成50mm×50mm×64mm(沥青层和水泥混凝土板厚度均为32mm)的试件进行剪切试验和拉拔试验。

(2)试验方法

①剪切试验

为检验黏结层抵抗行车荷载在水平力作用下产生的剪切应力的能力，采用斜剪切试验评价黏结层的抗剪能力。

②拉拔试验

检验上下两层间的黏结强度及对面层整体结构强度的影响。

③渗水试验

检验黏结层的抗渗性能。试验方法参照《公路工程沥青及沥青混合料试验规程》(JTG E20—2011)，先在水泥混凝土板上涂刷黏结材料，然后用渗水仪测试其透水性能。

我国当前对高等级公路沥青路面的黏层油，如改性乳化沥青，还没有专门的黏层改性乳化沥青技术指标要求，而是将黏层、封层、桥面防水黏结层的改性乳化沥青划为一种类型——喷洒型改性乳化沥青。在工程实践中，这种划分方法和技术指标往往引起不同的认识和评价。

三、黏层乳化沥青的施工工艺

1. 施工前的准备

1)原材料

黏层乳化沥青由施工单位每车自检一次，并留样备查，按JTG F40—2004表4.3.2道路用乳化沥青技术要求(喷洒用PC-3型、PA-3型)或表4.7.1-2改性乳化沥青技术要求(PCR型)检验乳化沥青原材料，应完全达到规范要求和工程设计要求。建议对用于高等级公路沥青路面的黏层乳化沥青产品，还要特别注意对黏层乳化沥青的黏结性能进行检测评价，并达到“通过”要求。监理组应5车抽检一次，乳化沥青试验项目与施工单位相同。

2)施工机具的准备

黏层乳化沥青要用沥青洒布车喷洒，洒布车应符合规范要求。

黏层乳化沥青的洒布一定要采用智能型沥青洒布车。先进的沥青洒布车自身带有导热油加热系统和自动控制洒布量的电脑控制系统，洒布宽度和洒布量均可根据需要自动调节，每个洒布喷头都是可控的，从而保证了洒布量的恒定和洒布的均匀性。

2. 施工程序

1)原路面清扫

为了使层间结合更好，在喷洒黏层油前必须对表面层进行清扫，对有浮土污染和泥块黏贴的地段用扫帚清扫或钢刷刷洗，必要时应使用高压水枪冲洗。冲刷过的路面应在表面干燥后，再喷洒黏层乳化沥青。

2)遮盖辅助设施

为防止对道路辅助设施(如防撞护栏、路缘带、分隔带以及标志牌等)的污染,应采用方便、可重复使用的覆盖措施,如可移动式遮挡屏风,能够根据喷洒速度的快慢向前推动屏风。

3)试验段施工

高速公路和一级公路的沥青路面黏层油施工前,应选择试验段进行黏层乳化沥青的洒布,通过试洒确定黏层油的最佳喷洒量,验证喷洒效果。其他等级公路在缺乏施工经验或初次采用黏层乳化沥青时,也应该做试验段。

对不带电脑控制系统的沥青洒布车,应在试验段施工中进行洒布量的精确标定。方法是:对沥青洒布车的车速、喷洒泵的转速和喷头离地高度进行记录,然后剪一块1m×1m硬纸板,称好质量,铺在沥青层表面,待洒过黏层乳化沥青后再称其质量,反算出乳化沥青用量和沥青洒布车的车速、喷洒泵的转速等参数,并确定其参数之间的关系。

用专用沥青洒布车喷洒黏层乳化沥青时,洒布量一般为0.3~0.6L/m^2。

4)黏层乳化沥青的施工

(1)黏层乳化沥青应均匀洒布,喷洒的黏层油必须成均匀雾状,在路面全宽度内均匀分布,不得有洒花漏空或成条状,也不得有堆积。

(2)在路缘石、雨水口、检查井等局部地方应用刷子人工涂刷,不要过量浇洒。

(3)喷洒不足的要补洒,喷洒过量处应予刮除。

(4)当气温低于10℃或正在下雨时,不得浇洒黏层乳化沥青。

(5)浇洒黏层乳化沥青后,严禁除沥青混合料运输车外的其他车辆、行人通过。

(6)黏层乳化沥青宜在当天洒布,应待乳液破乳、水分蒸发完后,紧跟着铺筑上层沥青层,确保黏层不受污染。

四、黏层施工质量控制

《公路沥青路面施工技术规范》(JTG F40—2004)中对黏层提出了原则性的规定。但有关黏层的质量控制技术和检验评定标准在国内还没有见到制订,如《公路工程质量检验评定标准》(JTG F80/1—2004)中就没有黏层的内容和规定。

根据国内的相关规范和标准要求,以及作者通过参与高速公路沥青路面黏层施工的研究和实践,总结出一些对沥青混凝土面层层与层之间的黏结效果进行检测和评定指标的方法,供读者参考。

1.施工前的材料与设备检查

(1)施工前必须提供黏层乳化沥青的检测报告,并确认符合技术标准要求;必须提供沥青洒布车标定报告。在确认材料规格和洒布车参数等符合要求,并得到监理确认后方可施工。

(2)施工前材料的质量检查应以在生产现场储入同一储罐的相同规格品种的黏层乳化沥青等为一“批”进行检查。检查频率为试验段抽检一次。

2.施工过程的质量控制

施工中应对黏层乳化沥青进行抽样检测,抽检项目、频率、允许误差及方法如表9-14所示。

黏层乳化沥青施工过程检验要求　　表 9-14

项　目		频　率	允许误差	方　法
蒸发残留物含量		每天一次	±5%	T0651—1993
标准黏度		每天一次	—	T0621—1993
蒸发残留物性质	软化点,不小于	每天一次	—	T0606—2000
洒布量		每天一次	±10%	

3. 交工验收阶段的质量检查

参照《公路工程质量检验评定标准》(JTG F80/1—2004)中 7.3 沥青混凝土面层实测项目检查方法和频率,如检查压实度和厚度,一般采用钻取芯样进行测定。如果钻取芯样检查沥青路面面层各层之间的厚度,钻取的芯样要把三层一起带出。这样,我们可以利用对芯样的检查和测定,同时得出沥青路面面层各层之间黏结效果质量的评定。

本章参考文献

[1] 中华人民共和国行业标准. JTG F40—2004　公路沥青路面施工技术规范[S]. 北京:人民交通出版社,2004.

[2] 秦永春,黄颂昌,等. 透层油应用现状及高渗透乳化沥青[C]. 2004 年道路工程学术交流会论文集. 北京:人民交通出版社,2004.

[3] 张金保. 透层油的施工质量引起沥青路面病害的原因分析[J]. 青海交通科技,2008,1.

[4] 卜立君. 浅谈透层油施工技术要点[J]. 青海交通科技,2006,5.

[5] 马彦芹,等. AC + CRCP 复合式路面黏结层材料试验研究[J]. 中国道路沥青,2009,总第 38 期.

[6] 李自华. SBR 改性乳化沥青作为黏层油在工程中的应用[J]. 公路交通科技,2000,6.

[7] 平自要,等. 沥青路面下封层与半刚性基层黏结效果评定方法[J]. 石油沥青,2008,22(3).

[8] 宋宪辉. 沥青路面基层与面层间连接状态评价方法及指标研究[D]. 哈尔滨工业大学硕士学位论文,2008.

第十章　乳化沥青混合料路面

第一节　概　　述

我国交通部从1978年开始组织“阳离子乳化沥青及其路用性能研究”课题的攻关研究，该课题解决了阳离子乳化沥青混凝土的配合比设计及试验方法、阳离子乳化沥青混合料的拌和摊铺方法等关键性技术问题。30多年来，我国的道路工作者一直在探索、研究与实践乳化沥青混合料路用技术。随着世界各国经济的发展，在世界范围内出现建设资源节约型、环境友好型的社会，在道路工程中要求节省能源，保护环境，减少污染的呼声越来越高，也引起了国内外道路工作者的重视，不断探索提高乳化沥青混合料技术性能的方式和方法，国内外也不断有乳化沥青混合料的研究成果出现。

乳化沥青混合料路面与热拌沥青混合料路面的成型机理不同，属于冷拌沥青混合料一类。但乳化沥青混合料应该具有与热拌沥青混合料相同的性质是：高温稳定性，低温抗裂性，抗滑性，施工和易性等。

乳化沥青混合料具有的特殊性质是常温下施工的特点，在常温下乳化沥青混合料可以拌和、摊铺、压实以及成型。因此，具有节省能源，节约资源，延长施工季节，改善施工条件，减少环境污染等优点。

到目前为止，乳化沥青混合料其不足之处是成型后早期强度低，压实后剩余空隙率大，开放交通迟，因此限制了它在道路工程中的应用范围。

《公路沥青路面施工技术规范》(JTG F40—2004)中对于乳化沥青混合料有如下的规定：

(1)适用于三级及三级以下公路的沥青面层，二级公路的罩面施工以及各级公路沥青路面的联结层或整平层。

(2)宜采用乳化沥青，也可采用改性乳化沥青。

(3)宜采用密级配沥青混合料，当采用半开级配的冷拌沥青混合料路面时应铺筑上封层。

近10余年来，我国公路科研院所的科技工作者、大专院校的师生，仍然在不断地开发乳化沥青混合料方面的课题研究。在乳化沥青混合料种类上，除传统的乳化沥青混凝土路面、乳化沥青碎石混合料路面外，还出现了水泥—乳化沥青混凝土混合料路面，并应用于工程实践中。在乳化沥青混合料配合比设计的试验方法方面，提出修正的乳化沥青混合料马歇尔稳定度试验法、成型再修正的乳化沥青混合料马歇尔稳定度试验法以及初始无侧限抗压强度试验法等。

可以说,随着我国对节能的重视,我国对乳化沥青混合料技术的研究与应用会出现越来越多的技术成果,使乳化沥青混合料技术在我国的路面工程中得到更多更好的应用。

第二节　乳化沥青混凝土路面

一、乳化沥青混凝土混合料的材料组成及技术要求

乳化沥青混凝土混合料由矿料与乳化沥青拌和而成,其矿料组成为连续级配,混合料结构组成为密级配。

1. *矿料的组成与级配*

粗集料应选用碎石,也可以选用经轧制的碎砾石。三级、四级公路的沥青层可用经筛选的砾石。沥青表面层的粗集料还应该选用硬质、耐磨碎石。

细集料可选用机制砂、天然砂、石屑配制。细集料应具有一定棱角性,洁净、干燥、无风化、无杂质。天然砂宜选用中砂、粗砂,天然河砂不宜超过集料总质量的20%。

国内对乳化沥青混凝土混合料的矿料组成与级配提出许多研究成果,一些规范中也先后制订了级配组成技术要求。

(1)1988年,交通部阳离子乳化沥青课题协作组提出建议的阳离子乳化沥青混凝土级配组成如表10-1所示。

建议的阳离子乳化沥青混凝土级配组成　　表10-1

结构类型		RL-20-I	RL-20-II	RL-10	RL-5
通过各筛孔(mm)的质量百分率(%)	20	87~100	95~100	—	—
	10	53~77	70~80	95~100	—
	5	35~55	50~65	55~70	95~100
	2.5	17~32	35~50	40~55	55~85
	1.2	11~25	25~40	30~40	45~65
	0.6	6~18	18~30	20~30	30~52
	0.3	4~13	13~21	16~21	17~37
	0.15	2~10	8~15	10~15	11~28
	0.074	0~4	3~7	5~9	8~12

注:1. RL代表乳液混合料,数字代表集料最大颗粒,I代表粗级配,II代表密级配。
2. 本表摘自《阳离子乳化沥青路面》表5-7。

阳离子乳化沥青混凝土混合料按最大粒径尺寸分粗粒式(最大粒径35mm)、中粒式(最大粒径25mm)、细粒式(最大粒径15mm)和沥青砂(最大粒径5mm)4种,粗粒式一般用于路面的下层(如作为面层,应进行封层处理),细粒式或沥青砂可用在面层上层。

(2)《乳化沥青路面施工及验收规程》(CJJ 42—1991)提出的阳离子乳化沥青混凝土混合料级配如表10-2所示,乳化沥青混凝土混合料技术指标如表10-3所示。

阳离子乳化沥青混凝土混合料分粗粒式、中粒式和细粒式3种,粗粒式或中粒式可用在次高级路面的下层使用,厚度宜为4cm,细粒式可用在面层上层,厚度宜为3cm。单层式面层,可

采用细粒式(厚度 3cm)或中粒式(厚度 5cm)。

阳离子乳化沥青混凝土混合料级配 表 10-2

类型		粗粒式(RLH-30)	中粒式(RLH-20)	细粒式(RLH-15)
通过下列筛孔(mm)的质量百分率(%)	30	95 ~ 100		
	25	75 ~ 95		
	20	—	95 ~ 100	
	15	55 ~ 80	—	95 ~ 100
	10	40 ~ 60	50 ~ 70	—
	5	23 ~ 46	35 ~ 55	50 ~ 70
	2.5	15 ~ 32	20 ~ 35	35 ~ 50
	1.2	—	13 ~ 25	25 ~ 40
	0.6	8 ~ 18	8 ~ 20	19 ~ 30
	0.3	4 ~ 13	5 ~ 12	13 ~ 21
	0.15	2 ~ 10	2 ~ 10	8 ~ 15
	0.074	2 ~ 4	2 ~ 5	4 ~ 8
乳化沥青用量(%)		6.5 ~ 8.0	7.5 ~ 9.0	8.5 ~ 10.0

注:1. 字母 RLH 代表乳化沥青混凝土混合料,后面的数字代表矿料的最大粒径(mm)。

2. 表中乳化沥青含量是按 60% 计算的,不足或超过时应换算后增减用量。

乳化沥青混凝土混合料技术指标 表 10-3

序号	项目	单位	类型		备注
			粗、中粒式	细粒式	
1	稳定度	N	4 500	5 000	
2	流值	1/100cm	10 ~ 40	20 ~ 40	
3	饱和度	%	50 ~ 70	70 ~ 85	
4	空隙率	%	7 ~ 12	3 ~ 7	

(3)《公路沥青路面设计规范》(JTG D50—2006)提出,冷拌沥青混合料可参照规范中相应的矿料级配使用,规范中密级配沥青混凝土混合料的矿料级配范围如表 10-4 所示。

矿 料 级 配 表 表 10-4

		通过下列筛孔(mm)的质量百分率(%)												
		31.5	26.5	19	16	13.2	9.5	4.75	2.36	1.18	0.6	0.3	0.15	0.075
粗粒式	AC-25	100	90 ~ 100	70 ~ 90	60 ~ 83	51 ~ 76	40 ~ 65	24 ~ 52	14 ~ 42	10 ~ 33	7 ~ 24	5 ~ 17	4 ~ 13	3 ~ 7
中粒式	AC-20		100	90 ~ 100	74 ~ 92	62 ~ 82	50 ~ 72	26 ~ 56	16 ~ 44	12 ~ 33	8 ~ 24	5 ~ 17	4 ~ 13	3 ~ 7
	AC-16			100	90 ~ 100	70 ~ 92	60 ~ 80	34 ~ 62	20 ~ 48	13 ~ 36	9 ~ 26	7 ~ 18	5 ~ 14	4 ~ 8

续上表

		通过下列筛孔(mm)的质量百分率(%)												
		31.5	26.5	19	16	13.2	9.5	4.75	2.36	1.18	0.6	0.3	0.15	0.075
细粒式	AC-13				100	90 ~ 100	68 ~ 85	38 ~ 68	24 ~ 50	15 ~ 38	10 ~ 28	7 ~ 20	5 ~ 15	4 ~ 8
	AC-10					100	90 ~ 100	45 ~ 75	30 ~ 58	20 ~ 44	13 ~ 32	9 ~ 23	6 ~ 16	4 ~ 8
砂粒式	AC-5						100	90 ~ 100	55 ~ 75	35 ~ 55	20 ~ 40	12 ~ 28	7 ~ 18	5 ~ 10

2. 乳化沥青

乳化沥青混凝土宜使用BC-1型慢裂或中裂拌和用阳离子乳化沥青，如表10-5所示，或者BCR型慢裂拌和用阳离子改性乳化沥青，如表10-6所示。

BC-1型阳离子乳化沥青技术要求　　表10-5

试验项目		单位	品种及代号	试验方法
			阳离子	
			拌和用	
			BC-1	
破乳速度			慢裂或中裂	T 0658
粒子电荷			阳离子(+)	T 0653
筛上剩余量(1.18mm筛)不大于		%	0.1	T 0652
黏度	恩格拉黏度计 E_{25}		2 ~ 30	T 0622
	道路标准黏度计 $C_{25,3}$	s	10 ~ 60	T 0621
蒸发残留物	残留分含量，不小于	%	55	T 0651
	溶解度，不小于	%	97.5	T 0607
	针入度(25℃)	0.1mm	45 ~ 150	T 0604
	延度(15℃)，不小于	cm	40	T 0605
与粗、细粒式集料拌和试验			均匀	T 0659
常温储存稳定性	1d，不大于	%	1	T 0655
	5d，不大于	%	5	

注：1. 表中数据选自《公路沥青路面施工技术规范》(JTG F40—2004)中表4.3.2道路用乳化沥青技术要求。

2. 黏度可选用恩格拉黏度计或道路标准黏度计之一测定。

3. 表中的破乳速度与集料的黏附性、拌和试验的要求、所使用的石料品种有关，质量检验时应采用工程上实际的石料进行试验，仅进行乳化沥青产品质量评定时可不要求此三项指标。

4. 储存稳定性根据施工实际情况选用试验时间，通常采用5d，乳液生产后能在当天使用时也可用1d的稳定性。

5. 当乳化沥青需要在低温冰冻条件下储存或使用时，尚需按T 0656进行-5℃低温储存稳定性试验，要求没有粗颗粒，不结块。

6. 如果乳化沥青是将高浓度产品运到现场经稀释后使用时，表中的蒸发残馏物等各项指标指稀释前乳化沥青要求。

改性乳化沥青技术要求　　表10-6

项　目		单位	品种及代号	试验方法
			BCR	
破乳速度		—	慢裂	T 0658
电荷		—	阳离子(+)	T 0653
筛上剩余量(1.18mm),不大于		%	0.1	T 0652
黏度	恩格拉黏度 E_{25}	—	3~30	T 0622
	沥青标准黏度 $C_{25,3}$	s	12~60	T 0621
蒸发残留物	含量,不小于	%	60	T 0651
	针入度(100g,25℃,5s)	0.1mm	40~100	T 0604
	软化点,不小于	℃	53	T 0606
	延度(5℃),不小于	cm	20	T 0605
	溶解度(三氯乙烯),不小于	%	97.5	T 0607
与矿料的黏附性、裹附面积,不大于		—	—	T 0654
储存稳定性	1d,不大于	%	1	T 0655
	5d,不大于	%	5	

注:1. 破乳速度与矿料的黏附性、拌和试验、所使用的石料品种有关,工程上施工质量检验时应采用实际的石料进行试验,仅进行产品质量评定时可不对这些指标提出要求。

2. 储存稳定性根据施工实际情况选用试验天数,通常采用5d,乳液生产后能在第二天使用完时也可用1d。个别情况下改性乳化沥青5d的储存稳定性难以满足要求。如果经搅拌后能达到均匀一致并不影响正常使用,此时要求改性乳化沥青运至工地后存放在附有搅拌装置的储存罐内,并不断地进行搅拌,否则不准使用。

3. 当改性乳化沥青或特种改性乳化沥青需要在低温冰冻条件下储存或使用时,尚需按T 0656进行-5℃低温储存稳定性试验,要求没有粗颗粒,不结块。

4. 表中数据选自《公路沥青路面施工技术规范》(JTG F40—2004)表4.7.1-2道路用乳化沥青技术要求。

乳化沥青混合料中的沥青乳液用量,同热沥青混合料一样,应根据各项试验结果,绘制稳定度、流值、密度、空隙率及饱和度与试件中乳液用量的关系曲线。

取能符合技术标准中一切规定值的沥青乳液用量范围的中间值,作为设计的沥青乳液用量。在具体施工时,还需要根据道路条件、施工气候、施工方法等情况对设计沥青乳液用量作适当调整。

一般来说,可以按热拌沥青混合料的沥青用量折算,实际的沥青残留物数量可较同规格热拌沥青混合料的沥青用量减少10%~20%。现场使用的沥青乳液用量应较室内试验的最佳用量提高1%~1.5%。

二、影响乳化沥青混凝土混合料性能的因素

1.乳化沥青混凝土混合料的成型过程

乳化沥青混凝土混合料的成型过程与热沥青混凝土混合料的成型过程有明显的不同。

(1)由于乳液是沥青和水的混合物,其中的沥青必须经过乳液和矿料的黏附及分解破乳、排水、蒸干等过程才能完全恢复原有的黏结性能。

(2)摊铺和碾压后的乳化沥青混凝土混合料,需要经过一段比热沥青成型过程长得多的

时间才能达到一定的强度要求。这是因为分散在混合料中的水分不能立即排净,这些水分大部分呈游离状态占据着混合料中的空隙,由于水的黏度低于沥青,因此,这些水分在混合料中甚至起着“润滑剂”的作用,降低矿料间的内摩阻力,降低混合料的强度和稳定性。因此,为提高混凝土初期强度,所选用的矿料级配必须含有足够的粗集料来形成骨架,以提供较高的内摩阻力。

(3)随着乳化沥青混合料的摊铺、碾压及行车压实,其中水分逐渐蒸干,混合料中的沥青在矿料表面的分布状况也会得到进一步调整。于是,乳化沥青混凝土混合料的密实度逐步增加,强度也随时间而增大,30 天后几乎完全形成强度。从理论上讲,乳化沥青混凝土将最终达到或超过热沥青混凝土同样的路用性能。

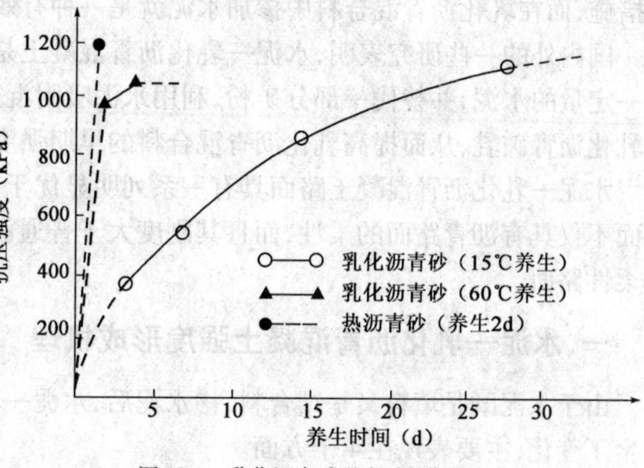

图 10-1　乳化沥青砂强度随龄期的变化

图 10-1 是几组矿料级配和配合比都相同的乳化沥青砂试件与相同材料的热沥青砂试件的抗压强度对比。图中表明:乳化沥青混合料的力学强度在初期较低,但随着养生龄期的增加而增强。强度增长的速度又与试件养生的温度条件有关,在高温条件下养生的试件,其力学强度增长得快些。

2. 不同性质的乳化剂对沥青性质的影响

乳化沥青完全恢复黏结性后,一部分乳化剂与沥青互溶,一部分存在丁沥青与矿料界面之间,起到抗剥落剂的作用。不同性质的乳化剂对沥青性质的影响以及对沥青与矿料黏附性的影响,可能有利也可能不利,因此,应正确选择乳化剂的品种和用量。

3. 乳化沥青混凝土混合料拌和效果

乳化沥青混凝土混合料拌和效果与沥青乳液类型、混合料的总加水量以及拌制时间有密切关系。

4. 乳化沥青混凝土混合料矿粉用量

乳化沥青混凝土混合料矿粉用量是影响强度的一个重要因素,与热沥青混凝土稍有不同。如果矿粉用量过多,混合料的拌和性较差,影响乳液对主骨料的裹附率,继而影响混合料的早期强度。如果矿粉用量太少,造成混合料的空隙率过大,也将使成型后的混合料强度下降。

5. 缺少与粗集料的黏附性技术指标

国内乳化沥青混凝土混合料的矿料质量和级配要求基本是参照热沥青混凝土的规范。《公路沥青路面设计规范》(JTG D50—2006)提出“粗集料应具有良好的黏附性,对年平均降雨量在 1 000mm 以上地区的高速公路和一级公路,表面层所用集料的黏附性宜达到 5 级;其他情况黏附性不宜低于 4 级。”

但是至今,国内对用于乳化沥青混凝土混合料的拌和型乳化沥青,规范中缺少与粗集料的黏附性技术指标的要求。

第三节　水泥—乳化沥青混凝土路面

由于乳化沥青破乳以及混合料中的水分完全排出需要一定的时间，导致混合料早期强度较低，延迟了交通开放时间。国内外一直在不断地寻求提高乳化沥青混合料早期强度的途径和措施，而在乳化沥青混合料中掺加水泥就是一种有效的途径。

国内外的一些研究表明，水泥—乳化沥青混凝土是在普通的乳化沥青混凝土混合料中加入一定量的水泥，并替代一部分矿粉，利用水泥吸附混合料中水分及水化温度高的特点，以加速乳化沥青破乳，从而提高乳化沥青混合料的早期强度。

水泥—乳化沥青混凝土路面具有一系列明显优于普通乳化沥青混凝土路面的性能，这种路面不仅具有沥青路面的柔性，而且其刚度大于普通沥青路面，因此，又被称为半刚性路面或半柔性路面。

一、水泥—乳化沥青混凝土强度形成机理

由于水泥既是填料又是结合料，掺水泥后，水泥—乳化沥青混凝土混合料的强度形成机理发生了变化，主要表现在4个方面。

1. 水泥加速乳化沥青破乳

水泥的ξ电位为负值，掺入混合料后能与阳离子乳化沥青产生较强的电荷吸附。同时，水泥颗粒具有较强的亲水性，会将乳化沥青中的水相吸附于其表面，成为水化所需的反应水。水泥的水化作用使乳化沥青中的水相缺失，加速了乳液破乳以及乳液残留物的凝聚。另外，水泥水化放热，使混合料局部温度升高，也促进了乳液的破乳。水泥颗粒的比表面积较大，当其均匀分散在乳化沥青混合料中时，产生的破乳作用远远大于混合料中的集料。

2. 水化产物的加筋作用

水泥与乳化沥青中水相发生水化反应后，会生成针状和簇状水化产物，这些水化产物在混合料中间形成加筋，提高了乳化沥青混合料强度。水泥水化产物与沥青胶浆的相互交织会提高乳化沥青混合料胶浆的黏度，使集料周围的结构性胶浆薄膜厚度增加。同时，又大大降低了乳化沥青混合料的温度敏感性，使掺有水泥的乳化沥青混合料高温抗车辙性大幅提高。

3. 水化产物的填充作用

随着水泥水化不断进行，水化产物会填充混合料内部微小空隙，促进混合料形成均匀、密实、空隙闭合的整体，这有利于提高混合料强度。同时，水泥水化时的体积膨胀可减少因水分蒸发而在混合料内部形成的部分空隙，从而提高了混合料的密实性和稳定性。

4. 水化产物提高界面黏结

水泥水化消耗了混合料内沥青胶浆与集料界面的水分，使胶浆与集料界面间距减少，界面黏附面积增大，界面黏结力提高，从而提高了混合料的强度和水稳性。

二、水泥—乳化沥青混凝土混合料的材料组成

水泥—乳化沥青混凝土混合料由矿料与乳化沥青、水泥拌和而成，用水泥替代矿料中的一部分矿粉，其材料组成为连续级配，材料结构为密级配。

1. 矿料的组成与级配

水泥—乳化沥青混凝土混合料采用普通乳化沥青混凝土的矿料组成与级配，国内较多选用粗粒式、中粒式和细粒式的密级配形式，如 AC-25、AC-20 等。

2. 乳化沥青

应选用性能良好的乳化沥青拌制水泥乳化沥青混凝土混合料，要能够满足施工过程中的各项要求。

3. 水泥

采用普通硅酸盐水泥，掺加的水泥量占矿粉的 50%。从经济和路用性能方面考虑，水泥用量一般不超过 3%。

三、水泥—乳化沥青混凝土混合料强度的影响因素

水泥—乳化沥青混凝土混合料的强度是矿料、矿粉、水泥、水和乳化沥青的综合作用的结果，采用正交设计法来设计水泥—乳化沥青混凝土混合料的组成是科学合理的。

1. 集料级配

水泥—乳化沥青混凝土混合料要形成骨架—密实结构，可以明显提高水泥—乳化沥青混凝土的早期和后期强度。矿粉的质量和用量也是一个重要影响因素。

2. 乳化沥青

随着乳化沥青用量的增加，稳定度下降，流值增大，同时空隙率也下降，饱和度增加。乳化沥青的用量一般选择 8%。

3. 水泥用量

掺加水泥的乳化沥青混凝土比普通乳化沥青混凝土的稳定度、劈裂抗拉强度、抗压强度有了很大提高，并且随着水泥用量的增加而增大，但流值却随着水泥用量的增加而降低，混合料向刚性发展。

在同一乳化沥青用量的混凝土混合料中，随着水泥用量的增加，空隙率上升，饱和度下降。这是因为水泥用量的增加，水化反应增加，混合料温度提高，水分蒸发较多，在混合料中留下更多的空隙。因此，空隙率上升，饱和度下降。

4. 拌和总用水量

在满足拌和时间和矿料裹附均匀的情况下，应严格控制外加水量。水量过多，混合料过稀，容易产生离析、流淌、不易压实等现象，不能达到初期强度要求。水量过少，不易拌和均匀，破乳过快，不易压实。

5. 压实

由于混合料中含有较多水分和乳化沥青初始黏结力较低，必须采用适合水泥—乳化沥青混凝土混合料成型特性的合理压实方式，在碾压施工中应先轻压后重压。

6. 养生条件

在水泥—乳化沥青混凝土路面强度形成过程中，环境条件如温度、湿度、风等因素也会产生重要的影响。温度高，风力大，将加快水分蒸发，加快乳化沥青的破乳速度，越有利于路面强度的提高。

第四节 乳化沥青碎石混合料路面

一、乳化沥青碎石混合料路面的应用范围

乳化沥青碎石混合料路面适用于三级及三级以下公路的沥青面层,二级公路的罩面施工以及各级公路沥青路面的联结层或整平层。

乳化沥青碎石混合料路面的沥青面层宜采用双层式:下层采用粗粒式乳化沥青碎石混合料,上层采用中粒式或细粒式乳化沥青碎石混合料。单层式只适用于少雨干燥地区或半刚性基层上使用。在多雨潮湿地区必须做上封层或下封层。

二、乳化沥青碎石混合料路面的材料要求

1. 乳化沥青

乳化沥青碎石混合料路面宜采用乳化沥青的类型为阳离子乳化沥青 BC-1 或者改性阳离子乳化沥青 BCR,见表 10-5 和表 10-6。

2. 矿料级配

由于乳化沥青碎石混合料中的乳化沥青在破乳前的黏滞度很小,集料间不易黏结牢固,可以参照热沥青碎石混合料的级配,经过室内和现场拌和试验,使乳化沥青碎石混合料的级配范围和比例适合于拌和、摊铺等施工和路用方面的要求。

乳化沥青碎石混合料路面的矿料级配可参照见表 10-7 和表 10-8,并可根据已有的成功经验经试拌确定设计级配范围和施工配合比。

半开级配沥青碎石混合料矿料级配范围 表 10-7

筛孔(mm)		中粒		细粒	
		AM-20	AM-16	AM-13	AM-10
通过筛孔(mm)的质量百分率(%)	26.5	100			
	19.0	90~100	100		
	16.0	60~85	90~100	100	
	13.2	50~75	60~85	90~100	100
	9.5	40~65	45~68	50~80	85~100
	4.75	15~40	18~42	20~45	35~65
	2.36	5~22	6~25	8~28	10~35
	1.18	2~16	3~18	4~20	5~22
	0.6	1~12	1~14	2~16	2~16
	0.3	0~10	0~10	0~10	0~12
	0.15	0~8	0~8	0~8	0~9
	0.075	0~5	0~5	0~6	0~6

注:表中数据摘自《公路沥青路面施工技术规范》(JTG F40—2004)表 5.3.2-6。

表 10-8 中所列的乳化沥青碎石混合料的乳液用量范围较宽,实际使用时应根据当地实践经验以及交通量、气候、石料情况、沥青标号、施工机械等条件确定,也可按热拌沥青混合料的沥青用量折算,实际的沥青残留物数量可较同规格热拌沥青混合料的沥青用量减少 10%~20%。

乳化沥青碎石混合料油石比范围　　表10-8

级配类型	中粒		细粒	
	AM-20	AM-16	AM-13	AM-10
沥青用量	3~4.5	3~4.5	3~4.5	3~4.5

注:表中的沥青用量,使用时应根据乳液的实际沥青含量折算为乳液用量。

第五节　袋装常温乳化沥青混合料

一、袋装常温沥青混合料应用范围

我国存在着大量的低等级公路,承担着连接城乡、乡村和村村的运输,长期以来,这些道路很多处于超期服役,由于养护资金不足,而得不到及时的改善。几十年来我国基层公路管理部门一直在积极采用新的养护技术,及时处置低等级公路的路面病害。其中袋装常温乳化沥青混合料技术就是在国内较早开发的养护技术之一。

袋装常温沥青混合料是用一定级配的矿料与适量的特制黏结料,加入适量的软化剂或添加剂,在常温下拌和并装袋密封储存的一种筑养路材料。此种材料具有节省能源、运输简便、施工方便等特点,特别适用于修补沥青路面的坑槽。

袋装常温沥青混合料一般分为两种类型,即溶剂型和乳剂性。溶剂型常温沥青混合料是在一定条件下,用稀释沥青与矿料在常温下拌和而成。乳剂型常温沥青混合料是在一定的条件下,用慢裂型乳化沥青和一定量的添加剂与矿料拌和均匀然后装袋而成。

二、材料要求

1. 矿料

袋装常温乳化沥青混合料所用矿料要满足强度、规格质量及其他相应的物理化学指标。其质量规格应符合《公路沥青路面施工技术规范》(JTG F40—2004)的要求。并根据不同类型常温混合料,选择相应的矿料级配组成。

由于常温混合料成型慢、初期强度低,成型后渗水系数大,因此不宜选用粗级配或开级配的矿料级配。

2. 乳化沥青

乳化沥青质量是决定袋装常温沥青混合料质量和储存期的关键,因此要尽量选择高质量沥青,一般采用A、B级道路石油沥青生产乳化沥青,并要满足乳化沥青质量标准的要求,袋装乳化沥青混合料所用乳化沥青宜用慢裂型乳化沥青。

3. 添加剂

袋装乳化沥青混合料为保证其拌和、储存、施工三阶段稳定性,要加入适量的添加剂如稳定剂,其剂量种类和用量需通过室内试验确定。

三、袋装乳化沥青混合料的配制和储存

(1)按矿料配合比设计,将各种规格集料计量后,输送到搅拌机中,拌和4~6s。

(2)按规定的油石比,将乳化沥青泵入搅拌机,同时将规定量的添加剂加入,拌和 40~50s 后,打开放料门,将拌和均匀的混合料放入运输车中,并运到储存室附近卸下,装入储存袋中,每袋质量以 30kg 左右为宜。

(3)用封口机将储存袋封好,不可进入空气。

(4)入库储存,并定期检查储存室的温度、湿度并检查混合料储存稳定性。不同存期的混合料要分别堆放,堆放的高度应以 3~4 层为宜。

(5)袋装乳化沥青混合料应密封良好,存放期一般不要超过乳液的破乳时间。

四、施工

(1)根据坑槽的大小,挖成规则的形状,周边要求整齐,内壁要求大致垂直,清除已破坏的松散材料,底面要求坚实。

(2)在挖好的坑槽内壁四周及底面涂刷一层透层油或黏层油,涂刷要均匀。

(3)一般采用人工摊铺,摊铺时严格执行扣锹操作。摊铺虚方厚度应根据试摊确定,一般压实系数为 1.20~1.30。

(4)摊铺后在没破乳前应及时碾压,碾压以先轻后重的原则,先以 2t 压路机碾压 2~3 遍,再用 6~8t 轻型压路机碾压。面积小的坑槽也可用人工夯实,夯实应从边部向中部进行。

(5)混合料压实后,在其上撒上一层干砂即可开放交通。

五、国内袋装常温沥青混合料应用实例

1. 实例一

1992 年上海市混凝土二厂曾试拌 30t 中粒式阳离子乳化沥青混合料,袋装供应上海市区的工务所用于修补路面局部坑槽,如表 10-9 所示。

袋装乳化沥青混合料配合比及技术指标 表 10-9

级配(筛孔通过量,%)			阳离子乳化沥青用量(%)(胜利 100 号沥青 55%)	稳定度(kN)	流值(1/100cm)	密度(g/cm^3)
15~25mm	6~15mm	0~6mm				
37	34	29	10	3.83~4.97	25~36	2.28~2.37

阳离子乳化沥青混合料袋装,50kg/袋,内袋为塑料密封袋,外袋为尼龙丝袋保护内袋。室内可存放三个月,但应防止冰冻。

2. 实例二

1993 年宁夏回族自治区吴中市公路管理段开始研究应用,将袋装常温乳化沥青混合料用于处治沥青路面的病害。

1)材料准备

(1)阳离子慢裂乳化沥青

基质沥青:兰炼 100 号。乳化剂:RH-C01 阳离子慢裂乳化剂,用量 6‰;油水比 6:4。

(2)集料

选用吴中市沙坝沟碎石(石灰石、碱性、石料等级 3、磨耗率 10),按规范规定 LH-201 型进

行级配。

2)包装

采用高压聚乙烯袋和编织袋共三层,即内、外层为编织袋,中间层为高压聚乙烯袋。采用高温两道封口,每袋装20kg或25kg。

3)生产

按确定的油石比,采用人工拌和,将混合料装入袋后即可封口。为修补油路坑槽,须备1kg乳液另用塑料袋封装,分别置放。

4)储存

存放时间以不超过2个月为宜,储存温度不得低于-5℃,高于38℃。

5)施工

(1)修补油路坑槽

基本工序:确定损坏范围→划线→开挖→清底净边→刷黏层油→铺料→整平→碾压(夯实)。

(2)施工温度应不低于-5℃。

(3)修补油路坑槽的碾压和初期养护较为重要,当混合料摊铺整平后,应先用小型压路机碾压一遍,促使乳化沥青混合料破乳,待1h后再行碾压一遍。碾压前应在摊铺面上均匀撒少量石屑或石粉,可以起到吸收混合料中的水分、加快修补后坑槽的开放交通时间以及密实表面、防止渗水的作用。

6)经济效益分析

(1)袋装常温乳化沥青混合料需要增加包装袋一项成本。

(2)袋装常温乳化沥青混合料运输方便快捷,可以及时迅速处理油路病害,防止病害漫延扩大以及取代了养护道班常规熬制热沥青的复杂工序。

3. 实例三

2008年之前,福建省省道水杉线K23+000~K24+000地处IV_{6a}区(武夷副区),原为20cm天然砂砾基层+5cm沥青碎石联结层+4cm沥青贯入式面层。路面平整度较好,无沉陷,但部分路面呈麻面贫油病害,需加铺面层封闭防水,以延长路面使用寿命。为此采取制作和摊铺4cm袋装常温乳化沥青混合料面层,取得较好的使用效果。

1)材料准备

(1)阳离子慢裂乳化沥青

使用盘锦140号基质沥青制备阳离子慢裂乳化沥青如表10-10所示。

乳化沥青性能　　表10-10

乳液配比		乳液性能					蒸发残留物性能		
油水比	乳化剂LB-M1:ACL	蒸发残留物含量(%)	筛上剩余量(%)	道路标准黏度计$C_{25,3}$(s)	储存稳定性(5d)	破乳速度	针入度(25℃)	延度(25℃)(cm)	软化点(℃)
6:4	3:1	59	0.06	14	0.9	慢裂	127	98	46

(2)矿料

冷拌乳化沥青混合料为细粒式。要求矿料质地坚硬、无风化、无杂质,针片状含量不超过10%。

矿料组成:碎石73%,砂20%,矿粉7%。

集料级配组成和施工配合比设计见表10-11与表10-12。

冷拌乳化沥青混合料材料级配组成 表10-11

材料名称		筛孔尺寸(mm)									
		15	10	5	2.5	1.2	0.6	0.3	0.15	0.074	
各种矿料累计筛余(%)	1号碎石		8	73	82.6	87	91	91.4	95.1	97.1	100
	2号碎石			13.2	39.1	86.1	95	96.3	96.6	97.2	100
	河砂				9.2	34.1	58.6	74.5	91.4	94.1	100
	矿粉								7.0	93	100

冷拌乳化沥青混合料施工配合比设计 表10-12

	材料名称	筛孔尺寸(mm)								
		15	10	5	2.5	1.2	0.6	0.3	0.15	0.074
各种矿料配合比例(%)	1号碎石57%	4.56	41.6	46.7	47.2	51.3	53.0	54.5	55.0	57
	2号碎石20%		2.64	7.82	17.3	19.0	19.3	19.4	19.5	20
	河砂18%			1.7	6.1	10.5	13.4	16.5	17	18
	矿粉5%							0.35	3.15	5
设计矿料级配范围		4.56	44.2	54.5	70.2	80.8	85.4	89	96	10
		0~5	30~45	45~60	60~70	70~80	79~84	85~90	91~95	100

2)室内试验

(1)强度试验

室内强度试验是将拌和好的乳化沥青混合料制成试件进行观察,发现当温度为15℃左右时,其强度达到热拌沥青混合料强度需7天左右。当温度为30℃左右时,其强度达到热拌沥青混合料强度需3天左右。当温度为60℃左右时,其强度达到热拌沥青混合料强度需十几个小时。说明其强度的形成是随着温度的提高而加快。

(2)马歇尔稳定度试验

根据乳化沥青混合料的物理常数(密度、空隙率、饱和度)以及力学指标(稳定度和流值),参照交通部阳离子乳化沥青课题协作组编著的《阳离子乳化沥青路面》中的阳离子乳化沥青混凝土的配合比设计及试验方法,测定试件稳定度和流值,确定试验路采用10.5%的乳化沥青用油量,如表10-13所示。

3)储存试验

(1)矿料含水率试验

乳化沥青混合料对矿料本身的含水率要求非常严格,规定为5%~7%。做法是将矿料取样称重,然后烘干。如果不足5%,要在拌和前24h人工加水湿润以求达到5%的含水率要求。通过试验表明,施工气温大于25℃,含水率要求6.5%;气温20~25℃,含水率要求6.0%;气温10~20℃,含水率要求5.0%;低于10℃,含水率要求4.0%~4.5%。

试件试验结果汇总表　　表10-13

试件编号	乳液用量(%)	室内常温养生试件			高温养生试件				
		密度(g/cm^3)	稳定度(kN)	流值(0.1mm)	密度(g/cm^3)	空隙率(%)	饱和度(%)	稳定度(kN)	流值(0.1mm)
1-1	9.5	2.257	2.2	36.5					
1-2	10.5	2.263	2.5	30					
1-3	11.5	2.25	2.6	31.3					
1-4	9.5				2.27	7.78	62.7	4.2	42.6
1-5	10.5				2.26	7.75	65.9	48.5	42.2
1-6	11.5				2.25	7.72	67.3	47.4	44.3

(2)储存试验

将拌和好的矿料分别以5kg、10kg、25kg和大堆存放,存放的温度为常温。5kg、10kg、25kg都是密封储存,大堆储存是用塑料布盖上露天储存。观察结果表明,封闭储存的三个样品60d后仍是褐色,散放没盖塑料布的只能存放48h,表层起了一层硬皮子,但仍能够使用。用塑料布盖上散放的可达两周,只是表面起层硬皮,不过也能使用。但长时间存放还是以封闭装袋为好,短时间的可散放。

4)乳化沥青混合料的拌和

(1)湿润矿料

由于储存的需要,在外加水中按比例加入氯化钙形成水溶液,再按矿料含水率和乳化沥青水的比例,按质量比将水溶液喷到矿料上,边喷边拌,达到矿料含水率分布均匀,用席子等覆盖上即可。

(2)拌和

使用经改装的热沥青混凝土拌和机拌制乳化沥青混合料,拌和时间30s,使用人工拌和为60s。

将成品混合料装入编织袋,扎紧上口,运至仓库存放。仓库地面应架空15cm堆放混合料,叠放高度不超过3袋。

5)袋装乳化沥青混合料路面的摊铺施工

(1)施工前准备

以100~200m为一个摊铺段,画出中线和边线,路面清扫干净,喷洒0.7~0.8kg/m^2中裂型乳化沥青黏层油。

(2)摊铺施工

采用人工摊铺混合料,按1.25的松铺系数人工整平,先由8t光轮压路机碾压2~3遍,再用12t光轮压路机碾压2遍,碾压完成后人工撒一薄层的细砂,封闭1h后即可开放交通。

6)结论

试验路段完成一年后进行观察,路面表面平整,结构密实完好,仍保持较好的使用效果。

经分析,使用袋装乳化沥青混合料成本较使用热沥青铺筑路面成本略高一些,就旧路罩面而言，较热拌沥青碎石成本约高出14%，较热沥青贯入式路面成本约高出19%，但它在公路养、建工程应用中，具有降低劳动强度，改善施工和车辆通行条件，延长施工季节等优点，而且有利于保护生态环境，减少污染。在我国一些边远地区和自然保护区，袋装乳化沥青混合料应该具有较好的应用前景。

第六节　乳化沥青混合料的配合比设计

对于乳化沥青混合料配合比的设计试验方法，多年来国内外都在研究探讨中。由于乳化沥青混合料与热沥青混合料具有不同的成型机理，因此，在配合比设计试验中也需要考虑乳化沥青的这些特性，采取相应的成型和养生措施，尽可能模拟现场实际情况，使室内试验结果具有指导现场施工的意义。

一、修正的马歇尔稳定度试验方法

交通部"阳离子乳化沥青课题协作组"总结和借鉴国内外乳化沥青混合料有关配合比设计方法，于1980年初在国内首先提出了乳化沥青混合料修正的马歇尔稳定度试验方法。并于1988年在《阳离子乳化沥青路面》一书中详细介绍了此试验方法。摘录如下：

修正的要点是"试件的击实和养生"，具体的修正之处是：

(1)一组试样采用6个试件。其中3个放在室温条件下养生(温度15～25℃，相对湿度50%～80%)，试件在试模内和试模外分别养生24h，然后在20℃条件下试压；另外3个试件在110℃烘箱中于试模内养生24h，脱模后在室内静置24h，然后在60℃的条件下试压。

(2)每个试件在制作时，上下两面各击实50次，并且分为两趟击锤。首先在混合料试件拌制入模时，于试件上、下两面各击锤25次，经过规定条件的模内养生后，在养护温度条件下，再于上、下两面各补击25次，然后冷却脱模。

上述修正要点是基于对乳化沥青混合料性能的研究和试验路面施工成型的实际情况提出来的。

乳化沥青混合料是用冷拌冷铺方法施工的，在经过碾压之后，由于乳液中的沥青微粒只是发生吸附聚结，并没有发挥黏结的作用，其中又有一定的水分，路面强度比较低。但是，由于公路施工在通常情况下是不能长时间中断交通的，新铺路面不得不在很短的时间内就开放交通而承受行车荷载。测定经过室内常温养生的试件，在20℃条件下的稳定度可以作为对乳化沥青混合料初期强度的评定指标。

新铺乳化沥青路面经过一段时间的行车碾压之后，其中水分不断蒸发，逐渐达到基本蒸发干，在重复行车作用下，乳化沥青混合料受到进一步压实，逐渐增大其强度和密实度，直至达到后期的强度。因此，在试验中采用经过110℃高温养生的试件，在60℃条件下测定的稳定度来评定混合料的后期强度。

二、有关乳化沥青混合料试件制作方法的规定

交通部于1993年发布的《公路工程沥青及沥青混合料试验规程》(JTJ 052—93)中"沥青混合料试件制作方法(击实法)"(T 0702—93)规定了乳化沥青混合料试件制作的方法。2000

年、2009年和2011年三次对规程修订，这一部分内容没有太大变动。现从《公路工程沥青及沥青混合料试验规程》(JTG E20—2011)中"沥青混合料试件制作方法(击实法)"(T 0702—2011)摘录如下：

4　拌制沥青混合料

4.3　乳化沥青混合料：将每个试件的粗细集料，置于沥青混合料拌和机(不加热，也可用人工炒拌)中；注入计算的用水量(阴离子乳化沥青不加水)后，拌和均匀并使矿料表面完全湿润；再注入设计的沥青乳液用量，在1min内使混合料拌匀；然后加入矿粉后迅速拌和，使混合料拌成褐色为止。

5　成型方法

5.1　击实法的成型步骤如下：

5.1.1　将拌好的沥青混合料，用小铲适当拌和均匀，称取一个试件所需的用量(标准马歇尔试件约1 200g，大型马歇尔试件约4 050g)。当已知沥青混合料的密度时，可根据试件的标准尺寸计算并乘以1.03得到要求的混合料数量。当一次拌和几个试件时，宜将其倒入经预热的金属盘中，用小铲适当拌和均匀分成几份，分别取用。在试件制作过程中，为防止混合料温度下降，应连盘放在烘箱中保温。

5.1.2　从烘箱中取出预热的试模及套筒，用蘸有少许黄油的棉纱擦拭套筒、底座及击实锤底面。将试模装在底座上，放一张圆形的吸油性小的纸，用小铲将混合料铲入试模中，用插刀或大螺丝刀沿周边插捣15次，中间捣10次。插捣后将沥青混合料表面整平。对大型击实法的试件，混合料分两次加入，每次插捣次数同上。

5.1.3　插入温度计至混合料中心附近，检查混合料温度。

5.1.4　待混合料温度符合要求的压实温度后，将试模连同底座一起放在击实台上固定。在装好的混合料上面垫一张吸油性小的圆纸，再将装有击实锤及导向棒的压实头放入试模中。开启电机，使击实锤从457mm的高度自由落下到击实规定的次数(75次或50次)。对大型试件，击实次数为75次(相应于标准击实的50次)或112次(相应于标准击实75次。)

5.1.5　试件击实一面后，取下套筒，将试模翻面，装上套筒；然后以同样的方法和次数击实另一面。

乳化沥青混合料试件在两面击实后，将一级试件在室温下横向放置24h；另一组试件置温度为105℃±5℃的烘箱中养生24h。将养生试件取出后再立即两面锤击各25次。

5.1.6　试件击实结束后，立即用镊子取掉上下面的纸，用卡尺量取试件离试模上口的高度并由此计算试件高度。高度不符合要求时，试件应作废，并按式(T 0702-1)调整试件的混合料质量，以保证高度符合63.5mm±1.3mm(标准试件)或95.3mm±2.5mm(大型试件)的要求。

$$\text{调整后混合料质量} = \frac{\text{要求试件高度} \times \text{原用混合料质量}}{\text{所得试件的高度}} \qquad (\text{T 0702-1})$$

5.2　卸去套筒和底座，将装有试件的试模横向放置冷却至室温后(不少于12h)，置脱模机上脱出试件。用于本规程T 0709现场马歇尔指标检验的试件，在施工质量检验过程中如急需试验，允许采用电风扇吹冷1h或浸水冷却3min以上的方法脱模；但浸水脱模法不能用于测量密度、空隙率等各项物理指标。

5.3 将试件仔细置于干燥洁净的平面上,供试验用。

三、再修正的水泥—乳化沥青混合料马歇尔稳定度试验法

参考文献[11]就水泥—乳化沥青混合料试验提出再修正的乳化沥青混合料马歇尔稳定度试验法:

再修正的乳化沥青混合料马歇尔稳定度试验法,是在修正的乳化沥青混合料马歇尔稳定度试验法的基础上进行修正,修正的要点是"试件的击实和养生",具体的修正之处是:

(1)一组试样制作6个,其中3个放在室温条件下养生(温度15~25℃,相对湿度50%~80%),试件在试模内和试模外分别养生24h,然后在20℃条件下试压;另外3个试件在60℃烘箱中于试模内养生47~48h,冷却后脱模,然后在60℃的条件下试压。

(2)每个试件在制作时,上、下两面各击实75次,并且分为两趟击锤。首先在混合料试件拌制入模时,于试件上、下两面各击锤35次,常温试件经过规定条件的模内养生t小时(t为水泥初凝时间)后,在养护温度条件下,再于上、下两面各补击40次,然后于试模内养生47~48h,冷却脱模。

(3)再修正的要点和依据:

①击锤时间。由于水泥—乳化沥青混合料一开始拌和,水泥与水接触即发生水化反应,促使乳化沥青破乳,使水泥—乳化沥青混合料强度形成时间大为缩短,水泥有一定的初凝时间,一般初凝时间为1h左右,终凝时间为6h左右。按《公路工程沥青及沥青混合料试验规程》(JTG E30—2011)中"沥青混合料试件制作方法(击实法)"(T 0702—2011)"烘箱中养生24h。将养生试件取出后再立即两面锤击各25次。"会把已形成强度的水泥石击碎,破坏水泥与骨料间的黏结,降低混合料强度。因此,将二次击实时间定为水泥初凝时间,不会破坏水泥凝结效果。

②养生温度。由于在超过60℃以上的温度下,将会遏制水泥的水化反应,影响强度的形成,按《公路工程沥青及沥青混合料试验规程》(JTG E30—2011)中"沥青混合料试件制作方法(击实法)"(T 0702—2011)"置温度为105±5℃的烘箱中养生24h"将会强烈遏制水泥水化反应,不能体现水泥对乳化沥青混合料高温性能的影响,因此,将养生温度定为60℃。

③养生总时间。对养生总时间总时间的确定,以模拟路面强度形成实际情况为标准,这个标准也主要以含水率为主要指标,经测定,60℃养生48h后混合料含水率散失率达97%,与路面30d左右后的情况接近。

④击实次数。由于水泥的加入,混合料的强度明显提高。击实次数增加到75次,不会将混合料中的骨料击碎,而混合料的密度和稳定度都有提高。

四、乳化沥青混合料初始无侧限抗压强度的试验方法

参考文献[11]就乳化沥青混合料早期强度建议采用初始无侧限抗压强度的试验方法。

乳化沥青混合料早期强度试验的目的是为路面早期开放交通提供一个依据。

按《公路工程沥青及沥青混合料试验规程》(JTG E20—2011)中T 0704—2011方法制作ϕ100mm×100mm试件,每组试样采用3~5个试件,放在室温条件下养生(温度15~25℃,相

对湿度 50% ~80%),试件在试模内和试模外分别养生 24h,然后按《公路工程沥青及沥青混合料试验规程》(JTG E20—2011)中 T 0713—2000 规定试压试件。

五、乳化沥青混合料的技术标准

1. 交通部“阳离子乳化沥青课题协作组”建议标准

修正的乳化沥青混合料马歇尔稳定度试验方法除了试件养生条件不同外,其余的饱和度、密度、空隙率、流值、稳定度的测试方法同热拌沥青混合料。建议的乳化沥青混凝土混合料的技术指标见表 10-14。

建议的乳化沥青混凝土混合料的技术指标　　表 10-14

项　目	单位	密级配		粗级配		备　注
		含水试件	干试件	含水试件	干试件	
击实次数	次	50	50	50	50	含水试件即室内常温养生试件,在(20±1)℃条件下试压;干试件即烘箱高温养生试件,在(60±1)℃条件下试压
稳定度	kN	2.0	4.0	2.5	3.5	
流值	0.1mm	20~45	20~40	20~45	20~40	
空隙率	%		5~8		6~10	
饱和度	%		60~75		50~70	
密度(湿)	g/cm³	2.20		2.15		
密度(干)	g/cm³		2.25		2.20	

注:本表摘自《阳离子乳化沥青路面》表 5-9。

2. 乳化沥青混合料综合配合比设计技术指标

参考文献[11]推荐的乳化沥青混合料综合配合比设计技术指标见表 10-15。

乳化沥青混合料综合配合比设计技术指标　　表 10-15

混合料类别	试验方法	项目	单位	密级配	粗级配	备注
普通乳化沥青混合料	初始无侧限抗压强度试验	压力机压实	—	—	—	阳乳课题组
		抗压强度	MPa	≥1.40	≥1.25	
		刚化系数 K	—	待定	待定	
		空隙率	%	6.0~9.0	7.0~10.0	
		饱和度	%	60~75	50~70	
		密度	g/cm³	≥2.20	≥2.15	
	成型马歇尔稳定度试验	击实次数	次	50	50	
		成型稳定度比	%	≥75	≥75	
		流值	0.1mm	20~45	20~45	
		空隙率	%	3~6	4~10	
		饱和度	%	60~75	50~70	
		残留稳定度	%	70	65	

续上表

混合料类别	试验方法	项目	单位	密级配	粗级配	备注
水泥—乳化沥青混合料	初始无侧限抗压强度试验	压力机压实	—	—	—	
		抗压强度	MPa	1.80~2.20	1.70~2.10	
		刚化系数 K	—	待定	待定	
		空隙率	%	6.5~8.5	7.5~9.5	
		饱和度	%	65~75	55~75	阳乳课题组
		密度	g/cm^3	≥2.30	≥2.25	
	成型马歇尔稳定度试验	击实次数	次	75	75	
		成型稳定度比	%	130~150	130~150	
		流值	0.1mm	20~45	20~45	
		空隙率	%	3~6	4~10	
		饱和度	%	65~75	55~75	阳乳课题组
		残留稳定度	%	80	75	

第七节　乳化沥青混合料路面施工技术

乳化沥青的黏度低，与各种级配矿料都有良好的施工和易性，但由于乳化沥青与矿料有黏附、破乳、析水、恢复沥青性能等过程，因此，与热沥青混合料的施工有很大的差异。不同类型的乳化沥青混合料路面，各有其不同的技术要求和施工方法，必须严格地按乳化沥青混合料的施工特性和相关的规定要求组织施工，方能保证乳化沥青混合料路面的施工质量。

一、乳化沥青混合料的拌制

1.拌和用水量

使用乳化沥青拌制沥青混合料，一般都需要加水预湿矿料。拌和添加的水，加上乳液和矿料中的含水总和，称为拌和总用水量，用矿料干重的百分比表示。拌和总水量的多少，影响着乳化沥青混合料的压实效果。因此，在美国沥青协会的试验方法和伊利诺伊州试验方法中，都要求通过试验来确定合适的拌和用水量。

我国使用乳化沥青混合料铺筑路面，其中大部分应用在三级及三级以下公路的沥青面层，一般采用中粒式沥青混凝土路面。在混合料试验方法中，没有明确规定要进行确定最佳拌和用水量的试验，而是通过各地试验情况总结提出了一个合适的范围。对于拌制中粒式沥青混凝土混合料，拌和总用水量通常采用4.5%~7.5%。对于拌制细粒式乳化沥青混凝土混合料、乳化沥青砂，则可采用8%~16%。当矿料中细料或矿粉多时取高限拌和用水量，反之，取用低限拌和用水量。

2.乳化沥青混凝土混合料拌制

半开级配混合料可用机械或人工拌和，密级配混合料应采用强制式拌和机，不能用自落式拌和机,因自落式拌和机拌和能力差、出料慢,细料容易聚团并黏附在拌和筒壁上,拌和的混合料不均匀。

3. 拌和、运输和摊铺过程要求

(1)混合料的拌和、运输和摊铺过程要在乳液的破乳前结束,否则将因乳液的破乳而失去施工的和易性。如在乳液破乳后继续搅动拌和混合料,会使集料表面黏附的沥青膜剥落。因此掌握好拌和、运输和摊铺时间是保证混合料质量的重要环节。在保证乳液与集料拌和均匀的前提下,拌和时间宜短不宜长。

(2)适宜的拌和时间应根据施工现场使用的集料级配情况、乳液破乳速度、拌和机械性能、施工时的气候等具体条件通过试验确定,机械拌和不超过30s(自矿料中加进乳液时算起);人工拌和不超过60s。

(3)采用阳离子乳化沥青时,集料在与乳液拌和前需用水湿润,使集料含水率达到3% ~5%,天气炎热宜多加,低温潮湿可少加。潮湿的集料便于乳液的分布,也可延缓乳液的破乳时间,保持良好的施工和易性,使乳液均匀裹附在集料的表面。在集料湿润后仍不能拌和均匀时,可采取以下措施:

改用破乳速度更慢的乳液;用1% ~3%浓度的氯化钙水溶液或0.2% ~0.3%浓度的乳化剂水溶液代替水预先湿润集料表面。以上措施须在室内或现场通过小样试拌,并取得满意效果后方可采用。

(4)拌制好的混合料应具有充分的施工和易性,已拌好的混合料应立即运到现场进行摊铺,拌和与摊铺过程中已破乳的混合料应予废弃。

4. 拌和顺序

混合料生产应采用集中拌和法,注意控制混合料的运输距离和运输时间,也可以采用现场就地拌和法。拌和顺序一般为:

(1)启动拌和机,将按级配要求配好的矿料,经过计量输送入拌和锅内拌和;

(2)按计算用水量向拌和锅内加水,将矿料湿润并继续拌和;

(3)按计算乳化沥青用量将乳化沥青加入拌和锅内,拌和时间30s左右,矿料基本均匀裹附乳化沥青;

(4)按计算矿粉用量(如果是水泥—乳化沥青混凝土,应先将水泥与矿粉拌和均匀)将矿粉(水泥)输送入拌和锅内拌和,一般拌和时间30s左右应该能达到拌和均匀,立即将混合料卸出;

(5)水泥—乳化沥青混凝土应现拌现用,不宜久放。乳化沥青混凝土和乳化沥青碎石混合料如果在密封低温的条件下可以存放较长时间。

二、乳化沥青混合料拌和设备的选型和配置

乳化沥青混合料易拌和,但在乳化沥青与混合料接触进入拌和阶段开始,到乳化沥青破乳出现初步凝结,是一个有限的时间段。在乳化沥青混合料路面的施工阶段,拌和、运输、摊铺以及碾压要在乳化沥青破乳、初步凝结前结束。如果采用机械化施工技术,乳化沥青混合料拌和

设备的选型和配置就是关键的施工环节。

乳化沥青混合料拌和设备的选型要求如下：

(1)强制型搅拌锅，间歇式或连续式均可。拌和时间可调，一般拌和时间控制在30s内；

(2)拌和效率高，能迅速使乳化沥青与混合料拌和均匀，无白料；

(3)搅拌锅密封好，不能泄漏乳液；

(4)采用机械化施工，拌和设备的生产能力应与摊铺设备生产能力匹配。

三、乳化沥青混合料路面的施工工艺要求

1. 施工前的准备工作

1)基层的表面处理

基层应达到设计要求的强度和稳定性，基层表面应密实、清洁。

2)喷洒透层油

向基层表面洒水润湿，喷洒合适的透层油(稀释沥青或高渗透乳化沥青)。旧路面应喷洒黏层油。

2. 运送乳化沥青混合料

乳化沥青混合料的运输阶段是影响混合料质量的关键环节之一，运输时间必须严格控制。混合料在拌和结束后，应尽快将混合料运到铺筑现场。

水泥—乳化沥青混合料应在水泥初凝前将混合料运到铺筑现场。否则，运输时间过长会导致水泥初凝，水分蒸发，加快乳化沥青的破乳分裂，而且影响水泥水化，使混合料工作性能下降。

为了减少乳化沥青混合料运输过程的水分蒸发，应在运输车辆上采取覆盖措施。

3. 摊铺

乳化沥青混合料的摊铺应用摊铺机全幅、全厚摊铺。混合料必须缓慢、均匀、连续不断地进行摊铺，摊铺过程中不要随意变换速度，并尽量减少摊铺机的停顿次数。用机械摊铺的混合料，不应用人工反复修整。当出现横断面不符合要求、构造物接头部位缺料、表面明显不平整、局部混合料明显离析情况时，可用人工作局部找补或更换混合料。整平工作不要过多地用刮板摊料，因刚拌完的混合料中的沥青膜与集料的黏附还不牢，尤其大集料上的沥青膜，在刮板来回推动下，可能使其剥落，一般稍加整平即可。

乳化沥青混合料的松铺系数应根据预压密实度的不同取值，一般在1.10~1.20之间。

4. 压实及成型

(1)乳化沥青碎石混合料摊铺平后即可进行碾压，为了防止初期碾压出现推移现象，应采用6t左右的轻型压路机初压，碾压1~2遍，使混合料初步稳定。碾压时应匀速进退，不要在碾压路段上制动和起动，以免混合料发生局部拥包或搓板开裂。

(2)为了碾压时避免黏轮，可在碾轮上经常涂废机油或洒少量水。

(3)在混合料经过轻型压路机初步压实后，最好再用轮胎压路机继续进行充分压实，也可用10~12t钢轮压路机碾压，但重型的钢轮压路机不能多碾，过碾会使路面出现开裂

或推移，一般只宜碾压1～2遍，如果路面铺筑厚度小于4cm时，更不可用重型钢轮压路机碾压。

(4)为了促使路面加快成型，可将出现开裂和推移的路面晾晒一段时间后再进行压实。也可将前一日完成的路段进行复压，这种复压工作最好在温度较高(25℃以上)时进行。

(5)进行碾压时，应配有经验的工人经常检查路面，发现有松散和开裂的地方，应立即将局部混合料挖换，补料整平后继续碾压密实。修补处要保证路面平整。

5. 乳化沥青碎石混合料路面的早期养护

(1)用乳化沥青拌制的混合料，虽经压实，但其中仍然还有水分不断蒸发，使路面产生空隙。为了提高路面的密实性、稳定性和耐磨性，应在乳化沥青碎石混合料路面上做上封层。上封层应在压实成型、路面水分蒸发完后方可加铺。

(2)压实成型后的路面应做好早期养护，并封闭交通2～6h。开放交通初期，应设专人指挥交通，车速不得超过20km/h，并不得制动或掉头。在未稳定成型的路段上，严禁畜力车、铁轮车及履带式拖拉机通过。当路面有损坏时，应及时修补。

(3)阳离子乳化沥青碎石混合料路面可在下层潮湿的情况下施工，施工过程中遇雨应停止铺筑，以防雨水将乳液冲走。

(4)乳化沥青碎石混合料施工的所有工序，包括路面成型及铺筑上封层等，都必须在上冻前完成。

第八节　乳化沥青混合料路面施工质量管理与检查验收

一、乳化沥青材料检验

(1)对乳化剂、乳化沥青的用水、稳定剂、缓破剂及石油沥青的质量和技术要求，均应按有关规定进行检验。

(2)进行品种鉴别或某项指标检验时，取1～2kg样品，如果检验全部项目时，取样总量为5～10kg。每批产品至少取一组试样，产量多于10t时，每10t取一组。

(3)主检项目有：黏度、筛上余量，黏附、拌和稳定度，水泥拌和试验、电荷、沥青含量、pH值和蒸发残留物的针入度、延度、溶解度等三项物理性能指标。储存时间超过5d和冬季施工时，必须做储存稳定度和冰冻稳定度检验。

二、乳化沥青混合料路面检验

(1)表面应平整、坚实，不得有脱落、掉渣、裂缝、推挤、烂边及粗细集料离析等现象。

(2)用10t以上压路机碾压，不得有明显轮迹。

(3)接茬应紧密、平顺。

(4)乳化沥青混合料路面质量检验可以参照表10-16。

乳化沥青混合料路面质量检验要求　　表 10-16

类型		乳化沥青混凝土						乳化沥青碎石					
序号	项目	允许误差	检验频率				检验方法	允许误差	检验频率				检验方法
			范围	点数					范围	点数			
1	平整度	不大于5mm	100m	路宽(m)	<9 9~15 >15	5 10 15	用3m直尺	不大于5mm	100m	路宽(m)	<9 9~15 >15	5 10 15	用3m直尺
2	宽度	-50mm内	100m	3			用尺量	-50mm内	100m	3			用尺量
3	中线高程	±10mm	100m	5			用水准仪	±10mm	100m	5			用水准仪
4	横坡度	±0.5mm	100m	5			用水准仪	±0.5mm	100m	5			用水准仪
5	厚度	±5mm	1 000m^2	路中及路两侧各测1处			用尺量	±5mm	1 000m^3	路中及路两侧各测1处			用尺量
6	沥青用量	油石比±0.5%	1天施工段或1 000m^2	1			抽提法	油石比±0.5%	1天施工段或1 000m^2	1			抽提法
7	相对密实度	>96	1 000m^2	1			蜡封法	>93	1 000m^2	1			蜡封法
8	矿料级配	规定级配范围	1天施工段或1 000m^2	1			抽提法	规定级配范围	1天施工段或1 000m^2	1			抽提法

注：1. 摘自《乳化沥青路面施工及验收规程》(CJJ 42—1991)。

2. 乳化沥青混凝土标准击实度通过马歇尔稳定度试验确定；乳化沥青碎石路面标准密实度通过试铺路面用灌沙法确定。

3. 乳化沥青面层外形尺寸的验收标准和乳化沥青面层工程质量的验收标准与国家标准 GBJ 92—86 表 11.0.8-1~2 规定相同。

第九节　应用实例

一、采用强制式混凝土搅拌设备拌制乳化沥青混合料

2004 年 4 月在驻马店泌阳县贾楼乡境内省道 S234 线平顶山—桐柏二级公路大修工程中铺筑了 200m 水泥乳化沥青混凝土试验路，试验路路面面积 900m^2。

1. 搅拌设备

本次施工中拌料时采用了 1 台 350L 双卧轴强制式搅拌机。为了在拌和过程中便于乳化沥青的添加，将油罐车的输油管放置在搅拌机和料仓的上方。为保证水泥乳化沥青混合料的均匀性，防止乳化沥青过早破乳采用如下的加料顺序：

(1)先将水泥、矿粉以及砂、石料由人工用手推车按比例加入料仓进行搅拌，均匀后再输入乳化沥青继续搅拌。

(2)在搅拌过程中可根据混合料干湿情况适量加入清水(如所用石料表面湿润、混合料和易性好也不可加水)，直至混合料搅拌均匀，并有良好的和易性方可，从输入乳化沥青到搅拌结束，时间一般为 30s。

(3)取拌和后的混合料进行现场取料并成型试件,以便室内试验。

2. 施工组织

(1)混合料在拌和完成必须在水泥初凝前运抵铺筑现场,运输时间过长会导致水泥初凝,水分蒸发。混合料过分失水,不仅乳化沥青加快破乳分裂,而且影响水泥水化,从而使混合料工作性下降。

若由于其他原因运输时间超过1小时,应在运输车辆上采取覆盖措施。

(2)摊铺水泥乳化沥青混合料时,可能采用摊铺机进行全幅、全厚摊铺,这样不仅可以保证平整度,而且可以使混合料有一定的预压密度。松铺系数一般在1.10~1.2之间。

采用LB型沥青混凝土摊铺机进行摊铺作业。松铺系数按1.15控制,松铺厚度为5~8cm。

当出现小坑洞和麻面时,由人工用铁锹进行补料。

(3)混合料的压实:碾压是使混合料充分密实形成路面的关键工序,为达到全厚密实和表面成型的目的,碾压应分为稳压、复压和终压三个阶段。在碾压时,碾压段长度一般为40~50m。

①初压

摊铺之后的路面虽然在摊铺机械的作用下,具有一定的压实度,但直接进行振动碾压仍然有可能产生拥包、推移等表面损坏,所以摊铺后必须先进行稳压。

稳碾时采用小吨位静力压路机(光轮或胶轮均可)或振动压路机不起振碾压,碾压遍数以两遍为宜,碾压速度不宜大于2km/h。

碾压时应匀速进退,避免在碾压路段上制动和起动,以免混合料发生局部拥包和搓板开裂。为了避免碾压时黏轮,可在钢轮上经常洒水。

②复压

复压是使路面达到规定压实度的前提。复压必须采用碾压效果好、作用深度大的振动压路机进行。

施工过程中采用了1台瑞典戴纳派克公司生产的CC522双钢轮振动压路机进行复压,该机整机重11t,振动轮直径为152.3cm,最大线压力为1 172N/cm,碾压频率为30Hz,振幅为0.82~1.74mm,激振力为95~202kN。

碾压时轮迹宜重叠1/3~1/2,以便消除压痕,提高路面平整度;碾压遍数以1~2遍为宜,不可过分碾压,以免发生推移。碾压速度不大于3km/h。

③终压

a. 水泥乳化沥青混合料达到一定密实度后,若继续采用大功率振动压路机碾压,会使路面表层形成一些浅的裂缝,对路面正常使用造成影响,因此宜采用气压式轮胎压路机进行终压。

b. 终压时由于混合料已有一定的压实度,因此可采用吨位较大的压路机进行作业,吨位以16~20t为宜,施工时采用了1台徐州工程机械厂生产的YL160型轮胎压路机,该机加载后总重16t,按地压强0.8MPa。碾压遍数视表面情况而定,一般在5~6遍,碾压速度4~5km/h。

c. 为了加快路面成型,在碾压的过程中,如果出现开裂和推移的,可将出现开裂和推移的路面晾晒一段时间后,再行压实。

d. 在碾压时,应配有经验的工人随机检查路面,发现局部有松散和开裂的地方,立即对局部混合料进行挖换、补料,整平后继续碾压密实。此外,修补要仔细认真,以保证路面的平整度。

e. 当面层局部由于粗料过多有明显的麻面现象时,在这些地方洒一些水泥乳化沥青混合料的细料,再用胶轮压路机碾压。对于路面边部地方,振动压路机多碾压 1 ~ 2 遍。在碾压后,由检测人员现场实测压实度,以检查碾压质量。

3. 养生

(1)养生

养生是水泥乳化沥青混合料强度形成的一个关键环节。因此必须保证初期养生,以利于强度的形成。用水泥乳化沥青拌制的混合料虽经压实,但其中仍有水分蒸发,使路面空隙增加。为了提高路面的密实性、稳定性和耐磨性,在铺好的路面上应立即覆盖养生,养生时间不少于 7 天。在此期间,应封闭交通,并派专人洒水养生,保持面层的潮湿状态。

(2)施工缝的处理

施工接缝部位是路面的薄弱环节,施工接缝处理不好,在行车荷载的作用下易造成的早期损坏,且影响路面平整度。在施工中,每天施工结束后将端部做成斜坡状,并进行碾压。第二天开始施工时,将局部松散的地方人工刨去,然后摊铺新料。

4. 乳化沥青表面封层

由于此次试验面层铺筑,采用中粒式的水泥乳化沥青的混凝土,表面较为粗糙,空隙率较大。为了提高路面的密实性、稳定性和耐磨性,在已铺筑的路面上用乳化沥青加铺表面封层。本试验路受条件限制,该层是在路面完全成型并通车一段时间后铺筑的。

二、采用稳定土厂拌设备拌制乳化沥青混合料

成都市市政工程公司 1996 年前曾在国外购置一套生产量为 150t/h 的稳定土厂拌设备,根据工程需要,改造此设备用于拌制乳化沥青混合料获得成功。

1. 项目概况

该项目是承建尼泊尔孟林—马相迪道路改建工程,其基层结构为乳化沥青混合料稳定层。改造后的稳定土厂拌设备在不到 3 个月的时间中,共拌制乳化沥青混合料 22 190m^3,铺筑 ESB 基层 18km,满足了施工进度需要,而且混合料质量符合规范要求。

2. 稳定土厂拌设备的工艺流程

(1)将不同规格的集料分别储存在 3 个料斗中,通过控制皮带给料机的速度及料斗门的开启大小,按设定的配比供料。

(2)集料经水平皮带运输机、主皮带运输机进入拌和器。

(3)在拌和器进料溜槽上方加水喷淋,使集料与水先行预拌。

(4)拌和器前端设有乳化沥青喷管,集料与乳化沥青在搅拌桨叶的作用下,从拌和器进料端运动到出料端被均匀混合,从出料端进入成品料仓。

3. 改造稳定土厂拌设备的关键环节

1)沥青乳液流量的控制

(1)稳定土厂拌设备原有的供水装置,可以改为供沥青乳液装置,管道及喷孔位置均可不变,立式储水罐用来储存沥青乳液。

(2)沥青乳液流量的大小由旁通阀控制,改变旁通阀的开启程度,可以调节沥青乳液流量。

(3)原设备上计量水的流量计不能用于计量沥青乳液,而应选用适合计量沥青乳液的流量计。因在工地现场受条件限制,仅采用旁通阀调节、定期检测沥青乳液流量值的措施。

(4)由于立式储水罐内液面高低的变化将会造成沥青泵进出口处压力变化,从而引起乳液流量波动,所以在立式储水罐与沥青泵之间增加一级中间储罐,容积 0.5 ~ $1m^3$ 左右,随时保持中间储罐乳液液面的高度,可以保证泵送乳液的稳定。

(5)当地气温对沥青乳液的流量也有影响,清晨气温较低,乳液温度和输送管道的温度都较低,乳液流量减少,反之,下午气温高时,乳液流量增大。

(6)采用离心泵输送沥青乳液,随着叶轮的磨损,泵送流量将逐渐变小。到旁通阀全关闭,乳液流量值仍低于规定用量时,就应更换新泵。

(7)沥青乳液进入立式储罐内,进液管应插到接近立式储罐底部,避免沥青乳液从立式储罐顶部冲下,造成罐内乳液出现过多的泡沫。

2)拌和时间的控制

(1)乳化沥青混合料的拌和过度以及拌和不足都不好。拌和时间过长会使乳液沥青膜与集料产生剥离,或者乳液过早破乳,影响下一道铺筑工序的进行。

(2)稳定土厂拌设备采用的是双卧轴强制式连续拌和器,拌和器转速 50r/min,拌和行程 1.2m,物料在拌和器内停留时间不到 10s,拌和时间过短,因而乳液不能均匀地分散于集料中。

改进措施:一是在拌和器出料端加挡板,二是将拌和器出料端第二和第三排桨叶反向安装。

3)设备的清洗

每天拌制乳化沥青混合料的工作结束后,应及时清洗离心泵、管道、阀门和喷头等乳液流经的地方。

在离心泵进口设一旁路管,与水罐相接,由水阀门控制。工作结束后,关闭离心泵进口的乳液阀门,开启水阀门。由离心泵将水泵送到沥青乳液的输送系统,起到清洗的作用。

本章参考文献

[1] 交通部阳离子乳化沥青课题协作组. 阳离子乳化沥青路面[M]. 北京:人民交通出版社. 1988.

[2] 中华人民共和国行业标准. CJJ 42—1991　乳化沥青路面施工及验收规程[S]. 北京:中国建筑工业出版社,1992.

[3] 中华人民共和国行业标准. JTJ F40—2004　公路沥青路面施工技术规范[S]. 北京:人民交通出版社,2004.

[4] 中华人民共和国行业标准. JTG E20—2011　公路工程沥青及沥青混合料试验规程[S]. 北京:人民交通出版社,2011.

[5] 李其南. 乳化沥青常温混合料的应用[J]. 石油沥青,2004,18(3).

[6] 李江. 乳化沥青混凝土强度形成机理研究[J]. 石油沥青,2007,21(2).

[7] 王学信. 水泥乳化沥青混凝土力学性能研究[J]. 公路交通科技,2005,22(11).

[8] 袁文豪. 水泥、乳化沥青及其用量对水泥—乳化沥青混合料性能的影响[J]. 筑路机械与

施工机械化,2005(1).
[9] 杜少文.水泥改善乳化沥青混合料的使用性能[J].建筑材料学报,2009,12(1).
[10] 李江.沥青路面冷态修补技术(乳化沥青混合料)研究[D].长安大学,2003.
[11] 袁中山.水泥乳化沥青混凝土施工技术浅谈[J].当代经理人,2005(13).
[12] 伍生富.稳定土厂拌设备拌制乳化沥青混合料[J].筑路机械与施工机械化,1998(3).
[13] 李伟杰.浅析水泥乳化沥青混凝土和稀浆封层技术[J].石油沥青,2008,22(6).
[14] 高燕.乳化沥青混凝土在路面工程中的应用[J].交通世界,2009(13).
[15] 尹晓琳.乳化沥青碎石封层技术设计与施工探讨[J].石油沥青,2009,25(5).

第十一章　乳化沥青冷再生路面

第一节　国内外乳化沥青冷再生技术应用概况

一、乳化沥青冷再生技术概述

随着使用年限的增加，沥青路面的功能特性会日渐退化，但作为路用材料仍有较高的利用价值。沥青路面再生技术就是一种通过特定工艺将旧路面材料进行处理，得到满足路用要求的混合料，从而实现旧路面材料重复利用的技术。

目前，对于旧沥青路面的再生利用，主要采用热再生与冷再生两种技术途径实现。其中沥青路面的冷再生利用，因采用的再生剂不同而分为泡沫沥青冷再生和乳化沥青冷再生。不同再生方式的技术比较分析如表 11-1 所示。

不同再生方式的技术比较分析一览表　　表 11-1

再生方式 技术指标	冷再生方式				热再生方式	
	厂拌冷再生		现场冷再生		厂拌热再生	现场热再生
	乳化厂拌	泡沫厂拌	乳化就地	泡沫就地		
旧料利用率(%)	90 ~ 100	80 ~ 90	90 ~ 100	90 ~ 100	20 ~ 50	90 ~ 100
再生层性能	柔性基层	倾向水稳基层	柔性基层	倾向水稳基层	和新热拌混合料等同	和新热拌混合料等同
级配控制	可控制	可控制	不能控制	不能控制	可控制	不能控制
强度形成	逐渐形成，后期，强度明显大	早期强度形成快，容易开放交通	逐渐形成，后期强度明显大	早期强度形成快，容易开放交通	很快，铺完基本，可以开放交通	很快，铺完基本可以开放交通
水稳性能	一般	不好	一般	不好	好	好
级配特征	偏粗	偏细（需要粉料）	偏粗	偏细（需要粉料）	和普通一样	和普通一样

乳化沥青冷再生路面工艺是将旧路面材料再循环利用的新技术，这种工艺技术采用对原沥青路面材料进行铣刨、开挖等方式获得的旧路面材料（国际通用名称 Reclaimed Asphalt Pavement，简称 RAP），通过加入少量新集料，并按一定比例加入冷再生剂（乳化沥青、水泥、矿粉、水等）通过拌和摊铺，最后碾压成型，使之重新形成满足路用性能要求的路面结构层。

乳化沥青冷再生技术是沥青路面冷再生技术中的重要方法之一，依据生产方式不同，可分为就地乳化沥青冷再生和厂拌乳化沥青冷再生两种形式。两种工艺虽然都使用乳化沥青作为再生混合料的黏结剂，但是由于工艺不同，所以施工方法及特点不同，应用的范围也不同，各有特点。

乳化沥青冷再生技术的特点为：

(1)无论厂拌冷再生还是就地冷再生，混合料都无须加热，可直接拌和、无污染，节约能源；

(2)利用旧材料，可节约资金20% ~50%；

(3)施工时间短，强度增长快，施工后可快速开放交通；

(4)作为基层用的乳化沥青混合料，碾压成型后具有柔性，不易产生裂缝、耐久性好；

(5)储存稳定性好，厂拌的乳化沥青混合料可储存一个月左右。

(6)用于对原路面出现的深层裂缝及拥包、坑槽等现象进行修补。

综合厂拌乳化沥青冷再生和就地乳化沥青冷再生两种工艺的不同特点，分析我国冷再生方式的经济效益见表11-2。

我国冷再生方式的经济效益一览表　　表11-2

经济分析指标	厂拌冷再生		就地冷再生	
	乳化沥青厂拌	泡沫沥青厂拌	乳化沥青就地	泡沫沥青就地
再生长度(km)	100	100	100	100
再生宽度(m)	15	15	15	15
再生深度(cm)	15	15	15	15
设备费用(万元)	200	700	3 000	4 200
折旧年限(年)	5	5	5	5
工作速度	400t/h	220t/h	5m/min	3m/min
设备维修/保养费用(万元)	16	56	240	336
铣刨料/再生料运输费用(元/t)	6.5	6.5	0	0
摊铺/压实费用(元/m^2)	2.5	2.5	1	1
沥青价格(元/t)	4 500	4 200	4 500	4 200
沥青用量(%)	3.5	2.8	3.5	2.8
再生料沥青成本(元/t)	157.5	117.6	157.5	117.6
满足工期成本合计(元/cm/m^2)	5.19	5.30	6.03	6.31

注：该表主要成本按施工方自购设备条件下计算，工期为90d，只包含了主要设备费用和主材费用，未包括人工费用、施工利润，相关税费等费用。

在资源匮乏、环保日趋重视的今天，把传统废弃的沥青路面铣刨料重复利用，节约资源，降低了筑路成本，解决了沥青路面结构性病害(图11-1)。

图11-1　具有最环保、最经济的就地乳化沥青冷再生施工

我国沥青路面大多采用半刚性基层，路面收缩变形后反射性裂缝多。而乳化沥青冷再生采用旧的铣刨料（RAP），加入乳化沥青和1%～2%的水泥后形成趋向柔性的混合料，能够有效防止反射性裂缝的发生，旧的沥青资源也能得到循环利用，对于我国保护环境、保持经济可持续发展具有深远的意义。

二、国内外乳化沥青冷再生技术应用概况

1. 国外乳化沥青冷再生技术应用概况

旧沥青路面再生利用的历史可以追溯到1915年，但真正重视道路材料的再生利用是从1973年中东石油危机开始的，由于沥青材料价格的上涨以及可供的优质集料的减少，促使道路部门进行路面回收材料再生利用的研究和应用。沥青路面冷再生技术是国外在20世纪80年代后期发展起来的一种新技术，这在欧美等发达国家已得到广泛的应用，目前已成为国际上道路维修改造的主要方法之一。

美国到20世纪80年代末，再生混合料就已经达2亿吨，其再生沥青混合料的用量几乎达到了全部路用沥青混合料的一半，沥青路面的再生利用在美国已是常规应用。1981年美国出版了《路面废料再生指南》，1983年美国沥青协会又出版了《沥青路面冷拌再生技术手册》。再生混合料利用普及到美国40个州，再生利用率达80%，相比常规全部使用新沥青混合料的路面，可以节约成本10%～30%。

欧洲国家也十分重视再生利用这项技术，德国是世界上最早将沥青路面再生混合料应用于高速公路路面养护的国家。芬兰几乎所有城镇都组织旧沥青路面材料的收集和储存工作。法国也已经在高速公路和一些重交通道路的路面修复工程中推广应用这项技术。欧美等发达国家在再生剂以及沥青路面再生工程中的各种专用机械设备的研制开发方面也都取得了很大的成就，正逐步形成一套比较完整的再生应用成套技术。

资源短缺的日本也非常重视旧沥青路面再生利用的研究与应用，2000年再生沥青混合料已达50万吨，占日本国内全年沥青混合料产量的58%。日本每个沥青混合料拌和站都具备生产再生混合料的能力，再生混合料利用率达到85%。

欧美等发达国家的沥青路面再生利用技术在发展过程中逐步完善和成熟，形成规范化和标准化，国外部分和冷再生技术有关的再生技术规范资料如表11-3所示。

2. 国内乳化沥青冷再生技术应用概况

20世纪80年代初，我国对阳离子乳化沥青及其路用技术性能的研究取得巨大成功，在乳化沥青冷再生技术方面，当时的甘肃、河北、河南、辽宁等省试用阳离子乳化沥青对废旧沥青路面材料进行冷法再生取得了成功。这种用阳离子乳化沥青的冷再生路面，与热法再生沥青路面相比，显著地简化了废旧沥青路面材料的再生工艺，施工现场基本消除环境污染，工人操作容易，路面质量可靠，平均可以节约沥青用量50%，节约骨料用量70%，降低造价30%，节省燃料达90%。

国外部分冷再生技术规范资料 表11-3

时间(年)	国家	出版物
1966	苏联	沥青混凝土废料再生利用技术的建议
1979	苏联	旧沥青混凝土再生混合料技术准则
1981	美国	路面废料再生指南
1983	德国	沥青路面冷拌再生技术手册
1984	日本	路面废料再生利用技术指南
1994	德国	再生沥青混凝土施工指南
1997	澳大利亚	沥青混凝土路面再生指南
1997	美国	州和地方政府路面再生指南

从20世纪90年代开始，一些公路养护单位尝试着将旧料简单再生后用于低等级公路或道路基层，如1997年江苏淮阴公路处用乳化沥青冷法再生旧料后铺筑路面，取得了一定效果。

20世纪90年代以后，我国进入高速公路快速发展时期，到2000年以后，我国早期修建的部分高速公路已相继进入大修阶段，加上干线公路和地方公路的维修，我国的公路维修产生了大量废料，许多省份开展了以乳化沥青或泡沫沥青冷再生技术为主的研究和应用：

2004年5~8月，辽宁省营大一级公路大修工程中，采用乳化沥青进行沥青路面就地冷再生，再生层厚12~15cm作为柔性基层，经使用证明效果良好。

2004~2005年，江苏省在沪宁高速公路改扩建工程中采用乳化沥青场拌冷再生技术对旧沥青混合料进行了再生处理，并作为柔性基层，取得了较好的使用效果。

2006年江西省昌九高速公路维修工程中采用乳化沥青场拌冷再生技术对旧沥青混合料进行了再生处理，并作为柔性基层，也取得了较好的使用效果。

2006~2007年京沪高速公路(河北段)维修工程中，利用铣刨下来的沥青混合料进行乳化沥青场拌冷再生后，铺筑厚度为19cm的柔性基层取得成功。

我国从20世纪90年代以后，先后引进国外就地冷再生设备几十套，西安筑路机械有限公司和德州工程机械有限公司等也先后开发了沥青路面就地冷再生设备，为我国冷再生技术的推广应用创造了条件。

国家已把倡导循环经济保护环境，建设节约型社会作为经济发展的指导方针，对废旧沥青混合料重复利用高度重视，交通部将沥青路面再生利用关键技术研究作为重点科研项目，并在2004年起相继出台相关规范与标准，路面再生利用施工技术在全国得到普及推广应用。

现在我国的公路维修量每年以10%~15%的速度递增，如不能有效利用公路废弃料，任其堆放将占用大量土地资源并造成环境污染和材料的浪费。因此，我国加快开展沥青路面冷再生技术利用意义重大。

第二节 就地乳化沥青冷再生技术

一、概述

就地乳化沥青冷再生技术是采用专用的就地冷再生设备，对沥青路面进行现场冷铣刨、破碎和筛分(必要时)，掺入一定数量的新集料、乳化沥青和活性填料(水泥、石灰等)、水，然后在自然环境温度下对再生混合料进行拌和、摊铺、碾压等工序。所有的操作都是在现场连续完成,达到对原有路面进行维修和重建的目的,一次性实现旧沥青路面再生的技术,如图 11-2 所示。

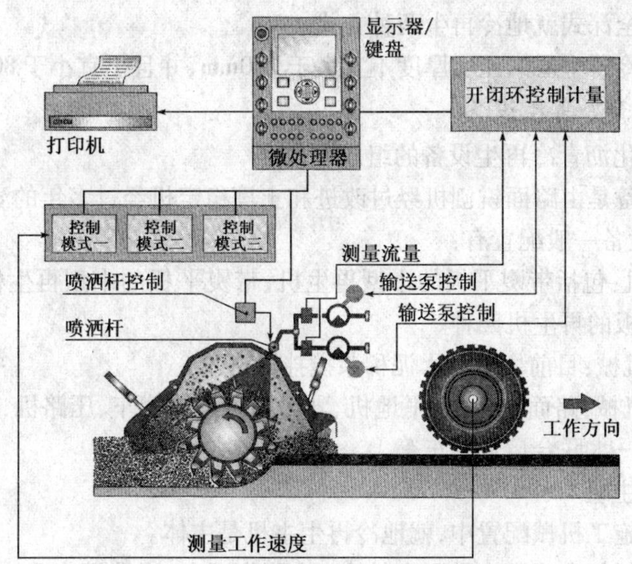

图 11-2 就地乳化沥青冷再生施工原理图

1. 就地乳化沥青冷再生技术特点

1)就地乳化沥青冷再生技术的优点

(1)节省投资

一次完成的回收再利用方式,比传统的回收方式增加 70% ~80% 的效益,比传统路面翻新方式在成本上节省 20% ~50%。

(2)保护环境和节省资源

不需要从自然界开采大量的砂、石、沥青等原材料,也不向自然界倾倒大量的废旧沥青混合料,100% 利用现有旧料,施工中产生的振动、噪声比其他施工方法小,在市区也可进行夜间作业,有利于环保。

(3)交通干扰小

维修时只需封闭一个车道,其余车道可以开放交通,最大限度地减少了路面维修给交通带来的干扰和影响,施工结束即可开放交通。

2)就地乳化沥青冷再生技术的弱点

(1)对级配不能实现严格控制,对铣刨层以下的结构层病害无法处理。

(2)就地乳化沥青冷再生混合料成型时间比泡沫沥青冷再生混合料成型时间长。

(3)由于需要加铺一层罩面层,改变了原路面的标高,对于要求路面标高严格的高速公路就不能采用这项技术。

3)就地乳化沥青冷再生技术的应用范围

就地乳化沥青冷再生技术适用于一、二、三级公路沥青路面的就地再生利用。对于一、二级公路,再生层可作为沥青路面的下面层或基层;对于三级公路,再生层可作为沥青路面的面层或基层,用作上面层时应采用稀浆封层、碎石封层或微表处等加铺一定厚度的罩面层。

就地冷再生技术因为对旧沥青路面再生的深度不同,分为对沥青材料层进行的就地冷再生称为沥青层就地冷再生;再生层既包括沥青材料层又包括沥青层下面部分基层非沥青材料层一起再生的称为全深式就地冷再生两种方式。

就地乳化沥青冷再生层的压实厚度不宜大于160mm,并且不宜小于80mm。

2. 就地乳化沥青冷再生设备

1)道路就地乳化沥青冷再生设备的组成

就地冷再生设备是由路面铣刨机经过改进和土壤稳定机经过多年的演化发展成为现今的专用再生机组,其设备一般配置有:

(1)冷再生主机:包括带熨平板的小型再生机、带熨平板的中型再生机、带熨平板的大型再生机及不带熨平板的再生机四种。

(2)专用配套机械:目前主要为水泥稀浆搅拌输送车。

(3)普通配套机械:路面铣刨机、平地机、乳化沥青运输罐车、压路机、自卸卡车、水罐车以及水泥—乳化沥青—水联合运输罐车等。

2)就地冷再生主机

在就地冷再生施工机械配置中,就地冷再生主机是主体。

专用再生机一般都有喷洒多种再生结合料(乳化沥青、泡沫沥青和水泥稀浆)的功能,喷洒乳化沥青是其一个主要的功能。

专用再生机的核心是在此设备上装有大量专用刀头的铣刨和拌和转子。冷再生机向前行进时,转子向上旋转铣刨原路面材料,同时,水和乳化沥青分别通过软管从就地冷再生机连接的水车或乳化沥青罐车中输送过来,并在再生机的拌和仓中喷洒。水和乳化沥青的输送量通过微处理器控制的泵送系统精确控制,以达到需要的最佳含水率和最佳含油量。

就地乳化沥青冷再生设备因为配置的不同,因而完成的功能和完成的乳化沥青冷再生路面也有很大不同。

(1)专用就地乳化沥青冷再生设备

此种再生设备仅有一套装有专用刀头的铣刨和拌和转子,可以同时完成铣刨旧路面和拌和RAP料,乳化沥青、水或水泥稀浆等材料分别通过软管可以喷入拌和腔内与RAP料混合,形成新的乳化沥青冷再生混合料。随后由施工组织的平地机(或人工整平)、压路机跟进压实路面成型。该设备一次性投资少,适用于低等级公路升级改造的旧沥青路面的乳化沥青冷再生施工,如图11-3所示。

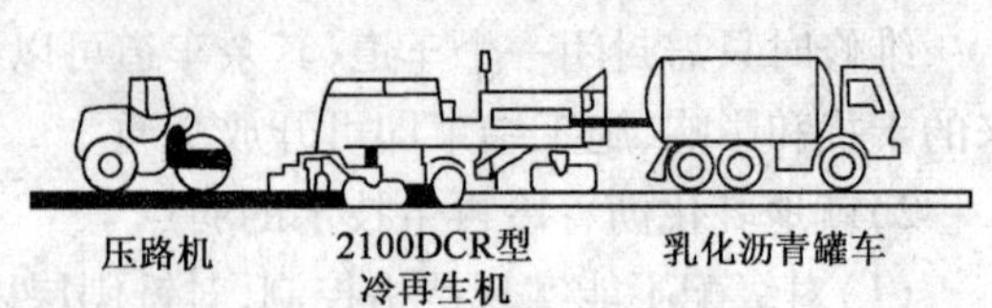

图11-3 专用就地乳化沥青冷再生设备施工示意图

20世纪90年代我国就从国外引进多套专用就地冷再生设备,如德国维特根WR2500型冷再生机(图11-4),国内的多家工程机械厂家也先后开发了同类型的就地冷再生设备,为我国就地冷再生技术的推广应用创造了条件,也加快了在我国的推广应用步伐。

(2)多功能就地乳化沥青冷再生设备

所谓多功能就地冷再生设备,是指铣刨、破碎、拌和和摊铺在一体化设备中同时完成冷再生混合料(图 11-5)。随着设备的行走,铣刨装置将旧路面铣削并破碎,形成的 RAP 料进入双轴搅拌锅内,同时喷洒装置按照配比的要求向搅拌锅内喷入乳化沥青、水或水泥稀浆,经过双轴强力搅拌将各种材料搅拌均匀,再经过分料螺旋在摊铺宽度范围内均匀分料,经熨平装置熨平,完成铣刨、破碎、拌和和摊铺。最后由跟进的压路机压实路面成型。一次性实现新的沥青结构层,施工快捷、效率高、费用低,但设备的一次性投资较大。

图 11-4　德国维特根 WR2500 型冷再生机

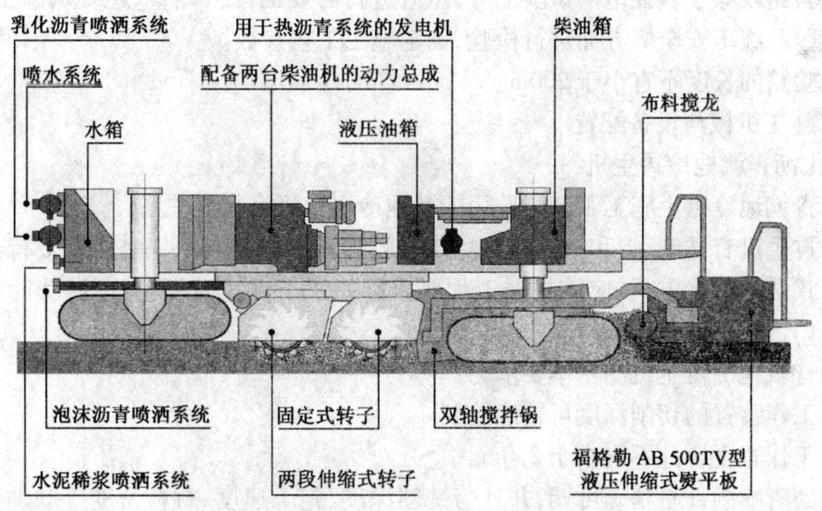

图 11-5　WR4500 履带式就地冷再生机示意图

(3)列车式就地冷再生设备

列车式就地冷再生设备有不同的配置和组合方式,主要由一台专用再生机械组成,可以完成现场冷铣刨、破碎、筛分(必要时)和拌和,并直接堆积在再生机后部,经 Carlson WP800 型料堆提升机提升送进沥青混凝土摊铺机内,再摊铺到路面上,配有熨平板的摊铺机可以实现直接摊铺成型,如图 11-6 所示。

二、就地乳化沥青冷再生施工工艺

就地乳化沥青冷再生施工都是在原路面现场施工，具有线性施工、快速施工的特点，许多冷再生工程都有边施工边通车的施工要求。因此，制定和组织合理、科学的就地乳化沥青冷再生施工工艺是保证冷再生施工质量和进度的前提和关键。

图 11-6　CIR900 列车式就地冷再生设备施工图

1. 原路面调查及分析

就地乳化沥青冷再生施工前对原路面的调查及分析是必不可少的。通过调查及分析获得可靠的原路面技术状况，获得室内试验的数据以及明确就地乳化沥青冷再生路面层的设计要求。特别应该注意就地乳化沥青冷再生施工路段的交通状况，就地乳化沥青冷再生混合料有一定的成型期，在制定施工计划和安全保通计划时要考虑这一特点。如果交通量太大，应考虑在施工过程中采取车辆分流措施；如果无法分流车辆，应有针对性地进行施工组织设计。

2. 施工准备

1）铺筑试验路段

铺筑试验路段除了验证室内试验配方，然后进行必要的配方调整，还要从施工工艺、工程质量、施工管理、施工安全等方面进行检验，确定施工工艺参数。

铺筑试验路的长度不宜小于 200m。

2）基本施工机械与设备配置

（1）乳化沥青就地冷再生机

乳化沥青就地冷再生施工工艺与选用的就地冷再生机有很大关系。

就地冷再生机有铣刨、拌和一体型，也有铣刨、拌和、摊铺和熨平一体型；按行走方式有轮胎式和履带式两种行走方式，应该根据工程要求和施工条件，选择具有不同功能的就地冷再生机。

乳化沥青就地冷再生机的基本要求为：

①铣刨工作装置的切削深度可精确控制。

②铣刨工作宽度合计不应小于 2.0m。

③乳化沥青喷洒计量精确可调，并且与铣刨深度、施工速度、材料密度等联动控制。喷嘴在工作宽度范围内分布均匀，各喷嘴可独立开启与关闭。

为保证施工质量，加快施工进度，一般应该选择履带式多功能就地冷再生设备或者列车式就地冷再生设备。该类型机一般配置有沥青路面铣刨装置、乳化沥青喷洒装置、螺旋分料装置、熨平装置及行走系统和控制系统等。

（2）其他配套设备

不同类型的就地冷再生机要求的配套设备也有差异。

①维特根 WR2100 就地冷再生机要求的配套设备，如表 11-4 所示。

维特根 WR2100 就地冷再生机配套设备　　表 11-4

设备名称	规格和数量	备　注
乳化沥青运输罐车	1 台	
水车	1 台	
水泥稀浆搅拌运输车	1 台	根据工程设计要求选择
碎石撒布机	1 台	根据工程规模和进度可选择自行式、悬挂式或拖式
平地机	1 台	
装载机	1 台	
运料卡车	数辆	视料场远近而定
双钢轮压路机	2 台	双钢轮压路机 16 ~ 20t
胶轮压路机	1 ~ 2 台	胶轮压路机 30t
其他设备	清扫工具、保通标志等	

②维特根 WR4500 就地冷再生机要求的配套设备，如表 11-5 所示。

维特根 WR4500 就地冷再生机配套设备　　表 11-5

设备名称	规格和数量	备　注
乳化沥青运输罐车	1 台	
水车	1 台	
水泥稀浆搅拌运输车	1 台	根据工程设计要求选择
碎石撒布机	1 台	根据工程规模和进度选择
运料卡车	数辆	运输集料、水泥和矿粉等，视料场远近而定
双钢轮压路机	2 台	双钢轮压路机 16 ~ 20t
胶轮压路机	1 ~ 2 台	胶轮压路机 30t
装载机	1 台	
其他设备	清扫工具、保通标志等	

3. 乳化沥青就地冷再生施工

1）施工路面准备

对再生层表面用清扫车、森林灭火鼓风机将浮尘吹净，确保再生层表面无污染、干净；

2）粉状再生料的撒布

使用水泥和矿粉等无机再生料时，需预先将再生料撒布在路面表面，水泥和矿粉撒布量根据路面再生要求确定。

3）碎石撒布

用碎石撒布机将需要添加的新粗集料均匀地撒布在路表面，其撒布量根据路面再生要求确定。可用平地机将集料、水泥和矿粉等材料均匀摊铺。

4）冷再生施工

（1）在施工起点处将施工机具按施工顺序摆放连接，并连接相应的管路。

（2）启动施工设备，按照设定再生深度对路面进行铣刨、拌和。冷再生机组必须缓慢、均匀、连续地进行再生作业，不得随意变更工作速度或者中途停机。冷再生施工速度宜为 4 ~

10m/min。

5)摊铺

(1)采用配套的摊铺机或者采用带有摊铺装置的再生机进行摊铺时,摊铺机必须缓慢、均匀、连续不断地进行,不得随意变更工作速度或者中途停机。摊铺施工速度宜为 2 ~ 4m/min。

(2)当发现摊铺出的混合料出现明显离析、波浪、裂缝和拖痕时,应降低再生和摊铺速度。

6)乳化沥青冷再生摊铺施工时注意事项

(1)在机械摊铺的混合料未压实之前,当需要找补或更换混合料时,施工人员不得进入踩踏。缺陷较严重时应予铲除,并调整摊铺机或改进摊铺工艺。

(2)接缝处理

①纵向施工缝

摊铺机摊铺混合料部分,中间接缝处留出 10 ~ 20cm 暂不碾压,作为后高程基准面。并保留至少 10cm 的重叠量,第二幅再生时重叠范围内的水、乳化沥青喷嘴应关闭,最后跨接缝碾压以消除缝隙。

②横向接缝

工作横缝用 3m 直尺测平方法确定切割位置,切缝与纵向垂直,不平整部分全部铲除。

摊铺前,摊铺机停在横缝,摊铺机熨平板对准摊好路面,然后开始摊铺,碾压时,在接缝处采用压路机横向由老路面向新铺路面逐步往返碾压。横向碾压结束后,再进行纵向碾压。

7)压实

再生混合料的压实是保证乳化沥青冷再生层质量的重要环节,应选择合理的压路机组合方式及碾压步骤。

(1)摊铺后宜采用 6t 轻型钢轮压路机初压 1 ~ 2 遍,使混合料初步稳定,再用轮胎压路机或钢轮压力机碾压 1 ~ 2 遍。当乳化沥青开始破乳,改用 12t ~ 15t 轮胎压路机碾压,复压 2 ~ 3 遍后停止。当压实过程中有现象时应立即停止碾压。当施工中缺少轮胎压路机时,也可采用钢轮压路机或较轻的振动压力机碾压。

(2)直线和不设超高的平曲线段,应由两侧路肩向路中心碾压;设超高的平曲线段,应由内侧路肩向外侧路肩碾压。

(3)压路机应以慢而均匀的速度碾压,初压速度宜为 1.5 ~ 3km/h,复压和终压速度宜为 2 ~ 4km/h。

(4)碾压时应将驱动轮朝向摊铺机,碾压路线及方向不应突然改变。压路机启动、停止必须减速缓行。对压路机无法压实的死角、边缘和接头等,应采用手扶振动夯压实。

(5)尚未养生的乳化沥青就地冷再生层上,严禁停放压路机或其他车辆,并防止矿料、油料和杂物散落在层面上。

(6)摊铺的乳化沥青冷再生料在碾压后,宜封闭交通 2 ~ 6h,并做好早期养护。应设专人指挥,控制通过的施工车辆的车速,车速不得超过 20km/h,不得刹车或掉头。

4. 养生及开放交通

在铺筑罩面层之前,冷再生下面层应养生一段时间,使混合料中的水分进一步挥发或蒸发,路面强度进一步增强。在较好的气候条件下,一般养生期为 3 ~ 7 天,养生期间封闭交通。在养生过程中应每天及时检测路面中含水率,当含水率降至 2.0% 以下时,加铺封层或罩面层。

三、乳化沥青就地冷再生施工质量管理

1. 乳化沥青就地冷再生混合料的质量控制

1)原材料质量控制

(1)要注意水泥和矿粉的质量,对不满足技术指标要求的,不能进入施工现场;

(2)铣刨的 RAP 要避免有大的团块;

(3)应采用干净、无杂质的可饮用水。

2)乳化沥青就地冷再生混合料的拌和

目测检查再生混合料的均匀性和裹附性,如发现裹附不均匀、有过多的花白料和粗集料离析等现象,现场确认该现象产生的原因,并及时分析问题、解决问题。

2. 乳化沥青就地冷再生下面层现场检测项目

乳化沥青冷再生下面层施工过程中和结束后的试验检测项目及质量标准如表 11-6 和表 11-7 所示。对乳化沥青冷再生下面层的检测严格按相关规范要求检测压实度、厚度、平整度、宽度、横向坡度和纵断面高程等。

乳化沥青就地冷再生下面层现场检测项目　　表 11-6

检测项目	目的	频率	样品来源及尺寸
RAP 级配	确定 RAP 级配和最大尺寸	每 500m 一次	现场铣刨后取样至少 10kg
RAP 含水率	确定 RAP 的含水率	每 500m 一次	同上
乳化沥青	检测乳化沥青质量	每个品种一次	沥青车或沥青储罐取样
乳化沥青添加剂	验证乳化沥青的用量,确定流量计的精度	每半天一次	储存罐、再生机流量计
加水量	根据 RAP 中含水率,调整加水量,以利于拌和、压实	每 500m 一次	摊铺机后取样,最少 10kg
路面养生后含水率	确定何时可以摊铺新的沥青层	每 500m 一次	路面全厚样品,至少 1.5kg
现场再生混合料的压实度	确定路面压实情况	每 200m 一次	摊铺机后取样,至少 10kg
摊铺层厚度	验证层厚是否满足设计要求	每车道每 50m 一个点	全路面均匀、随机取点测量
再生路面的平整度	验证平整度是否满足设计要求	在指定位置或连续测量	3m 直尺或平整度仪测量
再生路面的沥青含量(抽提)	确定再生混合料级配及沥青用量	每半天一次	再生路面取样,至少 10kg

乳化沥青就地冷再生下面层现场质量标准　　表 11-7

<table>
<tr><th>检查项目</th><th>检测结果</th><th>质量要求</th><th>备注</th></tr>
<tr><td>压实率(%)</td><td></td><td>≥90(高速公路、一级公路)
≥88(二级及二级以下公路)</td><td rowspan="2">基于最大理论密度，每200m测一处</td></tr>
<tr><td>空隙率(%)</td><td></td><td>9~14</td></tr>
<tr><td>平整度(mm)</td><td></td><td>平整、无起伏</td><td>3m 直尺或平整度仪测量</td></tr>
<tr><td>弯沉值(0.01mm)</td><td></td><td>低于设计值</td><td>路面自动弯沉车</td></tr>
<tr><td>横坡度(%)</td><td></td><td>±0.3</td><td>水准仪：每 50m 一处</td></tr>
<tr><td>纵断面高程(mm)</td><td></td><td>±10</td><td>水准仪：每 50m 一个点</td></tr>
<tr><td>厚度(mm)</td><td></td><td>代表值 -15
极值 -20</td><td>插入测量，每车道每 50m 一个点</td></tr>
<tr><td>宽度(mm)</td><td></td><td>±20
边缘线整齐，顺适，无曲折</td><td>每 50m 一处</td></tr>
<tr><td>浸水劈裂强度(MPa)</td><td></td><td>≥0.50</td><td rowspan="4">每天现场取样进行室内试验</td></tr>
<tr><td>劈裂强度比(%)</td><td></td><td>≥70</td></tr>
<tr><td>马歇尔稳定度(Kn)</td><td></td><td>≥6.0</td></tr>
<tr><td>残留稳定度(%)</td><td></td><td>≥75</td></tr>
<tr><td>外观要求</td><td colspan="3">表面平整密实，无浮石，弹簧现象；无明显压路机轮迹</td></tr>
</table>

四、应用实例

2001 年江苏省某省道就地乳化沥青冷再生施工工程，以此对就地乳化沥青冷再生施工工艺技术作以介绍，施工现场照片如图 11-7 所示。

1. 施工机械

(1)就地冷再生机 Roadtec CIR 900 主要技术参数(表 11-8)和设备外形(图 11-8)

就地冷再生机 Roadtec CIR 900 主要技术参数　　表 11-8

型号	功率(kW)	铣刨宽度(cm)	铣刨深度(cm)	铣刨速度(m/min)
Roadtec CIR900	980	380(根据路面情况和结构选择)	5~20	4~8

图 11-7　施工现场照片

图 11-8　就地冷再生机 Roadtec CIR 900

(2)料堆提升机 Carlson WP800(图 11-9)

(3)其他配套设备(表 11-9)。

所有料斗、乳化沥青罐、水箱和罐仓等都要求装配高精度电子动态计量器,所有电子动态计量器应经有资质的计量部门进行计量标定后方可使用。

图 11-9　料堆提升机 Carlson WP800

2. 就地冷再生施工

1)前期准备

对原路面用清扫车、森林灭火鼓风机将浮尘吹净,确保表面干净、无浮尘和杂物。

2)水泥撒布

将水泥撒布在路面表面,水泥用量为再生集料用量的 2.0%,即 4.7kg/m^2;矿粉的用量为再生集料用量的 1.0%,即 2.35kg/m^2。

就地冷再生机配套设备　　表 11-9

设备名称	规格和数量	备注
乳化沥青运输罐车	1 台	
水车	1 台	
碎石撒布机	1 台	根据工程规模和进度选择
装载机	1 辆	
乳化沥青洒布车	1 台	
平地机	1 台	
摊铺机	1 台	
运料卡车	数辆	运输集料、水泥和矿粉等视料场远近而定
双钢轮压路机	2 台	双钢轮压路机 16 ~ 20t
胶轮压路机	2 台	胶轮压路机 30t
手扶振动碾压机	1 台	路两侧与路缘石接缝碾压处治
其他设备	清扫工具、保通标志等	

3)碎石撒布

用碎石撒布机将添加的新粗集料(15 ~ 25mm)均匀地撒布在路表面,其撒布量为再生集料用量的 15%,即 35.2kg/m^2;乳化沥青用量为再生集料用量的 4%,即 9.4kg/m^2;用水量为再生集料用量的 3%,即 7.05kg/m^2;可用平地机将集料、水泥和矿粉等材料均匀摊铺。总结各种材料用量如表 11-10 所示,碎石撒布如图 11-10 所示。

再生层材料用量　　表 11-10

材料名称	新粗集料(15%)	乳化沥青(4.0%)	水泥(2.0%)	水(3.0%)	矿粉(1.0%)
单位用量(kg/m^2)	35.2	9.4	4.7	7.05	2.35
再生层材料总用量(t)	273	73	36.5	54.8	18.3

4)采用CIR900系统进行冷再生施工

(1)采用CIR900系统(再生机、料堆提升机、乳化沥青罐车和水车等)进行就地冷再生的应用。在施工起点处,将施工机具按施工顺序摆放连接,并连接相应的管路,如图11-11所示。

图11-10　碎石撒布

图11-11　采用CIR900系统进行就地冷再生的应用

(2)采用CIR900设备进行铣刨,如图11-12所示。

(3)采用CIR900系统进行就地冷再生混合料拌和施工如图11-13所示。

图11-12　采用CIR900设备进行铣刨

图11-13　CIR900系统进行就地冷再生混合料拌和

(4)CIR900系统施工中注意事项

①可根据现场再生料的拌和工作时间来确定料堆提升机和摊铺机之间的距离;

②料堆提升机将再生料提升到摊铺机内,摊铺后按照后述的碾压工艺进行碾压。

5)摊铺

摊铺机在摊铺过程中做到匀速平稳连续作业,并尽量减少料斗的合开次数,减少材料离析,摊铺机不能作业的死角采用人工摊铺,连续稳定的摊铺是提高路面平整度最主要的措施。摊铺速度可控制在1.5~2.0m/min,做到缓慢、均匀和不间断地摊铺,如图11-14所示。

下雨立即停止摊铺,并对已摊铺好的路面采取覆盖措施。

6)碾压工艺

碾压主要分为初压、复压和终压,每个碾压段落长30m。碾压方案如下:

对于摊铺机摊铺好的再生混合料，最好在混合料表面破乳之前由紧随摊铺机后面的钢轮压路机碾压，以防沥青黏度增加，钢轮压路机产生严重的粘轮现象；

初压采用 16 ~ 20t 的双钢轮压路机进静退振碾压或静压 2 遍，如表面水分蒸发过快，应及时补充适量的水分；

复压采用 30t 的胶轮压路机碾压，碾压次数通常由混合料性能、压实厚度、压路机类型及环境状况等决定，需根据试验段情况确定，一般需要 4 ~ 8 遍，如图 11-15 所示。

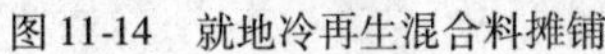

图 11-14　就地冷再生混合料摊铺

图 11-15　就地冷再生混合料碾压施工

终压采用 11t 的双钢轮压路机碾压 2 遍，可以采用静压或振动模式，以消除轮迹和获得一定的压实度，只有当振动不会对路面造成损失的情况，才可以使用振动模式。

摊铺的再生料在碾压后，至少 2h 内不允许车辆通行，这个时间由现场决定，以保证足够的养生，避免车辆造成路面松散。

压路机碾压时可喷少量的水雾，以防止压路机轮黏结冷再生料。碾压时不得随意刹车、掉头，碾压位置不能停留在同一断面上，而应呈阶梯型。碾压速度为：初压 2 ~ 3km/h，复压 3 ~ 6km/h，终压 2.5 ~ 5km/h。

7）养生

在铺筑罩面层之前，冷再生下面层应养生一段时间，使混合料中的水分进一步挥发或蒸发，路面强度进一步逐渐增强。在较好的气候条件下，一般养生期为 3 ~ 7d，养生期间封闭交通。

第三节　厂拌乳化沥青冷再生技术

一、厂拌乳化沥青冷再生技术概述

厂拌乳化沥青冷再生技术是指原有病害的旧沥青路面，通过铣刨，将回收的沥青路面材料（RAP）运至拌和厂，经破碎、筛分，以一定比例与新集料、乳化沥青、水泥、水进行常温拌和，形成乳化沥青冷再生混合料，运至要铺筑的路面进行常温铺筑，由这种工艺技术而形成的路面结构层被称为厂拌乳化沥青冷再生路面。厂拌乳化沥青冷再生混合料主要应用在沥青路面的基层，这项“柔性基层”趋向“柔性材料”的道路养护工艺，被国内外越来越多的专家、学者所认可，是国际上先进的道路养护技术。

厂拌乳化沥青冷再生工艺较为简单,使用通用的沥青路面铣刨设备,拌和设备也相对简单,其最大优势是:

(1)能够严格控制级配,同时还能对铣刨层以下的病害进行有效修复。

(2)冷再生工艺全过程能耗低,常温拌和、摊铺,无有害气体发生。

(3)旧路面铣刨材料有效利用率可达到94%以上。

厂拌乳化沥青冷再生技术适用于各等级公路旧沥青路面材料的再生利用,再生后的沥青混合料根据性能和具体工程情况,可用于高速公路和一、二级公路沥青路面的下面层、底基层,不可用于面层。当用于三、四级公路的上面层时,应采用稀浆封层、碎石封层或微表处等再做一层罩面层。

厂拌乳化沥青冷再生技术的相对弱点,一是再生混合料强度的形成需要较长的时间,二是乳化沥青冷再生层一般需要加铺一定厚度的罩面层。另外,与就地乳化沥青冷再生相比较,施工效率略低,成本费用偏高。

二、厂拌乳化沥青冷再生施工机械设备

厂拌乳化沥青冷再生施工必须配备齐全的施工机械和配件,做好开工前的保养、试机工作,并保证在施工期间一般不发生有碍施工进度和质量的故障。厂拌乳化沥青冷再生混合料施工要求配备以下主要机械:

1. 铣刨设备

回收沥青路面材料的破碎与破碎石料不同,其目的是将与沥青胶结在一起的集料颗粒分散,而不能使集料产生二次破碎。

回收沥青路面材料的回收应该使用专用的冷铣刨设备,以提高回收沥青路面材料的质量,减少材料的变异,如图11-16所示。

图11-16　铣刨设备在施工

2. 筛分设备

筛分系统应具有筛分和破碎功能,以使材料在与乳化沥青拌和前粒径减小到满足材料的要求。如果使用了破碎装置,则该装置需配有一个闭合的回路系统,其可连续将超大粒径的材料输送回破碎机。

3. 拌和设备

拌和设备应具有将RAP材料、新鲜集料、乳化沥青、水泥和水等成分加工成均匀的混合物,并且配料准确、自动化控制和生产效率高等特点,一般宜采用专用厂拌冷再生搅拌设备。

厂拌乳化沥青冷再生设备国内目前采用最多的搅拌方式是双卧轴强制连续式搅拌方式,根据主要结构、机动性的不同,厂拌乳化沥青冷再生搅拌设备分为移动式、可搬移式和固定式;而根据工艺性能的不同,厂拌乳化沥青冷再生搅拌设备分为一级搅拌工艺和二级搅拌工艺。

国内已经有相当数量的厂拌乳化沥青冷再生设备,因篇幅有限,仅以三种设备为例简单介绍如下:

1）KMA200 沥青冷再生设备

德国维特根公司生产的 KMA200 沥青冷再生设备生产能力可以达到 150～220t/h。该设备可以由卡车直接运输转移工地，由一个水箱、两个集料仓、水泥螺旋输送系统、双卧轴强制连续式搅拌器、喷洒系统（可以喷水、乳化沥青和泡沫沥青）、操作室和输送皮带装置等组成。两个集料仓都有筛网可以将超粒径的材料筛除，通常一个用于添加 RAP 材料，另外一个用于添加新集料。集料仓的送料速度可以控制 RAP 材料和新料的比例，从输送皮带上可以定时提取样品以检查级配情况。两个集料仓的材料同时在输送皮带混合，并在此添加精确计量的水泥等填料，然后运输至搅拌器内。在搅拌器上方装有乳化沥青（泡沫沥青）喷嘴和水喷嘴，可以同时喷洒乳化沥青和水，喷入量可根据集料的质量，通过电脑控制，如图 11-17 所示。

2）ARC300E 沥青冷再生设备

ARC300E 沥青冷再生设备是我国自主研制的乳化沥青冷再生设备。属于可搬移式，采用有双卧轴强制连续式搅拌器的一级搅拌工艺，乳化沥青、RAP 材料及其他添加材料在连续搅拌过程中达到进料次序及位置与搅拌速度、搅拌时间和搅拌强度的最佳匹配。该产品采用特制的分隔槽式粉料供给装置和锯齿形漫水水帘加水方式，采用了新型的集料双托辊称量装置、螺旋式粉料称重结构以及“沸腾”搅拌等技术，产品给料计量稳定，搅拌缸为高速、大容量、无衬板、多拌刀式结构，模块式结构，整机安装、转场便捷，操作简便。该设备主要技术参数和设备外形图，见表 11-11 与图 11-18。

ARC300E 沥青冷再生设备主要技术参数　　表 11-11

额定生产率（t/h）	搅拌缸功率（kW）	整机功率（kW）	计量精度（%）	卸料高度（m）	上料高度（m）	集料仓容量（m^3/只）	控制方式
300	2×45	181.7	混合料：±2； 粉料：±1； 乳化沥青：±1	3.5	3.6	10	计算机控制

图 11-17　KMA200 沥青冷再生设备生产乳化沥青冷再生混合料

图 11-18　ARC300E 沥青冷再生设备

3）APRC400 乳化沥青厂拌冷再生设备

APRC400 型连续式厂拌设备是我国自主研制的乳化沥青冷再生设备。属于可搬移式，采用有双卧轴强制连续式搅拌器的二级搅拌工艺，通过分级拌和使成品再生料达到最佳的裹附效果；采用高精度的乳化沥青和水计量装置确保再生混合料中乳化沥青和水用量的精确；采用高精度的双螺旋计量系统确保粉料添加的精度；专门设计了集料仓振动器以及称量皮带测速轮系统，确保再生混合料的级配与设计级配一致。该设备生产工艺流程见图 11-19，该设备主要技术参数和设备外形图见表 11-12 与图 11-20。

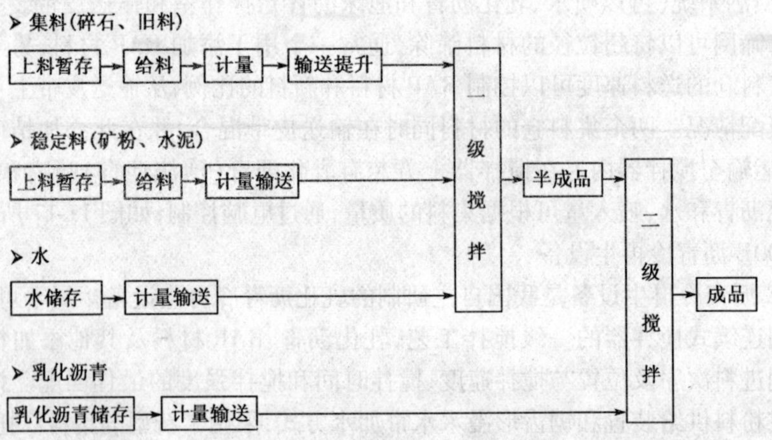

图 11-19　APRC400 设备生产工艺流程方框图

APRC400 乳化沥青厂拌冷再生设备主要技术参数　　表 11-12

型号	生产能力 (t/h)	称量精度 (%)	装机功率 (kW)	占地面积 (m^2)	总质量 (t)
APRC400	400	集料≤±2.0 粉料≤±2.0 水、乳化沥青≤±2.0	205	27×30	60

4. 沥青混凝土摊铺机

摊铺机的作用是将拌制好的乳化沥青冷再生混合料均匀、迅速地摊铺在路面底基层或基层上，构成乳化沥青冷再生基层或乳化沥青冷再生下面层。摊铺机应能够准确保证摊铺层厚度、宽度、路面拱度、平整度和密实度。

厂拌乳化沥青冷再生施工可以采用普通的热沥青混凝土摊铺机，一般应配置两台的沥青混凝土摊铺机实施梯队联合作业。

图 11-20　APRC400 乳化沥青厂拌冷再生设备

5. 压路机

根据乳化沥青冷再生层的厚度、压实度等工程技术指标的要求，应配备足够数量、吨位的振动钢轮压路机和胶轮压路机。

6. 辅助设备

根据冷再生工程的规模、交通状况以及工期要求配置相应的辅助设备，表 11-13 是某项冷再生工程的辅助设备配置情况。

辅助设备配置表　　表11-13

设备名称	规格和数量	备　注
清扫车	1台	
洒水车	1台	
黏层油洒布车	1台	根据工程规模和进度可选择自行式、悬挂式或拖式
装载机	1辆	
运料卡车	数辆	卡车的数量应与拌和设备、摊铺设备相匹配，视料场远近而定
其他设备	若干清扫工具、保通标志等	

三、厂拌乳化沥青冷再生施工

厂拌乳化沥青冷再生施工工艺包括旧路面的挖除、铣刨；RAP材料的破碎、筛分；RAP材料的存储；级配；拌和；再生混合料运输；摊铺；碾压；养生。

1. 回收沥青路面材料（RAP）的回收

冷再生的第一步是按原路面设计厚度刨除现有的沥青路面，然后将RAP材料运至拌和厂，如图11-21所示。

图11-21　刨除和运送RAP材料

（1）根据原路面的老化程度、面层的沥青含量以及集料级配分布情况预先确定铣刨段落，分段分车道回收。

（2）根据原路面的设计资料和钻孔取芯样的结构确定铣刨厚度，确保不混入其他结构层材料和杂物。在铣刨过程中应注意观察回收料的外观，发现异常应及时调整厚度。

（3）不同的RAP材料应分别回收，分开堆放，不得混杂。

（4）RAP材料在回收和存放时不得混入基层废料、水泥混凝土废料、杂物、土等杂质。

2. 回收沥青路面材料（RAP）的预处理与堆放

（1）应该避免雨水浸入RAP材料，因为RAP材料中的水分很难挥发，使RAP材料中的含水率分散波动，影响拌和效率和混合料质量，因此应搭盖防雨棚。防雨棚还可以防止太阳直接照射RAP材料，避免其受热重新结块。在料堆的周边建立防、排水系统，使RAP材料保持干燥。

（2）不能用帆布直接覆盖料堆的方式代替防雨棚，由于帆布下没有流通的空气，使料堆温度升高，导致RAP材料重新结块。

（3）对回收的RAP材料进入拌和厂后，应使用推土机或装载机等机具将每一个料堆的RAP材料充分混合，然后进行破碎、筛分。

（4）RAP材料在拌和厂中破碎，按尺寸分级，若RAP材料充分破碎，RAP材料和回收集料的尺寸和级配能控制得很好，这样能避免大尺寸集料的存在。

(5)RAP 材料经破碎、筛分后,可达到生产所需的尺寸及级配。RAP 材料筛分成不少于两档的材料。

(6)RAP 材料在破碎和筛分后即可送至厂拌冷再生设备生产,也可以储存起来以后使用。在转运和堆放过程中应避免 RAP 材料的离析。

(7)由于在 RAP 材料自重和高温的作用下,因此 RAP 材料可重新黏结起来形成尺寸较大的颗粒,RAP 材料应避免长时间的堆放。RAP 料堆的高度也不能太高,一般宜为 2 ~3m。机械设备不得在料堆上停留或行走。

(8)应协调好破碎筛分设备和拌和设备的生产速度,使 RAP 料堆的高度减至最小。

(9)对于较小粒径的 RAP 材料,为了减少 RAP 材料中的含水率对冷再生混合料质量的影响,应将粒径较小的 RAP 材料采取覆盖的措施。

(10)使用 RAP 材料时应从料堆的一端开始在料堆的端面高度范围内铲料。

(11)在使用 RAP 材料时发现结块严重时,应重新进行破碎、筛分。

3. 混合料拌和

(1)冷再生施工前及正常施工过程中,每三个工作日按正常产量对 RAP 混合料拌和设备的乳化沥青、水、水泥、集料、矿粉和粗、细铣刨料的计量进行校验。

(2)生产时将 RAP 材料、乳化沥青、水按比例投放到搅拌器中拌和,冷再生混合料的拌和时间应短于热拌沥青混合料的拌和时间。乳化沥青混合料若过度拌和,则粗集料表面的乳化沥青容易剥落下来,而且过度拌和可导致乳化沥青提前破乳;而拌和不充分则可导致集料不能充分地被乳化沥青裹附。

(3)混合料拌和时集料可能不完全均匀地被乳化沥青裹附,但没有必要延长拌和时间来提高沥青的裹附程度。因为在混合料的摊铺、碾压过程中,沥青可进一步地裹附集料。若集料难以被沥青裹附,则应调整拌和方式以使沥青良好地裹附在集料表面。

(4)在乳化沥青厂拌冷再生的生产过程中,应及时将拌和的乳化沥青、水、水泥、矿粉和粗、细铣刨料的用量以每分钟打印一组数据,进行实时监控,同时每日生产结束后打印各料的使用总量,进行总量控制。

(5)各组成成分应按照混合料设计要求进行拌和,拌和后用卡车直接运到现场,不允许储存冷拌的混合料。

4. 施工准备

(1)下承层应密实平整,强度符合设计要求。在摊铺冷再生层混合料之前宜在下承层的表面喷洒乳化沥青黏层油,喷洒量为纯沥青用量 0.2 ~0.3kg/m²。

(2)冷再生混合料运输

应保证装载运输车辆有足够的时间将拌和料运送到现场,混合料应在拌和后按乳化沥青供应商推荐转运时间内使用。

(3)施工气候限制

冷再生 RAP 路面的摊铺工作应在阴凉处或远离热源处测量到空气温度达到 10℃以上的气温条件下才可施工。另外,施工时不能有雾或下雨,在铺好后 48 小时内,应保证施工路段的天气预报的温度不会下降到零度。

(4)铺筑试验段

试验段的铺筑长度不宜小于200m。从施工工艺、工程质量、施工管理、施工安全等方面验证施工配合比及施工方案和施工工艺的可行性,并为正常施工提供技术依据。

5.摊铺

(1)厂拌冷再生过程中最好通过强制通风以减少混合料中的水分及易挥发物的含量。强制的通风过程降低了混合料中的液体含量,使混合料足够坚强,能承受压路机的碾压作用。混合料中的液态物质的散失速度主要由沥青改性剂的种类、混合料中的水分含量、集料级配、风速、气温及湿度等因素决定。

(2)传统的摊铺机即可摊铺厂拌冷再生的混合料,混合料中适度的水分可防止熨平板下的混合料发生“撕裂”、“脱空”等现象,熨平板不必预热,以防止混合料中水分散失过快而影响混合料的和易性。对于现场离析较严重的地方应及时进行换填处理,摊铺过程中出现轻微离析的地方应在现场技术人员指导下进行补料。

(3)摊铺机必须缓慢、均匀、连续不断地摊铺,不得随意变换速度或者中途停顿。摊铺速度宜控制在2~4m/min范围内。

(4)厂拌冷再生混合料每层摊铺厚度最好不大于120mm(为压实后的厚度),若需要多层铺筑,则在铺上一层前需养生一段时间(在好的养生条件下一般养生2~5d左右)。雨天不能摊铺,若气温低于10℃,也应停止摊铺。

6.压实

(1)厂拌冷再生混合料的压实可用钢轮压路机和轮胎压路机。以乳化沥青为再生剂的冷再生混合料的碾压要在乳化沥青开始破乳后(乳化沥青的颜色由褐色变为黑色)进行;掺加水泥的乳化沥青冷再生混合料的碾压可在摊铺后立即开始。

压路机应以慢而均匀的速度碾压,初压可采取钢轮压路机(11t左右)静压1~2遍,初压速度宜为1.5~3km/h,然后用高频低幅的方式(20t以上)振动碾压3~4遍。

复压用大吨位(23t或更高)的轮胎压路机碾压4~6遍,碾压次数通常由混合料性能、压实厚度、压路机类型及环境状况等决定,需根据试验段情况确定。

终压采用双钢轮压路机碾压,以消除轮迹。复压和终压速度宜为2~4km/h。

(2)厂拌冷再生混合料常是“蓬松”状,因此需要增大松铺厚度以保证压实厚度满足要求。混合料中的含水率对压实至关重要,合适的水分含量可润滑集料,有助于压实。但过度的水分会导致混合料密度低,且水分会长时间地滞留在结构层中。混合料中过度的水分使摊铺后混合料的养生期间延长。

(3)直线和不设超高的平曲线段,应由两侧路肩向路中心碾压;设超高的平曲线段,应由内侧路肩向外侧路肩碾压。

7.养生及开放交通

(1)在铺筑上面结构层之前,冷再生沥青基层应养生一段时间,使混合料中的水分进一步散失。在较好的气候条件下,一般养生期为2~5d。在养生过程中应及时检测路面中的含水率,当路面含水率降低至2%以下时,可铺筑上面的结构层。

(2)在封闭交通的情况下养生时,可进行自然养生,一般无需采取措施。为避免车轮对表层的破坏,可在再生层上均匀喷洒慢裂乳化沥青(稀释至30%左右的有效含量),喷洒量折合纯沥青约为 0.05～0.2kg/m^2。

(3)在开放交通的条件下养生时,再生层在完成压实至少 1d 后方可开放交通,但应严格限制重型车辆通行,行车速度应控制在 40km/h 以内,并严禁车辆在再生层上掉头和急刹车。

四、厂拌乳化沥青冷再生混合料质量管理

厂拌乳化沥青冷再生施工的质量管理主要包括施工前的材料检查、施工过程的质量控制检查以及工程完工的质量检查和验收等内容,我国颁布的《公路沥青路面再生技术规范》(JTG F41—2008)中规定的厂拌冷再生施工质量管理要求,包括了厂拌乳化沥青冷再生施工的质量管理要求,摘编如下:

(1)厂拌乳化沥青冷再生施工过程的材料质量控制和检查的项目、频度等应满足表 11-14 的要求。

厂拌乳化沥青冷再生施工前材料的检查　　表 11-14

材　料	检查项目	要求值	检查频率
乳化沥青	表 11-26 规定的项目	符合设计要求	每批来料 1 次
矿料	表 11-25 规定的项目	符合设计要求	每批来料 1 次
RAP	RAP 级配	符合设计要求	每批来料 1 次

(2)厂拌乳化沥青冷再生施工过程的质量控制项目、频度等应满足表 11-15 的要求。

施工过程的质量控制项目、频度和要求　　表 11-15

<table>
<tr><th>检查项目</th><th>质量要求</th><th>检查频率</th><th>检验方法</th></tr>
<tr><td>压实度(%)</td><td>≥90(高速公路、一级公路)
≥88(二级及二级以下公路)</td><td rowspan="2">每车道每公里检查 1 次</td><td rowspan="2">基于最大理论密度,
T 0924 或 T 0921</td></tr>
<tr><td>空隙率(%)</td><td>≤10(高速公路、一级公路)
≤12(二级及二级以下公路)</td></tr>
<tr><td>15℃劈裂强度(MPa)</td><td rowspan="4">符合设计要求</td><td rowspan="4">每工作日 1 次</td><td>T 0716</td></tr>
<tr><td>干湿劈裂强度比(%)</td><td>T 0716</td></tr>
<tr><td>马歇尔稳定度(kN)</td><td>T 0709</td></tr>
<tr><td>残留稳定度(%)</td><td>T 0709</td></tr>
<tr><td>冻融劈裂强度比(%)</td><td>≥70</td><td>每 3 个工作日 1 次</td><td>T 0729</td></tr>
<tr><td>含水率</td><td rowspan="2">符合设计要求</td><td rowspan="2">发现异常时随时试验</td><td>T 0801</td></tr>
<tr><td>沥青含量、矿料级配</td><td>抽提、筛分</td></tr>
</table>

(3)厂拌乳化沥青冷再生施工过程的外形检查项目、频度等应满足表 11-16 的要求。

施工过程的外形检查项目、频度和要求　　表 11-16

<table>
<tr><th colspan="2">检查项目</th><th>质量要求</th><th>检验频率</th><th>检验方法</th></tr>
<tr><td colspan="2">平整度最大间隙(mm)</td><td>8</td><td>随时,接缝处单杆测量</td><td>T 0931</td></tr>
<tr><td colspan="2">纵断面高程(mm)</td><td>±10</td><td>检查每个断面</td><td>T 0911</td></tr>
<tr><td rowspan="2">厚度(mm)</td><td>均值</td><td>−8</td><td>随时</td><td rowspan="2">插入测量</td></tr>
<tr><td>单个值</td><td>−10</td><td>随时</td></tr>
</table>

续上表

检查项目	质量要求	检验频率	检验方法
宽度(mm)	不小于设计宽度,边缘线整齐,顺适	检查每个断面	T 0911
横坡度(%)	±0.3	检查每个断面	T 0911
外观	表面平整密实,无浮石、弹簧现象,无明显压力机轮迹	随时	目测

(4)厂拌乳化沥青冷再生工程完工后,应将全线以1~3km作为一个评定路段,按照表11-17的要求进行质量检查和验收。

厂拌乳化沥青冷再生质量检查验收的检查项目、频度和要求　　表11-17

检查项目		质量要求	检验频率	检验方法
平整度最大间隙(mm)		8	每200m 2处,每处连续10尺	T 0931
纵断面高程(mm)		±10	每200m 4个点	T 0911
厚度(mm)	均值	-8	每200m 每车道1个点	插入测量
	单个值	-15	每200m 每车道1个点	
宽度(mm)		不小于设计宽度,边缘线整齐,顺适	每200m 4个断面	T 0911
横坡度(%)		±0.3	每200m 4个断面	T 0911
外观		表面平整密实,无浮石、弹簧现象,无明显压力机轮迹	随时	目测
压实度(%)		≥90(高速公路、一级公路) ≥88(二级及二级以下公路)	每车道每公里检查1次	基于最大理论密度,T 0924或T 0921

五、厂拌乳化沥青冷再生工程实例

国内已在多条高速公路应用厂拌乳化沥青冷再生技术,下面以昌九高速公路技术改造工程中应用水泥—乳化沥青厂拌冷再生技术为例介绍。

1.项目概况

昌九高速公路是江西省建成的第一条高等级公路,为全立交、全封闭的双向四车道一级汽车专用公路。始于南昌市省庄,止于九江市大桥前端,全长133.4km。路基宽度24.5m,路面结构型式为16cm(4cm+5cm+7cm)厚热拌沥青混凝土面层+22cm厚水泥稳定碎石基层+33cm厚级配碎石底基层,设计时速100km,设计荷载为汽—超20,挂—120,分期分批于1993、1994、1996年建成通车。2007年年平均日交通量为26 000辆/日,2010年年平均日交通量达30 000辆/日。昌九高速公路原路面结构如图11-22所示。

1)昌九高速公路技术改造背景

2000~2003年期间,昌九高速公路路面龟裂、唧泥、车辙、坑槽等病害不断发生,路面使用性能严重下降,养护费用以平均每年40%的速度递增,成为江西省的"永修路"。为彻底改变现状,江西赣粤高速公路股份有限公司于2004年完成了3.92km柔性基层试验路,2005年完成了2.32km就地冷再生层+罩面层试验路,2006年完成了25.255km的乳化沥青厂拌冷再生层+罩面层试验路,2007年5~9月完成了的83.041km的乳化沥青厂拌冷再生层+罩面层的技术改造。

2)昌九高速公路技术改造方案

(1)将原16cm厚热拌沥青混凝土面层全厚铣刨,将旧料回收;

(2)挖除松散的基层、底基层,用同种材料修补破损基层、底基层;

(3)在原基层上喷洒透层油并利用回收旧料铺筑12cm厚乳化沥青厂拌冷再生层;

(4)在冷再生层上铺筑1cm封层;

(5)在冷再生层上分层铺筑4cm厚热拌AC-13C SBS改性沥青混凝土上面层+6cm厚AC-20C SBS改性沥青混凝土中面层+6cm厚AC-20C普通沥青混凝土下面层,层间喷洒黏层。

昌九高速公路技术改造路面结构如图11-23所示。

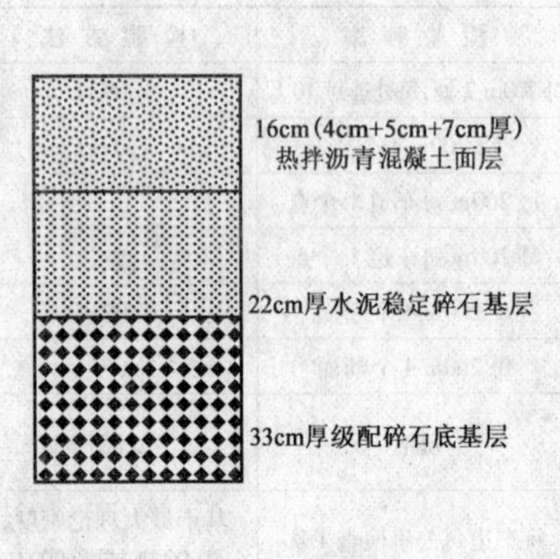

图11-22 昌九路原有路面结构型式示意图

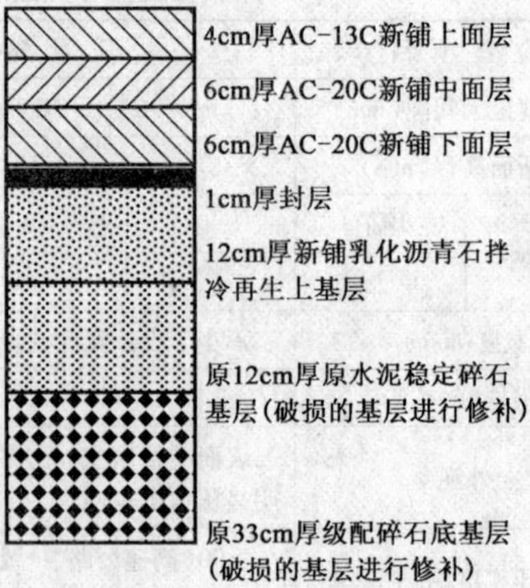

4cm厚AC-13C新铺上面层
6cm厚AC-20C新铺中面层
6cm厚AC-20C新铺下面层
1cm厚封层
12cm厚新铺乳化沥青石拌冷再生上基层
原12cm厚原水泥稳定碎石基层(破损的基层进行修补)
原33cm厚级配碎石底基层(破损的基层进行修补)

图11-23 昌九路技术改造路面结构示意图

2. 厂拌冷再生混合料配合比设计

昌九高速公路全线划分了A、B、C、D四个冷拌站,以A站和D站为实例介绍配合比设计过程。

1)室内配合比设计

材料组成见表11-18,设计级配见表11-19,最佳用量见表11-20。其中,为达到级配设计要求和提高混合料性能,D站掺入10%的S12新矿料。

设计材料比例　表11-18

材料	A站	D站	材料	A站	D站
RAP(10~30mm)(%)	56	39	新矿料(%)	2	10
RAP(0~10mm)(%)	44	49	矿粉(%)		2

设计级配　表11-19

路段	筛孔(mm)												
	31.5	26.5	19	16	13.2	9.5	4.75	2.36	1.18	0.6	0.3	0.15	0.075
A站	100.0	99.0	88.7	81.2	71.3	59.7	42.6	25.7	10.8	10.0	5.6	4.3	3.6
D站	100.0	98.2	87.6	80.9	71.2	56.7	32.3	19.2	12.8	7.7	5.1	4.3	3.7
工程设计级配范围	100	90~100	78~95		60~80	40~60	24~40	14~27		6~15	4~10		3.7

最佳用量　　表 11-20

路　段	最佳乳化沥青用量(%)	最佳水泥剂量(%)	最佳总用水量(%)
A 站	3.6	1.5	3.9
D 站	3.2	2.0	4.0

2)冷再生混合料性能验证

根据上述配合比成型相应的冷再生试件,进行相关性能验证,试验结果见表 11-21。

室内试验验证　　表 11-21

试验项目	空隙率(%)	马歇尔稳定度(kN)	劈裂强度(15℃,MPa)	冻融劈裂抗拉强度比(%)	动稳定度(60℃,次/mm)	抗压回弹模量(MPa)
A 站	9.8	22.4	0.76	73.2	1 414	1 330
D 站	9.0	28.6	0.87	81.6	1 838	1 182

3. 厂拌冷再生上基层施工

在拌和厂内对铣刨料进行统一破碎和筛分,设置 10mm 和 30mm 两道筛网。筛分后的铣刨料按 10mm 以下部分和 10～30mm 部分分别存放。

1)拌和设备

采用 ARC300E 型沥青混合料冷再生搅拌设备,该设备具有电子计量功能和水、水泥和乳化沥青添加功能,拌和速度控制在 250t/h,拌和时间控制在 30s 左右。

2)摊铺施工

采用常规的摊铺机进行摊铺,熨平板不需要加热。摊铺速度为 1～3m/min,现场根据施工机械配套情况及摊铺厚度以及摊铺宽度予以调整。摊铺过程中挂线控制标高,松铺系数为 1.3。

3)碾压施工

采用重型压路机紧跟摊铺机碾压,通过多次实践确定碾压方案如表 11-22 所示。碾压时可喷洒少量的水雾,以防止压路机黏结冷再生料。

碾压结束后再生层的养生期一般不能少于 3d,在养生过程中应及时检测路面中的含水率,当路面含水率降低至 2% 时,可铺筑上面的结构层。

压实组合方式　　表 11-22

碾压次序	碾压设备	碾压次数
初压	双钢轮压路机	1～2 遍
复压	中型钢轮压路机	静压 1 遍,振压 2～3 遍
终压	胶轮压路机	4～6 遍

注:终压结束后如有轮迹可用双钢轮压路机碾压 2 遍。

4. 厂拌冷再生上基层评定与验收

1)现场质量控制

施工过程中跟踪混合料配比和压实度,发现质量偏差过大应分析原因,提出工艺调整方案。根据生产实践,制定施工质量控制标准如表 11-23 所示。

冷再生层施工质量控制标准　　表 11-23

序号	检测项目	规定值或允许偏差	备注
1	压实度	极值 98%	试验室标准湿密度控制
2	空隙率	8% ~14%	取芯检测
3	试件湿密度	大于 2.2	
4	厚度(mm)	代表值 -8 极值 -15	1/200m 双车道
5	结构层完整性	实测	结构层板结完整、无裂纹、无离析、无松散
6	平整度	2.4mm	平整度仪测定的标准偏差
7	宽度	不小于设计值	
8	横坡度	2 ±0.3%	
9	纵断面高程	设计值 ±10mm	

2)现场检测

再生层铺筑完成后,现场立即对压实度、含水率、厚度进行检测,结果见表 11-24。

现场检测压实度、含水量和厚度　　表 11-24

测点号	A 站				D 站			
	A_1	A_2	A_3	A_4	D_1	D_2	D_3	D_4
压实度(%)	101.2	102.4	98.4	99.6	100.8	100.3	99.6	102.1
含水率(%)	3.23	3.15	3.08	3.22	3.04	3.44	3.17	2.96
厚度(mm)	143.2	144.5	145.6	144.7	142.1	142.3	143.8	143.8

3)完工后性能检测

冷再生层铺筑 7d 后,采用贝克曼梁进行了随机弯沉检测,测得冷再生上基层代表弯沉值平均为 39(0.01mm),符合设计要求 37 ~40 的范围。取芯测得室内回弹模量平均值为 1 199MPa,最小值 869MPa,均满足设计要求。

4)效益分析

(1)经济效益分析

与常规的柔性基层—热拌沥青碎石相比,冷再生沥青混合料 500 ~526 元/m^3,低于 ATB-25 混合料 681 元/m^3,每立方米节约 155 元,是沥青碎石价格的 77.2%。昌九高速公路技术改造全线再生沥青混凝土 24.54 万立方米(约 54 万吨),与采用同等厚度的沥青碎石比较,可以节约直接费用 3 800 万元,节约土地 70 余亩。可见,冷再生沥青混合料的经济效益是十分显著。

(2)社会效益分析

冷再生技术避免了废料占用土地和环境污染,节约能源。由于旧沥青混合料得以全部利用,减少了新材料的开采,也不存在废料随意弃放的问题,施工过程没有粉尘和废气的污染。因此,其社会效益也是十分显著的。

5. 昌九高速公路项目实施效果

项目实施 30 个月后,路面平整,无横、纵向裂缝、龟裂、唧泥、沉陷、明显车辙等病害,仅有极少数的经过修补的坑槽，见图 11-24。

图 11-24　昌九路技术改造通车 30 个月后路面状况良好

第四节　乳化沥青冷再生混合料的设计方法

一、乳化沥青冷再生混合料的设计方法概况

无论是厂拌冷再生还是就地冷再生，都必须对乳化沥青冷再生混合料进行合理的设计，以确保可靠的使用性能。对于乳化沥青冷再生混合料的成型方法以及确定混合料的最佳含水率、最适宜的流体含量，目前全球范围内还没有统一标准，包括混合料设计方法，也没有普遍认可的技术要求。

1. 冷再生混合料设计方法

随着对混合料工程性能的要求不断提高，很多国家和地区都提出了冷再生混合料设计方法，比较有代表性的设计方法有以下几种：

1）AASHTO 修正的马歇尔法

材料评价包括含水率、RAP 中的级配。混合料的总水量（包括乳化沥青的含水率、RAP 中的水量、外加的水量）以 3% 为准。乳化沥青用量以 0.5% 递增，每个乳化沥青用量制作 3 个试样。试样双面各击实 50 次，在试模中以 60℃ 养生 6h，然后在室温下养生 12h。然后对试样进行毛体积密度、最大密度、60℃ 的稳定度和流值的检测，以确定最佳乳化沥青含量。保持最佳乳化沥青含量不变，改变总水量为 2.0%、2.5%、3.5%、4.0% 等制作试样，要求得到的空隙率在 9% ~14% 之间。

2）ARRA 方法

美国再生沥青路面协会（ARRA）在其《沥青路面再生技术手册》中提出包括马歇尔法、维姆法、俄勒冈估算设计法等三种冷再生混合料设计方法。三种方法简介如下：

（1）马歇尔法

保持混合料总水量（包括乳化沥青的含水率、RAP 中的水量、外加的水量）以 3% 为准。以 0.5% 的间隔选择不同的乳化沥青用量，制作马歇尔试样。试样双面各击实 50 次，在试模中以 60℃ 养生 6h，然后检测毛体积密度、最大密度、60℃ 的稳定度、流值，确定最大密度。最后，在最佳沥青用量的情况下，以 0.5% 的间隔变化总的用水量（如 2.0%、2.5%、3.5%、4.5%），制作试样测定空隙率。最佳的设计配方应使试样的空隙率在 9% ~14% 之间。

（2）维姆法

试样的准备同马歇尔法,不同的是采用维姆试验仪进行。对于马歇尔法和维姆法,ARRA均建议采用 AASHTO T283 进行压实沥青混合料抗水损害能力的测试。

(3)俄勒冈估算设计法

采用以下的经验公式计算所需的新沥青的量:

$$EC_{EST}=1.2+A_{G}+A_{AC}+A_{P/V}$$

式中:EC_{EST}——乳化沥青用量(%);

1.2——基础乳化沥青用量(%);

A_G——铣刨后集料级配的修正系数(%);

A_{AC}——与旧路面沥青含量相关的修正系数(%);

$A_{P/V}$——与旧路面沥青针入度、黏度相关的修正系数(%)。

3)美国加利福尼亚州方法

推荐适用钻芯破碎的路面材料进行试验。以维姆稳定度达到30(车道)或25(路肩)且空隙率不小于4%,同时又没有明显泛油时的最大沥青用量设计最佳沥青用量。

4)美国沥青协会(AI)方法

该方法采用的设计步骤如下:

(1)确定旧路面材料和新添加集料的级配;

(2)选择新添加沥青的型号;

(3)通过经验公式确定所需的新沥青的用量;

(4)根据工程实际情况对配合比进行调整。

5)美国宾夕法尼亚州方法

首先保持沥青用量不变,改变不同的含水率进行裹附试验,确定最佳含水率。然后在最佳含水率的情况下通过回弹模量的测定确定最佳沥青用量。

乳化沥青冷再生混合料设计方法大概分为经验公式法和试验测试法两大类。试验测试法又有两种方法来确定最佳沥青用量:一种是根据再生混合料试件的最大相对密度来确定最佳沥青用量(密度法);另一种则是对应于规定空隙率范围内最佳强度性能的试件来确定沥青用量(强度法)。强度法在乳化沥青冷再生混合料设计方法中是应用较多的一种方法。

我国颁布的《公路沥青路面再生技术规范》(JTG F41—2008)中规定的乳化沥青冷再生混合料设计方法,就是采用试验测试法中的强度法进行最佳乳化沥青用量的选择。

2.成型方法

乳化沥青冷再生混合料的成型方法也会对混合料的各项设计指标产生显著的影响。我国有关单位和部门在研究和应用乳化沥青冷再生技术过程中,有的采用马歇尔击实成型试样,也有采用旋转压实成型试样。资料显示,所得马歇尔稳定度相差一倍甚至更高,而冷再生工程实际的压实功则更加接近旋转压实情况。

结合我国乳化沥青冷再生工程实际,我国颁布的《公路工程沥青及沥青混合料试验规程》(JTG E20—2011)中制订的“沥青混合料试件制作方法(击实法)”(T 0702—2011)规定了乳化沥青冷再生混合料成型的方法。

3. 确定最佳含水率

确定最佳含水率,不同国家和不同机构的方法不尽相同,有的是基于使混合料达到最大的密实度和强度,有的是基于获得最佳的沥青裹附,还有的则是基于获得最佳的混合料施工和易性。

我国颁布的《公路沥青路面再生技术规范》(JTG F41—2008)中规定的乳化沥青冷再生混合料确定最佳含水率,采用的使混合料达到最大的密实度和强度的方法。

4. 确定最适宜的流体含量

为了得到最大的干密度,乳化沥青冷再生混合料需要有适宜的流体含量,但是如何定义和确定最适宜的流体含量,目前全球范围内还没有一致认可的方法用于混合料设计:有的将乳化沥青、外加水、矿料中水的总和定义为总流体含量;有的则将乳化沥青中的水、外加水、矿料中水的总和定义为总含水率。两者的差别在于如何看待沥青混合料在混合料拌和过程中的作用。

乳化沥青冷再生混合料中沥青微粒具有一定的润滑作用,但没有水的作用明显。大量的试验对比结果表明,在保持总液体含量不变的情况下改变乳化沥青和水的比例,混合料的干湿状态变化显著,而保持总含水率不变的情况下改变乳化沥青和水的比例,混合料的干湿状态变化相对较小。

我国颁布的《公路沥青路面再生技术规范》(JTG F41—2008)中规定的乳化沥青冷再生混合料采用含水率而不是液体含量的概念,即乳化沥青冷再生混合料含水率包括乳液中的水+RAP 中的水+要加入的拌和水。

5. 乳化沥青破乳和混合料强度形成机理探讨

乳化沥青再生混合料是一个多种材料的混合。压实不久的乳化沥青再生混合料是由初步破乳恢复沥青性能的乳化沥青、较多数量的水、粗集料、细集料和矿粉构成,包括微量的水泥;压实成型的混合料,在行车荷载和环境温度作用下,水分不断蒸发、乳化沥青不断破乳并恢复沥青黏结性质,约 7d 后乳化沥青再生混合料含有很少量水分,强度发育完成,最终达到与热沥青路面几乎相同的效果。

乳化沥青再生混合料中含有水分。这是和热沥青混合料的最大的不同。由于含有水分,水和乳化沥青乳液、分散在水中很小的沥青微粒在拌和时都起到良好的润滑作用,乳化沥青再生混合料经过破乳、水分蒸发,铺筑完成后大约 7d,强度才能形成。

乳化沥青完全恢复黏结性能后,部分乳化剂与沥青互溶、不同乳化剂存在于沥青与矿料界面之间形成快凝、中凝、慢凝不同固化方式,所以不同的乳化沥青对混合料性质有重要影响。

在乳化沥青再生混合料中,水泥是一个重要因素。水泥的添加,是改善乳化沥青再生混合料性能的重要因素。水泥不但能提高混合料的早期强度,缩短强度形成时间,还能够提高混合料的高温稳定性和抗车辙能力。水泥发生水化反应,产生水化热,可加速乳化沥青的破乳。

乳化沥青在常温下具有良好的流动性,拌和时能直接与湿润集料黏附,可以在常温条件下与集料拌制成乳化沥青混凝土,经过乳液与集料的黏附、分解破乳、水分蒸发之后才能完全恢复原有的黏结性能,在常温下进行摊铺压实。并在压实作用下,沥青与集料紧密黏结在一起形成强度。

二、我国乳化沥青冷再生混合料配合比设计方法

1. 乳化沥青冷再生混合料配合比设计程序

纵观各国再生混合料设计方法发现，虽然其内容不尽相同，但基本上都包含以下设计程序：包括原材料分析评价，乳化沥青的选型，材料组成设计，最佳用水量与最佳乳化沥青用量确定以及性能验证等内容。乳化沥青冷再生配合比设计程序如图 11-25 所示。

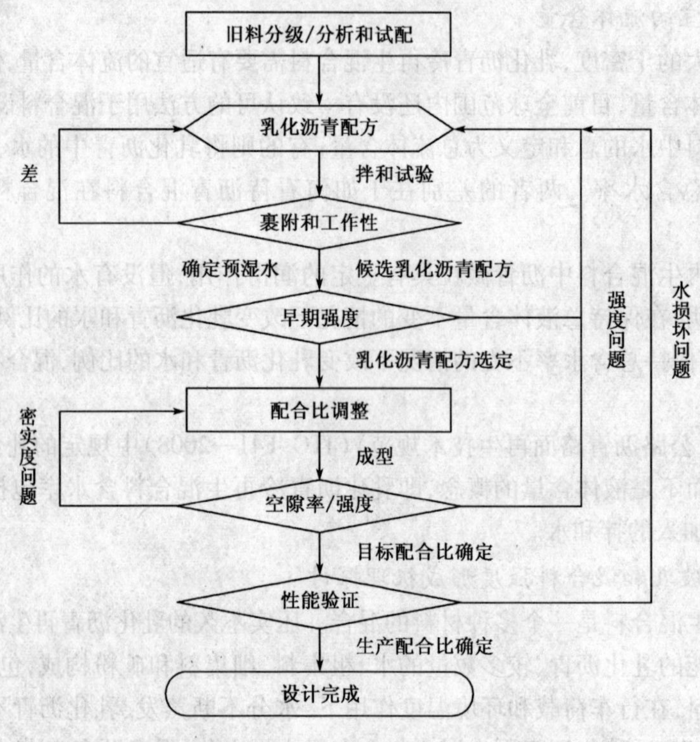

图 11-25 冷再生乳化沥青配合比设计程序

2. 我国乳化沥青冷再生混合料配合比设计方法

我国颁布的《公路沥青路面再生技术规范》(JTG F41—2008)中规定了乳化沥青冷再生混合料使用马歇尔方法进行配合比设计。

1)材料选择与准备

用于配合比设计的沥青铣刨料，应具备较强的代表性，能够客观反映总体铣刨路面废弃材料的集料及沥青组成。厂拌冷再生混合料配合比设计时回收沥青路面材料(RAP)应从处理后的回收沥青路面材料(RAP)料堆取样(为了避免料堆表面部分离析或由于外部环境引起的结块对取样的影响，取样前应去除料堆表面以下 15 ~ 25mm 深度范围内的 RAP 料)。就地冷再生混合料配合比设计时回收沥青路面材料(RAP)应从原路面采用铣刨机铣刨取样。

(1)沥青路面回收料(RAP)评价

所回收的沥青路面材料(RAP)，由于原路面设计结构、铣刨方法、工艺、设备的不同，造成回收的旧沥青混合料变异性就越大，这是影响工程质量的重要因素，也是再生混合料设计的基本依据，因此要求进行检测与评价。厂拌冷再生和沥青层就地冷再生时 RAP 检测项目与质量

要求如表11-25所示。

厂拌冷再生和沥青层就地冷再生时RAP检测项目　　表11-25

材　料	检测项目	技术要求	试验方法
RAP	含水率	实测	JTG F40—2008附录A
	ARAP级配	实测	
	沥青含量	实测	
	砂当量(%)	>50	
RAP中的沥青	针入度	实测	抽提,《公路工程沥青及沥青混合料试验规程》(JTG E20—2011)
	60℃黏度	实测	
	软化点	实测	
	15℃延度	实测	
RAP中的粗集料	针片状颗粒含量、压碎值	实测	抽提,《公路工程集料试验规程》(JTG E42—2005)
RAP中的细集料	棱角性	实测	

注:冷再生层用于公路等级较低或者是所处层位较低时,RAP中的沥青性能指标和粗细集料指标可有选择地检测。

一般采用铣刨工艺得到的RAP中含有未充分破碎的块状或片状旧沥青混合料。若直接将其用于再生混合料生产,这些软弱黏结的块状或片状旧沥青混合料将会取代再生混合料中的与其整体尺寸相近的粗骨料,但又无法起到粗料的骨架作用。从而增加了再生混合料级配控制的难度,影响再生混合料的使用性能。因此,取回样品后,应对RAP进行二次破碎。经过充分破碎的RAP材料,可采用燃烧法或抽提法将RAP中的集料和沥青分离。如果不需要对回收沥青进行评价,可采用燃烧法收集RAP中的集料,对其进行分析评价;如还需研究回收沥青的性质,则可采用离心抽提仪分离RAP中的集料,并利用阿布森法回收旧沥青材料。

(2)新集料的选择

好的矿料级配合成是在稳定性允许条件下,孔隙率最小,并满足沥青裹附所需的结构比表面积,确保矿料之间处于最紧密状态,为矿料与沥青之间相互作用创造良好的条件,使乳化沥青混合料最大限度的发挥结构强度效应,从而获得最佳使用性能。

现场收集RAP时尽管工艺不同,有就地冷再生、有厂拌冷再生等等。但开挖、洗刨旧沥青路面时,对较大粒径的矿料有所破碎。因此在设计混合料级配时,不但要求结构层厚度、耐疲劳温度、和易性、施工密实性和平整度等性能指标与常规热沥青混合料相当外,更要考虑水稳性能、提高路面强度。为了保证摊铺层的质量,一般摊铺层厚度应选择在80~160mm之间,厚度过薄,混合料容易离析难以压实,厚度过厚,压实度不够,难以保证质量。因此,在必要时,可以补充新集料。最大矿料粒径应小于26mm,新加量一般不超过25%。

(3)乳化沥青的选择

乳化沥青冷再生路面中的乳化沥青是冷再生工艺的重要原料,在实际工程中,占整个施工总成本费用的65%~70%,其性能指标优劣直接影响路用性能,乳化沥青性能指标应满足我国制定的冷再生用乳化沥青质量要求。

我国颁布的《公路沥青路面再生技术规范》(JTG F41—2008)中制定了冷再生乳化沥青质量要求见表11-26。

冷再生乳化沥青质量要求 表 11-26

试验项目			单位	质量要求	试验方法
破乳速度				慢裂或中裂	T 0658
粒子电荷				阳离子(+)	T 0653
筛上残留物(1.18mm 筛),		不大于	%	0.1	T 0652
黏度	恩格拉黏度 E_{25}			2~30	T 0622
	25℃赛波特黏度 V_s		s	7~100	T 0623
蒸发残留物	残留分含量,	不小于	%	62	T 0651
	溶解度,	不小于	%	97.5	T 0607
	针入度(25℃)		0.1mm	50~300	T 0604
	延度(15℃),	不小于	cm	40	T 0605
与粗集料的黏附性,裹附面积,		不小于		2/3	T 0654
与粗、细粒式集料拌和试验				均匀	T0 659
常温储存稳定性	1d,	不大于	%	1	T 0655
	5d,	不大于		5	

由于乳化沥青的质量直接影响工程的质量,而乳化沥青的性能受基质沥青、乳化剂及助剂类型影响,乳化剂作为乳化沥青的核心变量,直接影响乳化沥青的质量。因此我们在对乳化沥青配方选择时,可以参考以下几点:

①发生油水分离和破乳现象的乳化沥青不能使用;

②不加入助剂能满足性能要求最好;

③蒸发残留物的各项指标满足规范要求前提下,选择相对较高的指标;

④现场沥青罐不具备搅拌功能的,应严格限制其储存稳定性指标,如果现场沥青罐具有搅拌功能,可根据实际情况放宽储存稳定性指标;

⑤应选择乳液状态均匀、稳定的乳化沥青。

(4)水泥的选择

根据国内外工程经验,经过铣刨后的 RAP 通过 0.075mm 筛孔的含量较少,这时若加入一定量的水泥,除了能增加再生混合料获得较快的早期强度和提高水稳定性外,另外没有与水发生反应的一部分水泥还可以作为填料。

水泥可以采用普通硅酸盐水泥、矿渣硅酸盐水泥、火山灰硅酸盐水泥。水泥的初凝时间应在 3h 以上,终凝时间在 6h 以上,不应使用快硬水泥、早强水泥。

水泥应疏松、干燥、无聚团、结块、受潮变质。水泥强度等级要求可为 32.5 或 42.5,掺量一般不超过 2%。

2)材料组成设计

对于乳化沥青冷再生混合料级配类型,目前国际上各国差异较大。我国颁布的《公路沥青路面再生技术规范》(JTG F41—2008)中制定了乳化沥青冷再生四种工程设计范围以及乳化沥青冷再生设计技术要求,见表 11-27、表 11-28。

乳化沥青冷再生四种工程设计范围　　表 11-27

筛孔(mm)	各筛孔的通过率(%)			
	粗粒式	中粒式	细粒式 A	细粒式 B
37.5	100			
26.5	80~100	100		
19	—	90~100	100	
13.2	60~80	—	90~100	100
9.5	—	60~80	60~80	90~100
4.75	25~60	35~65	45~75	60~80
2.36	15~45	20~50	25~55	35~65
0.3	3~20	3~21+6~25	6~25	
0.075	1~7	2~8	2~9	2~10

乳化沥青冷再生设计技术要求　　表 11-28

试验项目			技术要求
空隙率(%)			9~14
劈裂试验(15℃)	劈裂试验强度(MPa)	不小于	0.40(基层、底基层)、0.5(下面层)
	干湿劈裂强度比(%)	不小于	75
马歇尔稳定度试验(40℃)	马歇尔稳定度(kN)	不小于	5.0(基层、底基层)、6.0(下面层)
	浸水马歇尔残留稳定度(%)	不小于	75
冻融劈裂强度比 TSR(%)		不小于	70

四种范围:粗粒式和中粒式由于粗集料多,混合料有一定的骨架作用,能够支撑车轮荷载,在气温较高的地域,热稳定性好,比较适用。细粒式:粗集料相对较少,矿粉用量在混合料中占有较大的比重,相对混合料的疏松性和压实性性能好,比较适应寒冷地域。

3)确定最大干密度、最佳含水率

我国颁布的《公路沥青路面再生技术规范》(JTG F41—2008)规定参照《公路土工试验规程》(JTG E40—2007)T 0131 的方法对合成矿料进行击实试验,以确定最佳含水率。

试验时,乳化沥青用量可定为4%,变化5个含水率进行击实试验,获得最大干密度时,其混合料的含水率即为最佳含水率 OWC。

4)确定拌和用水量

乳化沥青一般按照0.5%的变化量确定4~5个用量,其拌和用水量采用再生混合料的最佳流体含量与乳化沥青用量之差作为基准值。以此为基础,在各乳化沥青用量下,用不同的拌和用水量分别试拌冷再生混合料,并观察乳化沥青与集料的裹附情况及混合料的浆态,即进行室内裹附试验,根据裹附效果及混合料的均匀性,对拌和用水量的基准值进行修正,从而确定出各乳化沥青用量下再生混合料的实际拌和用水量。

在室内进行裹附时,在试拌再生混合料的过程中及拌好后对混合料进行观察,以集料表面呈棕褐色(乳化沥青颜色),颜色均匀,和易性好,且有少量浆体,但浆体不流淌、不聚集时,则混合料达到最佳裹附状态，此时的拌和用水量可作为再生混合料的拌合用水量。水量不足时会出现浆体少、颜色不均匀、乳化沥青分布差、和易性差的情况；水量偏大时会出现浆体流淌、细料呈现"稀浆"状态。

5）确定最佳乳化沥青用量 OEC

准备在较低温度条件下吹干的铣刨料样品，以预估的沥青用量为中值，按照一定间隔变化形成5个不同乳化沥青用量，保持最佳含水率 OWC 不变，进行常规马歇尔击实试验。

（1）马歇尔试件的制备方法

①向拌和机内加入足够的（大约1 150g）拌和均匀含回收沥青路面材料（RAP）的混合料（或铣刨料与水泥的均匀混合物）。

②按照计算得到的加水量加水，加入铣刨料与新集料的混合物中并拌和均匀，拌和时间一般为1min。

③称取足够混合料以获得63.5m+1.5mm的击实高度（通常1 150g）放入试模中，用插刀周边插捣15次，中间10次，使表面整平成凸圆弧面，按马歇尔试件的成型方法进行试件的成型（双面各击实50次）。

④将装有试件的试模在一起侧放在60℃的鼓风烘箱中养生至恒重，养生时间一般不少于40h。

⑤将试模从烘箱中取出，乳化沥青试样应立即放置到马歇尔击实仪上，双面各击实25次，然后侧放在地面上，在室温下冷却至少12h，然后脱模。

（2）测定试件的毛体积相对密度 γ_f，宜采用现行《公路工程沥青及沥青混合料试验规程》（JTG E20—2011）T 0707 压实沥青混合料密度试验（蜡封法）。

（3）最大相对密度试验

测定试件的理论最大相对密度 γ_t，宜采用现行《公路工程沥青及沥青混合料试验规程》（JTG E20—2011）T 0711 沥青混合料理论最大相对密度试验（真空法）。

（4）劈裂试验

将各组油石比试件按照现行《公路工程沥青及沥青混合料试验规程》（JTG E20—2011）T 0716沥青混合料劈裂试验进行15℃劈裂试验以及浸水24h的劈裂试验，或者是马歇尔稳定度和浸水马歇尔稳定度（T 0709）。

浸水24h的劈裂试验的试验方法是：将试件完全浸泡在25℃恒温水浴中23h，再在15℃恒温水浴中1h，然后取出试件立即进行15℃劈裂试验。

（5）乳化沥青设计用量

根据劈裂强度试验和浸水劈裂强度试验结果，或者是马歇尔稳定度和浸水马歇尔稳定度试验结果，综合选择最优乳化沥青用量 OEC 作为乳化沥青设计用量，对应掺水量作为设计掺水量。

如最优乳化沥青用量 OEC 处的空隙率不能满足乳化沥青冷再生混合料设计技术要求（表11-26），则应考虑重新进行设计。

（6）冻融劈裂强度试验

按照现行《公路工程沥青及沥青混合料试验规程》（JTG E20—2011）T 0729 冻融劈裂试验方法对乳化沥青冷再生混合料试件性能进行检验，检验结果应满足乳化沥青冷再生混合料设计技术要求(表11-26)。

(7)其他性能验证

对于环境条件要求较高的乳化沥青冷再生路面结构,可以考虑乳化沥青冷再生混合料的高低温性能、耐久性等。

三、乳化沥青冷再生配合比设计实例之一

以河南省境内某段高速公路的沥青路面改扩建工程中基层的乳化沥青冷再生配合比设计为例。

1. 原材料

1)RAP

为更好地控制冷再混合料的级配组成,RAP筛分成0~10mm(细)和10~30mm(粗)两档存放,超粒径颗粒破碎后二次筛分。试验室取样后采用离心抽提仪分离RAP中的集料和沥青,并对集料进行筛分分析。将筛分结果与AC-20的级配范围(铣刨的面层料主要以AC-20的级配为主)进行对比,级配组成如表11-29所示,抽提前后的级配组成见图11-26。采用离心抽提仪将RAP中的集料和沥青分离以后,回收含有沥青的三氯乙烯溶液采用阿布森法分离溶液中的沥青和三氯乙烯,从而得到RAP中的旧沥青样品。由试验结果可知,RAP中的沥青含量为4.8%,软化点65.6,延度为30.6,针入度为49.4(0.01mm)。

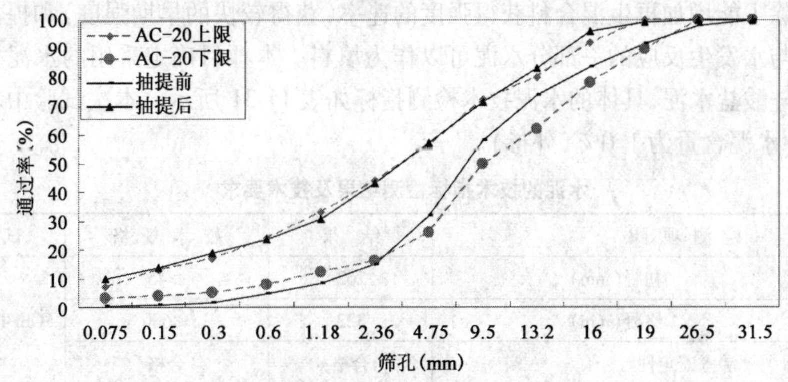

图11-26　RAP抽提前后的级配组成

RAP抽提前后的级配组成　　表11-29

筛孔(mm)	0.075	0.15	0.3	0.6	1.18	2.36	4.75	9.5	13.2	16	19	26.5
AC-20上限	7	13	17	24	33	44	56	72	80	92	100	100
AC-20下限	3	4	5	8	12	16	26	50	62	78	90	100
抽提前	0.3	0.8	1.7	4.9	8.1	14.8	31.9	58.1	73.6	83.7	91.8	98.2
抽提后	9.8	13.7	18.7	23.6	30.5	43	57.2	71.2	83.3	95.9	99.1	100

2)乳化沥青

作为再生剂的乳化沥青是影响冷再生混合料性能最重要的因素之一,本项目配合比设计所用乳化沥青为河南省交通科学技术研究院有限公司与上海美德维斯伟克公司针对项目共同研发的慢裂型阳离子乳化沥青,其检测的技术指标如表11-30所示。

乳化沥青试验指标和技术要求 表 11-30

检测项目		结果	技术规格	试验方法
破乳速率		慢裂	慢裂或中裂	T 0658
电荷		阳	阳离子(+)	T 0653
筛上剩余量(1.18mm)(%)		0.067	≤0.1	T 0652
恩格拉黏度,E_{25}		6.88	2~30	T 0622
25℃赛波特黏度 V_s		21.1	7~100	T 0621
蒸发残留物	残留物含量(%)	66.7	≥62	T 0651
	针入度(25℃)(1/10mm)	62.6	50~300	T 0604
	软化点(℃)	49	—	T 0606
	延度(15℃)(cm)	75.4	≥40	T 0605
	溶解度(三氯乙烯)(%)	99	≥97.5	T 0607
与粗集料的裹附性,裹附面积		通过	≥2/3	T 0654
与粗、细粒式集料拌和试验		均匀	均匀	T 0659
常温储存稳定性	1d,%	0.81	≤1	T 0655
	5d,%	4.66	≤5	

3)水泥

根据国内外工程经验,经过铣刨后的 RAP 通过 0.075mm 筛孔的含量较少,这时若加入一定量的水泥,除了能增加再生混合料获得强度的速率(获得较快的早期强度)和提高水稳定性外,另外没有与水发生反应的一部分水泥可以作为填料。本项目确定采用的水泥类型是强度等级为 32.5 硅酸盐水泥,具体的水泥技术检测指标如表 11-31 所示。本次试验中乳化沥青冷再生混合料中水泥含量为 1.0%(外掺)。

水泥的技术指标检测结果及技术要求 表 11-31

检测项目			结果	技术规格	试验方法
凝结时间	初凝(min)		262	≥45	GB/T 1346—2001
	终凝(min)		322	≤600	
沸煮安定性			合格	合格	
细度(比表面积,m^2/kg)			0.6	≤10%	GB/T 1345—2005
熟料中氧化镁含量(%)			3.14	≤6	GB/T 176—2008
三氧化硫含量(%)			2.03	≤3.5	GB/T 176—2008
胶砂强度(MPa)	抗折强度	3d	4.6	≥2.5	GB/T 17671—1999
		28d	10.6	≥5.5	
	抗压强度	3d	19.5	≥10	
		28d	36.6	≥32.5	
试验环境	养护:温度20℃,湿度≥95%。试验室:温度25.1℃,湿度55%				

2. 材料组成设计

1)级配设计

当前,乳化沥青冷再生料级配组成设计的依据主要是我国 2008 年 7 月 1 日实施的《公路沥青路面再生技术规范》(JTG F41—2008),结合相关工程经验,将铣刨料 RAP 风干后进行筛分试验,把 RAP 料分成粗(9.5～26.5mm)、细(0.075～9.5mm)两档,RAP 中极少部分的粒径≥31.5mm,混合料设计过程中该部分不考虑在内,不参加新料,RAP 筛分结果及级配设计如表 11-32 所示。

乳化沥青冷再生料筛分及级配组成　　表 11-32

筛孔尺寸(mm)	级配组成(%)		合成级配(%)	级配推荐范围(%)		
	粗(9.5+mm)	细(9.5－mm)				
组成比例	40	60	100	中值	上限	下限
31.5	100.0	100.0	100.0	100	100	100
26.5	96.4	100.0	98.6	90	100	80
13.2	42.0	100.0	76.8	70	80	60
4.75	0.0	54.9	33.0	42.5	60	25
2.36	0.0	30.6	18.4	30	45	15
0.3	0.0	9.5	5.7	11.5	20	3
0.075	0.0	2.7	1.6	4	7	1

2)确定最佳含水量(率)

参照现行《公路土工试验规程》(JTG E40—2007)T 0103 的方法,对合成矿料进行击实试验。试验时,乳化沥青用量 4%,水泥用量 1%,变化含水量(1.0%,1.5%,2.5%,3.0%,3.5%)进行击实试验,测得当含水量为 2.1% 时,获得最大干密度为 2.149g/cm^3。即确定最佳含水量为 2.1%(注意乳化沥青、水泥、含水量都为外掺比例)。

3)试件制备

室内制备试件采用机械与人工拌和,在 RAP 料中先后加入水泥、水、乳化沥青,充分拌和,使其均匀混合,把拌和好的冷再生混合料用密封袋封住 2 个小时,模拟现场的运输摊铺碾压过程,然后采用马歇尔击实仪 50 次双面击实试件,将试件连同试模一起侧放在 60℃ 的鼓风烘箱中养生 48h,将试模从烘箱中取出,乳化沥青试样应立即放置到马歇尔击实仪上,双面各击实 25 次,在室温下冷却至少 12h,然后脱模。

4)劈裂试验

试件分成两组,每组 4 个平行试件,首先测其试件体积指标,然后一组浸泡在 15℃ 恒温水浴中 1h 后测其劈裂强度;另一组在 25℃ 恒温水浴中浸泡 23h,再放入 15℃ 恒温水浴中 1h 后测其浸水劈裂强度,试验结果如表 11-33 和图 11-27 所示。

劈裂试验结果　　表 11-33

水泥(%)	乳化沥青(%)	毛体积密度(g/cm^3)	空隙率(%)	劈裂强度(MPa)	浸水劈裂强度(MPa)	干湿强度比(%)
1.0	2.5	2.184	12.13	0.611	0.620	101.47
	3.0	2.194	11.76	0.606	0.600	99.01
	3.5	2.188	11.97	0.641	0.612	95.48
	4.0	2.183	12.17	0.633	0.542	85.62
	4.5	2.185	12.09	0.586	0.615	104.95

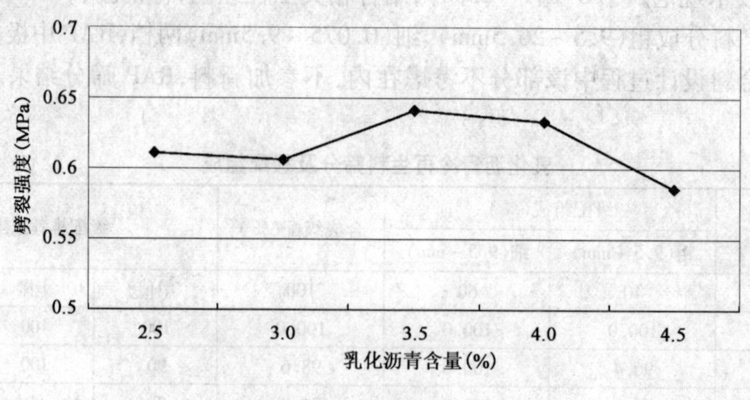

图 11-27 劈裂强度变化趋势

3. 性能验证

将养生好的一组试件以标准的饱水试验方法真空饱水，再放入塑料袋中加入约 10mL 水，扎紧袋口，将试件放入 -18℃的冰箱保持 16h，取出试件立即放入 60℃的恒温水槽中，撤去塑料袋保温 24h。将两组试件全部浸入温度 25℃的恒温水槽中 2h 后进行劈裂试验。冻融劈裂强度比 TSR 的结果如表 11-34 所示。

冻融劈裂试验结果 表 11-34

劈裂强度(MPa)	冻融劈裂强度(MPa)	TSR(%)
0.622	0.56	90.03

4. 最佳乳化沥青用量

本乳化沥青冷再生配合比报告采用劈裂强度作为设计控制指标，当乳化沥青含量 3.5%，水泥含量 1.0% 时有最大的劈裂强度值 0.641MPa，干湿劈裂强度比 95.48%，空隙率为 11.97%，且冻融劈裂强度比为90.03%，满足规范设计指标要求。技术指标汇总如表11-35 所示。

乳化沥青冷再生配合比设计结果汇总 表 11-35

试验项目		试验结果	规范技术要求
劈裂强度(15℃)	劈裂强度(MPa)	0.641	不小于 0.40(基层、底基层)、0.50(下面层)
	干湿劈裂强度比(%)	95.48	不小于 75
空隙率(%)	11.97	9 ~ 14	
冻融劈裂强度比 TSR(%)	90.03	不小于 70	

因此，根据上述试验结果分析，室内试验推荐的最佳乳化沥青用量为 3.5%，水泥用量 1.0%。

四、乳化沥青冷再生配合比设计实例之二

以江苏省某段省道的沥青路面乳化沥青冷再生配合比设计为例。

1. 乳化沥青

试验采用的乳化沥青为国产某品牌的三种乳化沥青。A 慢裂慢凝、B 慢裂中凝、C 慢裂快

凝三种普通乳化沥青，其沥青含量如表11-36所示，质量要求及实测值见表11-37。慢裂快凝乳化沥青混合料由于破乳过快，碾压处缝隙明显，见图11-28，慢裂慢凝乳化沥青混合料由于破乳慢，碾压处无明显缝隙，见图11-29。

乳化沥青沥青含量　　表11-36

乳化沥青种类	沥青含量(%)	乳化沥青种类	沥青含量(%)
A:慢裂慢凝	62	C:慢裂快凝	62
B:慢裂中凝	63		

图11-28　碾压处缝隙明显

图11-29　碾压处无明显缝隙

冷再生乳化沥青质量要求　　表11-37

试验项目			质量要求	实测			试验方法
				A	B	C	
破乳速度			慢裂或中裂	慢裂慢凝	慢裂中凝	慢裂快凝	T 0658
粒子电荷			阳离子(+)	+	+	+	T 0653
筛上残留物(1.18mm筛)(%)		不大于	0.1	0.06	0.01	0.04	T 0652
恩格拉黏度计E_{25}			2~30	19	26	16	T 0622
25℃赛波特黏度V_s(s)			7~100	32	68	44	T 0623
蒸发残留物	残留分含量(%)	不小于	62	62	63	62	T 0651
	溶解度(%)	不小于	97.5	98	98.8	98	T 0607
	针入度(25℃)(10^{-1}mm)		50~300	96	78	84	T 0604
	延度(15℃)(cm)	不小于	40	68	112	94	T 0605
与粗集料的黏附性，裹附面积		不小于	2/3	2/3	2/3	2/3	T 0654
与粗、细集料的拌和试验			均匀	均匀	均匀	均匀	T 0659
常温储存稳定性(%)							
	1d(%)	不大于	1	0.1	0.1	0.6	T 0655
	5d(%)	不大于	5	0.3	0.2	2	

注：恩格拉黏度和赛波特黏度指标任选其一检测。

2. 沥青面层铣刨料

对铣刨沥青混合料进行了筛分，筛分结果见表 11-38。

铣刨沥青混合料抽提级配试验结果　　表 11-38

混合料	通过筛孔（方孔筛，mm）百分率（%）											
	26.5	19	16	13.2	9.5	4.75	2.36	1.18	0.6	0.3	0.15	0.075
沥青面层铣刨料	10.0	100	98.8	92.5	79.7	53.7	37.5	31.3	24.6	16.8	12.0	9.2

对抽提结果沥青混合料铣刨旧料的油石比为 3.4%，水泥加入量为 2%，5% 的矿粉。

3. A、B、C 不同乳化沥青冷再生配合比设计

1）土工击实试验确定最佳流体含量

初定 A、B、C 分别用 4kg 乳化沥青和分别加 4kg 水，均匀搅拌，作混合流体混合料试验。对试件流体含量为 2%、4%、6%、8% 和 10% 的沥青面层铣刨料分别进行击实试验，得出了最大干密度与最佳流体含量，结果如表 11-39 ~ 表 11-41 和图 11-30 ~ 图 11-32 所示。

A：（MM）慢裂慢凝不同流体含量下沥青铣刨旧料的干密度　　表 11-39

流体含量（%）	干密度（g/cm^3）	试件含水率（%）	试件乳化沥青用量（%）	试件纯沥青用量（%）
2	1.962	1.38	1.0	0.62
4	2.016	2.76	2.0	1.24
6	2.103	4.14	3.0	1.86
8	2.096	5.52	4.0	2.48
10	2.016	6.9	5.0	3.10

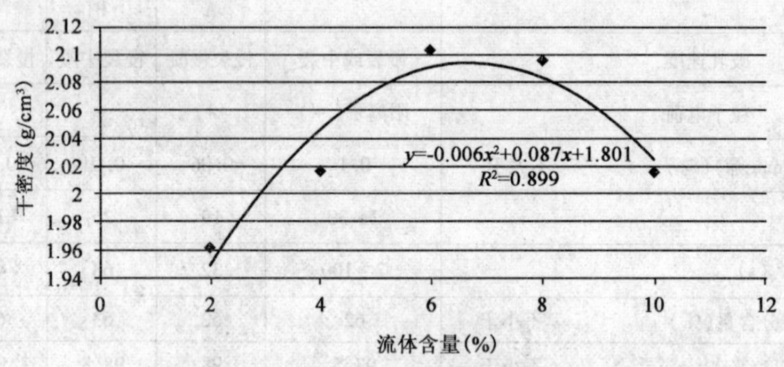

图 11-30　最佳流体含量

B：（MZ）慢裂中凝不同流体含量下沥青铣刨旧料的干密度　　表 11-40

流体含量（%）	干密度（g/cm^3）	试件含水率（%）	试件乳化沥青用量（%）	试件纯沥青用量（%）
2	1.982	1.37	1.0	0.63
4	2.023	2.74	2.0	1.26
6	2.105	4.11	3.0	1.89
8	2.087	5.48	4.0	2.52
10	2.002	6.85	5.0	3.15

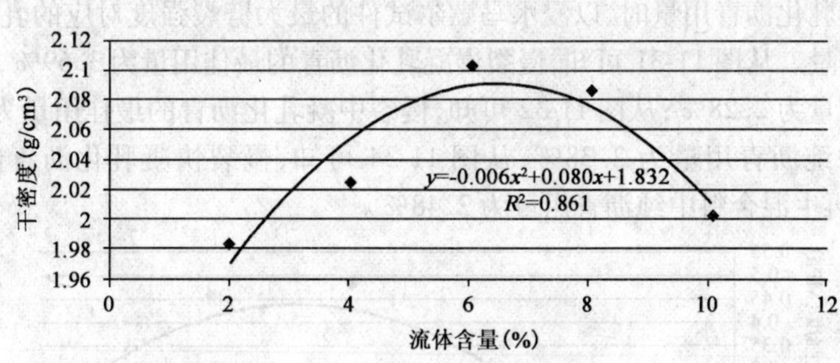

图 11-31　最佳流体含量

C:(MK)不同流体含量下沥青铣刨旧料的干密度　　表 11-41

流体含量(%)	干密度(g/cm^3)	试件含水率(%)	试件乳化沥青用量(%)	试件纯沥青用量(%)
2	1.98	1.38	1.0	0.62
4	2.015	2.76	2.0	1.24
6	2.106	4.14	3.0	1.86
8	2.083	5.52	4.0	2.48
10	2.005	6.9	5.0	3.10

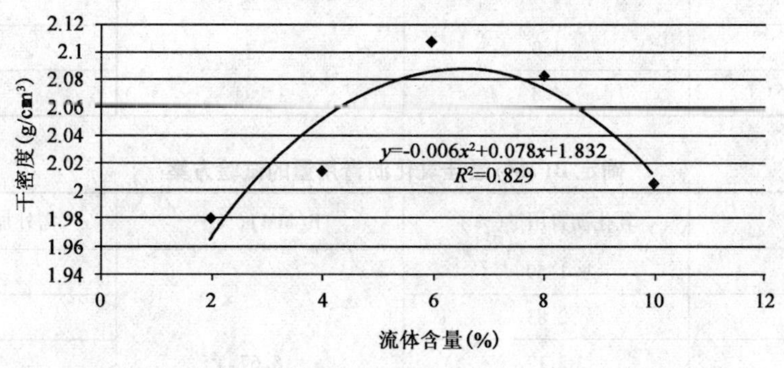

图 11-32　最佳流体含量

从表 11-38 及图 11-30;表 11-39 及图 11-31,表 11-40 及图 11-32 可知,对应乳化沥青为再生剂的沥青铣刨旧料冷再生混合料,其最大干密度的最佳流体含量(MM)、(MZ)、(MK)分别为 7.25%、6.67% 和 6.50%。

2)劈裂强度试验确定最佳乳化沥青用量

保持最佳流体含量 MM = 7.25%、MZ = 6.67%、MK = 6.5% 不变,改变不同的乳化沥青用量。对成型的马歇尔试件,分别测量在空气中养生试件的劈裂强度以及浸水 24h 后试件的劈裂强度。以此来确定最佳乳化沥青用量。试验方案如表 12-42 ~ 表 12-44,测试结果如表 12-45 ~ 表 12-47 所示。

3)A、B、C 乳化沥青劈裂强度试验结果

乳化沥青用量与浸水 24h 的马歇尔试件劈裂强度之间的关系见图 12-33 ~ 图 12-35。

在确定最佳乳化沥青用量时，以浸水马歇尔试件的最大劈裂强度对应的乳化沥青用量为最佳乳化沥青用量。从图 11-31 可知，慢裂慢凝乳化沥青的最佳用量为 3.69%，此时冷再生混合料中纯沥青用量为 2.28%；从图 11-32 可知，慢裂中凝乳化沥青的最佳用量为 3.78%，此时冷再生混合料中纯沥青用量为 2.38%；从图 11-34 可知，慢裂快凝乳化沥青的最佳用量为 4.01%，此时冷再生混合料中纯沥青用量为 2.48%。

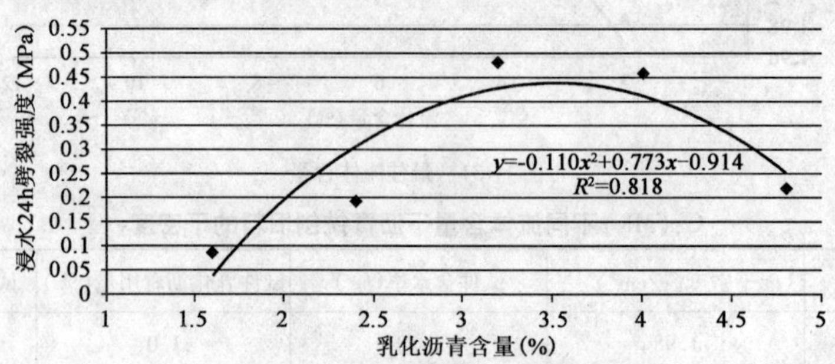

图 11-33 不同乳化沥青用量下马歇尔试件的浸水劈裂强度

确定 A(MM)最佳乳化沥青用量的试验方案 表 11-42

纯沥青含量(%)	乳化沥青用量(%)	A(MM)(%)	需外加的水量(%)
1.0	1.6	7.25	5.65
1.5	2.4		4.85
2.0	3.2		4.05
2.5	4.0		3.25
3	4.8		2.45

确定 B(MZ)最佳乳化沥青用量的试验方案 表 11-43

纯沥青含量(%)	乳化沥青用量(%)	B(MM)(%)	需外加的水量(%)
1.0	1.59	6.67	5.08
1.5	2.83		3.84
2.0	3.17		3.5
2.5	3.97		2.7
3	4.76		1.90

确定 C(MK)最佳乳化沥青用量的试验方案 表 11-44

纯沥青含量(%)	乳化沥青用量(%)	C(MM)(%)	需外加的水量(%)
1.0	1.6	6.50	4.9
1.5	2.4		4.1
2.0	3.2		3.3
2.5	4.0		2.5
3	4.8		1.7

慢裂慢凝冷再生试件测试结果　　表 11-45

纯沥青含量(%)	乳化沥青含量(%)	空气养生劈裂强度(MPa)	浸水 24h 劈裂强度(MPa)
1.0	1.6	0.14	0.09
1.5	2.4	0.24	0.19
2.0	3.2	0.38	0.48
2.5	4.0	0.31	0.46
3.0	4.8	0.35	0.22

慢裂中凝冷再生试件测试结果　　表 11-46

纯沥青含量(%)	乳化沥青含量(%)	空气养生劈裂强度(MPa)	浸水 24h 劈裂强度(MPa)
1.0	1.59	0.16	0.07
1.5	2.83	0.23	0.16
2.0	3.17	0.36	0.43
2.5	3.97	0.32	0.38
3.0	4.76	0.36	0.20

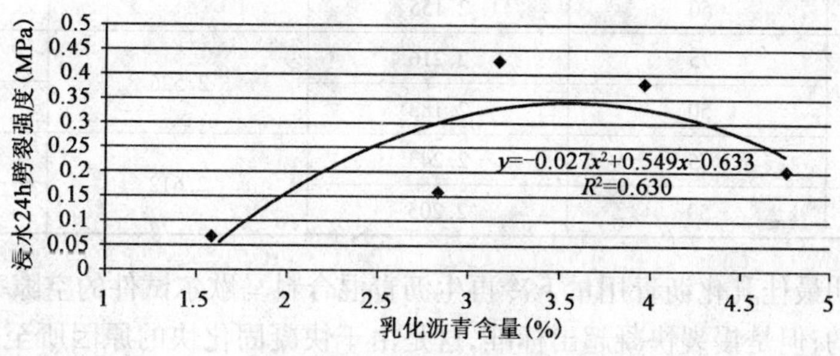

图 11-34　不同乳化沥青用量下马歇尔试件的浸水劈裂强度

慢裂快凝冷再生试件测试结果　　表 11-47

纯沥青含量(%)	乳化沥青含量(%)	空气养生劈裂强度(MPa)	浸水 24h 劈裂强度(MPa)
1.0	1.6	0.26	0.06
1.5	2.4	0.30	0.17
2.0	3.2	0.31	0.36
2.5	4.0	0.33	0.33
3.0	4.8	0.34	0.31

4. 最佳乳化沥青用量下冷再生混合料的性能验证

根据浸水劈裂强度确定的最佳乳化沥青用量：慢裂慢凝（为 3.69%）；慢裂中凝（为3.78%）；慢裂快凝（为4.01%）。保持最佳流体用量不变，成型冷再生沥青混合料马歇尔试件及车辙试件，验证以慢裂慢凝、慢裂中凝、慢裂快凝乳化沥青的冷再生沥青混合料的性能。

1）最佳乳化沥青用量下马歇尔试件空隙率

分别进行了最佳乳化沥青用量下双面各击实 75 次和 50 次的马歇尔试件，测量其密度及最大理论密度，试验结果如表11-48所示。

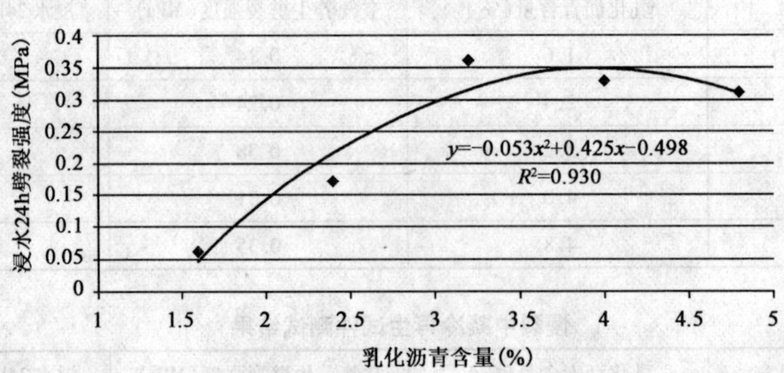

图11-35 不同乳化沥青用量下马歇尔试件的浸水劈裂强度

A、B、C乳化沥青最佳用量下马歇尔试件空隙率 表11-48

击实次数(次)		马歇尔试件密度(g/cm³)	最大理论密度(g/cm³)	空隙率(%)
A	75	2.230	2.515	11.3
	50	2.155		14.3
B	75	2.216	2.526	12.2
	50	2.183		13.5
C	75	2.243	2.612	14.1
	50	2.205		15.5

试验结果表明最佳乳化沥青用量下冷再生沥青混合料马歇尔试件的空隙率慢裂慢凝和慢裂中凝乳是合适的，但是慢裂快凝超出标准，这是由于快凝固化快的原因所至（一般乳化沥青冷再生混合料的马歇尔试件空隙率为9%～14%）。

2）最佳乳化沥青用量下劈裂强度试验

分别进行了最佳乳化沥青用量下双面各击实75次和50次的马歇尔试件，测量其浸水24h及空气中养生至恒重时的劈裂强度，试验结果见表11-49。

最佳乳化沥青用量下劈裂强度 表11-49

击实次数(次)		空气养生劈裂强度(MPa)	浸水24h劈裂强度(MPa)	劈裂强度比(%)
A	75	0.58	0.52	86.4
	50	0.47	0.45	86.9
B	75	0.46	0.43	78.2
	50	0.40	0.38	80.3
C	75	0.36	0.34	76.2
	50	0.33	0.28	70.6

从最佳乳化沥青用量下的劈裂强度试验可知，试件浸水24h后劈裂强度值满足乳化沥青冷再生沥青混合料的要求，劈裂强度比达到86.4%，表明该冷再生沥青混合料的水稳定性较

好。但慢裂快凝偏低。

3)最佳乳化沥青用量下沥青混合料车辙试验

在最佳乳化沥青用量下对冷再生沥青混合料进行车辙试验验证,试验结果如表11-50所示。

最佳乳化沥青用量下车辙试验　　表11-50

最佳乳化沥青用量(%)		动稳定度(次/mm)			
		1	2	3	平均
A	3.69	1 486	1 263	1 857	1 535
B	3.76	1 326	1 386	1 628	1 446
C	3.84	1 182	1 568	1 156	1 159

试验结果表明最佳乳化沥青用量下冷再生沥青混合料的动稳定度达到了1 100次/mm以上,公路沥青路面施工技术规范(JTG F40—2004)对普通沥青混合料的动稳定度要求是不小于1 000次/mm(1~4区)。表明三种乳化沥冷再生沥青混合料的动稳定度较高,具有较好的抵抗高温变形的能力。

五、乳化沥青冷再生配合比设计实例之三

本实例采用修正Superpave法设计乳化沥青冷再生沥青混合料,该法能够弥补修正马歇尔法的不足,且发挥Superpave法的优势。

1.设计过程

1)现有旧料的分析与评价

对现有旧沥青路面材料的性状加以评价,掌握旧沥青材料的老化程度和集料的细化情况,主要得到:

(1)旧料的含油量;

(2)回收沥青的物理指标(针入度、延度、软化点和黏度等)和化学组分;

(3)旧骨料的级配。

2)再生剂和乳化沥青的选择

根据旧沥青的老化程度和化学组分及再生沥青的指标要求,选择合适的再生剂及用量。而乳化沥青是根据其残留沥青指标与再生沥青指标相对应的原则选择。

3)旧料掺配率的选择与确定

旧料的掺配率是旧料占整个再生混合料的质量百分率,其确定要综合考虑以下因素:

(1)旧料的技术性质,即旧沥青的老化程度和旧料的级配、含油量等;

(2)再生混合料的用途,即用于路面中的结构层位、道路的等级、交通量的大小等;

(3)施工的技术水平;

(4)社会经济效益。

4)设计再生混合料的集料结构

通过选定矿料的级配,使成型后沥青混合料的矿料具有良好的体积结构,保证最终确定的混合料的体积参数符合Superpave混合料指标的要求。

5)确定最佳乳化沥青含量

在初步拟定总用水量和乳化沥青含量的基础上,变化乳化沥青含量成型试件,按照 Superpave 体积要求确定最佳乳化沥青含量。

6)确定最佳用水量

在最佳乳化沥青含量下,在初试总用水量的基础上,变化总用水量成型试件,按照 Superpave 体积要求确定最佳用水量。

2. 室内试验方法

1)分别称取破碎后的旧料和要掺入的新料,总质量控制在 4 700g 左右,置 30℃烘箱中 1h,乳化沥青和模具(直径 150mm)置 60℃烘箱中 1h;

2)至少准备 4 个乳化沥青用量,每个用量下至少两个平行试件;

3)如果设计中需要加入再生剂时,先在旧料中加入再生剂,拌和 1min,然后再加入新料和按总用水量 3% 计算得到的外加用水量,拌和 1min;

4)加入乳化沥青拌和使之分散,时间控制在 2min 之内;

5)拌和后的混合料常温养生 1h,然后再成型试件;

6)按设计交通量选择相应的压实水平,在旋转角 1.25′,压力 600kPa 常温条件下压实;

7)脱模,60℃养生 6h,然后置于室温 24h;

8)测量成型试件的体积指标等,决定最佳乳化沥青用量及最佳用水量。

3. 试验结果

1)旧料的基本性质

采用的材料是哈—同高速公路路面维修废料,经过实验室筛分和抽提回收得到旧料的性质见表 11-51 和表 11-52。

旧料的破碎级配 表 11-51

筛孔尺寸(mm)	31.5	26.5	19	16	13.2	9.5	4.75	2.36	1.18	0.6	0.3	0.15	0.075
破碎级配(%)	100	96.8	81.6	74.0	65.8	52.3	27.1	11.0	3.7	0.6	0.1	0.0	0.0

回收沥青的性质 表 11-52

四组分(%)				三大指标		
沥青质	饱和分	芳香分	胶质分	针入度(25℃/0.1mm)	软化点(℃)	延度(15℃/cm)
11.4	25.5	24.1	39.0	70	51.5	29.2

旧料的含油量为 4.4%,由于材料使用时间短(5~7 年左右),从回收沥青的性质来看,材料的老化程度较轻,但延度较低,同时芳香分含量较低,所以在试验中加入了富芳烃的再生剂,其黏度为 17Pa·s。

2)再生混合料的设计

试验中选定旧料掺配率为 60%,新集料选定用黑龙江红星料场优质石料,选定设计交通量 ESALs 为 20×10^6,同时根据旧料的级配确定再生混合料的最大公称粒径为 26.5mm,要求满足 Superpave 沥青混合料体积指标见表 11-53。通过集料结构设计,最终确定再生混合料的级配,级配曲线见图 11-36。

Superpave-25 沥青混合料体积设计要求 表 11-53

设计交通量 ESALs	要求密实度(%)			矿料间隙率(%)	饱和度(%)	胶粉比
	N_{ini}	N_{des}	N_{max}			
10~30	<89.0	96.0	<98.0	12.0	67~75	0.6~1.2

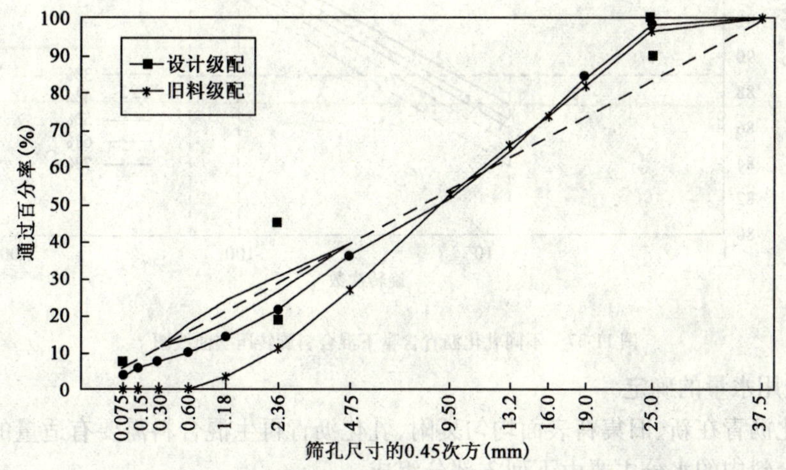

图 11-36 设计的冷再生沥青混合料 0.45 次方级配曲线图

在进行冷再生混合料的级配设计中,考虑在尽可能满足我国规范 AC-25 级配范围基础上选择 S 型级配曲线,级配曲线在限制区的下方通过,同时新加入的集料全部采用破碎集料,尽可能得到较大的 VMA,试验中目标空隙率为 5%。

3)最佳乳化沥青用量和最佳水量的确定

采用 AFGC125X 型旋转压实仪在所选定的乳化沥青和总用水量下进行试件成型。

(1)确定最佳乳化沥青用量的试验结果

试验所采用的乳化沥青为成品乳化沥青,其蒸发残留物量为 60%,表 11-54 和图 11-37 中是以乳化沥青(乳液)用量的形式显示的试验结果。

不同乳化沥青含量下混合料旋转压实的体积指标 表 11-54

乳化沥青用量(%)	设计压实次数					初始旋转次数	最大压实次数	
	空隙率(%)	矿料间隙率(%)	饱和度(%)	密度(kg/m^3)	胶粉比	G_{mm}(%)	G_{mm}(%)	空隙率(%)
3	6.6	15.1	56.3	2 450.3	1.2	83.8	95.0	5.0
4	5.9	15.7	62.6	2 446.5	1.0	85.0	95.7	4.3
5	5.3	16.5	67.6	2 437.6	0.9	85.9	96.1	3.9
6	4.7	17.2	72.8	2 431.7	0.8	86.4	96.7	3.3
7	4.2	18.0	76.4	2 421.9	0.7	87.3	96.8	3.2

根据试验结果,各乳化沥青用量下,粉胶比、矿料间隙率及初始和最大压实次数下混合料的密实都满足要求。密度随乳化沥青的用量增加而降低,满足沥青饱和度要求的乳化沥青用量大致为 5% ~7%,在乳化沥青用量为 5% ~6% 时空隙率接近 5%,综合衡量各个体积指标

的变化，确定最佳乳化沥青用量为5.5%。

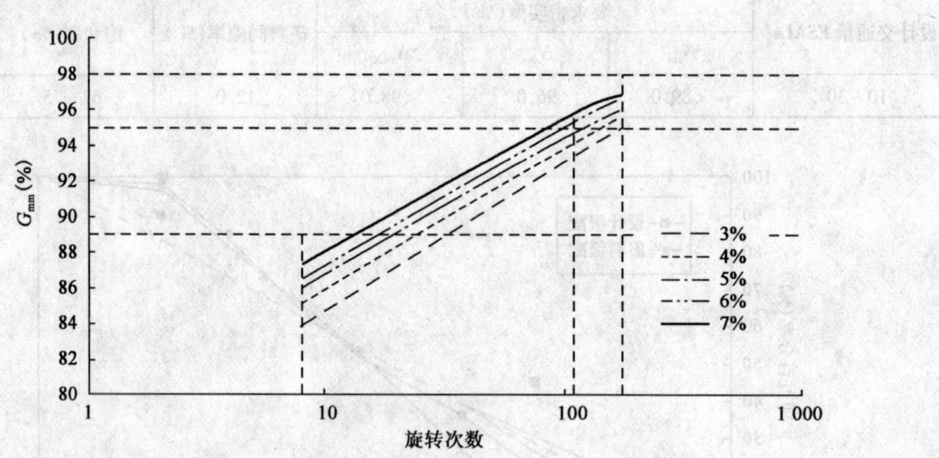

图11-37　不同乳化沥青含量下混合料旋转压实曲线图

(2)最佳用水量的确定

为使乳化沥青在新、旧集料表面均匀裹附，乳化沥青再生混合料需要有适量的水分。乳化沥青再生混合料中的水分主要由下列3部分组成：

①新、旧集料中的水分；

②乳化沥青中的水分；

③为拌和、压实而添加的水分。

根据已确定的最佳乳化沥青用量，通过试拌初步确定合适的用水范围，然后再按选定的用水量成型试件以确定最佳用水量。试验中以3%总用水量为中值，变化用水量±0.3%，±0.6%进行试件的成型，试验结果如表11-55和图11-38。

不同用水量下混合料旋转压实的体积指标　　表11-55

乳化沥青用量(%)	设计压实次数					初始旋转次数	最大压实次数	
	空隙率(%)	矿料间隙率(%)	饱和度(%)	密度(kg/m³)	胶粉比	G_{mm}(%)	G_{mm}(%)	空隙率(%)
2.4	4.7	16.7	71.7	2 440.0	0.8	86.6	96.5	3.5
2.7	5.4	17.3	68.8	2 422.9	0.8	85.4	96.0	4.0
3.0	5.9	17.7	66.9	2 411.0	0.8	84.8	95.7	4.3
3.3	5.8	17.6	67.1	2 412.5	0.8	84.9	95.8	4.2
3.6	6.0	17.8	66.3	2 407.1	0.8	84.8	95.5	4.5

从试验结果看出，随总用水量的增加混合料的密实度降低，在总用水量3%以上时，增加用水量对成型试件体积指标的提高没有太大的意义，确定总用水量为2.5%。

4. 再生混合料性能验证

对所设计的Superpave-25冷再生沥青混合料与AC-25I中值级配普通热拌沥青混合料进行了水稳定性、高温稳定性和低温抗裂性的性能验证和对比，试验中高温稳定性采用车辙试验，低温抗裂性采用-10℃小梁弯曲试验，加载速率采用50mm/min，水稳定性采用冻融劈裂试验。普通热拌沥青混合料所用矿料为沈—大高速公路所用料场的材料，沥青为辽河 AH-90，所用材料的各项指标均满足高速公路面层用料规范要求，最佳用油量经室内试验确定为4.2%。两者试验结果见表11-56。

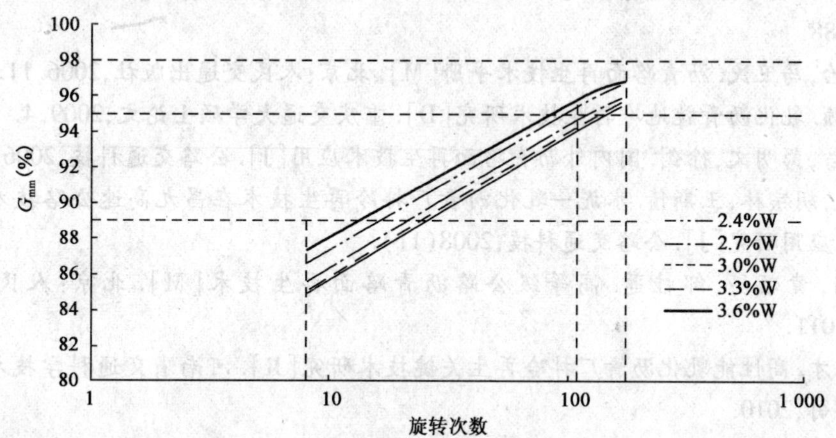

图11-38　不同用水量下混合料旋转压实曲线图

混合料性能试验结果　表11-56

项目 / 类型	冻融劈裂试验	车辙试验	-10℃小梁弯曲试验		
	劈裂强度比（%）	动稳定度（次/mm）	抗拉强度（MPa）	弯拉应变（$*10^{-6}$）	弯曲劲度模量（MPa）
再生混合料	82.6	898	6.76	2 149	3 145
普通混合料	80.2	1 009	9.40	1 905	4 934

从两种混合料性能试验的对比中，我们可以看出乳化沥青冷再生沥青混合料的水稳定性和低温变形能力优于普通热拌 AC-25I 中值级配混合料，而高温稳定性低于后者，这是因为试验中加入了再生剂再生旧沥青的结果，加入再生剂的一个重要目的就是保证混合料的高温稳定性的前提下尽可能提高混合料的低温抗裂能力。综合各项指标，再生沥青混合料满足高等级公路中（下）面层沥青混合料路用性能的要求，且在上述试验中其性能不低于普通热拌沥青混合料。

本章参考文献

[1] 中华人民共和国行业标准. JTG F40—2004　公路沥青路面施工技术规范[S]. 北京：人民交通出版社，2004.

[2] 中华人民共和国行业标准. JTG E20—2011　公路工程沥青及沥青混合料试验规程[S]. 北京：人民交通出版社，2011.

[3] 中华人民共和国行业标准. JTG F41—2008　公路沥青路面再生技术规范[S]. 北京：人民交通出版社，2008.

[4] Chavez L E，Alonso E，Manzano A，et al. Improving the compressive strengths of cold-mix as-

phalt using asphalt emulsion modified by polyvinyl acetate[J]. Construction and Building Materials,2007.

[5] Head R W. Streets of Alaska city paved with cold mix[J]. Public Work,1974.

[6] 交通部阳离子乳化沥青课题协作组,阳离子乳化沥青路面[M]. 北京:人民交通出版社. 1988.

[7] 拾方治,马卫民. 沥青路面再生技术手册[M]. 北京:人民交通出版社,2006.11.

[8] 李光颖. 乳化沥青就地冷再生技术研究[D]. 重庆交通大学硕士论文,2009.4.

[9] 黄颂昌,彭明文,徐剑. 国内外沥青路面再生技术应用[J]. 公路交通科技,2006(11).

[10] 孙斌,胡宗林,王斯倩. 水泥—乳化沥青厂拌冷再生技术在昌九高速公路技术改造工程中的应用研究[J]. 公路交通科技,2008(11).

[11] 徐剑,黄颂昌,邹桂莲. 高等级公路沥青路面再生技术[M]. 北京:人民交通出版社,2011.

[12] 汪德才. 高性能乳化沥青厂拌冷再生关键技术研究[R]. 河南省交通科学技术研究院有限公司,2010.

[13] 谭忆秋,董泽蛟,曹丽萍,等. 应用 Superpave 体积设计法设计冷再生沥青混合料[J]. 公路交通科技,2005.

第十二章 乳化沥青稀浆封层

第一节 概 述

稀浆封层(Slurry Seal)是指采用专用的机械设备(稀浆封层摊铺车或称稀浆封层机)将乳化沥青、粗细集料、填料、水和添加剂等按照设计配比拌和成流动状态的稀浆混合料摊铺到路面上,经过破乳、凝结、硬化而形成的沥青封层。这种沥青封层能均匀地与路面牢固连接,在使用期内使路面具有良好的抗滑、防水等功能。由于乳化沥青是稀浆混合料中起主要作用的胶结材料,故称为乳化沥青稀浆封层,简称稀浆封层,如图 12-1 所示。

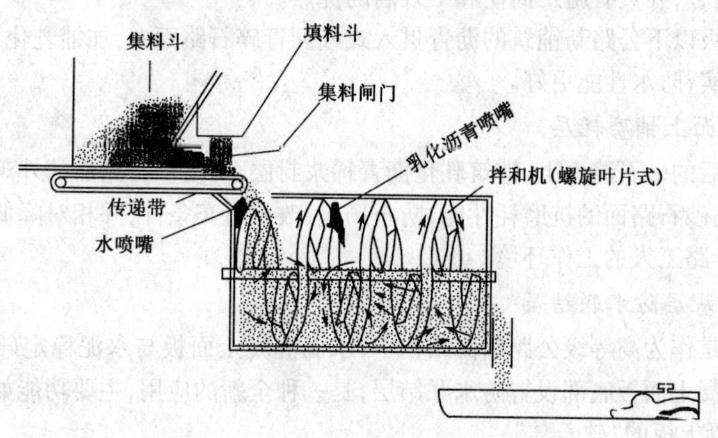

图 12-1 乳化沥青稀浆封层基本工作原理

一、乳化沥青稀浆封层的应用范围

我国乳化沥青稀浆封层的应用范围主要有以下几个方面:

1. 二、三、四级公路沥青路面的预防性养护罩面

沥青路面长期暴露在自然环境下,受到日晒、风吹、雨淋和冻融的作用,同时还要承受车辆的重复荷载作用。路面经过一段时期的使用后,会出现疲劳、开裂、松散、老化和磨损等现象。如不及时维修处理,破损路面受地表水的侵入,将使基层软弹,路面的整体强度下降,导致路面的破坏。如果沥青路面在没有破坏前就采取必要的预防性养护措施——乳化沥青稀浆封层,将会使旧路面焕然一新。并使维修后的路面再具有防水、抗滑、耐磨等特点,起到了延长路面

使用寿命的作用。

2. 新建或改扩建各等级公路(包括高速公路)的下封层

为防止沥青路面渗水造成公路基层的破坏,以及公路基层完工后为防止施工车辆对基层的破坏,特别是高速公路或一级公路的沥青路面下封层宜采用乳化沥青稀浆封层法施工。

乳化沥青稀浆封层采用的是密级配细集料和较高的沥青用量,形成的稀浆混合料的密实度高、空隙率小;另外,稀浆混合料具有良好的流动性,部分浆液能灌入基层的裂缝,起到封闭裂缝的作用。它能与基层牢固地黏附在一起,能有效提高路面的防渗水能力。采用稀浆封层可以保护基层,减少二次污染。

3. 新铺沥青路面的封层

在三级及三级以下公路的沥青面层上做新铺双层表处路面时,可以采用在新铺双层表处路面第二层嵌缝料撒铺碾压完毕后,其最后一层封层料由乳化沥青稀浆封层代替。由于稀浆流动性好,可以很好地渗入嵌缝料的空隙中去,因此它能与嵌缝料牢固地结合。又因为稀浆封层集料的级配与细粒式沥青混凝土相似,摊铺成型后,路面外观类似细粒式沥青混凝土路面,具有外观和平整度好的特点,并且有良好的防水和耐磨性能。

对于三级及三级以下公路新铺筑的粗粒式沥青混凝土路面,为了提高路面的防水和磨耗性能,可在该路面上加铺一层乳化沥青稀浆封层保护层,其厚度为5mm,仅为热沥青砂厚度的一半,可以节省资金,并具有施工简便和工效高的优点。

在三级及三级以下公路新铺筑的沥青贯入式或沥青碎石路面上,加铺乳化沥青稀浆封层,可使路面更加密实,防水性能更好。

4. 在砂石路面上铺磨耗层

在压实平整后的砂石路面上,铺筑乳化沥青稀浆封层,可使砂石路面的外观具有沥青路面的特征,可以提高砂石路面的抗磨耗性能,防止扬尘,改善行车条件,并相对降低了砂石路面的养护费用,改善养路工人的工作环境。

5. 水泥路面基层防水联结层

防水联结层是作为高等级公路路面结构中,水泥混凝土面板与水泥稳定碎石基层之间的垫层。在水泥混凝土面板底部设置防水联结层,是一种全新的应用,主要功能如下:

(1)实现混凝土板的“软着陆”;

(2)改善半刚性基层对混凝土面板约束状况;

(3)减弱或清除混凝土板下半刚性基层的不均匀支撑,起到整平作用;

(4)防止由于水泥板与半刚性基层之间的反复摩擦而产生的半刚性基层的磨损;

(5)防止积水对基层及路基造成的冲刷,作为路面层间防水与排水的第一道屏障;

(6)起应力消减层的作用,减轻半刚性基层反射裂缝对上部路面的影响;

(7)保护基层,充当施工期间的临时路面。

为了达到以上性能要求,防水联结层必须具有良好的均匀性和密水性,并具有一定的抗变形能力和延展性。

改性稀浆封层的稀浆混合料集料粒径较细,并且具有一定的级配,它能与基层牢固地黏附在一起,形成稳定联结层。

6. 水泥混凝土路面和桥面的维修养护

乳化沥青稀浆封层对水泥混凝土具有良好的附着性，当水泥混凝土路面因多年行车后，路面产生裂缝、麻面或轻微不平整时，采用乳化沥青稀浆封层，可改善路面的外观，提高路面的平整度，延长水泥混凝土路面的使用寿命。在桥梁的行车道面层采用乳化沥青稀浆封层处治可起到罩面作用，而且基本不会增加桥面的自重。稀浆封层应用于水泥混凝土路面，可以改善水泥路面因磨损而出现的磨光现象，并可以改善因接缝而引起的跳车现象。

7. 其他应用

乳化沥青稀浆封层技术还可以用于城市道路、厂区道路、停车场等场所。稀浆封层施工是在常温条件下作业，不会释放有毒物质，符合环保要求，而且它具有可以夜间作业的优点，非常适用于交通繁忙的城市道路。

二、乳化沥青稀浆封层的特点

与传统的沥青薄罩面相比，乳化沥青稀浆封层具有如下的特点：

1. 防水作用

稀浆混合料集料粒径较细，并且具有一定的级配，乳化沥青稀浆混合料在路面铺筑成型后，它能与路面牢固地黏附在一起，形成一层密实的表层，可防止雨水和雪水渗入基层，保持基层和土基的稳定。

2. 防滑作用

由于乳化沥青稀浆混合料摊铺厚度薄，其级配中的粗料分布均匀，沥青用量适当，不会产生路面泛油现象，因此路面具有良好的粗糙面，其摩擦系数明显增加，抗滑性能显著提高。

3. 耐磨耗作用

由于阳离子乳化沥青对酸、碱性矿料都具有良好的黏附性，因此稀浆混合料可选用坚硬耐磨的优质矿料，因而可得到很好的耐磨性能，延长路面的使用寿命。

4. 填充作用

乳化沥青稀浆混合料中有较多的水分，拌和后成呈稀浆状态，具有良好的流动性，这种稀浆具有填充和调平作用，路面上由细小裂缝和松散脱落造成的不平，可用稀浆封闭裂缝和填平浅坑来改善路面的平整度。

乳化沥青稀浆封层施工具有与乳化沥青施工同样的社会效益，具有节省能源、节约沥青、减少环境污染、改善施工条件、延长施工季节等优点。

三、乳化沥青稀浆封层技术不能解决的工程问题

随着稀浆封层技术的发展，乳化沥青稀浆封层在公路工程中应用的优势非常明显。但我国的大量工程实践表明，乳化沥青稀浆封层技术目前还不能解决的路面工程的一些问题，主要有：

(1)稀浆封层由于厚度薄，不具备结构补强功能，若用作补强层，则必然会失败，因此严禁稀浆封层作为补强层使用。

(2)当沥青路面出现泛油时，不能选用乳化沥青稀浆封层方案。

(3)当水泥混凝土路面出现断板,并且板块不稳定时,不能选用乳化沥青稀浆封层方案。

(4)当路面结构层出现反射性开裂时,采用乳化沥青稀浆封层方案不能阻止或抑制路面反射性开裂的发生。

在应用乳化沥青稀浆封层时,要根据具体的工程条件来选择用哪种稀浆封层混合料。首先要看现有路面的状况,其次是现有交通车辆的种类和交通量,最后是当地的自然气候条件,当然所投入的资金也可能影响选择。考虑到这些因素后,就可选择一种适当的稀浆封层混合料来施工。

第二节　乳化沥青稀浆封层技术在国内外的发展

一、乳化沥青稀浆封层在国外的发展

1. 乳化沥青稀浆封层在国外的发展过程

稀浆封层施工法起源于20世纪30年代初的德国,德国人用非常细的集料、沥青、天然乳化剂和水搅拌混合成稀浆混合料,最初是用于填充马术场地的裂缝。30年代后期,开始采用由一个中心搅拌站来制作稀浆混合料,通过计量、搅拌成稀浆后,用带有缓慢旋转搅拌器的搅拌罐车运至现场后人工摊铺。稀浆封层主要应用在交通量较小的乡村道路、居民区、公园小路等,而初始采用的也是养护时间较长的阴离子乳化沥青,所以主要是在气候温暖地区应用。

稀浆封层被证明是一种新颖而有前景的路面养护技术,是封层技术发展中的一项创新性的变革。因此,引起世界,特别是欧洲的一些工业国家开始了此项技术的大量试验和研究,但由于在稀浆的制作工艺和乳化剂性能上远不够完善,因而早期稀浆封层技术实际上并未得到更多的推广应用。

20世纪50年代初,法国研制成阳离子沥青乳化剂,并发现了许多阳离子乳化沥青的优越性能,它能使乳液和集料更快反应从而缩短养护时间。英国在50年代后期,引入阳离子乳化沥青稀浆封层技术。20世纪60年代以后,美国斯堪道路公司(当时是杨氏稀浆封层公司)研制出了专用的稀浆封层机,使稀浆封层的手工作业变为机械化施工,以后随着阳离子乳化沥青的迅速发展,稀浆封层技术在道路工程的应用取得了突破性进展,成为了一种路面养护新技术,并开始在世界范围传播和推广应用。

2. 国际上乳化沥青稀浆封层技术标准的制定情况

1963年美国VSS等公司发起并成立了国际稀浆封层协会(简称ISSA),总部设在华盛顿,属于非政府机构,其宗旨是推动和促进稀浆封层在世界范围内的应用。随着稀浆封层技术的成熟和广泛的应用,经过国际稀浆封层协会的不断发展,该协会已延伸至世界五大洲的几十个国家,有数百个成员单位。国际稀浆封层协会经常进行各国间的学术交流,并制定了《乳化沥青稀浆封层使用指南》(A105)。同时,美国沥青协会制定了稀浆封层施工手册,美国材料标准协会制定了ASTM D3910稀浆封层混合料试验和检验标准。这一切都为稀浆封层施工法的规范化提供了充足的依据,使稀浆封层技术在世界许多国家得到了迅速发展。

二、乳化沥青稀浆封层在我国的发展

1. 乳化沥青稀浆封层在我国的发展过程

我国的乳化沥青稀浆封层技术是在阳离子乳化沥青技术的基础上发展起来的，而国内最早应用稀浆封层是在1981年，当时在援建赞比亚赛曼公路上铺了乳化沥青稀浆封层双层表面处治，经行车使用后效果良好。1987年辽宁省组织力量对稀浆封层进行了研究，并参照赛曼公路工程中使用的SB－804型稀浆封层摊铺机，研制出了自行式和拖挂式稀浆封层摊铺机，为我国推广应用稀浆封层施工技术创造了条件。

为加速研究与发展我国的乳化沥青稀浆封层技术，1992年10月交通部立项“乳化沥青稀浆封层成套技术”为交通部重点新技术推广项目（计划编号85－03－02，合同编号92－016－7），组织人员进行科技攻关。项目由交通部公路科学研究院为组长单位，联合河南省交通厅公路管理局、广西壮族自治区公路管理局、辽宁省交通厅公路管理局以及部分省的交通科研单位共同承担。1997年3月13～14日在河南省孟州市通过交通部技术鉴定，1999年获交通部科技进步三等奖。

自“七五”推广乳化沥青应用和“八五”推广乳化沥青稀浆封层技术以来，现在全国大部分省、市、自治区的公路部门都已在应用稀浆封层，取得了明显的经济效益和社会效益。应用于稀浆封层施工的慢裂乳化剂和稀浆封层摊铺机国内均有生产。慢裂乳化剂既有阴离子的又有阳离子的，既有慢裂快凝型，又有普通型，可满足不同的需求。稀浆封层摊铺机既有自行式的又有拖挂式的，既有高档的又有低档的，用户可根据自己的财力和需要进行选用。但是，由于当时乳化沥青生产技术、乳化剂技术的限制，乳化沥青的质量不高，人们对材料认识的局限，在随后的推广中，因材料、施工工艺和设备方面还不够完善，导致了一些失败的例子，对乳化沥青稀浆封层技术造成了不好的影响。但从全国来看，乳化沥青稀浆封层技术的应用仍然在持续的发展。

20世纪90年代末以来，国内公路主干线的大量建设、高速公路的飞速发展，使我国许多公路管理、建设单位、交通科研的专家和有识之士，对国外迅速发展和应用的乳化沥青稀浆封层技术有了新的认识，并迅速引进和应用大量先进的材料和设备。而国内生产、施工企业在改革开放、市场经济的促进下，也不断开发和提高乳化沥青稀浆封材料和设备的质量水平。如今，这项技术已经广泛应用于我国的普通公路路面维修养护和新建公路沥青路面的下封层。

2. 乳化沥青稀浆封层技术标准在我国的制定情况

1996年我国建设部发布了《路面稀浆封层施工规程》（CJJ 66—95），主编单位是中国建筑技术研究院。该规程对稀浆混合料组成材料的选择和技术要求，稀浆混合料的配合比设计以及施工方法和技术要求制定了统一的标准，适用于我国新建、改建和养护的桥面、隧道路面、公路路面及城镇广场、机场等的沥青、水泥及砂石面层的稀浆封层工程。

2004年根据我国交通部列的“乳化沥青技术要求的修订”课题研究成果，交通部发布经修订的《公路沥青路面施工技术规范》（JTG F40—2004）。该规范修订中增加了改性乳化沥青的技术标准和用途，增补了稀浆封层、微表处等新型结构的内容。这些内容是根据我国的乳化沥青稀浆封层研究成果，并参照ISSA的要求制定的。

2005年我国交通部公路司公布《微表处和稀浆封层技术指南》（交公便字[2005]329号），

主编单位是交通部公路科学研究院。主要内容包括:微表处和稀浆封层的材料要求,稀浆混合料设计方法与步骤,施工工艺、质量控制和竣工验收等。

指南是在JTG F40—2004的基础上,并结合稀浆封层的使用特点,稍做修改提出的。修改要点如下:

(1)破乳速度指标不作要求。

(2)保留采用道路沥青标准黏度计和恩格拉黏度计测定乳化沥青黏度的方法。以恩格拉黏度计为准。

(3)提出稀浆封层混合料配伍性等级,在指南中作为参考指标使用。

3. 乳化沥青稀浆封层技术在我国道路工程的拓展应用

乳化沥青稀浆封层技术在我国应用已经有30余年的时间,随着我国公路交通事业的快速发展,交通量的不断增大,重型车辆不断增加,因此对道路工程质量以及公路养护质量要求越来越高,而传统的乳化沥青稀浆封层已不能满足这些要求。因此,我国公路科研人员及管理干部为拓展乳化沥青稀浆封层技术的应用,积极引进和学习国外发达国家相关的技术和设备,在实践与应用中,不断研究和开发新型的稀浆封层技术,拓展了乳化沥青稀浆封层技术在我国道路工程的应用范围。

多年来,一些省、市公路管理部门和施工企业,在拓展乳化沥青稀浆封层技术方面已经取得比较成熟的施工技术,主要有以下几项:

1)改性乳化沥青稀浆封层

采用改性乳化沥青与级配良好的集料、填料、水和添加剂等按一定的配合比拌和成改性稀浆混合料,及时均匀地摊铺在路面上,养护后形成的薄层。

2)纤维乳化沥青稀浆封层

纤维乳化沥青稀浆封层具有抗裂性、耐磨性能好,技术经济价值高等特点,并拥有普通稀浆封层所具有的优点。

3)橡胶粉乳化沥青稀浆封层

将橡胶粉掺入稀浆混合料中作为填料使用,可以提高乳化沥青稀浆封层的使用效果,如改善稀浆混合料的和易性,提高稀浆封层的抗滑性和抗渗性等。

4)橡胶粉+纤维乳化沥青稀浆封层

利用橡胶粉和纤维的路用优点,制成橡胶粉+纤维乳化沥青稀浆封层,使乳化沥青稀浆封层具有投资低,路用效果好的突出特点。

第三节 乳化沥青稀浆封层混合料的分类和应用范围

一、我国的乳化沥青稀浆封层混合料的分类及应用范围

我国制订的《公路沥青路面施工技术规范》(JTG F40—2004)和《微表处和稀浆封层技术指南》提出乳化沥青稀浆封层混合料的分类及应用范围。

1. 按最大粒径尺寸分类

乳化沥青稀浆封层混合料按矿料公称最大粒径的不同,分为ES-1型、ES-2型和ES-3型。

(1)ES-1 型稀浆封层,公称最大粒径 2.36mm,适用于三、四级公路、乡村公路、停车场的罩面。

(2)ES－2 型稀浆封层,公称最大粒径 4.75mm,适用于二级公路及二级以下公路的罩面,以及新建公路(包括高速公路)的下封层。

(3)ES-3 型稀浆封层,公称最大粒径 9.5mm,适用于二级公路的罩面,以及新建公路(包括高速公路)的下封层。

2.按开放交通时间分类

乳化沥青稀浆封层混合料按开放交通时间的不同,分为快开放交通型和慢开放交通型。

(1)快开放交通型是指乳化沥青稀浆封层混合料拌和摊铺后,稀浆破乳或凝固得快和开放交通所需的养护时间短。

(2)慢开放交通型是指乳化沥青稀浆封层混合料拌和摊铺后,稀浆破乳或凝固得慢和开放交通所需的养护时间长。

3.按最大粒径分类的稀浆封层用途和材料用量

1)ES-1 型稀浆封层的用途

这种类型的乳化沥青稀浆封层,由于其矿料级配非常细,其最大用处是填补裂缝。拌制这种混合料时,沥青用量要多些,以增强它们的黏结力。

这种稀浆封层混合料可用于有裂缝路面的第一层封层,以填补裂缝然后再铺第二层中粒式稀浆封层,或在中粒式稀浆封层上作为第二层磨耗层。这种稀浆封层还可用于粒料基层的上封层,这样可以在施工车辆通行时保护基层,同时还是一层很好的隔水层,这对于有交替冻融地区是非常有利的。

2)ES-2 型稀浆封层的用途

这是一种应用最普遍的稀浆封层,该混合料中有足够的细料可以填补裂缝,同时又有较粗的集料可承担交通量,因此有相当宽的应用范围。它可以在粗粒式封层上作上封层,但是这种封层不能用于主要干线公路上的单层表处,若用于开级配的沥青碎石上封层是相当成功的。

3)ES-3 型稀浆封层的用途

这类封层一般可用于重交通道路的上封层,它适用于温度变化大的地区,也可用于粒料基层上的多层封层,一般在多层封层中用于下面的一层,也可用于乡村道路及公园小径等的表层。

二、美国的乳化沥青稀浆封层混合料的分类及应用范围

1.按最大粒径尺寸分类

国际稀浆封层协会(ISSA)制订的《乳化沥青稀浆封层使用指南》(A105)提出乳化沥青稀浆封层混合料按矿料公称最大粒径的不同,分为Ⅰ型、Ⅱ型和Ⅲ型。

(1)Ⅰ型稀浆封层,公称最大粒径 2.36mm,适用于停车场、市区和居民区街道、机场跑道。

(2)Ⅱ型稀浆封层,公称最大粒径 4.75mm,适用于市区和居民区街道、机场跑道。

(3)Ⅲ型稀浆封层,公称最大粒径 9.5mm,适用于主要道路和州际道路。

2. 按乳化沥青凝结速度分类

国际稀浆封层协会(ISSA)制订的《乳化沥青稀浆封层使用指南》(A105)提出用于稀浆封层的乳化沥青,应符合美国 ASTM D2397,ASTM D977,AASHTO M140 和 AASHTO M208 制订的 SS-1、SS-1h、CSS-1,CSS-1h、CQS-1h 等不同型号的乳化沥青。

(1)SS-1、SS-1h 型乳化沥青表示是阴离子乳化沥青,稀浆封层的凝结速度是慢凝型。

(2)CSS-1,CSS-1h、CQS-1h 表示是阳离子乳化沥青,根据凝结速度,稀浆封层分为慢凝型(CSS-1,CSS-1h)及特快凝型(CQS-1h)。

3. 按开放交通形式分类

国际稀浆封层协会(ISSA)的 Benedict 方法根据乳化沥青稀浆封层混合料拌和摊铺后,稀浆破乳或凝固的快慢和开放交通所需的养护时间将其综合归纳为三种类型:慢凝/慢开放交通型(SS/ST),快凝/慢开放交通型(QS/ST)和快凝/快开放交通型。

1)慢凝/慢开放交通型(SS/ST)

这是一种最原始的稀浆封层。因为使用的是阴离子乳化沥青,所以,根据天气情况,它需要 4 ~ 6h 或更长时间才能开放交通。

这种慢开放交通型在成型养护期内对水特别敏感,所以只能在温暖、干燥的天气施工。但也有一些优点,它的慢凝特点使它有较长的工作时间,所以可以使用较简单的封层车或人工操作施工;另外,可以使用砂当量小的质量偏低的矿料。

2)快凝/慢开放交通型(QS/ST)

这种混合料通常在 30min 内凝固而不受雨水的影响。它能在 2 ~ 3h 内开放交通,养生时间取决于集料和乳化沥青(通常是阳离子)间的反应和施工时的天气。

与慢凝/慢开放交通型相比,快凝/慢开放交通型对矿料的要求高,所用的材料费用也高。它通常用在交通量大的街道和道路上。

3)快凝/快开放交通型

这种混合料的凝结速度快,黏结性很强,通常在 1h 内就可开放交通。快凝/快开放交通型的特点是化学反应,由此必须使用清洁、经过处理(不利的电荷反应)的矿料,并且因为凝结速度快,混合料必须尽快地摊铺。凝结速度主要取决于矿料和阳离子乳化沥青间的反应而不是气候。

4. 特殊的形式

在美国,稀浆封层用于新建的低交通量的道路,因建设资金缺乏希望先临时处理一下开放交通。在这种情况下,要保证道路的基层坚实,排水好,可以采用 10 ~ 12mm 的Ⅳ型封层(ISSA 未规定),铺在已准备好的基层上,然后加铺一层Ⅱ型封层。这个方法有时在城市因建设资金缺乏,不能对街道全部重建时临时采用。

三、乳化沥青稀浆封层混合料的应用特点

1)在应用乳化沥青稀浆封层时,要根据具体的工程条件来选择用哪种稀浆封层混合料:

(1)要看现有路面的状况;

(2)现有交通的种类和交通量;

(3)当地的自然气候条件。

当然所投入的资金也影响选择。考虑到这些因素后，就可以由经验丰富的工程师选择一种适当的稀浆封层混合料来施工。

2)稀浆封层的寿命取决于前面提到的各种因素，由于车辆的作用，当稀浆封层被完全磨损后，由于原路面上的空隙和裂缝已经被乳化沥青稀浆封层混合料所填补。因此其作用依然继续存在。

3)乳化沥青稀浆封层混合料的造价，取决于工程量的大小及矿料和乳液的价格(包括运输这些材料的费用)还有当地的一些其他因素。

4)乳化沥青稀浆封层混合料的摊铺速度，取决于多种因素，最重要的是现场的气候、地形条件和所铺封层的厚度。

5)早期乳化沥青稀浆封层混合料主要是用于填补裂缝，随着连续搅拌摊铺的稀浆封层摊铺机的研制开发及稀浆封层技术的发展，乳化沥青稀浆封层的潜在作用就非常明显了。

一般来说，稀浆封层既可用于基层，也可用于表面磨耗层，但主要功能还是用作封层。不同的乳化沥青稀浆封层混合料，主要区别在矿料的级配尺寸。

第四节　乳化沥青稀浆封层混合料的材料组成

稀浆封层是由良好级配的矿料、乳化沥青、填料、水及添加剂等组成，选用的材料事先须由实验室试验确定，各种材料的配合比也应由试验室决定。为了保证实际所用的材料及配比与实验室相符，在施工前必须进行选择评价。

一、乳化沥青

乳化沥青是稀浆封层混合料中的主要成分，用它来均匀裹附集料，在稀浆混合料中起黏结作用。乳化沥青的性质对集料的黏结能力及破乳成型时间有直接影响，关系到稀浆封层路面开放交通时间的长短及路面的使用耐久性。因此，乳化沥青的技术性能要符合乳化沥青的检验项目和标准规定要求。

1.我国制订的稀浆封层用乳化沥青的技术要求

稀浆封层用的乳化沥青必须进行质量检测，检测的内容及标准必须符合我国制订的稀浆封层用乳化沥青的技术要求，如表12-1所示。

2.稀浆封层用乳化沥青的特点

1)乳化沥青性质取决于沥青和乳化剂的品质，一般是阴离子乳化沥青对矿料的黏附性较差，只适用于石灰岩等碱性矿料，并且其成型时间较长，只能在温暖、干燥的天气施工。而阳离子乳化沥青，由于它对酸、碱性矿料均有良好的黏附性，所以，它对稀浆封层的矿料选择范围较广。

2)用于稀浆封层的乳化沥青，其破乳速度指标不再作要求。乳化沥青破乳速度受内因和外因两方面的制约，其中乳化剂的化学结构是影响最大的内因，同时又与乳化剂的用量、pH值的高低、基质沥青的酸值、集料的活性、环境温度等有着密切的关系。而且，采用标准集料得出的乳化沥青其破乳速度，与稀浆混合料破乳速度是不同的概念，对工程实际没有指导意义。

稀浆封层用乳化沥青的技术要求　　表 12-1

试验项目 \ 种类		单位	BC-1	BA-1	试验方法
筛上剩余量(1.18mm 筛)		%	≤0.1	≤0.1	T 0652
电荷			阳离子(+)	阴离子(-)	T 0653
恩格拉黏度 E_{25}			2~30	2~30	T 0622
沥青标准黏度 $C_{25,3}$		s	10~60	10~60	T 0621
蒸发残留物含量		%	≥55	≥55	T 0651
蒸发残留物性质	针入度(100g,25℃,5s)	0.1mm	45~150	45~150	T 0604
	延度(15℃)	cm	≥40	≥40	T 0605
	溶解度(三氯乙烯)	%	≥97.5	≥97.5	T 0607
储存稳定度	1d	%	≤1	≤1	T 0655
	5d	%	≤5	≤5	

注:表中数据选自《微表处和稀浆封层技术指南》。

慢、中裂乳化沥青稀浆封层铺后成型时间都在 4~5h 以上。慢裂快凝稀浆封层铺后成型时间可以控制在 1h 左右。

(1)用于稀浆封层的乳化沥青,还要满足稀浆封层级配矿料的拌和要求,即乳液和矿料在拌和、摊铺过程中,稀浆混合料必须均匀、不破乳、不离析,处于良好流动状态。

(2)稀浆封层用乳化沥青中的沥青材料,应符合道路石油沥青标准。对选定的乳化沥青,应按标准规定要求进行全面的检验,以判定是否符合于稀浆封层。

对用户自己生产乳化沥青,更应该注意所选用沥青的品质,除满足规范指标,还应该特别注意以下几点:

①沥青的含蜡量越低(<1%),乳化沥青的质量越好;

②不要选用低酸度值的沥青。沥青酸度值低,造成的不良影响有以下几点:

a. 沥青酸度值低于 1.0mg KOH/g 时,无论对阴离子还是阳离子都非常难于乳化;

b. 酸度值低的沥青与矿料的黏附性差;

c. 沥青的内聚力差。

二、矿料

矿料在稀浆封层混合料中起骨架作用,其最大粒径决定了稀浆封层的厚度。矿料在稀浆封层混合料中所占的比例成分最大,稀浆封层工程能否成功,很大程度上取决于对矿料的选择和质量控制上。

矿料可以采用不同规格的粗细集料、矿粉等掺配而成,也可以用大粒径的块石、卵石等经多级破碎而成。

1. 我国制订的稀浆封层用矿料技术要求

1)我国制订的稀浆封层用粗细集料的质量要求

(1)我国制订的稀浆封层用集料的各项性能应符合《公路沥青路面施工技术规范》(JTG

F40—2004）中表4.8.2和表4.9.2规定的技术要求，如表12-2和表12-3所示。

稀浆封层用粗集料质量技术要求　　表12-2

指　标	单　位	高速公路及一级公路（除表面层）其他层次	其他等级公路	试验方法
石料压碎值，不大于	%	28	30	T 0316
洛杉矶磨耗损失，不大于	%	30	35	T 0317
表观相对密度，不小于	—	2.50	2.45	T 0304
吸水率，不大于	%	3.0	3.0	T 0304
坚固性，不大于	%	12	—	T 0340
针片状颗粒含量（混合料），不大于	%	18	20	T 0312
其中粒径小于9.5mm，不大于	%	20	—	
水洗法<0.075mm颗粒含量，不大于	%	1	1	T 0310
软石含量，不大于	%	5	5	T 0320

注：表中数据摘自《公路沥青路面施工技术规范》（JTG F40—2004）中表4.8.2。

稀浆封层用细集料质量技术要求　　表12-3

项　目	单　位	其他等级公路	试验方法
表观相对密度，不小于	—	2.45	T 0328
坚固性（>0.3mm部分），不大于	%	—	T 0340
含泥量（小于0.075mm含量），不大于	%	5	T 0333
砂当量，不小于	%	50	T 0334
亚甲蓝值，不大于	g/kg	—	T 0346
棱角性（流动时间），不小于	s	—	T 0345

注：表中数据摘自《公路沥青路面施工技术规范》（JTG F40—2004）中表4.9.2。

（2）2005年交通部公路科学技术研究院主编的《微表处和稀浆封层技术指南》一书中提出稀浆封层用粗细集料的质量要求如表12-4所示。

稀浆封层用粗细集料的质量要求　　表12-4

材料名称	项　目	标　准	试验方法	备　注
粗集料	石料压碎值（%），不大于	28	T 0316	
	洛杉矶磨耗（%），不大于	30	T 0317	
	石料磨光值（BPN），不小于	—	T 0321	
	坚固性（%），不大于	12	T 0314	
	针片状含量（%），不大于	18	T 0312	
细集料	坚固性（%），不大于	—	T 0340	粒径大于0.3mm部分
矿料	砂当量（%），不小于	50	T 0334	合成矿料中粒径小于4.75mm部分

注：1. 表中数据选自《微表处和稀浆封层技术指南》。

2. 稀浆封层用于四级以下公路时，粗细集料的质量要求可参照《公路沥青路面施工技术规范》（JTG F40—2004）适当放宽。

3. 表中“-”表示该指标不作要求。

2)我国制订的稀浆封层用矿料的级配

稀浆封层用的矿料要有一定的颗粒级配组成,使其形成密实而又稳定的沥青混合料。集料中要有一定数量的粗集料起骨架作用,其最大粒径决定稀浆封层厚度。为保持乳化沥青稀浆的密实性、耐久性以及稀浆拌和摊铺时的和易性,矿料中要有一定数量的细集料,如果细料过少,稀浆混合料施工拌和摊铺时会离析分散,大颗粒沉淀不易摊铺。

(1)稀浆封层用矿料的级配应符合《公路沥青路面施工技术规范》(JTG F40—2004)中表6.5.5规定的技术要求,如表12-5所示。

稀浆封层的矿料级配　　表12-5

筛网尺寸(mm)	不同类型通过各筛孔的百分率(%)		
	ES-1型	ES-2型	ES-3型
9.5	—	100	100
4.75	100	95~100	70~90
2.36	90~100	65~90	45~70
1.18	60~90	45~70	28~50
0.6	40~65	30~50	19~34
0.3	25~42	18~30	12~25
0.15	15~30	10~21	17~18
0.075	10~20	5~15	5~15
一层的适宜厚度(mm)	2.5~3	4~7	8~10

(2)2005年交通部公路科学技术研究院主编的《微表处和稀浆封层技术指南》一书中提出稀浆封层用矿料的级配,如表12-6所示。

稀浆封层矿料级配　　表12-6

级配类型	通过下列筛孔(mm)的质量百分率(%)							
	9.5	4.75	2.36	1.18	0.6	0.3	0.15	0.075
ES-1		100	90~100	65~90	40~65	25~42	15~30	10~20
ES-2	100	90~100	65~90	45~70	30~50	18~30	10~21	5~15
ES-3	100	70~90	45~70	28~50	19~34	12~25	7~18	5~15
允许波动范围	—	±5%	±5%	±5%	±5%	±4%	±3%	±2%

2. 国际稀浆封层协会(ISSA)制订的矿料质量要求

1)国际稀浆封层协会(ISSA)制订的集料的质量要求如表12-7所示。

集料的质量要求　　表12-7

AASHTO试验编号	ASTM试验方法	质量项目	规范要求
AASHTO　T176	ASTMD2419	砂当量	最小45
AASHTO　T104	ASTMC88	坚固度	使用Na_2SO_4时最大15% 使用$MgSO_4$时最大25%
AASIITO　T96	ASTMC131	磨耗损失	最大35%

注:表中数值摘自国际稀浆封层协会(ISSA)《乳化沥青稀浆封层使用指南》(A105)。

2)国际稀浆封层协会(ISSA)制订的矿料级配要求,如表12-8所示。

国际稀浆封层协会(ISSA)制定的矿料级配要求　　表12-8

筛孔尺寸	Ⅰ型通过率(%)	Ⅱ型通过率(%)	Ⅲ型通过率(%)	容许误差
3/8(9.5mm)	100	100	100	—
#4(4.75mm)	100	90~100	70~90	±5%
#8(2.36mm)	90~100	65~90	45~70	±5%
#16(1.18mm)	65~90	45~70	28~50	±5%
#30(600μm)	40~65	30~50	19~34	±5%
#50(330μm)	25~42	18~30	12~25	±4%
#100(150μm)	15~30	10~21	7~18	±3%
#200(75μm)	10~20	5~15	5~15	±2%

注:表中数值摘自国际稀浆封层协会(ISSA)《乳化沥青稀浆封层使用指南》(A105)。

3.对稀浆封层用粗细集料质量要求的分析

1)集料的基本要求

可以说,稀浆封层成败与否的关键是集料。由于稀浆封层的功能是构成一个封闭、粗糙的表面,所以集料的质量就显得特别重要。

集料应清洁、坚硬、耐风化,不含有机物、泥土、化学品等对稀浆封层质量有影响的杂质,最好是100%被破碎的,棱角性好而扁平、细长颗粒少。

(1)坚硬耐磨

稀浆封层一般是铺在路的表面,直接与车轮接触,为提高乳化沥青稀浆封层的抗滑耐磨性能,延长封层使用寿命,最好选择强度高、硬度大、耐磨性好的石料作集料。

(2)干净

必须清除集料中一切泥土杂物。当土含量过高时,将产生下列不利因素:

纯沥青需求量增加而无任何好处;养护时发生过分的收缩;抵抗磨耗的能力降低;对慢裂快凝稀浆封层而言,将会产生极为不利的影响,有可能产生在拌和时就破乳,而形成不了一个相对稳定的稀浆层。

(3)粗糙

矿料宜使用棱角性高、表面粗糙的轧制石屑,这样可以提高稀浆封层抗滑及抗磨耗性能。若使用天然砂,由于砂子表面光滑,必然会降低稀浆封层的抗滑性能,沥青也容易剥落。因此在交通量大、行驶车速高的路段应选用石质表面粗糙的集料,尽量少用或不用天然砂。

(4)超规格粒径的颗粒要彻底清除

矿料中含有粒径超过封层厚度的大颗粒,在稀浆混合料摊铺时,由于受稀浆封层摊铺机橡胶刮板的阻挡,大颗粒会积聚在摊铺箱橡胶刮板的前方,这样大颗粒随摊铺箱前进时,易将铺筑完成的稀浆封层混合料划成纵向条痕。同时一旦摊铺箱从积聚的大颗粒上越过,则由于抬高了摊铺箱,该处的封层厚度就会增加。因此,必须彻底清除集料中超规格粒径的大颗粒。

(5)重视砂当量指标

实践证明,集料质量指标中最重要的一项就是砂当量,稀浆封层用矿料质量要求中,粒径4.75mm以下部分的砂当量指标不能低于50。含泥量高的石屑会在雨水作用下迅速破坏,我国一些地方稀浆封层寿命短,很重要的原因之一就是砂当量太低。

2)石料的选择

(1)在选择石料时,可以根据稀浆封层工程的应用目的、原路面情况、交通负荷、气候条件等经济和社会效益的综合分析,以及原石的供应来源合理地选用最合适的类型和材质。例如,对稀浆封层应用于交通流量小、重载车少、抗滑性能相对要求较低的地方道路、市区道路时,可以选用材质较软的集料。而对于应用于交通流量大、重载车多、抗滑性能相对要求较高的干线公路或高速公路下封层,应该选用材质较硬的集料。

常用的岩石有玄武岩、花岗岩、辉绿岩、石灰岩、砂岩以及经轧制破碎的砾石等。矿料用矿质材料,可采用石屑、天然砂、机制砂等。

(2)我国的稀浆封层工程基本上都是通过采购不同规格的矿料在施工现场进行掺配,以获得符合级配要求的矿料。由于我国的石料加工企业是面向各行各业提供通用规格的矿料产品,因此,稀浆封层企业仍然需要重新进行筛分和掺配,增加了施工成本,矿料的材质和来源难以控制,这也是造成我国一些稀浆封层工程失败的重要原因之一。

在欧美一些发达国家的稀浆封层施工企业,采取专门组织生产稀浆封层的矿料,选用100%的轧制碎石,有的还在轧制前对岩石用水清洗,因此生产出的集料破碎面积大,形状规则,矿料的砂当量值高,矿料级配十分稳定,为稀浆封层工程获得成功提供了可靠的原材料。

建议我国有条件的稀浆封层施工企业配备石料破碎机,采购洁净的块石、卵石或大粒径粗集料进行多级破碎来生产稀浆封层专用矿料。

同时也建议我国在设计和招标稀浆封层工程中考虑采用不同的原材料应该实行不同的价格。

3)矿料的一些性质对稀浆封层质量的影响

除了对稀浆封层用矿料按照规范要求进行质量检测检验外,还应该考虑矿料的其他物理和化学性质对浆料性能的影响。特别是阳离子乳化沥青稀浆封层,其浆料的拌和和凝结要发生化学变化,稀浆封层用集料的物理和化学性质多种多样,在施工前,就应该特别注意检测集料的这些性质对稀浆封层混合料性能的影响。主要有:

(1)集料的表观相对密度和吸水率

某些集料能够吸收乳化沥青中的水分,使自身体积增大,吸水率是反映这种吸收作用的指标。如果集料体积增量较大,在稀浆封层混合料配合比设计时必须给予考虑,因为它能影响甚至是决定路面的某些性能,如强度、抗低温和高温的能力、表面结构以及集料与沥青的黏结力。

(2)酸碱性

可根据岩石中二氧化硅的含量来确定是酸性或碱性,即含量超过65%为酸性,低于55%为碱性,例如,酸性岩石有:花岗岩、石英岩、砂岩等;碱性岩石有:玄武岩、大理石、石灰石等。

对于表面呈现较强酸性(负电性)的集料,可加入化学添加剂以改变其负电性。

(3)表面光滑的砂(水吸收率小于1.25%),不应超过矿料总重的50%,对于重交通的路面,要使用100%的轧碎石料。

三、填料

填料在稀浆封层混合料中的作用主要有以下几点：

(1)改善级配；

(2)提高稀浆混合料的稳定性；

(3)加快或减缓破乳速度；

(4)提高封层的强度。

稀浆封层矿料中可以掺加矿粉、水泥、消石灰、粉煤灰等填料。填料应干燥、松散，无结团现象，不混有杂质。

填料可分为具有化学活性的填料和不具有化学活性的填料。具有化学活性的填料包括水泥、消石灰、硫酸铵粉、粉煤灰等，不具有化学活性的填料一般指矿粉等。

在添加具有化学活性的填料时，应充分考虑填料与矿料、乳化沥青的反应及相容性，应有利于稀浆混合料的拌和、摊铺和成型，保证封层的整体强度。例如，水泥是稀浆封层混合料中最常用的矿物填料，其次是消石灰。水泥、消石灰等的主要作用是调节混合料的可拌和时间、稠度等施工性能，填充作用是次要的，在稀浆封层矿料中其用量一般限制在3%以内（占矿料的质量百分比）。

矿粉的主要作用是调整矿料的级配，对稀浆封层的施工影响有限。矿粉必须采用石灰岩或岩浆岩中的强基性岩石等憎水性石料，经磨细而制成的矿粉，矿粉应干燥、洁净。矿粉的质量应符合《公路沥青路面施工技术规范》(JTG F/40—2004)的有关规定。

四、添加剂

添加剂的主要作用是调节稀浆混合料可拌和时间、破乳速度、开放交通时间等施工性能，并在一定程度上改变稀浆封层混合料的路用性能。

稀浆封层混合料中的添加剂视需要而定。添加剂有做促凝剂，有做缓凝剂，还有做稳定剂使用。添加剂的类型选择和用量应在室内试验时确定，或由乳化剂生产厂配套指定。常用的添加剂包括氯化钙、氯化铵、氯化钠、硫酸铝、OP-10、氢氧化铝、聚乙烯醇等。

五、水

水是构成稀浆混合料的重要组成部分，它的用量的大小是决定稀浆稠度和密实度的主要因素。稀浆封层用水不得含有有害的可溶性盐类，以及能引起化学反应的物质和其他污染物，一般采用可饮用水。

稀浆混合料的水相是由矿料中的水、乳液中的水和拌和时的外加水构成的。任何一种混合料都可由矿料、乳液及有限范围的外加水，而组成稳定的稀浆。

(1)矿料中的水：一般矿料的含水率相当于矿料重量的3% ~5%。矿料中的含水率对于混合料中的用水量是次要的。矿料含水率过大主要影响矿料的容重，而且容易在矿料斗里产生架桥现象，影响矿料的传送，因此矿料输出量应随其含水率不同而作相应调整。矿料的含水率还将影响封层的成型，含水率饱和的矿料，其成型开放交通时间需要更长。

(2)乳液中的水：沥青乳液中含有35% ~45%的水。

(3)拌和时的外加水:典型的外加水质量比范围是干矿料质量的6% ~11%。外加水量低于6%的稀浆混合料太稠太干,不便于摊铺;而外加水量高于11%时,稀浆混合料太稀,发生离析、流淌,变得不稳定,而且可能产生矿料下沉沥青上浮现象,成型后表面一层油膜而下面都是花白的松散矿料,与原路面黏结不牢,容易成片起皮脱落,因此慎重控制总外加水量对于保证稀浆封层质量至关重要。对于机械摊铺,9%的外加水量是值得推荐的,但要根据矿料与机械的情况,而作适当的调整,外加水量超过11%的机械操作应该避免。

因此,总含水率(包括外加水、乳液中含水和矿料中含水)应控制为矿料质量的12% ~20%。

第五节　乳化沥青稀浆封层混合料的配合比设计

一、概述

稀浆封层混合料配合比设计的目的是为了确定稀浆混合料原材料之间的最佳掺配比例,要获得一个具有耐久性、抗滑性、抗水损害能力和施工性能优良的稀浆封层混合料的配合比例,必须首先通过室内的配合比设计来确定。

稀浆封层混合料的配合比设计是一个建立在实验室试验基础上的经验设计,主要是依据试验结果来评估和确定稀浆混合料的应用性能和原材料之间的最佳配合比例。稀浆封层混合料配合比设计是一项经验性很强的工作,设计者必须有丰富的设计经验。

稀浆封层混合料的配合比设计大概包括以下几个内容:

(1)原材料的评估试验;

(2)矿料的级配试验;

(3)混合料的施工性能:包括稠度试验、拌和时间以及黏聚力试验;

(4)混合料的路用试验:包括为确定最佳沥青含量的湿轮磨耗和负荷轮碾压试验。

二、稀浆封层混合料的技术要求

1. 我国制订的单层稀浆封层通常的材料用量范围(表12-9)

单层稀浆封层通常的材料用量范围　　表12-9

项　目	ES-1	ES-2	ES-3
养生后的厚度(mm)	2.5~3	4~6	8~10
矿料用量(kg/m²)	3.0~6.0	6.0~15.0	10.0~20.0
油石比(沥青占矿料的质量百分比)(%)	9.0~13.0	7.0~12.0	6.5~9.0
水泥、消石灰用量(占矿料质量百分比)(%)	0~3		
外加水量(占干矿料质量百分比)(%)	根据混合料的稠度确定		

注:表中数据选自《微表处和稀浆封层技术指南》。

2. 我国制定的稀浆封层混合料技术要求

(1)《公路沥青路面施工技术规范》(JTG F40—2004)制订的稀浆封层混合料技术要求如

表 12-10 所示。

稀浆封层混合料的技术要求　　表 12-10

项　　目	单　　位	技 术 要 求	试 验 方 法
可拌和时间	s	>120	手工拌和
稠度值	cm	2～3	T 0751
黏聚力试验 30min(初凝时间) 60min(开放交通时间)	 N·m N·m	(仅适用于快开放交通的稀浆封层) ≥1.2 ≥2.0	T 0754
负荷轮碾压试验(LWT) 黏附砂量	g/m^2	(仅适用于重交通道路表层时) <450	T 0755
湿轮磨耗试验磨耗量 WTAT 浸水 1h	g/m^2	<800	T 0752

注:表中数据选自《公路沥青路面施工技术规范》(JTG F40—2004)表 6.5.6。

(2)2005 年交通部公路科学技术研究院主编的《微表处和稀浆封层技术指南》一书中提出的稀浆封层混合料技术指标,如表 12-11 所示。

稀浆封层混合料技术指标　　表 12-11

试 验 项 目	标　　准		试 验 方 法
	快开放交通型	慢开放交通型	
可拌和时间(s),不小于	120	180	附录 A1
黏聚力试验(N·m),不小于 30min(初凝时间) 60min(开放交通时间)	 1.2 2.0①	—	附录 A3
负荷车轮黏附砂量(g/m^2),不大于	450②		附录 A5
湿轮磨耗损失,浸水 1h(g/m^2),不大于	800		附录 A4

注:①至少为初级成型。

②用于轻交通量道路的罩面和下封层时,可不作黏附砂量指标的要求。

表中数据摘自《微表处和稀浆封层技术指南》一书表 4.1.6。

三、稀浆混合料的配合比设计程序

稀浆混合料的配合比设计一般按下列步骤和要求进行,如图 12-2 所示。

1. 矿料的配合比设计

(1)根据道路条件、日交通量、气候情况、耐久性要求等,选择适当的封层结构,确定矿料的级配曲线;

(2)根据工程实际采用符合规定质量要求的各种矿料,对各种矿料分别进行筛分试验;

(3)测定各种矿料的相对密度;

(4)根据各种矿料颗粒组成,确定符合级配曲线要求的各种矿料的配合比例,使合成矿料级配在要求的级配范围内。

2. 稀浆混合料的稠度试验(T 0751)及外加水量的确定

(1)选取级配合格的矿料并测定其含水率;

(2)按规范提供的稀浆混合料的配合比例,称取符合质量要求的乳化沥青、矿料、矿粉、填料等,进行拌和,按稠度试验方法测定稠度值和外加水量,稀浆混合料的稠度值应符合规范要求,其稠度值和外加水量应为适宜。

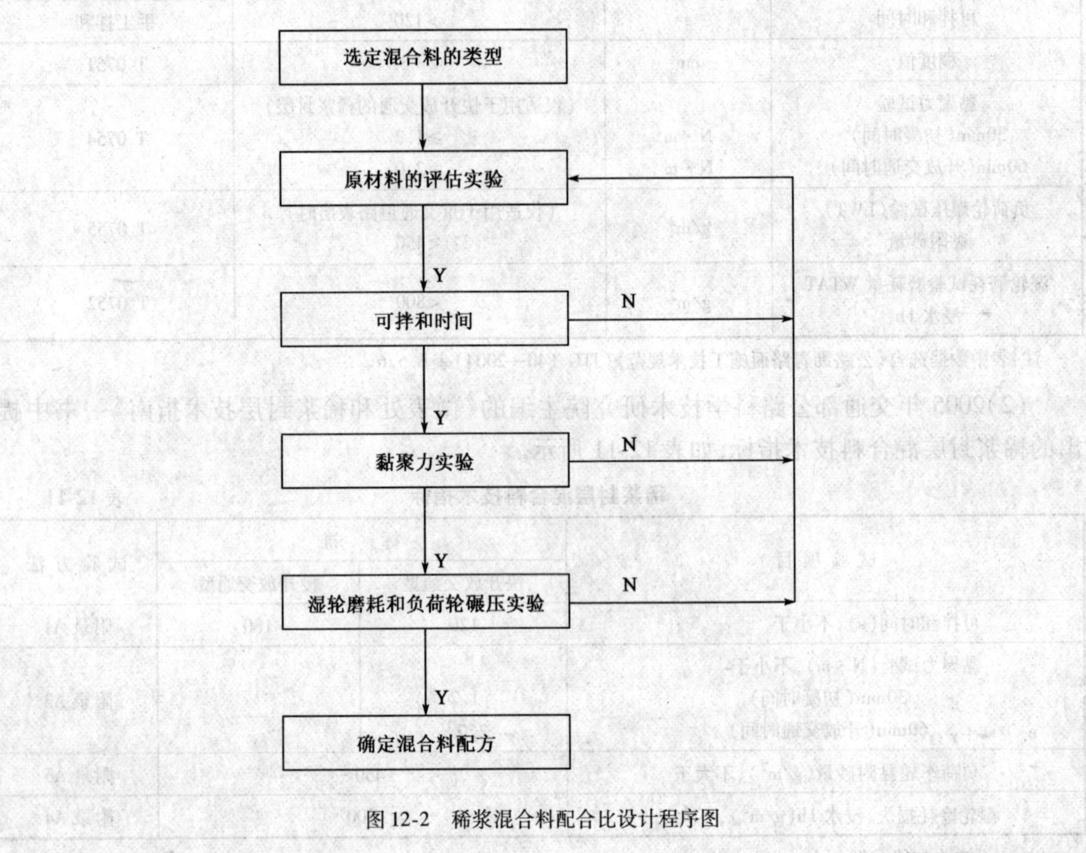

图 12-2 稀浆混合料配合比设计程序图

3. 破乳时间试验(T 0753)

破乳时间可通过添加水泥、熟石灰和硫酸铵等具有化学活性的填料或其他化学试剂进行调整。

4. 可拌和试验(T 0757)

(1)按符合稠度要求的混合料配比备料;

(2)按稀浆混合料的拌和试验方法测定可拌和时间和成浆状态,试验时应考虑稀浆封层施工期的最高施工温度。

5. 黏聚力试验(T 0754)

(1)根据上述试验结果,选择3个左右认为合理的混合料配方,按黏聚力试验方法进行稀浆混合料的黏聚力试验,以确定稀浆混合料的初凝时间和开放交通时间;

(2)当黏聚力达到1.2N·m的时间,应确定为混合料的初凝时间;

(3)当黏聚力达到2.0N·m的时间,应确定为混合料的固化时间及开放交通时间;

6. 最佳沥青含量的确定

(1)选取稠度、初凝时间和开放交通时间等指标均符合要求的混合料配方,并通过变化不同的油石比,进行拌和。

(2)进行湿轮磨耗试验(T 0752),根据试验结果绘出沥青用量与1h磨耗量关系曲线,确定沥青用量作为最小油石比值P_{bmin}。

(3)进行荷压车轮黏附砂量试验(T 0755),根据试验结果绘出沥青用量与黏附砂量关系曲线,确定沥青用量作为最大油石比值P_{bmax}。

(4)将不同沥青用量的1h磨耗量及黏附砂量绘制成稀浆混合料沥青用量曲线图,如图12-3所示。

根据最小油石比值P_{bmin}和最大油石比值P_{bmax},确定油石比的可选择范围。

(5)在油石比的可选择范围内选择适宜的油石比,使得在该油石比情况下混合料的各项技术指标均可以满足要求。

(6)根据以往经验及配合比设计试验结果,在充分考虑原路面状况、气候及交通因素等的基础上综合确定混合料配方。

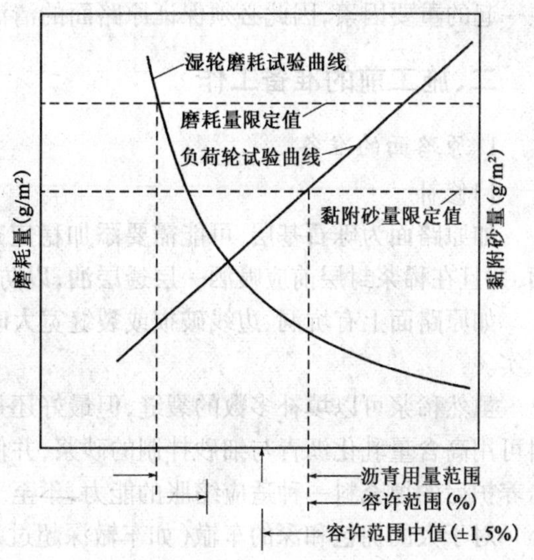

图12-3　图解法确定最佳沥青用量

第六节　乳化沥青稀浆封层施工

一、稀浆封层对原路面的要求

稀浆封层由于厚度薄,主要起防水、防滑、耐磨和改善路表外观的作用,在路面结构体系中,只能作为表面保护层和磨耗层,而不起承重性的结构作用。因此为了确保施工后路面的质量,原路面必须满足以下要求:

1. 具有足够的强度和刚度

原路面及其基层是承重层,应能承受荷载的作用,在重复荷载作用下,不会产生残余变形,也不允许产生剪切和弯拉破坏。其要求可参照城市道路或公路设计规范、城市道路或公路养护技术规范等。

2. 具有良好的整体稳定性

原路面的整体水稳性和热稳性是否良好,是保证施工后路面稳定性的基本因素,因为稀浆封层施工后,对路面的稳定性改善很小,且稀浆封层几乎不具有结构抗应变能力,因此为了保证路面质量,对原路面必须提出稳定性要求。

3. 表面平整、密实、清洁

稀浆封层只起调整表面平整度的作用,当原路面表面太不平整时,受稀浆封层本身的厚度和施工方法所限,希望仅通过它就能达到相当高的平整度要求是不现实的,尤其是一些大的拥包、坑槽等,应根据《城市道路养护技术规范》或《公路养护技术规范》的要求进行修补,达到基本平整。如德国要求为:超过10mm的不平整地面应先进行平整。

同样,原路表面必须密实、清洁。原路表面是否清洁,是关系稀浆封层能否与原路面黏结在一起的重要因素,因此必须保证原路面的清洁。

二、施工前的准备工作

1.原路面的准备

1)修补

如原路面为砾石基层,可能需要添加稳定剂(如水泥、石灰)和新料以达到所需要的平整面,并且在稀浆封层前应喷洒一层透层油,以防止基层从稀浆中摄取沥青。

如原路面上有坑洞、边线破损或裂缝宽大时,都应该进行修补。有深洞时,应分层填补并压实。

虽然稀浆可以填补多数的裂缝,但最好还是在铺设稀浆之前,将宽大的裂缝封起来。填缝料可用高含量乳化沥青与细砂拌制的砂浆,并使用高标号的沥青或渗透性较强的沥青,这样会给养护后的填充料一种适应缩胀的能力,不至于从原裂缝处剥离。

对于大的拥包和深的车辙(如车辙深超过10mm),应先进行铣刨和填补。

2)清洁表面

上述不合格的地方修补完成后,对预定加铺稀浆封层路段的表面,应事先将所有的杂草、松动的材料、泥块以及任何其他障碍性的物质清除,如人工清扫、机械清理、空气吹扫或水冲等,都是可以达到目的的有效方法。

众所周知,杂草似乎容易在沥青中生长,常常在沥青面层上冒出来,因此,在铺筑稀浆封层前,将所有杂草完全拔掉,或用化学除草剂清除是很重要的。

当原路面孔隙率很大或透水性太高时,应避免用水冲洗,可采用高压气吹的方法清理。

对原路面进行水冲洗时,应等水分蒸发干后才可进行稀浆封层施工。

原路面上若有大块油污,将影响稀浆封层与原路的黏结,因此,在铺筑稀浆之前,应将油污清除掉,使用工业清洁剂会有助于擦洗油污。

3)喷洒沥青乳液

在若干类型的原有路面上铺筑稀浆之前,必须预先用沥青乳液进行处理。砂石路面或没有铺装的表面,在铺筑稀浆封层前,需要喷洒一层沥青乳液透层。透层深度约需2~3cm,以达到底层能防水而强韧的效果,并将个别的松散石子黏成一体。所用乳液中的沥青与将用于稀浆封层中的乳液的沥青,应是同一类的,喷洒后应养护24~36h。

在原路面上喷洒乳化沥青黏层油,对于增进稀浆封层与原有水泥混凝土或砖石路面,以及大部分粒料暴露在外的沥青路面,或表面过于光滑的沥青路面,很有效果。在尘土飞扬地区,清洁的表面很难维持长久,喷洒黏层油就很有效用。所用的黏层油为同一种离子型的乳化沥青,沥青含量不超过50%,其洒布率为0.2~0.5kg/m^2。实际的洒布率受乳液的沥青含量的影响,但最主要的还是依据原有表面的结构及吸收特性而定。但洒布量切不可过大,以防止稀浆封层铺筑后泛油。稀浆封层施工应在喷洒的黏层乳化沥青完全破乳后方可进行。

4)洒水预湿

在炎热干燥的天气,临近摊铺之前,喷洒少量水以湿润原路面的做法是值得推荐的,这样有利于稀浆与原路面的黏结,保证稀浆的相对稳定性,利于稀浆的摊铺成型。洒水量以路面湿润为准,不得有积水现象。一些先进的稀浆封层机都带有预洒水系统,施工时洒布即可。对于不带有预洒水设备的稀浆封层机械或人工施工,应严格控制洒水量并保证洒布的均匀性。路面湿润后立即施工。

2. 材料的准备

为了保证实际所用的材料及材料的配比与实验室相符,在施工前必须进行评价。

1)矿料

(1)施工用的矿料必须过筛,将超大粒径的石料除去,以免大粒径石料对拌和、摊铺造成不利影响。

(2)应对筛后的矿料进行质量检查,检查的内容主要包括:级配、砂当量、含水率、干重度等,检测的结果必须符合要求,并应与试验室结果相一致。尤其应注意含水率的现场检测,因为矿料的含水率对矿料单位体积的质量影响很大,例如某一种矿料,当含水率为 0 时,其每立方米的质量为 1 545kg,当其含水率为 6% 后,则每立方米的质量仅为 1 175kg。在室内进行配合比设计时,其结果均为质量之比,而摊铺机采用的是体积比,因此含水率的大小对混合料的配合比影响极大,而且含水率和加水量的多少,是确定稀浆混合料稠度的关键因素,所以施工前必须对矿料的含水率进行现场测定。取样时应从料堆中间部位获取,因表面的矿料可能已被风干或晒干,若取表面矿料测定,其结果与实际相差较大。

(3)注意矿料的堆放,矿料最好能堆在经过铺装且洁净的地面上,这样能避免过筛和上料时混入泥土。

2)乳化沥青

乳化沥青的输送应尽可能采用对乳液搅动少的泵,以免破坏乳液的稳定,影响质量。

乳化沥青储存罐应保证分品种独立储存,当不能保证分品种储存时,应对储罐进行彻底清理,不同品种的乳化沥青绝对不可以混装。

罐存的乳化沥青应每天进行一次搅拌或循环。尤其在出库前,应进行检验,以保证罐顶和罐底的乳化沥青含量一致。

由于天气或其他原因,罐车中的乳化沥青不能及时用完而需要放置几天时,应用泵抽吸循环或放出,以保持罐车中的乳化沥青上下密度相一致。在稀浆封层机乳液罐中的乳化沥青,如果放置一天以上,可采用每天进行 10min 循环的方式来保持乳化沥青的稳定性和均匀性。

对于长距离汽车运输乳化沥青,应对乳化沥青的动稳定性有充分的考虑,对到达目的地的乳化沥青进行筛上剩余量检测,有条件的地方,还可以进行颗粒分析实验,当检测结果符合要求后才可使用。

桶装的乳化沥青,在使用前,应该进行翻滚;若需长时间储存,则应定期进行翻滚,例如每两周倒桶一次,从而保证乳化沥青的稳定性、均匀性。

3)填料

填料的质量要求主要是细度、含水率等。水泥、熟石灰、硫酸铵、粉煤灰均不得含泥土杂质,并应保持干燥、疏松、无聚团和结块,且粒径小于 0.075mm 的颗粒含量不应少于 80%。

4)水

施工拌和时的外加水应采用饮用水，而无须再做实验室验证。不得使用盐水、工业废水、生活废水及含泥土的水。检测水质最简单的方法是测定其 pH 值，当 pH 值在 7 左右并无咸味时，这种水可以使用。

施工用矿料的含水率应尽可能小。若条件许可的话，在可能下雨前，应将矿料盖上，尽量避免矿料被雨水浇透。

施工装料前，应将矿料翻倒几次，尽可能保证矿料含水率一致、均匀，避免产生稀浆混合料过稀或过干的不良现象。

5）添加剂

施工用的添加剂一定应与室内试验时所用的添加剂为同一品牌和同一生产厂家。最好应用工业化生产的添加剂，否则应将实际使用的添加剂再次进行一些室内试验，如拌和时间试验等，以确保效果的一致性。添加剂一般需要稀释，稀释浓度应保证准确，并防止其他杂物混入，比如用锈铁桶稀释，可能会将铁锈带入添加剂中，就有可能给稀浆封层系统带来不利影响。

3. 机械设备的准备

1）清扫设备

成功的稀浆封层施工的一项重要内容，是在铺设稀浆混合料之前，保证待铺筑的路段表面保持清洁。清除表面上的杂草及填补坑洞和较大裂缝。完成最后清洁工作的方法很多，例如人工清扫、扫路机清扫、高压水枪冲洗及高速气流吹扫等，都能方便有效地达到清洁的目的。

在施工前应对清洁设备（扫路机、高压水设备、高压气泵等）进行检查，并保持良好工作状态。

2）压路机

所有经养护成型后的稀浆封层均含有若干空隙，在个别情况下，空隙可能达到全部体积的三分之一。用碾压的方法来消除这些空隙是必然的设想。大多数的市政道路工程，交通量比较繁忙的公路等，在正常行车交通量下就可提供必需的碾压。但在交通量不足的地方，如停车场、机场及游乐场等，碾压就必不可少了。

（1）胶轮压路机

选择轮重小于 4.5t，轮胎压力 3 个大气压的胶轮压路机，是值得推荐的。

（2）钢轮压路机

在新铺筑的稀浆封层上，钢轮压路机利用率有限。它最有效的使用，是在铺筑多层稀浆的底层上，这时用 3 ~ 5t 轮重最为合适。对于铺筑在水泥混凝土路面上的稀浆封层，绝对不可使用钢轮压路机进行碾压。

3）水罐车与乳化沥青罐车

水罐车的水容量应大于稀浆封层机上的水箱容积，在水罐车上最好应配备水泵，保证水的供给。

乳化沥青罐车也应保证有足够的容量，应能密闭，并备有沥青泵，以便灌注在稀浆封层机上。使用前应对罐车进行清理，水罐车用水冲洗就可，乳化沥青罐车除用水冲洗外，如果罐壁附有较厚的沥青，应用柴油清洗。用于运送稀浆封层用的乳化沥青罐车不可混装其他不同品种的乳化沥青，以免出现不应有的问题。水罐车和乳化沥青罐车最好都备有洒布设备，这样可以一机多用，当需要洒布预湿水或洒布黏层油时，不需另外配备洒布机。

4)洒布机

当稀浆封层机不具备喷洒预湿水的设备时,应配备一台洒水车,在需要的时候,洒水预湿路面。洒水车可与水罐车及水冲洗路面设备合而为一。

当需要对原路面洒布黏层油或透层油时,应配备一辆乳化沥青洒布机,该机可以与乳化沥青运输罐车并用,但当乳化沥青为不同品种时,应分别使用不同的罐车,以确保乳化沥青不混装。

5)装载机

矿料的装卸主要用装载机来实现,对装载机的要求,除了能保证正常工作状态外,关键的是装载高度是否满足要求,像国产的几种稀浆封层机,包括 XF6 型、RT30 型、SOM1000-2 型,以及进口的 SB1000-A 型等,用 ZL4 型装载机均可以满足。

6)矿料级配筛分设备

我国的稀浆封层工程所用集料大部分采用不同规格的矿料在施工现场进行掺配,为了保证掺配矿料的级配范围和精度,应尽量采用矿料级配筛分设备。

7)其他辅助工具

如铁锹、扫帚、刮耙、小铁锹,以及在摊铺箱后需拖挂的麻布条等,都应保持清洁,不能有一点沥青结块。

8)稀浆封层摊铺机

稀浆封层摊铺机是稀浆封层机械化施工的最关键设备,施工前应逐项检查稀浆封层机的发动机、传动系统、液压泵、乳液泵、水泵、乳化沥青管道、水管路、添加剂管路及阀门系统等是否正常,如有故障或异常,应立即修理;并检查矿料给料器、皮带输送机、填料给料器、混合料拌和器、摊铺箱螺旋分料器等是否保持良好的工作状态,否则不能开工。

4. 稀浆封层摊铺机的计量标定

稀浆封层机的计量控制系统,施工前应进行严格的计量标定工作,应根据室内试验确定的稀浆混合料设计配合比,对矿料、填料、乳化沥青、水、添加剂等各种材料的用量,进行单位输出量的标定。通常在以下几种情况下,应进行计量标定工作:

(1)机器第一次使用前;

(2)机器每年的第一次使用前;

(3)原材料或配合比发生较大变化时。

稀浆封层机的生产厂家一般都在产品使用说明书中提供机器的标定方法,使用时可以参考执行。

三、稀浆封层施工

1. 人员配备及分工

稀浆封层施工质量的好坏,有赖于一支高素质的施工队伍,取决于他们的知识、经验和技巧。施工队人员的基本组成,应包括队长一名、操作手一名、司机四名(稀浆封层、装载机、油罐车和水罐车司机各一名)、工人若干。

队长的职责是指挥整个施工队伍,制定每天的工作计划,包括每天的材料需要量、人员的分工、与交通管理部门的联系、对天气的判断,以及熟悉各个技术环节,处理现场出现的突发事件等。队长是施工队的核心,不仅要自己能干,还得善于组织整个队伍。

稀浆封层机的司机,不仅要有熟练的驾驶技术,还必须充分了解机械后方所进行的操作。如果司机与操作手可以互相交换岗位,那将是非常有益的。司机必须熟知操作手发出的(事先约定的)手势或喇叭声,并能及时起动、停止、加速、减速、向左、向右。对于边线与接缝,与操作手的密切合作就显得更为重要。司机应很快将机械进入位置,确保摊铺箱位置准确。一名熟练的司机,应通过后视镜密切关注后方的工作进程,随时按需要调整机械的前进速度,以保持摊铺箱内稀浆为一定数量。

操作手除了必须与司机配合默契之外,还必须熟悉标定原理和标定方法,能随时根据材料的情况,调整配合比。更为重要的是,能准确判断流入摊铺箱及摊铺箱内的稀浆稠度。从拌和缸中流出的稀浆,必须是稳定的,乳液能均匀地分布在粒料上,并含有足够的水,使它能容易分布,但又不可离析。要有效地完成这一工作,操作手需要根据以往的经验,以及拌和缸与摊铺箱里的稀浆混合料的外观和形状,来判断这些混合料是否稳定及拌和比例是否适当。操作手的技巧也表现在恰如其分地起动、停止,以及稀浆混合料在摊铺箱中的左右分布,取得完美的接缝和边线处理。当队长不在现场时,则由操作手负责现场工作。

装载机司机的任务除了给稀浆封层车上料外,还应经常观察矿料的质量,尤其是注意粗细料的均匀性和含水率的一致性,当料堆表面的矿料与堆中的矿料有不同时,应立即翻堆。

若干工人的工作主要包括:筛料、协助装料(包括矿料、乳化沥青、填料、水和添加剂)、安放及搬运隔离墩、摊铺后起点终点的处理、边线与接缝的刮平、摊铺箱的清洁、原路面的清扫以及一些必需的手工作业。

2. 交通管理与控制

稀浆封层施工中交通安全设置和维持与稀浆封层施工一样重要,应重视交通安全设置和维持。

刚摊铺的稀浆封层,必须有一段养护成型期,在养护成型期内,应严禁车辆和行人进入,因此交通的管制非常重要。

(1)施工前,必须与当地交通管理部门取得联系,并共同制定交通管制方案;

(2)在施工前应通告所有受工程影响的居民和单位,通告应采用布告的形式,说明施工的时间和日期;

(3)必须保证施工后有足够的养护成型时间;

(4)采取措施尽可能减少施工对交通的影响;

(5)最大可能使用快开放交通的稀浆封层类型;

(6)在交通量太大的路段,可考虑夜间施工;

(7)交通标志应醒目,夜间施工时,应采用反光标志;

(8)采用单向放行管制形式时,应严格掌握首尾车号,避免在施工路段上会车;

(9)在城市道路或过村庄等路段上施工,可能很难避免立即通行,在这些地段除尽可能地给予养护时间外,还应采取一些特殊措施,力保给封层带来的损坏为最小;

(10)施工单位应采取适当的措施防止稀浆封层摊铺层在施工过程中或交通开放前受到行人或各种类型的车辆碾压破坏。

3. 施工应具备的条件

1)施工前的准备工作,包括材料、机械设备、原路面补强与清扫、交通管制等都已按要求完成。

2)确定能否施工的天气气候条件为:

(1)养护成型期内气温大于10℃;

(2)雨后路面积水未干或未清除以前,不可施工;

(3)施工养护成型期内可能会降雨,则不可施工。

3)施工队伍人员配备整齐,一支训练有素的专业施工队伍是稀浆封层施工质量的保证,他们应该技术熟练,配合默契。

4)落实交通管理,并有专人负责。

5)对道路上的各种设施,如上下水井盖、雨水井篦、路缘石等,都已采取保护措施。

4. 施工程序

一般稀浆封层施工采用以下程序:

原路面检测—修补原路面病害—封闭管制交通—清扫路面—放样放线—摊铺—修补修边—初期养护—开放交通。

当准备工作和施工条件均符合要求后,可以正式施工。

施工方法可分为机械摊铺和人工摊铺两种类型。

1)机械摊铺施工程序

(1)放样画线

根据路幅全宽,调整摊铺箱宽度,使施工车程次数为整数。据此宽度从路缘开始放样,一般第一车均从左边开始,划出走向控制线。

(2)装料

将符合要求的矿料、乳化沥青、填料、水、添加剂等分别装入摊铺机的相应料箱,一般应全部装满,并应保证矿料的湿度均匀一致。

(3)摊铺

①将装好料的摊铺机开至施工起点,对准走向控制线,并调整摊铺箱厚度与拱度,使摊铺箱周边于原路面贴紧;

②操作手再次确认各料门的高度或开度;

③开动发动机,接合拌和缸离合器,使搅拌轴正常运转,并开启摊铺箱螺旋分料器;

④打开各料门控制开关,使矿料、填料、水几乎同时进入拌和缸,当预湿的混合料推移至乳液喷出口时,乳液喷出;

⑤调节稀浆在分向器上的流向,使稀浆能均匀地流向摊铺箱左右;

⑥调节水量,使稀浆稠度适中;

⑦当稀浆混合料均匀分布在摊铺箱的全宽范围内时,操作手就可以通知司机启动底盘,并缓慢前进。一般前进速度为1.5~3.0km/h,但应保持稀浆摊铺量与生产量的基本一致,保持摊铺箱中稀浆混合料的体积为摊铺箱容积的1/2左右;

⑧混合料摊铺后,应立即进行人工找平,找平的重点是:起点,终点,纵向接缝,过厚,过薄或不平处,尤其对超大粒径矿料产生的纵向刮痕,应尽快清除并填平;

⑨当摊铺机上任何一种材料用完时，应立即关闭所有材料输送的控制开关，让搅拌缸中的混合料搅拌均匀，并送入摊铺箱摊铺完后，即通知司机停止前进；

⑩将摊铺箱提起，然后把摊铺机连同摊铺箱开至路外，清洁搅拌缸和摊铺箱；

⑪校核材料剩余量。

2）人工摊铺施工程序

人工摊铺通常用在小面积低等级道路上，或人行道、广场、停车场等机械不能摊铺的地方，其施工程序如下：

（1）每盘拌量以100kg矿料为基准；

（2）施工前应做小样的试拌试铺，在满足厚度要求的前提下，确定每公斤矿料铺筑的面积，并折算出每盘混合料的铺筑面积；

（3）放样划线，根据每盘混合料的铺筑，将施工路段划分为若干个方块，要求方块面积与每盘混合料的铺筑面积一致，方块之间的纵横连接应顺直；

（4）拌制工序是：先将矿料和填料置于拌盘或路面上搅拌均匀，加水或添加剂水溶液后再拌匀，再加乳化沥青，迅速拌和，拌至无花白料为止，所有材料均应按设计试验要求准确称重；

（5）稀浆拌均匀后应立即摊铺，并刮平；

（6）施工完毕，所有工具必须立即用清水冲洗干净。

5.一些特殊问题的处理

1）预湿水

天气过于干燥气温又很高时，对原路面进行预洒水，有利于稀浆与原路面的牢固黏结。一些新式的稀浆封层机都具有预洒水系统，只需摊铺时打开即可。对于无预洒水系统的摊铺机或人工摊铺，可采取其他方式洒水，但应避免洒水过多，量的控制以路面无积水为宜，洒水后可立即摊铺。

2）接缝

（1）纵向接缝

纵向接缝与摊铺方向及路线方向平行，是一条很长的线，是影响封层总体外观的重要方面，因此纵缝的处理非常关键。在先铺筑的接缝处进行预湿水处理有助于两车稀浆混合料的连接，而用橡胶刮耙处理接缝的突出部分非常有效，再用扫帚进行扫平，使纵向接缝变得平顺，总体外观更佳。

（2）横向接缝

横向接缝，如果采用的是车载式稀浆封层机，应该说至少一车一道，有的甚至更多，接缝过多过密总是会影响外观和平整的。因此，应尽可能减少横缝的数量，提高接缝的施工水平。

良好的横向接缝，对于防止水分下渗和形成悦目的外观，仍极为重要。首先在起点处，当摊铺箱的全宽度上都布有稀浆时，就可以低速缓慢前移，这样可以减少箱内积料过多而产生的过厚起拱现象，并对起点进行人工找平。对于有条件的地方或高速公路上施工，应在起点的摊铺箱下铺垫一块油毡，当摊铺机前进后，将油毡连同上面的混合料一道拿走，这样可以保证一个非常平整的起点和良好的外观。当摊铺机所携带的任何一种材料（一般是矿料）已经用完时，操作手应力求摊铺箱内混合料分布均匀。一般情况下，摊铺终点的外观影响不大，因为下一车将在该终点处，倒回一段距离。从上一车终点倒回3～5m的距离开始下一车的摊铺，是一个可采纳的办法,司机应该使机械的运行线形,与上一车相吻合。当该路段进行最后一车施工时,其终点的处理应该采取人工整平,并做出一条直线。

3)加水量的控制

某一种石料和乳化沥青,当外加水量为某一范围时,可以成为一稳定的稀浆。机械作业时的外加水量,可以采取允许范围的中值。若加水量过少,拌和时的和易性和均匀性都受影响,甚至拌不出稀浆。随着拌和摊铺机械的发展,有加水过多的现象发生,似乎认为加水量增大有利于拌和摊铺,而对稀浆质量无多大影响,这是不正确的,加水量过多,会带来下列不利现象:

(1)破乳成型时间延长;

(2)造成流淌现象,影响混合料中的沥青含量,并产生光滑纵向条痕和大块亮斑;

(3)造成混合料中沥青分布不均匀。

很显然,成功的稀浆封层应建立在稀浆中沥青分布均匀的基础上。加水太多,稀浆的稳定性降低,粒料下沉沥青上浮,造成与原路面的黏结降低,而封层表面的沥青含量过高。封层越厚这种影响越严重。

新型的带有螺旋分料器的稀浆封层机,是保证取得最佳加水量的前提之一。根据拌和缸输出的稀浆混合料的外观,特别是它在摊铺箱中滚转的方式,对于有经验的操作手来说,可以正确地判断这种稀浆的稠度是否到达最佳。经验欠缺的人,可以取少量的混合料样品进行坍塌度试验,当坍塌度为2~3cm时,其含水率合适;在现场可以采取观察混合料沉陷的方法来确定混合的稠度,若沉陷像流体一样,则该混合料太稀,不稳定,含水率无疑太高,若沉陷量改变不大,稀浆混合料的稠度则可被认可。

以恰好的水量加到稀浆混合料中,其重要性一直被重点强调,因为加水量的多少会对施工的和易性,混合料与原路面的黏结强度,封层表面的泛油及混合料的沥青分布等产生很大的影响。

4)过大颗粒及细料凝块

在石料的堆放和装卸过程中,难免会有粒径超过稀浆封层厚度的石料被夹到矿料箱中。如果它大到足够大时,这个过大的石料可能使拌和缸的搅拌叶片被打断,或卡住搅拌轴,或引起其他的机械故障。若这个石料通过拌和缸进入摊铺箱后,它最终可能卡在后刮皮下,而在铺筑的稀浆封层表面造成一条明显的纵向凹槽。

一场大雨过后,石料变得很湿,某些细集料在干燥时成块状或球状结团,越是干燥,结团越是坚硬,越难使它们分散。尤其是砂当量低的材料,泥土含量较高,其凝结成团的可能性越大,有时通过拌和缸也难打碎。这种凝块进入摊铺箱后就与大石料一样,造成封层表面纵向划痕。有时也可能在摊铺箱后框下压碎,给封层表面留下一条松散的浅色痕迹,通车后这条痕迹很容易跑散而形成一条凹槽。避免这种现象发生的方法主要是:所有装入摊铺箱中的矿料必须过筛,并堆放在清洁、地面经过铺装、不可能与其他材料相混淆的地方。一旦出现这种现象,应立即采取补救措施,首先是跟在摊铺箱后的工人应密切注意摊铺箱的情况,一经发现划痕,立即用锹将该处刮皮铲起,将大石料或结团清除,并刮平;若发现较迟,已有较长划痕时,则先清除大石料或结团,然后用锹在拌和缸出料口接料,均匀洒布在划痕上,并刮平;对于结团被压碎后出现的浅色痕迹,现场处理起来比较麻烦,可以在开放交通一段时间后再作填补。

5)路面上附属设施的保护

路面上尤其是城市道路的路面上有很多的附属设施，如雨水井篦、各种检查井盖、路缘石等，施工时都应加以保护，完工后都应显露出来而不被封盖住。

对雨水井篦，在施工前可用油毛毡将其盖上，并在油毛毡上洒少许石屑，并在路缘石上做点记号，当稀浆封层车走过以后，立即将油毛毡提起。

对各种检查井盖，可在其上抹上一层油脂，这样可以防止稀浆封层混合料与井盖的黏结，施工后尽快将混合料铲掉。即便是忘了，成型开放交通后，井盖上的混合料仍会散掉，露出完整的井盖。

对路缘石，为了不被污染，可在其上黏上一层白色不干胶条，施工完后撕开即可。也可以采取另外一种办法，即将摊铺箱离开路缘石一点点距离，在摊铺箱侧面与后面的橡胶刮皮之间，留出一条小缝，让更多的稀浆流出，采取人工方式刮平，使稀浆封层与路缘石连接平顺。

6）半宽施工

对大部分新式摊铺机而言，其摊铺宽度是可调的，因此应尽可能不采取半宽施工的方法。但有些摊铺箱其宽度不可调，或其他原因，采用半宽施工的方法也是一种减少重叠浪费的措施。半宽施工，则利用摊铺箱的一半宽度，一般在 1.2 ~ 2m 之间。操作手只需固定出料分向器，将所有的稀浆都供应到摊铺箱的一侧，并使用螺旋分料器将均匀地分布在单侧料箱中。施工的一侧最好与司机同侧，在我国一般在左侧，以利于司机能看到摊铺箱中料的堆积程度，从而控制行驶速度。但应指出的是，半宽施工所铺设的一边不会是直线，因此半宽施工不应放在最后。

四、成型养护

乳化沥青的任何一种施工方法，施工后都有一个破乳成型过程，稀浆封层也不例外。养护的时间，视稀浆混合料中水的驱除及黏结力的大小而变化，通常认为，当黏结力达到 12kg · cm 时，稀浆混合料已初凝，当黏结力达到 20kg · cm 时，稀浆混合料已凝固到可以开放交通的状态。

影响稀浆混合料成型的因素很多，包括气候、材料、机械设备、配比等多方面，排除气候、矿料、机械设备等非人为因素，乳化沥青的性能及配比就成为影响成型的最关键因素。

1. 影响养护成型的因素

1）矿料

在稀浆混合料中，矿料占四分之三，矿料的性质在很大程度上影响混合料的拌和性能和养护成型时间，尤其是慢裂快凝型稀浆封层。一般来说，混合料的可拌和时间越长，其养护成型时间亦越长。

集料包括碎石、砂砾和矿渣等，其颗粒尺寸分布状态、外形、密度以及自身性质是影响稀浆混合料稳定性的几大因素。颗粒越细，矿粉含量越高，其混合料的可拌和时间越短，能更多地吸收水和乳化沥青，如果含有塑性粉料，则会因吸收水分而膨胀，同样需要增加水和乳化沥青的用量，结果会导致路面的过度收缩和耐磨性降低等缺陷。集料若为 100% 破碎的碎石，将会有更高的吸水能力，其混合料的可拌和时间较短，成型养护时间也可以缩短。多孔性表面或孔隙率较高的集料，其吸收特性较明显，集料越干，吸湿性越强，开放交通就越快，若集料开始是湿的，则开放交通时间会受影响。

表面活性比较强的集料,在其潮湿的表面上存在着较强的电荷,当与乳化沥青相接触后,由于带电粒子的相互作用,很可能在没有拌制出稀浆之前,就过快地破乳析出。因此对这些集料一般应采取措施,或者改变乳化沥青的性能,让其破乳速度减慢,或者对集料的表面进行化学处理,降低其电荷性,例如在预湿水中加入表面活性剂,这样可以中和集料表面的大量电荷从而获得足够的拌和时间。

2)乳化沥青

影响乳化沥青破乳速度的主要因素是乳化剂的性能、乳化剂的用量,乳液的 pH 值及乳化沥青含量。

众所周知,乳化沥青可分为慢裂、中裂和快裂三种类型,而用于稀浆封层的必须是慢裂的乳化沥青。而稀浆封层的成型可以看成是混合料中的水被驱除并蒸发干后,沥青由半液态变为半固态,并取代骨料表面水而黏附在骨料表面上,石料通过沥青的黏结而固化。若水的驱除完全靠自然蒸发的话,其养护时间可能需要 4 ~ 5h,因此,这种封层受现场气候条件影响最大,高温低湿并有大风的话,将有助于水的蒸发,能加速混合料的养护成型,这就是慢裂慢凝稀浆封层的成型特性。若水的驱除是靠化学的作用,则乳化沥青与骨料拌和后,沥青颗粒迅速与骨料表面靠近,将骨料表面的水挤出去,而很快形成初始黏结力,并在化学和自然蒸发的双重作用下,混合料迅速固化,这就是慢裂快凝稀浆封层成型的基本原理。因此对于慢裂慢凝的稀浆封层,影响其成型的主要原因是气候条件,而慢裂快凝稀浆封层的成型除气候条件外,还在于乳化剂的性能。

在慢裂快凝稀浆封层方面,乳化剂用量的大小是决定乳化沥青破乳的主要因素,一般而言,乳化剂用量越大,其乳液的稳定时间越长,成型开放交通的时间亦越长,反之,乳化剂用量越小,混合料的可拌和时间越短,也可能拌不出合格的稀浆混合料。

乳化沥青的 pH 值对拌和的稳定性也有影响,因为慢裂快凝稀浆封层的成型主要靠化学作用力,其中就包括骨料表面电荷与沥青表面电荷的作用力,而 pH 值大小对矿料表面性能有影响,例如,石英石本身并不带电,但当 pH 值低于 3.7 时,其表面便带负电。在慢裂快凝稀浆混合料中,乳化沥青用量越大,其可拌和时间越长,开放交通时间也相应延长,但乳化沥青的用量,需通过 WTAT 和 LWT 试验确定。

和集料一样,乳化沥青颗粒越细小,表面积就越大,化学性质就越活跃,其破乳成型时间可能会缩短。乳化沥青中的原沥青性能也对成型开放交通有影响,一般认为原沥青针入度越低其开放时间越短,凝固速度越快。

3)填料

填料可分为具有化学活性的填料和不具有化学活性的填料。对于不具有化学活性的填料,在稀浆混合料中,其掺量越大,混合料的破乳成型时间均有所缩短,这是因为比表面积迅速增加的缘故。而对于具有化学活性的填料,其在稀浆混合料中的作用就比较复杂,不同的填料其作用也不一样。现以最常用的水泥填料为例,当加入水泥后,由于水泥中的离子可以中和集料表面的负电荷,使骨料与阳离子乳化沥青的化学反应速度减缓,可拌和时间增长,但当水泥添加到一定量后,由于混合料的比表面积增大,可拌和时间将迅速缩短,相应地开放交通时间也将提前。

4)添加剂

添加剂可分为速凝剂和缓凝剂两种，顾名思义，速凝剂是加快破乳和成型的添加剂，而缓凝剂是减缓破乳和成型的添加剂。在稀浆封层系统中，缓凝和速凝均是以保证最低限度的可拌和时间来确定其添加量的。

5）温度（能量）

在稀浆封层系统中，广义的温度概念包括空气及太阳的热能、化学反应的热能、原路面的热能、风能及机械拌和摊铺产生的能量等之和，应该说系统的总能量越高，混合料的脱水速度越快，封层的成型开放交通的时间越短，在慢裂快凝稀浆封层方面表现得尤为突出。摊铺后，气温越高，破乳成型时间越短。但当气温过高时，刚摊铺的稀浆封层表面可能产生局部过早破乳，形成一层油膜，反而影响层内的水分蒸发，对成型不利。

如果系统中的总热能过高，很可能造成可拌和时间过短，例如刚生产的沥青乳液其温度可能为70～80℃，如果立即用于施工，就可能拌不出合格的稀浆，但当乳化沥青降至自然温度后，就可能铺出非常好的稀浆封层。

摊铺后，风越大，成型时间越短，开放交通时间越早。

最不利的天气是低温、高湿，低温的影响没有湿度明显。放热的反应有利于混合料的破乳和成型，而吸热的反应则相反，需要从系统中吸收热量，影响破乳成型。

水在蒸发的同时会吸收大量热量，使混合料的总体温度降低，但有热量补充时（如日照）成型会加快进行，但当无热量补充时（如日落后），其破乳成型的速度将迅速降低，延迟开放交通时间。因此在夜间施工时应充分注意这一点，应有较高的环境温度来对混合料进行热量交换，以保证足够的养护时间。

原路面温度若高于稀浆混合料的温度，将有利于两层的黏结及稀浆混合料的破乳成型，反之，由于热量交换的结果，混合料的温度将逐渐下降，影响其破乳成型，这也就是有时早上第一车摊铺的稀浆封层比之后摊铺的稀浆封层成型慢的原因之一。

2. 碾压

稀浆混合料在破乳成型后，都会有若干空隙。这些空隙在自然交通的反复作用下，可以提供足够的压实，将空隙自动弥合，因此也就无需压实机械碾压。但交通量不足的地方，如停车场、机场、游乐场、广场及不开放交通的下封层时，则必须碾压。碾压的时机非常重要，一般认为，刚破乳的沥青微粒，其成膜后的性质接近于液态而非固态，因此在此时实施碾压，其压实效果最好。

压实机具可用轮胎压路机或钢轮压路机，但不可用振动压路机。

1）轮胎压路机

轮重4.5t，轮胎压力约3个大气压，碾压时做5个往返，并从路中开始，向外侧扩碾，碾压速度为5～8km/h。

2）钢轮压路机

轮重3～4.5t，多用于多层稀浆封层的底层上，但在水泥混凝土路面上的稀浆封层，严禁使用钢轮压实。

3. 其他

1）撒砂保护

刚摊铺的稀浆混合料，在养护成型期间内，严禁任何车辆和行人进入，否则将带来不良的外观。但有时一些路段在摊铺后必须立即开放交通,如交叉路口、单位门口等,为此必须采取一些措施,尽可能减少对稀浆封层的损坏。撒砂保护是一个可取的办法,在需要开放交通的路段撒上一层薄砂,将避免粘轮现象的发生,但撒砂的时间最好在稀浆破乳之后进行,太早也将产生轮迹。在这些路段上最好应避免急刹车和急转弯,否则将破坏路面。

有时成型的稀浆封层上会出现发亮、发黏,甚至是一层油膜的现象,处理的办法是在开放交通前采取撒砂进行保护,撒砂后进行碾压将更好。

2)缺陷处理

施工时产生的一些缺陷,如漏铺、刮痕、脚印等,均应在开放交通前进行修补,以防病害扩大。

3)设施恢复

对雨水井篦、检查井盖等设施,均应在施工后进行清理,保持设施的可操作性和完整性。

4)现场清洁

稀浆封层施工后,应对现场进行清理,路面上不应留有任何松散或成堆废弃物。不慎漏出的乳化沥青或施工终点多余的乳化沥青所产生的光滑表面应撒上一层石屑,并扫平。料场的整洁也特别重要,尤其装乳化沥青的地方,被漏出的乳液污染的可能性很大,应及时清理。开放交通后的稀浆封层路面上不应留有任何障碍,保证交通顺畅。

第七节 施工质量控制

一、施工前的材料与设备检查

(1)施工前必须提供原材料的试验报告,必须提供摊铺车标定报告。在确认原材料、设备等没有发生变化和符合要求后,方可使用。

(2)施工前必须提供混合料的试验报告,在确认材料没有发生变化和符合要求后,方可施工。

(3)施工前材料的质量检查应以料源、同一批并运至生产现场的相同规格品种的集料、乳化沥青等为一“批”进行检查。检查频率和要求如表12-12所示。矿料级配和砂当量指标不能满足设计要求的,必须重新进行混合料设计或者重新选择矿料。

稀浆封层施工前的材料质量检查与要求 表12-12

材料	检查项目	要求值	检验频率
乳化沥青	表12-1要求的检测项目	符合设计要求	每批来料一次
矿料	砂当量		
	级配		
	含水率	实测	每天一次

注:1. 矿料级配符合设计要求,是指实际级配不超出相应级配类型要求的各筛孔通过率的上下限,并且以矿料级配为基准,实际级配中各筛孔通过率不得超过表12-6规定的允许范围。

2. 表中数据选自《微表处和稀浆封层技术指南》表6.1.2。

(4)施工前应对摊铺机的性能、标定和设定以及辅助施工车辆配套情况、性能等进行检查。

(5)当乳化沥青的蒸发残留物含量和矿料含水率发生变化时,必须调整摊铺机的设定,确认材料配合比符合要求,并按调整后的配合比施工。

二、稀浆封层施工过程中的质量管理与检查

稀浆封层施工过程中,摊铺机一般以1.5~3.0km/h的工作速度前进,稀浆封层施工速度快,并在移动过程中完成稀浆混合料的掺配、拌和和摊铺。因此,稀浆封层施工过程中的质量控制主要取决于工作质量稳定、可靠的摊铺机和技术熟练的操作人员。

稀浆封层施工过程中的质量检查大概分为几个阶段:

1)摊铺过程中从拌和箱出口接出稀浆混合料,采用离心抽提法检测油石比、矿料的级配,以及通过浸水1h湿轮磨耗的检验,如表12-13所示。

稀浆封层施工过程中的稀浆混合料质量检验要求 表12-13

项目	要求或允许误差	检验频率	检验方法
油石比	施工配合比的油石比±0.2%	1次/日	从工程取样按T 0722进行
矿料级配	满足施工配合比的矿料级配要求*	1次/日	T 0725
浸水1h湿轮磨耗	不大于800g/m^2	1次/7个工作日	从工程取样按T 0752进行

注:*矿料级配满足施工配合比的矿料级配要求,是指矿料级配不超出相应级配类型要求的各筛孔通过率的上下限,且以施工配合比的矿料级配为基准,实际级配中各筛孔通过率不超过表12-6规定的允许波动范围。

2)摊铺过程中稀浆混合料刚刚摊铺在路面上,未达到初凝,检查稀浆混合料的稠度。

参考文献[3]介绍两种稠度检验的经验法如下:

(1)在刚刚摊铺出的稀浆混合料上用直径10mm左右的细棍划出一道划痕,如果划痕马上就被两边的材料淹没,说明混合料的稠度偏稀,应适当降低用水量;如果划痕两边的材料呈松散状态,说明混合料过稠甚至已经破乳;如果划痕能够保持3~5s后才被周围材料覆盖,周围的材料仍然有一定的流淌性,说明混合料的稠度合适。

(2)迎着太阳照射方向观察刚刚摊铺出的材料层,如果表面有大面积亮光的反光带,说明混合料用水量偏大,稠度偏稀;如果刚刚摊铺出的材料层干涩,没有反光,说明混合料偏稠;如果刚刚摊铺出的材料层对日光呈现漫反射,说明稠度合适。

3)稀浆混合料摊铺在路面已达到开放交通阶段。

(1)检查稀浆封层的外观质量应符合下列要求:

①表面平整,密实,无松散,无轮迹;

②纵、横缝衔接平顺,外观色泽均匀一致;

③与其他构造物衔接平顺,无污染;

④摊铺范围以外无流出的稀浆混合料;

⑤表面粗糙,无光滑现象。

(2)摊铺厚度应符合下列要求:

①每公里均布5个断面,每幅中间及两侧各选1点定为厚度点;

②采用钢板尺或其他有效手段进行厚度测量,并现场记录;

③取每个断面的平均值作为检测结果。

三、交工验收阶段的工程质量检查与验收

国际稀浆封层协会(ISSA)没有对稀浆封层的交工验收环节提出要求,而我国不仅进行“过程控制”,同时还进行“结果控制”,要求有竣工验收的标准和方法。

国内的稀浆封层主要应用于:二级及二级以下公路的预防性养护,即上封层;新建公路的下封层。稀浆封层与热沥青混合料铺层的成型方式和过程有很大的差异,因此在竣工验收的标准和方法就与热沥青混合料铺层工程不同了。

1)稀浆封层作为路面的上封层,在最初开放交通的一段时间内,封层处于不稳定状态,固化成型不断进行,加之行驶车辆的碾压,个别粗集料可能会飞散,石料表面的沥青膜也会磨损。如果此时进行竣工验收,测得的数据无法反映稀浆封层真正的工作状态,因此,对用于上封层的稀浆封层工程在完工后1~2月时,将施工全线以1~3km作为一个评价路段进行质量检查和验收,检查项目、频率、要求及方法如表12-14所示。

稀浆封层上封层交工验收检验要求 表12-14

项目		质量要求	检验频率	方法
表观质量	外观	表面平整、密实,均匀、无松散,无花白料,无轮迹,无划痕	全线连续	目测
	横向接缝	对接平顺	每条	目测
	纵向接缝	宽度小于80mm,不平整小于6mm	全线连续	目测或用3m直尺量
	边线	任一30m长度范围内的水平波动不得超过±50mm	全线连续	目测或用直尺量
渗水系数		≤10mL/min	3个点/km	T 0971
厚度		-10%	3个点/km	钻孔或其他有效方法

注:表中数据摘自《微表处和稀浆封层技术指南》表6.3.1。

2)稀浆封层作为新建公路的下封层,当封层达到开放交通状态,就要进行热沥青混合料面层的摊铺。因此,对用于下封层的稀浆封层工程在完工后,将施工全线以1~3km作为一个评价路段进行质量检查和验收,检查项目、频率、要求及方法也应达到表12-14的要求。另外,稀浆封层下封层与基层和热沥青混合料面层的黏结效果也应该有检测和评定指标的方法。而我国还没有制定高速公路沥青路面下封层的质量检验和评定方法与标准。

参考文献[10]介绍一种下封层与半刚性基层间的黏结效果检测和评定指标的方法。

结合河南省郑尧高速公路沥青路面下封层施工工程,首次提出一项采用高速公路沥青路面下面层芯样,对下封层与半刚性基层间的黏结效果进行检测和评定指标的方法。参照《公路工程质量检验评定标准》(JTG F80/1—2004)中7.3沥青混凝土面层实测项目检查方法和频率,如检查压实度和厚度,一般采用钻取芯样进行测定。如果钻取芯样检查沥青路面下面层

的厚度,钻取的芯样要将下封层和半刚性基层上表面一起带出。当对芯样切割,切下的主要部分进行压实度测定。余下的头部,一般连带有下封层和半刚性基层上表面。这样,我们可以利用芯样的余下部分对其进行实际检查和测定,从而可以得出下封层与半刚性基层黏结效果质量的评定。

(1)评定方法

参照《公路工程质量检验评定标准》(JTG F80/1—2004)中附录 H 路面结构层厚度评定的方法。

将黏结效果代表值为黏结值的算术平均值的下置信界限值,即:

$$K = \overline{K} - \frac{t_\alpha}{\sqrt{n}}S \geqslant K_0 \tag{12-1}$$

式中:K——黏结效果代表值(算术平均值的下置信界限值)(%);

$\overline{K}$——黏结效果测定值的平均值(%);

S——黏结效果测定值的标准差;

n——检测点数;

t_α——t 分布表中随测点数和保证率(或置信度 α)而变的系数。

K_0——黏结效果保证值,$K_0=96\%$。

黏结效果质量的评定要求:

当 $K \geqslant K_0$ 且全部测点大于等于黏结效果保证值减少 1 个百分点时,评定路段的黏结效果质量合格率为优;

当 $K \geqslant K_0$ 时,按测点值不低于黏结效果保证值减 1 个百分点的测点数计算合格率 K_n,$K_n \geqslant 95\%$ 为良。

$$K_n = \frac{n-z}{n} \tag{12-2}$$

式中:K_n——黏结效果质量合格率,%;

z——低于黏结效果保证值 96% 减 1 个百分点为 95% 的测点数。

当 $K < K_0$ 时,评定路段的黏结效果测定值为不合格,相应分项工程评为不合格。

(2)结论

结合郑石高速公路沥青路面层进行的取芯检测工作,提出一项沥青路面下封层与半刚性基层黏结效果的评定方法,可以达到如下效果:

①下面层芯样的二次利用,可以减少因钻孔对面层的损坏;

②可作为直观检测沥青路面下封层与半刚性基层黏结质量的依据;

③为制定我国高速公路沥青路面下封层工程质量检验评定标准,提供一项切实可行、便于操作的实测项目检查方法。

参考文献[10]提出的利用沥青路面层芯样,评定沥青路面下封层与半刚性基层黏结效果,是对我国高速公路沥青路面下封层与半刚性基层黏结效果评定方法的一种探索和实践,这种方法仍然需要进一步在工程中进行验证和完善。

第八节　乳化沥青稀浆封层技术的拓展应用

乳化沥青稀浆封层技术在我国应用已经有30余年的时间，随着我国公路交通事业的快速发展，交通量的不断增大，重型车辆不断增加，因此对道路工程质量以及公路养护质量要求越来越高，而传统的乳化沥青稀浆封层已不能满足这些要求。因此，我国公路科研人员及管理干部为拓展乳化沥青稀浆封层技术的应用，积极引进和学习国外发达国家相关的技术和设备，在实践与应用中，不断研究和开发新型的稀浆封层技术，拓展了乳化沥青稀浆封层技术在我国道路工程的应用范围。

一、聚合物改性稀浆封层

美国有的州在进行普通稀浆封层时，如果发现混合料难以达到普通稀浆封层的设计要求，便会添加一定的聚合物改性剂，以增加沥青与集料的黏结，使其达到普通稀浆封层的设计要求，这样的稀浆封层被称为“聚合物改性稀浆封层”(Polymer Modified Slurry Seal)。国际稀浆封层协会(简称ISSA)制订了《乳化沥青稀浆封层使用指南》(A105)和《微表处使用指南》(A143)，并没有与“聚合物改性稀浆封层”这一概念相对应的设计施工指南，在国际稀浆封层协会(简称ISSA)相关文件中对聚合物改性稀浆封层的识别是：

用聚合物或其他特殊用途的添加剂的改性乳化沥青来增强稀浆的特性来满足工程的特殊需求。改性乳液可以改善沥青和矿料之间的黏聚力，或是提高稀浆封层的耐久性。

2004年我国交通部修订后的《公路沥青路面施工技术规范》(JTG F40—2004)，也是参照ISSA的要求制定了稀浆封层和微表处两种规范要求。2005年我国交通部公路司公布《微表处和稀浆封层技术指南》(交公便字[2005]329号)，同样仅包括微表处和稀浆封层的技术要求，就是说到目前为止，我国交通部也没有制订聚合物改性稀浆封层的技术指南。

我国自“八五”推广乳化沥青稀浆封层技术以来，全国大部分省、市、自治区的公路部门都已在应用稀浆封层，取得了明显的经济效益和社会效益。随着我国公路建设的快速发展，一些省如辽宁省、河南省等省份的公路部门，在干线公路采用聚合物改性稀浆封层进行沥青路面的罩面，也有的进行高速公路半刚性基层的上封层。

我国地域辽阔，南北气候不同，同时还有上百万公里的城乡和农村公路需要更新改造或维修，因此，其技术指标高于普通稀浆封层的聚合物改性稀浆封层，在我国应该有着广阔的应用空间。

1.改性乳化沥青稀浆封层的技术要求特点

我国还没有制订统一的改性乳化沥青稀浆封层的行业技术要求，各地在采用改性乳化沥青稀浆封层技术时，应根据当地的气候特点、交通状况以及工程的设计要求，在我国行业规范的基础上，制订省级地方或企业的技术标准，这样可以使我们的改性乳化沥青稀浆封层技术有据可查，有法可依。

1)改性乳化沥青稀浆封层用改性乳化沥青

采用改性乳化沥青是改性乳化沥青稀浆封层区别于普通乳化沥青稀浆封层的最主要特点，改性乳化沥青可以改善与集料的裹附，提高稀浆混合料的黏聚力，改善稀浆混合料的耐磨耗能力。《公路沥青路面施工技术规范》(JTG F40—2004)提出的改性乳化沥青技术要求如表12-15所示。

改性乳化沥青技术要求　　表12-15

<table>
<tr><th colspan="2">试验项目</th><th>单位</th><th>BCR</th><th>试验方法</th></tr>
<tr><td colspan="2">破乳速度</td><td>—</td><td>慢裂</td><td></td></tr>
<tr><td colspan="2">粒子电荷</td><td>—</td><td>阳离子(+)</td><td>T 0653</td></tr>
<tr><td colspan="2">筛上剩余量(1.18mm),不大于</td><td>%</td><td>0.1</td><td>T 0652</td></tr>
<tr><td rowspan="2">黏度</td><td>恩格拉黏度 E_{25}</td><td>—</td><td>3～30</td><td>T 0622</td></tr>
<tr><td>沥青标准黏度 $C_{25,3}$</td><td>s</td><td>12～60</td><td>T 0621</td></tr>
<tr><td rowspan="5">蒸发残留物</td><td>含量,不小于</td><td>%</td><td>60</td><td>T 0651</td></tr>
<tr><td>针入度(100g,25℃,5s)</td><td>0.1mm</td><td>40～100</td><td>T 0604</td></tr>
<tr><td>软化点,不小于</td><td>℃</td><td>53</td><td>T 0606</td></tr>
<tr><td>延度(5℃),不小于</td><td>cm</td><td>20</td><td>T 0605</td></tr>
<tr><td>溶解度(三氯乙烯),不小于</td><td>%</td><td>97.5</td><td>T 0607</td></tr>
<tr><td rowspan="2">储存稳定性</td><td>1d,不大于</td><td>%</td><td>1</td><td rowspan="2">T 0655</td></tr>
<tr><td>5d,不大于</td><td>%</td><td>5</td></tr>
</table>

注:1. 改性乳化沥青稀浆封层用改性乳化沥青破乳速度不作要求。

2. 储存稳定性根据施工实际情况选择试验天数,通常采用5d,乳化沥青生产后能在第二天使用完时也可选用1d。个别情况下改性乳化沥青5d的储存稳定性难以满足要求,如果经搅拌后能够达到均匀一致并不影响正常使用,此时要求改性乳化沥青运至工地后应存放在附有循环或搅拌装置的储存罐内,并进行循环或搅拌,否则不准使用。

表12-15中技术数据应该是改性乳化沥青稀浆封层用改性乳化沥青的最低要求,由于我国的改性乳化沥青稀浆封层应用仅由一些省、市用在某些重要或者特殊路段,一些省、市可能会提出一些专项的指标要求,如我国东北区域,侧重改性乳化沥青的5℃延度指标以及与矿料的黏附效果;南方区域则更关注改性乳化沥青的软化点指标。

改性乳化沥青稀浆封层用改性乳化沥青的优点,就是可以根据用户要求制备不同性能指标的改性乳化沥青产品。改性乳化沥青的改性剂主要是采用聚合物橡胶胶乳,国内已经有SBR胶乳和SBS胶乳产品,胶乳的选用可以参考有关资料,在本书第二章第四节也有介绍。

2)矿料的技术要求

改性乳化沥青稀浆封层应该达到普通稀浆封层的要求,各项性能应符合《公路沥青路面施工技术规范》(JTG F40—2004)提出的表4.8.2和表4.9.2的要求,或者《微表处和稀浆封层技术指南》(交公便字[2005]329号)中表3.2.2的要求。改性乳化沥青稀浆封层用在重要路段应该提高相应矿料的技术要求,但一般不应超过微表处的矿料技术要求。

(1)特别注意集料的砂当量指标

集料的砂当量指标间接反映了集料中黏土的含量。砂当量低,表明石料中的黏土含量就高。如果黏土含量偏高,容易使改性乳化沥青稀浆封层混合料的可拌和时间以及混合料的和易性受到影响。因此,改性乳化沥青稀浆封层的砂当量指标应高于普通稀浆封层的指标要求。

(2)改性乳化沥青稀浆封层可以灵活地应用在公路的不同层面,如高速公路半刚性基层的上封层、一、二级公路的沥青面层,以及一些特殊路段。对于不同层面的矿料技术要求,改性乳化沥青稀浆封层混合料均应该满足我国规范中制订的相应结构层的粗、细集料技术要求。

3)矿料级配

可以按照普通稀浆封层的 ES-1、ES-2、ES-3 型配制成改性乳化沥青稀浆封层的矿料级配,这也是改性乳化沥青稀浆封层的一个特点,特别适用于我国贯入式路面、冷拌沥青混合料路面等路面的上封层。

4)稀浆混合料的技术指标

改性乳化沥青稀浆封层的混合料技术指标除了满足普通稀浆封层的要求外,应该特别注意要求配伍性等级要求,配伍性分级试验可以较好地评价改性乳化沥青与细集料的配伍性以及稀浆混合料的抗水损能力。

2. 改性乳化沥青稀浆封层的施工特点

1)采用间断式作业的微表处摊铺车

微表处摊铺车可以满足改性乳化沥青稀浆封层的施工技术,而普通稀浆封层车却难以满足。

2)对于交通量有限的施工路段,改性乳化沥青稀浆封层施工应配置轮胎压路机,在稀浆混合料已破乳并初步成型时进行轮胎压路机碾压。

3. 改性乳化沥青稀浆封层的施工质量控制

改性乳化沥青稀浆封层可以应用于不同等级的沥青路面,因此,参考《公路沥青路面施工技术规范》(JTG F40—2004)提出的施工质量管理与检查验收要求,然后结合具体的工程,提出改性乳化沥青稀浆封层的施工质量控制要求。

二、纤维乳化沥青稀浆封层

纤维乳化沥青稀浆封层也是在普通稀浆封层的基层上,通过掺加纤维提高普通稀浆封层路用性能。纤维乳化沥青稀浆封层具有抗裂性、耐磨性能好、技术经济价值高等特点,并拥有普通稀浆封层所具有的优点。

纤维乳化沥青稀浆封层有普通乳化沥青的纤维稀浆封层和改性乳化沥青的纤维沥青稀浆封层。

1. 纤维在乳化沥青稀浆封层中的作用机理

纤维稀浆封层中的纤维可以吸附部分沥青,从而增大沥青用量,提高沥青饱和度,并且使黏结在矿料上结构沥青膜变厚,降低了水对沥青胶浆的侵蚀作用,增强了沥青胶浆抵抗自然环境破坏的能力,并且纤维能够握裹集料,以沥青为黏结物质,起到"加筋"效果,更能改善稀浆封层的整体结构。

2. 纤维的种类与选择

国内纤维乳化沥青稀浆封层应用较多的是木质素纤维和聚丙烯纤维。

1)木质素纤维

木质素纤维是天然木材经过化学处理得到的有机纤维,外观为棉絮状,呈白色或灰白色。通过筛选、分裂、高温处理、漂白、化学处理、中和、筛分成不同长度和粗细度的纤维以适应不同应用材料的需要。由于处理温度高达250℃以上,在通常条件下是化学上非常稳定的物质,不为一般的溶剂、酸、碱腐蚀,具有无毒、无味、无污染、无放射性的优良品质,不影响环境,对人体无害,属绿色环保产品,这是其他矿物质素纤维所不具备的。纤维微观结构是带状弯曲的,凹凸不平的,多孔的,交叉处是扁平的,有良好的韧性、分散性和化学稳定性,吸水能力强,有非常优秀的增稠抗裂性能。

(1)性能参数

长度:均小于6mm 灰分含量,≤18%。

pH 值:7.0 ±0.5。吸油率:不小于纤维自身质量的5倍。

含水率:<5%。耐热能力:230℃(短时间可达280℃)。

(2)木质素纤维加入量

通常用量为沥青用量的3%。

2)聚丙烯纤维

聚丙烯纤维是采用纤维级聚丙烯为原料,经特殊工艺加工处理而形成的高强度束状单丝有机纤维,其固有的耐强酸,耐强碱,弱导热性,具有极其稳定的化学性能。

(1)性能指标

聚丙烯纤维性能指标见表12-16。

聚丙烯纤维性能指标 表12-16

项　目	指　标	项　目	指　标
纤维直径(μm)	13	密度(g/cm³)	1.18
切断长度	6	抗拉强度(MPa)	>910
截面形状	花生果状	最大伸拉率(%)	8~12
颜色	淡黄色	初始模量(MPa)	>17 100

(2)聚丙烯纤维加入量

通常用量为沥青用量的3%。

3.纤维乳化沥青稀浆封层纤维的添加方法

1)纤维与集料预先混合

预先将纤维按比例加入到干燥的集料中进行拌和均匀,形成纤维混合集料,装入稀浆封层车上,然后将乳化沥青、纤维混合集料、填料、水、添加剂等按照设计配合比拌和成纤维稀浆混合料,摊铺到原路面上形成纤维乳化沥青稀浆封层路面。

2)纤维直接加入到稀浆封层(微表处)摊铺车的搅拌箱内(图12-4)

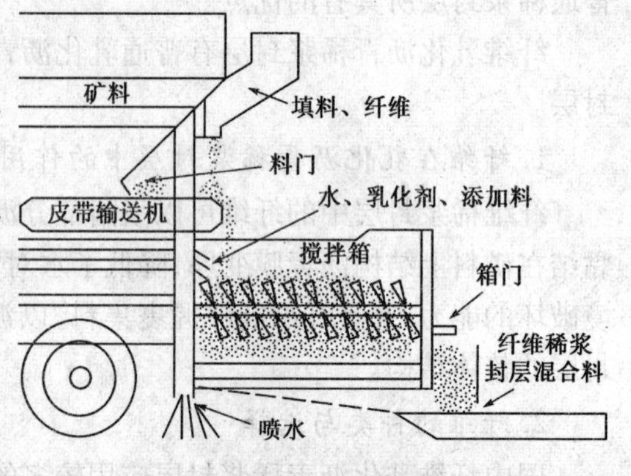

图12-4　纤维直接加入到稀浆封层(微表处)摊铺车的搅拌箱内示意图

纤维直接加入到乳化沥青稀浆封层(微表处)摊铺车的搅拌箱内,摊铺车需要增加纤维喂料机。纤维添加过程如图12-5所示。

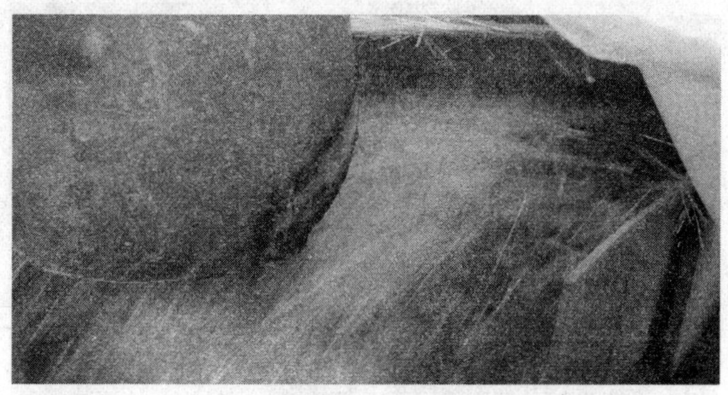

图 12-5　纤维添加过程

4. 纤维乳化沥青稀浆封层应用实例

1)辽宁省沈阳三鑫公司纤维乳化沥青稀浆封层应用

辽宁省沈阳三鑫公司 2007 年及 2008 年累计应用纤维改性乳化沥青稀浆封层面积超过 200 万平方米。

经过对纤维改性乳化沥青稀浆混合料与未用纤维的改性乳化沥青稀浆混合料技术指标进行了比较,结论如下:

(1)纤维改性乳化沥青稀浆混合料与未用纤维的改性乳化沥青稀浆混合料技术指标比较

①湿轮磨耗试验结果:黏结性、抗磨耗性能、抗水损害性能提高 33%。

②轮辙试验结果:抗变形能力提高 60%。

③单轴压缩试验结果:热稳定性能提高 29%。

④劈裂试验结果:低温抗裂性能提高 15%。

(2)路面指标比较(图 12-6)

图 12-6　纤维乳化沥青稀浆封层局部外观图

①摩擦系数平均摆值 55BPN,规范要求大于 45BPN。

②构造深度 0.7mm,规范要求大于 0.6mm。

③渗水系数 0,规范要求小于 10mL/min。

辽宁省沈阳三鑫公司进行纤维改性乳化沥青稀浆封层施工如图 12-7 所示。

图 12-7　辽宁省沈阳三鑫公司进行纤维改性乳化沥青稀浆封层施工

2）福建省公路管理局纤维乳化沥青稀浆封层应用

2001 年 6 月福建省公路管理局在省道小浦线山区公路 K166 ~ K167 路段，组织施工了掺聚丙烯纤维乳化沥青稀浆封层试验路段。

为了使纤维均匀发布在混合料中，用砂浆搅拌机将粗细集料进行预先拌和，纤维要均匀撒入集料中。

施工采用国产 ZRLF-40 加强型乳化沥青稀浆封层车，混合料经过双轴桨叶搅拌箱拌和后送入 3m 宽摊铺箱，箱内有两组三排液压螺旋分料器。

施工后 6 个月对试验路路用性能进行检测，相关指标达到乳化沥青稀浆封层施工质量检验标准要求，结果见表 12-17。

试验路路用性能检测结果　　表 12-17

桩　号	不平整度（mm）		摩擦系数	构造深度（mm）
	施工前	施工后		
166K +750	9.5	5.0	48	0.47
166K +800	8.2	4.0	51	0.51
166K +850	10.2	5.1	45	0.52
166K +900	9.4	4.7	47	0.60
166K +950	8.7	4.2	52	0.60
标准要求		≤5	≥45	0.2 ~ 0.4

三、橡胶粉乳化沥青稀浆封层

橡胶粉乳化沥青稀浆封层是通过掺加橡胶粉，来提高普通稀浆封层路用性能。

1. 橡胶粉稀浆封层的作用机理

（1）废轮胎橡胶粉在橡胶乳化沥青稀浆封层的稀浆混合料中是作为填料使用，可以提高乳化沥青稀浆封层的使用效果，如改善稀浆混合料的施工和易性，提高稀浆封层的抗滑性和抗渗性等。

（2）废轮胎橡胶粉作为改性剂，加入稀浆混合料中，可以提高封层的路用性能，使封层质量得到极大地改善。

(3)提高行车的舒适性和安全性：由于橡胶路面的柔性，将缓冲路面局部不平整引起车辆的震动，改善轮胎与地面的附着性能，缩短制动距离，从而使车辆的舒适性和安全性都得到改善。

(4)降低行车噪音：随着公路建设和汽车工业的发展，道路噪音已成为城市居民的一大公害，因此降低道路噪音成了人们关心的重要社会问题。根据一些学者分析，橡胶粉的弹性加上级配的稀浆混合料和平整的路面可有效地降低车轮在路面上行驶的噪音。

橡胶粉乳化沥青稀浆封层有普通乳化沥青的橡胶粉稀浆封层和改性乳化沥青的橡胶粉稀浆封层。

2. 橡胶粉的种类选择

橡胶粉乳化沥青稀浆封层的废轮胎胶粉粒度以 20 ~ 40 目为宜，其物理化学指标见表12-18和表12-19。

路用废轮胎胶粉的物理技术指标　　表12-18

项　　目	相对密度	水分(%)	金属含量(%)	纤维含量(%)
检测结果	1.21	0.27	0.002	0

路用废轮胎胶粉的化学技术指标　　表12-19

检测项目	灰分(%)	丙酮抽出物(%)	炭黑含量(%)	橡胶烃含量(%)
检测结果	6.62	10.02	32.86	51.42

3. 橡胶粉乳化沥青稀浆封层稀浆混合料的制备方法

1)制成橡胶粉乳化沥青(湿法)

将橡胶粉加入到乳化沥青中，制成橡胶粉乳化沥青(也称为湿法)。橡胶粉颗粒表面带有负电荷，因此，这种方法橡胶粉比较容易与阴离子乳化沥青混合，效果也比较稳定。而橡胶粉与阳离子乳化沥青混合必须采用一定的技术措施后，才能形成稳定的橡胶粉乳化沥青。

2)制成混合橡胶粉集料(干法)

预先将橡胶粉按比例加入到干燥的集料中进行拌和均匀(也称为干法)，形成混合橡胶粉集料，装入稀浆封层车上，然后将乳化沥青、混合橡胶粉集料、填料、水、添加剂等按照设计配合比拌和成橡胶粉稀浆混合料，摊铺到原路面上形成橡胶粉乳化沥青稀浆封层路面。

3)橡胶粉直接加入稀浆混合料中(干法)

在稀浆封层车上，乳化沥青、集料、填料、水、添加剂和橡胶粉等按照设计配合比拌和成橡胶粉稀浆混合料(也称为干法)，摊铺到原路面上形成橡胶粉乳化沥青稀浆封层路面。

4. 橡胶粉乳化沥青稀浆封层的施工特点

采用间断式作业的微表处摊铺车。微表处摊铺车可以满足橡胶粉乳化沥青稀浆封层的施工技术，而普通稀浆封层车却难以满足。

5. 橡胶粉乳化沥青稀浆封层的施工质量控制

橡胶粉乳化沥青稀浆封层可以应用于不同等级的沥青路面，因此，参考《公路沥青路面施工技术规范》(JTG F40—2004)提出的施工质量管理与检查验收要求,然后结合具体的工程,提出橡胶粉乳化沥青稀浆封层的施工质量控制要求。

6. 橡胶粉乳化沥青稀浆封层应用实例

辽宁省沈阳三鑫公司曾经对改性乳化沥青稀浆封层、纤维改性乳化沥青稀浆封层、橡胶粉乳化沥青稀浆封层和橡胶粉改性乳化沥青稀浆封层的稀浆混合料的技术指标进行对比试验,结果如表12-20所示。

不同稀浆封层类别的稀浆混合料技术指标比较　　表12-20

稀浆封层类别	稀浆混合料指标	
	湿轮磨耗试验	负荷车轮试验
乳化沥青	309	437
改性乳化沥青	358	187
改性乳化沥青 + 纤维	164	347
乳化沥青 + 6% 橡胶粉	220	187
乳化沥青 + 8% 橡胶粉	300	253
改性乳化沥青 + 4% 橡胶粉	139	267
JTG F40—2004 规范要求	<540	<450

2006年辽宁省沈阳三鑫公司在朝阳市北防线及鞍山市鞍腾线铺筑了橡胶粉改性乳化沥青稀浆封层的试验路段,跟踪观测显示,具有很好的路用性能。

第九节　乳化沥青稀浆封层工程实例

一、河北保衡公路慢裂快凝乳化沥青稀浆封层工程实例

1. 工程概况

河北保衡路于1997年12月建成通车,日交通量达3000车次以上,为保定市至衡水市的城间公路。由于公路通过重载、超载车辆较多,运行至2001年,公路路面出现了大面积的坑槽、变形、网裂、车辙且平整度较差,如不及时处理,病害将更加严重。

2. 施工方案

在处理好路面病害的情况下进行慢裂快凝乳化沥青稀浆封层罩面。路段确定河北保衡路K111 + 500 ~ K133 + 500,辛德K28 + 120 ~ K28 + 800,共22.73km,计270 720m^2。

3. 原材料技术要求

乳化剂:SF-MK慢裂快凝乳化剂,有效含量100%,用量8% ~12%;

沥青:滨化90号重交道路沥青;

矿料:选用河北鹿泉张庄ES-2型级配料,矿料质量符合《公路沥青路面施工技术规范》(JTJ 032—94)乳化沥青稀浆封层的矿料级配范围,料厂筛分试验数据如表12-21所示。

矿料的筛分结果　　表 12-21

筛孔(mm)	9.5	4.75	2.36	1.18	0.6	0.3	0.15	0.075
质量通过百分率	100	96.36	68.96	54.34	42.79	26.27	15.78	12.93

备料方法:集中备料,人工筛除过大集料,并用铲车掺匀,砂当量 68.6%,活性 0.71,无杂质。

4. 混合料配合比设计

根据当时气温、湿度、风力、油石比、矿料等,并结合当地实际,确定混合料的最佳配方,9 月 2 日 ES-2 型的一组室内试验对比数据,如表 12-22 所示。

ES-2 型室内试验技术指标　　表 12-22

级配 ES-2 型		干集料:乳化沥青:水		
		100:15.5:15	100:15:14	100:14.5:14
项目	指标要求	级配 1	级配 2	级配 3
温度	室温℃	29	29	34
	地温℃	38	42	43
拌和时间(min)	1~3	2.5	2	2
稠度(mm)	20~30	29	27	24
初凝时间(h)	<3	0.41	0.33	0.33
开放交通时间(h)	<4	1.83	1.58	1.25
浸水 1h 湿轮磨耗(g/m^2)	<800	559.3	592.2	723.8
黏附砂量试验(g/m^2)	<600	547.4	473.6	442.1

根据浸水 1h 湿轮磨耗值及黏附砂量试验值绘制曲线图(图 12-8 和图 12-9),确定最佳乳化沥青用量如图 12-10 所示。

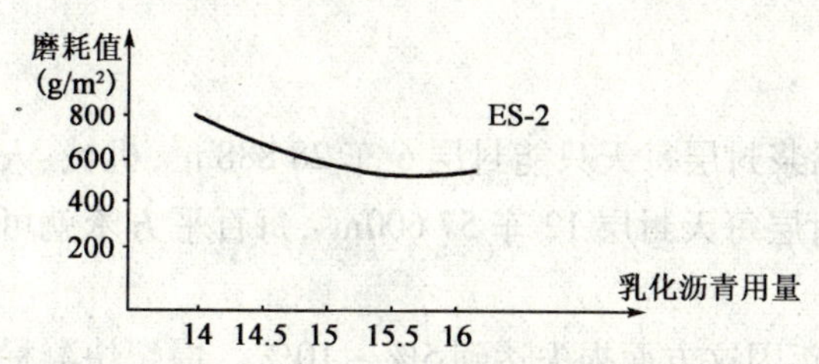

图 12-8　混合料中乳化沥青含量与磨耗值的关系曲线

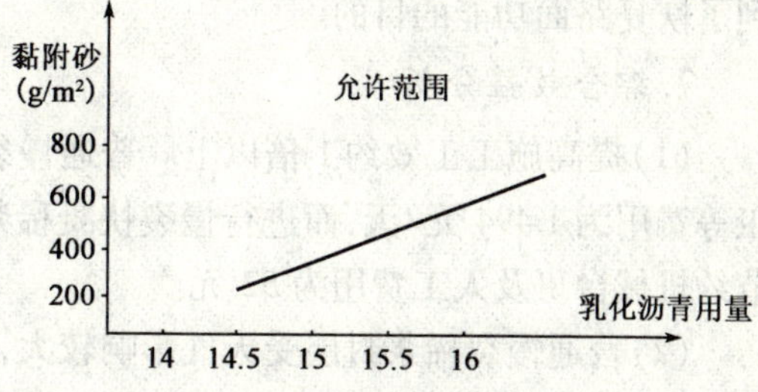

图 12-9　荷载车轮试验中乳化沥青含量与黏附砂量的关系曲线

由曲线图得出 ES-2 型最佳级配为:

干骨料:乳化沥青:水 = 100:15.35:15

5. 施工路段的铺筑

施工路段为河北保衡路 K111 + 500 ~ K133 + 500,辛德 K28 + 120 ~ K28 + 800,共 22.73km,计 270 720m^2,施工时间 2001 年 9 月 1 日 ~10 月 21 日。

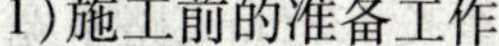

1)施工前的准备工作

(1)首先对原路面进行检测,处理好路面病害,底层强度达到设计要求,然后进行统一清扫。

(2)根据工作量,备足合格集料及乳化沥青,确保及时供应。

(3)稀浆封层摊铺机为阿克苏·诺贝尔HD-10型,施工前进行了计量标定,求出单位时间不同刻度下材料输出量,确定各种材料的料门开度。调试其他辅助设备,确保良好工作状态。

(4)现场设置施工标志牌,封闭管制交通。对施工路段进行半幅施工,半幅通车,交替施工。专人负责施工安全,防止非施工人员、非机动车与机动车进入施工区。

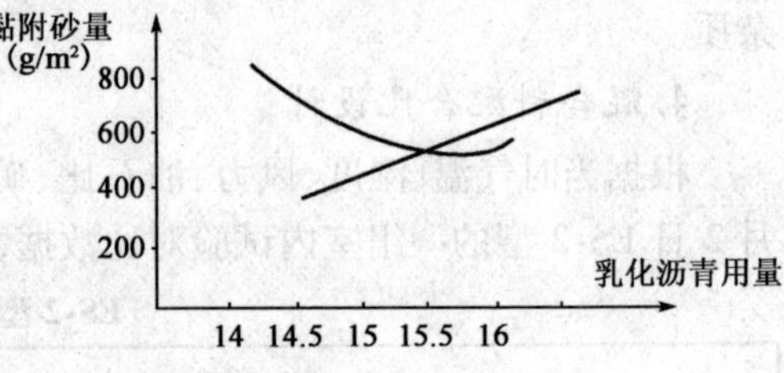

图12-10　最佳乳化沥青用量选择的曲线

2)施工程序

(1)放样画线。

(2)摊铺:调整好料门开度,各部件运转正常后,打开出料阀门,待摊铺箱内稀浆混合料达到1/2时,稀浆封层摊铺机起步行驶,匀速进行摊铺。

(3)局部修补:每车的起点或结束一般都会产生过厚或不匀,应人工找平,边缘不齐要及时修整。

(4)早期养护:在初期养护时间内,不允许任何车辆或行人通行。

(5)开放交通:撤除施工标志,解除交通管制,引导车辆通过时要低速行驶。

6. 路用效果评价

室内试验与实际施工的主要差别是拌和时间,为了延长拌和时间,采用SF－MK慢裂快凝乳化剂水溶液做缓凝剂,根据气温,调整用量为0.75‰～1‰。

通过一年的观察、测定,封层成型好,表面平整密实,外观颜色一致,封层后不仅提高了路面的抗滑性、纹理深度,防水性能较原路有明显改善,封层路面无任何脱落、光滑、推移出现,达到了恢复路面功能的目的。

7. 综合效益分析

(1)提高施工工效约1倍以上。普通慢裂稀浆封层每天只能封层6车28 888m^2,机械、人工等费用为1 494元/天,而进行慢裂快凝稀浆封层每天封层12车57 600m^2,每百平方米就可节约机械台班及人工费用为52元。

(2)普通慢裂稀浆封层受天气影响较大,每年因这方面损失达到5%～10%。慢裂快凝稀浆封层的初凝时间不超过20min,突然下雨造成的损失也是较少,每百平方米可节约15～20元。

(3)该乳化剂生产的乳化沥青,对还原后沥青无明显改变,较普通慢裂稀浆封层使用寿命可提高20%以上,每百平方米可节约直接费用32～37元。

二、葫六线路面改性稀浆封层工程实例

1. 工程概况

葫六线路面工程起于辽宁葫芦岛,止于六家,为新建二级公路,全长13.5km,路基宽度为

15m，路面宽度为12m，设计结构为20cm天然砂砾垫层、20cm水稳砂砾基层、5cm沥青碎石下面层、两层稀浆封层：底层为3～5mm的慢裂慢凝型稀浆封层，顶层为1cm的改性稀浆封层结构。该路线的交通量约为3 000次/昼夜。2002年7月15日开始施工。

2.施工方案

1)在沥青碎石结构上进行透层稀浆封层

用0.075mm筛孔通过率大于15%的石灰岩机制砂与透层慢裂慢凝乳化沥青进行拌和，形成稠度偏稀的浆体，成型厚度为3mm以上。

2)在透层结构上进行改性稀浆封层

待透层稀浆混合充满底层孔隙，达到饱和并完全破乳成型后，进行改性稀浆封层，成型厚度为10mm。

3.原材料技术要求

1)粗集料

采用0.5～1.0cm石灰岩碎石，产地辽阳市政石场，粗集料技术要求见表12-23。

粗集料技术要求　　表12-23

指　　标	实　测　值	技术要求	试验方法
石料压碎值(%)	13.4	≤28	T 0316
洛杉矶磨耗损失(%)	17.8	≤30	T 0317
与沥青的黏附性(级)	4	>3	T 0616
针片状含量(%)	9.2	≤15	T 0312
磨光值(BPN)	48	≥42	T 0321

2)细集料

采用0.5cm以下石灰岩石屑，产地凌源石场，细集料技术要求见表12-24。

细集料技术要求　　表12-24

指　　标	实　测　值	技术要求	试验方法
砂当量(%)	72	≥60	T 0334

3)透层乳化沥青：采用沈阳三鑫公司生产的慢裂慢凝型和SXM型慢裂快凝型乳化沥青。

(1)改性剂：SBR胶乳；

(2)乳化剂：采用沈阳三鑫公司生产的SXK－1型乳化剂。

4)改性乳化沥青

用SBR胶乳、SXK－1型乳化剂和基质沥青生产改性乳化沥青，改性乳化沥青技术指标见表12-25。

4.混合料配合比设计

1)混合料矿料级配设计

对集料进行筛分试验，用图像法确定集料用量比为粗集料∶细集料＝1∶2.5(质量比)。

2)混合料配合比设计

(1)可拌和试验

改性乳化沥青技术指标 表 12-25

项　目	实　测	ISSA 要求
筛上剩余量(%)	0.1	0.3
蒸发残留物(%)	65	62
粒子电荷	+	
恩格拉黏度计 E_{25}	15	6 ~ 28
黏附性(%)	85	
储存稳定性(5d)	2.6	
针入度(25℃)(10^{-1}mm)	67	40 ~ 90
弹性恢复(25℃)(%)	60	
延度(5℃)(cm)	28	

模拟现场施工的工作状况,确定乳化沥青中乳化剂品种,用量或添加剂种类和用量,改性乳化沥青可拌和试验结果见表 12-26。

改性乳化沥青可拌和试验结果 表 12-26

矿料用量(g)	改性乳化沥青用量(g)	水(g)	可拌和时间(s)	
			实测值	规定值
200	20	18	360	>120

(2)稠度试验

确定混合料的适宜用水量,改性乳化沥青混合料稠度试验结果见表 12-27。

改性乳化沥青混合料稠度试验结果 表 12-27

矿料用量(g)	改性乳化沥青用量(g)	水(g)	稠度值(cm)	
			实测值	规定值
500	50	45	2.6	2 ~ 3

(3)湿轮磨耗试验(WTAT)

确定混合料中乳液的最小用量,ISSA 规定 WTAT 值≤538g/m^2。

(4)负荷轮试验(LWT)

确定混合料中乳液的最大用量,ISSA 规定 WTAT 值≤600g/m^2,见表 12-28。

WTAT 和 LWT 试验数据(g/m^2) 表 12-28

试 验 方 法	改性乳化沥青用量(%)				
	8	9	10	11	12
WTAT	986	765	488	352	298
LWT	203	364	522	738	956

(5)黏结力试验

当摊铺时间达到45min时，黏结力达到初凝时间；摊铺75min时即可开放交通。

3）级配矿料

混合料配合比组成设计为：级配矿料：改性乳化沥青：水＝100：10：9（质量比）

5.施工工艺

1）施工前的准备

2）现场施工

（1）用稀浆封层车将透层乳化沥青与透层乳化沥青进行拌和，并摊铺在沥青碎石下面层上，在未破乳成型之前，做好早期养护。

（2）进行改性稀浆封层施工

（3）摊铺结束，组织专人进行交通管制，完全成型后开放交通。

6.路用效果评价

1）抗滑性能检测

（1）摩擦系数

用BM型摆式仪测定道路摩擦系数，实测值为62；一年后再次测定摩擦系数实测值为56，均满足规定要求（＞45）。

（2）构造深度

采用人工摊铺砂法进行测定，构造深度为0.84mm，一年后再次测定实测值为0.73mm。

2）防水性能检测

用渗水仪对多点进行测定，两次检测渗水系数均接近0。

3）黏结性能检测

通过钻心取样，芯样显示沥青碎石上表层有3mm的深度已经渗入乳化沥青，改性稀浆封层混合料与沥青碎石黏结紧密，形成一个牢固整体。

4）外观质量

经过一年多的行车作用，未发现任何脱落，松散等病害，封层后道路的接缝平顺，颜色均称，外观质量良好。

7.综合效益分析

1）经济效益

1cm改性稀浆封层单价控制在15元/m^2，与3cm热沥青混凝土相比较，改性稀浆封层路用效果完全达到并且部分指标优于热沥青混凝土，而工程造价仅为热沥青混凝土的1/2。

2）社会效益

常温施工，节约热能，减少大气污染，减轻工人劳动强度，改善施工条件。

三、改性稀浆封层在G35高速公路商丘段的应用

1.基层结构特点

商亳高速公路基层采用水泥稳定碎石，为半刚性基层。半刚性基层的特点是刚度与强度大（试验表明，商亳高速公路水泥稳定碎石基层的抗压强度达到10MPa以上），容易产生干裂与缩裂，而且耐磨性差。

在半刚性基层上设置改性稀浆封层为下封层,其功能为:

(1)在铺设沥青下面层之前充当磨耗层,保护耐磨性差的半刚性基层,免受施工交通和临时交通的破坏;

(2)保护半刚性基层及路基越冬;

(3)防止水分蒸发,对基层起养生作用;

(4)在路面结构中,与透层配合,对下面层和基层起黏结作用,可以更有效地传递荷载,确保了路面结构的整体性与连续性;

(5)防止从面层渗入的水下渗到基层和路基,也防止地下的水上升到面层;

(6)延缓半刚性基层的裂缝向面层反射,起应力吸收薄膜的作用。

2. 材料

1)改性乳化沥青

(1)基质沥青

选用中海泰州70号道路石油沥青,其质量标准符合《公路沥青路面施工技术规范》(JTG F40—2004)中的规定。其主要技术指标见表12-29。

中海泰州70号道路石油沥青主要技术指标 表12-29

项目		单位	检测结果	JTG F40—2004技术要求	试验方法
针入度(25℃,100g,5s)		0.1mm	64	60~80	T 0604
延度(15℃,5cm/min)		cm	>150	≥100	T 0605
软化点(环球法)		℃	49.8	≥46	T 0606
含蜡量(蒸馏法)		%	1.88	≤2.2	T 0620
闪点(COC)		℃	294	≥260	T 0611
溶解度(三氯乙烯)		%	99.90	≥99.5	T 0607
薄膜加热试验(163℃5,h)	质量变化	%	-0.02	不大于±0.8	T 0609
	针入度比	%	65	≥61	T 0604
	延度(15℃,5cm/min)	cm	100	≥15	T 0605

(2)改性剂

选用国内某公司的SBR胶乳,其特点是能显著提高沥青软化点、低温延度、黏韧性和耐久性,与阳离子乳化剂配伍较好,不破乳,不分层。SBR胶乳的主要技术指标参照表12-30。

国内某公司的SBR胶乳的主要技术指标 表12-30

总固物含量(%)	外观	pH值	黏度(mPa·s)	粒径(μm)	残单(%)	机稳(%)	密度(g/cm^3)
40~60	乳白色黏性乳液	7~9	40~80	0.1~0.2	<0.3	<0.3	0.96~0.98

一般情况下,聚合物改性剂剂量(固胶占沥青的质量百分比)不得小于3%。

(3)乳化剂

选用国内某公司的慢裂快凝型阳离子乳化剂,其外观为浅黄色黏稠液体,活性物含量60±2%,pH值7~9,溶解度为1:100的水全溶。该乳化剂的特点是活性物含量高,用量少,对矿料选择性宽,有充足拌和时间,固化时间小于60min。

(4)改性乳化沥青通过试验确定的配合比

沥青60%,乳化剂1.5%,改性剂4%,水加至100%;基质沥青温度为135℃,乳液温度为55℃并用稀盐酸调整乳液pH值至3。

(5)改性乳化沥青指标及实测值

改性乳化沥青应符合规定,其试验方法遵照《公路工程沥青及沥青混合试验规程》(JTG E20—2011)中的规定执行,如表12-31所示。

改性乳化沥青技术指标　　表12-31

项　目		技术标准值	实　测　值	试验方法
筛上剩余量(1.18mm)(%)		≤0.1	0.04	T 0652—1993
电荷		阳离子正电(+)	+	T 0653—1993
破乳速度		慢裂快凝	慢裂快凝	T 0658—1993
标准黏度 $C_{25,3}$(s)		12~60	12.3	T 0621—1993
蒸发残留物含量(%)		≥60	63.6	T 0651—1993
蒸发残留物性质	针入度(100g,25℃,5s)	40~90	49.5	T 0604—2011
	软化点	≥53	66.2	T 0606—2011
	延度(5℃,5cm/min)	≥30	>100	T 0605—2011
	溶解度(三氯乙烯)	≥97.5	99.5	T 0607—2011
储存稳定性,1d		≤1%	0.8%.	T 0655—1993

注:现场存储的改性乳化沥青在装运后36h以内使用,可以不做5d储存稳定性试验。

2)矿料

用于稀浆封层的矿料要求坚硬、有棱角、耐磨、不含泥土等杂质,砂当量大于65%。根据《公路沥青路面施工技术规范》(JTG F40—2004),并参考ISSA国际封层协会技术指南。选择矿料级配ES-Ⅱ型。表12-32为本次封层集料的筛分结果。

集料的筛分结果　　表12-32

筛孔尺寸(mm)	9.5	4.75	2.36	1.18	0.6	0.3	0.15	0.075
标准级配	100	90~100	65~90	45~70	30~50	18~30	10~21	5~15
实测结果	100	96.8	79.1	62.7	39.4	27.3	19.6	14.2

3)填料

结合实际情况,本工程未添加填料。

4)水

水的硬度及离子性对乳化沥青生产有较大的影响:生产阳离子的乳化沥青时,碳酸离子、碳酸氢离子的存在成为不利的因素。因为这些离子常常与作为阳离子乳化剂所常用的水溶性氨基酸盐进行反应,生成不溶性盐。此外,水中存在粒状物质时,一般带负电荷的物质居多,由于阳离子乳化剂的吸附,对阳离子乳化沥青的生产是不利的。

可以采用可饮用水,水中不含有害的可溶性盐类或能引起化学反应的物质和其他污染物。

5)添加剂

结合实际情况,本工程未使用添加剂。

6)理论配合比

骨料:改性乳化沥青:水=100:(7.5~13.5):(6~11)

3. 施工

1)准备工作

(1)材料准备

将改性乳化沥青、集料及水备齐。筛出超大粒径石料,并对改性乳化沥青进行检测。符合要求方可投入使用。

(2)机械设备的准备

对施工中采用的稀浆封层机、压路机等机具设备进行调试。严格计量稀浆封层机的计量控制系统。根据室内试验确定的稀浆混合料设计配合比,对改性乳化沥青、集料、水的用量,进行单位输出量的标定。

2)施工程序

(1)清洁工作面

本工程在铺设稀浆封层之前,先铺设乳化沥青透层。因此在封闭交通后,要清扫基层上的泥土、杂质及其他附着物,并用灭火器吹尘或结合高压水枪冲洗,提高透层的作用效果,使稀浆封层和基层更好的黏结(图12-11)。

图12-11　清扫基层施工

(2)放样划线

根据封层路幅全宽,调整摊铺箱宽度,使摊铺次数为整数,尽量避免半幅施工方案。划出引导线,保持线路笔直。

(3)摊铺

先调整摊铺厚度到设计值,然后根据设计配比,调整好各材料的料门开度。检查各部件运行正常后,打开出料阀门进行拌和,并将混合料送入摊铺箱,进行摊铺。摊铺过程中应保持混合料合适的稠度,保证摊铺的平整度、均匀性等外观质量。如果出现漏铺、厚度不足及过厚情况,应及时调整并修补。同时还要保证纵向接缝过渡自然,横向接缝平整(图12-12)。

(4)碾压

封层初凝后(黏聚力大于12kg·cm),可以采用胶轮压路机进行2~3次低速碾压(5~8km/h),碾压时应洒水。碾压后可以开放交通。

4. 质量控制

1)施工前的材料与设备检查

(1)必须提供原材料的检测报告、稀浆混合料的设计报告和检测报告,确认符合要求;必须提供施工生产配合比报告;必须提供摊铺车标定报告。在确认材料、设计等没有变化和符合要求后,方可施工。

(2)材料质量检查应以同一料源、同一次购入并运至生产现场(或储入同一储罐)的相同规格品种的集料、改性乳化沥青等为一“批”进行检查。检查频率和要求如表12-33所示。

图12-12　改性稀浆封层施工

材料质量检查频率和要求　　表12-33

材　　料	检查项目	要求值	检验频率
改性乳化沥青	表12-31要求的检测项目	符合设计要求	每批来料一次
矿料	砂当量		
	级配		
	含水率	实测	每天一次

此外,改性乳化沥青进行三种常规检测,作为参考指标。具体如下:

①抗剥落试验,剥落率应小于10%。

将乳液均匀涂在玻璃或瓷片上,然后均匀洒布一层粒径为1cm的石料,阳光下破乳后,放置10~12h。将试片固定于倒置水泥混凝土振动板上,振动1分钟,检测散落石料的重量百分比。

②成膜试验,成膜厚度应是非改性乳化沥青的1.5倍以上。

室温下,将玻璃板上分别滴加0.2g的非改性和改性乳化沥青成圆点,待其充分稳定后测定其直径进行对比。

(3)施工前应对稀浆封层机的性能、标定和设定以及辅助施工车辆配套情况、性能等进行检查。

(4)当改性乳化沥青蒸发残留物含量和矿料含水率发生变化,必须调整稀浆封层机的设定,确定材料配合比后才可施工。

2)下封层施工过程的质量控制

(1)施工中应对稀浆混合料进行抽样检测,抽检项目、频率、允许误差及方法见表12-34。

(2)稠度检验的经验法

在刚刚摊铺出的稀浆混合料上用直径10mm左右的细棍划出一道划痕,如果划痕马上就被两边的材料淹没,说明稀浆混合料的稠度偏稀,应适当降低用水量。

如果划痕两边的材料呈松散状态,说明稀浆混合料过稠,也可能已经破乳,应该铲除已经摊铺的稀浆混合料;如果划痕能够保持3~5s后才被周围材料覆盖,周围的材料仍然有一定的流淌性,说明混合料的稠度合适。

稀浆混合料抽样检测项目和要求　　表 12-34

项　目	要　求	检验频率	检验方法
稠度	适中	1 次/100m	经验法
油石比	设计油石比 ±0.3%	1 次/日	三控检验法
矿料级配	满足设计要求	1 次/日	摊铺过程中从骨料输送带出口接出集料筛分
外观	表面平整、均匀、无离析、无划痕	全线连续	目测
摊铺厚度	-10%	5 个断面	钢尺测量，每幅中间及两侧各 1 点
WTAT 浸水 1h 浸水 6h	不大于 540g/m^2 不大于 800g/m^2	1 次/周或 5 万 m^2	湿轮磨耗试验

3）下封层施工交工验收阶段的质量检查与验收（表 12-35，图 12-13）

下封层施工交工验收检验要求　　表 12-35

项　目		质量要求	检验频率	方　法
表观质量	外观	表面平整、密实、均匀、松散、无花白料、无轮迹、无划痕	全线连续	目测
	横向接缝	对接平顺	每条	目测
	纵向接缝	宽度小于 80mm，不平整小于 6mm	全线连续	目测或用 3m 直尺测量
	边线	任一 30m 长度范围内的水平波动不得超过 ±50mm	全线连续	目测或用尺测量
渗水系数		10mL/min	3 个点/km	T 0971
厚度		-10%	3 个点/km	钻孔、挖小坑或其他有效方法

图 12-13　改性乳化沥青稀浆封层下封层

5. 结束语

SBR 乳液提高了乳化沥青的各种性能指标，尤其是低温抗裂性与高温稳定性，蒸发残留物的 5℃延度超过 100cm，软化点超过 60℃。

热流动性试验、抗剥落试验及成膜试验的试验方法和指标有待进一步的验证、完善。

清洁工作面工序简单,在以往的施工中却经常忽视、不彻底,它是关系改性稀浆封层成败的重要步骤,应得到足够的重视。

通过在商亳高速公路上的应用,质量控制方法切实可行,行之有效,使改性乳化沥青稀浆封层达到了预期的效果。

本章参考文献

[1] 中华人民共和国行业标准. CJJ 66—95　路面稀浆封层施工规程[S]. 北京:中国建筑工业出版社,1996.5.

[2] 中华人民共和国行业标准,JTG F40—2004　公路沥青路面施工技术规范[S]. 北京:人民交通出版社,2004.11.

[3] 交通部公路科学研究院. 微表处和稀浆封层技术指南[J]. 北京:人民交通出版社,2006.3.

[4] ISSA. Recommended Performance Guidelines for Emulsified Asphalt Slurry Seal Surfances. A105(revised) May 2005.

[5] 徐培华,宋哲玉. 乳化沥青稀浆封层应用技术[C]. 2000 年道路工程学会学术交流会论文集. 北京:人民交通出版社,2000.

[6] 傅香如. 稀浆封层和微表处施工技术研究[D]. 西安:长安大学,2006.

[7] 孙祖望. 稀浆封层技术与设备的发展[J]. 交通世界(建养机械),2006.5.

[8] 王佳良. 国外乳化沥青稀浆封层技术的应用和发展[C]. 乳化沥青技术优秀论文集(1992年度),1993.8.

[9] 周泽民. 稀浆封层在英国的应用[J]. 国外公路,1997,17(4).

[10] 平自要. 沥青路面下封层与半刚性基层黏结效果评定方法[J]. 石油沥青,2008,22(3).

[11] 郑宗伟. 慢裂快凝乳化沥青稀浆封层在河北保衡公路上的应用[C]. 乳化沥青技术优秀论文集(2002 年度),2002.10.

[12] 李荫国. 微表处应用范围拓展及新型稀浆封层应用[R]. 2010 年乳化沥青学术交流会演讲 PPT 汇编,2010.12.

[13] 李林林,蒋玮,等. 论稀浆封层、改性稀浆封层、微表处之异同[J]. 交通标准化,2008 年第9 期(总 181 期).

[14] 杨肩宇. 聚丙烯纤维乳化沥青稀浆封层技术研究[J]. 石油沥青,2006,20(1).

[15] 交通部公路科学研究院. 橡胶沥青及混合料设计施工技术指南[M]. 北京:人民交通出版社,2008.

第十三章　微　表　处

第一节　概　述

微表处(Micro-surfacing)是采用专用机械设备将聚合物改性乳化沥青、粗细集料、水、填料和添加剂等按照设计配合比要求拌和成稀浆混合料摊铺到原路面上,并很快开放交通的具有高抗滑和耐久性能的薄层。

ISSA 微表处技术指南(A143—1996)中对微表处的定义为:微表处是由聚合物改性乳化沥青、集料、填料、水和外加剂按合理配比拌和并摊铺到原路面上的薄层结构。它应能满足摊铺不同截面厚度(楔形、凹形、刮痕面)的要求,不同沥青用量和不同摊铺厚度的混合料,经养生和初期交通作用固化后,均能耐受住行车作用,并在使用寿命内保持良好的抗滑性能(高的摩擦系数)。它应能适应迅速开放交通的需要。一般来说,在气温 24℃,湿度 <50% 的情况下,微表处施工后 1h 内即可开放交通,如图 13-1 所示。

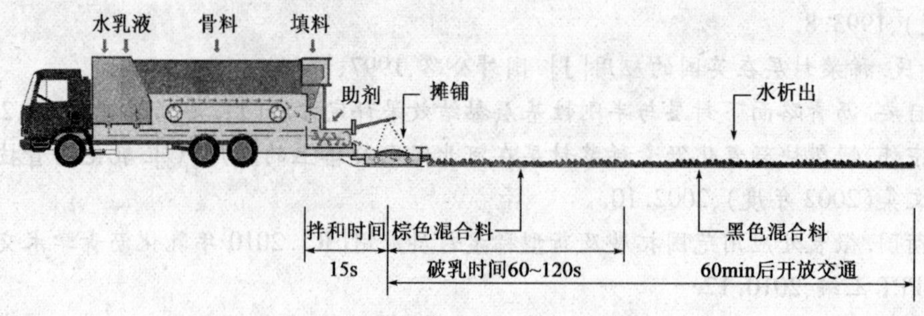

图 13-1　微表处施工示意图

微表处技术是在一般乳化沥青稀浆封层技术的基础上发展起来的,是稀浆封层技术发展历史上的一次突破性进展。时至今日,微表处技术已经在世界范围内许多国家得到推广和应用,几十年的应用证明,微表处是功能最完善的道路养护方法之一,对出现在城市干道、高速公路和机场道路上的各种病害的修复最为行之有效。

一、微表处的应用特点

1. 施工速度快

无论是车载式或是连续式微表处摊铺车都是在施工行进中,在车上完成拌和、摊铺微表处混合料，因此施工速度快。如连续式微表处摊铺车一天之内能摊铺 500t 微表处混合料，折合为一条长 10.6km 的标准车道，摊铺厚度（MS-3）可达 8～10mm。

2. 快开放交通

微表处施工后大约一小时内即可通车，快开放交通的特性特别适用于大交通量的高等级公路及城市干道。

3. 对交通的影响小

可以夜间作业的优点尤其适于交通繁忙的公路、街道和机场道路，如图 13-2 所示。

4. 良好的抗滑性能

微表处有良好的抗滑性能，并且宏观构造深度和摩擦系数随微表处使用期的延长衰减缓慢，如图 13-3 所示。

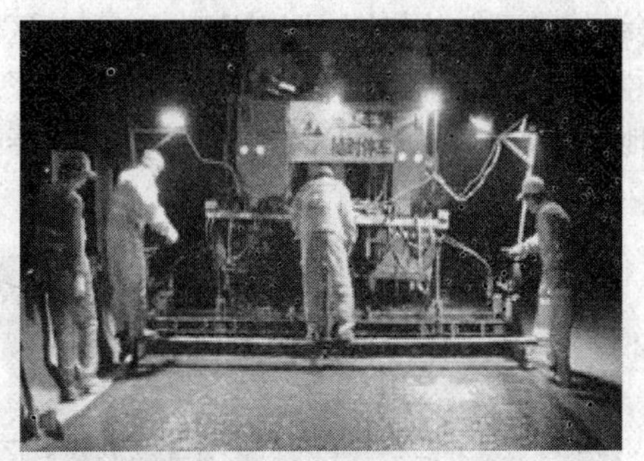

图 13-2 微表处夜间施工

图 13-3 微表处在美国机场滑行道上的应用

5. 密封路面

微表处不透水，可以有效防止路表水下渗。

6. 黏附性好

微表处在沥青路面和水泥路面上均有良好的黏附效果，如图 13-4 所示。

7. 修复车辙

微表处可以替代热拌沥青混合料填补车辙，微表处可以修复轻度车辙及其他轻度病害，如图 13-5 所示。

8. 延长施工期

相对热沥青施工，微表处可以在较低温度下施工（气温不低于 10℃），工期短，延长施工季节。

9. 保护环境

常温条件下作业，降低能耗，不释放有毒物质，符合环保要求，微表处要比大多数其他养护方法对环境的影响要小。

10. 桥面应用

恢复桥面的表面摩擦能力，因为微表处形成的表面层很薄，所以在公路桥面或城市立交桥上应用不会影响排水，也不会给桥增加多少重量，如图 13-6 所示。

图13-4　美国堪萨斯州70号高速公路水泥路面的微表处施工

图 13-5　微表处填补车辙

总之,微表处已被证明可以应用于所有交通等级的路面上,同时也可以用于城市和郊区的路面养护:微表处可以满足高等级公路沥青路面预防性养护的需要,微表处弥补了普通稀浆封层和热拌沥青混凝土摊铺存在的一些缺陷。确切地说,微表处是一种完善的预防性道路养护方法。

二、微表处技术不能解决的工程问题

从国内外应用微表处技术的情况看,微表处的使用效果受原路面状况影响很大,是一种预防性的养护方法。

(1)微表处作为厚度仅为10mm左右的薄层结构,要求原路面有足够的结构强度,原路面强度不能满足要求时,应首先进行补强处理,然后再做微表处施工。

图 13-6　微表处在桥面应用

(2)深度40mm以上的车辙,不宜采用微表处处理车辙,应采用其他方法处理车辙后再作微表处罩面。

(3)微表处无法阻止原路面上出现的可见到的反射裂缝,对可见到的反射裂缝就要采用专用封缝设备和材料进行处理,然后再进行微表处罩面。

(4)微表处不能在原路面有隆起型病害或坑槽等病害的路面上施工,只有彻底挖补,无路面病害时,才可进行微表处罩面。

在众多的沥青路面预防性养护方法中,微表处技术仍然是功能最多、最经济的一种方法,其优良的性能和显著的经济效益,使其在世界各国得到了广泛的应用。

第二节　微表处技术在国内外的发展

一、微表处技术在国外的发展

在国外,随着聚合物改性沥青的普遍应用,聚合物改性乳化沥青也在迅猛地发展。从20

世纪60年代末到70年代初，德国首先展开对聚合物改性乳化沥青稀浆封层的研究，科学家们从常规的乳化沥青稀浆混合料配方着手，加入特殊的高分子聚合物和添加剂，制成聚合物改性乳化沥青稀浆封层混合料，以达到摊铺厚度较大的封层用以修复路面上的车辙，而封层的固化时间加快并与原路面黏附得十分牢固。这种稀浆混合料在当时被称为微沥青混凝土（Micro Asphalt Concrete）。聚合物改性乳化沥青稀浆封层技术也就从此问世。

20世纪70年代中期，法国一家公司Screg Route将其生产的微沥青混凝土定名为封层树胶（Seal-Gum），随后这一技术转移到德国一家公司Raschig，并以"Ralumac"的商标名于1980年卖到美国。20世纪80年代后期，西班牙一家公司"Elsamex"开发了自己的微沥青混凝土，定名为微封层（MacroSeal）在市场上销售。美国、澳大利亚于21世纪80年初开始采用这项技术，如今已经成为美国30多个州、澳大利亚、加拿大及其他很多国家和地区高等级公路的主要养护手段之一。

时至今日，微表处技术已被认为是修复道路车辙及其他多种路面病害的最有效、最经济的手段之一。它在欧美和澳大利亚已得到普及，并且正在向世界其他地区推广、发展。因此，国际稀浆封层协会也将其英文名字由International Slurry Seal Association改为International Slurry Surfacing Association，仍然简称ISSA。ISSA将Slurry surfacing分成Slurry seal和Micro-surfacing。Slurry seal翻译为稀浆封层，Micro-surfacing翻译为微表处，其技术要求和使用性能均有较大的区别。

微表处可用于超薄抗滑表层（PSM）和车辙填补（PSR）。ISSA在原来的稀浆封层实施细则ISSAA143—91的基础上，修订成为ISSAA143—2000，对微表处的设计、试验、质量控制、测试等作出规定，使微表处在全世界范围内有了很大的发展。美国沥青协会制定了稀浆封层施工手册，ASTM制定了D3910稀浆封层混合料试验和检验标准，日本乳化沥青协会制定了橡胶沥青乳液标准。世界一些主要国家的微表处的年用量见表13-1。

一些主要国家的微表处年用量 表13-1

国　家	年销量(m^2)	国　家	年销量(m^2)
美国	45 000 000	澳大利亚	1 600 000
加拿大	5 000 000	法国	7 000 000
南非	4 340 000	西班牙	10 000 000
英国	2 750 000	意大利	1 000 000
德国	20 000 000		

注：美国、加拿大统计资料为混合料吨数，此为大致折算的数据。

目前在世界上稀浆封层、聚合物改性稀浆封层与微表处技术已被广泛应用，不仅能延长道路寿命，同时也很经济。普通稀浆封层技术、聚合物改性稀浆封层与微表处技术都是利用由级配集料、乳化沥青、填料和水所组成的混合料进行施工的。这一点三者有相同之处，不同的是后者所采用的材料是经过严格检测筛选出来的，其中还包括高分子聚合物和其他添加剂，因而相比之下微表处技术具有更多的优点。

国际稀浆封层协会ISSA用以下文字描述和区分这三项技术：

(1)稀浆封层:由集料、乳化沥青、水和添加剂按适当比例混合,铺筑在清理过的表面。稀浆封层通常只铺一层(其厚度为级配中最大集料的粒径)。

(2)聚合物改性稀浆封层:用聚合物或其他特殊用途的添加剂的改性乳化沥青来增强稀浆的特性来满足工程的特殊需求。改性乳液可以改善沥青和集料之间的黏聚力,或是提高稀浆封层的耐久性。

(3)微表处:由阳离子聚合物改性沥青乳液、100%的粗集料、水和其他添加剂按一定的比例拌和并铺洒在处理过的路面上。微表处通过化学反应固化,可以在更短的时间内开放交通,也可以用于多层施工,如作为车辙填料、提高路面高程以及对路表的重新处理。复合层应用允许微表处的厚度超过10mm厚度规则。

二、微表处技术在我国的发展

1.关于改性稀浆封层和微表处

我国交通部公路科学研究院和一些省市的公路科研和管理单位十分重视对国外公路养护新技术的跟踪、引进和消化吸收。"Micro-surfacing"这项技术早在1992年就开始进入国内交通部门,国外的企业向国内介绍了"Micro-surfacing"技术,当时的中文翻译名称为"聚合物改良稀浆封层"。

1995年,河南省交通厅公路管理局、新乡市公路科技研究所和长安大学公路学院合作,采用水、丁苯胶乳与CRS-1型慢裂快凝阳离子乳化剂混合再加上助剂与重交沥青,制成改性乳化沥青,石料级配采用ISSAIII型,使用徐州工程机械厂生产的SOM1000-2型改性稀浆封层机,先后完成河南省公路S308、S213新乡段及G107郑州段路面上铺筑4万余平方米改性稀浆封层试验路,铺筑厚度8~10mm,开放交通时间1小时之内,这应该是国内首次采用国产改性材料及乳化剂成功地铺筑的"Micro-surfacing"路段。

我国十几年来在推广应用"Micro-surfacing"技术时,一直存在"Micro-surfacing"中文译名的争议。

一种观点认为外国企业来中国推销和交流时,翻译们把Micro-surfacing译成"精细路面处理"、"微表处"或"精细表处"等几种叫法均不妥,"Micro-surfacing"中文译名"改性稀浆封层"是最为合适。

一种观点则认为"Micro-surfacing"中文译名"微表处"最为合适。

2004年9月,我国交通部发布《公路沥青路面施工技术规范》(JTG F40—2004),在规范中正式将"Micro-surfacing"确定为"微表处"。

我国将微表处与稀浆封层区分开来,同时确定改性稀浆封层是稀浆封层的一种特殊形式。改性稀浆封层界定为采用了改性的乳化沥青,能够满足稀浆封层相关技术要求的慢裂慢凝或慢裂快凝稀浆封层,而与微表处的技术要求有一定的差异。我国给定微表处、稀浆封层和改性稀浆封层的中文名称和确定它们的定义,将有利于这些技术在我国健康、稳定的发展。

这样看,我国十几年来进行大量的研究和应用改性稀浆封层施工技术或微表处施工技术实际上都是指"Micro-surfacing"。因此,我国应该是从1995年前就由一些省的公路部门或交通科研单位开始研究和应用微表处施工技术了。

2. 微表处技术在我国的研究与开发

2000 年交通部组织的“高速公路改性乳化沥青稀浆封层养护技术”科研项目开发列入国家经贸委的“国家技术创新项目计划”，课题组通过研究掌握了微表处的技术特点、材料选择和混合料设计方法以及施工工艺。

2000 年 8 ~9 月份，在交通部公路科学研究院、山西省高速公路管理局、山东省东营市公路管理局等单位的共同合作下，在山西太旧高速公路上结合养护工程铺筑了 8km 微表处试验段。2001 年，交通部西部交通建设科技项目“改性乳化沥青稀浆封层养护技术”也开始进行，使微表处技术进入了更全面、系统的研究，并结合工程在四川、内蒙、天津、上海和辽宁等地铺筑了大量的微表处试验路和实体工程。此外，国内的一些单位如河南省交通科学技术研究院、沈阳三鑫公司、东南大学、壳牌(中国)公司等也在对微表处技术开展了研究。

2004 年，《公路沥青路面施工技术规范》(JTG F40—2004)中增补了微表处新型结构。

2006 年由交通部公路科学研究院完成了“微表处和稀浆封层技术指南”的编写，主要内容包括：微表处用改性乳化沥青技术要求；微表处用粗细集料质量要求；微表处稀浆混合料技术指标；微表处稀浆混合料设计方法；微表处适合条件；微表处施工过程质量控制方法和竣工验收标准等。

3. 微表处技术在我国的应用

1)我国高速公路沥青路面病害的特点

我国已经建成的高速公路沥青路面中，大部分路面的使用状况是比较好的。但我们也清楚地认识到，由于我国高速公路的建设起步晚，技术储备较少，经济基础较差，以及我国的气候和交通荷载条件恶劣，管理体制不完善等原因，部分高速公路沥青路面的建设水平和质量并不尽如人意。如：

(1)面层出现大面积损坏，需要全面的维修罩面。

(2)局部坑洞需修补。

(3)沥青路面高温稳定性不良，在渠化交通与重载作用下产生车辙，平整度差。

(4)路面已经磨光，急需恢复抗滑功能。

(5)已经开裂且裂缝宽度较大者需进行灌缝封水。

(6)已经形成的车辙必须铣刨，需重铺罩面。

现有高速公路的有效服务时间普遍未能达到其设计使用年限，常常在通车五、六年，个别路段甚至二、三年便出现了较为严重的早期破坏现象。全国的高速公路沥青路面使用状况以及发生的病害有许多相似之处。

同济大学孙立军教授总结认为：1996 年以前，主要问题是反射裂缝问题；1996 年以后，平整度的不恰当追求造成混合料压实不足以及车辆大型化，超载严重，主要问题是“水损坏”；近几年，面层混合料普遍采用密实型，改性沥青和 SMA 的使用，使沥青路面“水损坏”减少，但车辙严重。

国内对高速公路沥青路面的维修养护基本采用补坑、铣刨、重新加铺沥青混凝土罩面层的传统方法，维修养护费用高，养护技术落后，维修养护效果不够理想，无法适应高等级公路沥青路面维修养护的要求。

对我国高速公路沥青路面病害问题，近几年在国内公路界已经进行了大量的探讨和研究，并提出许多解决措施。各地公路部门和交通科研单位积极引进和采用先进的维修养护技术。如:超薄罩面、连续式路拌热再生、裂缝修补、微表处技术等。其中,微表处作为一种经济、快速、有效的路面预防性养护新技术,以其在提高路面抗滑性能,封闭路表水下渗,改善路面外观和平整度等方面的突出优点,逐渐在我国高速公路养护市场中找到了自己的发展空间。

通过对微表处技术在我国应用情况的简要回顾,结合分析我国高速公路沥青路面病害的特点,笔者认为,在当前我国高速公路沥青路面维修养护工程量大量增加的情况下,应该因地制宜地采用微表处技术。微表处技术可减缓或减轻我国高速公路沥青路面病害的发生和破坏程度,是微表处技术在高速公路沥青路面维修养护中的应用方向和有效措施。

2)微表处在国内高速公路沥青路面维修养护中的三个主要用途

(1)防止水破坏

防止水破坏是微表处技术在国内高速公路沥青路面维修养护中的一个最主要的用途。

①水破坏是造成高速公路沥青路面破坏的主要因素

交通部公路科学研究院沙庆林院士通过对我国1997年底前完成的高速公路调查显示,使用一年以上的高速公路,不管是采用半刚性路面、刚性组合式路面还是刚性路面,路面都产生了程度不同的水破坏。水破坏速度很快,性质非常严重,是路基路面的主要破坏因素。

我国早期施工的沈大、京石、太旧、郑洛、京津塘等高速公路都采用《公路沥青路面施工技术规范》(JTJ 032)中的I型沥青混凝土,有的高速公路甚至三层都是密实式沥青混凝土,但它们都未能避免水破坏现象。

水破坏(除个别特殊情况外)经常是一个个孤立的随机分布的小坑洞,而且有的路段数量较多,有的路段数量较少,以及出现间隔式条片状泛油情况。由此来看,实际铺成的沥青混凝土常是不均匀的,而且有的高速公路不均匀性相当大。水破坏处常是沥青混凝土层空隙率较大和自由水容易透入的位置。因此,国内高速公路路面面层损坏的一个很重要的原因是由于路面渗水所引起的。

②国内大部分地区的气候特征决定防止水破坏是高速公路沥青路面维修养护中主要任务

中国大部分地区受海洋暖湿气流的影响,降水比较丰富,但降水存在着地区分布和时间分配的不均匀性。东部多,西部少,由东南向西北逐渐减少,并且,多集中在夏季,南方雨季长,集中在5~10月,北方雨季短,集中在7、8月。降水量有的年份多、有的年份少,年际变化很大。

例如:开封至商丘高速公路微表处试验路段在兰考县境内,根据兰考县气象站提供的资料,2004年7月2日~8月6日期间,兰考县境内降雨量达478mm,占平均降水量的68%。

③微表处用于防止水破坏的施工时机和范围

东南大学黄晓明教授研究认为,我国目前高速公路沥青路面尽管空隙率较小,但是绝对不透水是不可能的,尤其在通车初期,其透水性更大,现场测试结果表明,在开放交通前结构的渗水率较高,开放交通半年内其平均渗水率达20~30mL/min,室内试验结果也表明路面各结构层的渗透性较大,其渗透系数:AK-16A为0.044cm/s,AC-25I为0.018cm/s。因此,雨季表面水有可能透过沥青路面侵入基层和底基层中。

我国每年都有新增通车的高速公路沥青路面,这些高速公路都是验收合格的。为了防止水破坏的发生与发展,建议对这些新增高速公路在缺陷责任期内就开始加强对沥青路面渗水试验,增加检测布点,尽快对出现渗水的路段进行微表处封层罩面。

对我国已经建成通车的高速公路沥青路面，应常年定期检测渗水情况。根据各地的气候特点，及时采用补缝、挖补和微表处等综合施工技术，减少和阻止地表水对高速公路沥青路面损害。

(2)修复车辙

修复车辙是微表处技术在高速公路沥青路面维修养护中的又一个最主要的用途。

在面层不发生塑性变形的条件下，微表处是不用铣刨解决车辙问题的一种独特施工方法。

车辙是在行车载荷重复作用下，路面产生累积永久性的带状凹槽。高速公路沥青路面的车辙在雨季相当于小水槽，车辆的碾压将加速车辙的发展和水破坏。因此，对于高速公路沥青路面一旦出现轻微车辙(深度 <15mm)，就要考虑采用微表处尽快处理。

我国公布的《公路沥青路面施工技术规范》(JTG F40—2004)确定了微表处主要应用于高速公路填补轻度车辙。

单层微表处适用旧路面车辙深度不大于 15mm 的情况；超过 15mm 的必须分两层铺筑，或先用 V 字形车辙摊铺箱摊铺；深度大于 40mm 时不适宜微表处处理。

(3)恢复路面服务功能

恢复路面服务功能是微表处技术在高速公路沥青路面维修养护中的另一个最主要的用途。

高速公路沥青路面在使用过程中，路面的行驶质量或服务能力，随行车荷载的反复作用、周围环境(温度和湿度)的周期变化影响和路面龄期的增加而逐渐下降。路面的功能降低是指路面不平整或太光滑，使其不再具有预期的行驶质量或服务水平。

①按照预防性养护观念，国外高速公路沥青路面在 3～8 年内是预防性养护阶段，一般应该采用微表处技术，迅速恢复路面服务功能。

②我国高速公路存在大量长距离的坡道和隧道，利用微表处提高路面的摩擦系数是一项最有效和最经济的技术措施。

③高速公路沥青路面维修养护采用的坑槽挖补作业，以及修补反射裂缝的填缝料不平整，都会使平整度显著下降。当维修后的高速公路沥青路面稳定一段时间后，采用微表处罩面层，可以迅速恢复路面服务功能和服务质量。但微表处对路面出现结构性损坏(如沉陷、坑槽等)是无能为力。

3)微表处在我国的应用实例

1995 年以前，国内已经开始进行微表处技术的应用，并且经过国内公路部门和交通科研、教学单位的众多人士的不懈努力开发与推进，微表处技术的优越性已经逐步得到我国公路界广大工作者的认可，并在我国的高速公路的沥青路面维修养护中得到应用。

(1)沪杭高速公路余杭段 1996 年建成通车，通车一段时间后，在行车道局部出现了一些病害，如龟裂、网裂、下沉、车辙，以及由于表面层渗水系数太大而造成层间积水产生唧泥等。1997 年 4 月，对该路段 10km 单幅进行微表处罩面层施工。

(2)河北省石太、太旧高速公路自 1996 年建成通车以来，路面早期病害不断出现，特别是南半幅，已出现较大面积的坑槽、变形、车辙。养护部门及时进行挖补、修复，路况有所改善。

1998 年 9 月，对河北井径段山岭重丘区 K332 +340～K335 +000(南半幅)和平原微丘区 K350 +000～K353 +400(南半幅)进行微表处罩面层施工。

2000 年 9 月，对山西阳泉段 K378 +600 ~ K379 +629（右幅），K379 +1 800 ~ K386 +152（左幅）及山西寿阳段 K455 +500 ~ K461 +000 进行微表处罩面层施工，两次共计 17.54 万平方米[12]。

（3）四川省内宜高速公路，全长 106km，该路自宜段 66km，路面出现早期水损坏。主要表现为：病害发生在雨季，路面出现大范围网裂，有唧浆，挖开可见下面有积水，如不及时处治，随着雨季的延长，病害会快速扩大，严重影响高速公路的正常营运，并危及行车安全。

在这种情况下，2001 年初四川省组织有关专家经过现场研究分析，提出了三种解决自宜段路面病害的方案，最终确定采用“对病害路段进行挖补和局部修补，全线铺筑 1cm 微表处技术”，如图 13-7 所示。

图 13-7　四川内宜高速公路微表处

（4）沈四高速公路铁岭段于 1997 年建成通车，年平均日交通量 10 000 辆左右，2002 年的路况调查显示，路面整体状况良好，沥青路面平整、坚实、病害轻微，但抗滑能力略显不足。由于原路面采用了 AK－13B 抗滑表层结构，担心出现水损坏，使路况迅速恶化。采用预防性养护新技术——微表处，于 2002 年 8 月进行微表处罩面层施工。

以上列举了几个微表处施工实例，此外，在沪宁高速公路，京沪高速公路天津段，沪杭高速公路上海段，沪嘉高速公路上海段，成渝高速公路重庆段，河北石太高速公路，浙江杭甬高速公路杭州段，以及北京市城市道路等都进行了面积不等的微表处罩面工程，取得了良好的使用效果。

据资料显示，到 2003 年底，我国微表处罩面面积累计已超过 $600 \times 10^4 m^2$，应用及正在应用微表处技术的省市已达 15 个。

我国在新技术推广方面容易出现一窝蜂的毛病，在微表处技术的推广应用中也表现得非常突出。2005 年，我国微表处施工面积已经突破 2 000 万 m^2，出现超常规的发展速度。

面对微表处技术在我国高速公路沥青路面维修养护中应用的大好形势，我们应该保持冷静的头脑。微表处在我国还是一项新技术，我国高速公路路面维护工作者应以严谨、务实的态度，科学地认识和应用该技术，使微表处技术在我国得到健康、稳定发展。

第三节　微表处混合料的分类和应用范围

一、我国的微表处混合料分类及应用范围

我国制订的《公路沥青路面施工技术规范》（JTG F40—2004）和《微表处和稀浆封层技术指南》提出的微表处混合料分类及用量范围如下：

1. 按最大粒径尺寸分类

微表处混合料按矿料公称最大粒径的不同，分为 MS-2 型和 MS-3 型。

(1)MS-2 型微表处,公称最大粒径 4.75mm,适用于中等交通量高速公路,一、二级公路的罩面。

(2)MS-3 型微表处,公称最大粒径 9.5mm,适用于高速公路、一级公路的罩面和车辙填充。

微表处可以单层铺筑,也可以双层铺筑。

2. 单层微表处材料用量范围(表 13-2)

单层微表处通常的材料用量范围　　表 13-2

项　　目	MS-2	MS-3
养生后的厚度(mm)	4~6	8~10
矿料用量(kg/m^2)	6.0~15.0	10.0~22.0
油石比(沥青占矿料的质量百分比)(%)	6.5~9.0	6.0~8.5
水泥、消石灰用量(占矿料的质量百分比)(%)	0~3	
外加水量(占干矿料质量百分比)(%)	根据混合料的稠度确定	

注:表中数据摘自《微表处和稀浆封层技术指南》表 4.1.4。

二、国际上有关微表处混合料的分类及用量范围

1. 国际稀浆封层协会(ISSA)"微表处推荐施工指南 A143(修订版)"提出微表处混合料的分类及材料用量范围

(1)微表处混合料的分类和用量(表 13-3)

微表处混合料的分类和用量　　表 13-3

集料类型	摊铺位置	建议用量
II 型	市区和居民区街道、机场跑道	5.4~10.8kg/m^2
III 型	主要道路和州际道路	8.1~16.2kg/m^2
	车辙	按需而定

(2)微表处混合料的材料用量范围(表 13-4)

微表处混合料的材料用量范围　　表 13-4

组成材料名称	极 限 值
残留沥青	集料干质量的 5.5~10.5%(5)
矿物填料	集料干质量的 0.0~3%
聚合物改性剂	固态下最少为沥青含量质量的 3%
添加剂	视需要而定
水	视生产适当稠度的混合料所需的水量而定

2. 日本乳化沥青协会制订的"日本微表处技术指南"提出的微表处分类和材料用量范围(表 13-5 和表 13-6)

微表处混合料类型的选定 表13-5

	Ⅰ 型	Ⅱ 型
老化路面的反射裂缝	◎	◎
车辙凹槽的修补	△	◎
表面纹理的改善	○	◎
不可能增高的地方	◎	◎
预防性的养护	◎	◎

注:◎表示最适合;○表示适合;△表示可以。

微表处的分类还可按因随混合料的种类或原有旧路面的车辙深度而铺设的厚度不同来分:

Ⅰ型:3～5mm;

Ⅱ型:5～10mm。

各种原材料配合比指标(重量比) 表13-6

项　目	Ⅰ 型	Ⅱ 型
集料(%)	100	100
快硬型改性乳化沥青(MS 乳液)(%)	12～15	11～14
水泥(外加)(%)	0～3	0～3
水(外加、也包括集料中的水)(%)	7～13	6～12

第四节　微表处混合料材料的组成

微表处混合料是由聚合物改性乳化沥青、粗细集料、填料、水和添加剂等按照设计配比拌和而成,微表处混合料配合比设计的第一步就是微表处混合料材料的选择。

一、改性乳化沥青

改性乳化沥青是微表处的黏结材料,其质量的好坏对封层质量的影响最直接,最明显。改性乳化沥青的特性主要与乳化剂和改性剂的选择有关。乳化剂对改性乳化沥青的蒸发残留物的性能及微表处混合料有很大影响,乳化剂选择应十分慎重,选择不当会明显降低改性乳化沥青及混合料的性能。如为了达到快开放交通和要求,乳化剂必须是慢裂快凝型的阳离子乳化剂,且所用乳化剂不能对沥青性能造成影响,对各种沥青的适应性要好,与改性剂要有良好的配伍性。

改性剂的选择应根据不同地区的气候、交通特点进行试验后确定。

1. 我国微表处用改性乳化沥青技术要求

《微表处和稀浆封层技术指南》提出的微表处用改性乳化沥青技术要求如表13-7所示。

微表处用改性乳化沥青技术要求 表 13-7

试验项目		单位	BCR	试验方法
筛上剩余量(1.18mm),不大于		%	0.1	T 0652
粒子电荷		-	阳离子(+)	T 0653
黏度	恩格拉黏度 E_{25}	-	3~30	T 0622
	沥青标准黏度 $C_{25,3}$	s	12~60	T 0621
蒸发残留物	含量	%	≥60	T 0651
	针入度(100g,25℃,5s)	0.1mm	40~100	T 0604
	软化点	℃	≥53	T 0606
	延度(5℃)	cm	≥20	T 0605
	溶解度(三氯乙烯)	%	≥97.5	T 0607
储存稳定性	1d	%	≤1	T 0655
	5d	%	≤5	

注:1. 乳化沥青黏度以恩格拉黏度为准,条件不具备时也可采用沥青标准黏度。

2. 南方炎热地区、重载交通道路及用于填补车辙时,BCR 蒸发残留物的软化点不得低于 57℃。

3. 储存稳定性根据施工实际情况选择试验天数,通常采用 5d,乳化沥青生产后能在第二天使用完时也可选用 1d。个别情况下改性乳化沥青 5d 的储存稳定性难以满足要求,如果经搅拌后能够达到均匀一致并不影响正常使用,此时要求改性乳化沥青运至工地后应存放在附有循环或搅拌装置的储存罐内,并进行循环或搅拌,否则不准使用。

通过我们的调研,发现微表处混合料中,最主要的改性乳化石油沥青的技术要求就有很强的地域特点及气候、交通等的差异,各国对改性乳化石油沥青技术要求的指标也有不同。中国的地域面积比美国还大,而美国大多数的州制定了自己的改性乳化沥青技术标准。这说明,由于改性目的、改性方法、用途和地区不同,其技术标准也不一样。我国地域辽阔,东西南北的气候、交通、材料都有很大的差异,因此,有必要制定符合我国各省省情的道路用改性乳化沥青的技术指标和微表处技术指南,为加快微表处技术在我国各省推广应用提供技术保证。

2. 国际稀浆封层协会(ISSA)微表处用改性乳化沥青技术要求

国际稀浆封层协会(ISSA)“微表处推荐施工指南 A143(修订版)”提出微表处用改性乳化沥青技术要求:应使用符合 AASHTOM208 或 ASTMD2397 对 CSS-1h 快速开放交通型聚合物改性乳化沥青所提出的要求。对于这一类乳化沥青,可不做水泥拌和试验。如表 13-8 所示。

阳离子乳化沥青技术要求(ASTM D2397) 表 13-8

项目	CSS-1h	项目	CSS-1h
赛氏黏度(25℃)	20~100	蒸馏残留物(%)	57
储存稳定性试验(24h)(%)	1	针入度(100g,25℃,5s)(1/10mm)	40~90
筛分试验(%)	0.10	延度(25℃,5cm/min)(cm)	40
水泥混合试验(%)	2.0	溶解度(三氯乙烯)	97.5

“微表处推荐施工指南 A143(修订版)”又对“CSS-1h”技术要求提出补充要求,如表 13-9 和表 13-10 所示。

补 充 要 求 表 表13-9

AASHTO试验编号	ASTM试验编号	质 量	规 范 要 求
AASHTO T59	ASTM D244	蒸发残留物	最少62%

补 充 要 求 表 表13-10

AASHTO试验编号	ASTM试验编号	蒸发残留物试验	规 范 要 求
AASHTO T53	ASTM D39	软化点	最低57%
AASHTO T49	ASTM D2397	25℃时的针入度	40～90①
	ASTM D2170	135℃时的运动黏度	650cSt/s，最低温度②

注：①当确定其范围时，必须考虑气候条件。

②试验温度应低于138℃，高于138℃可能导致聚合物分解。

3.日本乳化沥青协会制定的“日本微表处技术指南”

“日本微表处技术指南”提出的微表处用改性乳化沥青技术要求：关于乳化沥青，由该施工方法专门制备的阳离子、快硬型、改性乳化沥青，代号为MS乳化沥青，如表13-11所示。

MS乳液的质量标准 表13-11

检验项目		标 准 值	试 验 方 法
恩格拉黏度(25℃)		3～60	铺装试验便览
筛上剩余量(1.18mm)(%)		0.3以下	
粒子电荷		阳性(+)	
蒸发残留物含量(%)		60以上	
蒸发残留物	针入度(25℃)(1/10mm)	40以上	
	软化点(℃)	50以上	
	延度(15℃)(cm)	30以上	
	黏韧性(N·m)	3.0以上	
	韧性(N·m)	2.5℃	
储存稳定性(24h)		1.0以上	

二、矿料

石料的质量是微表处能否成功应用的关键因素之一，我国微表处用矿料可以采用不同规格的粗细集料、矿粉等掺配而成，也可以用大粒径的块石、卵石等经多级破碎而成。

1.我国微表处用矿料技术要求

《微表处和稀浆封层技术指南》提出了微表处用矿料技术要求。

1)微表处用粗细集料质量要求

《微表处和稀浆封层技术指南》提出的微表处用粗细集料质量要求如表13-12所示。

微表处用粗细集料技术要求　　表 13-12

材料名称	项　目	标　准	试验方法	备　注
粗集料	石料压碎值不大于(%)	26	T 0316	
	洛杉矶磨耗损失不大于(%)	28	T 0317	
	石料磨光值不小于(BPN)	42	T 0321	
	坚固性不大于(%)	12	T 0314	
	针片状含量不大于(%)	15	T 0312	
细集料	坚固性不大于(%)	12	T 0340	粒径 >0.3mm 部分
矿料	砂当量不小于(%)	65	T 0334	合成矿料中粒径 <4.75mm 部分

2)微表处用矿料的级配范围(表 13-13)

微表处用矿料的级配　　表 13-13

级配类型	通过下列筛孔(mm)的质量百分率(%)							
	9.5	4.75	2.36	1.18	0.6	0.3	0.15	0.075
MS-2	100	100	90~100	65~90	40~65	25~42	15~30	10~20
MS-3	100	70~90	45~70	28~50	19~34	12~25	7~18	5~15
允许波动范围	–	±5%	±5%	±5%	±5%	±4%	±3%	±2%

注:填料计入矿料级配。

2.国际稀浆封层协会(ISSA)“微表处推荐施工指南 A143(修订版)”提出的微表处用矿料技术要求

使用的矿物集料必须符合每一项微表处施工具体规定的品种和级配。集料应采用由大理石、石灰岩、矿渣和石块等加工成的碎石或其他高质量的集料,或上述几种的组合。为了确保材料完全破碎,百分之百原材料都必须大于所采用的级配中的最大粒径。

1)质量试验

进行下列试验时,集料应符合其最低要求,见表 13-14。

集 料 质 量 要 求　　表 13-14

AASHTO 试验编号	ASTM 试验编号	质　量	规范要求
AASHTO T176	ASTM D2419	砂当量	最小 65
AASHTO T104	ASTM C88	坚固性	使用 Na_2SO_4,最大 15% 使用 $MgSO_4$,最大 25%
AASHTO T96	ASTM C131	磨耗损失	最大 30%

2)级配范围(表 13-15)

级 配 范 围　　表 13-15

筛孔尺寸	Ⅱ型通过率(%)	Ⅲ型通过率(%)	容许误差
9.5mm	100	100	
4.75mm	90~100	70~90	±5%

续上表

筛孔尺寸	Ⅱ型通过率(%)	Ⅲ型通过率(%)	容许误差
2.36mm	65~90	45~70	±5%
1.18mm	45~70	28~50	±5%
600μm	30~50	19~34	±5%
330μm	18~30	12~25	±4%
150μm	10~21	7~18	±3%
75μm	5~15	5~15	±2%

3. 日本乳化沥青协会制订的"日本微表处技术指南"提出的微表处用矿料技术要求

1)混合料中矿料的标准级配范围(表13-16)

混合料中矿料的标准级配范围 表13-16

集料的类型		Ⅰ型	Ⅱ型
最大的粒径		2.5	5
通过质量百分比(%)	9.35mm		100
	4.75mm	100	90~100
	2.36mm	90~100	65~90
	600μm	40~65	30~50
	300μm	25~30	18~30
	150μm	15~30	10~21
	75μm	10~20	5~15

2)粗细集料的质量要求

微表处使用的粗细集料为碎石和筛屑。粗细集料对于微表处混合料的操作性与供应性都有很大的影响,特别是对改性乳化沥青的表面性会产生较大的影响。

(1)碎石

选定的碎石与改性乳化沥青之间的极性要好,拌和性、破乳固化性等适应于微表处的需要,碎石要多棱角、质量均匀、清洁、坚硬有耐久性,不得含有黏土等有害物质,见表13-17。

碎石的质量要求 表13-17

项目	指标值	试验方法
面干密度(g/cm^3)	2.45以上	铺装试验方法便览
吸水率(%)	3.0以下	
磨耗量(%)	3.0以下	
损失量(%)	12以下	

对碎石的有害物质含量的指标值,如表 13-18 所示。

碎石有害物质含量的指标值 表 13-18

项 目	指 标 值	试 验 方 法
黏土、黏土块(%)	0.25 以下	铺装试验方法便览
软弱颗粒(石片)(%)	5 以下	
扁片细长颗粒(%)	10 以下	

(2)筛屑

微表处中筛屑的使用量最多,它与改性乳化沥青的配伍性等要高于碎石,要做充分的调查后进行选定。另外与碎石一样,注意对筛屑中含有的尘土或黏土等有害物质的检验。

4. 部分国家的微表处用矿料级配

1)西班牙推荐级配

西班牙级配的 I 型与 ISSA 的 II 型相似,西班牙的 II 型与 ISSA 的 III 型相似,而西班牙增加了略粗一点的 III 型,这种级配比较适合做车辙填补,与美国的 IV 型非常相似,其厚度可达 8~15mm,如表 13-19 所示。

西班牙推荐级配 表 13-19

筛孔尺寸(mm)	通过率(%)		
	I	II	III
12.5			100
10	100		85~100
6.3	100	80~100	70~90
5	85~100	70~90	69~85
2.5	65~90	45~70	40~60
1.25	45~70	28~50	28~45
0.63	30~50	18~33	18~33
0.32	18~35	12~25	11~25
0.16	10~25	7~17	6~15
0.08	7~15	5~10	4~8

2)德国推荐级配

德国规定,混合料 0/3 用于低速(<60km/h)时的面层保护和提高抗滑阻力,混合料 0/5、0/8 或 0/11 用于高速(>60km/h)时的面层保护和提高抗滑阻力。填补车辙时,深度不超过 15mm 应优先选用混合料 0/8、0/5 或 0/11,当深度超过 15mm 时,应考虑采用双层摊铺,如表 13-20 所示。

德 国 推 荐 级 配 表 13-20

筛孔尺寸 \ 混合料	0/11	0/8	0/5	0/3
<0.09mm	6~12	6~12	6~14	6~16
>2mm	45~75	45~65	40~65	20~50

续上表

混合料 筛孔尺寸	0/11	0/8	0/5	0/3
>5mm	–	≥15	≤10	≤10
>8mm	≥15	≤10	–	–
>11mm	≤10	–	–	–

三、填料

微表处矿料中掺加填料,主要作用有三个:

(1)改善矿料级配;

(2)促进稀浆混合料的和易性;

(3)调节破乳速度。

微表处施工中使用最多的是水泥,其次是消石灰。水泥、消石灰等的主要作用是调节混合料的可拌和时间、和易性等施工性能,而且水泥具有的水硬性特点,还可以改善微表处混合料的路用性能。水泥、消石灰等填料的用量一般限制在3%以内(占矿料的质量百分比),选用的填料应干燥、疏松,无结团。

1. 水泥

1)水泥在稀浆混合料中应用效果

水泥用于不同的稀浆混合料或用量不同,就会产生不同的效果:

水泥在稀浆混合料中的用量控制在一定的数量内,可以延长稀浆混合料的可拌和时间,增强稀浆混合料的黏结性,同时,也可以加快稀浆混合料的成型速度。但是,如果继续增加水泥在稀浆混合料中的用量,可拌和时间反而会随着水泥剂量的增加而降低,稀浆混合料可拌和性变差,稀浆混合料变硬,变脆,甚至微表处路面出现微细裂纹。

水泥用于不同的稀浆混合料类型,有时可能会缩短稀浆混合料的可拌和时间,这与稀浆混合料系统有关系,如石料的类型不同、乳化沥青类型不同以及水泥品种不同等因素均会影响稀浆混合料的可拌和时间。

因此,应该重视在每一项微表处工程施工前,认真进行水泥在稀浆混合料中的室内试验,确定水泥在稀浆混合料中的最佳用量和选择合适的水泥品种。

2)水泥的选择

水泥的种类很多,我国已经铺筑的微表处路面,所用的填料几乎都采用普通硅酸盐水泥。

水泥产品中最大量的就是硅酸盐水泥,凡由硅酸盐水泥熟料、0% ~5%石灰石或粒化高炉矿渣、适量石膏磨细制成的水硬性凝胶材料,称为硅酸盐水泥。硅酸盐水泥的主要矿物组成是:硅酸三钙,硅酸二钙,铝酸三钙,铁铝酸四钙。硅酸三钙主要影响硅酸盐水泥的28d的强度;硅酸二钙一般30d后才逐渐发挥强度作用,此强度增强过程在一年以上;铁铝酸三钙强度发挥较快,对硅酸盐水泥在1d至3d或稍长时间内的强度起主要作用;铁铝酸四钙的强度发挥较快,但强度较低。凡由硅酸盐水泥熟料、5% ~15%混合材料、适量石膏磨细制成的水硬性凝胶材料，称为普通硅酸盐水泥。

硅酸盐水泥与普通硅酸盐水泥技术指标要求如表 13-21 ~ 表 13-23 所示。

分类、代号与组分　　表 13-21

<table>
<tr><th rowspan="2">品种</th><th rowspan="2">代号</th><th colspan="5">组分（质量分数）</th></tr>
<tr><th>熟料 + 石膏</th><th>粒化高炉矿渣</th><th>火山碳质混合材料</th><th>粉煤灰</th><th>石灰石</th></tr>
<tr><td rowspan="3">硅酸盐水泥</td><td>P. I</td><td>100</td><td>—</td><td>—</td><td>—</td><td>—</td></tr>
<tr><td rowspan="2">P. II</td><td>≥95</td><td>≤5</td><td>—</td><td>—</td><td>—</td></tr>
<tr><td>≥95</td><td>—</td><td>—</td><td>—</td><td>≤5</td></tr>
<tr><td>普通硅酸盐水泥</td><td>P. O</td><td>≥85，<95</td><td colspan="4">>5，≤20</td></tr>
</table>

物理化学性能指标　　表 13-22

<table>
<tr><th>品种</th><th>代号</th><th>不溶物（%）</th><th>烧失量（%）</th><th>三氧化硫（%）</th><th>氧化镁（%）</th><th>氯离子（%）</th><th>碱含量（按 $Na_2O+0.658K_2O$ 计）（%）</th><th>凝结时间（min）</th><th>安定性</th></tr>
<tr><td rowspan="2">硅酸盐水泥</td><td>P. I</td><td>≤0.75</td><td>≤3.0</td><td rowspan="3">≤3.5</td><td rowspan="3">≤5.0</td><td rowspan="3">≤0.06</td><td rowspan="3">若使用活性骨料，用户要求提供低碱水泥时，水泥中的碱含量应不大于 0.60% 或由买卖双方协商确定</td><td rowspan="2">初凝≥45
终凝≤390</td><td rowspan="3">沸煮法合格</td></tr>
<tr><td>P. II</td><td>≤1.50</td><td>≤3.5</td></tr>
<tr><td>普通硅酸盐水泥</td><td>P. O</td><td>-</td><td>≤5.0</td><td>初凝≥45
终凝≤500</td></tr>
</table>

部分龄期强度指标　　表 13-23

<table>
<tr><th rowspan="2">品　种</th><th rowspan="2">强度等级</th><th colspan="2">抗压强度（MPa），≥</th><th colspan="2">抗折强度（MPa），≥</th></tr>
<tr><th>3d</th><th>28d</th><th>3d</th><th>28d</th></tr>
<tr><td rowspan="2">硅酸盐水泥</td><td>42.5</td><td>17.0</td><td rowspan="2">42.5</td><td>3.5</td><td rowspan="2">6.5</td></tr>
<tr><td>42.5R</td><td>22.0</td><td>4.0</td></tr>
<tr><td rowspan="2">普通硅酸盐水泥</td><td>42.5</td><td>17.0</td><td rowspan="2">42.5</td><td>3.5</td><td rowspan="2">6.5</td></tr>
<tr><td>42.5R</td><td>22.0</td><td>4.0</td></tr>
</table>

应用普通硅酸盐水泥时应预先通过室内试验选定类型和数量，这也是矿料级配中的一部分。

2. 消石灰

消石灰也称熟石灰，化学名称氢氧化钙 $Ca(OH)_2$，白色粉末，密度 $2.24g/cm^3$，具有强碱性。吸湿性很强，几乎不溶于水。

消石灰与水泥在稀浆混合料中的作用基本一样，应用消石灰时应预先通过室内试验选定类型和数量。

四、添加剂

快开放交通是微表处最重要的特点之一，为了满足微表处施工性能的需要，须在拌制微表处稀浆混合料中加入添加剂。添加剂的主要作用是调节稀浆混合料可拌和时间、破乳速度、开放交通时间以及稀浆混合料的成浆状态等施工性能，并在一定程度上改善混合料的路用性能。添加剂必须作为稀浆混合料中的一部分，包括在其配合比的设计中，而且应能与稀浆混合料中的其他成分有良好的配伍性，也不应对混合料路用性能产生不利影响。

在微表处工程中常用的添加剂包括无机盐类添加剂、表面活性剂类添加剂以及高聚物类添加剂等。

1. 无机盐类添加剂

无机盐类添加剂有硫酸铝、氯化钙、氯化铵等。

硫酸铝，化学式 $Al_2(SO_4)_3$，因为延长可拌和时间的效果明显，而且价格便宜，易于采购，因此，在微表处稀浆混合料中应用得较为普遍。

硫酸铝的用量应根据施工情况采用合适的用量，其用量范围应通过室内拌和试验确定，硫酸铝与水泥、消石灰等填料配合使用的效果更好。

选用无机盐类添加剂时，一定要对其进行严格的路用性能评价。

2. 表面活性剂类添加剂

微表处施工中采用的表面活性剂类添加剂主要是指采用沥青乳化剂为添加剂，来调节稀浆混合料的可拌和时间和破乳速度。

如果改性乳化沥青中沥青乳化剂的剂量超过最佳用量，继续增加剂量后，改性乳化沥青中游离的乳化剂分子增多。当改性乳化沥青与集料混合后，游离的乳化剂分子会迅速吸附到带负电荷的集料表面，降低了集料的表面电势，从而延长了混合料可拌和时间。因此，当混合料可拌和时间不足时，也可以通过外加沥青乳化剂水溶液的办法来延缓破乳速度。

采用沥青乳化剂为添加剂时，应选择本微表处工程中改性乳化沥青的沥青乳化剂品种。

3. 高聚物类添加剂

高聚物类添加剂也可以用来调节稀浆混合料的可拌和时间。可以用于微表处工程的高聚物类添加剂有聚乙烯醇（PVA）、甲基纤维素（MC）、羧甲基纤维素（CMC）和改性淀粉等，这类添加剂普遍具有增稠作用，可以延缓改性乳化沥青的破乳时间，但需要注意的是这类添加剂可能会影响石料与沥青的裹附性，应用时应进行室内试验评价。另外，这类添加剂应用时需要采取一定的技术措施和设备使其溶于水中，因此，这也是高聚物类添加剂在微表处工程中应用较少的主要因素之一。

未经试验验证的添加剂不得在微表处施工中采用。

五、水

微表处用水不得含有有害的可溶性盐类、能引起化学反应的物质和其他污染物，一般采用可饮用水。

六、微表处混合料材料对微表处质量的影响

1. 微表处混合料材料的选择

一旦决定采用微表处,选择恰当的微表处混合料材料就是一项重要的工作。这些材料的特性与互相之间的配伍性非常重要,通过室内配合比试验,经过优化组合来确定微表处混合料的材料。

2. 聚合物改性乳化沥青

聚合物改性剂添加到微表处乳液中,以减少热固化后的敏感性,提高开放通车后集料间的黏结力。此外,聚合物改性剂改善了沥青的软化点和黏附性,从而产生更好的抵抗温度裂缝的能力,但是,微表处材料对于减少裂缝的能力是有限的。

聚合物改性乳化沥青一般是由天然胶乳苯乙烯或苯乙烯丁二烯乳胶改性。由于密度的差异,乳液可能和乳胶分离。为了避免这一点,在进行施工前,乳液在容器中应不断地搅拌。

3. 微表处中集料的关键特性

(1)岩性:这决定集料与乳化沥青的相容性及黏结力。

(2)形状:集料应该有多棱角,以形成必要的嵌挤力。圆形的集料会导致混合料的强度较差。

(3)纹理:粗糙的纹理更容易与乳化沥青形成黏结力。

(4)年代及活性:新生产的石料比风化后的石料有更高的表面活性,表面活性在反应中起着很重要的作用。

(5)清洁度:有害的物质,如土、灰或泥会导致黏结力及反应速率下降。

(6)安定性及耐磨性:这些特性在冻融或潮湿地区有着特别重要的作用。

(7)使用矿渣时,必须有满意的、被交通部门认可的历史记录,才可以用于微表处材料。对于没有交通的地方,如路肩,矿物集料可以是破碎的石灰岩。

(8)级配 MS-3 能够使微表处材料产生更深的表面纹理,这会使其更快地排出表面的水。相反,它会产生较大的路面噪音。研究表明,用较小粒径的集料可以使微表处有较平顺的表面,能够减小表面纹理和路面噪音。

4. 集料的砂当量与亚甲蓝值

在欧美发达国家,微表处所用矿料是由石料企业专门生产的,采用100%的轧制碎石,有的在轧制前对石料还用水冲洗,因此生产的石料破碎面积大,形状规则,砂当量高,集料的级配十分稳定,为微表处工程获得成功提供了可靠的材料保证。

我国的石料企业生产的矿料是面向各行各业的需要,很少甚至没有石料厂专门为微表处工程生产集料。我国微表处工程所用集料主要是采用不同规格的矿料在施工现场掺配,从而导致集料质量的不稳定,砂当量指标偏低,这也是造成一些微表处工程失败的原因之一。因此,我国微表处工程应特别重视所用集料的砂当量与亚甲蓝值。

1)砂当量

微表处要求较高的砂当量指标,《微表处和稀浆封层技术指南》提出集料的砂当量不小于65%。砂当量试验应注意以下几个问题:

(1)从实际工程中取样

我国微表处工程目前主要采用不同规格的矿料在施工现场掺配,获得符合级配要求的集料。因此,取样应从实际工程合成后的矿料中取4.75mm以下部分进行砂当量检测。

(2)注意取样应尽量均匀

保证级配集料的取样符合设计要求非常重要,注意取样应尽量均匀。因取样不均匀造成的试样级配的变化会显著影响试验结果,集料越不洁净,影响的程度也就越大。

2)亚甲蓝值

由于砂当量指标往往无法将石粉和土区分开来,因此,微表处施工中为了鉴别集料的粉料中石粉和泥粉的相对比例,需要用到亚甲蓝值这个指标。

亚甲蓝法是检定矿粉比表面积值的方法之一。《公路工程集料试验规程》(JTG E42—2005)参照我国国家标准增补了亚甲蓝试验方法。

5.矿物填料

水泥或其他细集料用于混合料添加剂,使得微表处材料均匀、易撒布,最后快速破乳。水泥还有很好的相容性,可以从乳液中吸收水分使其快速破乳。细集料也可以通过形成胶浆提高黏结力。

矿粉应包括碳酸盐粉尘,波特兰水泥,熟石灰,碎石筛后残余物,粉煤灰或旋转石灰窑粉尘。

6.添加剂

有时微表处混合料中加入添加剂,这些添加剂各种各样,往往是用于专门的微表处施工,其主要作用是促使乳液的缓凝。典型的添加剂包括乳化剂、硫酸铝、氯化铝和硼砂。

不同浓度的添加剂可以控制微表处混合料的破乳和固化时间。例如,根据在工作时的一天气温变化,通过增加或减少添加剂的浓度来消除气温的影响。

第五节　微表处混合料的配合比设计

一、概述

微表处技术是一种预防性养护施工方法,主要适用于高等级公路路面性能恢复,延长路面的使用寿命。因此,微表处混合料的配合比设计应充分考虑使用要求、原路面状况、交通量、气候等因素,选择适当的微表处类型,确定施工方案(是否分层摊铺、是否车辙填充等)。

微表处混合料的配合比设计的目的是为了确定稀浆混合料原材料之间的最佳掺配比例,要获得一个具有耐久性、抗滑性、抗水损害能力和施工性能优良的微表处混合料的配合比例,必须首先通过室内的配合比设计。

微表处混合料的配合比设计是一个建立在实验室试验基础上的经验设计,主要是依据试验结果来评估和确定稀浆混合料的应用性能和原材料之间的最佳配合比例。微表处混合料配合比设计是一项经验性很强的工作,设计者须有丰富的设计经验。

《公路沥青路面施工技术规范》(JTG F40—2004)提出的微表处混合料的室内试验指标如表13-24所示。

微表处混合料技术要求 表13-24

项 目	单 位	指 标	试验方法
可拌和时间	s	>120	手工拌和
黏聚力试验 30min(初凝时间) 60min(开放交通时间)	 N·m N·m	 ≥1.2 ≥2.0	T 0754
负荷轮碾压试验(LWT) 黏附砂量 宽度变化率	 g/m^2 %	 <450 <5	T 0755
湿轮磨耗试验的磨耗值(WTAT) 浸水1h 浸水6h	 g/m^2 g/m^2	 <540 <800	T 0752

注:负荷轮碾压试验(LWT)的宽度变化率适用于需要修补车辙的情况。

《微表处和稀浆封层技术指南》提出的微表处混合料技术指标如表13-25所示。

微表处混合料技术指标 表13-25

项 目	单 位	指 标	试验方法
可拌和时间,不小于	s	120	附录A1
黏聚力试验,不小于 30min(初凝时间) 60min(开放交通时间)	 N·m N·m	 1.2 2.0	附录A3
负荷车轮黏附砂量,不大于	g/m^2	450	附录A5
湿轮磨耗损失浸水1h不大于 浸水6h不大于	g/m^2 g/m^2	540 800	附录A4
轮辙变形试验的宽度变化率,不大于	%	5	附录A6
配伍性等级值,不小于		11	附录A7

注:1.不用于车辙填充的微表处混合料,不作轮辙变形试验的要求。
2.配伍性等级指标作为参考指标使用。
3.摘自《微表处和稀浆封层技术指南》表4.1.6。

二、微表处混合料配合比设计步骤

一般室内的微表处混合料配合比设计步骤如图13-8所示。

微表处混合料的配合比设计大概包括以下几个内容:

选定混合料的类型;

原材料的评估试验;

矿料的级配试验;

混合料的施工性能:包括可拌和时间以及黏聚力试验;

混合料的路用试验:包括为确定最佳沥青含量的湿轮磨耗和负荷轮碾压试验;

综合确定微表处混合料的配方。

(1)选定微表处混合料的类型:首先确定要维护的路面状况是否适合采用微表处,然后根据原路面状况以及使用要求,选择适当的微表处类型和相应的厚度。同时,对于不同的气候条件和交通状况等因素,还考虑提高微表处混合料的某些指标,如应充分考虑可能遇到的最高施工温度，高温地区以及寒冷地区还应考虑对改性乳化沥青的路用指标的特殊要求。

MS-2 型和 MS-3 型的最大区别是最大粒径的差异，MS-2 型适用于沥青路面出现松散、老化等病害的中等交通量的路面，而 MS-3 型则适用于高速公路和大交通量的干线公路。

同样是 MS-3 型如果要求低噪音路面，就要考虑集料级配的比例；如果微表处用于长大坡的高速公路路面，对 MS-3 型集料级配形成的粗糙应有专项要求。

(2)原材料的准备：根据选择的微表处混合料的类型，对选定使用的原材料质量进行检测验证，以确保微表处混合料所用的矿料、改性乳化沥青、填料、水和添加剂均应符合规范要求和本微表处施工项目的设计要求。

(3)集料的级配设计：根据封层厚度选择级配类型，按表 13-14 的要求矿料的级配范围，对各种集料分别取样进行筛分试验，再根据试凑法计算各种集料的配合比例，使合成级配在要求的级配范围内。对合成矿料仍应按要求取样进行筛分试验，并验证其级配曲线是否符合规定的级配要求。

(4)可拌和时间和黏聚力试验：根据规范提供的参数或以往的经验，初步选择改性乳化沥青、填料、水和添加剂的用量，进行拌和试验和黏聚力试验。可拌和时间的试验温度应考虑最高施工温度，黏聚力试验的温度应考虑施工中可能遇到的最低温度。

(5)根据上述试验结果和稀浆混合料的外观状态，选择 1 ~ 3 个认为合理的混合料配方，对照微表处混合料技术要求(表 13-22)的规定，如不符要求，适当调整各种材料的配合比例再试验，直至符合要求为止。

(6)需要得到稀浆混合料的沥青用量范围或当设计人员经验不足时，可将初选的 1 ~ 3 个混合料配方分别变化不同的沥青用量(沥青用量一般在 6.0% ~ 8.5% 之间)，按照微表处混合料技术要求(表 13-22)重复试验，先进行湿轮磨耗试验，根据 1h 湿轮磨耗值试验结果绘出沥青用量与磨耗量关系曲线(图 13-9)，确定沥青用量最小值 P_{bmin}；再进行负荷轮碾压试验，根据试验结果绘出沥青用量与黏附砂量关系曲线(图 13-9)，确定沥青用量最大值 P_{bmax}；从而得出沥青用量范围 $P_{bmin} \sim P_{bmax}$。

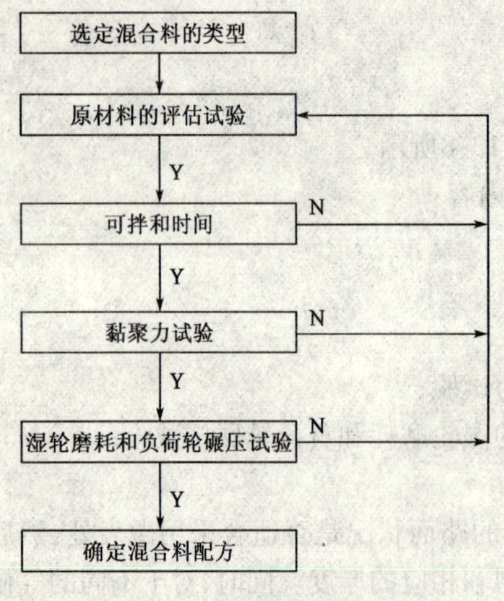

图 13-8 微表处混合料配合比设计步骤图

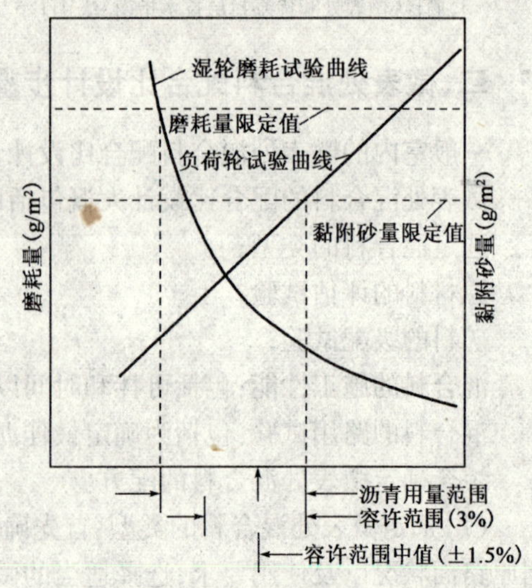

图 13-9 确定稀浆混合料沥青用量的曲线

(7)根据经验在沥青用量范围内选择适宜的沥青用量。对微表处混合料,以所选择的沥青用量检验混合料的浸水6d湿轮磨耗指标,用于车辙填充的增加检验负荷轮碾压试验(LWT)的宽度变化率指标,不符要求时调整沥青用量重新试验,直至符合要求为止。

(8)根据以往经验及配合比设计试验结果,在充分考虑原路面状况、施工阶段的气候及交通状况等因素的基础上综合确定微表处混合料配方。

三、微表处混合料配合比设计中应该注意的事项

微表处技术已经在我国推广应用有10余年,通过研究与实践,总结出许多微表处混合料配合比设计中应该注意的事项:

1)配合比设计过程是为了确定材料的质量并评估它们在硬化前后各材料间交互作用。配合比设计过程应该注意以下一些问题:

(1)拌和

各种材料拌和到一起后是否真的能形成自由流动的微表处混合料?

(2)破乳和硬化

乳化沥青能够按要求的方式在集料表面破乳并形成良好的沥青膜吗?乳化沥青的黏结力能否抵抗来自交通的摩擦?

(3)路用性能

微表处材料能否抵抗来自于交通的荷载?这个过程包括预先确定可以替换的材料、配合比和最终测试。

每一步,试验室都要保证拌和、破乳、硬化和路用性能可以使原材料和微表处材料达到最佳性能。

2)我国微表处混合料配合比设计工作一般由微表处施工企业(承包商)完成,并由具有相应资质和丰富设计经验的实验室进行验证性复核。

配合比、所有材料、方法和材料比例应当提交批准后才能使用。混合料的材料应与实际工程一致。如果使用了两种或两种以的集料,这些集料应被拌和成配合比设计中的比例,并且这个比例在铺筑过程中应保持不变。如果集料的比例发生改变,新的混合料配方应当申报审批。

3)微表处施工现场的气温、湿度、风速等多种气候因素以及当地的原材料与室内试验常常不同,因此必须结合工程现场的实际情况进行配方试验,而且常常需要反复进行多次调整,才能作出最后的生产配合比,这方面是与热沥青混合料的配合比设计大不相同。

在长时间或不同地段的施工期内,微表处混合料配合方也应适时调整,不可能使用一个配合比始终不变。

4)我国MS-3型微表处混合料中矿料用量大致在15~22kg/m^2,比国际稀浆封层协会(ISSA)的规定大一些,这可能是与我国在微表处施工之前原路面不规则或车辙较大造成的。

5)我国已经铺筑的微表处,乳化沥青用量一般在10%~11.5%之间,很少有超过12%的情况,按照乳化沥青残留物含量60%折算,混合料的油石比一般在6%~7.5%之间,与国外的微表处相比,我国微表处混合料的乳化沥青用量较小。

如果油石比超过8.5%后试样仍然呈现深棕色,一般不是因为油石比小的问题,而是混合料的配伍性太差或者集料的砂当量过低的原因,应该考虑改变混合料配方。

6)不同的环境温度和材料温度对可拌和时间会产生影响,因此,不仅在室温下,而且还应在可能遇到的最高施工温度下进行可拌和时间的验证。

不同的施工队伍和不同的稀封层设备也会对可拌和时间提出不同的要求,室内试验的可拌和时间还应该在实际施工中验证。

7)仅仅用黏聚力指标的试验数值来反映混合料的成型速度存在一定的片面性。试验中经常出现混合料成型良好但黏聚力数值却较小的情况,相反,混合料没有很好的成型,测出的黏聚力数值却可能会较大。

分析认为,在混合料成型不太好的情况下,压头在压力作用下压入试件一定深度,使压头与试件的接触面积增大,且压头在旋转过程中易受到试件中大颗粒的阻碍作用,测出的试验结果会出现较大的扭力值。而在混合料成型良好的情况下,压头无法压入相对坚硬的试件中,扭动过程中容易在试件表面打滑,造成了试验结果偏小。因此,应该注意试验过程中试件的破损状态。

第六节　微表处施工及技术要求

一、概述

尽管微表处技术在欧美和澳大利亚已得到普及,并且证明是一项先进、成熟的技术。但微表处技术在我国高速公路沥青路面的推广应用必须要结合我国国情,才能使其健康、快速发展。

我国目前高速公路沥青路面病害的现象和发生原因,带有明显的中国特色。我国高速公路基本上都是全封闭,车辆同向行驶,路面平整度要求高。因此,对微表处在我国高速公路上施工也提出了更高和有别于普通稀浆封层施工的技术要求。

1. 对高速公路原路面的要求

通过对国内数条高速公路沥青路面上的微表处养护工程使用情况调查显示,微表处的使用效果受原路面状况影响很大。因此,对原路面进行详细和认真的调查与分析,科学合理地采用微表处技术,是微表处工程能否成功的一项关键性的工作环节。

1)对原路面的基本要求

(1)微表处的厚度仅为10mm左右的薄层结构,要求原路面要有充足的结构强度,原路面强度不能满足要求时,应首先进行补强处理。

(2)原路面15mm以内的车辙采用单层微表处可以起到好的维修效果;深度15~25mm的车辙采用双层微表处;深度25~40mm的车辙应采用多层微表处车辙填充;深度40mm以上的车辙,建议采用其他施工方法处理车辙后再作微表处罩面。

(3)微表处无法阻止原路面上裂缝的反射,凡是通过检测确定的裂缝事先都应该采用专用的性能优良的封缝设备和材料进行处理,然后再作微表处罩面。

(4)填缝料不许高于原路面,应将原来或新做的填缝料低于或与原路面持平。

(5)原路面宏观构造深度基本丧失的情况下,应采用双层微表处罩面。

(6)原路面的隆起型病害应在微表处施工前进行铣刨处理,原路面的坑槽等病害也必须彻底挖补。

(7)交通标线应在微表处施工前应处理干净,标线铣刨要彻底,微表处罩面层开放交通并基本稳定后,可以恢复交通标志线。

2)路面准备工作

(1)在进行微表处施工前,必须把路面上所有遗留的材料、泥土、杂草和其他有害东西都清理干净。如果使用高压水枪冲洗路面,冲洗后在下一道工序施工前不可通车放行,以免再次污染。原路面及裂缝完全干燥后,才能进行微表处施工。

(2)一般不要求洒黏层油。对于路面光滑、松散以及水泥混凝土路面,可以采用在微表处施工前洒黏层油的方法。应选用阳离子快裂或中裂乳化沥青做黏层油,使用前应用水稀释乳化沥青原液,稀释比例是一份乳化沥青和一份水,乳化沥青黏层油喷洒量建议按 0.16 ~ 0.32 kg/m^2 使用,微表处施工前黏层油必须完全凝固。

二、施工前的准备工作

1. 施工机械设备的组织

施工前,根据施工计划及时完成施工机械设备的组织,各种参与微表处施工的机械设备和辅助工具均应备齐,并应保持良好工作状态。进入施工现场,应检查和调试好运行设备。

微表处施工的机械设备基本配置见表 13-26,现场仪器的基本配置见表 13-27。

微表处施工机械设备基本配置表　　表 13-26

设备名称	台(套)	备　注
微表处摊铺车	2 台以上	摊铺
装载机	1 ~ 2	装料
集料筛分机	1	筛料
铣刨机、灌缝机、压路机	视工程要求而定	原路面修补
水存储罐(容量 20 ~ 30t)	1	供水,带水泵
乳化沥青存储罐(容量 20 ~ 30t)	1 ~ 2	供油,带乳化沥青泵,带搅拌循环
双排座车	1	运输废料
后勤车	1	后勤保障
发电机组	1	视施工现场供电而定
交通安全标志	依工程里程而定	用于指示、引导或封闭交通
辅助工具(铁锹、扫帚、刮耙等)	若干	辅助施工

2. 微表处摊铺车

1)基本要求

(1)有比较准确的计量,由于微表处施工时对各种物料的配比要求较严,所以,要有准确的计量。

(2)有双轴强制式搅拌箱,因为要达到微表处施工,混合料搅拌时间不能过长,而且又要必须在短时间内搅拌均匀,传统的螺旋式搅拌箱(普通乳化沥青稀浆封层车)就不能满足要求。

(3)要有添加剂系统,这样就能方便地把缓凝剂或促凝剂加入混合料中。

(4)配置第二刮平器

(5)用于填补车辙的摊铺箱是特殊设计的。它能将粒料最大的部分送到车辙的深处,从而使稳定性最好,其边缘能自动变薄铺开。

微表处施工现场仪器的基本配置表　　表 13-27

序号	仪器设备名称	单位	数量	备注
1	砂当量测定管	套	1	
2	振动筛	套	1	
3	渗水仪	台	1	
4	电子天平	台	1	
5	可控温电炉	台	2	
6	烘箱	台	1	
7	测量工具(卷尺、钢板尺等)	件	若干	
8	离心抽提仪	台	1	
9	乳化沥青稳定性试验管	支	4	
10	试验容器(烧杯、甘锅、量杯等)	件	若干	
11	餐巾纸	份	若干	初凝检验
12	纸杯	个	若干	手工拌和检验

2)微表处摊铺车的类型

微表处摊铺车主要有两种类型:

(1)间断作业车载式摊铺车,如图 13-10 所示。

(2)自行式连续作业摊铺车,如图 13-11 所示。

图 13-10　间断作业车载式摊铺车在进行微表处施工

图 13-11　自行式连续作业摊铺车

3)摊铺车的标定

(1)在施工之前,每台摊铺车都要进行检查和标定。有监理在场的情况下,检查和标定已经完成并且合格后,摊铺车才能投入使用。

(2)摊铺车在以下情况下必须进行标定:

①新机器第一次使用时；

②新机器每年的第一次使用时；

③新工程开工前；

④原材料改变和配合比发生较大变化时。

标定的方法可以参照摊铺车的使用说明书进行。

一些微表处施工单位对摊铺车进行标定的工作没有引起足够的重视，而是采用施工中石料和改性乳化沥青的总量来估算油石比的大小。由于石料采购时多为体积计量，误差较大，由此得出的油石比也有较大偏差。而有的单位尽管对摊铺设备进行了认真的计量标定，但在施工过程中没有考虑矿料湿胀性的影响，造成油石比严重偏离设计油石比。因此，对摊铺车进行正确的计量标定，是微表处施工配合比符合设计要求的重要保证。

三、铺筑试验段

微表处施工前应选择合适路段摊铺试验段，试验段长度不小于200m。

通过试验段的摊铺，一是操作人员熟悉设备、辅助人员明确分工、各司其职进行演练；二是验证设备的稳定性和精确性等施工性能；三是检验稀浆混合料的施工性能，确定生产配合比。

当室内取得的设计配合比不能很好地满足施工性能的要求时，应在设计配合比的基础上及时进行小范围的调整，使稀浆混合料达到良好的施工性能，并取得生产配合比。生产配合比的沥青用量与设计配合比的沥青用量相差应在 ±1% 以内，否则应重新进行混合料的配合比设计。

通过试验段摊铺确定的微表处混合料生产配合比必须按施工程序报监理认可。

四、微表处施工

微表处施工是微表处工程的关键环节，施工组织者在施工前应对施工人员进行技术培训和技术交底，要求施工人员熟悉微表处工程的施工环境，熟练掌握施工步骤和施工工艺，严密组织，精心施工。一般的微表处施工步骤如图13-12所示。

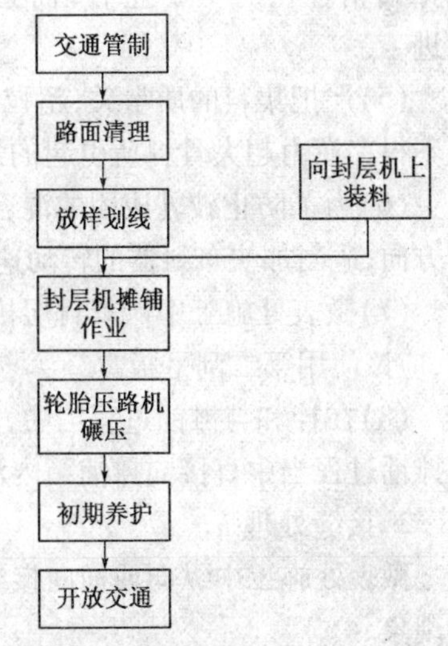

图13-12　微表处施工步骤

1. 交通安全设置和维持

微表处施工中交通安全设置和维持同微表处施工一样重要，应特别重视交通安全设置和维持。

(1)为保证安全、顺利地进行微表处施工，施工前首先与高速公路交警和高速公路养护管理部门协商，确定交通管理方案以及保通队伍的建立。

(2)在施工前2h，施工路段应设置交通标志，提醒和告诫所有受工程影响的过境车辆。工期长的微表处工程，还应该在施工路段的高速公路上站口以布告的形式，说明施工的时间和日期。

(3)施工单位应采取适当的措施防止在施工过程中或交通开放前,微表处摊铺层受到施工人员或各种类型的车辆碾压破坏。

2. 施画导线

(1)在高速公路进行微表处施工,第一幅摊铺应以高速公路路缘石为参照物,作为摊铺车向前行驶的导向线和施工幅数分界线。

(2)根据施工路段的路幅宽度,计算和调整摊铺箱的施工宽度,应尽量减少纵向接缝数量。在高速公路进行微表处施工,纵向接缝尽可能设置于高速公路纵向车道交通标线的中心,尽量减少半幅摊铺或不规则宽度的摊铺。

3. 气候要求

在路面或空气温度达到10℃并且持续下降时,不允许进行微表处施工。但是,在路面或空气温度达到7℃并且持续上升时,允许进行微表处施工。

4. 摊铺作业

1)摊铺

(1)将装好料的封层机开至施工起点,对准控制线,放下摊铺箱使其周边与原路面贴紧。

(2)根据厚度要求,调整摊铺箱厚度调节挡板至要求高度。

(3)根据当天施工期间的气温、湿度、表面纹理和干燥情况,决定是否需要对路面进行预先湿润。一般封层机搅拌箱下部都设置有喷淋管,通过开关控制喷水管的开闭,喷水量也可以进行调节。喷水应该在摊铺车起步行驶后进行。

(4)封层机向前行驶前,摊铺箱中必须有一定量的混合料,一般应保持混合料的体积为摊铺箱容积的1/2左右,而且稠度适当,分布均匀,封层机才能起步行驶,并保持匀速前进。

(5)严把集料的质量关,超粒径颗粒必须在装到摊铺车前剔除。在已完成的微表处路面上不得存在由超大骨料所引起的划痕。如果出现划痕,应立即采取措施。

(6)为了防止破乳成团的混合料造成表面划痕,摊铺过程中应经常变换螺旋布料器的旋转方向,适当加快布料器的转动速度,防止局部混合料破乳成团。

(7)微表处施工中严禁封层机摊铺箱后安装拖布,如果为使微表处罩面层表面平整,无划痕,应该使用第二刮平板。

(8)在拌和与摊铺过程当中,混合料不得出现水分过多和离析现象。任何情况下都不能在摊铺过程当中直接向摊铺箱内注水。

2)接缝处理

微表处施工中纵向或横向接缝上都不允许出现接缝不平、局部漏铺或过厚以及影响外观的现象。

(1)横向接缝的处理

①将要对接的施工段的末端切直整平,用一块4 000mm × 500mm × 0.5mm(长 × 宽 × 厚)薄白铁皮板将对接的施工段的末端覆盖,保证薄白铁皮板与已铺微表处层边缘整齐,如图13-13所示。

②将封层机摊铺箱后缘落在薄白铁皮板上,如图13-14所示。

③启动封层机开始摊铺作业；

④封层机运行10余米后，可以将薄白铁皮板上残留的微表处混合料收集取走，清理干净薄白铁皮板，准备下一施工段使用；

⑤封层机继续摊铺作业，直到封层机上一车料摊铺完。

横缝：将准备好的铁皮铺在上一段结尾处，摊铺开始后，将铁皮及上面稀浆混合料移开，用铁锹整理使其平整。

图13-13　覆盖白铁皮

图13-14　摊铺箱后缘落在薄白铁皮板上

(2)纵向接缝的处理

①如果已铺的微表处摊铺层纵向顺直，并确认已经凝固成型，应充分清扫接缝，与其对接的另一幅摊铺层可以采用对接缝，这时，可将封层机摊铺箱一侧的橡胶封条适当地搭接在已铺的微表处摊铺层上面。这样，两幅摊铺层的纵向接缝连接实现平顺、密实，如图13-15所示。

②对纵向接缝也可以采用在纵向车道交通标线的中心进行搭接的方式，ISSA微表处技术指南建议，纵向车道线上接缝的搭接面最宽不得超过72.6mm，当用3m直尺置于接缝处测量高低不平度时，其高度差不得超过6.4mm。2006年我国出版的《微表处和稀浆封层技术指南》规定，纵向接缝搭接面宽度 <80mm，高度差 <6.0mm，如图13-16所示。

图13-15　纵向接缝连接实现平顺、密实

图13-16　纵向接缝的搭接面

(3)摊铺结束的处理

摊铺结束后，铲除最后一小段不合格的工作面，用直尺取平，用铁锹整理起头，让其有一斜坡过渡段，多余废料装上工具车拉到指定地点堆放，如图13-17和图13-18所示。

ISSA 和我国出版的微表处技术指南对纵向接缝高度差技术指标要求都有些宽松，不符合我国高速公路沥青路面的平整度要求，因此，微表处施工单位实际施工中应严格控制纵向接缝高度差技术指标。

图 13-17　直尺取平

图 13-18　多余废料装车运走

3）修复施工缺陷

（1）在摊铺箱不能到达的地方必须采用人工施工，以保证微表处处治完整和一致。在人工摊铺混合料前，应在路面上喷洒少许水分，使之保证湿润然后立即进行摊铺作业，通过人工用橡胶辊碾压封层达到均匀和平整；

（2）应由施工经验丰富的人员负责修复施工缺陷，修复人员要注意观察，随时检查，做到眼疾手快，耐心细致，严禁踩入未破乳成型的封层面，避免留下痕迹影响封层面外观；

（3）微表处施工中在路面上留下的废料要及时清除，以免污染环境和影响施工。

5. 轮胎压路机碾压

高速公路的车辆行驶渠化现象严重，单纯依靠车辆的轮胎碾压不可能使全断面的微表处罩面层均匀地固化成型，因此，采用轮胎压路机对微表处罩面层进行碾压应是一项有效的施工措施。

使用轮胎压路机进行碾压作业，是与热沥青路面施工不同的，采用轮胎压路机碾压主要是将混合料中的水分排出，以达到加速稳定的目的，如图 13-19 所示。

图 13-19　轮胎压路机碾压

观察微表处罩面层的凝固状态,是决定轮胎压路机碾压时间的关键。一般对已破乳并初步成型的微表处罩面层可以进行轮胎压路机碾压。

关于碾压的遍数,应考虑微表处罩面层的厚度及开放交通后交通量的大小等因素进行决定。一般采用6~10t轮胎压路机碾压1~2遍即可达到要求。

严禁采用钢轮压路机(静碾或振动)碾压,对于微表处罩面层没有完全固化成型前,钢轮压路机对罩面层有破坏作用,因而不予使用。

6. 初期养护

微表处罩面层达到固化成型都有一个时间过程,在这个阶段,微表处罩面层很容易受到外力破坏,因此,初期养护也是微表处施工中的一个重要环节。

(1)微表处混合料的凝固时间受改性乳化沥青、混合料的配比、气候、机械设备等多方面的因素影响,应选择快凝固的微表处混合料,以减少初期养护时间。

(2)初期养护时间禁止一切车辆驶入罩面层,严格管制交通。

7. 开放交通

微表处罩面层能够满足开放交通的要求后应尽快开放交通。决定开放交通后,应撤除交通管制标志,不留任何障碍,保证交通顺畅。

8. 微表处施工中的注意事项

1)摊铺速度

使用正确的摊铺速度对于微表处的质量是重要的,过快的摊铺速度可能会导致微表处摊铺层出现横向波纹或减少微表处的表面纹理。此外,正确的摊铺速度对项目的成功产生明显的影响,摊铺层过厚会导致混合料位移和分层,厚度不足会造成混合料过度离散,降低微表处使用寿命。

2)天气因素

(1)与天气有关的因素往往是微表处工程失败原因之一。虽然微表处材料所用的乳化沥青是依靠化学变化产生黏附性,但空气温度、相对湿度、风速、降水也会影响微表处施工性。

(2)理想的微表处施工天气条件是湿度低、微风和施工期有持续的高温天气。

(3)高湿度对任何微表处混合料都有影响,因为它会减缓乳化沥青破乳。ISSA推荐微表处只能在湿度为60%或更低的条件下施工(ISSA2010a)。美国佐治亚州交通部规范允许微表处在80%相对湿度条件以下施工,美国新墨西哥州的交通部规范限制施工湿度不超过50%。

(4)高温加速乳化沥青破乳,并增加了对路面表面的洒水量以降低路面温度,通常混合料可能也需要额外的水以解决路面的高温和混合料在摊铺箱里破乳和变稠的情况。

当温度较高时,也可以采取加快微表处摊铺机的施工速度,根据经验,摊铺速度应该对应着确保混合料在摊铺箱里停留45s或更少。

(5)通常微表处可以在铺筑后一小时之内对直行的交通开放,而不会造成损坏,如图13-20和图13-21所示。然而,在交叉路口等区域,需要更多的固化时间,特别是在寒冷的天气条件下,微表处混合料中可能在几个星期内都有水。如果在此期间发生冻结,沥青膜将会剥离,表面会发生离散。

(6)微表处混合料可以在交通荷载和过量水的作用下变软并分散。在这个过程中,没有完全黏结在一起的沥青和集料将会在水的作用下分离。微表处混合料通常在摊铺后3h后可以承受小雨,如果出现一场大雨或开放重交通将会损坏微表处罩面层。

图13-20 微表处摊铺后的外观

图13-21 开放交通的微表处路面

五、微表处修复车辙技术

高速公路交通量大,车流渠化运行的特点,使得车辙成为我国高速公路沥青路面较为常见的病害之一。

1. 微表处修复车辙技术特点

微表处可以多层铺筑是其重要特点之一,其主要优势就是它可以有效地填补车辙。微表处处理沥青路面车辙一般适用于路面出现压密型、磨耗型等稳定的车辙病害,其施工方法是采用专用的车辙摊铺箱对形成的车辙进行不等厚摊铺,包括在其上铺筑全幅的罩面。与传统的挖补法处理车辙相比,微表处车辙处理技术具有以下优点:

(1)造价低廉,效果良好。

(2)对交通干扰较小。

(3)施工速度快、工期短。

因此,微表处车辙处理技术是少有的几个可以用于修补车辙病害的养护技术之一,如图13-22所示。

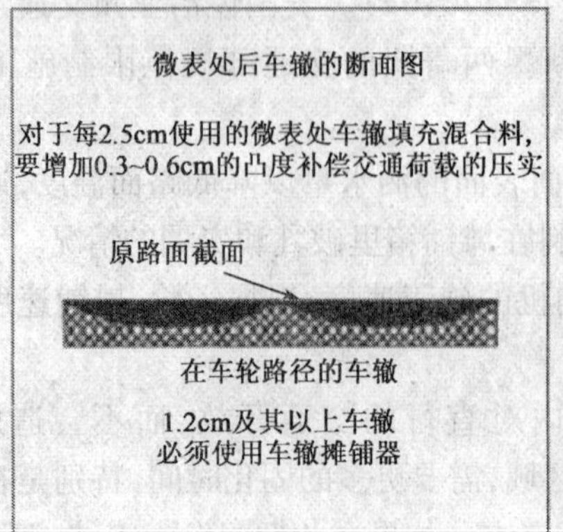

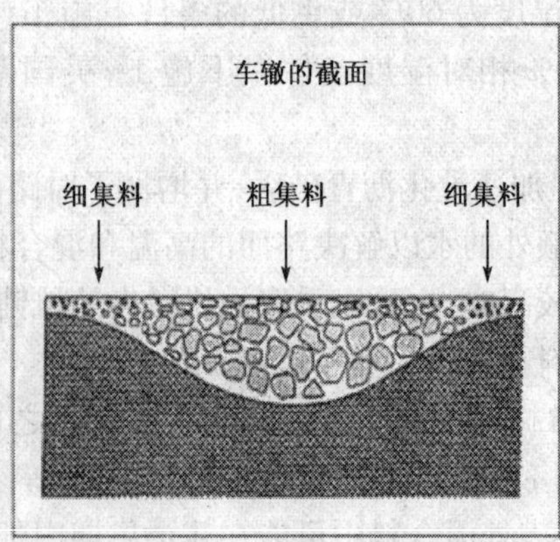

图13-22 车辙填充的原理

2. 微表处修复车辙技术要求

国际稀浆封层协会(ISSA)"微表处推荐施工指南 A143(修订版)"提出了较为详细的车辙摊铺作业指导意见。我国制定的《微表处和稀浆封层技术指南》仅提出了车辙填补的施工技术要求,但缺少微表处混合料填充车辙用量范围和车辙填补混合料级配要求。

1)ISSA－A143 中提出的微表处修复车辙技术要求

(1)微表处混合料填充车辙用量范围

微表处混合料车辙摊铺层,车辙深度每 25.4mm 增加 3.2～6.4mm 的摊铺厚度,形成拱形以补偿交通车辆的压实变形,如表 13-28 和图 13-23 所示。

微表处混合料填充车辙用量范围　　表 13-28

车 辙 深 度	所需的微表处混合料用量	车 辙 深 度	所需的微表处混合料用量
12.7～19.1mm	10.8～16.3kg/m²	25.4～31.75mm	15.2～20.6kg/m²
19.7～25.4mm	13.6～19.0kg/m²	31.75～38.1mm	17.4～21.7kg/m²

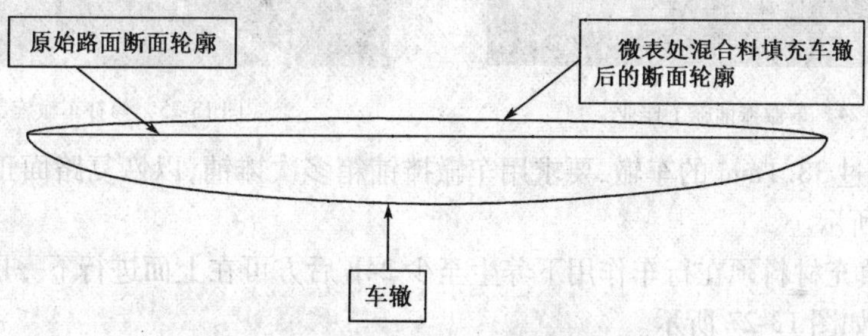

图 13-23　微表处混合料填充车辙的横断面图

(2)车辙填补混合料级配

ISSA－A143 中提出用于微表处的混合料级配通常是 II 和 III 型,另外还有一种 IV 型级配,其一次摊铺厚度可达 13mm,适合于车辙填补和高速车道,或双层摊铺中的下层,其通过率如表 13-29。

IV 型级配通过率　　表 13-29

筛孔(mm)	IV	筛孔(mm)	IV
12.5	100	0.6	19～34
9.5	85～100	0.3	14～25
4.75	60～87	0.15	8～17
2.36	40～60	0.075	4～8
1.18	28～45		

2)西班牙提出的微表处修复车辙技术要求

西班牙提出的微表处混合料级配的 I 型与 ISSA 的 II 型相似,西班牙的 II 型与 ISSA 的 III 型相似,而西班牙增加了略粗一点的 III 型,这种级配比较适合做车辙填补,与美国的 IV 型非常相似,其厚度可达 8～15mm,如表 13-19 所示。

3. 车辙摊铺施工要求

(1)在实施微表处作业前,应根据需要将路面车辙、裂缝及凹陷等进行修补。

(2)深度超过 12.7mm 车辙需用车辙摊铺箱单独处理,车辙摊铺箱的宽度有 1.52m 和 1.81m两种。

(3)车辙摊铺箱直接悬挂在微表处摊铺车后面,车辙摊铺箱落在车辙槽上,启动摊铺车开始施工,如图 13-24 和图 13-25 所示。

图 13-24　车辙摊铺施工作业

图 13-25　修补车辙施工中

(4)深度超过 38.1mm 的车辙,要求用车辙摊铺箱多次摊铺,以恢复路面正确的横截面形状,如图 13-26 所示。

多层车辙填充材料须在行车作用下养生至少 24h 后方可在上面进行下一层的车辙或微表处罩面层处理,如图 13-27 所示。

图 13-26　车辙填补后形成拱度

图 13-27　车辙填补后再加铺可不留拱度

(5)多层车辙摊铺,每摊铺 25mm 厚的填充材料,施工时的车辙摊铺厚度应增加 3.2 ~ 6.4mm,主要是考虑行车的压密作用,如图 13-28 所示。

采用 V 型车辙摊铺箱刮板的高度可以上下微调,从而保证车辙中部的摊铺高度适当高出原路面标高,以考虑行车压密的作用。

4. 车辙摊铺作业注意事项

(1)在路面不平整或有 5 ~ 10mm 车辙的地方,可以考虑采用双层摊铺,然后做微表处罩面层。第一层可作为调平层,以重新建立路面横向轮廓。

调平层施工时,摊铺箱后应使用钢质刮平器,摊铺箱全宽度摊铺,施工中刮平器设定为与路面最高点接触,因此可填补低点。

图 13-28　车辙摊铺后的检测

(2)采用双层摊铺做微表处罩面时,首先摊铺的一层应至少在开放交通由行车的作用下成型24h,确认已经成型后方可在上面再进行第二层摊铺,如图 13-29 所示。

(3)通常来说,车辙被填充后要覆盖一层全车道宽的微表处材料,但也可以不覆盖就开放交通,如图 13-30 所示。

(4)微表处必须应用在由于长期交通荷载作用而引起的稳定的车辙,不可以用在由于基础失效而引发的车辙。如果由一个不稳定路面结构层材料或结构缺陷造成的车辙,进行微表处车辙填充后,一般会很快导致车辙再次出现。

图 13-29　确认成型后方可进行第二层摊铺

图 13-30　微表处单层车辙修补

第七节　施工质量控制

一、施工前的材料与设备检查

(1)微表处施工前必须提供正规的原材料检测报告,必须提供摊铺车标定报告。在确认材料、设备等没有发生变化和符合要求后,方可使用。

(2)施工前必须提供混合料的试验报告,在确认材料没有发生变化和符合要求后,方可施工。

(3)施工前材料的质量检查应以料源、同一批并运至生产现场的相同规格品种的集料、改性乳化沥青等为一“批”进行检查。检查频率和要求如表 13-30 所示。矿料级配和砂当量指标不能满足设计要求的,必须重新进行混合料设计或者重新选择矿料。

(4)施工前应对摊铺机的性能、标定和设定以及辅助施工车辆配套情况、性能等进行检查。

微表处施工前的材料质量检查与要求 表 13-30

材 料	检 查 项 目	要 求 值	检 验 频 率
改性乳化沥青	表 13-6 要求的检测项目	符合设计要求	每批来料一次
矿料	砂当量		
	级配		
	含水率	实测	每天一次

注:1. 矿料级配符合设计要求,是指实际级配不超出相应级配类型要求的各筛孔通过率的上下限,并且以矿料级配为基准,实际级配中各筛孔通过率不得超过表 13-15 规定的允许范围。

2. 表中数据选自《微表处和稀浆封层技术指南》表 6.1.2。

(5)当改性乳化沥青的蒸发残留物含量和矿料含水率发生变化时,必须调整摊铺机的设定,确认材料配合比符合要求,并按调整后的配合比施工。

二、微表处施工过程中的质量管理与检查

微表处施工过程中,摊铺机一般以 1.5 ~ 3.0km/h 的工作速度前进,微表处施工速度快,并在移动过程中完成稀浆混合料的掺配、拌和和摊铺。因此,微表处施工过程中的质量控制主要取决于工作质量稳定、可靠的摊铺机和技术熟练的操作人员。

微表处施工过程中的质量检查大概分为几个阶段:

1)摊铺过程中从拌和箱出口接出稀浆混合料,采用离心抽提法检测油石比、矿料的级配,以及通过浸水 1h 湿轮磨耗的检验,如表 13-31 所示。

微表处施工过程中的稀浆混合料质量检验要求 表 13-31

项 目	要求或允许误差	检 验 频 率	检 验 方 法
油石比	施工配合比的油石比 ±0.2%	1 次/日	从工程取样按 T 0722 进行
矿料级配	满足施工配合比的矿料级配要求 *	1 次/日	T 0725
浸水 1h 湿轮磨耗	不大于 540g/m^2	1 次/7 个工作日	从工程取样按 T 0752 进行

注:* 矿料级配满足施工配合比的矿料级配要求,是指矿料级配不超出相应级配类型要求的各筛孔通过率的上下限,且以施工配合比的矿料级配为基准,实际级配中各筛孔通过率不超过表 13-15 规定的允许波动范围。

2)摊铺过程中稀浆混合料刚刚摊铺在路面上,未达到初凝,检查稀浆混合料的稠度。

有两种稠度检验的经验方法如下:

(1)在刚刚摊铺出的稀浆混合料上用直径 10mm 左右的细棍划出一道划痕,如果划痕马上就被两边的材料淹没,说明混合料的稠度偏稀,应适当降低用水量;如果划痕两边的材料呈松散状态,说明混合料过稠甚至已经破乳;如果划痕能够保持 3 ~ 5s 后才被周围材料覆盖,周围的材料仍然有一定的流淌性,说明混合料的稠度合适。

(2)迎着太阳照射方向观察刚刚摊铺出的材料层,如果表面有大面积亮光的反光带,说明混合料用水量偏大,稠度偏稀;如果刚刚摊铺出的材料层干涩,没有反光,说明混合料偏稠;如果刚刚摊铺出的材料层对日光呈现漫反射,说明稠度合适。

(3)国际稀浆封层协会 ISSA 介绍一种鞋底试验方法

剪切强度和黏结力可以通过直接踩到路面上进行判断，如果鞋底放置路面上 2s 不会黏起集料，那么可以开放直行的交通，不会有明显不利影响。

如果踩在新铺的表面并旋转 180°，表面只有轻微的痕迹，并且没有大的集料发生移动，混合料可以向有转弯的交通开放，且无明显损害。然而，对于急转弯特别是重型车辆，可能会造成损坏，特别是在炎热的天气条件下。

3）稀浆混合料摊铺在路面已达到开放交通阶段。

（1）检查微表处的外观质量应符合下列要求：

①表面平整，密实，无松散，无轮迹；

②纵、横缝衔接平顺，外观色泽均匀一致；

③与其他构造物衔接平顺，无污染；

④摊铺范围以外无流出的稀浆混合料；

⑤表面粗糙，无光滑现象。

（2）摊铺厚度应符合下列要求：

①每公里均布 5 个断面，每幅中间及两侧各选 1 点定为厚度点。

②采用钢板尺或其他有效手段进行厚度测量，并现场记录。

③取每个断面的平均值作为检测结果。

三、交工验收阶段的工程质量检查与验收

ISSA－A143 中没有对微表处的交工验收环节提出要求，而我国不仅进行“过程控制”，同时还进行“结果控制”，要求有竣工验收的标准和方法。

国内的微表处主要应用于高速公路，一、二级公路的沥青路面的预防性养护罩面和沥青路面的车辙修复。在最初开放交通的一段时间，微表处罩面层处于不稳定状态，固化成型不断进行，加之行驶车辆的碾压，个别粗集料可能会飞散，石料表面的沥青膜也会磨损。如果此时进行竣工验收，测得的数据无法反映微表处真正的工作状态。因此，对微表处工程在完工后 1～2 月时，可将施工路段全线以 1～3km 作为一个评价路段进行质量检查和验收，检查项目、频率、要求及方法如表 13-32 所示。

微表处交工验收阶段的工程质量验收检验要求　　表 13-32

项目		质量要求	检验频率	方法
表观质量	外观	表面平整、密实，均匀、无松散，无花白料，无轮迹，无划痕	全线连续	目测
	横向接缝	对接平顺	每条	目测
	纵向接缝	宽度小于 80mm，不平整小于 6mm	全线连续	目测或用 3m 直尺量
	边线	任意 30m 长度范围内的水平波动不得超过 ±50mm	全线连续	目测或用直尺量
抗滑性能	摆值 F_b（BPN）	高速公路、一级公路：≥45	5 个点/km	T 0964
	横向力系数	高速公路、一级公路：≥54	全线连续	T 0965
	构造深度 TD（mm）	高速公路、一级公路：≥0.60	5 个点/km	T 0961

续上表

项　目	质量要求	检验频率	方　法
渗水系数	≤10mL/min	3个点/km	T 0971
厚度	-10%	3个点/km	钻孔或其他有效方法

注:1.横向力系数和摆值任选其一作为检测要求。
2.表中数据摘自《微表处和稀浆封层技术指南》表6.3.1。

四、微表处常见质量问题与对策

在恰当的时间用恰当的养护方法用在恰当的路面上。因此,选择合适的工程成了微表处养护能否成功的关键。

每个公路管理部门都有他们自己的方式确定那些需要养护维修或是恢复服务能力或是延长使用寿命的路面。因此,需要将那些候选路面按组评估并对每个路面基于其本身状况及经济条件确定恰当的养护措施。需要考虑众多因素,以下因素通常用于确定路面恰当的养护方法,见图13-31。

图13-31　微表处施工后,原不良修补面很快出现开裂

①现有路面类型及年限;
②交通量;
③病害类型及严重程度;
④表面摩擦能力;
⑤养护材料预期使用寿命;
⑥下一次养护或重建方法。

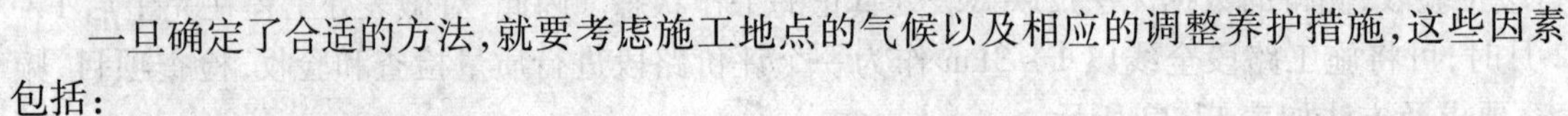

一旦确定了合适的方法,就要考虑施工地点的气候以及相应的调整养护措施,这些因素包括:

①路面使用时间;
②气候条件,如湿度,风、温度等等;
③养护成本及资金;
④可以找到有资质和施工经验的承包商;
⑤有合格的材料;
⑥修复后对噪音的要求;
⑦施工时对交通的影响。

1.泛油现象

1)设计油石比过大

为了避免设计油石比过大,必须针对每一个工程的环境条件、交通量情况、材料、原路面状况等进行认真、科学的混合料设计。

例如,微表处用于高温地区或者重载、大交通量道路时,应采用相对较低设计油石比;微表处选用了坚硬致密的石料、标号较高的基质时或者原路面表面光滑、密实时,设计油石比也应该低一些。

2)微表处摊铺车标定或设定有误

为了防止出现摊铺车标定或设定有误造成的实际油石比与设计油石比的差别,应注意以下几点:

(1)采用工程实际使用的材料进行摊铺车标定;

(2)施工过程中应每天检测集料的含水率,并根据含水率的变化和松装密度—含水率曲线及时调整摊铺车设定;

(3)尽量为现场料堆搭置顶棚或进行覆盖,防止集料含水率的大幅度变化。

3)假泛油

施工中混合料稠度太稀,细料和沥青上浮,在表面形成富油带,这实际上是一种"假泛油"。为此,微表处施工过程中应严格控制用水量,尽量将混合料的稠度调整到最佳状态,如图 13-32 所示。

2. 接缝或边界不整齐

1)纵向边界不直

(1)由于混合料的稠度过稀,出现了"跑浆",从而造成纵向边界参差不齐;

(2)摊铺车工作速度太快,与混合料的产出量不协调,导致摊铺槽中缺料而形成纵向边界不整齐。

2)纵向搭接不平整

(1)由专门人员站在摊铺车上,用铁锹等工具将搭接部分抹平;

(2)适当调低摊铺槽搭接一侧的高度,减少搭接处混合料的摊铺厚度;

图 13-32 粗集料表面未裹附沥青

(3)将纵向搭接缝放在车道标志线地方,可以最大程度地减少接缝对路表美观的影响。

3)横向接缝不美观

3. 表面划痕

(1)混合料中有超粒径颗粒,卡在摊铺槽后缘,在摊铺槽的拖动下形成长的划痕。原因可能是集料中混入的大粒径石料,也可能是摊铺槽中破乳结团的混合料块。这是因为微表处施工的摊铺车其摊铺槽重量大,无法从大粒径颗粒上越过,容易出现划痕。此外,不同的微表处摊铺车其摊铺槽对超粒径颗粒的敏感程度也是不同的,如:Breining 公司 S-HY8000 型摊铺槽,由于后挡板离地面较低,对超粒径颗粒比较敏感;而 AKZO-NOBEL 公司的 HD-10 所配备的摊铺槽,后挡板离地面较高,对超粒径颗粒就不太敏感,但摊铺的平整度也相对差一些。

(2)摊铺槽后缘的橡胶刮板不清洁,留有破乳硬结的混合料,使得刮出的微表处表面有深度较浅的多条划痕。应该是每一车材料摊铺完毕后,认真清洗摊铺槽,特别应刮除橡胶刮板上的残余混合料。

(3)摊铺厚度过小形成的划痕。

4. 表观不均匀

微表处作为路面结构中最表面的一层，直接与行车接触，其外观质量的好坏直接关系到行车舒适性，并间接反映出微表处内在质量的优劣，是微表处工程质量的重要评判内容之一。因此，必须从原材料选择、混合料设计、施工工艺等方面进行有针对性的质量控制，确保微表处有美观的外观质量。

1）中间表观细，两边表观粗

原路面表观存在较严重的车辙，车辙中间深，两侧浅的断面形状，使得微表处呈中间深两侧浅的厚度分布，厚度大的地方因粗集料下沉而表观偏细，厚度小的地方因粗集料裸露在表面而表观偏粗。车辙深度越大，这种现象也就越明显。

2）中间表观粗，两边表观细

（1）混合料成浆状态不好，细粉料和改性乳化沥青形成的“稀浆”与粗集料离析。混合料从搅拌器出口排出后，粗集料迅速下沉。而“稀浆”被螺旋布料器输送到摊铺槽两边，从而形成了中间表观粗两边表观细的情况。

（2）摊铺槽中部的高度调得太低，造成中部摊铺厚度不足。

3）一边表观粗，一边表观细

（1）操作手的熟练程度不够，摊铺过程中，布料器旋转方向长时间不变化，摊铺槽中混合料的分布一侧多一侧少。摊铺过程中，要求操作手不断变化拌和器出料口的出料方向和螺旋布料器的旋转方向，使稀浆混合料在摊铺槽中的分布均匀。

（2）摊铺槽的厚度调节的不合理。

4）摊铺厚度不足

当原路面完全丧失宏观构造深度的情况下进行单层微表处施工，往往会出现“不挂料”的情况，摊铺厚度也难以保证。对于这样的路面，应采用两层摊铺，第一层摊铺厚度可以薄一些，起到增加原路面挂料能力的作用，等成型后再摊铺第二层。

5）横向波纹

摊铺箱应平稳、无振动地运行，机器应匀速行驶。如果使用牵引设备，过快的速度会造成波纹和不均匀的表面。过快的速度使微表处表面出现横向的波纹，也是加剧路面噪音的因素之一，如图13-33所示。

图13-33　成型的微表处罩面层出现拖痕

5. 微表处路面噪音问题

我国微表处路面工程噪音大的问题已经成为制约其推广应用中的一个最大障碍，因此，重视分析影响因素，制定控制措施，使微表处路面噪音和外观满足广大乘客对安全、舒适的要求。

1）旧路面与微表处路面行驶差异

一种解释是，当车辆从原来的路面行驶到微表处路面时，原来的路面的摩擦力较微表处的小，因而驾驶员觉得微表处路面噪声过大。

2)低噪声微表处与传统的微表处差异

低噪声微表处与传统的微表处相比,主要是通过减少轮胎与路面接触时的振动、冲击来实现的,即低噪声微表处的表观更加平整、密实,宏观构造深度比传统微表处的略低一些,见表13-33。

构造深度、摩擦系数试验检测代表值　　表13-33

检测项目 / 路面状况	检测代表值	
	构造深度	摩擦系数
传统微表处	1.1~1.2	55~60
低噪声微表处	0.6~0.8	50~55

低噪声微表处与传统微表处相比车内噪声至少可降低1.5~2.0dB,且低于或等于原路面噪声值(表13-34)。

噪声检测平均值对比分析表　　表13-34

车速(km/h)		40	60
车内噪声平均值(dB)	传统微表处	73.6	74.8
	低噪声微表处	71.8	72.9
	原路面	72.1	73.0
备注:检测使用车型为桑塔纳2000,路面干燥无积水			

3)集料级配对噪音的影响

(1)级配的影响

在微表处工程中不只使用一种级配。在特定级配上进行小修改的级配,可以看到级配MS-2和级配MS-3集料的区别。

级配MS-3能够使微表处材料产生更深的表面纹理,这会使其更快地排出表面的水。相反,它会产生较大的路面噪音。用较小粒径的微表处有较平顺的表面,能够减小表面纹理和路面噪音。因为级配MS-2有较小的粒径,因此,控制最大矿料的粒径是控制噪音的有效措施。

(2)摊铺箱必须是清洁的。每个工作阶段结束时必须清理微表处拌和容器,也可以要求每天都进行清洗(尤其是后面是橡胶),如果混合物堆积过多会造成撒布不匀。

图13-34　宁宿徐高速公路低噪声微表处路面

(3)后面的橡胶(钢)刮板应该厚度一致,并应去掉黏在上面的混合料,以保证撒布在路面上的微表处材料平整。后部橡胶刮板可以改变厚度、宽度、硬度,以达到降低路面噪声,如图13-34所示。

6. 水泥混凝土路面接缝处处理措施

微表处在水泥混凝土路面上有良好的黏附效果,因此,也是微表处技术的一个主要用途。但微表处在水泥混凝土路面上应用,应特别注意水泥混凝土路面接缝处的处理措施。

一般的微表处摊铺设备需要进行一些改进才能适应水泥路面接缝处施工要求，采取的主要方法有：

(1)更换摊铺箱下的滑轨，采用加长的滑轨。应通过试验确定长度，一般为原滑轨长度的一倍，以保证其平顺地跨过接缝处。

(2)橡胶刮平板更换成钢刮平板以提高平整度。

第八节　微表处在我国的应用前景

一、对微表处技术在我国应用的认识

我国1988年京石、沈大、沪嘉高速公路通车，实现了我国大陆高速公路零的突破。这以后的20余年来，我国公路事业突飞猛进，以高速公路为标志，我国高速公路建设的历程，走完了国外几十年的路，到2010年年底，高速公路通车里程已经达到7.4万公里。在高速公路里程大幅度增长的同时，随着高速公路使用期的延长，我国高速公路将进入大量维修养护期。

按照国外的一般情况，高速公路路面在通常的设计寿命15～20年内，交付使用后长则10来年，短则五六年、七八年，表面层即需维修罩面一次。这就是国外发达国家提倡的预防性养护技术。

微表处技术在我国高速公路应用已经有10余年，在应用中的一些突出问题表现在如下方面：

1. 微表处技术未用在恰当的路面上

我国某些高速公路沥青面层厚度较薄，工期较紧，结构不尽合理(尤其是表面层的透水)，材料质量不好，施工管理或监理不严，开放交通后交通量迅速增长，车辆大型化，超载严重，长期受水分浸泡等种种原因，致使在一些高速公路路段的沥青路面出现严重的早期破坏，主要是水损坏。因此，在有些高速公路上，已经出现了严重的坑槽、裂缝、车辙，影响交通，使用性能下降。

国内某些应用微表处技术的高速公路，是在沥青路面通车时间不长，便出现大量的网裂、纵裂、唧浆及车辙等早期病害，才开始进行微表处施工。微表处技术未用在恰当的路面上，而微表处技术在国外主要用于预防性养护，国内的微表处施工更多地被用于抢救性路面养护中。

面对我国高速公路沥青路面路面结构、交通状况、气候条件、管理体制等特点，应科学准确地确定高速公路预防性养护阶段路面病害的发生、发展，及时制定合理的维修方案。

微表处技术不是“万能药”，不是什么样的路面都可以铺筑微表处罩面层，微表处只有在结构性能比较好的路面上才能发挥较好的路用性能。

2. 因地制宜应用微表处技术

我国地域辽阔，东西南北的气候、交通、材料都有很大的差异，根据我们的调研，微表处混合料中最主要的改性乳化石油沥青的技术要求就有很强的地域特点、气候、交通等的差异。世界一些国家对改性乳化石油沥青技术要求的指标也有不同，例如美国大多数的州制定了改性乳化沥青技术标准。这说明，由于改性目的、改性方法、用途和地区不同，其技术标准也不一样。

同时,还应该根据各条高速公路的具体情况以及微表处封层的施工质量等,制订微表处技术可以达到的具体目标和适用范围。

3. 微表处施工队伍的规范化

微表处技术在我国高速公路上施工应用已有20余年,但行业管理部门没有制订对专业的微表处施工企业的资质认定制度和认定程序,也缺乏对专业的微表处施工企业的培训及认证,这将影响今后微表处技术在我国的扩大推广和发展提高。

二、微表处技术在我国应用展望

1. 微表处技术是我国高等级公路首选的先进、有效的预防性养护措施之一

从国内外的研究和应用证明,微表处确是功能最完善的道路养护方法之一,对出现在高速公路、城市干道和机场道路上的各种病害的修复最为行之有效。因此,微表处是一种经济有效的路面预防性养护技术,可广泛应用于高速公路及一、二级公路路面的罩面养护。

随着我国高速公路使用年限的增加和交通量的快速增长,高速公路路面直接承受交通荷载反复频繁作用和渠化作用,其使用性能发生较快的衰减,高速公路的维修养护需求量增大。微表处技术应该是我国高等级公路首选的先进、有效的预防性养护措施之一。

(1)微表处罩面可以提高路面的构造深度和摩擦系数,从而提供良好的抗滑能力。

(2)微表处罩面层空隙率小,有良好的防水效果,从而可以减轻或防止路面的水损害,延缓道路的大中修时间。

(3)微表处可以填补车辙,恢复路表的平整度。

(4)微表处可以迅速开放交通,较少影响高速公路的正常运营。

(5)由于使用了改性乳化沥青,微表处具备更长的使用寿命,造价比一般的热沥青罩面低。

(6)微表处还可以用于桥面防水层,隧道内水泥路面罩面。

(7)微表处用于开普封层。

(8)微表处还可以用于新建道路的表面磨耗层。我国不少省份缺乏硬质石料,在修建高速公路时不得不远距离甚至跨省调运石料,大大增加公路的建设成本,如果使用微表处作为表面磨耗层,硬质石料的用量将比采用4cm左右的沥青混凝土减少70%以上,可以大大降低建设成本。

(9)养护时间由一般稀浆封层的4~5小时缩短为1.5~2.5小时,是最适应于高等级公路车流量大,需夜间养护的特点,是高等级公路最大限度发挥社会、经济效益养护保障手段,是经济价值较好的一种方法。

随着我国高速公路和城市道路建设及使用年限的延长,路面的维修养护工作量增加。因此,微表处技术在我国高等级公路和城市道路的维修养护将具有广阔的市场需求和良好的推广应用前景。

2. 微表处技术在我国发展展望

微表处技术在我国已经经历20余年的研究应用,但微表处技术在我国仍然需要进一步的研究与推广,主要体现在以下方面:

(1)微表处可以填补车辙,但国内还没有制订相应的评价方法。

(2)路面养护的成功在于依靠进行养护前判定路面的情况。因此,需要研究确定一个可以判断路面损坏程度的指标,制定可以用于管理部门路面养护的程序。研究包括确定管理部门养护系统的临界值并提供相应的指南,以决定及时地采用微表处技术。

(3)使用微表处是否增加了经济和社会价值。因此,需要进行此方面的研究。

(4)我国大多数高速公路管理单位对于不同交通量使用了同样的微表处材料设计,建议对其可靠性进行研究。

(5)有必要进行全国性的微表处认证程序,研究此认证程序中的具体内容。

(6)我国微表处施工过程中,主要采用目测或经验方法检测,由于缺少严格基于合理、可量化的野外测试,建议进行一系列野外测试研究。通过定量测试微表处材料铺筑后的性能,以及确定当微表处材料凝固到什么程度时可以放心地开放交通。

(7)用微表处可以成功地提高水泥混凝土路面接缝处的行驶质量。通常水泥路面使用在有高交通量的城市地区,并且有较高的建筑成本和较低的使用寿命。发现微表处比热拌沥青混合料更能提供较好的平整度。

①微表处能够经济有效地提高水泥路面接缝处的行驶质量。

②微表处能快速地改善行驶质量,对交通的影响最小。

研究微表处在水泥混凝土路面上应用的技术是微表处在我国公路工程中发展的一个重要领域。

三、微表处工程实例

1. 工程概况

河南省高速公路发展有限公司于2004年有计划地组织河南省高速公路微表处试验路段施工工程。

首先,组织调查了河南省高速公路的使用情况和主要病害,提出适宜微表处施工的试验路段。

2004年5月,确定在G30连霍高速公路开封至商丘段K468+000~K470+000南半幅和K478+000~K480+000南半幅初步选择微表处试验路段。

2004年6月组织检测人员对连霍高速公路开封至商丘段下行K468+000~K470+000南半幅和K478+000~K480+000南半幅微表处试验路段原路面进行检测。同期,对试验路集料进行筛分试验,进行微表处配合比检验和设计,并提交室内试验报告。

2004年6~7月在连霍高速公路开封至商丘段K468+000~K470+000南半幅微表处试验路段进行施工。于2004年6月25日开始施工,7月2日完成施工,当日路面开放交通。

2004年7~8月初连霍高速公路开封至商丘段K478+000~K480+000南半幅微表处试验路段进行施工。

2004年8月组织检测人员对连霍高速公路开封至商丘段下行K468+000~K470+000南半幅,微表处路面运行一个月后进行检测。

2004年9月组织检测人员对连霍高速公路开封至商丘段下行K478+000~K480+000南半幅,微表处路面运行一个月后进行检测。

2. 连霍高速公路开封至商丘段下行 K468 +000 ~ K470 +000 南半幅微表处施工

1）试验路段及预处理

对准备进行微表处罩面的路面预先进行处理，对于网裂、纵裂及唧浆等病害，选择典型区域进行现场开挖调查，以便确定面层及基层的整体损害状况，并据此对这些病害进行适当处理如挖补、灌缝等。

2）材料

微表处工程的主要材料有石料、聚合物改性乳化沥青、水泥和水，根据需要适当添加化学添加剂。

（1）集料

根据 ISSA A143 的要求，采用百分之百破碎的矿料，矿料的技术要求如表 13-35 所示。

矿 料 技 术 要 求　　表 13-35

项　目	测 试 方 法		技 术 要 求
质量要求	ASTM	JTJ	
砂当量(%)	D2419	T 0344	≥65
坚固性(%)	C88	T 0314/T 0340	≤15Na_2SO_4
抗磨耗性%	C131	T 0317	≤30
细长扁平颗粒含量		T 0312	≤15%
磨光值		T 0321	≥42

集料级配采用 ISSA A143III 型，当路面不平整，需要铺筑调平层时，考虑采用 II 型级配。

用于高速公路面层的石料（如玄武岩、花岗岩等）均可用于微表处施工，集料中 3mm 以下石料也可使用石灰石等耐磨性稍差的，本次试验路段采用玄武岩与石灰石两种矿料掺配合成，矿料的级配如表 13-36 所示。

矿 料 的 级 配 表　　表 13-36

孔径(mm)	通过下列筛孔(mm)的质量百分率	
	通过率(%)	III 型级配范围(%)
9.5	100	100
4.75	79.1	70 ~ 90
2.36	47.8	45 ~ 70
1.18	33.9	28 ~ 50
0.6	26.8	19 ~ 34
0.3	21.2	12 ~ 25
0.15	12.5	7 ~ 18
0.075	10	5 ~ 15

（2）聚合物改性乳化沥青

使用壳牌“施保妙”SS3 用于微表处的阳离子乳化沥青，技术指标检测结果如表 13-37 所示。

聚合物改性乳化沥青检测结果 表 13-37

测试项目	检测结果	技术规格	分析方法
沥青含量	63	60~65	ASTM D244
破乳速度	慢	慢	T66017
筛上剩余量	0.030	<0.3	ASTM D244
恩格拉黏度 E_{25}	5.1	3~15	ASTM D1665
动力黏度(25℃)(cP)	162.0	80~200	ASTM D2171
电荷	阳离子	阳离子	ASTM D244
与矿料的黏附性/裹附试验	通过	通过	ASTM D244m
残留物性质			
针入度(25℃)(0.1mm)	62	40~90	ASTM D5
软化点(℃)	62.1	>55	ASTM D36
延度(10℃)(cm)	91.4	>50	ASTM D113
溶解度(三氯乙烯)(%)	>99	>99	ASTM D2042

注：1cP = 10^{-3}Pa·s。

(3)矿物填料

通常使用普通硅酸盐水泥，必要时也可使用熟石灰。

水泥用量：0.25%~3.0%。

3)混合料配合比设计

微表处混合料的配合比设计要求如表 13-38 所示，试验检测如图 13-35 所示。

微表处混合料的配合比设计要求 表 13-38

		测试方法	微表处
黏结力试验	30min	ISSA TB139	≥12kg·cm
	60min		≥20kg·cm
负荷车轮黏附砂试验		ISSA TB109	≤538g/m²
湿剥落试验		ISSA TB114	≥90%
湿轮磨耗试验	1h 水浴	ISSA TB100	≤538g/m²
	6d 水浴		≤807g/m²
可拌和时间		ISSA TB113	≥120s(25℃)

4)施工

(1)设备计量标定

摊铺机在施工前应进行严格的计量标定工作。用于标定的材料应为工程实际使用的。石料、水泥、添加剂至少标定 3 个刻度/开度，乳化沥青视泵的类型而定，各刻度/开度至少标定 2 次，要求偏差小于平均值的 2%。

(2)现场材料检测

施工用石料与用于混合料试验的石料的级配偏差，应满足表 13-39 中的要求。

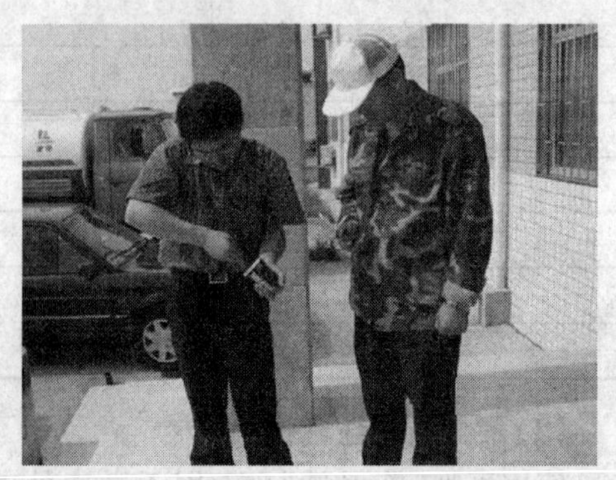

图 13-35 技术人员在现场进行微表处混合料手动拌和试验

集料的级配偏差　　表 13-39

筛径(mm)	9.5	4.75	2.36	1.18	0.6	0.3	0.15	0.075
允许偏差(%)	±5	±5	±5	±5	±5	±4	±3	±2

砂当量允许偏差：±7%。检测频率为每 500t 一次或每批石料一次。如检测结果超出允许偏差但数值仍在技术要求范围内，可根据实际变化情况对混合料的沥青含量进行适当调整，如超出技术要求范围则应废弃。

矿物填料每天检查一次以确定类型、规格是否与设计要求相同。

乳化沥青每批检测一次沥青含量。

(3)路面处理

微表处施工前应进行清扫处理，去除各松散物质如泥土、树叶等，对路面存在的严重油污进行清洗或其他合适的方法处理，对于水泥混凝土表面，建议预先喷洒黏层油。

(4)摊铺

正式施工前，应进行试拌、试铺，对于罩面层，根据试铺情况确定正式施工时采用的骨料每平方米摊铺量。摊铺过程中应开启摊铺机喷雾，以保证路面潮湿，得到更好的层间黏结效果。

微表处表面应该是均匀、一致的，不可有过多的刮痕、搓板纹、波浪以及明显的光亮或其他任何的表面不规则的状况。纵向接缝的搭接宽度不可超过 76mm，应尽可能减少搭接宽度。横向接缝应采用对接。纵、横接缝处不可有过度的隆起或空白，以 3m 直尺测量接缝处高差应小于 6mm，如图 13-36 和图 13-37 所示。

图 13-36　微表处摊铺车在进行施工

图 13-37　使用胶轮压路机进行碾压，加快成型

(5)配合比与摊铺量

混合料各组成比例及骨料摊铺量按以下要求控制：

沥青含量每天检测一次，以摊铺机上材料计数器读数计算确定或混合料取样抽提确定，偏差应满足以下要求：

单次检测沥青含量 ±0.5%

日平均沥青含量 ±0.2%

在满足最佳稠度和成型效果的前提下，水泥的用量允许有 ±1% 的变化。

对于微表处表面层混合料摊铺量允许偏差为 $\pm 1kg/m^2$。

3. 连霍高速公路开封至商丘段下行 K478 + 000 ~ K480 + 000 南半幅微表处施工

1）施工组织设计

编制原则：

（1）在编写主要施工方法时，严格按设计要求，执行现行技术规范和验收标准，科学组织施工，确保工程质量优良。

（2）坚持实事求是的原则，在制定施工方案时，充分发挥本单位的优势和专业化、机械化联合作业的特点，科学组织，合理安排，均衡生产，确保高速度、高质量、高效益地完成试验段的施工任务。

（3）施工过程中严格执行管理原则，通过与业主、监理和设计部门充分合作，综合运用人员、机械、物资、方法、资金和信息，实现质量、工期和造价的最佳组合。

（4）遵循 ISO 9002:2008 生产安装和服务的质量保证模式和编制的质量体系文件，优质、高效、重信、守诚的完成既定的质量目标。

2）施工组织机构（图 13-38）

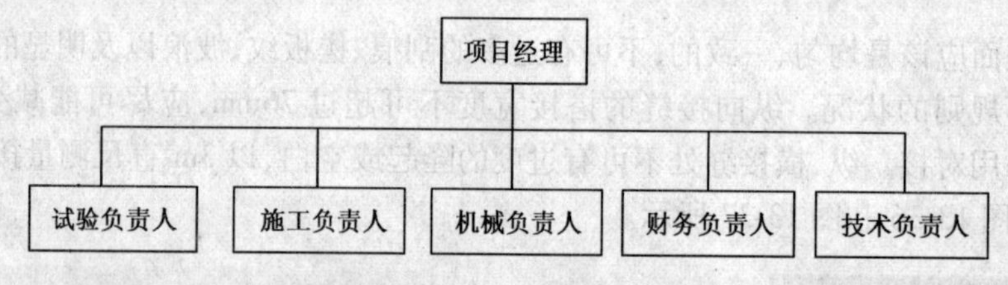

图 13-38　施工组织机构图

3）微表处施工准备

（1）材料要求和生产

①对矿料的要求见表 13-40。

集料主要技术指标　　表 13-40

技术指标	路用石料技术要求	检测结果	试验方法
砂当量（%）	>65	75	（T 0334—2005）
洛杉矶磨耗值（%）	<30	18.5	（T 0317—2005）
压碎值（%）	<28	11.8	（T 0316—2005）
吸水率 2 号（%）	<2	1.42	（T 0308—2005）
磨光值（PSV）	>42	45	（T 0321—2005）
含泥量（%）	<1	0.43	（T 0310—2005）

②矿料级配见表 13-41，将采购的石料和经过筛分的石料分级堆放。严格按照规范和文件的要求进行筛分。

微表处集料级配　表 13-41

筛子尺寸	规范(MS-3 型)	通过率(%)
9.5	100	100
4.75	70~90	80.2
2.36	45~70	61.9
1.18	28~50	43.9
0.6	19~34	30.5
0.3	12~25	13.5
0.15	7~18	11.4
0.75	5~15	5.5

③集料筛分的具体施工程序如图 13-39 所示。

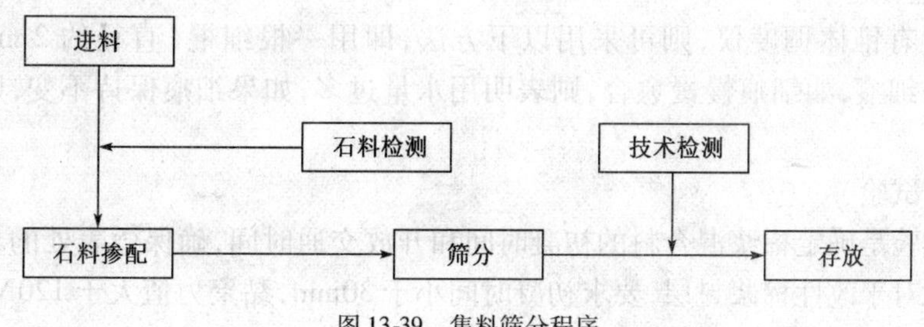

图 13-39　集料筛分程序

(2)改性乳化沥青的要求

改性乳化沥青的要求如表 13-42 所示。

改性乳化沥青的主要技术指标　表 13-42

测试项目	技术规格	检测结果	技术规范
蒸发残留物含量(%)	60~65	62	ASTM D244
破乳速度	慢	慢	T66017
筛上剩余量(1.18mm)(%)	<0.1	0.02	T0652
动力黏度(25℃)(Pa·s)	80~200	160.0	ASTM D2171
裹附试验	2/3	通过	ASTM D244
电荷	阳离子	阳离子	ASTM D244
针入度(25℃)(1/10mm)	40~100	68	T0604
延度(5℃)(cm)	≥20	58	T0605
软化点(℃)	≥53	62	T0606
溶解度(三氯乙烯)(%)	≥97.5	99	T0607

(3)施工配合比设计

按照《公路沥青路面施工技术规范》(JTG F40—2004)和招标文件的要求,采用监理工程师认可的方案,根据试验室的试验数据和工程材料的实际情况,以及试验路段的试验数据,来确定实际的施工情况和施工方案，指导实际的施工。

在施工前进行配合比优化设计，设计结果报监理工程师审批。配合比设计完成以下试验：

①拌和试验

拌和试验用于检验稀浆混合料破乳速度和可拌和时间，现场做法是从摊铺机拌料箱内取样后立刻进行拌和，记录其可拌和时间。对于微表处混合料，要求可拌和时间不小于120s，测试方法参照ISSA TB113。

②稠度试验

稠度试验用于检验稀浆混合料的用水量是否合适。用水量过少会造成摊铺困难，过多则导致稀浆混合料离析流淌和延迟开放交通时间。对于现场稠度的检测可以采用如下两种方法：

a. 如果备有锥体稠度仪，则从拌料箱内取样后立刻进行稠度试验，当稠度仪为2～3cm时，表明用水量合适。

b. 如果没有锥体稠度仪，则可采用以下方法，即用一根细棍（直径约2mm），在刚铺的封层上划一条细痕，如细痕慢慢愈合，则表明用水量过多，如果细痕保持不变，则表明用水量合适。

③黏聚力试验

黏聚力试验是确定稀浆混合料的初凝时间和开放交通时间，确保微表处的早期养护和封闭交通时间。对于改性稀浆封层，要求初凝时间小于30min，黏聚力值大于120N·cm；固化开放交通时间小于60min，黏聚力值大于200N·cm。试验方法参照ISSA TB139。

④湿轮磨耗试验

主要用来控制改性乳化沥青的最小用量，防止施工后骨料脱落，浸水1h、6d的磨耗值小于538g/m^2、807g/m^2。试验方法参照ISSA TB100。

⑤负荷车轮试验

为防止微表处出现泛油，采用负荷车轮试验控制改性乳化沥青的最大用量。试验方法参照ISSA TB109。黏砂量测试值小于538g/m^2。

（4）施工准备

①对各种原材料进行试验，并经原级配筛分，设计配合比，并经试验配合比确定油石比。

②对用于施工的各类机械作全面的检查，使之处于良好状态，重要的机械设备要有备用配件。

③微表处施工应充分考虑气候因素，做到以下几点：

a. 气温达到13℃并且持续下降时不得施工。但气温达到10℃并持续上升时可以施工；

b. 雨后路面积水未干或未清除之前，不可以施工；

c. 施工养护成型期内可能下雨，不可以施工；

d. 养护成型期内气温大于10℃。

④铺筑试验段，获取最佳的有关机具等施工技术指标。

⑤通常在以下三种情况下，要对机械的计量控制系统进行标定：第一，机械第一次使用前；第二，机器的每一年使用前；第三，原材料配合比发生较大变化时。标定方法应参照生产厂家的产品使用说明书。

⑥原路面状况。

(5)施工前应对原路面进行预处理

①修补。当原路面上有坑洞、局部沉降应进行彻底的修补,裂缝宽大时应进行灌缝处理,将宽大的裂缝封起来。此工作由业主完成,应达到施工要求。

②清洁。修补完成后,对需加铺封层的路面应事先将所有的杂物、灰尘、松动的材料、泥块等任何障碍物的东西加以清除。应在人工扫清或机械清扫后进行高压气吹扫或用水冲。当原路面空隙率很大或透水性很高时,应避免使用水冲法。原路面有大块油污时,应将其清除,以免影响微表处与原路面的黏结。

4)微表处施工方法

施工工艺如图13-40所示。

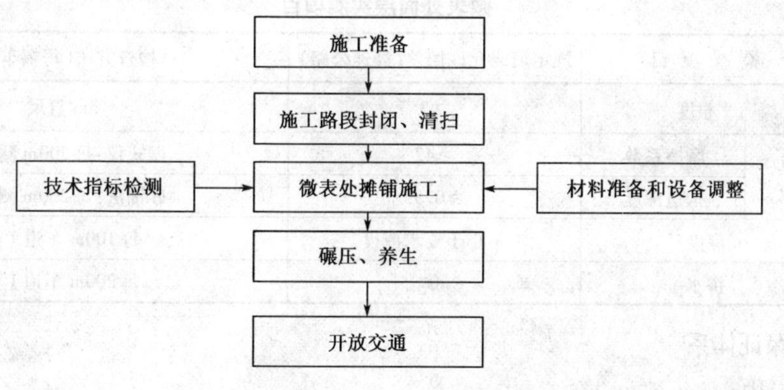

图13-40 施工工艺图

(1)结合原路面情况,本次微表处采用双层摊铺工艺,两次摊铺原则上间隔不超过两天。

(2)将路面清扫干净,做到及时、有效,没有杂物。

(3)在微表处施工中,要控制接头、接缝的衔接和平整度。纵缝与摊铺方向平行,是影响微表处总体外观的重要方面,因此纵缝的处理非常关键。用橡胶刮耙处理接缝处的突出部分非常有效,再用扫帚进行扫平,使纵向接缝处变得平顺,总体外观更佳,横向接缝过多过密会影响外观和平整度,同时要尽可能减少横缝的数量,提高接缝的施工水平。施工时应在起点的摊铺箱下铺垫一块铁皮,当摊铺机前进后,将铁皮连同上面的混合料一道拿走,这样可以保证一个非常平整的起点和良好的外观,如图13-41所示。

图13-41 微表处摊铺车在进行施工(行车道)

(4)施工过程中,操作手应灵活掌握各种情况,及时调整,以确保工程的质量。

(5)控制开放交通的时间。

(6)遵守雨天施工的有关规定。

5)质量检测

质量检测要求见表13-43和表13-44。

稀浆混合料性能检测要求　　表 13-43

序号	项　目	要求或允许误差	检测频率		检验方法
			范围	点数	
1	矿料质量	符合规范要求	批次/200t	1	JTG E20—2011
2	改性乳化沥青	符合规范要求	批次/50t	1	
3	矿料裹附性	>2/3	每车料	1	目测
4	稠度值	2~3	一天施工段	2	稠度试验
5	油石比	±0.5%	一天施工段	1	抽提法
6	矿料级配	规定范围	一天施工段	1	抽提法

微表处面层实测项目　　表 13-44

序号	检查项目		规定值或允许偏差(高速公路)	检查方法(每幅车道)
1	平整度		≤3	3m 直尺
2	抗滑	摩擦系数	≥42	摆式仪:每 200m 测 1 处
		构造深度	≥0.55	砂铺法:每 200m 测 1 处
3	厚度		不小于要求厚度	每 100m 车道 1 点
4	渗水		0	每 200m 车道 1 点

6)质量保证体系

其具体措施:

(1)根据 ISO 9002:2008 生产、安装和服务的质量保证模式,制订针对该基础上的《质量计划》,明确对出事与质量有关的管理、执行和验证人员的职责、权限及相互关系,职责分明,形成文件,使其主动地各尽其责。

(2)推行全面质量管理,成立各级 QC 小组,及时发现问题,并有针对性地采取有力措施,改进施工方法和整体素质。

(3)施工中所有的检验和试验设备按计划上规定的周期、日期和责任人到检定机构进行检定,并按期维护,确保其测量精度,并与要求的测量能力一致,保存好设备档案和技术资料,工程师要求时,提供这些资料,以证实检验、测量和试验设备的功能是适宜的。

(4)施工记录、检验和试验报告等,所有质量记录必须按时产生,对质量记录的标识、收集、编目、查阅、归档、储存保管和处理,严格按程序文件规定认真控制,当工程师要求时,向其提供,以求得质量保证的证据。

(5)遵守雨季、夏季施工的相关规定。不得在雨天和表面有积水的情况下施工,亦不得在日平均气温低于 10℃时进行施工。注意当地天气预报,根据气象情况采取相应的防雨措施。

7)安全保证体系

(1)保证措施

①安全保障设立专职安全监督员,定期全面进行安全检查。

②对用电、机动车辆及设备,制定科学的操作规程,经常对职工进行安全教育,杜绝事故

发生。

③搞好现场安全标准化作业，挂牌施工，各路口、各施工段设立安全警示标志。

④工程在施工过程中要维护车辆的正常行驶，施工采用单幅分段、分车道、临时性封闭施工；做好现场交通维护工作，确保施工安全，施工前承包人须按规定要求办理路政、交警等部门的施工审批手续，每个施工点的封闭时间须征得交警等部门同意后方能进行施工。

⑤施工期间，在现场常设一名技术人员，该技术人员应具备安全工作经验。其工作任务，包括制定健康保护，事故预防措施与个人检查，查看所有安全规则和条例的实施情况。

⑥为确保施工和行车两不误，在工程施工期间，在每个封闭施工点设不小于3名交通管理员，实行不间断值勤，确保施工安全。该管理员应具备交通管理身份和交通管理知识，负责维护交通秩序和行车安全，确保正常施工作业和防止交通事故。

⑦安全标志

a. 工程现场周围配备、架立并维护一切必要而合适的标志牌。

b. 标志牌应包括：警告与危险标志；安全与控制标志；指路、指示与标准的道路标志。

c. 所有标志的尺寸、颜色、文字与架设地点，均应使监理工程师满意和交警部门的认可。

(2)安全保证体系(图13-42)

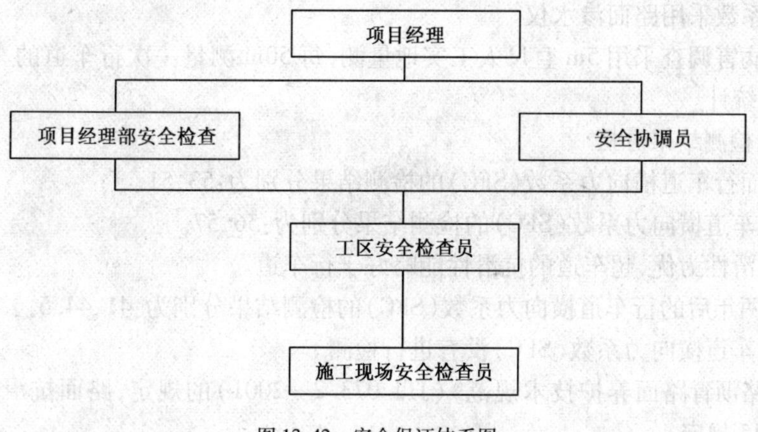

图13-42　安全保证体系图

8)环境保护措施

环保重点：水资源的利用，施工用地的租用复耕。

(1)规划临时工程占地时，精打细算，合理安排，所有生活、生产占地均安排好复耕计划，必要时预留覆盖耕作材料。

(2)施工过程中根据施工作业面需要洒水作业外，应经常对临时便道、生产场地所洒水防尘。

(3)工程竣工后，所有设施应迅速拆除，机械设备退场复耕。

(4)施工中将摊铺开始和结束时的多余废料集中处理，生产生活区修建处理池所排污水均要达到国家排放标准。

(5)将施工过程中产生的废弃物,按监理工程师要求并结合当地政府将其堆放至指定地点,不得随意丢弃,避免污染,使施工环境更加美好。

4. 高速公路微表处罩面层试验路铺筑和观测

为了对微表处试验路段的路用效果有一个科学的评价,由河南省公路工程试验检测中心负责对开封至商丘高速公路下行 K468 + 000 ~ K470 + 000 南半幅和 K478 + 000 ~ K480 + 000 南半幅微表处试验路段进行检测。2004 年 6 月 21 日进行原路面的检测,2004 年 8 月 6 日在微表处试验路段开放交通运营一个月后进行检测,2006 年 8 月 22 日在微表处试验路段开放交通后运营两年后进行检测。三次检测采用同样检测方法和设备,如图 13-43 所示。

图 13-43　准备对已通车的微表处路面进行检测

1)检测设备和内容

(1)横向力系数采用交通部公路所生产的 SCRIM 型路面横向力系数测试车 1 台,检测该路段的横向力系数 SFC。测试速度为 50km/h,数据采集频率为每 10m 输出一个横向力系数 SFC 值,连续检测。

(2)渗水系数采用路面渗水仪。

(3)路面病害调查采用 5m 直尺人工实地量测,每 50m 测量一次行车道的车辙,其他病害人工连续观测统计。

2)抗滑性检测结果分析

(1)原路面行车道横向力系数(SFC)的检测结果分别为:53,51。

对该段超车道横向力系数(SFC)的检测结果分别为:56,57。

该段的抗滑性为优,超车道的抗滑性能略好于行车道。

(2)运营两年后的行车道横向力系数(SFC)的检测结果分别为:41,44.5。

对该段超车道横向力系数(SFC)没有进行检测。

根据《公路沥青路面养护技术规范》(JTJ 073.2—2001)的规定,路面抗滑性能评价标准应符合表 13-45 规定。

路面抗滑性能评价标准　　表 13-45

评定等级	优	良	中	次	差
横向力系数	≥50	≥40,<50	≥30,<40	≥20,<30	<20

按照现行规范,原路面行车道横向力系数的抗滑能力为优。运营两年后的行车道横向力系数的抗滑能力为良。

通过长时间的行车,证明微表处路面保持了路面的良好抗滑性能。

3)车辙检测的结果分析

(1)从原路面实测数据可知,该路行车道普遍存在轻度车辙,深度为 1.0cm 左右,局部可达 2.0cm。

(2)微表处后运营一个月的检测结果显示,车辙平均深度为 0.3cm 左右,局部可达 0.55cm。

(3)微表处后运营两年的检测结果显示,车辙平均深度为 0.68cm 左右,局部可达 1.1cm,如图 13-44 和图 13-45 所示。

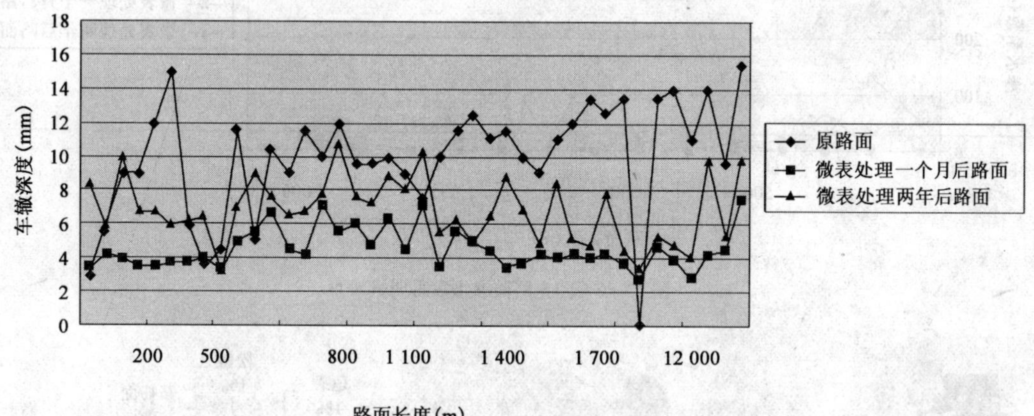

图 13-44　微表处处理车辙取得明显的效果

4)路面渗水系数的检测结果分析

对原路面进行渗水试验,发现较多的破损处渗水严重,个别横缝不渗水。运营一个月后的检测结果显示,检测点路面渗水系数基本为零。运营两年后的检测结果显示,大部分检测点保持不渗水,少数检测点基本不渗水。微表处处理路面渗水取得明显的效果。如图 13-46 和图 13-47 所示。

图 13-45　进行车辙检测

5)路面病害调查检测结果分析

(1)原路面有横向裂缝 121.28m^2,龟裂 88.69m^2,松散 55.97m^2;严重路段横缝,龟裂 12~16m^2,松散可达 33m^2;沉陷及坑槽基本没有。从以上数据可知,原路面开裂较为严重(图 13-48)。

(2)该路段横向裂缝 22.5m^2,比一个月前减少 81%;龟裂 20.4m^2,比一个月前减少 77%;松散 0.2m^2,比一个月前减少 99.6%;严重路段横缝 7.7m^2,比一个月前明显改善;沉陷及坑槽基本没有(图 13-49)。微表处处理两年后路面病害的分析见图 13-50。

6)微表处试验路段取得的成绩和教训

(1)取得的成绩

通过对微表处试验路段原路面的检测,以及路面开放交通后,运营一个月和两年后的路面进行检测,取得如下成效:

①改善了道路的服务状况,保持路面良好的抗滑性能,减缓车辙和裂缝的发展。该段微表处试验路达到了预期目标。

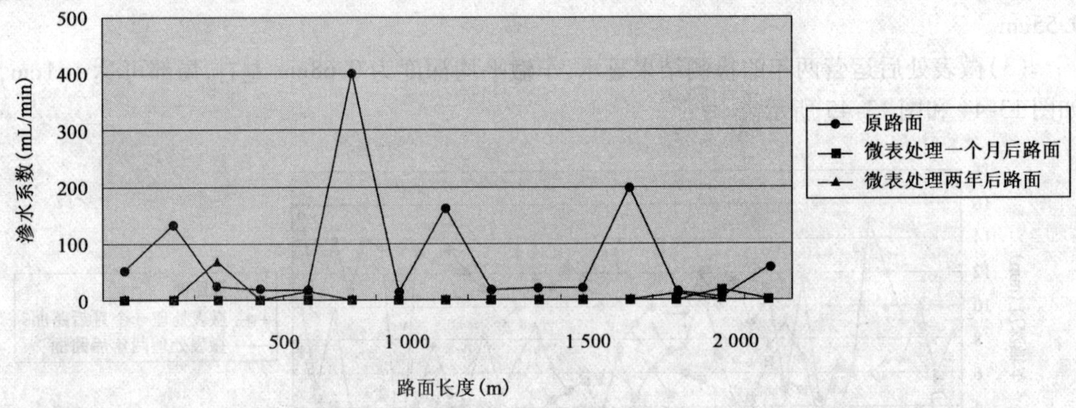

图 13-46　防止路面渗水取得明显效果

图 13-47　进行路面渗水检测

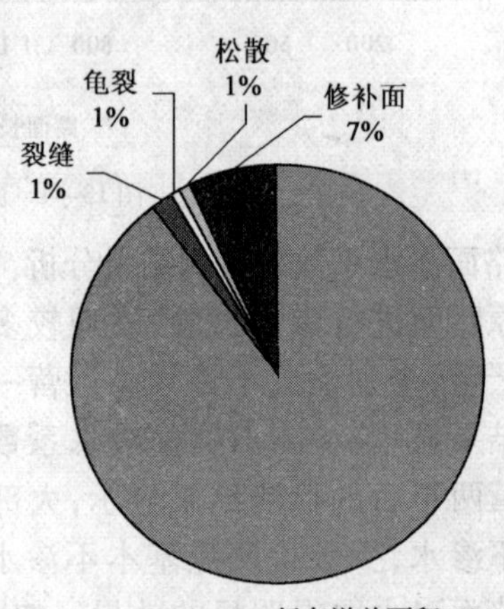

图 13-48　原路面病害分布图

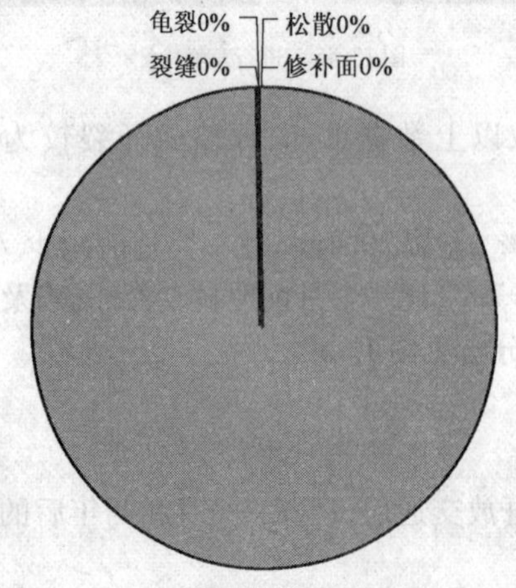

图 13-49　微表处处理一个月后路面病害分布图

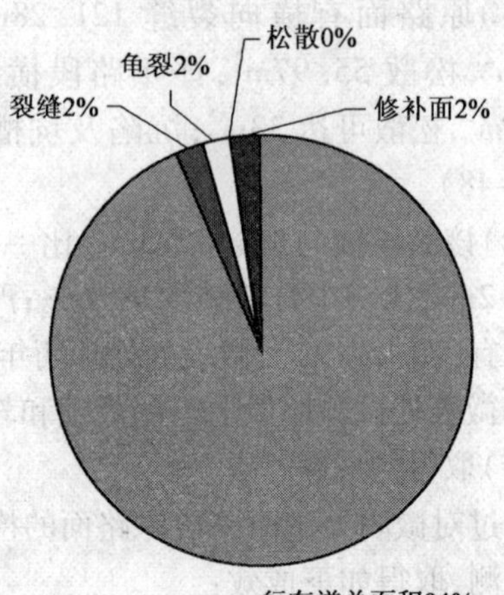

图 13-50　微表处处理两年后路面病害分布图

②微表处路面提高了防水能力,有效防止路表雨水通过沥青路面上面层进入中层引起的水损害,缓解了高速公路的水破坏速度和程度。

③根据河南的气候特点,以及高速公路的路面状况,及时用微表处技术进行路面维护,可以大大缓解高速公路路面病害发展速度和程度,减少维护时间和费用,提高高速公路的运营质量和水平。

(2)存在的问题

由于微表处只是一个超薄的罩面层,它的作用是使路表面密实不透水,同时具有良好的抗滑能力,但不能改善高速公路路面的整体强度。

因此,对于准备进行微表处罩面的路面必须预先进行处理的要求非常重要。河南的高速公路出现的病害大部分是早期破坏,对于网裂、纵裂及唧浆等病害,最好选择典型区域进行现场开挖调查,以便确定面层及基层的整体损害状况,并据此对这些病害进行适当处理,如挖补、灌缝等。挖补的地方也要确保施工质量,防止短期出现破坏。否则,盲目进行微表处施工,则不能达到坚实、平整、耐久,有良好的抗滑性能和封闭路表水下渗的效果。

本章参考文献

[1] 中华人民共和国行业标准. JTG F40—2004　公路沥青路面施工技术规范[S]. 北京:人民交通出版社,2004.

[2] 交通部公路科学研究院. 微表处和稀浆封层技术指南[M]. 北京:人民交通出版社,北京,2006.

[3] International Slurry Surfacing Association. ISSA-A143 Recommended Performance Guidelines For Micro-surfacing[S],2000.

[4] 中华人民共和国行业标准. JTG E20—2011　公路工程沥青及沥青混合料试验规程[S]. 北京:人民交通出版社,2011.

[5] 黄颂昌. 微表处技术在我国的研究应用与发展前景[J]. 石油沥青,2004,18(6).

[6] 徐剑. 微表处常见外观质量问题与对策[J]. 石油沥青,2003,第17卷增刊.

[7] 王佳良. 国外乳化沥青稀浆封层技术的应用和发展[C]. 乳化沥青技术优秀论文集(1992年度),1993. 8:81 - 101.

[8] 姜云焕,钦兰成,王立志. 改性稀浆封层施工技术[M]. 北京:石油工业出版社,2001.

[9] 孙祖望. 稀浆封层技术与设备的发展[J]. 交通世界(建养机械),2006.

[10] 黄竹学,牟玉玲. 分清"稀浆封层"和"沥青表面处治"[J]. 赤峰学院学报(自然科学版),2008,24(5).

[11] 李林林,蒋玮,肖晶晶,等. 论稀浆封层、改性稀浆封层、微表处之异同[J]. 交通标准化,2008(9)(总第181期).

[12] 徐剑,秦永春,黄颂昌. 如何正确理解和应用微表处养护技术[C]. 乳化沥青技术优秀论文集(2002年度),2002.

[13] 王俊明,王强. 改性稀浆封层在水泥路面上的应用研究[C]. 乳化沥青技术优秀论文集,1998.

[14] 马增利,侯国芳.改性稀浆封层在石太高速公路上的应用[C].乳化沥青技术优秀论文集(1999 年度),2000.

[15] 江礼忠.微表处在四川高速公路路面上的应用[C].中国公路学会道路工程分会,乳化沥青技术交流会论文集(2002 年度),2002.

[16] 王俊明,乔朝增,徐培华.改性稀浆封层路试施工技术报告[C].乳化沥青技术交流会论文集(1997 年度),1997.

[17] 黄颂昌,徐剑,秦永春.微表处技术在我国的研究应用与发展前景[J].石油沥青,2004,18(6).

[18] 姜云焕.改性稀浆封层路面修复技术[J].筑养路机械,2002,11.

[19] Microsurfacing A Synthesis of Highway Practice[J/OL]. TRANSPORTATION RESEARCH BOARD WASHING TON. D. C. 2010. http://www. TRB. org(美国公路合作研究组织群——微表处)

[20] 卢长虹,李荫国.微表处技术在沈哈高速公路养护中的应用[J].石油沥青,2006,第 20(2).

[21] 乔朝增.微表处养护技术在寒冷地区的应用[R].2010 年乳化沥青学术交流会演讲 PPT 汇编,2010.

[22] 王俊明.微表处施工技术的几点思考[R],2010 年乳化沥青学术交流会演讲 PPT 汇编,2010.

第十四章　稀浆封层(微表处)摊铺车

第一节　概　述

将适宜级配的粗细集料、沥青乳液(或聚合物改性沥青乳液)、水、填料和添加剂等几种原材料,按一定比例掺配、拌和,制成均匀的稀浆混合料,并按要求厚度和宽度摊铺在路面上的专用施工设备称为稀浆封层摊铺车或微表处摊铺车,其特点是摊铺作业在行走中连续地配料、拌和和摊铺的情况下完成的。该设备通常用于沥青路面养护作业,由于现代路面养护要求质量高,速度快,因此可靠的乳化沥青(或改性乳化沥青)稀浆混合料摊铺车是高质量稀浆封层或微表处施工中必不可少的专用设备,其工作原理如图14-1所示。

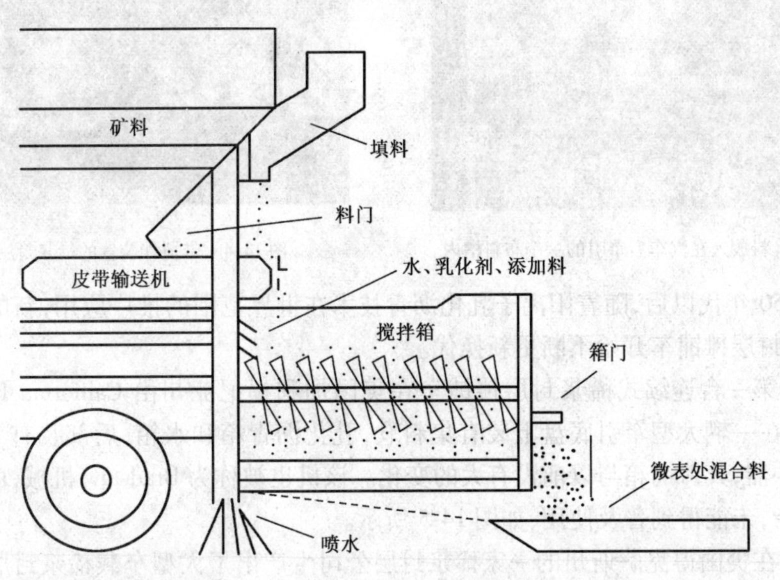

图14-1　稀浆封层(微表处)摊铺车示意图

一、国外稀浆封层(微表处)摊铺车的发展

稀浆封层(微表处)摊铺车是随着稀浆封层技术在国外的发展而逐渐完善起来的。

20世纪初,乳化沥青稀浆封层技术首先在德国发明并应用,开始德国人是用马车将稀浆混合料运到施工地点(图14-2)。随着汽车工业的发展,稀浆混合料改用汽车运送,到达施工地点后，将稀浆混合料放入汽车后部牵引的一个布料槽内，然后由操作工人将稀浆混合料再摊铺到路面上，这就是最早期的稀浆封层施工方法和稀浆封层摊铺车，见图14-3。

图14-2 最早用马车将稀浆混合料运到工作地点

20世纪40年代末期，美国加利福尼亚州开始应用稀浆封层施工技术，20世纪50年代初期，美国得克萨斯州、加利福尼亚州又出现了带搅拌装置的稀浆封层摊铺车，类似现代的水泥混凝土搅拌运输车（图14-4）。这种稀浆封层摊铺车的重大变化有两点：一是布料槽由原来的木制槽改用金属槽并增加了螺旋布料装置，并且被称为摊铺箱；二是制浆形式发生根本变革，不再是在固定地点进行制浆，而是将各种材料经过称重计量后由人工将其装入带搅拌装置的罐体中，在驶往工作地点的过程中进行制浆。

20世纪20～40年代，这种稀浆封层施工方法一直没有大的改进，这应该是与当时应用的是阴离子乳化沥青稀浆封层技术有关，其应用范围与用量都很有限，直接影响了稀浆封层摊铺车的进步与发展。

图14-3 混合料放入在汽车后牵引的一个布料槽内

图14-4 带搅拌装置的稀浆封层摊铺车

20世纪50年代以后，随着阳离子乳化沥青技术在世界范围的推广应用，新的应用技术不断涌现，稀浆封层摊铺车开始不断更新换代。

1955年，第一台连续式稀浆封层摊铺车在美国加利福尼亚州由California Fresno Asphait制造，该车是在一辆大型牵引底盘上装有集料仓，乳化沥青箱和水箱，后部装有Green发明的双轴螺旋搅拌器，其摊铺箱与以前没有大的变化。该机也被称为Bradstaw机械，由于其结构和使用都很复杂，未能得到普及使用，如图14-5所示。

1960年，在美国得克萨斯州的一家稀浆封层公司生产出了大型车载稀浆封层摊铺车。该型机具有独立的集料仓、乳化沥青箱、水箱和矿粉仓，集料由皮带机输送，矿粉由叶轮送到皮带机上，所有的材料都进入搅拌箱中。通过传动连锁装置控制所有材料供应，以防止发动机速度变化时材料配比发生变化，搅拌箱中采用单轴螺带式搅拌方式，如图14-6所示。

这一时期，阳离子乳化沥青技术发展很快，慢裂快凝的阳离子乳化沥青稀浆封层的出现使稀浆封层技术发生了很大的进步。带单轴螺带式搅拌方式的摊铺车代表了这个时期的国际先进水平，直到现在，这种机型仍是适用于普通阳离子乳化沥青（包括慢裂快凝型）稀浆封层的代表机型。

20世纪70年代中期，改性乳化沥青的发明促进了稀浆封层技术发生历史性突破发展，由于掺加有聚合物的改性乳化沥青稀浆混合料不但比普通乳化沥青稀浆混合料多几倍的摊铺厚度，而且可以保持良好的稳定性，还可以用于修复路面车辙，其名称最终由国际稀浆封层协会(ISSA)定名为“微表处”(Micro-surfacing)。微表处优良的路面预防性养护功能使其迅速在世界范围获得大量的推广应用，作为微表处施工的专用设备，微表处摊铺车也在使用中不断得到创新和提高。

图14-5　第一台连续式稀浆封层摊铺车

图14-6　早期大型车载稀浆封层摊铺车

微表处摊铺车的主要技术特点是：发动机的功率更大(最大110kW)；液压系统得到优化设计，提高了液压系统的效率；采用高效、快速的双轴强制桨叶式搅拌装置；各种材料计量更为准确；增加了水、液体添加剂的计量仪表；增加了填补车辙的车辙摊铺箱。

微表处摊铺车不但可以摊铺改性乳化沥青稀浆混合料，也可以摊铺普通乳化沥青稀浆混合料，不但可以应用于普通公路、城市道路，也可以应用于高等级公路等。迄今为止，微表处摊铺车的使用性能、稳定性和整机寿命不断在完善和提高，微表处作为路面预防性养护的一项专用施工技术，已在世界范围内得到广泛的应用和推广。

国际上有很多微表处摊铺车生产企业，有代表性的企业如德国百灵(Breining)公司，瑞典阿克苏诺贝尔(Akzo-Nobel)公司，美国VSS公司、CPM公司和博堪(Bergkamp)公司等，这些企业的微表处摊铺车产品已成为世界上微表处施工工程的主力设备，这些高质量的设备对微表处技术在世界的健康发展起到了积极的推动作用。

二、我国稀浆封层(微表处)摊铺车的发展

(1)我国最早应用稀浆封层是在1981年，当时在援建赞比亚塞曼公路上铺了乳化沥青稀浆封层双层表面处治，经行车使用效果良好。1987年辽宁省组织力量，由辽宁省交通科学研究所和辽宁省交通厅公路管理局承担了“XF6型稀浆封层机的研究”，通过参照援建赞比亚塞曼公路使用的扬氏(YONN)SB-804型稀浆封层机，于1987年10月研制出XF6型稀浆封层机，并于1989年8月4日通过了辽宁省交通厅组织的科技成果鉴定，与此同时申请并获得了国家实用新型专利，专利号882104209。该车选用国产JN162型黄河汽车二类底盘，载重10t，骨料箱$4m^3$，拌和方式采用单轴螺旋桨叶(图14-7)。同期，辽宁省庄河县公路管理段也研制出拖式

稀浆封层车，并于1988年6月通过辽宁省交通厅组织的科技成果鉴定。

（2）河南省于1989年从美国引进我国第一台SB－1000A型稀浆封层摊铺车（图14-8）。时隔不久，广东省又引进一台SB-1000A型稀浆封层摊铺车和一台HD-10型微表处摊铺车（图14-9）。这些机型的引进，不但保证了稀浆封层的质量和施工速度，推动稀浆封层技术在我国道路工程的应用，而且使我国的工程技术人员对国际现代稀浆封层摊铺车的性能有了更深的了解。

图14-7　XF6型稀浆封层机施工图

图14-8　SB-1000A型稀浆封层摊铺车

1992～1993年，河南省交通厅公路管理局、河南省交通科学技术研究院、河南省孟州市公路管理局和洛阳矿山机械厂等单位联合攻关，开展国家"八五"重点科技攻关项目"RT-30型稀浆封层摊铺机的研制"工作。该课题于1993年通过国家科技鉴定，并于1995年该项目获交通部科技进步三等奖。

RT-30型稀浆封层摊铺车如图14-10所示，该机参照SB-1000A型，选用国产30吨级载重汽车，承载能力大；集料箱容积8m^3，采用特殊结构叶片式乳液泵，流量可调，精度高，动力系统采用机电、液联合作业；采用集中控制操作，设置了供料监控装置。

图14-9　HD-10型微表处摊铺车

图14-10　RT-30型稀浆封层摊铺车

20世纪90年代初期，国内主要以带单轴螺带式搅拌方式的摊铺车，即摊铺普通阳离子乳化沥青（包括慢裂快凝型）稀浆封层的代表机型为主进行开发和研制，RT-30型稀浆封层摊铺车就是国内当时最有代表性的典型产品。

这个时期，国外厂商将微表处技术及微表处摊铺车在国内进行了大量宣传、介绍，微表处摊铺车如 HD-10 型也引进入我国。改性乳化沥青及微表处施工技术的大量应用，促进了我国公路部门对改性乳化沥青技术及微表处摊铺机械的研究，20 世纪 90 年代以后，我国一些企业已开发出较先进的改性稀浆封层/微表处摊铺车，使 RT-30 型稀浆封层摊铺车这一类机型很快失去了国内的市场。

（3）1993 年由国家经贸委、建设部科技司组织引进德国韦西格公司的“SOM1000-2 型稀浆封层摊铺机”的技术和全套散件，由徐州工程机械厂组装出第一台样机，然后通过消化吸收，进行国产化设计与试制，于 1994 年开发出“RF80 型微表处摊铺车”。该机可以进行普通稀浆封层施工，也可以进行微表处施工。1995 年该项目通过国家经贸委、建设部组织的验收鉴定，结论认为该项目除了底盘采用国产斯太尔底盘，性能稍有差异外，其上部工作装置和摊铺装置均具有 90 年代国际先进水平，如图 14-11 所示。

（4）1995 年 5 月河北省卢龙县第二机械厂选用解放 141 型底盘，开发了“ZRF-40 型自行式稀浆封层机”和“RLF-30 型拖式稀浆封层机”，如图 14-12 所示。

图 14-11　RF80 型微表处摊铺车

图 14-12　ZRF-40 自行式稀浆封层机

（5）河南省高远公路养护技术有限公司于 1999 年就开始研发微表处摊铺车，现有 HGY5311TXJ、HGY5250TXJ 两种型号，如图 14-13 所示。

（6）西安筑路机械有限公司于 2001 年开发出“MS9 稀浆封层机”，2004 年后相继在 MS9 稀浆封层机的基础上开发出 MS9A、MS9B、MS9J 三种新的机型并形成了 MS9 系列改性乳化沥青稀浆封层车，如图 14-14 所示。

（7）西安达刚路面机械股份有限公司于 2006 年开发出“SX5315XJFC 型改性乳化沥青稀浆封层车”，该车的最大特点是省去了辅助发动机，工作装置全部采用液压驱动，动力取于主车发动机，自动化控制水平较高，如图 14-15 所示。

图 14-13　HGY5311TXJ 微表处摊铺车

三、稀浆封层（微表处）摊铺车发展趋势

稀浆封层（微表处）摊铺车是随着公路事业的发展以及阳离子乳化沥青与理想的乳化剂、改性剂不断地研制成功而得以发展。多年来，稀浆封层（微表处）摊铺车的不断改进和完善，进一步证实了这种施工方法是经济、有效、快速、可靠的。新型稀浆封层（微表处）摊铺车的出

现，有力地推动了稀浆封层(微表处)技术更加广泛的应用。

(1)智能控制，能够实现原料进入搅拌箱采用一键开启，可随时通过触摸显示屏进行原料的配比调整，具有系统出现故障能够随机诊断、监控的功能；

(2)能够实现自行式连续或车载输送式连续上料；

(3)摊铺箱具有自动找平功能，能对养护路面起到较好的矫平作用；

(4)具有更多的功能，如配置低噪声、少污染、便于清洁的摊铺箱；可以摊铺超厚的稀浆封层。

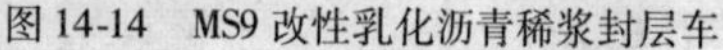
图 14-14　MS9 改性乳化沥青稀浆封层车

图 14-15　SX5315XJFC 型改性乳化沥青稀浆封层车

稀浆封层(微表处)技术在国内外应用至今已有近百年的历史，随着我国公路干线、高速公路以及城市道路的飞速发展，对稀浆封层(微表处)摊铺车的不断改进和提高是我国道路养护以及建设市场的需要，也是我国设备制造厂家提高产品竞争力的需要，更多性能先进、性价比合理的稀浆封层(微表处)摊铺车将会在我国道路工程中出现，为我国道路养护事业的发展做出更大贡献。

第二节　稀浆封层(微表处)摊铺车分类和用途

稀浆封层(微表处)摊铺车的发展历程已经在世界上基本形成两大系列的摊铺车类型：稀浆封层摊铺车和微表处摊铺车。做稀浆封层工程可以选用稀浆封层摊铺车，也可以选用微表处摊铺车；而做微表处工程，必须选用微表处摊铺车。

一、稀浆封层摊铺车

稀浆封层摊铺车主要以自行式稀浆封层摊铺车为主，按施工方式区分属于间断式作业方式。这种机械最主要的特点是搅拌箱采用单轴螺带式搅拌方式，可以保证物料在大流量短行程的条件下搅拌均匀。摊铺 ES-1，ES-2，ES-3 型普通稀浆混合料，适用于城镇街道和一般公路路面，如图 14-16 所示。

该型车由于普通稀浆混合料黏结阻力小，搅拌箱和摊铺槽均采用螺带式搅拌方式，工作动力消耗少，甚至在某些情况下，摊铺槽可以采用无机械搅拌的方式施工。整机传动、计量方式以及结构等相对简单，价格也比微表处摊铺车低得多。主要部件介绍如下：

1. 单轴螺旋式搅拌箱

稀浆封层摊铺车的搅拌箱由搅拌筒、单轴螺旋式搅拌器、出料门、底部闸门、分配器等组成。

搅拌筒一般为U形薄壁钢板制成,筒的上盖由铰链连接,开闭方便,搅拌器为单轴,搅拌浆叶是宽度和螺距一定的螺旋带,通过斜置轮辐等元件固定在轴上,螺旋带一般采用双螺旋形式,使物料边混合边推向出料口,由于螺旋带和轮辐的作用,使搅拌筒内的物料形成强烈的循环混合运动,为使物料充分拌和,筒内物料存留量至少应保持筒容量的1/4左右,存留量由出料门开度来调节,料门由液压缸控制升降。料门下方设有均料槽,均料槽也有多种形式,其作用是控制物料的出料方向,以保证左右摊铺箱始终有均匀的稀浆混合料。当作业完毕时,需打开底泄闸门,使冲洗的残液水从筒内全部流出,如图14-17和图14-18所示。

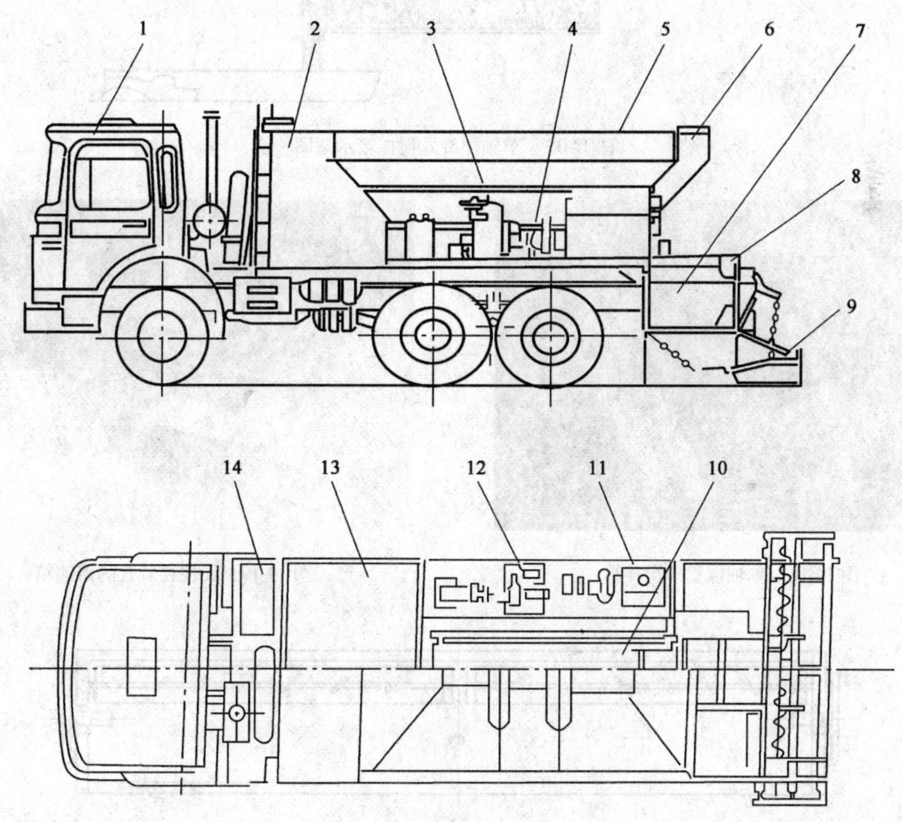

图14-16　RT－30型稀浆封层摊铺车

1-行驶系统;2-水箱;3-作业柴油机;4-机械传动系统;5-集料仓;6-填料仓;7-搅拌箱;8-操作台;9-摊铺器;10-皮带输送机;11-添加剂箱;12-液压油供应系统;13-乳液箱;14-柴油清洗装置

2. 摊铺箱

早期稀浆封层摊铺车的摊铺系统比较简单,仅是一个矩形的长方框,没有搅拌装置和厚度调整装置(图14-19),现代的摊铺系统不但增加搅拌装置,而且摊铺箱不再是一种固定的形式,而是可以根据需要用机械方式或液压伸缩方式调节宽度。用于摊铺普通稀浆混合料的摊铺箱仅有两组搅拌器就够了,以普通稀浆混合料的摊铺箱为例,它主要由摊铺箱、螺旋搅拌器、封浆前后刮板、滑轨调节器、微调器以及链轮箱等组成,如图14-20所示。

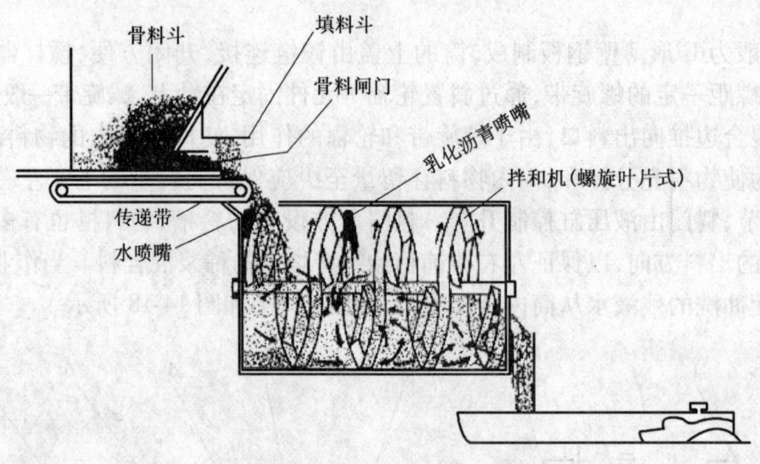

图 14-17　单轴螺旋式搅拌箱示意图

图 14-18　单轴螺旋式搅拌箱

图 14-19　无搅拌装置的摊铺箱

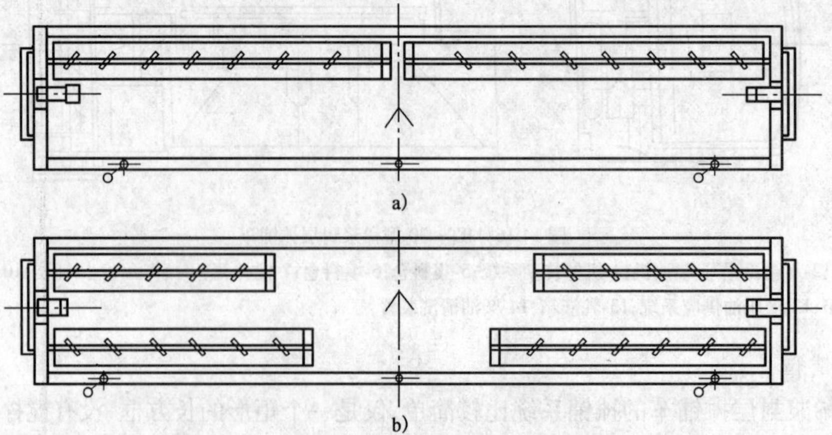

图 14-20　稀浆封层摊铺箱示意图

摊铺箱一般由左右两个框架组成,中间由销轴铰接,可以随路拱自行调节,左右摊铺箱都装有搅拌器,由液压马达通过链传动驱动同步旋转。螺旋搅拌器起到再次拌和并将稀浆推向两侧的作用。封浆刮板以及滑轨调节器保证了摊铺箱向前移动时,稀浆混合料从压向地面的刮平胶板与地面之间形成的间隙流出。滑轨调节器一般布置三个，通过手轮和螺旋机构可以控制封层的厚度。滑轨的另一个作用是支承摊铺箱的重量，减轻稀浆对刮平胶板的磨损，因此，滑轨底面应由硬质耐磨材料制成。

稀浆封层摊铺车在国内已经基本没有厂家生产和销售，因此，本书只做简单介绍。本书重点介绍微表处摊铺车。

二、微表处摊铺车

根据微表处施工工艺的要求，微表处摊铺车必须具有给料、拌和、摊铺和计量控制等功能。它能将集料、矿粉、水、改性乳化沥青及添加剂按一定比例输送到搅拌箱内，经快速搅拌形成浆状的改性乳化沥青稀浆混合料，通过分料器送入摊铺槽内，然后，均匀平坦地摊铺在路面上，如图 14-21 所示。

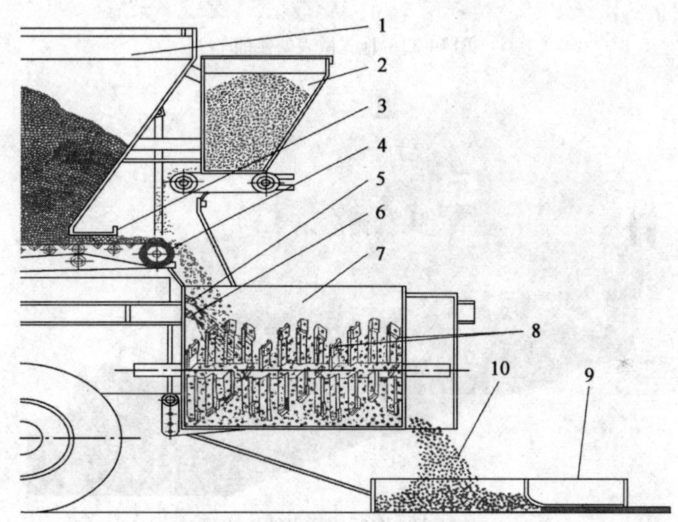

图 14-21　微表处摊铺车施工流程示意图

1-集料；2-填料；3-集料输送量控制；4-皮带输送机；5-乳液供给；6-水供给；7-搅拌箱；8-双轴桨叶搅拌；9-摊铺箱；10-改性稀浆混合料

微表处摊铺车的分类主要按以下两个方面区分：一是行驶方式，二是作业方式。

1. 按行驶方式分

行驶方式以摊铺车整机的行驶机动性划分，可分为：拖式微表处摊铺车和自行式微表处摊铺车。

拖式微表处摊铺车是选用略加改造的半挂车安装各种作业装置，并装有独立的辅助发动机，集料仓容量大，可达 12 ~ 16m^3。工作时，由牵引车牵引进行摊铺作业，由于原料贮仓较大，一车作业距离长。它的主要不足之处是因车身长，转弯半径大，掉头较困难。该型车以德国百灵（Breining）公司产品为代表（图 14-22），目前，国内公路部门较少应用。

自行式微表处摊铺车采用卡车底盘，作业设备布置在卡车大梁上，整机行驶的动力由底盘发动机提供，由于行驶部分和作业部分共为一体，使得摊铺车的运输和作业机动性较好，转移工地方便，生产率高大，对于坡道和弯道摊铺也能取得良好的质量，是目前国内外微表处摊铺车采用的主要结构形式,如图 14-23 所示。

2. 按作业方式区分

微表处摊铺车按作业方式不同,可分为间断式和连续式,两者由于施工范围和配套设备不同,具有明显的不同作业特点。

1)间断式作业微表处摊铺车(图 14-24)

图 14-22　拖式微表处摊铺车

图 14-23　自行式微表处摊铺车

图 14-24　间断式作业微表处摊铺车

间断式作业方式是在施工时,将各种材料装进微表处摊铺车上的集料仓、水箱、乳液箱等容器内,一车料摊铺完后,需到料场再次添加各种原材料。

间断式作业方式机动性好,可以适应大小不等的微表处工程量,这是当今国内外较多使用的一种机型。

这种机型的缺陷是单车周转时间长,生产效率较低,也是造成路面的横向接缝增多的主要因素。为提高生产效率,一般采用两台以上的摊铺车联合作业。

2)连续式作业微表处摊铺车

连续式作业方式是微表处摊铺车的进料方式近似沥青混凝土摊铺机的进料方式,机身的前部为受料斗,工作时,受料斗前面的滚子顶着自卸车的后轮胎,由摊铺车推着一起行驶。同时,受料斗接受自卸卡车卸下的集料,由机身前部的刮板提升器将集料送到车上的料仓内;各种液体原料经过输送泵从运液罐车上将液体送入微表处摊铺车上的各种罐体内(图 14-25)。

图 14-25　连续式作业微表处摊铺车

连续式作业方式在装料时能进行不间断摊铺作业,可以实现微表处罩面层无横向接缝,生产率大大提高,特别适用于高等级公路和大型稀浆封层工程。

3. 微表处摊铺车的主要构造特点

微表处摊铺车的主要构造特点,对所有拌制聚合物改性稀浆混合料的摊铺车来说,是拌和器均为双轴桨叶式,搅拌功率大,转速高,物料混合均匀、迅速,适用于高等级公路路面的精细处治和车辙填补,双轴桨叶式搅拌器也可以拌制普通稀浆封层混合料。该机的摊铺槽内也设置有双轴桨叶式搅拌器,可以强力推动和加强搅拌聚合物改性稀浆混合料的运动。因此,这种类型的摊铺车有较大的适用范围(图 14-26)。

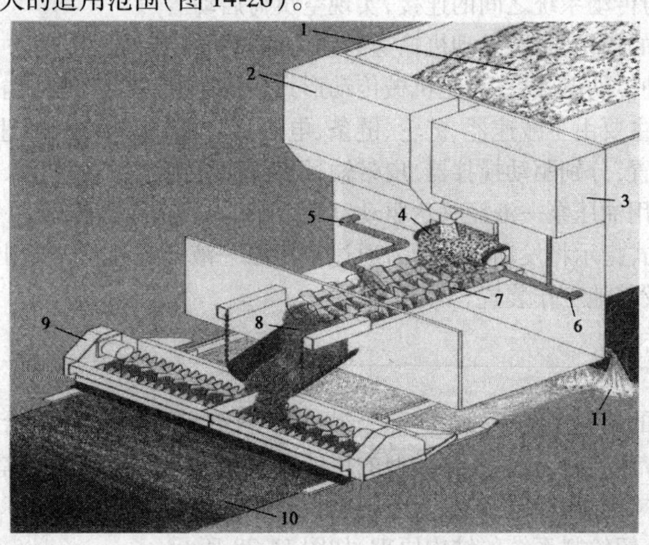

图 14-26　微表处摊铺车的主要构造特点

1-骨料箱;2-填料箱;3-添加剂罐;4-计量骨料;5-计量改性乳化沥青;6-计量水与添加剂;7-双轴桨叶式搅拌器;8-出料口;9-聚合物改性稀浆混合料摊铺箱;10-聚合物改性稀浆混合料摊铺层;11-路面喷水器

第三节 微表处摊铺车主要结构与工作原理

根据上节的分类和用途所述，微表处摊铺车的结构可以归纳为由两部分组成：行驶部分和作业部分。

行驶部分（底盘）是摊铺车行走和承重部件，其功能是使摊铺车能够按设定速度行驶，完成运输和作业中的行驶任务，并在其上布置全套的作业设备。

作业部分是完成机器作业过程中的物料存储、输送、搅拌、摊铺、控制、操作等任务。

由行驶部分和作业部分构成的微表处摊铺车大致由底盘系统、作业动力系统、给料系统、拌和系统、摊铺系统和控制操作系统等组成。

一、底盘系统

微表处摊铺车的卡车底盘，应该满足两个要求：一是底盘的承载能力应符合设计要求，二是底盘有较宽的行驶速度范围，一般要求汽车的最低稳定行驶速度应达到 1 ~ 4km/h，以满足摊铺作业的要求。

底盘系统的结构可参考有关卡车底盘结构图和说明书。

二、作业动力系统

微表处摊铺车的作业动力系统一般都是设一套独立的动力系统，这样，便于摊铺车在作业时可以启动，在运输或转移行驶中可以关闭。作业动力系统主要由油箱、发动机、主离合器、主减速器和通向各工作系统的传动装置等组成，如图 14-27 所示。

发动机一般采用风冷却式，体积小功率大，都采用电启动，主离合器的作用是在启动发动机时，切断发动机与传动系统之间的连接，实现空负荷启动。

动力传动系统的作用，是将发动机输送的动力通过机械或液压传动的方式传递到各个工作装置，一般有两种传动形式，一种是机械传动形式，一种是液压传动形式。

机械传动形式主要由主减速器、链轮、链条、电磁离合器、蜗轮蜗杆减速器等组成，通过一系列的机械传动装置，分别驱动搅拌器，皮带输送机。而乳液泵、添加剂泵、摊铺器、搅拌器、填料搅拌器等则是采用油压泵—液压马达驱动，以实现动力的远距离传递。

全液压传动形式指示将发动机的动力通过油压泵—液压马达形式输出，分别来驱动搅拌器，皮带输送机以及其他工作装置。

三、给料系统

微表处摊铺车的给料系统一般由 5 部分组成：矿料给料装置，乳液供给装置，供水装置，填料供给装置和添加剂给料装置。不同类型的摊铺车其给料系统没有太大差异，即是间断上料摊铺车和连续上料摊铺车其结构的最大差别也仅是矿料的上料方式不同。本文以间断上料摊铺车为例，分析和介绍给料系统的结构原理，如图 14-28 所示。

1. 给料系统的主要特点

（1）给料系统是微表处摊铺车最重要的部分，是以上几种材料能否稳定地按配比精度要求制取合格的稀浆混合料的关键所在。

(2)给料系统是以矿料输送皮带机的输送量(由皮带机转速和矿料门开度决定)为基准，乳液供给泵与矿料输送皮带机一般采用机械的联结方式，使彼此的速度保持一个恒定的比例。这两个系统由一个液压马达驱动，速度调节阀可同时调节两个系统的速度。设备的启动过程是，当乳液供给泵处于循环运转中，矿料输送皮带机离合器结合后，矿料输送皮带开始旋转，调节速度调节阀改变两个系统的速度。

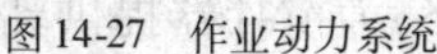

图 14-27　作业动力系统

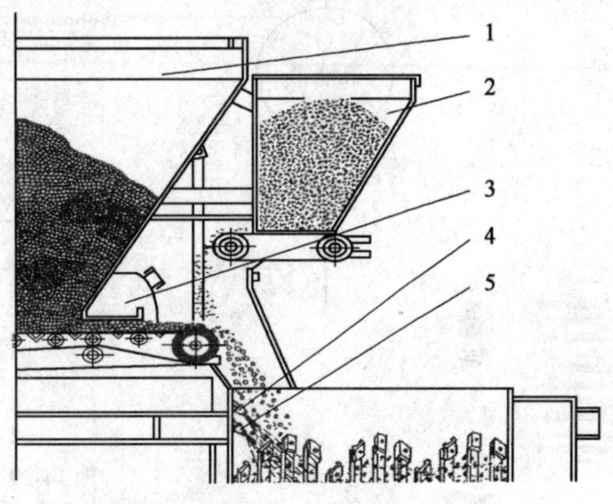

图 14-28　给料系统示意图

1-矿料给料装置；2-填料供给装置；3-添加剂供给装置；4-乳液供给装置；5-水供给装置

(3)填料和添加剂的供给量应以矿料输送皮带机输送量为基准进行标定，通过液压流量控制阀，调节填料和添加剂输送泵的转速，以达到与矿料成一定比例的输送目的。

(4)摊铺车应配置显示材料的消耗数量、消耗速度信息的仪表，并且材料用完时机器能自动停止工作。

2. 矿料给料装置

矿料给料装置由料斗、料门、矿料输送皮带机及驱动装置等组成，主要具有以下功能：①存贮矿料，②为搅拌器输送矿料，③调节矿料的输送量。

料斗由钢板焊成，通常做成倒置梯形形状，以便使全部矿料能自行滑落到输送皮带上，斗壁上装有液压仓壁振动器，以消除有时矿料起拱现象。

出料闸门安装在料斗下方，通过螺旋机构使出料闸门上下移动，调节开启高度以改变皮带机的供料量。辅助发动机的动力经过减速机和机械换向直接驱动输送皮带机，也有采用液压马达驱动输送皮带机的。

集料输送皮带机的作用是将集料从料斗中带出，通过调节闸门的开启高度和改变皮带机的速度进行计量，然后送至搅拌器内。输送皮带机的输送带通常制成无接缝环行带，以利于运行稳定。皮带机后部装有张紧装置，用于调节皮带机正常张紧度和修正皮带跑偏量。

3. 乳液供给装置

乳液供给装置主要由乳液箱、乳液泵、三通阀、运转循环阀及一套连接管路等组成(图14-29)。其主要功能是：存贮乳液，向搅拌器输送乳液，实现乳液循环，对乳液箱进行装料。乳液箱一般布置在骨料箱的左前方，形状因厂家不同各有差异，有矩形、立式圆柱形，也有采用卧式圆罐的。当转动三通阀标记指向乳液箱和乳液泵时,乳液就通过管路泵入搅拌器内,当三通阀的标记指向乳液箱和外部大气时,就可以为乳液箱装料,或者抽出乳液箱中的乳液。

乳液泵具有变量泵的功能,能根据油石比要求,调整泵的流量,一旦整机经过标定,乳液泵的流量就无须再进行调节。乳液泵应具有夹套预热能力,通常利用汽车水箱的热水对其加热,用于软化泵内可能破乳的沥青。

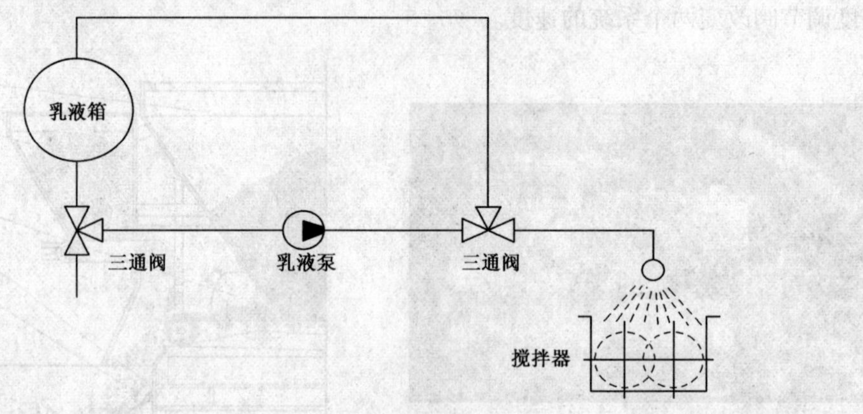

图 14-29 乳液供给装置

运转循环阀的作用,一是沟通乳液箱和搅拌器之间的管路,为搅拌器提供乳液,二是接通乳液箱和乳液泵之间并返回乳液箱的管路,实现自循环。

三通阀和运转循环阀也要有夹套保温功能,以软化阀内可能破乳的沥青,使阀能转动灵活。

4. 供水装置

供水装置主要由水箱、三通阀、水泵、主水管、主喷管、水阀、流量计等组成,如图 14-30 所示。

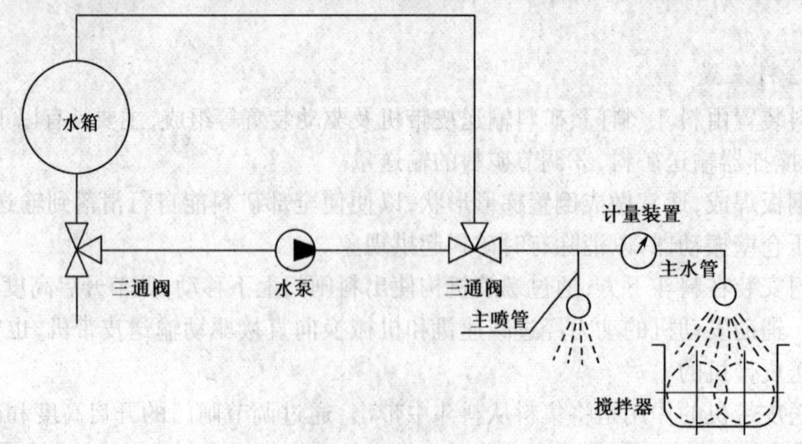

图 14-30 供水装置

水箱用来存储封层车用水,同一车型其外形与乳液箱相同。水泵一般采用离心泵,通过三通阀的换向,可以使水泵有两个作用,一是抽出水箱中的水,供向主水管路,另外,通过水泵抽吸,可以向水箱加水。供水管路一般都是通过三通阀构成循环管路的,当作业发动机启动,水泵运转,而封层机没有作业时,水通过水泵、三通阀等返回水箱,形成自循环。封层机作业开始后，水通过主管路为搅拌器供水，新型封层机一般都安装有水流量计，以检测供水流量。经过主水管，还设置有喷水管，喷水管一般在封层机底部并在管的底部布置有多个喷嘴，用于施工需要时，喷水以湿润封层前的路面。另外，随车还带有手持式单头喷水枪，用来补洒未被喷水管洒到的地方和冲刷摊铺槽等装置的表面污物。

5. 填料供给装置

填料供给装置主要由填料箱、螺旋送料器、填料疏松器及传动链轮等组成。

填料箱用来储存填料。螺旋送料器布置在填料箱底部，其作用是向搅拌器输送填料，填料出料口则根据车型不同，有的是从填料箱一端出料，有的则是在填料箱中部出料。填料疏松器布置在箱的中部，用来疏松填料箱内部的填料，避免结块。填料箱的动力一般是采用液压马达经机械变速来驱动螺旋送料器和填料疏松器的。填料的计量则是采用转速表来测定螺旋送料器的转速。螺旋器的工作转速是通过填料流量标定而定，通常可以在常用流量范围内取 5 个以上的标定数据，通过曲线拟合得出填料的转速、流量曲线。

6. 添加剂给料装置

添加剂给料置目前有两种结构形式：一是采用泵输送添加剂；二是采用压缩空气输送添加剂。

采用泵输送添加剂的装置主要由添加剂箱、添加剂泵、转子流量计、阀门及管路组成。

添加剂泵一般由液压马达驱动，用电磁换向阀来控制马达的启停；转子流量计的作用是显示添加剂泵的流量，以便对添加剂的流量进行精细的监控。添加剂通过管路直接送入搅拌器中。

采用压缩空气输送添加剂的装置主要由添加剂罐、减压阀、安全阀、转子流量计阀门及管路组成。

添加剂罐应密封耐压耐腐蚀，利用汽车的压缩空气通过开关向罐内加压，添加剂经出料口、流量计和管路被送入搅拌器中，减压阀和安全阀的作用都是为了保持罐内有稳定的气压，使添加剂的流量稳定。

四、拌和系统

拌和系统必须具有在短时间里将集料、填料、添加剂、水及乳液彻底均匀的搅拌成理想的稀浆混合料的功能。

不同机型的摊铺车其最大的区别之一就是拌和系统。双轴桨叶式搅拌箱不仅可拌制普通稀浆混合料，而更主要的是可以拌制聚合物改性乳化沥青稀浆混合料。

拌和系统的驱动方式，有机械链传动，也有液压马达驱动。

双轴桨叶式搅拌箱（图 14-31）由搅拌筒、搅拌轴、桨叶、传动齿轮、均料器等组成，其工作原理为：集料、填料、水、添加剂和乳液分先后从进料口进入搅拌箱，搅拌箱中的双轴搅拌桨叶由里向外做相反方向转动，带动桨叶旋转。桨叶沿轴向安装成一定角度，在桨叶的作用下，使物料沿轴向和横向快速移动拌和，到达出料口时已被搅拌成均匀的混合料并从出料口排出，如图 14-32 所示。

搅拌器壳体通常做成双圆弧底型，由钢板焊制而成。搅拌轴可用方形或六方形钢管等制成，桨叶用螺栓固定在搅拌轴上。

搅拌器通过一对正齿轮啮合来保证双搅拌轴同步旋转。搅拌轴的驱动方式,通常有机械链条传动和液压马达驱动两种形式。

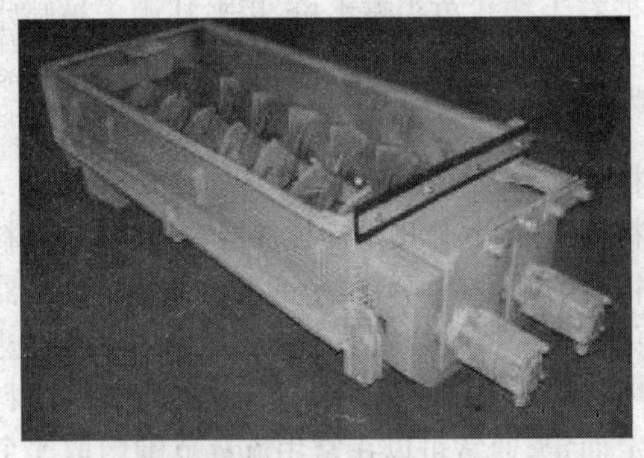
图 14-31 液压马达驱动的双轴桨叶式搅拌箱

图 14-32 搅拌箱出料口

五、摊铺系统

摊铺系统是一个独立的作业系统,它的作用是将稀浆均匀地摊铺到路面上并按要求控制稀浆摊铺的宽度和厚度。摊铺系统一般用牵引链条或牵引杆与主车相连,工地转移时,需与主车脱离。

用于摊铺聚合物改性稀浆混合料的摊铺箱,有三组或四组搅拌器。搅拌器的旋转都采用液压马达驱动,可以正反运转。

微表处摊铺车的摊铺箱主要由箱体、螺旋搅拌器、封浆前后刮板、滑轨调节器、微调器以及链轮箱等组成,如图 14-33 所示。

摊铺箱一般由左右两个框架组成,中间由销轴铰接,可以随路拱自行调节拱度,左右摊铺箱都装有搅拌器,由液压马达通过链传动驱动同步旋转。螺旋搅拌器的作用是再次拌和并将稀浆推向箱体的两侧。封浆刮板以及滑轨调节器保证了摊铺箱向前移动时,稀浆混合料从压向地面的刮平胶板与地面之间形成的间隙流出。滑轨调节器一般布置三个,通过手轮和螺旋机构可以控制封层的厚度。滑轨的另一个作用是支承摊铺箱的重量,减轻稀浆对刮平胶板的磨损,因此,滑轨底面应由硬质耐磨材料制成。

摊铺槽的宽度一般为 2.4 ~ 3.5m,最宽可达 4.5m。摊铺箱用链条吊在由液压缸驱动的臂杆上,可以上下起落。

六、车辙摊铺箱

高等级公路沥青路面的车辙横断面一般为下凹型曲线,其填补厚度为变量,这就需要混合料中集料粒径按照辙槽的断面正态分布。用于微表处的摊铺车,可以配置一个专为填补车辙路面而设计的“V”形摊铺槽。在车辙摊铺施工过程中,稀浆混合料的各种粒径的集料就会在“V”形摊铺箱内,经搅拌按照厚度变化呈正态分布进行摊铺。同时,在辙槽上方形成一定的预留拱度,为混合料经受行车荷载进一步压密作出预留。

车辙摊铺箱处理沥青路面一般适用于路面出现压密型、磨耗型等稳定的车辙病害,适合处治车辙深度为 10 ~ 25mm，宽度为 1 ~ 1.4m，根据车辙深度可采用单层或双层摊铺。

车辙摊铺箱的特点是不浪费材料，两条 V 形长刮板使大颗粒的集料沿车辙深处拌和，刮板独立可调，宽度一般在 1.5 ~ 1.8m 可选，如图 14-34 所示。

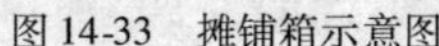

图 14-33　摊铺箱示意图

图 14-34　VT1400 型箱车辙摊铺箱

采用车辙摊铺箱技术进行车辙修复同传统的铣刨、热摊铺罩面相比具有施工方便、快速、路用性能优良、开放交通快等特点，当采用针对性配合比设计方法施工时，有可能完全避免出现二次车辙，这是铣刨、热摊铺罩面技术所无法实现的。

七、控制操作系统

微表处摊铺车一般采用集中控制操作，即操作人员站在平台上可以轻易地接触到所有控制器，这样操作人员则会把注意力集中到路面封层质量上而不是只放在开动机器上。

控制操作系统由电控和液压控制两部分组成。

电控部分包括发动机的电启动，作业系统的各种开关、电磁阀、指示灯及计量部分的计数器、压力表、转速显示仪表等。

液压控制部分根据不同车型主要分为两种：机液组合传动的封层机，其液控部分由液压主泵、换向阀、液压马达、液压油缸等组成。液压控制部分主要用来完成部分作业装置动作要求，如搅拌器出料口高度调节，均料器的左右移动，摊铺器的上升或下降等；而采用全液压传动的封层机，搅拌器和各种泵都采用油马达驱动，其他有关旋转运动驱动的设备启停都采用换向阀控制，使设备的各部分更加紧凑。

自动控制的微表处摊铺车对各个作业部分的动作可实现程序控制，从而大大减少了操作人员的误动作，提高了摊铺质量。同时，自动控制的摊铺车还有一套手动控制装置，便于设备调试，操作时可自由切换。

第四节　典型产品介绍

一、HGY5311TXJ 微表处摊铺车

河南省高远公路养护设备有限公司早在 1999 年就开始研发微表处摊铺车，现有 HGY5311TXJ、HGY5250TXJ 两种型号。

微表处摊铺车主要用来处理道路表面的摩阻力下降、裂缝、车辙等病害，以提高路面的抗滑性和防水性，改善路面平整度和行车舒适性从而达到“返老还新”的效果。该设备是高远路业在吸取国外先进技术的基础上依据多年工程实践经验，自行研制开发的具有国际先进水平的新型道路养护专用设备，可广泛应用于普通稀浆封层、改性稀浆封层、微表处及车辙修复等施工工艺中，是目前稀浆封层与微表处施工的理想机械，如图 14-35 所示。

1. 主要技术参数

产品型号	HGY5311TXJ
底盘型号	ZZ1316M3866C1
发动机功率	110kW(2 300r/min)
骨料仓容积	$12m^3$
乳液罐容积	$4m^3$
水罐容积	$4m^3$
助剂罐容积	600L
填料箱容积	$2\times0.5m^3$
拌和器最大出料量	3.5t/min
最低车速	1km/h 左右
摊铺厚度	3~15mm
摊铺箱宽度	2.5~4.3m 可调(特殊情况可订制)
外形尺寸	11 690mm×2 496mm×3 490mm

图 14-35　HGY5311TXJ 微表处摊铺车车型照片

2. 主要特点

1)底盘系统

采用重汽斯太尔专用底盘，机动性能好，承载能力强，特配两档减速箱。在运料和转场时用高档，在施工时间用低挡。满足施工车速，汽车的最低稳定行驶速度可控制在 1km/h 左右，从而实现设备低速摊铺保证施工质量、高速行驶提高工作效率。

2)作业动力系统

辅助发动机采用康明斯 110kW 水冷发动机(HGY5250TXJ 为玉柴 70kW 水冷发动机)，并配有涡轮增压器，动力强劲，工作稳定，质量可靠。

液压系统各元件均采用国外知名品牌，保证系统稳定运行。动力部分采用两套三联泵，为各工作系统提供独立的动力源，确保各机构互不干扰。

3)给料系统

(1)集料系统

集料系统由骨料仓、振动消力锥、料门、皮带机、驱动部分及物料缺失报警装置等组成。

(2)乳液系统

乳液系统由乳液罐、定量乳液泵、测速探头、控制阀门、管道及驱动装置等组成。

(3)供水系统

供水系统由水罐、水泵、流量计、控制阀门、管道及动力驱动装置等组成。

(4)填料系统

填料系统可以同时存储使用两种不同的填料，从而满足不同的施工需要；内置疏松器及螺旋送料器,确保出料稳定,满足精确的使用要求。

(5)添加剂系统

添加剂系统中所有元器件均采用不锈钢材料制作;系统采用气压输送,结构简单,稳定可靠;流量显示采用玻璃转子流量计,实现可靠监控,操作方便直观。

4)计量和监测

各系统计量和监测采取知名品牌齿轮测速传感器和和优质的工业控制器,实现精确计量和集中显示,确保高可靠性、稳定性。

5)搅拌箱系统

拌和系统采用双轴螺旋叶片搅拌输送,转速高,动力强,成浆效果好;高耐磨叶片有效地保证了高效施工;可随时调整的拌和器倾角,增强了拌和效果,满足了不同坡度路面的施工需要;最大 3.5t/min 的出料量可适用于任何施工要求。

6)摊铺箱

(1)自动伸缩式摊铺箱:满足不同的施工路面,并可根据路面施工需要调整合适的拱度;

(2)双排螺旋推进器:该结构兼有布料与二次搅拌的作用,对防止浆料离析效果明显;

(3)硬质耐磨材料滑靴:该滑靴采用优质材料处理而成,延长了使用寿命;

(4)强劲的动力驱动:动力采用国内外知名品牌的液压马达驱动,转速输送平稳,转速快慢与旋转方向分别可以随意调节,且动力强劲,满足不同施工工艺要求。

(5)V 形摊铺箱:在不浪费材料的前提下,把道路上的车辙填补到合适位置,迅速恢复和改变原沥青路面的平整度,提高路面的防水性和抗滑性,延长道路使用寿命。

7)液压系统

液压系统液压泵、液压马达、液压控制阀等元件采用国内外知名品牌产品,为系统提供了可靠保障;液压动力部分采用五套系统单独控制,为各执行系统提供了独立的动力源,确保各机构动作互不干扰。

8)电子控制系统

电子控制系统应用优质品牌的工业控制器,使操作更接近智能化;整机系统显示、预警装置配备完善、采用集中控制,操作人员在平台上可以操作控制所有控制器,并实现单键启、停操作,简单方便;

3.整机结构图

HGY5311TXJ 微表处摊铺车整机结构图如图 14-36 所示。

二、DGL5310TXJ 微表处/稀浆封层摊铺车

1.产品概况

DGL5310TXJ 微表处/稀浆封层摊铺车是西安达刚路面机械股份有限公司于 2005 年研制成功,是在吸收国内外先进技术的基础上、自主创新自行设计的具有国际先进水平的智能化路面养护机械。该车可进行乳化沥青稀浆封层及微表处路面养护施工,亦可用于高等级路面施工中的下封层及桥面处治作业。

本车外貌见图 14-37,主要由汽车底盘、混合料配给系统、搅拌系统、摊铺与刮平系

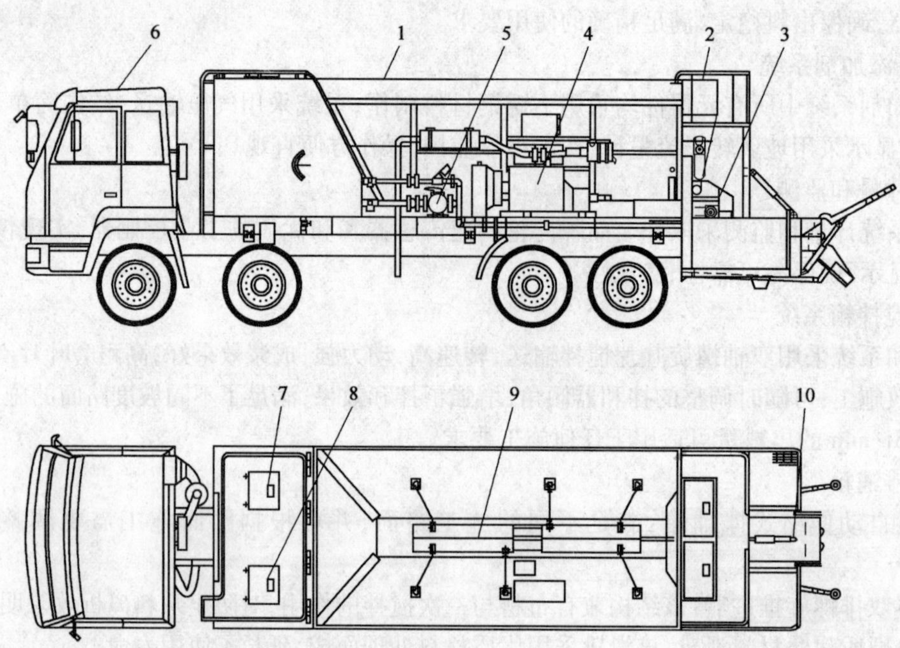

图 14-36　HGY5311TXJ 型

1-骨料仓;2-填料箱;3-骨料输送带;4-辅助发动机;5-管道;6-车底盘;7-水罐;8-沥青罐;9-消力锥;10-拌和器

统、液压传动系统和自动控制系统等部分组成。其施工过程由计算机控制,操作简便、配比精确。

2. 主要技术参数(表 14-1)

3. 主要特点

(1)高效节能:全车没有设置辅助发动机,充分利用了汽车主发动机的额外动力来驱动工作装置,有效提高了资源利用率。

(2)智能化程度高:由于采用程序化自动控制技术,计量系统无需标定,操作人员只要输入摊铺厚度、摊铺宽度及混合料的配比,系统就可计算出各运动系统的参数,并能自动执行。

图 14-37　DGL5310TXJ 微表处/稀浆封层摊铺车外貌图

主要技术参数表　　表 14-1

型　　号	DGL5310TXJ	型　　号	DGL5310TXJ
摊铺宽度(m)	2.4~4.2	水箱容量(L)	2 500
摊铺厚度(mm)	5~15	粉料仓容量(L)	400
摊铺速度(km/h)	2~3	添加剂罐容量(L)	250
生产能力(kg/min)	≤2 850	搅拌箱形式	双轴叶片
驱动形式	全液压	底盘型号	SX1315NN306
集料仓容量(m^3)	10	整机总质量(t)	31
沥青箱容量(L)	2500	外形尺寸($L\times W\times H$)(mm)	9 820×2 500×3 300

(3)计量准确：集料、粉料、水、沥青与添加剂系统都安装有高精度的进口监测与计量元件。

(4)摊铺质量好：采用前后、左右完全对称的双头可伸缩大直径四螺旋布料机构，在摊铺过程中，螺旋转向、速度均可进行调整，实现无死角、布料无离析。

(5)操作方便、简单：整个工作过程可由操作人员一人在后操作平台上完成。

(6)高可靠性：设有自动和手动两套配料系统，除可进行自动配料外，还可在操作平台上手动完成作业。

(7)摊铺宽度、厚度可调：摊铺宽度可在2.4～4.2m的范围内任意调节，摊铺厚度可在5～15mm的范围内任意调节，摊铺的最终厚度还取决于骨料的粒径。

(8)适用范围广：该车不仅可作稀浆封层及微表处的路面养护工程，亦可用于高等级路面施工中的下封层及桥面处治作业。

(9)自动报警装置：集料、水与沥青系统均设有报警装置，任何一种材料即将用完或用完，系统可自动报警或停止。

(10)界面友好：在摊铺过程中，主要施工参数均可随时显示，并能建议参数设定范围，并全过程监控配料参数。

4. 主要部件结构特点

1)底盘系统

DGL5310TXJ 微表处/稀浆封层摊铺车的底盘采用陕西汽车集团公司生产的SX1315NN306型二类汽车底盘，其选用的变速箱由法士特齿轮有限公司制造，速比范围较大，底盘形式8×4，双前桥转向，双后桥驱动，能够满足微表处/稀浆封层摊铺车工作时的低速稳定性与运料、装料过程中的高速行驶要求。牵引性能好，装载质量大，整车可达31t。

2)动力系统

微表处/稀浆封层摊铺车的动力系统，其功能可归纳为行走部分与作业部分。行走部分(即汽车底盘传动)完成整机的运输与施工作业中的牵引行驶任务；作业部分完成施工过程中工程材料的输送、搅拌、摊铺、控制等任务。行走部分动力由汽车底盘机械传动实现；作业部分动力取自汽车发动机，通过液压传动实现，其动力传动关系如图14-38所示。

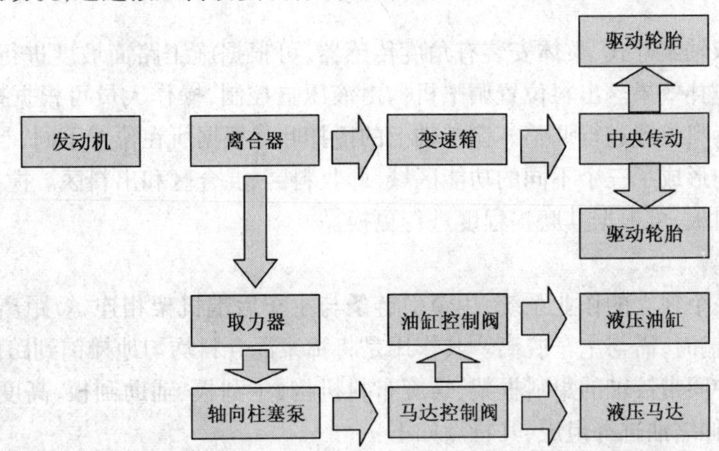

图14-38　DGL5310TXJ 微表处/稀浆封层摊铺车动力传动关系图

3)乳化沥青系统

乳化沥青系统由不锈钢制作的乳液箱、手动三通阀、乳液泵、气动三通阀及沥青管路等组成。该系统可实现乳化沥青的吸入、循环和泵出功能。乳液泵由低速大扭矩马达直接驱动,马达转速通过流量计控制。乳液箱上设置有液位显示计,并能实现"0"液位的报警及自动控制功能。

4)水系统

水系统由水箱、手动三通阀、离心水泵、气动三通阀及管路等组成。该系统可实现水的循环、泵出,以及路面洒水及高压水枪用水等功能。水泵由液压马达直接驱动,计量采用叶轮式流量计,由液压马达转速控制,且流量计与马达转速之间进行闭环控制,保证其计量精度。路面洒水能够分别实现前端洒水、后端洒水、前后端同时洒水三种功能。水箱上设置有液位显示计,并能实现"0"液位的报警及自动控制功能。

5)集料箱及输送系统

集料箱由高强度耐磨钢板焊接而成,容积 $10m^3$。料仓中央设置了两套振动梁,既能防止集料起拱与下料过程的离析,又能减小料仓内堆积料对皮带机的压力;料仓内壁四周覆盖有特殊的非金属材料,能够减小集料与仓壁的摩擦阻力,保证出料顺畅;集料输送采用高强度整体式环形同步皮带机和低速大扭矩马达通过减速机驱动,皮带速度可无级调整,如图 14-39 所示。

图 14-39 集料箱图

6)填料系统

填料系统由填料箱、输送螺旋、破拱器组成,安装在集料仓的中后部。填料输送由液压马达直接驱动,为了计量精度要求,马达速度可无级可调。

7)添加剂系统

添加剂系统由不锈钢储罐、空气减压阀、空气截止阀、电磁流量计、不锈钢输送管路等组成,安装与车辆的右前方。添加剂由空气压力输送,连续、均匀,其流量由电磁阀调整,流量计量有数字显示。

8)搅拌箱

搅拌箱为双轴桨叶式,整体安装有角度传感器,可根据施工路面坡度进行自动调整,且不影响混合料的搅拌效果。出料位置调整机构由液压缸控制,操作人员可根据摊铺箱中的混合料堆积情况对落料位置进行调整。搅拌轴上的搅拌叶片根据所在位置不同,与轴线夹角不同,因而在搅拌箱内形成了三个不同的功能区域,即收料区、混合区和出料区。搅拌叶片上安装有可更换的耐磨衬板,可根据其磨损程度进行更换。

9)摊铺箱

摊铺箱是一个独立的作业系统,用牵引链条与主车后端机架相连,短距离运输,可由主车牵引,长距离运输时,需与主车脱离。其作用是将稀浆混合料均匀地摊铺到路面上。

摊铺箱由中间带铰轴的集料框架、螺旋布料机构、主刮板、辅助刮板、高度调节机构、螺旋驱动装置、框架伸缩油缸等组成,其特点如下:

(1)集料框架内对称布置四套大直径螺旋布料机构,摊铺过程中,螺旋的转向、速度均可调整,实现无死角、无离析布料。

(2)集料框架内的铰轴结构可以自动适应路拱;前框架内部布置的两只液压缸,可用来调节摊铺宽度。

(3)摊铺箱需要的液压动力,由主车通过左右各两根液压胶管传递,用于驱动摊铺箱上的布料螺旋与伸缩油缸。

(4)摊铺箱后部设有橡胶刮板,分第一刮板和第二刮板:第一刮板主要用来调整摊铺厚度;第二刮板有调节刮板压力功能,能进一步刮平路面,且适应路拱的变化。

10)液压系统

液压系统由汽车底盘上自带的全功率取力器、变量泵、多路阀、液压马达、液压油缸、电磁换向阀、液压锁等组成。所有液压马达及油缸动作均由电液阀进行控制,控制准确调整方便。

11)电子控制系统

计算机控制系统具有手动和自动两种工作方式,前者便于整车的调试和维修,后者主要用于施工过程的控制。该系统上位机采用触摸屏,见图14-40,操作界面简单、直观,下位机采用可编程控制器。工作过程由计算机全程智能监控,并将施工参数实时动态地显示在触摸屏上。角度传感器、车速传感器及其他各种材料的出料速度传感器,可对相关部件进行检测并监控,使设备在整个工作过程中生产率始终保持恒定。温度传感器和负压传感器对液压系统的工作情况进行监控,保证液压系统正常工作。

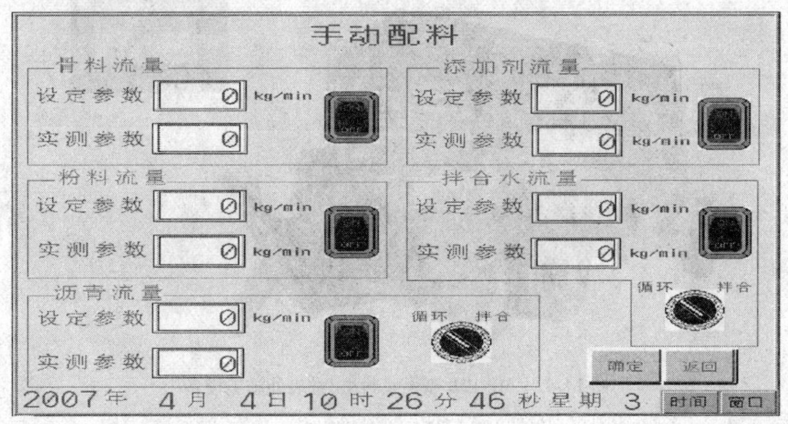

图14-40　操作界面

该系统还具有自动识别功能,如果参数输入有误使设备功能溢出,系统将给出错误提示并拒绝执行,直到输入正确为止。

整个系统的工作过程是:对施工参数设置完毕后,相应数据通过通讯电缆传输给逻辑运算系统,经PLC运算,DA/AD特殊模块转换成电压信号并经比例放大器放大后,对各路执行机构进行控制。

此系统的优点在于铺设不同要求的路面时,无需对设备进行标定,操作人员只需将摊铺宽度、厚度以及实验室得出的各材料配比参数等通过计算机输入,系统会自动计算出各种配料所需流量,以及适宜的摊铺速度,体现了自动控制的智能性,也减少了操作人员的工作量,施工过程见图14-41。

图 14-41　DGL5310TXJ 微表处/稀浆封层摊铺车施工作业照片

三、MP-12B 型稀浆封层/微表处施工设备

美国 VSS 公司自 20 世纪 50 年代初开始进行稀浆封层和微表处的施工,根据其多年的施工经验,从养护施工承包商的角度,自行设计、研发了大型车载式微表处施工设备,如图 14-42 所示。

图 14-42　MP-12B 型稀浆封层/微表处施工设备

1. 主要技术参数

底盘型号	斯达-斯太尔牌 ZZ1256N3846C
发动机功率	247kW(2 200r/min)
最高行驶速度	90km/h
摊铺工作速度	3 ~ 4km/h
集料仓	9.3m^3
乳化沥青箱	3 217L
水箱	3 217L
填料箱	0.34m^3
液体添加剂箱	410L
作业发动机功率	84kW(115hP)(2 200r/min),电脑控制

摊铺箱宽度　　2.44～4.27m，可调

车辙摊铺盒宽度　　1.83m

稀浆混合料产量　　3.6～4t/min

外形尺寸　　长（到帕格磨端部）7.01m，宽2.44m，高2.24m（自卡车底盘往上计算）

上装部分自重　　7.65t

2. 主要特点

1）骨料系统

料仓容积9.3m^3，最大可装12m^3，如图14-43所示。

（1）骨料仓内部装有自动调整振幅的液压驱动的振动梁以确保骨料通过计量口时的密度均匀一致，从而确保油石比的恒定。

（2）骨料计量采用体积计量法，而试验室的油石比设计是按照重量比计算的。如果封层机没有振动梁，当装满一车料返回施工现场时，骨料仓下部的骨料堆密度变大，这时的油石比就会变小；上部的骨料堆密度较小，油石比就会较大。整个施工过程油石比是变化的，这是微表处施工的大忌。

（3）振动梁的主要功能就是要保证通过计量口的骨料密度均匀一致，从而保证整个施工过程中油石比的均匀一致。

（4）装有骨料缺少报警装置。

设置了骨料缺省报警装置可以提前提醒操作手注意骨料的多少，随时停机，避免了浪费。

2）乳化沥青输送系统

容积3 217L，包括一个快速清洗乳化沥青过滤网。

乳化沥青泵：该泵为正排量的乳化沥青泵，带有夹热水套。一个可快速清洗的乳化沥青滤网安装在沥青进入沥青泵之前部位上。同个液压马达通过液压离合器来驱动沥青泵，还驱动骨料输送带。乳化沥青泵和骨料传送带通过液压操作的离合器直接连接，没有链条/链轮，没有手动离合器，如图14-44所示。

图14-43　骨料仓

图14-44　乳化沥青泵

3）供水系统

（1）水箱容积：容积3 217L，水箱内部有防锈覆盖层，包括带有快速接头的防虹吸上水系

统(带气隙)。

(2)水泵:为离心泵。

(3)控制:一块电子流量表,电脑控制盘显示,测量进入搅拌器的水量。

(4)喷水系统:操作者通过操作台的开关控制与机器同宽的喷水管工作时喷出水雾,它不能随宽度延伸而延长。由开关控制的两侧组合喷嘴位于后轮的后面。这两套系统管路上均装有内嵌水过滤器。而且在卡车的前面和侧面都带有喷水系统,可以提前对干燥的路面进行预湿。

(5)清洗系统:在操作平台后右侧有一根带喷嘴的 4.6m 长的胶皮管,喷水管可手动开、关。

4)填料添加系统

填料箱装在骨料仓内,容量为 0.34m^3。喂入速度可通过精细的调节旋钮调节,与骨料喂入速率比恒定,电脑控制盘显示水泥和骨料加入比率,即使生产速度改变,也可容易地维持比率平衡。

5)液体添加剂系统

聚乙烯罐:添加剂泵为聚丙烯材料。液压驱动该泵。该系统包括电子流量计(电脑控制显示)、自动编入生产启/停的控制之中。

说明:液体添加剂系统也被编入了电脑控制系统中,可以在电脑显示屏上显示其流量等参数。

6)作业发动机

采用约翰·迪尔(John Deere)4 缸、水冷、增压柴油机,功率 84kW(115HP)/2 200rpm,排气量为 4.5L,如图 14-27 所示。

发动机符合美国 EPA Tier-3 号排放标准(相当于欧 III 排放标准)。发动机由电脑控制,封层车电脑显示包括发动机各种功能测量数据的显示和故障诊断。可以在故障发生时监测所有的功能并消除发动机故障。发动机的高、低速度和中间速度由主启动操纵杆和电脑自动控制。

电瓶为 12V,地为负极,可与重型卡车电瓶或自选的迈普机交流发电机/电瓶系统连接。

发动机包括过滤/清洁系统和生产厂建议的各种仪表,包括机油压力过低、冷却水温过高自动关机保护系统。

燃油从卡车油箱或自选的迈普机油箱中抽出。燃油管路装有开/关阀和油/水分离器。发动机的设施还有电压为 12V 的起动电机、机油过滤器及重型双芯空气过滤装置。

7)变量液压泵系统

液压系统为发动机通过齿轮箱驱动变量泵系统,在转速为 2 200rpm 时流量为 397L/min。三个压力、流量补偿柱塞泵为三个独立的回路提供液压动力,如图 14-45 所示。三泵系统可以分别或同时地为帕格磨、乳化沥青泵、骨料输送带及主系统提供液压动力。主液压系统为液压分配系统提供动力(无链条/链轮传动),也为重型螺旋分料改性稀浆封层摊铺盒提供动力。整个系统为全液压驱动,无链轮链条传动。

8)搅拌缸(帕格磨)

稀浆混合料产量可达 3.6t/min;可用于标准稀浆封层,各种改性稀浆封层和微表处。它为一个双轴设计、带有 60 个可换叶片,旋转速度可变,搅拌速度最大可达 225r/min,主轴轴承为三层密封。搅拌叶片经过硬化处理、耐磨、可调节矩、有重叠、可更换。

拌缸长度为1.5m，叶片的角度分成根据功能的不同分成三个功能区（图14-46）：

（1）搅拌区：在靠近里面的部分，主要起到搅拌的功能；

（2）均化区：中间部分，叶片与轴有一定的角度，边搅拌边输出，主要起到均化的作用；

（3）输出区：靠近出料口部分，叶片与轴的角度更大，搅拌功能减少，输出功能增大，主要起快速输出的功能。搅拌的非常均匀，且速度极快。

图14-45　变量液压泵系统

图14-46　搅拌缸

9）微表处摊铺箱

重型摊铺箱用于微表处类的稀浆拌和摊铺。该摊铺箱宽度为2.44～4.27m，可调，150mm为一档也可选其他调整宽度。4个直径为225mm螺旋送料器，每侧2个，以加强稀浆料的混合和分送。每套螺旋由液压马达独立驱动和控制。加长的侧刮板和滑板保证了最佳的水平。人造橡胶碌子控制铺层的厚度，两侧和中心均可作高度调整。可调整的边刮板用于带锥度的铺层。可调滑板为硬质合金钢，侧滑板为可更换的抗磨损钢制品。全长度的踏板方便操作手作厚度控制，如图14-47所示。

图14-47　微表处摊铺箱

可以调整宽度的重型改性摊铺箱，厚度和拱度也可以根据需要进行调整。采用4个螺旋送料器，通过正反向旋转，可以迅速地将稀浆分送到摊铺箱的两侧和四个角。滑靴式侧挡板保证了纵向接缝的笔直。可以严格地按照原来路面的拱度施工，确保了整个幅宽的厚度一致。

二次刮平器可精确控制封层面完工质量。

10）车辙摊铺盒

专门设计的摊铺盒用于车辙或其他狭窄凹陷的填补，其宽度为1.83m以下。包括：两个螺旋送料器和稀浆刮板，深度控制为液压闭环控制，操作手可站在踏板上操作。侧滑行架2.44m长，用于最佳找平，采用耐磨钢制成。

11）卡车底盘

底盘采用的是中国重型汽车集团公司生产斯达—斯太尔牌底盘，型号ZZ1256N3846C。

发动机为 W615. 95 涡轮增压、水冷柴油发动机,额定功率:247kW(2 200r/min)。采用共轨供油系统,达到欧 III 排放标准。驱动方式:6×4;左侧驾驶。前轴承重 7t,后轴承重 20t。卡车包括隔热防火驾驶室,配冷暖空调、收音机,带有里程表、油位计、发动机参数表和报警指示及所需的各种照明设施。

选用重汽集团的斯达—斯太尔牌底盘,欧 III 排放。发动机功率较大,比同类封层机的发动机功率大出 20% 以上。后桥减速比采用了 4.8,也就是说:摊铺时的行驶速度可以达到 3~4km/h;最高行驶速度可以达到 90km/h;主要是因为稀浆产量 3.6~4t/min 所以摊铺速度和行驶速度也是其他设备的 2 倍。

12)操作控制系统

设备主要生产控制为一个在控制杆上的起/停按钮,生产率由电脑控制的液压定序系统控制,具有极好的可靠性。即使在电控系统失灵时,可用手动越控操作程序。

操作者控制包括:

(1)混料磨正/反转;

(2)摊铺盒左、右移动,螺旋送料器的方向;

(3)摊铺盒升/降;

(4)摊铺盒的左/右切换;

(5)流料的左/右切换;

(6)骨料运输带与沥青泵生产率。

全部控制和驱动采用电液控制和驱动,即电子信号输出,液压驱动各个功能部分,可靠性非常高。

13)标准电脑控制、监测系统

电脑控制系统不仅控制主启动、启/停定序,还提供标定时的指令与数据输入。标定完成后,电脑显示屏即以实际单位显示材料消耗量,而非轴转数。显示的不仅是总量,而且有实时流量或速率。为防止帕格磨堵塞,电脑控制系统中安装了一个联动装置,可以在帕格磨不工作时,阻止主启动开始,并在帕格磨即将超载时,自动关闭主启动。

采用电脑控制系统,自动化程度是最高的。平时操作人员可以采用自动控制,当遇到特殊情况时也可以将控制系统改为手动控制。

图 14-48　标准电脑控制、监测系统

电脑显示屏尺寸为 13. 97cm,宽×8. 26cm 高,位于操作手前方的控制台。不使用时,可将该显示屏收起来,并锁在操作手控制台下面。使用时,将它移至控制台前,根据操作手的身高调整到最佳的角度,如图 14-48 所示。

电脑监控系统包括:骨料及配料的用量显示、骨料/水泥的配比显示、沥青泵转速和帕格磨速率(RPM)显示。骨料仓、乳化沥青箱均设有最低警戒线自动停机功能。系统上装有报警灯,带有一个嵌入按钮可在标定时或功能失灵的情况下停止报警器。该系统还配有标定模式,可以预设骨料、乳化沥青、细料计数转数，使转数达到设定值时，自动停止。

采用电脑显示屏可以直观地显示各种材料的输出情况以及配比等情况，非常直观，实现了真正意义上的电脑控制和监控，是目前市场上唯一采用电脑显示屏显示和监控各个功能部分的最先进的封层机。操作非常智能化，操作手可以在最短的时间内掌握操作技能。

14）其他特点

（1）乳化沥青两位上料阀

两个标准50.8mm乳化沥青闸式阀。使用封层机沥青泵自动上料时，关闭一个阀，打开另一个阀。使用沥青罐里的泵上料时，打开一个阀，使乳化沥青泵入封层机的乳化沥青罐。

（2）液压油箱

容量为490L，每个吸入管路上均装有磁性过滤器，回油管路上装有过滤器。一台空气—油冷却器保持液压油合适的油温。

（3）废料盒

活页连接的侧盒用于收集废料。

（4）发电机电池系统

重型发电机，安装在封层车的发动机上，为封层车上的12V电池充电，为封层车提供独立的电力系统。另外，还提供24V尾灯和边灯。

四、德国百灵BREINING微表处/稀浆封层设备

20世纪80年代，德国百灵BREINING成功发明稀浆封层机的第二代设备——微表处设备。2008年，德国百灵BREINING发明了超黏磨耗层技术，带领稀浆封层技术进入第三代。

1. SPC10000S微表处/稀浆封层设备

1）主要技术参数

骨料仓容量	$10m^3$
乳化沥青罐容量	4 000L
水箱容量	2 000L
液体添加剂罐容量	300L
矿粉添加系统容量	300L

2）主要特点

SPC10000S微表处/稀浆封层设备由乳化沥青及水系统、骨料系统、添加剂及矿物填料系统、搅拌箱、动力系统、液压系统和微表处（稀浆封层）摊铺箱组成，如图14-49所示。

（1）乳化沥青及水系统

①乳化沥青罐和水罐

乳化沥青罐和水罐具有良好几何形状。乳化沥青罐位于设备的左侧，水箱与乳化沥青罐对称布置位于右侧，并且带有通气、溢出管和液位指示器，便于液位的观测，并且液位过低时自动停止工作（输出报警信号）。乳化沥青罐在加料管道中装有乳液过滤器，防止堵塞的发生。

②乳化沥青泵

采用专门设计开发的乳化沥青泵，应用于沥青洒布的法亚齿轮沥青泵（已获专利）为体积计量泵（排量35m^3/h），由液压驱动。乳化沥青泵设计完美，浸没于乳化沥青罐中，保温性与外界隔离，工作环境好，养护维修工作量少，且带有电加热装置，即使在冷机时启动，也非常的快捷方便。该泵通过电位计来调整乳化沥青的输送量。

③水泵

水泵为凸轮泵，通过旋转进行水计量和加注，通过电位计来调整水的输送量。

（2）骨料系统

①骨料仓

骨料仓采用耐磨钢板材质，内部带有加强梁，结构坚固。设有多个吊耳，方便料仓的吊装。合理的坡面设计，有利于骨料依靠重力下落，如图14-50所示。

图14-49　SPC10000S微表处/稀浆封层设备

图14-50　骨料仓

骨料仓内带有振动梁，振动电机以变化的频率振动，防止了骨料起拱现象。

设计合理的振动梁悬挂，固定可靠，不仅起到减压的作用，而且减轻骨料对输料带的压力，使输料带供料更加精准。

②骨料输送装置

骨料输送装置采用“抽屉式”结构设计，拆、装、检修维护便利，如图14-51所示。

输送带驱动辊由液压马达驱动，可以精确控制传输速度，实现传输速率的连续变化，同时驱动辊表面覆盖塑胶材料，防止皮带滑动，并极大提高了传输带的计量精度。

光滑的尾部从动辊带有张紧螺丝，可以调节输送带的松紧度。输送带上带有一个刮料辊，可以防止污物黏附在皮带上。

骨料仓料口出料高度固定，由调整输送带的传输速率来调整出料量，操作更加方便，计量更加准确。

出料口处带有料流感应器，当输料带缺料时会自动停止整个设备的作业。

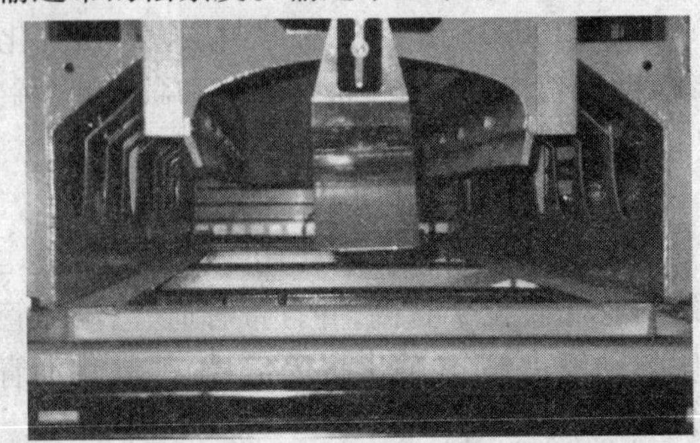

图14-51　骨料输送装置

（3）添加剂及矿物填料

①添加剂罐

添加剂罐由高耐腐蚀性材料制造，具有极强

的抗腐蚀性能。并带有透明的液位指示器。添加剂泵为凸轮泵,通过电位计调整输送量,养护方便且系统更加强劲。

②矿物填料(水泥)

填料仓设有添料平台,上料方便;顶部带有格栅,以及切开袋装水泥的装置。

输料螺旋器位于料仓底部,液压驱动,由不锈钢制成,坚固耐用,易清洁。料仓中装有搅拌器,与螺旋输送器连动,防止填料起拱。

通过电位计来调整填料的输出量。

(4)搅拌箱

搅拌箱中带有两个卧式搅拌轴,由液压马达驱动,互为反向旋转,同时其自身旋转方向也是可逆的,如图14-52所示。

两个搅拌轴各自带有30个叶片,叶片通过螺栓与轴固定,可拆卸、可调。

搅拌箱带有坡度补偿调节装置,通过坡度调节液压油缸可以使封层箱始保持一个小的倾斜度,便于混合稀料的流动、排出。

搅拌箱采用的是集中润滑方式,润滑油加注口位于搅拌箱前部,便于养护,同时润滑效果更好。

搅拌箱的拌和槽由上部和底部弧形槽组成:拌和轴在上部槽中,同时底部槽可通过两个快速锁紧装置迅速打开,从而可确保搅拌轴不会被锁死,同时也方便了清理和维修。

摆动式导料槽位于搅拌箱的出料口处,手工控制,用于将拌和料导入封层箱。

(5)动力系统

发动机选用的是"道依茨"(DEUTZ)4缸水冷柴油发动机,输出功率为74kW,动力强劲。发动机带有液压油冷却器,为液压系统提供冷却。发动机的位于骨料仓的侧面,位置适中,方便检修养护。

(6)液压系统

计量部件由电磁比例阀控制,性能稳定控制精度高。带有LS信号控制的高技术装置,可以保证各液压系统的有效运行。液压油箱的容量为200L,配有液位指示器、温度表、过滤器和止回阀。

(7)微表处(稀浆封层)摊铺箱(FV-V4000型)

摊铺箱是由钢板架制成,外部形状为矩形的框架,带有可替换的两侧及中心共三个滑靴,如图14-53所示。一个横向的带有固定橡胶刮板装置的钢板位于封层箱的前面,一个可调的带有橡胶箝位刮板的滑道位于后部。这些箝位刮板带有固定器,以利于扩展摊铺箱时,快捷方便地取下。

摊铺箱配有一个中心接头,使其按路面轮廓进行调整。摊铺箱中有两个液压驱动、转向相反、可反向旋转的、两个半轴的推运螺旋轴,轴上带有搅拌桨叶。液压马达由主机设备上的液压系统驱动。

摊铺箱宽度通过两个在套管中的轴进行无级变化,整个外框的全长连同两个刮板架手动无级变化。推运螺旋轴可以通过插接一段轴的方式来适应这种变化。多路快速液压接头,可使封层箱与主机液压系统实现块速接合与分离,为作业提供极大便利。

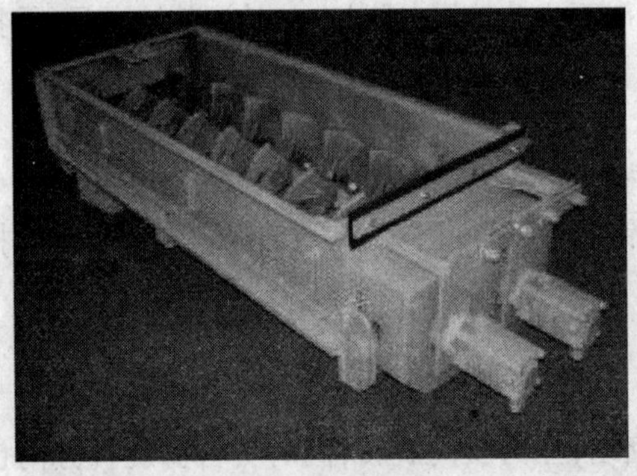

图 14-52 搅拌箱

图 14-53 微表处(稀浆封层)摊铺箱(FV-V4000 型)

2. 百灵 NOVASEALER 12 型超黏磨耗封层机

超黏磨耗层技术(Nova Surfacing)结合超薄磨耗层(Nova Chip),微表处(Micro Surfacing)两种技术的优点,依托加入玻璃纤维的冷拌和工艺和改良的黏结层工艺,加强吸附程度,从而延长道路的使用寿命 2% 或 3%,且大大提高了路面的各项性能。

超黏磨耗层技术是指采用超黏磨耗层核心设备同时喷洒乳化沥青黏结料、摊铺拌和玻璃纤维的超黏磨耗冷拌混合料,经碾压后形成新的磨耗层的一种新型道路养护和建设施工技术。

超黏磨耗层技术(Nova Surfacing)发源于德国,凭借其优越的性能及广泛的适用性,现在该技术在英国、德国、法国等国家都已得到应用。曾于不同的国家对超黏磨耗层技术进行了一项实验室评估,一致的实验结果数据以及现场评估观察均表明超黏磨耗层技术能大大延长路面的服务寿命,大幅提高路面的防滑性能,并能提供很好的防水性能;对于具有高孔隙率的摊铺路面,剥裂的路面、非常干燥的路面或者由混凝土底层组成的路面,尤其推荐使用超黏磨耗层技术。

1)主要技术参数

骨料仓容量 $12m^3$

乳化沥青罐容量 5 000L

水箱容量 4 000L

液体添加剂罐容量 500L

矿粉添加系统容量 500L

黏结层用乳化沥青罐 600L

2)主要特点

百灵 NOVASEALER 12 型超黏磨耗封层机由骨料系统、乳化沥青系统、水系统、添加剂系统、矿物填料系统、搅拌系统、发动机、液压系统、超黏磨耗层摊铺箱、黏结层洒布系统、纤维定量切割器和半挂底盘组成,如图 14-54 所示。

(1)黏结层洒布系统

黏结层洒布系统可伸缩的喷洒杆宽度可调,调整范围为 2.5 ~ 4.0m,操作手可结合摊铺箱的标准宽度调整喷洒杆宽度。良好的结合层确保了路面的持久性,并且增加了路面的使用寿命,为原来使用寿命的 200% ~300%,如图 14-55 所示。

(2)纤维定量切割器

专用的纤维定量切割器将纤维破碎切割成所需长度，经过破碎的纤维均匀地拌和在超黏磨耗冷拌混合料中，在骨料及乳化沥青结合料中呈乱向均匀分布，相互搭接，与骨料及乳化沥青结合料沥青形成网络缠绕结构，有效地提高了超黏磨耗冷拌混合料的结合强度，使超黏磨耗层的黏附性和抗压性能大大提高，如图 14-55 所示。

图 14-54　百灵 NOVASEALER12 型超黏磨耗封层机

图 14-55　黏结层洒布

(3)超黏磨耗层摊铺箱

超黏磨耗层摊铺箱比传统的摊铺箱重 45%，长度加长 50cm。摊铺宽度为 2.5～4.00m，而且摊铺宽度连续可调。轴上带有搅拌桨叶，而不是螺旋状薄钢条，专为均匀摊铺含有大粒径骨料、黏度大的超黏磨耗层拌和料设计，如图 14-58 所示。

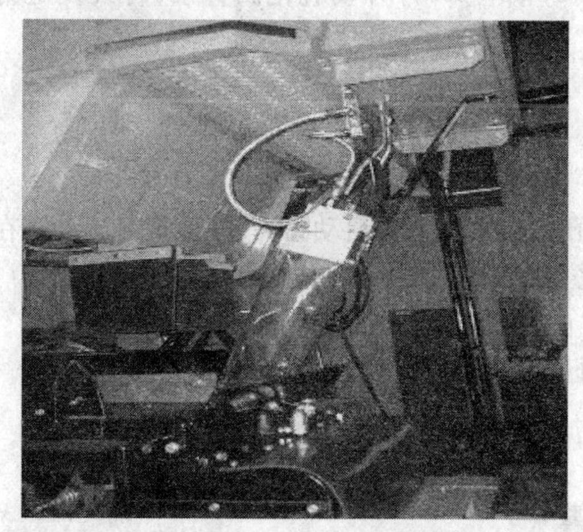

图 14-56　纤维定量切割器

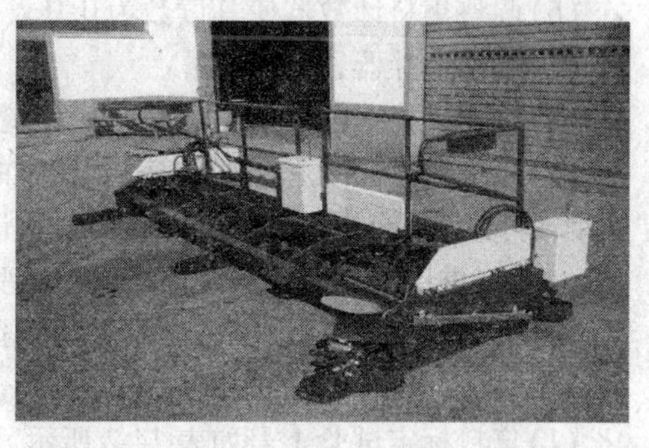

图 14-57　超黏磨耗层摊铺箱

系统调整高度可变，是通过液压调整，而不是通过机械螺丝调整，因而能够快速轻松地适应不同路面的状况。

第五节　微表处摊铺车的计量标定

任何类型的微表处摊铺车在首次使用前或使用一定时间后，都要对该车的计量装置进行标定，其重要的意义是：摊铺车在工作中，各部的物料都要按照事先设定的要求按比例输送，计量的准确性和输送的稳定性决定了稀浆混合料的质量。因此,为了对材料进行精确计量,以得到精确的配合比和高质量的混合料,就必须对使用的微表处摊铺车的给料系统进行细致的标定。

美国产机器的标定原理与德国产机器的标定原理基本一样,只是单位输出量不是以皮带每圈,而是以每分钟的输出量为基准来计算,这样的话,各料的相关关系比较简单,标定也比较容易。

不同摊铺车有不同的标定方法,按照其说明书进行就可以了。现举两个例子介绍如下。

一、MP-12B 型稀浆封层/微表处摊铺车(迈普机)的计量标定

1. 集料的计量标定

集料是最先标定的材料(迈普机的乳化沥青罐中必须事先装有乳化沥青,因为这个标定过程中需要运转乳化沥青泵),此标定可以绘制出“集料门设定—乳化沥青与集料比率”图表。

1)集料标定步骤

(1)找到仪表板后面的顺序启/停控制阀,并将其移动到“标定”位置(IN)。这将使乳化沥青和水不被泵进搅拌箱内。

(2)加装集料,只能从设备的水罐侧加装集料。

(3)称重迈普机并记录此质量作为试验 1 号的“重载质量”(Heavy Weight)。

(4)设定集料门打开高度并记录此数据作为“集料门设定”(Aggregate Gate Setting)。刚开始集料门打开应用一小开度。

(5)转动“乳化沥青泵速度”控制钮(Enulsion Pump Speed)开动乳化沥青泵,将其设定为转速大约 500r/min 时启动。

(6)调整集料计数器使其读数为 0.0。

(7)启动搅拌器,全速转动。

(8)按下操控手柄上的主启动开关。观察从搅拌箱输出的集料。

(9)当集料输送带主动轴转速达到设定的数值时,再次按下主启动开关,停止集料流动。在“主动轴转数”(Head Shaft Revolutions)位置记录此数值,排空搅拌箱中的集料后停止搅拌器。

(10)称重迈普机并记录此数据作为试验 1 号的“轻载质量”(Light Weight)。

(11)以同一集料门设定开度重复此步骤,进行试验 2 号和试验 3 号。

2)试验数据和计算的集料标定实例

(1)集料标定试验 1 号如表 14-2 所示。

集料标定实验 1 号 表 14-2

集料门设定(cm)	4.5					
单位		试验 1 号	试验 2 号	试验 3 号		
重载质量(kg)		62 160	58 300	54 300		
轻载质量(kg)		58 300	43 300	50 440		
集料输出质量(kg)		3 860	3 940	3 920		
主轴转数(r/min)		50.1	50.1	50.1	合计	平均值
集料质量/转(kg/r)		77.5	78.64	78.25	233.93	77.98

(2)集料标定试验2号如表14-3所示。

表14-3的计算公式为：

集料输出=重载质量-轻载质量

合计=(试验1号的集料质量/转)+(试验2号的集料质量/转)+(试验3号的集料质量/转)

集料标定试验2号　　表14-3

集料门设定(cm)	5.5					
单位		试验1号	试验2号	试验3号		
重载质量(kg)		66 640	61 820	56 980		
轻载质量(kg)		61 820	56 980	52 180		
集料输出质量(kg)		4 820	4 840	4 800		
主轴转数(r/min)		50.1	50.1	50.1	合计	平均值
集料质量/转(kg/r)		96.21	96.61	95.81	288.62	96.21

2.乳化沥青的标定

标定乳化沥青可以测定集料输送带主轴每转一圈迈普机泵出乳化沥青的质量。

1)乳化沥青的标定步骤

(1)清除所有集料标定后搅拌箱内剩余的集料；

(2)将合格的乳化沥青装入乳液箱；

(3)称重迈普机并记录此重量作为试验1号；

(4)断开搅拌器输入乳化沥青的管线，把其同准备好的乳化沥青存储罐用管子连接起来；

(5)重新设定标定集料时关闭的"顺序启/停控制阀"至正常位置；

(6)转动乳化沥青泵速度控制钮，启动乳化沥青泵，将其设定为转速大约500r/min；

(7)调整集料计数器使其读数为0.0；

(8)按操纵杆控制平台的主动开关，这样乳化沥青泵就会从迈普机中被泵到存储罐中；

(9)如果集料转数达到要求值，按操纵杆控制平台的主动开关来关闭乳化沥青的输出，记录此数据作为试验1号中的主动轴转数；

(10)称重迈普机的质量，作为轻载质量在试验1号格中记录下来；

(11)重复此过程做试验2号和试验3号。

2)试验数据和计算的乳化沥青标定实例

(1)乳化沥青标定如表14-4所示。

乳化沥青标定表　　表14-4

单　　位	试验1号	试验2号	试验3号		
重载质量(kg)	45 640	44 137	46 206		
轻载质量(kg)	44 137	42 606	44 685		
乳化沥青泵出量(kg)	1 503	1 531	1 521		
主轴转数(r/min)	100.2	100.7	100.7	合计	平均值
乳化沥青质量/转(kg/r)	15.00	15.20	15.10	45.31	15.10

表 14-4 的计算公式为：

乳化沥青泵出量 = 重载质量 - 轻载质量

乳化沥青/转 = 乳化沥青泵出量/集料输送带主轴转数

合计 =（乳化沥青/试验 1 号转数）+（乳化沥青/试验 2 号转数）+（乳化沥青/试验 3 号转数）

平均值 = 合计/3

（2）乳化沥青—集料比如表 14-5 所示。

乳化沥青重量占集料重量百分比（油石比） 表 14-5

单 位	集料门设置高度		
集料门设置（cm）	4.5	5.5	6.5
乳化沥青平均值/转（kg/r）	15.10	15.10	15.10
集料平均值/转（kg/r）	77.98	96.21	121.07
乳化沥青集料比	0.193 7	0.157	0.124 7
乳化沥青集料百分比（%）	19.37	15.70	12.47

表 14-5 计算公式为：

乳化沥青集料比 =（乳化沥青平均值/转）/（集料平均值/转）

乳化沥青集料百分比 = 乳化沥青集料比 ×100

（3）集料门设置高度和乳化沥青集料（油石比）百分比曲线

该曲线用来确定要得到给定的油石比集料门的设定值，使用曲线时，先在纵轴找出需要的油石比，然后在横轴找出曲线相对应的集料门设置高度点，如图 14-58 所示。

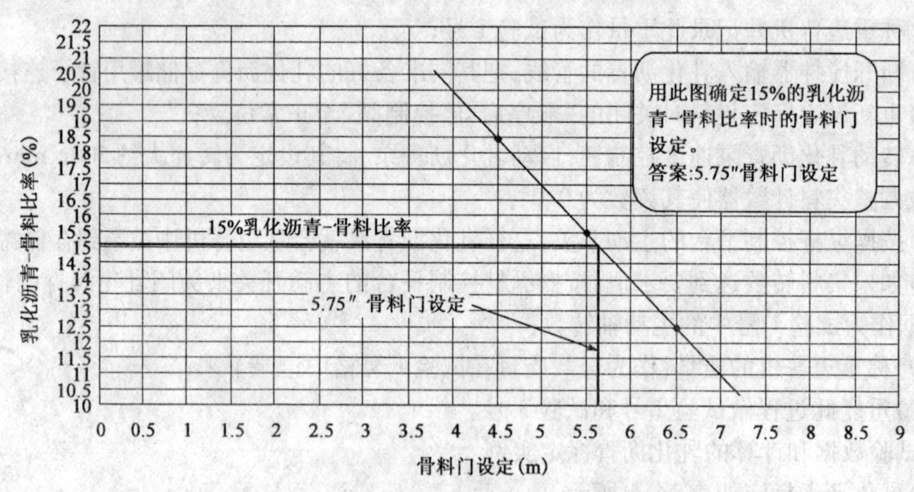

图 14-58 乳化沥青集料比率标定图表范例

3. 填料（水泥）标定

填料—集料比显示填料料斗螺旋布料器和集料门传送带主动轴之间的轴速度比率。

1）填料（水泥）标定步骤

（1）清除所有刚刚标定用的乳化沥青和集料。

（2）找到仪表板后部的顺序启/停控制阀，并将其移动到“标定”位置（IN），这样可以阻止水和乳化沥青被泵到双轴搅拌器中。

(3)在迈普机发动机关闭时移去双轴搅拌器输入斗,用适当的容器放于填料箱输出口下。

(4)用实际工程使用的水泥添入填料箱中。

(5)用一适当的可称重约100kg的秤称量空容器,记录此数据作为试验1号的空载质量。

(6)转动乳化沥青泵速度控制钮启动乳化沥青泵,将其设定为转速大约500r/min。将填料比率控制钮设定在中间范围,将填料开关打开。

(7)复位填料计数表至0.0。

(8)按操纵杆的主动开关,开始从填料箱输出水泥。

(9)当需要的填料螺旋布料器的转数达到时,再次按下主动开关来关闭填料的输出。

(10)称量满载容器并记录此数据作为试验1号重载质量。

(11)重复此过程填试验2号和试验3号。

2)填料标定数据和计算范例

表14-6计算公式为:

填料输出 = 重载质量 - 轻载质量

填料/转 = 填料输出/螺旋布料器轴转数

合计 =(试验1号填料/转)+(试验2号填料/转)+(试验3号填料/转)

平均值 = 合计/3

填料标定表　　表14-6

单　位	试验1号	试验2号	试验3号		
重载质量(kg)	65.5	65.5	65		
轻载质量(kg)	4	4	4		
填料输出量(kg)	61.5	62.5	61		
螺旋布料器转数(rpm)	50.1	50.3	50.1	合计	平均值
填料/转(kg/r)	1.23	1.24	1.22	3.69	1.23

3)填料—集料速度比率标定

集料传送带主轴每转输出集料量同集料门设定高度比曲线如下:从纵轴找出集料门设置高度点,然后可以从横轴找出相应的每转集料输出重量。图14-59可用于计算符合试验室级配混合料设计的填料同集料转速比。

根据试验室级配设计的填料和集料质量比,及表14-6的每转集料输出量,填料同集料转速比可以通过计算得出结果并显示于迈普机比率表。

4)填料和集料转速比例范例(表14-7)

填料和集料比率表　　表14-7

单　位		单　位	
要达到的填料和集料比(%)	0.75	填料/集料(kg/r)	0.787 5
集料/转(kg/r)	105	转速比率	0.64
填料平均值/转(kg/r)	1.23		

表14-7计算公式为:

填料/集料 =(要达到的填料和集料比/100)×(集料/转)

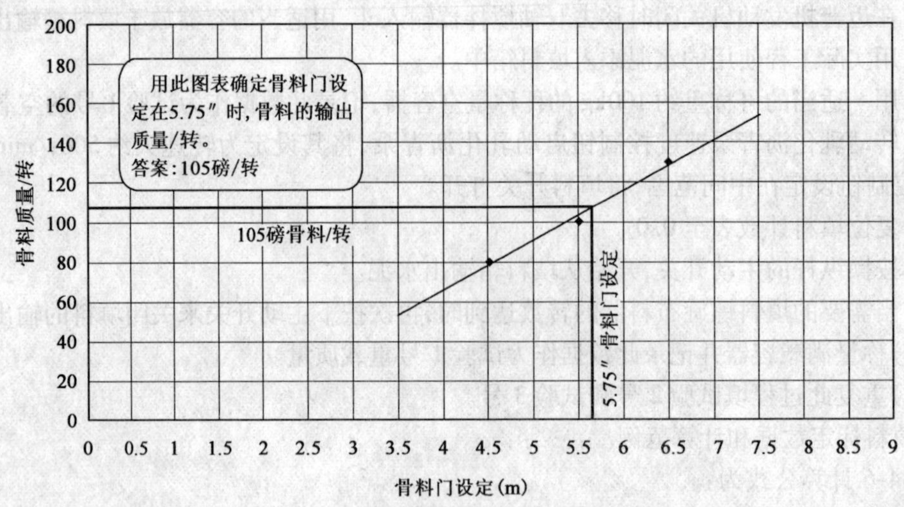

图 14-59 集料门设定—每转集料输出量标定图表范例

转速比率＝(填料/集料)/(填料平均值/转)

4. 添加剂流量计算

如果需要液体添加剂，则需要知道添加剂在设计的乳化沥青混合料中其与干集料的混合百分比例。此百分比可转化为基于集料传送带转数的输送量。当选择“B”频道时，集料传送带速度经过测量并显示在控制盘上。因此，对于已知集料传送带速度和集料门设定，可以确定集料的输出量(kg/r)。根据此集料输出率，可以计算添加剂的流速：

乳化沥青泵速度约450r/min，传送带以约30r/min运转；

集料门设定5.75，集料输出为105×30＝3 150。

如果需要1%的添加剂，则所需流量为0.01×3 150＝31.50。假定添加剂比重是1，则流速为31.50÷8.34＝3.8加仑/min(1加仑＝3.785L)。

如果混合设计推荐近似水流率，也可以用同样的方法计算。

有关MP-12B型稀浆封层/微表处摊铺车(迈普机)详细的计量标定方法，请参考MP-12B型稀浆封层/微表处摊铺车(迈普机)的“操作手册”。

二、Bergkamp M210型微表处摊铺车的计量标定

1. 乳化沥青的标定

1)乳化沥青的标定步骤

(1)如有可能在矿料传送计数器上标定乳化沥青抽入量。

(2)使用容量为2 000～2 650L的备用容器。

(3)从稀浆封层车上抽取乳化沥青到备用容器之前，称取空的容器重量。第一次测量之前插入软管，从稀浆封层车上抽取乳化沥青注入备用容器最少为矿料传送计数器上的50点。用抽取的净重除以总读数得出每读数的重量。

(4)进行三次测试，算出平均数，如果三次测量结果偏差大，重新测量乳化沥青到偏差小于5%为止。

(5)不要在稀浆封层车与测量之间来回抽取乳化沥青,否则,空气会进入乳化沥青内而产生误差。

2)乳化沥青的标定表

每个样品最少为矿料传送计数器上的50点,乳化沥青的标定记录如表14-8所示。

乳化沥青标定记录表　　表14-8

乳化沥青	A	B	C	D	E
	总质量(kg)	空载质量(kg)	净质量(kg)(A-B)	点数	每点千克数(C/D)
样品1					
样品2					
样品3					

2. 水泥或矿粉的标定

1)水泥或矿粉的标定步骤

(1)使用一小容器装水泥或矿粉的样品,标出水泥量。

(2)取样前称出空容器的质量。

(3)采集三次样品,水泥计数器的读数最少为10个点,确定每个读数测试样品每点的质量,并计算出三次运转每点的平均质量。

2)水泥或矿粉的标定表

每个样品水泥进料点数最少为10,水泥或矿粉的标定记录如表14-9所示。

水泥或矿粉的标定记录表　　表14-9

水泥或矿粉	A	B	C	D	E
	总质量(kg)	空载质量(kg)	净质量(kg)(A-B)	点数	每点千克数(C/D)
样品1					
样品2					
样品3					

3. 矿料的计量标定

1)矿料的计量标定步骤

(1)测量含水率的矿料。

(2)计算含水率系数,为矿料含水率的百分数(小数)+1.00。

例如:含水率为5%,因此含水率系数为:0.05+1.00=1.05。

(3)每个图形选择三个料门开度。

(4)每个门位尺寸按净质量传输设置,但不小于1 800kg(约2t)。三次测试样品,每次矿料计数器的点数最少50。

(5)确定每点数的平均净质量作为每个矿料标定的工作单,在图中标出结果。如果获得的图形不是直线,重新进行测量。

2)矿料的计量标定单

每个样品最少为矿料传送计数器上的50点(每门位尺寸设置3个样品)。

(1)矿料的计量标定单(表14-10)

矿料的含水率(%)(小数)+1.00=含水率系数

平均矿料质量/(E_1)÷含水率系数 = 干矿料/每点

表 14-10

门口设置尺寸	A	B	C	D	E
	总质量(kg)	空载质量(kg)	净质量(kg)(A－B)	点数	每点千克数(C/D)
8cm					
8cm					
8cm					

(2)矿料的计量标定单(表 14-11)

平均矿料质量/(E_2)÷含水率系数 = 干矿料/每点

表 14-11

门口设置尺寸	A	B	C	D	E
	总质量(kg)	空载质量(kg)	净质量(kg)(A－B)	点数	每点千克数(C/D)
10cm					
10cm					
10cm					

(3)矿料的计量标定单(表 14-12)

平均矿料质量/(E_3)÷含水率系数 = 干矿料/每点

表 14-12

门口设置尺寸	A	B	C	D	E
	总质量(kg)	空载质量(kg)	净质量(kg)(A－B)	点数	每点千克数(C/D)
12cm					
12cm					
12cm					

(4)绘出每个不同料门位开度,每点的干矿料质量值,通过三点划线成图。

详细的计量标定方法可参考 Bergkam M210 型微表处摊铺车的"操作手册"。

第六节　稀浆封层与微表处摊铺车的使用技术

一、稀浆封层与微表处摊铺车的使用技术

1. 施工前的基本准备

稀浆封层与微表处施工匀应有固定的专业施工队伍,其中应包括司机、机修工、试验工、装料工等工作人员,施工前应进行技术培训,使操作人员系统掌握稀浆封层机(微表处)摊铺车的各部分的性能及用途,并能熟练操作,同时还需向施工人员就施工要求,质量标准等详细技术交底。

1)每日的摊铺车启动

(1)检查作业发动机油位。

(2)检查作业发动机散热器冷却液的油位。

(3)检查泵、齿轮箱机油油位。

(4)检查液压油油箱油位。

(5)检查液压泵吸入阀(液压油油箱出油口处),确保它们是在打开的位置上。

2)作业发动机启动

(1)确保"泵/负荷"开关关闭,双轴搅拌器的控制手柄是处于中间位置,"乳化沥青泵/矿料输送带速度"控制开关关闭。

(2)启动作业发动机。

3)作业发动机的预热

(1)检查作业发动机的油压和油温。

(2)检查作业发动机的水温。

4)摊铺车装稀浆封层(微表处)材料

(1)装水

①打开水箱盖(或进水接头)。

②加水到适当的水位。

③关闭出水阀门。

(2)装添加剂

①打开添加剂罐罐盖。

②添加所使用的添加剂。

③装好罐盖。

(3)摊铺车装乳化沥青

①预热乳化沥青泵,启动作业发动机。

②乳化沥青由乳化沥青泵吸入乳化沥青箱中(需经过过滤器的过滤)。

③添加到适当位置停止泵。

2. 施工中的操作

(1)施工前应再次检查稀浆封层(微表处)摊铺车的油泵、水泵系统、油(乳液)、水管道、各控制阀门有无故障,还应对各部分进行分别启动和停机试验,检查运转是否正常。但各种类型的工作泵、马达均不得空转,乳化沥青输送系统中的泵、阀门在施工前还应进行预热。

具有自动控制功能的摊铺车应使用自动控制操作使其运转,检查各部部件的顺序联动情况。在摊铺车整体运转正常后才能进行施工作业。

(2)稀浆封层(微表处)的施工程序和要求,请参阅本书第十二章乳化沥青稀浆封层和第十三章微表处。

3. 稀浆封层(微表处)摊铺车操作注意事项

(1)施工完毕后,应关闭各总开关,升起摊铺箱,将摊铺车开到清理场地,再用摊铺车上备有的高压水枪冲洗搅拌箱。

(2)应按照发动机使用说明的规定对摊铺车的底盘发动机和作业发动机进行日常保养,液压系统应按有关规定进行日常保养。

4. 稀浆封层(微表处)摊铺车长期停放的维护保养

(1)设立库房,避免露天存放。

(2)应用柴油清洗枪对搅拌箱、摊铺箱等沾有沥青乳液残留物的部分进行喷洗,并用棉纱擦洗干净后涂抹防腐剂等。

(3)液体(乳液、水、添加剂)的储存容器和输送系统均应彻底清理干净,特别是沥青乳液的管路、阀门以及过滤网等部位还应用柴油进行清洗。

(4)按照摊铺车说明书要求对各运动件加注润滑油或润滑脂。

(5)越冬地区,若摊铺车上发动机未采用防冻液,则应将冷却水全部放净。

(6)所有料箱和料斗应清理干净。

二、稀浆封层摊铺车的检验与验收

用户在选购稀浆封层摊铺车前或者在开箱验收订购的稀浆封层摊铺车时,应该先了解我国规定的稀浆封层摊铺车的产品标准。

我国建设部于1998年发布行业标准《乳化沥青稀浆封层机》(JG/T 5098—1998),我国交通部于2004年4月6日发布交通行业标准《稀浆封层机》(JT/T 499—2004)。

《稀浆封层机》(JT/T 499—2004)的主要内容简介如下:

该标准规定了稀浆封层机的术语和定义、分类、技术标准、试验方法、检验规则及标志、包装、运输、储存等。

1.稀浆封层机的分类

1)按行走方式分:

(1)自行式稀浆封层机;

(2)拖式稀浆封层机。

2)按施工方式分:

(1)不带前置上料斗的稀浆封层机;

(2)带前置上料斗的稀浆封层机。

2.稀浆封层机的技术要求

1)整机要求

(1)使用汽车底盘的稀浆封层机最大总质量和最大轴载分配应符合所选汽车底盘的规定。

(2)半挂汽车式稀浆封层机最大总质量、最大装载质量、整备质量和轴载级别、牵引参数应符合《货运挂车系列型谱》(GB/T 6420—2004)的规定。

(3)制动装置和制动性能应符合机动车运行安全技术条件(GB 7258—2004)的规定。

(4)允许噪声符合《汽车加速行驶车外噪声限值及测量方法》(GB 1495—2002)的规定。

(5)排放标准应符合《点燃式发动机汽车排气污染物排放限值及测量方法(双急速法及简易工况法)》(GB 18285—2005)或《车用压燃式发动机和压燃式发动机汽车排气烟度排放限值及测量方法》(GB 3847—2005)的规定。

(6)整车外型尺寸应符合《道路车辆外廓尺寸、轴荷及质量限值》(GB 1589—2004)的规定。

(7)稀浆封层机侧面及后下部安全防护应符合《汽车和排车侧面防护要求》(GB 11567.1—2001)和《汽车和挂车后下部防护要求》(GB 11567.2—2001)的规定。

(8)稀浆封层机的标记及后悬应符合机动车运行安全技术条件(GB 7258—2004)的要求。

(9)稀浆封层机的油、水、气系统应工作正常,密封可靠,不应有漏油、漏水现象。

(10)液压系统应符合《液压系统通用技术条件》(GB/T 3766—2001)的要求。

(11)操作控制系统应操作方便、转向灵活、制动可靠,手柄、按钮、踏板、仪表等布置合理,并在操作者易于操作的范围之内,各操纵机构的工作位置应有指示标牌。

(12)摊铺厚度应在3~15mm范围内可调节,横向断面厚度误差小于2mm。

(13)稀浆封层机在纵向坡度12%、横向坡度6%的范围内应能正常工作。

(14)稀浆封层机操作人员耳边噪声不得大于95dB,环境噪声不得大于90dB。

(15)稀浆封层机可靠性试验,首次故障前工作时间应不小于100h,平均无故障时间应不小于100h,可靠度应不低于85%。

2)作业装置

(1)骨料系统

①骨料仓容积误差不超过设计值的±10%。

②输送皮带应带有骨料计量装置,骨料计量装置的输送误差为±3%。

(2)乳化沥青供给系统

①乳化沥青的输送量误差为设定值的±3%;乳化沥青计量误差为实际值的±2%。

②乳化沥青系统应设置料位指示器或缺料报警装置。

(3)供水系统

①搅拌器供水系统应装有水量调节装置,供水系统的计量误差应为实际值的±3%。

②供水系统应设置液位指示器或缺水报警装置。

③稀浆封层机应具有高压清洗装置。

(4)添加剂系统

①添加剂罐和添加剂泵应采用耐腐蚀材料制作。

②添加剂的输送量误差为±3%,计量误差为±2%。

(5)矿物细料系统

①矿物细料的计量误差不大于±3%。

②矿物细料仓内应有破拱装置。

(6)搅拌系统

①搅拌叶片应采用耐磨材料制成,正常磨损寿命不低于1 000h。

②搅拌后的混合料稀浆,各样本的密度值误差为±3%。

(7)摊铺系统

①摊铺宽度应不小于设计值,误差不大于±20%。

②摊铺厚度调节机构应可靠灵活,调整摊铺宽度的伸缩机构应灵活自如。

3.稀浆封层机的检验规则

主要包括:出厂检验、型式试验、抽样原则、判定规则。

该标准还规定了稀浆封层机的标志、包装、运输和储存。

第七节　微表处摊铺车产品目录

微表处摊铺产品见表14-13。

表 14-13

技术参数 \ 型号		DGL5310TXJ	HGY5311TXJ	HGY5250TXJ	RF09
作业方式		自行式	自行式	自行式	自行式
底盘		SX1315NN306	ZZ1316M3866C1	ZZ1256M4646C	ZZ1257N4647C1
行驶速度(km/h)		65	90	90	75
主要材料容量	矿料(m^3)	12	10	10	10
	乳液(L)	4 000	3 500	3 500	2 500
	水(L)	4 000	3 500	3 500	2 500
	填料(m^3)	0.5 +0.5	0.5 +0.5	0.5 +0.5	400
	添加剂(L)	600	400	400	250
拌和能力(kg/min)		≤2 850	3 500	3 500	1 200 ~ 2 600
摊铺宽度(m)		2.4 ~ 4.2	2.5 ~ 4.3	2.5 ~ 4.3	2.5 ~ 4.2
摊铺厚度(mm)		5 ~ 15	3 ~ 15	3 ~ 15	0 ~ 10
工作速度(km/h)		2 ~ 3	1 ~ 3	1 ~ 3	10 ~ 20
辅助发动机功率(kW)		无	110	70	84
摊铺车主要特点		1. 全车没有设置辅助发动机,充分利用了汽车主发动机的额外动力来驱动工作装置,有效提高了资源利用率。 2. 采用程序化自动控制技术,计量系统无需标定,操作人员只要输入摊铺厚度、摊铺宽度及混合料的配比,系统就可计算出各运动系统的参数,并能自动执行。 3. 集料、粉料、水、沥青与添加剂系统都安装有高精度的进口监测与计量元件。 4. 采用前后、左右完全对称的双头可伸缩大直径四螺旋布料机构,在摊铺过程中,螺旋转向、速度均可进行调整,实现无死角、布料无离析	1. 主车底盘配制两挡减速箱,可实现高速行驶与低速施工的完美结合,最低施工稳定车速在 1km/h 左右,保障摊铺作业质量。 2. 整机各物料供料、搅拌、摊铺系统独立控制,不产生干扰,可实现一键启停自动控制。 3. 最大 3.5t/min 出料量,可满足不同宽度、厚度和不同工艺的施工,并可随时调节出料量大小,满足车速变化要求。 4. 关键元器件均采用国际知名品牌产品,保证了整机的可靠性和稳定性。 5. 采用 $12m^3$ 大料仓,目前属于国内最大的微表处施工设备,工作效率高,节省施工成本,节约能源消耗	1. 主车底盘配制两挡减速箱,可实现高速行驶与低速施工的完美结合,最低施工稳定车速在 1km/h 左右,保障摊铺作业质量。 2. 整机各物料供料、搅拌、摊铺系统独立控制,不产生干扰,可实现一键启停自动控制。 3. 最大 3.5t/min 出料量,可满足不同宽度、厚度和不同工艺的施工,并可随时调节出料量大小,满足车速变化要求。 4. 关键元器件均采用国际知名品牌产品,保证了整机的可靠性和稳定性。 5. "油石比"自动比例控制,乳液随骨料变化而变化,控制精确,自动化程度高	采用防滑皮带,液压系统采用进口柱塞泵;计量精确,配比控制精度高;一键启动,操作简便

续上表

技术参数＼型号	DGL5310TXJ	HGY5311TXJ	HGY5250TXJ	RF09
摊铺车主要特点	5.整个工作过程可由操作人员一人在后操作平台上完成。 6.设有自动和手动两套配料系统，除可进行自动配料外，还可在操作平台上手动完成作业。 7.摊铺宽度可在2.4～4.2m的范围内任意调节，摊铺厚度可在5～15mm的范围内任意调节。 8.集料、水与沥青系统均设有报警装置，任何一种材料即将用完或用完，系统可自动报警或停止。 9.在摊铺过程中，主要施工参数均可随时显示，并能建议参数设定范围，并全过程监控配料参数			
生产企业	西安达刚路面机械股份有限公司	河南高远公路养护设备股份有限公司		河南亿龙机械设备有限公司

本章参考文献

[1] 刘士杰，焦生杰．稀浆封层技术及设备(上)[J]．建设机械技术与管理，2005，01:53～57.

[2] 刘士杰，焦生杰．稀浆封层技术及设备(下)[J]．建设机械技术与管理，2005，02:56～58.

[3] 美国VSS公司MP-12B型稀浆封层/微表处车操作手册.

[4] 北京埃盟泰机械设备有限公司有关技术资料.

附　　录

T 0751—1993　乳化沥青稀浆封层混合料稠度试验

1　目的与适用范围

本方法规定用圆锥体测定乳化沥青稀浆封层混合料的稠度，用以检验乳化沥青稀浆封层混合料的摊铺和易性，在乳化沥青稀浆封层混合料的配合比设计中确定合适的用水量。

2　仪具与材料技术要求

2.1　乳化沥青稀浆封层混合料稠度仪：如图 T 0751-1 所示，由截头圆锥体及底板组成，金属制，圆锥体上下口内径为 38mm 及 89mm，高 76mm，壁厚 2mm。底板上有同心圆刻线。

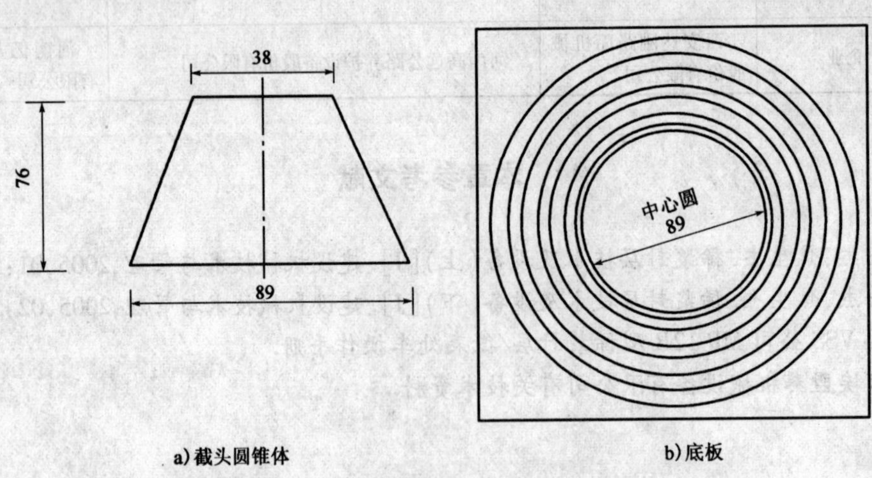

图 T 0751-1　乳化沥青稀浆封层混合料稠度仪（尺寸单位：mm）

2.2　金属板。

2.3　天平：感量不大于 1g。

2.4　其他：拌锅、拌铲。

3 方法与步骤

3.1 准备工作

按要求的级配准备粗、细集料及填料,烘干,称混合料总质量500g,准确至1g。

3.2 试验步骤

3.2.1 拌锅内放入500g矿料拌匀。

3.2.2 加入预定的用水量拌匀。

3.2.3 加入定量的乳化沥青,拌和时间不少于1min,不超过3min,拌匀。

3.2.4 把圆锥体小端向下,放在金属板上,然后装入拌匀的稀浆混合料并刮平。

3.2.5 将稠度仪底板刻有同心圆的一面盖在圆锥体大端面上,使圆锥体大端外圆正好对准底板的中心圆上居中。

3.2.6 把圆锥体连同底板一起拿住倒转过来,使圆锥体大端向下立在底板上,立即向上提起圆锥体,让里面的混合料自然向下坍落。

3.2.7 量取坍下的稀浆混合料边缘离中心圆边的距离为稀浆的稠度,准确至1cm。

3.2.8 记录试验时的气温和湿度。

4 报告

报告应记述下列事项:

4.1 配制乳化沥青的乳化剂及沥青的品种、乳化剂用量、沥青含量。

4.2 矿料种类及级配。

4.3 用水量与稠度。

条文说明

近年来,乳化沥青稀浆封层施工工艺在我国逐渐得到广泛应用,因此对于稀浆混合料的室内试验也应有相应的试验方法,以便在试验室中预先确定稀浆混合料的合理配合比。因此本试验规程增补了有关乳化沥青稀浆封层混合料的试验方法。这些试验方法主要是参照美国的ASTM、AASHTO及ISSA(国际稀浆封层协会)的标准,并根据近年来我国的研究成果制定的。

ASTM D 3910及ISSA T 106试验方法中,规定本试验必须在气温25℃ ±1℃、湿度50% ±5%的条件下进行。考虑到我国各地的试验室很难做到,而且与施工实际的温度、湿度条件也不一致,并无实际意义,因此本规程规定在室温条件下进行。

拿掉圆锥体后,坍落下来的稀浆混合料边缘离中心圆边线的距离为稀浆混合料的稠度。ASTM及ISSA均规定此距离为2~3cm时最合适,并具有良好的施工性能。如稠度不在2~3cm范围内,适当调整用水量,重复3.2试验步骤,直至合格为止。

T 0752—2011　稀浆混合料湿轮磨耗试验

1　目的与适用范围

本方法适用于检验成型后的稀浆混合料的配伍性和抗水损害能力,可与负荷轮载试验一起确定混合料的最佳沥青含量。

2　仪具和材料技术要求

2.1　湿轮磨耗仪:如图 T 0752-1 所示。它由下列部分组成:

2.1.1　磨耗头:磨耗头总质量(包括橡胶磨耗管)2 270g ± 20g,其固定装置可在轴套内垂直12.7mm ±1.0mm 范围内自由活动。磨耗头的转速为自转140r/mim ±2r/min,公转为61r/min ±1r/min。

2.1.2　磨耗管:磨耗管为内径 19mm、壁厚6.4mm、长度127mm 的橡胶软管。磨耗管外层应为聚氯丁橡胶,中间需加筋。磨耗管外层橡胶硬度为HRC60 ~ HRC70。

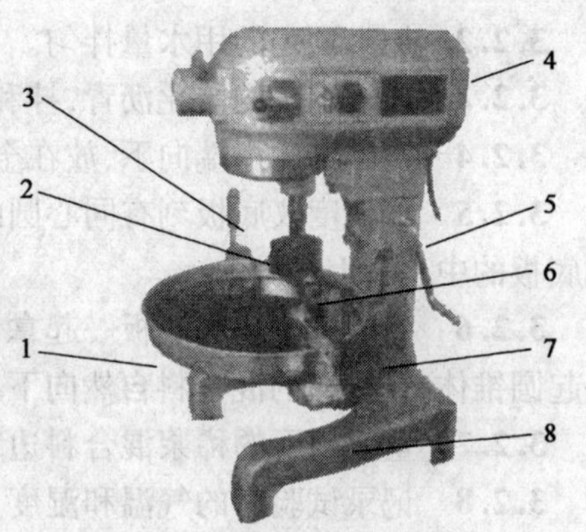

图 T 0752-1　湿轮磨耗仪

1-试件托盘;2-磨耗头;3-试件夹具;4-电机;5-提升手柄;6-磨耗管;7-试件台;8-底座

2.1.3　试样托盘:试样托盘为平底金属圆盘,内径不小于320mm,深度50mm ±5mm。试样托盘可以方便取下,可依靠夹具与升降平台固定。

2.2　模板:边长为360mm 的塑料板,中间有一直径为280mm ±1mm 的圆孔。试模厚度为6.4mm ±0.2mm。

2.3　油毛毡圆片:直径为286mm。

2.4　天平:称量6kg,感量不大于0.1g。

2.5　水浴:温度能控制在25℃ ±1℃。

2.6　烘箱:带强制通风,温度能控制在60℃ ±3℃。

2.7　刮板:有橡胶刮片,长300mm。

2.8　其他:拌锅和拌铲等。

3　方法与步骤

3.1　试样制备

3.1.1　将烘干的矿料用4.75mm 筛过筛后备用。

3.1.2　将油毛毡圆片平铺在操作台上,再将模板放在平整的油毛毡圆片上居中。

3.1.3　试样中各组分的配合比以拌和试验所确定的矿料、填料、添加剂、乳化沥青或改性乳化沥青和水的比例为准,其中矿料为4.75mm 筛余部分。

3.1.4　称取总质量800g 的矿料放入拌锅,掺入填料,拌匀;然后加入水拌匀,再加入乳化沥青或改性乳化沥青拌和,拌和时间不超过30s ±2s;将拌匀的混合料倒入试模中并迅速刮平。对于快凝的混合料,整个操作过程宜在45s 内完成。

3.1.5 取走模板，将试样放入 60℃ ±3℃的烘箱中烘至恒重，一般不少于 16h。

3.2 试验步骤

3.2.1 从烘箱中取出混合料试件，冷却到室温，称取油毛毡圆片及试件的合计质量(m_a)，准确至 0.1g。

3.2.2 浸水 1h 湿轮磨耗试验时，将试件放入 25℃ ±1℃的水浴中保温 60min；浸水 6d 湿轮磨耗试验时，将试件放入 25℃ ±1℃的水浴中保温 6d。

3.2.3 把试件及油毛毡从水浴中取出，放入试样托盘中，往试样托盘中加入 25℃的水，使试件完全浸入水中，水面到试件表面的深度不少于 6mm。

3.2.4 把装有试件的试样托盘固定在磨耗仪升降平台上，提升平台并锁住，此时试件顶起磨耗头。

3.2.5 开动仪器，使磨耗头转动 300s ±2s 后停止。每次试验后把磨耗头上的橡胶管转动一定角度以获得新的磨耗面(用过的面不得使用)，或换上新的橡胶管。

3.2.6 降下平台，将试件从盛样盘中取出冲洗，然后放入 60℃烘箱中烘至恒重。

3.2.7 从烘箱中取出试件，冷却到室温，称取试件与油毛毡的总质量(m_b)，准确至 0.1g。

4 计算

磨耗值按式(T 0752-1)计算。

$$\mathrm{WTAT} = (m_a - m_b)/A \qquad (\text{T 0752-1})$$

式中：WTAT——稀浆混合料的磨耗值(g/m^2)；

m_a——磨耗前的试件质量(g)；

m_b——磨耗后的试件质量(g)；

A——磨耗头胶管的磨耗面积(m^2)(由仪器说明书提供)。

5 报告

5.1 当一组测定值中某个测定值与平均值之差大于标准差的 k 倍时，该测定值应予舍弃，并以其余测定值的平均值作为试验结果。当试样数目 n 为 3、4、5、6 时，k 值分别为 1.15、1.46、1.67、1.82。一组试样个数一般不少于 3 个。

5.2 报告应包括：混合料配合比、试件的湿轮磨耗值。

条文说明

本试验方法是参照国际稀浆封层协会 ISSA T 100，对《公路工程沥青及沥青混合料试验规程》(JTJ 052—2000)中的乳化沥青稀浆封层混合料湿轮磨耗试验(T 0752—1993)进行修订后提出的。与 T 0752—1993 相比，本试验方法主要有以下修订：

(1)将制备试样的矿料由原来的合成矿料修订为筛除 4.75mm 以上部分的矿料；

(2)增加了浸水 6d 湿轮磨耗的试验方法；

(3)提出了湿轮磨耗试验仪的技术要求。

T 0753—2011 稀浆混合料破乳时间试验

1 目的和适用范围

本方法适用于确定稀浆混合料的破乳时间。

2 仪具与材料技术要求

2.1 吸水白纸巾

2.2 计时工具。

2.3 环形试模：内径为 60mm，试模厚度为 6mm 或者 10mm。

2.4 油毛毡：尺寸 152mm × 152mm。

2.5 其他：拌和杯和拌铲等。

3 方法与步骤

3.1 按照拌和试验确定的配合比称取矿料、水、乳化沥青或改性乳化沥青和添加剂。通常以干矿料 100g 为准。

3.2 将矿料、填料倒入标中，拌匀，再将水、添加剂倒入标中拌匀，然后倒入乳化沥青或改性乳化沥青拌和，时间不超过 30s ±2s。

3.3 取刚拌匀的稀浆混合料立即倒入油毛毡上的试模内，ES-1、ES-2、MS-2 型混合料采用 6mm 厚的试模，ES-3、MS-3 型混合料采用 10mm 厚的试模，开始计时。

3.4 将试样在 25℃ ±2℃ 的环境下成型，对于微表处和快凝型稀浆封层试样，隔 5min 后，用一张吸水白纸巾轻轻按压混合料表面。如果在纸上没有见到褐色的斑点，就认为乳化沥青已经破乳；如果有褐色斑点出现，就再隔 5min 重复测试；如果 1h 后仍未破乳，就每隔 15min 测试一次，直至破乳为止。对于慢凝型稀浆封层试样，试验的时间间隔为 15min；如果 1h 后仍未破乳，就每隔 30min 测试一次，直至达到破乳为止。

3.5 记录破乳时间。注意，每次按压的位置不要重复。

3.6 记录试验时的气温和湿度。

4 报告

4.1 同一试样平行试验两次，当两次测定值的差值符合重复性试验允许误差要求时，取其平均值作为试验结果，准确至 5min。

4.2 报告应包括：混合料配合比；试验温度、湿度；稀浆混合料的破乳时间。

5 允许误差

当试样破乳时间小于或等于 60min 时，重复性试验的允许误差为 5min；当试样破乳时间大于 60min 时，重复性试验的允许误差为 15min。

条文说明

本试验方法是参照国际稀浆封层协会ISSA的有关试验方法对《公路工程沥青及沥青混合料试验规程》(JTJ 052—2000)中的乳化沥青稀浆封层混合料初凝时间试验(T 0753—1993)进行修订后提出的。实际上,稀浆混合料的破乳和初凝是两个不同的概念。初凝时间一般认为是黏聚力值达到1.2N·m的时间,通过黏聚力试验确定;而破乳时间是乳化沥青中的沥青和水分离,沥青微粒吸附到石料上而水析出所需要的时间。因此,本试验方法称为"稀浆混合料破乳时间试验"。

在试验步骤里面,原方法要求隔15min测试,3h后仍未破乳,就每隔30min测试一次,直至达到破乳为止。修订后的步骤为隔5min测试,如果1h后仍未破乳,就每隔15min测试一次,直至达到破乳为止。

T 0754—2011　稀浆混合料黏聚力试验

1　目的与适用范围

本方法适用于确定稀浆混合料的初凝时间和开放交通时间。

2　仪具和材料技术要求

2.1　黏聚力试验仪:如图T 0754-1所示。并应满足以下要求:

2.1.1　压头尺寸:压头呈圆柱形,由不锈钢材料制作,并牢固连接在气缸传力杆下部。压头直径28.6mm±0.1mm,压头厚度28mm±1.0mm。

2.1.2　压头底部装有橡胶垫片,橡胶垫片直径28.6mm±0.1mm,厚度6.4mm±0.1mm,橡胶硬度为HRC60±HRC2。

2.1.3　压头高度与下落速度:压头底面距离底座顶面的高度适宜,既有足够的空间以方便放置和取下试样,又不得超过气缸行程,一般在50~70mm。压头下落速度不应大于8cm/s。

2.1.4　压头压力:在试样台上产生的压力为128.5N±10.0N。

2.1.5　扭矩扳手:扭矩扳手套在传力杆上。扭矩表量程不小于3.5N·m,宜采用数显式扭矩扳手。采用机械指针式扭矩扳手时,扭矩表应带有从动指针。

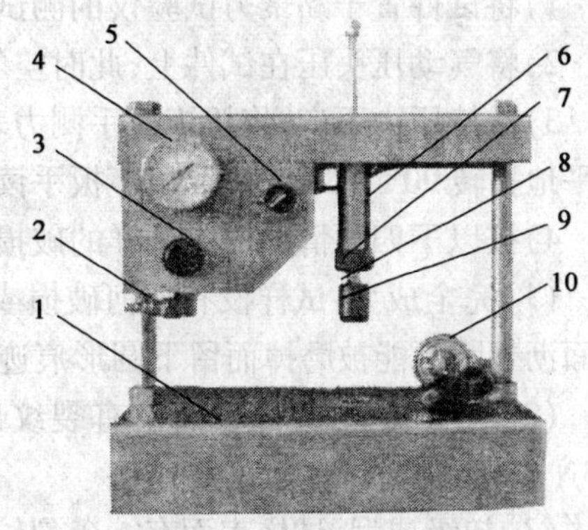

图T 0754-1　黏聚力试验仪

1-测试台;2-进气口;3-气压调节阀;4-压力表;5-释放钮;6-气缸;7-传力杆;8-压头;9-橡胶垫片;10-扭矩扳手

2.1.6　气缸:气缸活塞的行程不宜小于75mm。

2.1.7　空气压力表:空气压力表量程0~700kPa,分度值10kPa。

2.1.8　重复性:用220号粗砂纸做"黏聚力试验",10次试验扭矩扳手读数最大值和最小值的差值应小于0.3N·m，测量结果的标准差不应大于0.2N·m。

2.2 环形试模：内径为60mm。ES-1、ES-2、MS-2型混合料的试模厚度6mm，ES-3、MS-3型混合料的试模厚度10mm。

2.3 计时工具。

2.4 砂纸：220号。

2.5 油毛毡：面积150mm×150mm。

2.6 其他：拌和杯、拌铲等。

3 方法与步骤

3.1 黏聚力仪的标定

用220号粗砂纸做“黏聚力试验”，10次试验扭矩扳手读数最大值和最小值的差值应小于0.3N·m，测量结果的标准差不应大于0.2N·m。

3.2 试样制备

3.2.1 按照拌和试验确定的混合料配比备料，通常以干矿料300g为准。

3.2.2 将矿料、填料倒入标中，拌匀，再将水、添加剂倒入标中拌匀，然后倒入乳化沥青或改性乳化沥青拌和，时间不超过30s±2s。

3.2.3 将稀浆混合料倒入预湿过的试模中，用油毡垫底，刮平，脱模并记时。试样在20℃±2℃的环境下养生。

3.3 试验步骤

3.3.1 养生30min后测试步骤如下：

1)将试件置于黏聚力试验仪的测试台上。

2)将气动压头压在试件上，此时空气压力表的读数应保持在200kPa。

3)保持压力不变，将扭矩扳手测力表归零并套住气缸杆上端，在0.7~1.0s内平稳、坚定、水平地扭转90°~120°，读取扭矩扳手读数。

4)按以下四种情况描述试样的破损状态：

(1)完全成型：试样没有任何破损或裂纹，没有集料散落情况出现，压头在试样表面打滑，表面沥青膜可能被磨掉而留下圆形痕迹(与黏聚力值2.6N·m等效)；

(2)中度成型：试样表面没有裂纹出现，但压头下的集料会被碾落或粘起(与黏聚力值2.3N·m等效)；

(3)初级成型：试样表面有一条裂纹出现(与黏聚力值2.0N·m等效)；

(4)未成型：多条裂纹出现，甚至整个试样被碾散(黏聚力低于1.2N·m)。

5)升起压头，擦干净后待下次测试使用。

3.3.2 试样养生60min后的测试步骤同3.3.1。

4 报告

4.1 同一试样平行试验两次，当两次测定值的差值符合重复性试验允许误差要求时，取其平均值作为试验结果，准确至0.1N·m。

4.2 报告应包括：混合料配合比；试验温度、湿度，及其他环境条件；混合料30min和

60min 的黏聚力值,并描述 60min 黏聚力试样测试后的破坏状态。

5 允许误差

重复性试验的允许误差为0.2N·m。

条文说明

本试验方法是参照国际稀浆封层协会 ISSA TB 139 对《公路工程沥青及沥青混合料试验规程》(JTJ 052—2000)中的乳化沥青稀浆封层混合料固化时间试验(T 0754—2000)进行修订后提出的。与 T 0754—2000 相比,本试验方法主要有以下改进:

(1)针对黏聚力值经常出现假象,不能真实反映混合料成型情况的现象,借鉴 ISSA TB 139 提出了对试验后试样的破损情况进行描述的要求;

(2)借鉴 ISSA TB 139 提出了黏聚力试验仪的标定方法;

(3)提出了黏聚力试验仪的技术要求;

(4)对试验方法名称进行了改动。

T 0755—2011 稀浆混合料负荷轮黏砂试验

1 目的与适用范围

本方法适用于控制稀浆混合料中沥青用量的上限。

2 仪具和材料技术要求

2.1 负荷车轮试验仪:如图 T 0755-1 所示。它应满足以下要求:

图 T 0755-1 负荷车轮试验仪

1-电动机;2-曲柄;3-减速器;4-计数器;5-从动连杆;6-配重箱;7-负荷轮;8-试件承板

2.1.1 碾压频率:应选择适宜的电动机和齿轮减速器,使橡胶轮的碾压频率满足 44 次/min ±1 次/min 的要求。

2.1.2 曲柄半径:与齿轮减速器相连的传动曲柄的半径为 152mm ±2mm。

2.1.3 橡胶轮尺寸:橡胶轮直径 76.5mm ±1.0mm,橡胶厚度 12.0mm ±0.5mm,橡胶轮宽度 26.0mm ±1.0mm。

2.1.4 橡胶轮的橡胶硬度:橡胶轮的橡胶硬度应在 HRC60 ~ HRC70 之间。

2.1.5 橡胶轮位置：橡胶轮轮轴至曲柄连杆铰接轴的水平距离为610mm ±1mm。

2.1.6 橡胶轮加载质量：曲柄连杆，连同配重、橡胶轮等通过橡胶轮作用在试样上的总质量为56.7kg ±0.5kg。

2.1.7 橡胶轮跑偏量：在加入规定的负荷后，橡胶轮的跑偏量小于2mm。

2.2 加载物：铁砂或铁块。

2.3 标准砂：粒径0.15 ~0.6mm。

2.4 试模：试模厚度分别为6.4mm ±0.1mm（II 型级配用）、12.7mm ±0.1mm（III 型级配用），内部尺寸为长380.0mm ±1.0m，宽50.0mm ±1.0mm，外部尺寸为长406.0mm ±1mm，宽76.0mm ±1mm。

2.5 砂框架：钢质砂框架的内部尺寸为长355.0mm ±1.0mm，宽38.0mm ±1.0mm，厚度为5.0mm ±0.5mm。砂框架底部应粘贴厚度为6mm 左右的泡沫橡胶，防止试验过程中砂外泄。

2.6 钢盖板：尺寸为长353mm，宽36mm，高3mm。

2.7 台称：称量100kg，感量不大于0.5kg。

2.8 天平：称量2 000g，感量不大于0.1g。

2.9 烘箱：带强制通风，温度能控制在60℃ ±3℃。

2.10 筛子：孔径为0.6mm 和0.15mm。

2.11 其他：拌锅和拌铲等。

3 方法与步骤

3.1 试样制备

3.1.1 按要求的级配准备粗、细集料及填料，烘干。

3.1.2 按照试模厚度一般比最大矿料粒径大25%的原则选择合适厚度的试模。

3.1.3 试样中各组分的配合比以拌和试验所确定的矿料、填料、添加剂、乳化沥青或改性乳化沥青和水的比例为准。

3.1.4 称取总质量500g 的矿料放入拌锅，掺入填料，拌匀，然后加入水拌匀，再加入乳化沥青或改性乳化沥青拌和，拌和时间不超过30s ±2s；然后将拌匀的混合料倒入试模中并迅速刮平。刮平过程宜一次完成，不能反复刮，整个操作过程宜在45s 内完成。成型的试件表面应均匀，否则应废弃。

3.1.5 取走试模，把试样放入60℃的烘箱中烘至恒重，一般不少于16h。取出试样，冷却至室温备用。

3.2 试验步骤

3.2.1 将负荷车轮试验仪调整好，使负荷质量为56.7kg。

3.2.2 将试样正确安装在试件承板上。

3.2.3 保持试验温度在25℃ ±2℃。

3.2.4 将橡胶轮放下，压到试样上。

3.2.5 将计数器复位到零，调整碾压频率为44 次/min。

3.2.6 开机碾压1 000 次后（碾压过程中如发现试样上出现发黏现象或明显发亮时，可洒少量水防止轮子黏起样品），停机、卸载、冲洗、烘干至恒重（60℃，不少于16h），冷却至室温并称质量 m_1，准确至0.1g。

3.2.7 把试样重新装在仪器的原来位置上。把砂框放在试样上对好位置，把300g 82℃的热砂倒入砂框架中摊平（或称取200g 82℃的热砂倒入砂框架中摊平，将钢盖板放在砂框架中间），然后将橡胶轮放下开机碾压100次。

3.2.8 取下试样，用毛刷刷去试样上的浮砂，然后称质量 m_2，准确至0.1g。

4 计算

黏附砂量按式（T 0755-1）计算。

$$LWT = (m_2 - m_1)/A \qquad (\text{T 0755-1})$$

式中：LWT——稀浆混合料的黏附砂量（g/m^2）；

A——碾压面积（m^2）；

m_1——经过1 000次碾压、冲洗和烘干后的试件质量（g）；

m_2——经过加砂碾压100次后试件质量（g）。

5 报告

5.1 当一组测定值中某个测定值与平均值之差大于标准差的 k 倍时，该测定值应予舍弃，并以其余测定值的平均值作为试验结果。当试样数目 n 为3、4、5、6时，k 值分别为1.15、1.46、1.67、1.82。一组试样一般不少于3个。

5.2 报告应包括：混合料配合比、试件的黏附砂量。

条文说明

本试验方法是参照国际稀浆封层协会ISSA TB 109对《公路工程沥青及沥青混合料试验规程》（JTJ 052—2000）中的乳化沥青稀浆封层混合料碾压试验（T 0755—2000）进行修订后提出的。与T 0755—2000相比，本试验方法主要有以下改进：

（1）对试验方法名称进行了改动；

（2）提出了负荷车轮试验仪的技术要求；

（3）调整和进一步明确了试验步骤。

T 0756—2011 稀浆混合料车辙变形试验

1 目的和适用范围

本方法适用于测定微表处混合料的抗车辙能力。

2 仪具和材料技术要求

2.1 负荷轮载试验仪：同T 0755。

2.2 加载物:铁砂或铁块。

2.3 试模:试模厚度分别为12.7mm ±0.1mm,内部尺寸为长380.0mm ±1.0mm,宽50.0mm ±1.0mm,外部尺寸为长40.6mm ±1.0mm,宽76.0mm ±1.0mm。

2.4 台称:称量100kg,感量不大于0.5kg。

2.5 天平:称量2 000g,感量不大于0.1g。

2.6 烘箱:带强制通风,温度能控制在60℃ ±3℃。

2.7 游标卡尺。

2.8 其他:拌锅和拌铲等。

3 方法与步骤

3.1 试样制备

3.1.1 试样制备与T 0755中负荷车轮黏附砂试验的试样制备相同。

3.1.2 试样烘干至恒重,冷却至室温后,量测试样的宽度 L_a 和厚度 d_a,准确至0.1mm。

3.2 试验步骤

3.2.1 将负荷车轮试验仪调整好,使负荷质量为56.7kg。

3.2.2 将试样正确安装在试件承板上。

3.2.3 保持试验温度在25℃ ±2℃。

3.2.4 将橡胶轮放下,压到试样上。

3.2.5 将计数器复位到零,调整碾压频率为44次/min。

3.2.6 开机碾压1 000次。

3.2.7 取下试样,测量碾压后的试样宽度 L_b 和车辙深度 d_b,准确至0.1mm。

4 计算

试样的宽度变形率和车辙深度率按式(T 0756-1)和式(T 0756-2)计算。

$$\text{PLD} = (L_b - L_a) \times 100 / L_a \quad \text{(T 0756-1)}$$

$$\text{PVD} = d_b \times 100 / d_a \quad \text{(T 0756-2)}$$

式中:PLD——微表处试样单位宽度的变形率(%);

PVD——微表处试样单位厚度的车辙深度率(%)。

5 报告

5.1 当一组测定值中某个测定值与平均值之差大于标准差的 k 倍时,该测定值应予舍弃,并以其余测定值的平均值作为试验结果。当试样数目 n 为3、4、5、6时,k 值分别为1.15、1.46、1.67、1.82。一组试样一般不少于3个。

5.2 报告应包括:混合料配合比、试件的宽度变形率和车辙深度率、试验前试件的宽度和厚度、试验温度。

条文说明

微表处混合料可以用于车辙填充，但是，目前我国还没有相关的试验评价方法。为此，借鉴 ISSA T 147 制定本试验方法，用于评价微表处混合料的抗车辙能力。

T 0757—2011　稀浆混合料拌和试验

1　目的与适用范围

本方法适用于确定稀浆混合料的可拌和时间和成浆状态。

2　仪具与材料技术要求

2.1　拌和工具：容积为 300 ~ 500mL 的拌和杯（硬质纸杯、塑料杯等），拌和匙 1 把。

2.2　天平：称量 1 000g，感量不大于 1g。

2.3　秒表：1 只。

2.4　油毡：若干。

3　方法与步骤

3.1　在拌和杯中放入一定量的工程实际用矿料（通常为 100g）、固体添加剂，拌匀，再将水、液体添加剂等倒入锅中拌匀，然后倒入一定量的乳化沥青或改性乳化沥青，并开始计时。

3.2　在乳化沥青或改性乳化沥青倒入后的最初 3 ~ 8s 内用力快速拌和，然后用拌和匙沿杯壁顺时针均匀拌和，一般速度采用 60 ~ 70r/min，注意观察混合料的拌和状态。

3.3　当稀浆混合料变稠，手感到有力时，表明混合料开始有破乳的迹象，记录此刻的时间，即为可拌和时间。

3.4　继续拌和，当混合料完全抱团，无法拌和时，记录此刻的时间，称为不可施工时间。

3.5　混合料的可拌和时间不能满足要求时，重新调整混合料的配合比，重复进行上述试验步骤。

3.6　记录试验时的气温和湿度。

3.7　按照拌和时间满足要求的配合比重新称料、拌和，拌和 30s 后摊到油毡上铺平，厚度约 8mm。将试样在室温下放置 24h 后，观测集料与沥青的配伍性和沥青用量大小，方法见表T 0757-1。

4　报告

4.1　同一试样平行试验两次，当两次可拌和时间测定值的差值符合重复性试验允许误差要求时，取其平均值作为试验结果，准确至 5s。可拌和时间试验结果大于 180s 时记为“>180s”。

4.2　报告应包括：混合料配合比；各种混合料配合比下的可拌和时间；不可施工时间和拌和状态；拌和试验的温度、湿度、日照等环境条件；根据表 T 0757-1 定性描述成型后试样沥青用量大小与配伍性。

试样沥青用量大小与配伍性优劣的判断依据　　表 T 0757-1

项　目		试样的表观效果
沥青用量	偏小	试样呈棕黄色;用手在试样表面捻动会有颗粒散落
	偏大	试样表面有油膜,用手捻动会黏手
混合料配伍性	好	试样呈黑色,手掰有韧性,石料与沥青裹附良好
	差	试样呈棕横色,脆,易掰开,掰开后可见未裹附沥青膜的石料

5　允许误差

当试样可拌和时间小于或等于 120s 时,重复性试验的允许误差为 10s;当试样可拌和时间大于 120s 时,重复性试验的允许误差为 15s。

条文说明

本方法是参照国际稀浆封层协会 ISSA TB 113 对《公路工程沥青及沥青混合料试验规程》(JTJ 052—2000)中的乳化沥青与矿料的拌和试验(T 0659—1993)进行修订提出的。T 0659—1993 采用固定比例掺配的矿料,经过固定时间的拌和,观察矿料与乳液裹附是否均匀。本拌和试验方法则是采用工程实际用矿料和乳化沥青,以拌和时间的长短评价稀浆混合料的可操作时间,并根据试样成型情况定性判断混合料配伍性的好坏,对工程实际有更强的指导性。

T 0758—2011　稀浆混合料配伍性等级试验

1　目的与适用范围

本方法适用于测定特定级配的集料与改性乳化沥青之间的配伍性。

2　仪具与材料技术要求

2.1　旋转瓶试验仪:如图 T 0758-1 所示。它应满足以下要求:

2.1.1　旋转速度:旋转瓶试验仪的旋转由电动机带动,通过齿轮减速器和链条传动带动旋转瓶的旋转,旋转速度应满足 20r/min ±0.5r/min 的要求。

2.1.2　磨耗管内径和长度:磨耗管由丙烯酸材料制成(图 T 0758-2),内径 60mm ±0.2mm,内部高度 400mm ±1mm。

2.1.3　磨耗管的固定位置:磨耗管通过旋紧螺钉以垂直于旋转轴的方向固定在转轴两侧。磨耗管中心轴与旋转轴的水平距离为 70mm ±1mm。

2.1.4　试模尺寸:由不锈钢制作的一个底座、一个压头和一个套管组成。压头和底座的尺寸如图 T 0758-3 所示。套管的内径 30mm,高 70mm。压头直径、压头的下部长度、套管内径,

图 T 0758-1　旋转瓶磨耗仪

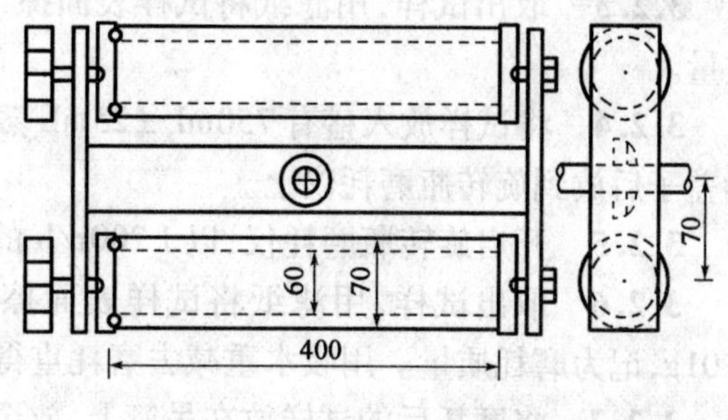

图 T 0758-2　磨耗管样式(尺寸单位:mm)

套管长度的公差为 ±0.1mm,底座上部直径的公差为 -0.1mm,其余尺寸的公差为 ±0.2mm。

2.1.5　压头的压力:采用气压装置或者万能压力机通过压头对待成型试样进行压力成型。压力应稳定在 10kN ±20N。

2.2　天平:感量不大于 0.01g。

2.3　烘箱:带强制通风,温度能控制在 60℃ ±3℃。

2.4　吊篮:直径 50mm、高 50mm 的镀锌金属吊篮,可以合适的方式悬挂于沸水中。

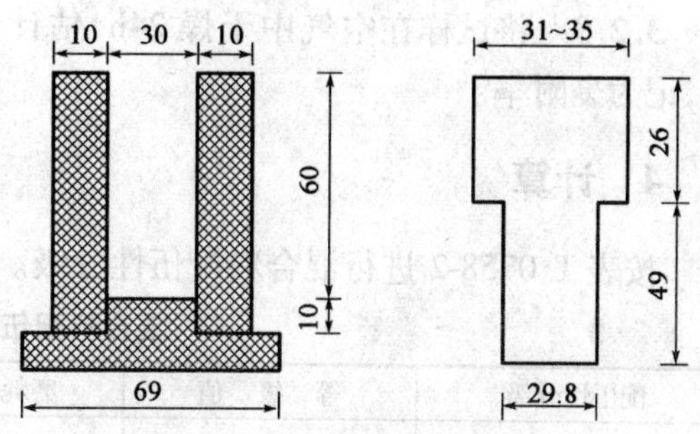

图 T 0758-3　试模和压头的样式(尺寸单位:mm)

3　方法与步骤

3.1　试样制备

3.1.1　将集料筛分和复配。复配后的集料应满足表 T 0758-1 的级配要求。

配伍性分级试验用集料级配要求　　表 T 0758-1

筛孔(mm)	质量百分比(%)	筛孔(mm)	质量百分比(%)
0.6~2.36	25	0.075~0.3	15
0.3~0.6	40	<0.075	20

3.1.2　试验用集料也可不进行筛分和复配,而是将实际级配矿料筛除 2.36mm 以上部分后使用,这时需在试验结果中注明。

3.1.3　取 200g 准备好的集料、2g 水泥或其他外加剂、充足的水放入拌和容器中搅拌均匀。

3.1.4　加入相当于纯沥青含量 8.1% ±0.1% 的乳化沥青进行拌和,直至破乳。

3.1.5　将破乳的混合料移至一个平盘中养生至少 1h,然后移入 60℃烘箱中烘至恒重。

3.1.6　将在 60℃烘干的 40g ±1g 均匀搅拌的混合料放入试模中,预热至 60℃;然后立即用 10kN 的压力对混合料加压 1min,脱模。

3.2　试验步骤

3.2.1　将脱模后的试样晾至室温,除去试样表面的松散物质,称其质量,准确至 0.01g。

3.2.2 将试样放在25℃ ±2℃的水中养生6d。

3.2.3 取出试样,用滤纸将试样表面擦干至滤纸表面无湿点为止,称其质量,记为吸水质量。

3.2.4 将试样放入盛有750mL ±25mL蒸馏水(或纯净水)的磨耗管中,拧紧磨耗管两端的盖子后放到旋转瓶磨耗仪上。

3.2.5 开启旋转瓶磨耗仪,以1 200r/h的速度转3h ±3min。

3.2.6 取出试样,用滤纸将试样表面擦干至滤纸表面无湿点为止,称其质量,准确至0.01g,记为磨耗质量。用吸水重减去磨耗重得到试样的磨耗损失。

3.2.7 将磨耗后的试样放在吊篮上,放至沸腾的水中煮30min。

3.2.8 取出试样,选取最大的一块试样,将表面擦干后称取质量,将该质量占吸水质量的比例记为完整率。

3.2.9 将试样在空气中干燥24h,估计试样表面沥青膜裹附面积占试样总表面积的比例,记为裹附率。

4 计算

按表T 0758-2进行混合料配伍性分级。

混合料配伍性等级计算方法　　表T 0758-2

配伍性分级	等级值	磨耗损失(g)	裹附率(%)	完整率(%)
A	4	0 ~ 0.7	90 ~ 100	90 ~ 100
B	3	0.7 ~ 1.0	75 ~ 90	75 ~ 90
C	2	1.0 ~ 1.3	50 ~ 75	50 ~ 75
D	1	1.3 ~ 2.0	10 ~ 50	10 ~ 50
E	0	>2.0	0	0

5 报告

报告应包括:集料级配情况;磨耗损失、裹附率和完整率分别对应的配伍性分级;求取磨耗损失、裹附率和完整率分别对应的等级值的和,记为配伍性等级值。

6 允许误差

当一组测定值中某个测定值与平均值之差大于标准差的k倍时,该测定值应予舍弃,并以其余测定值的平均值作为试验结果。当试样数目n为3、4、5、6时,k值分别为1.15、1.46、1.67、1.82。一组试样一般不少于3个。

条文说明

配伍性等级试验是微表处混合料性能的重要评价方法,可以较好地评价改性乳化沥青与细集料的配伍性。为此,借鉴ISSA T 144制定本试验方法,用于评价微表处混合料的配伍性和抗水损坏能力。

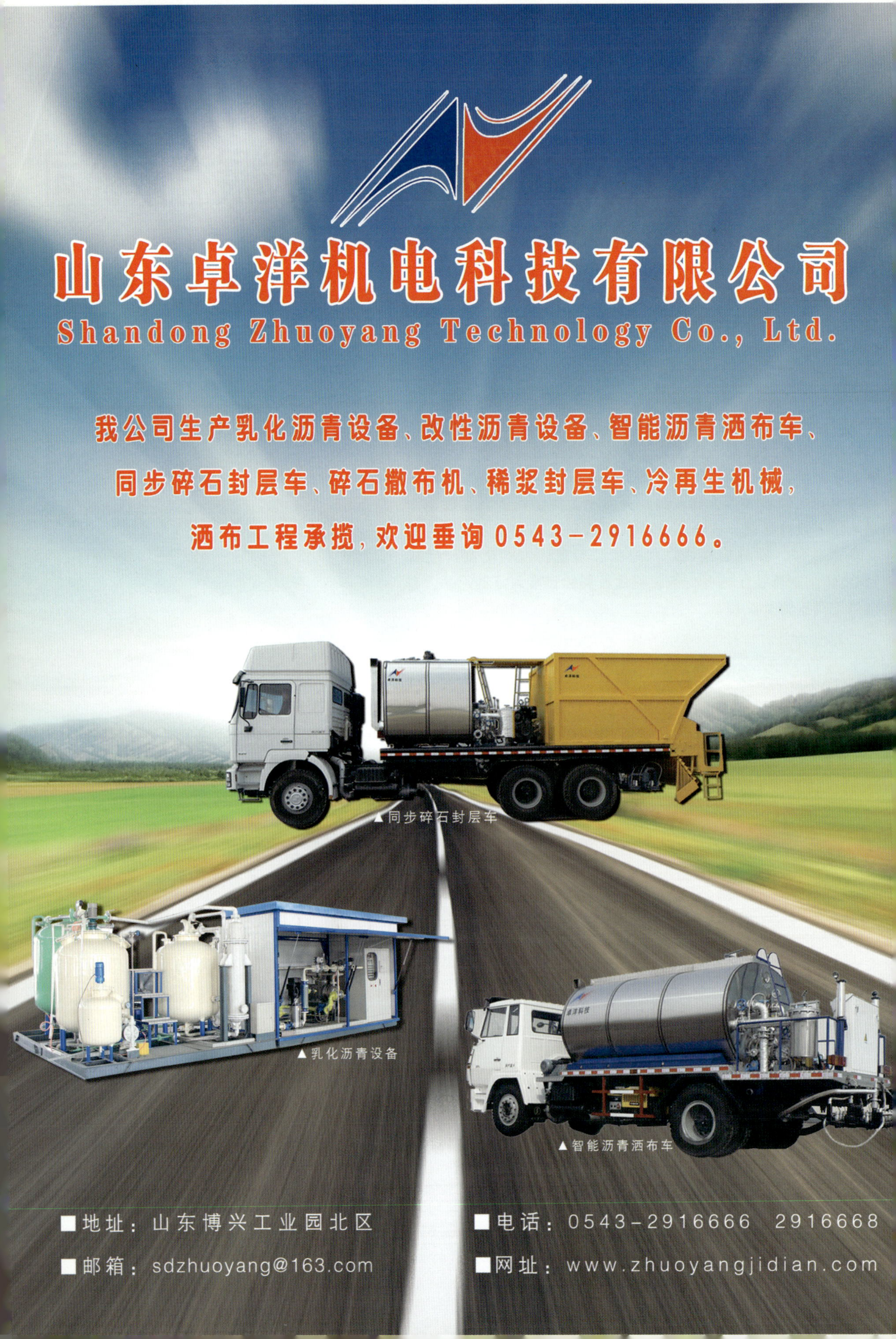

Introduction

>>> 公司简介

本公司配有专业人员负责阳离子沥青乳化剂、乳化沥青生产装置、乳化沥青、彩色沥青原材料的开发、微表处养护及路面工程施工，拥有全面的路用材料产品、技术及工程施工的综合型经济实体。可根据客户不同的要求进行设计，以满足客户的特殊要求。

本公司生产的阳离子沥青乳化剂产品获得江阴市“科学技术进步二等奖”

QEBW 系列乳化沥青设备已获得国家实用新型专利(专利号：ZL 2005 20069005.6、ZL 2006 20073746.6)。本公司采用意大利(MCM、BERNARDI)公司胶体磨,(七星助剂有限公司为该两家公司授权的胶体磨的使用商和经销商）可生产合格的 SBR、SBS 改性乳化沥青。

彩色沥青：引进日本明色沥青及施工等先进技术，可以为客户提供原材料及工程施工。

工程公司拥有乳化沥青生产基地，热沥青摊铺机、美国进口稀浆封层车、同步碎石封层车，智能沥青洒布车等公路施工机械，可从事路面工程施工、养护及技术服务。

〞特色创新，品质为先；打造一流产品，全心为客户服务〞，这是七星公司的经营理念与立足之本。我们谒诚欢迎各界朋友携手共进，再创佳绩。

Eeuipment

>>> 设备

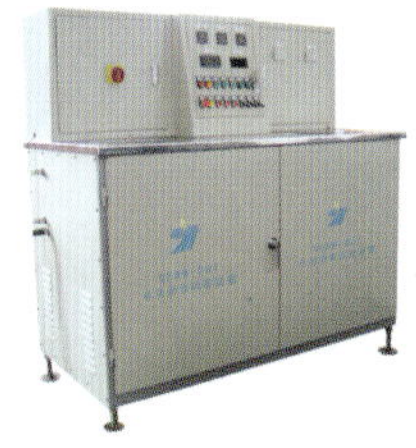
QEBW-001型乳化沥青试验装置

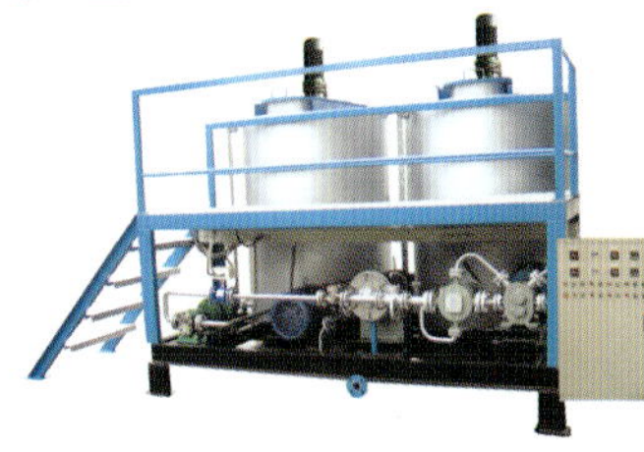
QEBW-100型沥青乳化装置

QEBW-200型沥青乳化装置

QEBW-300型沥青乳化装置

QEBW-500型沥青乳化装置

QEBW-600型沥青乳化装置

Colourks pack

>>> 彩色沥青

公司引进 COLOURKS PACK 明色沥青（日本技术），与集料在拌和楼中进行拌和，即可以得到色泽鲜明的彩色沥青混合料（不添加颜料时，可以制造体现集料天然色调的自然色沥青混合料），采用摊铺机在道路上进行摊铺、碾压成型。

地址：江阴市云亭镇松桥村
电话：0510-86016390　86010200　86010199
传真：0510-86011578　邮编：214422
HTTP://www.qixingcn.com

诚信为本　客户至上